中国国家标准汇编

2008 年修订-43

中国标准出版社　编

中国标准出版社

北京

图书在版编目（CIP）数据

中国国家标准汇编：2008年修订.43/中国标准出版社编.—北京：中国标准出版社，2009
ISBN 978-7-5066-5503-3

Ⅰ.中… Ⅱ.中… Ⅲ.国家标准-汇编-中国-2008
Ⅳ.T-652.1

中国版本图书馆CIP数据核字（2009）第183941号

中国标准出版社出版发行
北京复兴门外三里河北街16号
邮政编码:100045
网址 www.spc.net.cn
电话:68523946 68517548
中国标准出版社秦皇岛印刷厂印刷
各地新华书店经销

*

开本 880×1230 1/16 印张 37 字数 1 100 千字
2009年11月第一版 2009年11月第一次印刷

*

定价 200.00 元

ISBN 978-7-5066-5503-3

出 版 说 明

1.《中国国家标准汇编》是一部大型综合性国家标准全集。自1983年起，按国家标准顺序号以精装本、平装本两种装帧形式陆续分册汇编出版。它在一定程度上反映了我国建国以来标准化事业发展的基本情况和主要成就，是各级标准化管理机构，工矿企事业单位，农林牧副渔系统，科研、设计、教学等部门必不可少的工具书。

2.《中国国家标准汇编》收入我国每年正式发布的全部国家标准，分为“制定”卷和“修订”卷两种编辑版本。

“制定”卷收入上年度我国发布的、新制定的国家标准，顺延前年度标准编号分成若干分册，封面和书脊上注明“20××年制定”字样及分册号，分册号一直连续。各分册中的标准是按照标准编号顺序连续排列的，如有标准顺序号缺号的，除特殊情况注明外，暂为空号。

“修订”卷收入上年度我国发布的、被修订的国家标准，视篇幅分设若干分册，但与“制定”卷分册号无关联，仅在封面和书脊上注明“20××年修订-1，-2，-3，……”字样。“修订”卷各分册中的标准，仍按标准编号顺序排列(但不连续)；如有遗漏的，均在当年最后一分册中补齐。需提请读者注意的是，个别非顺延前年度标准编号的新制定的国家标准没有收入在“制定”卷中，而是收入在“修订”卷中。

读者配套购买《中国国家标准汇编》“制定”卷和“修订”卷则可收齐上一年度我国制定和修订的全部国家标准。

3. 由于读者需求的变化，自1996年起，《中国国家标准汇编》仅出版精装本。

4. 2008年制修订国家标准共5946项。本分册为“2008年修订-43”，收入新制修订的国家标准31项。

中国标准出版社
2009年10月

目　　录

ICS 67.220.10
X 66

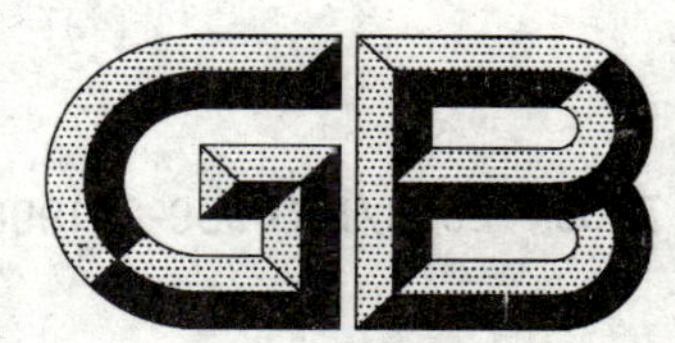

中华人民共和国国家标准

GB/T 7900—2008/ISO 959-2:1998
代替 GB/T 7900—1987

白胡椒

White pepper

[ISO 959-2:1998,Pepper(*Piper nigrum* L.),whole or ground—Specification—Part2:White pepper,IDT]

2008-05-04 发布　　　　2008-10-01 实施

中华人民共和国国家质量监督检验检疫总局
中国国家标准化管理委员会　发布

前　言

本标准是在等同采用 ISO 959-2:1998《胡椒(整的或粉状)　规格　第 2 部分:白胡椒》(英文版)的同时,对 GB/T 7900—1987 进行的修订。本标准与 ISO 959-2:1998 的技术内容一致,做了下列编辑性修改:

a)　ISO 959-2:1998 第 4 章移到本标准 4.1 中,ISO 标准的 5.1 和 5.2 合成本标准的 4.1;

b)　“本国际标准”一词改为“本标准”;

c)　用小数点“.”代替作为小数点的逗号“,”。

本标准的附录 A 为规范性附录。

本标准由中华全国供销合作总社提出并归口。

本标准起草单位:中华全国供销合作总社南京野生植物综合利用研究院。

本标准主要起草人:陈仕荣、张卫明。

本标准所代替标准的历次版本发布情况为:

——GB/T 7900—1987。

白 胡 椒

1 范围

本标准规定了整粒白胡椒(*Piper nigrum* L.)和白胡椒粉的技术要求、试验方法以及包装、标志、贮存和运输。

本标准适用于白胡椒的质量评定及其贸易。本标准不适用于轻质白胡椒的质量评定及其贸易。

2 规范性引用文件

下列文件中的条款通过本标准的引用而成为本标准的条款。凡是注日期的引用文件,其随后所有的修改单(不包括勘误的内容)或修订版均不适用于本标准,然而,鼓励根据本标准达成协议的各方研究是否可使用这些文件的最新版本。凡是不注日期的引用文件,其最新版本适用于本标准。

GB/T 5009.10 植物类食品中粗纤维的测定

GB/T 12729.2 香辛料和调味品 取样方法(GB/T 12729.2—1991,neq ISO 948:1980)

GB/T 12729.5 香辛料和调味品 外来物含量的测定(GB/T 12729.5—1991,neq ISO 927:1982)

GB/T 12729.6 香辛料和调味品 水分含量的测定(蒸馏法)(GB/T 12729.6—1991,neq ISO 939:1980)

GB/T 12729.7 香辛料和调味品 总灰分的测定(GB/T 12729.7—1991,neq ISO 928:1980)

GB/T 12729.9 香辛料和调味品 酸不溶性灰分的测定(GB/T 12729.9—1991,neq ISO 930:1980)

GB/T 12729.12 香辛料和调味品 不挥发性乙醚抽提物的测定(GB/T 12729.12—1991,neq ISO 1180:1980)

GB/T 12729.13 香辛料和调味品 污物的测定(GB/T 12729.13—1991,eqv ISO 1208:1982)

GB/T 17528 胡椒碱含量的测定 分光光度法(GB/T 17528—1998,eqv ISO 5564:1982)

ISO 6571 香辛料和调味品 挥发油含量的测定

3 术语和定义

下列术语和定义适用于本标准。

3.1

黑胡椒 black pepper

有外果皮的胡椒干果。

3.2

白胡椒 white pepper

用下列方法去掉外果皮的胡椒干果:

a) 成熟之前采摘的胡椒果,经过或不经水浸泡去掉外果皮,干燥;

b) 成熟的整粒胡椒果,用上述方法去掉外果皮。

3.3

半加工的白胡椒 white pepper semi-processed

进行简单的部分工艺处理的白胡椒。

3.4

加工的白胡椒 white pepper processed

经清洗、干燥、制备、磨碎等工艺处理的白胡椒。

3.5

白胡椒粉 white pepper ground

白胡椒果经研碎得到的产品。

3.6

黑果 black berry

白胡椒产品中果皮未完全去除且颜色较深的果实。

3.7

破碎果 broken berry

果实破裂成两部分或更多部分。

3.8

杂质 extraneous matter

除白胡椒以外的所有物质,包括植物类(如枝、叶、果穗渣、外果皮)和矿物质类(如砂、土)。

注:黑果和破碎果不属于杂质。

4 要求

4.1 外观及感官特性

白胡椒果直径 3 mm~6 mm,表面光滑,一端略扁平,另一端有小小突起。白胡椒表面通常有一条细小黑痕纵向嵌连在两端。白胡椒颜色为暗灰色至象牙白。

研碎时白胡椒应具有较浓芳香气味。白胡椒中不得带有活虫、虫尸、昆虫肢体及排泄物。

4.2 物理特性

白胡椒果的物理特性应符合表 1 的要求。

表 1 整粒白胡椒的物理特性要求

项 目		要 求		检 验 方 法
		半加工的白胡椒	加工的白胡椒	
外来物(质量分数)/%	≤	1.0	0.8	GB/T 12729.5
碎果(质量分数)/%	≤	4.0	3.0	物理分离后称重
黑果(质量分数)/%	≤	15[a]	10[a]	物理分离后称重
堆积密度/(g/L)	≥	600	600	附录 A

[a] 此项指标不适用于三马林达胡椒,其黑果总量超过 20%。

白胡椒粉按 GB/T 12729.13 的规定测定杂质含量。

4.3 化学特性

用规定的方法测定时,白胡椒产品应符合表 2 的要求。

表 2 白胡椒(整的或粉状)化学特性要求

项 目		要 求		检验方法
		加工或半加工胡椒	胡椒粉	
水分含量(质量分数)/%	≤	14.0	14.0	GB/T 12729.6
总灰分(干态下)(质量分数)/%	≤	3.5	3.5	GB/T 12729.7
不挥发性乙醚提取物(干态下)(质量分数)/%	≥	1.0	0.7	GB/T 12729.12
挥发油(干态下)/%(或 mL/100 g)	≥	6.5	6.5[a]	ISO 6571
胡椒碱(质量分数)/%	≥	4.0	4.0	GB/T 17528

表 2（续）

项　　目		要　求		检验方法
		加工或半加工胡椒	胡椒粉	
酸不溶性灰分(干态下)(质量分数)/%	≤	—	0.3	GB/T 12729.9
粗纤维测定(干态下)(质量分数)/%	≤	—	6.5	GB/T 5009.10
[a] 研碎后应立即进行挥发油测定。				

5 取样方法

白胡椒的取样按 GB/T 12729.2 的规定执行。

整粒白胡椒样品应研碎，全部通过孔径 1 mm 的筛，才可用于表 2 中各参数的测定。

6 试验方法

6.1 外观和感官分析

6.1.1 色泽

用肉眼分辨样品的颜色，必要时与标准色板对照。

6.1.2 气味、味道

用嗅觉辨别样品的气味，用咬嚼判断样品的味道。

6.2 物理特性和化学特性的试验方法

样品的物理特性和化学特性按表 1、表 2 中相应的检验方法执行。

7 包装、标志、贮存和运输

7.1 包装

整粒白胡椒和白胡椒粉应使用密封、洁净、无毒和完好且不影响胡椒质量的材料包装。

7.2 标志

下列各项应标注在每一个包装或标签上：

a) 产品名称、商品名；

b) 生产企业或包装企业名称、地址；

c) 批号或代号、商标；

d) 净重；

e) 产品等级；

f) 生产国；

g) 到岸港口/城镇。

7.3 贮存

白胡椒应贮存在通风、干燥的库房中，地面要有垫仓板并能防虫、防鼠。堆垛要整齐，堆间要有适当的通道以利于通风。严禁与有毒、有害、有污染、有异味的物品混放。

7.4 运输

白胡椒在运输中应注意避免雨淋、日晒。严禁与有毒、有害、有异味的物品混运。禁用受污染的运输工具装载。

附 录 A
（规范性附录）
白胡椒堆积密度的测定

A.1 范围

本附录规定了整粒白胡椒堆积密度的测定方法。

A.2 原理

精确测定 1 L 体积的白胡椒质量。

A.3 仪器

国产 61/71 型 1 L 排气式容重器。

A.4 操作

A.4.1 测定

在平稳光洁工台上安装好容重器，校准零点。将约 1 000 g 样品装入漏斗筒，再使其流入辅助漏斗筒，然后通过拔插板的操作使其随同排气砣落入容重筒内，再插回插板，倒出插板上多余的试样，拔出插板，在容重器天平上称量已装满试样的容重筒，即得 1 L 样品的质量（密度）。

A.4.2 重复测量

测 3 次重复的数据。

A.5 结果表示

A.5.1 计算方法

密度以“g/L”表示。若重复测定的结果符合 A.5.2 要求，则取 3 次平行测定结果的算术平均值作为最终结果；若前 3 次的测定误差不符合 A.5.2 的要求，则再测 3 次数据，取 6 次测定数据的算术平均值作为最终结果。

A.5.2 重复性

相同设备和测试条件下两次测定结果相差不得大于 5 g/L。

A.6 检验报告

检验报告应评述检验方法及得出的数据，还应描述本附录中未提及的操作细节，或者另外附上影响检测结果的各个操作细节。检验报告应包括试验样品的必要信息。

ICS 67.220.10
X 66

中华人民共和国国家标准

GB/T 7901—2008/ISO 959-1:1998
代替 GB/T 7901—1987

黑 胡 椒

Black pepper

[ISO 959-1:1998,Pepper(*Piper nigrum* L.),whole or ground—Specification—Part 1:Black pepper,IDT]

2008-05-04 发布 2008-10-01 实施

中华人民共和国国家质量监督检验检疫总局
中国国家标准化管理委员会 发布

前 言

本标准是在等同采用 ISO 959-1:1998《胡椒(整的或粉状) 规格 第1部分:黑胡椒》(英文版)的同时,对 GB/T 7901—1987 进行的修订。本标准与 ISO 959-1:1998 的技术内容一致,做了下列编辑性修改:

a) ISO 959-1:1998 第4章移到本标准4.1中,ISO 标准的5.1和5.2合成本标准的4.1;

b) “本国际标准”一词改为“本标准”;

c) 用小数点“.”代替作为小数点的逗号“,”。

本标准的附录A、附录B为规范性附录。

本标准由中华全国供销合作总社提出并归口。

本标准起草单位:中华全国供销合作总社南京野生植物综合利用研究院。

本标准主要起草人:陈仕荣、张卫明。

本标准所代替标准的历次版本发布情况为:

——GB/T 7901—1987。

黑　胡　椒

1　范围

本标准规定了整粒黑胡椒(*Piper nigrum* L.)和黑胡椒粉的技术要求、试验方法以及包装、标志、贮运条件。

本标准适用于黑胡椒的质量评定及其贸易。本标准不适用于轻质黑胡椒的质量评定及其贸易。

2　规范性引用文件

下列文件中的条款通过本标准的引用而成为本标准的条款。凡是注日期的引用文件,其随后所有的修改单(不包括勘误的内容)或修订版均不适用于本标准,然而,鼓励根据本标准达成协议的各方研究是否可使用这些文件的最新版本。凡是不注日期的引用文件,其最新版本适用于本标准。

GB/T 5009.10　植物类食品中粗纤维的测定

GB/T 12729.2　香辛料和调味品　取样方法(GB/T 12729.2—1991,neq ISO 948:1980)

GB/T 12729.5　香辛料和调味品　外来物含量的测定(GB/T 12729.5—1991,neq ISO 927:1982)

GB/T 12729.6　香辛料和调味品　水分含量的测定(蒸馏法)(GB/T 12729.6—1991,neq ISO 939:1980)

GB/T 12729.7　香辛料和调味品　总灰分的测定(GB/T 12729.7—1991,neq ISO 928:1980)

GB/T 12729.9　香辛料和调味品　酸不溶性灰分的测定(GB/T 12729.9—1991,neq ISO 930:1980)

GB/T 12729.12　香辛料和调味品　不挥发性乙醚抽提物的测定(GB/T 12729.12—1991,neq ISO 1180:1980)

GB/T 12729.13　香辛料和调味品　污物的测定(GB/T 12729.13—1991,eqv ISO 1208:1982)

GB/T 17528　胡椒碱含量的测定　分光光度法(GB/T 17528—1998,eqv ISO 5564:1982)

ISO 6571　香辛料和调味品　挥发油含量的测定

3　术语和定义

下列术语和定义适用于本标准。

3.1

黑胡椒　black pepper

有外果皮的胡椒干果。

3.2

未加工的黑胡椒　black pepper non-processed

不经过任何工艺处理的黑胡椒。

3.3

半加工的黑胡椒　black pepper semi-processed

进行简单的部分加工,而不经过制备和磨碎处理的黑胡椒。

3.4

加工的黑胡椒　black pepper processed

经除杂、干燥、制备、研磨等加工的黑胡椒。

3.5

黑胡椒粉　black pepper ground

黑胡椒果经磨碎，而不加任何添加物得到的产品。

3.6

灰胡椒　grey pepper

在商业上有时用于黑胡椒粉。

3.7

轻质果　light berry

外观发育正常，没有果仁的胡椒果。

3.8

针头果　pinhead berry

很小的未成熟果。

3.9

破碎果　broken berry

果实破裂成两部分或更多部分。

3.10

杂质　extraneous matter

除黑胡椒果以外的所有物质，包括植物类（如枝、叶、果穗渣、外果皮）和矿物类（如砂、土）。

注：轻质果、针头果和破碎果不属于杂质。

4　要求

4.1　外观和感官特性

整粒黑胡椒是在胡椒成熟前采摘、干燥后得到的干果，黑胡椒果粒直径为 3 mm～6 mm，果皮为灰色、棕色或黑色，表面有皱褶。磨碎时黑胡椒应具有较浓芳香味。黑胡椒中不得带有活虫、虫尸、昆虫肢体及其排泄物。

4.2　物理特性

黑胡椒果应符合表 1 的要求。

表 1　整黑胡椒的物理特性要求

项　目		要　求		检验方法
		未加工或半加工黑胡椒	加工黑胡椒	
外来物（质量分数）/%	≤	2.5	1.5	GB/T 12729.5
轻质果（质量分数）/%	≤	10	5.0	附录 A
针头果或破碎果（质量分数）/%	≤	7.0	4.0	物理分离后称重
堆积密度/（g/L）	≥	450	490	附录 B
注：如果是胡椒粉建议进行显微镜检查。				

黑胡椒粉按 GB/T 12729.13 的规定测定其杂质含量。

4.3　化学特性

黑胡椒的化学特性应符合表 2 的要求。

表 2　黑胡椒(整的或粉状)化学特性要求

项　目		要　求			检验方法
		半加工或未加工黑胡椒	加工黑胡椒	黑胡椒粉	
水分含量(质量分数)/%	≤	13.0	13.0	13.0	GB/T 12729.6
总灰分(干态下)(质量分数)/%	≤	7.0	6.0	6.0	GB/T 12729.7
不挥发性乙醚提取物(干态下)(质量分数)/%	≥	6.0	6.0	6.0	GB/T 12729.12
挥发油(干态下)/%(或 mL/100 g)	≥	2.0	2.0	1.0[a]	ISO 6571
胡椒碱(质量分数)/%	≥	4.0	4.0	4.0	GB/T 17528
酸不溶性灰分(干态下)(质量分数)/%	≤	—	—	1.2	GB/T 12729.9
不可溶粗纤维测定(干态下)(质量分数)/%	≤	—	—	17.5	GB/T 5009.10
[a] 研碎后应立即进行挥发油的测定。					

5　取样方法

黑胡椒的取样按 GB/T 12729.2 的规定执行。

整粒黑胡椒样品应进行研磨，并且全部通过孔径 1 mm 的筛，才可用于表 2 中各项参数的测定。

6　试验方法

6.1　外观和感官分析

6.1.1　色泽

用肉眼分辨样品的颜色，必要时应与标准色板对照。

6.1.2　气味、味道

用嗅觉辨别样品的气味，用咬嚼判断样品的味道。

6.2　物理特性和化学特性的试验方法

样品的物理特性和化学特性按表 1、表 2 中相应的检验方法执行。

7　包装、标志、贮存和运输

7.1　包装

整黑胡椒和黑胡椒粉应使用密封、洁净、无毒和完好且不影响黑胡椒质量的材料包装。

7.2　标志

下列各项应标注在每一个包装或标签上：

a)　产品名称、商品名；

b)　生产企业、包装企业名称、地址；

c)　批号或代号、商标；

d)　净重；

e)　产品等级(未加工、半加工或加工)；

f)　生产国(对出口产品)；

g)　到岸港口/城镇(对出口产品)。

7.3　贮存

黑胡椒应贮存在通风、干燥的库房中，地面要有垫仓板并能防虫、防鼠。堆垛要整齐，堆间要有适当的通道以利于通风。严禁与有毒、有害、有污染、有异味的物品混放。

7.4 运输

黑胡椒在运输中应注意避免雨淋、日晒。严禁与有毒、有害、有异味的物品混运。禁用受污染的运输工具装载。

附　录　A
（规范性附录）
黑胡椒中轻质果含量的测定

A.1　试剂

醇溶液：D_{20}^{20}＝0.80～0.82。

若温度不是20℃，应用校正因子，可用乙醇或预先精馏过的醇类或异丙醇制备该溶液。

A.2　方法

A.2.1　试样

称取50.0 g（精确至0.01 g）已事先剔除杂质的样品，置于600 mL烧杯中。

A.2.2　测定

于烧杯中加入300 mL醇溶液（A.1），用勺子搅拌，放置2 min后，用勺子捞出漂浮在液面的胡椒果，仅除去漂浮在液面上的胡椒果，而悬浮在液面以下离液面有一定距离的胡椒果不得捞出；重复搅拌、放置和捞出这项操作，直至连续两次搅拌后没有胡椒果上浮在液面为止。

将捞出的胡椒果放在吸水纸上除去夹带的溶液，然后在吸湿性纸或织物上将其摊开晾干，1 h后称重，精确至0.01 g。

A.3　结果表示

样品中轻质果质量百分数 X 按式（A.1）计算：

$$X = \frac{m_1}{m_0} \times 100\% \qquad \text{(A.1)}$$

式中：

m_1——试样质量，单位为克（g）；

m_0——捞出的轻胡椒果质量，单位为克（g）。

附 录 B
（规范性附录）
黑胡椒堆积密度的测定

B.1 范围

本附录规定了整粒黑胡椒堆积密度的测定方法。

B.2 原理

精确测定 1 L 体积的黑胡椒质量。

B.3 仪器

国产 61/71 型 1 L 排气式容重器。

B.4 操作

B.4.1 测定

在平稳光洁工台上安装好容重器，校准零点。将约 1 000 g 样品装入漏斗筒，再使其流入辅助漏斗筒，然后通过拔插板的操作使其随同排气铊落入容重筒内，再插回插板，倒出插板上多余的试样，拔出插板，在容重器天平上称量已装满试样的容重筒，即得 1 L 样品的质量（密度）。

B.4.2 重复测量

测 3 次重复的数据。

B.5 结果表示

B.5.1 计算方法

密度以“g/L”表示。若重复测定的结果符合 B.5.2 要求，则取 3 次平行测定结果的算术平均值作为最终结果；若前 3 次的测定误差不符合 B.5.2 的要求，则再测 3 次数据，取 6 次测定数据的算术平均值作为最终结果。

B.5.2 重复性

相同设备和测试条件下两次测定结果相差不得大于 5 g/L。

B.6 检验报告

检验报告应评述检验方法及得出的数据，还应描述本附录中未提及的操作细节，或者另外附上影响检测结果的各个操作细节。检验报告应包括试验样品的必要信息。

ICS 17.180.20
A 20

中华人民共和国国家标准

GB/T 7921—2008
代替 GB/T 7921—1997

均匀色空间和色差公式

Uniform color space and color difference formula

2008-06-26 发布

2009-03-01 实施

中华人民共和国国家质量监督检验检疫总局
中国国家标准化管理委员会
发布

前　言

本标准对应于国际照明委员会出版物 CIE 15:2004《色度学》和 CIE 142:2001《对工业色差评价的改进》,与 CIE 15:2004 和 CIE 142:2001 的一致程度是非等效,主要差异如下:

——未采用计算 ΔH^*_{ab} 和 ΔH^*_{uv} 的部分公式;

——调整了计算 CIE DE2000 色差公式的计算步骤。

本标准代替 GB/T 7921—1997《均匀色空间和色差公式》。

本标准与 GB/T 7921—1997 相比主要变化如下:

——全文名词术语规范化并根据 CIE 15:2004 进行更新。将 GB/T 7921—1997 中的“CIE 1976$u'v'$均匀色品图(CIE 1976$u'v'$图)”、“CIE 1976$L^* u^* v^*$ 色空间”、“明度指数”分别修改为“CIE 1976 均匀色度标尺图(UCS 图)”、“CIE 1976($L^* u^* v^*$)色空间”和“CIE 1976 明度”并将“CIELAB 色空间彩度”、“CIELUV 色空间彩度”、“色调角”和“饱和度”等名词分别进行了更新;

——修改 CIELAB 色空间限制条件的表达式,将 0.008 856 修改为$(24/116)^3$,见本标准式(2)~式(8);

——增加了 ΔH^*_{ab} 和 ΔH^*_{uv} 备选的计算方法;

——增加了 CIE DE2000 色差公式计算方法和对目视评价实验标准条件的描述(本标准第 6 章);

——删除第 7 章(色差的表示方法和色差单位)和第 8 章(色差的计算方法),将相应的内容分别合并到 5.1 和 5.2 中;

——本标准表 1 和表 2 中与 GB/T 7921—1997 中的表 3 相比增加了 CIE 照明体 D50,D55 和 D75 的色度值,以及每个照明体的色品坐标 x,y;

——去掉 CIE 1976 均匀色度标尺图照明体 C 的色品坐标点;

——删除表 1、表 2、表 4;

——附录 A 增加了对 h_{ab} 的非正常值出现情况的说明。

本标准的附录 A 为资料性附录。

本标准由全国颜色标准化技术委员会提出并归口。

本标准起草单位:中国计量科学研究院、深圳市海川实业股份有限公司。

本标准主要起草人:马煜、林弋戈、陈苹、何唯平、汤惠工。

本标准所代替标准的历次版本发布情况为:

——GB/T 7921—1987、GB/T 7921—1997。

均匀色空间和色差公式

1 范围

本标准规定了在视觉上近似均匀的 CIE 1976($L^* a^* b^*$)色空间和 CIE 1976($L^* u^* v^*$)色空间以及相应的色差公式和 CIE DE2000 色差公式的计算方法。

本标准适用于物体色和光源色的表示以及色差的表示和计算。

2 规范性引用文件

下列文件中的条款通过本标准的引用而成为本标准的条款。凡是注日期的引用文件，其随后所有的修改单(不包括勘误的内容)或修订版均不适用于本标准，然而鼓励根据本标准达成协议的各方研究是否可使用这些文件的最新版本。凡是不注日期的引用文件，其最新版本适用于本标准。

GB/T 5698　颜色术语

CIE 出版物 101:1993　色差评价中参数的影响

CIE 出版物 142:2001　对工业色差评价的改进

3 术语和定义

GB/T 5698 确定的以及下列术语和定义适用于本标准。

3.1

CIE 1976 明度　CIE 1976 lightness

在 CIE 1976 均匀色空间中，表示物体色明度的坐标，符号表示为:L^*。

4 CIE 1976 均匀色度标尺图(UCS 图)

CIE 1976 均匀色度标尺图由 CIE 1931 色品图作投影转换而得，在视觉上比 x, y 色品图的颜色空间更均匀，见图 1。

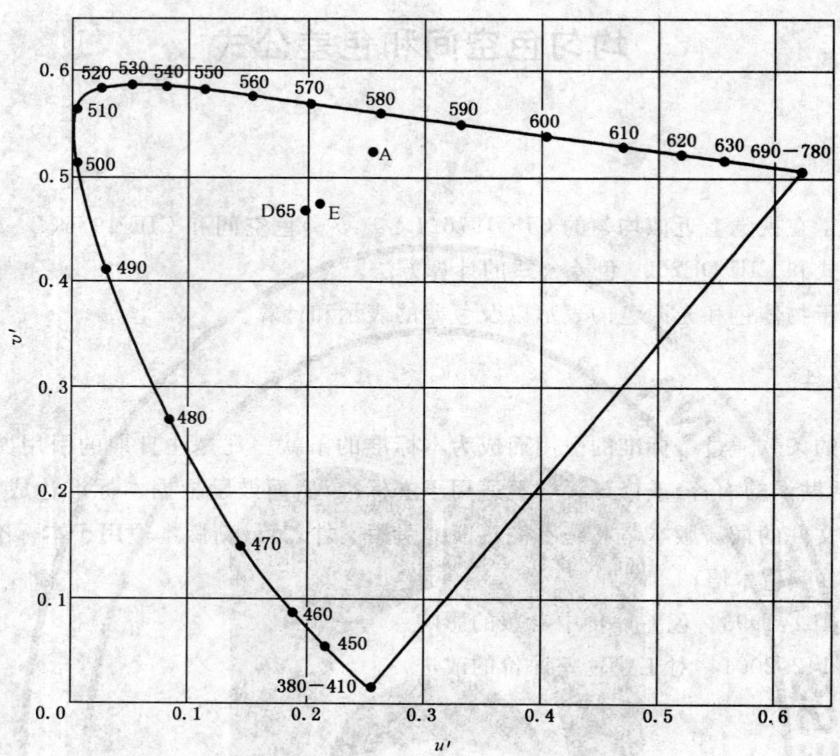

图 1 CIE 1976 均匀色度标尺图(CIE 1931 标准色度观察者)

图 1 中 A、D65 为 CIE 标准照明体相应的坐标，E 代表等能白光在色品图中的位置。

图 1 中横坐标 u'值和纵坐标 v'值由式(1)给出：

$$u' = \frac{4X}{X+15Y+3Z} \text{ 或者 } u' = \frac{4x}{-2x+12y+3}$$

$$v' = \frac{9Y}{X+15Y+3Z} \text{ 或者 } v' = \frac{9y}{-2x+12y+3} \quad \cdots\cdots (1)$$

式中：

X、Y、Z——样品的三刺激值。当视场在 1°～4°之间时，采用 CIE 1931 标准色度系统的三刺激值 X、Y、Z；当视场大于 4°时，使用 CIE 1964 标准色度系统的三刺激值 X_{10}、Y_{10}、Z_{10}；

x、y——样品在 CIE 1931 标准色度系统中的色品坐标 x,y 或在 CIE 1964 标准色度系统中的色品坐标 x_{10},y_{10}。

5 CIE 1976 均匀色空间与色差公式

为获得视觉上较均匀的颜色空间，CIE 推荐 CIE 1976($L^*a^*b^*$)色空间和 CIE 1976($L^*u^*v^*$)色空间，并分别规定了色差计算方法。

注：本章中用脚标 0 和 1 代表用于色差比较的两个样品。

5.1 CIE 1976($L^*a^*b^*$)色空间(简称 CIELAB 色空间)

5.1.1 基本坐标

近似均匀的 CIELAB 三维色空间由直角坐标 L^*,a^*,b^* 构成，L^*,a^*,b^* 由式(2)确定：

$$\left.\begin{aligned} L^* &= 116f(Y/Y_n) - 16 \\ a^* &= 500[f(X/X_n) - f(Y/Y_n)] \\ b^* &= 200[f(Y/Y_n) - (Z/Z_n)] \end{aligned}\right\} \quad \cdots\cdots(2)$$

式中：

X、Y、Z——被测物体色刺激在 CIE 1931 标准色度系统中的三刺激值 X、Y、Z，或在 CIE 1964 标准色度系统中的三刺激值 X_{10}、Y_{10}、Z_{10}；

X_n、Y_n、Z_n——给定的白物体色刺激的三刺激值。

当$(X/X_n)>(24/116)^3$时，

$$f(X/X_n) = (X/X_n)^{1/3} \quad \cdots\cdots(3)$$

当$(X/X_n)\leqslant(24/116)^3$时，

$$f(X/X_n) = (841/108)(X/X_n) + 16/116 \quad \cdots\cdots(4)$$

当$(Y/Y_n)>(24/116)^3$时，

$$f(Y/Y_n) = (Y/Y_n)^{1/3} \quad \cdots\cdots(5)$$

当$(Y/Y_n)\leqslant(24/116)^3$时，

$$f(Y/Y_n) = (841/108)(Y/Y_n) + 16/116 \quad \cdots\cdots(6)$$

当$(Z/Z_n)>(24/116)^3$时，

$$f(Z/Z_n) = (Z/Z_n)^{1/3} \quad \cdots\cdots(7)$$

当$(Z/Z_n)\leqslant(24/116)^3$时，

$$f(Z/Z_n) = (841/108)(Z/Z_n) + 16/116 \quad \cdots\cdots(8)$$

在通常情况下，给定的白物体色刺激是指与被测物体色在相同的光源照明下，完全漫反射体反射到观察者眼中的色刺激，其三刺激值在数值上即为照明光源或照明体的三刺激值。

CIE 照明体在 CIE 1931 标准色度系统中的三刺激值 X_n、Y_n、Z_n 见表 1。

CIE 照明体在 CIE 1964 标准色度系统中的三刺激值 $X_{n,10}$、$Y_{n,10}$、$Z_{n,10}$ 见表 2。

CIELAB 色空间示意图见图 2。

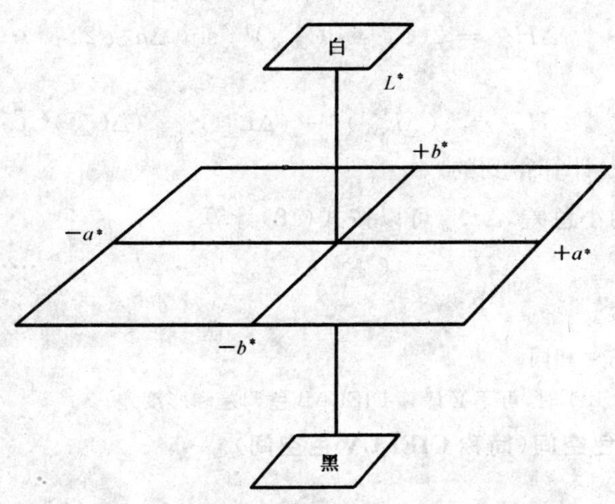

图 2　CIELAB 色空间示意图

5.1.2 明度、彩度和色调

CIELAB色空间中与明度、彩度和色调近似相关的量和计算公式分别是：

a) CIE 1976 明度 L^*，计算方法同式(2)中 L^*。

b) CIE 1976 a，b 彩度(简称 CIELAB 彩度)C_{ab}^*，计算方法见式(9)：

$$C_{ab}^* = [(a^*)^2 + (b^*)^2]^{1/2} \qquad (9)$$

c) CIE 1976 a，b 色调角(简称 CIELAB 色调角)h_{ab}，计算方法见式(10)：

$$h_{ab} = \arctan(b^*/a^*) \qquad (10)$$

CIELAB色空间量值计算的注意事项见本标准附录A中的A.1、A.2。

5.1.3 色差计算

a) 两个颜色样品的 CIE 1976 a，b 色差(简称 CIELAB 色差)ΔE_{ab}^* 计算方法见式(11)、式(12)：

$$\Delta E_{ab}^* = [(\Delta L^*)^2 + (\Delta a^*)^2 + (\Delta b^*)^2]^{1/2} \qquad (11)$$

或 $$\Delta E_{ab}^* = [(\Delta L^*)^2 + (\Delta C_{ab}^*)^2 + (\Delta H_{ab}^*)^2]^{1/2} \qquad (12)$$

式中，ΔL^* 是 CIELAB 明度差，Δa^*、Δb^* 是 CIELAB 色品指数差，计算方法见式(13)；ΔC_{ab}^* 是 CIELAB 彩度差，计算方法见式(14)；ΔH_{ab}^* 是 CIELAB 色调差，计算方法见式(16)或式(17)、式(18)。

计算 ΔE_{ab}^* 的式(11)和式(12)是等价的。

b) CIELAB 明度差和色品指数差：

$$\Delta L^* = L_1^* - L_0^*$$
$$\Delta a^* = a_1^* - a_0^* \qquad (13)$$
$$\Delta b^* = b_1^* - b_0^*$$

c) CIELAB 彩度差：

$$\Delta C_{ab}^* = C_{ab,1}^* - C_{ab,0}^* \qquad (14)$$

d) CIELAB 色调角差：

$$\Delta h_{ab} = h_{ab,1} - h_{ab,0} \qquad (15)$$

Δh_{ab} 计算的注意事项见本标准附录A中的A.4。

e) CIELAB 色调差：

$$\Delta H_{ab}^* = 2(C_{ab,1}^* \cdot C_{ab,0}^*)^{1/2} \sin(\Delta h_{ab}/2) \qquad (16)$$

或 $$\Delta H_{ab}^* = [(\Delta E_{ab}^*)^2 - (\Delta L^*)^2 - (\Delta C_{ab}^*)^2]^{1/2} \qquad (17)$$

式中 ΔE_{ab}^* 是通过式(11)计算得到的。

对于不在无彩色轴上的小色差，ΔH_{ab}^* 可以按式(18)计算：

$$\Delta H_{ab}^* = (C_{ab,1}^* \cdot C_{ab,0}^*)^{1/2} \cdot \Delta h_{ab} \qquad (18)$$

式中 Δh_{ab} 的单位是弧度。

注1：ΔH_{ab}^* 与 Δh_{ab} 的正负符号相同。

注2：当 Δh_{ab} 的绝对值趋近180°时，可不必计算 CIELAB 色调差和彩度差。

5.2 CIE 1976($L^* u^* v^*$)色空间(简称 CIELUV 色空间)

5.2.1 基本坐标

近似均匀的 CIELUV 三维色空间是由直角坐标 L^*，u^*，v^* 构成，L^*，u^*，v^* 由式(19)确定：

$$L^* = 116 f(Y/Y_n) - 16$$
$$u^* = 13L^*(u' - u'_n) \qquad (19)$$
$$v^* = 13L^*(v' - v'_n)$$

式中：

Y、u'、v'——描述色刺激的量。计算 u'、v'的表达式见式(1)；

Y_n、u'_n、v'_n——给定的白物体色刺激，一般是指 CIE 照明体照射在完全漫反射体上，再经完全漫反射体反射到观察者眼中的色刺激，在数值上即为照明体的色度值。

CIE 照明体在 CIE 1931 标准色度系统中的 u'_n和 v'_n见表 1。

CIE 照明体在 CIE 1964 标准色度系统中的 $u'_{n,10}$和 $v'_{n,10}$见表 2。

当$(Y/Y_n)>(24/116)^3$时，

$$f(Y/Y_n)=(Y/Y_n)^{1/3} \quad \cdots\cdots(20)$$

当$(Y/Y_n)\leqslant(24/116)^3$时，

$$f(Y/Y_n)=(841/108)(Y/Y_n)+16/116 \quad \cdots\cdots(21)$$

图 3 是 CIELUV 色空间示意图。

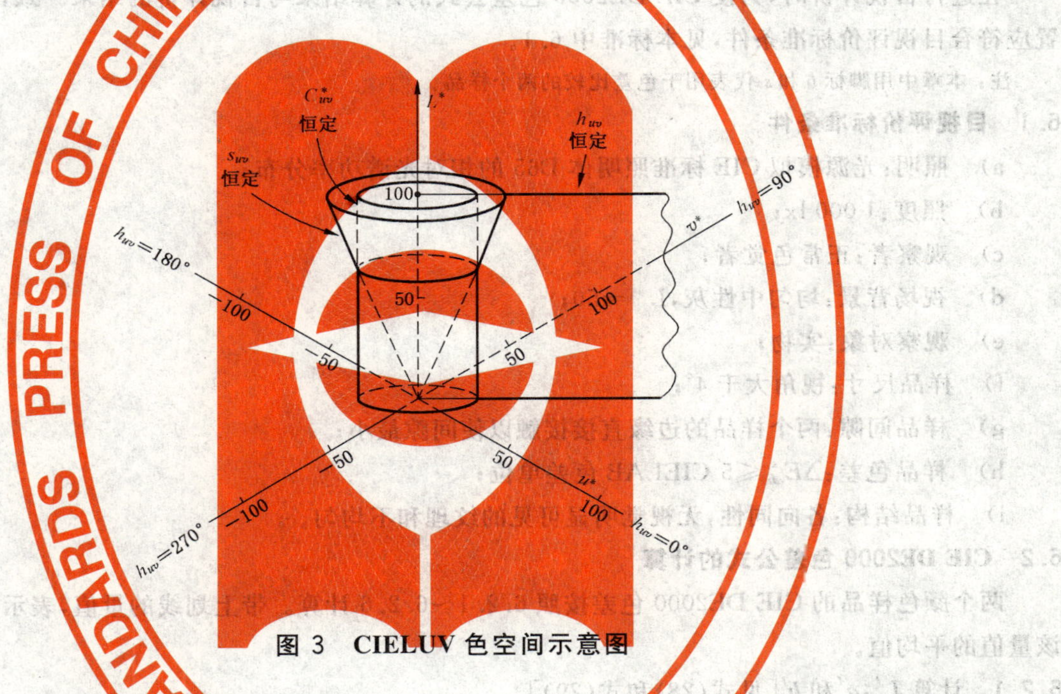

图 3 CIELUV 色空间示意图

5.2.2 明度、饱和度、彩度、色调

在 CIELUV 色空间中和明度、饱和度、彩度、色调近似相关的量和计算公式分别是：

a) CIE 1976 明度 L^*，计算方法同式(2)。

b) CIE 1976 u,v 饱和度(简称 CIELUV 饱和度)s_{uv}，计算方法见式(22)：

$$s_{uv}=13[(u'-u'_n)^2+(v'-v'_n)^2]^{1/2} \quad \cdots\cdots(22)$$

c) CIE 1976 u,v 彩度(简称 CIELUV 彩度)C^*_{uv}，计算方法见式(23)：

$$C^*_{uv}=(u^{*2}+v^{*2})^{1/2}=L^* s_{uv} \quad \cdots\cdots(23)$$

d) CIE 1976 u,v 色调角(简称 CIELUV 色调角)h_{uv}，计算方法见式(24)：

$$h_{uv}=\arctan(v^*/u^*) \quad \cdots\cdots(24)$$

计算式(24)中的 h_{uv}时，可参见本标准附录 A 中 A.2。

5.2.3 色差计算

a) 两个颜色样品的 CIE 1976 u, v 色差(简称 CIELUV 色差)ΔE^*_{uv}计算方法见式(25)：

$$\Delta E^*_{uv}=[(\Delta L^*)^2+(\Delta u^*)^2+(\Delta v^*)^2]^{1/2} \quad \cdots\cdots(25)$$

式中：

ΔL^*、Δu^*、Δv^* 计算方法参考式(13)，并分别用 u^*、v^* 替代 a^*、b^*；

b) CIE 1976 u,v 色调差(简称 CIELUV 色调差)ΔH_{uv}^*，计算方法见式(26)或式(27)：

$$\Delta H_{uv}^* = 2(C_{uv,1}^* \cdot C_{uv,0}^*)^{1/2}\sin(\Delta h_{uv}/2) \qquad (26)$$

式中：

$\Delta h_{uv} = h_{uv,1} - h_{uv,0}$。

$$\Delta H_{uv}^* = [(\Delta E_{uv}^*)^2 - (\Delta L^*)^2 - (\Delta C_{uv}^*)^2]^{1/2} \qquad (27)$$

ΔH_{uv}^* 与 Δh_{uv} 的正负符号相同。

6 CIE DE2000 色差公式[1)]

在进行目视评价时，为使 CIE DE2000 色差公式的计算结果与目视评价的结果一致，实验条件的设置应符合目视评价标准条件，见本标准中 6.1。

注：本章中用脚标 b 和 s 代表用于色差比较的两个样品。

6.1 目视评价标准条件

a) 照明：光源模拟 CIE 标准照明体 D65 的相对光谱功率分布；

b) 照度：1 000 lx；

c) 观察者：正常色觉者；

d) 视场背景：均匀中性灰，$L^* = 50$；

e) 观察对象：实物；

f) 样品尺寸：视角大于 4°；

g) 样品间隙：两个样品的边缘直接接触以使间隙最小；

h) 样品色差：$\Delta E_{ab}^* \leqslant 5$ CIELAB 色差单位；

i) 样品结构：各向同性，无视觉明显可见的纹理和不均匀。

6.2 CIE DE2000 色差公式的计算

两个颜色样品的 CIE DE2000 色差按照 6.2.1～6.2.6 计算。带上划线的量值，表示两个色差样品该量值的平均值。

6.2.1 计算 L'，a' 和 b'［见式(28)和式(29)］

$$\begin{aligned} L' &= L^* \\ a' &= a^*(1+G) \\ b' &= b^* \end{aligned} \qquad (28)$$

式中 G 的计算见式(29)：

$$G = 0.5\left(\sqrt{\frac{\overline{C}_{ab}^{*7}}{\overline{C}_{ab}^{*7} + 25^7}}\right) \qquad (29)$$

式中：

L^*，a^*，b^* 以及 C_{ab}^* 计算方法见式(2)、式(9)。

6.2.2 计算 C' 和 h'［见式(30)和式(31)］

---

1) CIE 把 CMC(l:c)、CIE 94、BFD 和 LCD 色差公式的数据集合并，形成 CIE DE2000 色差公式。

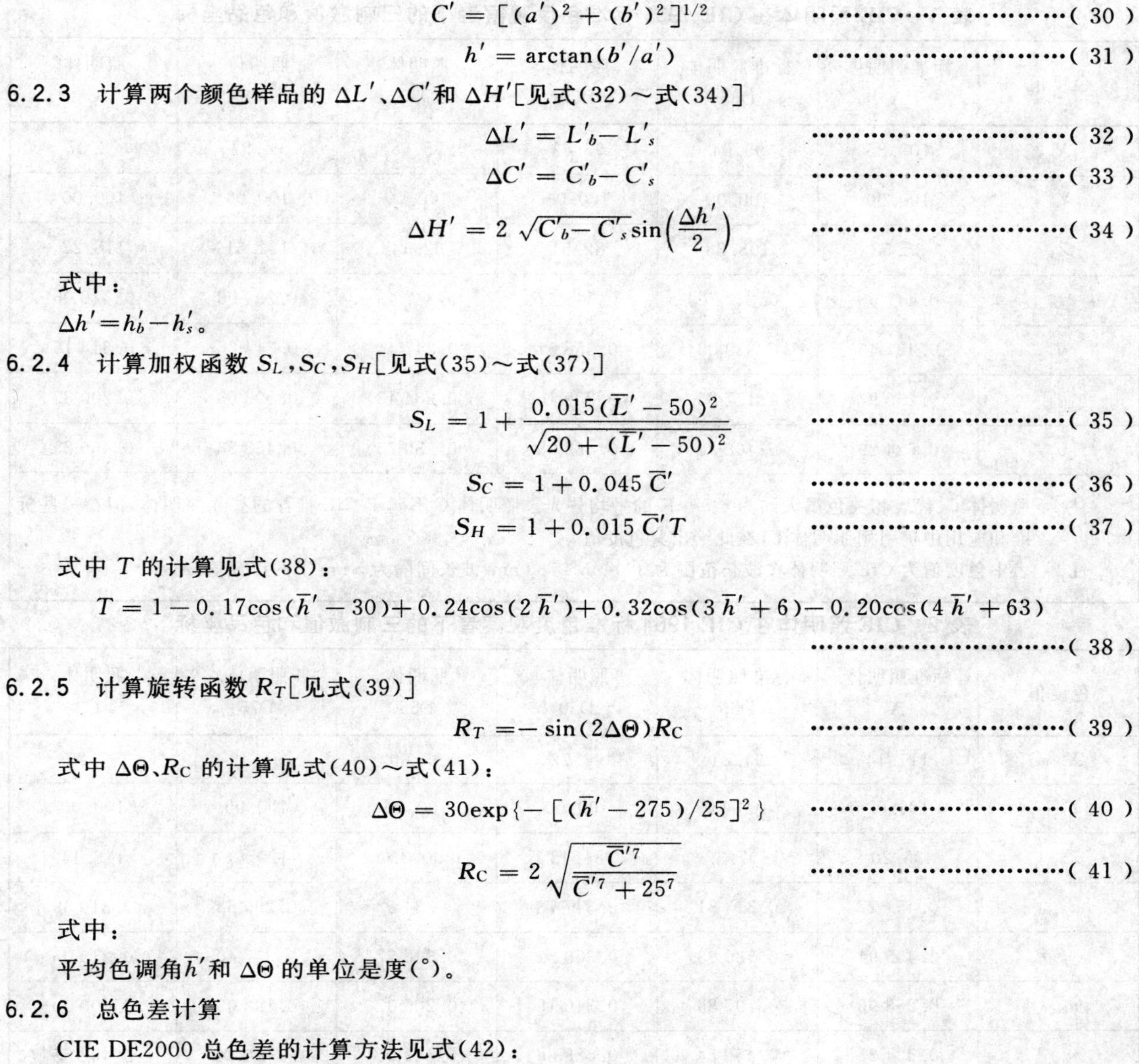

$$C' = [(a')^2 + (b')^2]^{1/2} \tag{30}$$

$$h' = \arctan(b'/a') \tag{31}$$

6.2.3 计算两个颜色样品的 $\Delta L'$、$\Delta C'$ 和 $\Delta H'$[见式(32)~式(34)]

$$\Delta L' = L'_b - L'_s \tag{32}$$

$$\Delta C' = C'_b - C'_s \tag{33}$$

$$\Delta H' = 2\sqrt{C'_b - C'_s}\sin\left(\frac{\Delta h'}{2}\right) \tag{34}$$

式中：

$\Delta h' = h'_b - h'_s$。

6.2.4 计算加权函数 S_L,S_C,S_H[见式(35)~式(37)]

$$S_L = 1 + \frac{0.015(\overline{L}' - 50)^2}{\sqrt{20 + (\overline{L}' - 50)^2}} \tag{35}$$

$$S_C = 1 + 0.045\,\overline{C}' \tag{36}$$

$$S_H = 1 + 0.015\,\overline{C}'T \tag{37}$$

式中 T 的计算见式(38)：

$$T = 1 - 0.17\cos(\overline{h}' - 30) + 0.24\cos(2\,\overline{h}') + 0.32\cos(3\,\overline{h}' + 6) - 0.20\cos(4\,\overline{h}' + 63) \tag{38}$$

6.2.5 计算旋转函数 R_T[见式(39)]

$$R_T = -\sin(2\Delta\Theta)R_C \tag{39}$$

式中 $\Delta\Theta$、R_C 的计算见式(40)~式(41)：

$$\Delta\Theta = 30\exp\{-[(\overline{h}' - 275)/25]^2\} \tag{40}$$

$$R_C = 2\sqrt{\frac{\overline{C}'^7}{\overline{C}'^7 + 25^7}} \tag{41}$$

式中：

平均色调角 $\overline{h}'$ 和 $\Delta\Theta$ 的单位是度(°)。

6.2.6 总色差计算

CIE DE2000 总色差的计算方法见式(42)：

$$\Delta E_{00} = \left[\left(\frac{\Delta L'}{k_L S_L}\right)^2 + \left(\frac{\Delta C'}{k_C S_C}\right)^2 + \left(\frac{\Delta H'}{k_H S_H}\right)^2 + R_T\left(\frac{\Delta C'}{k_C S_C}\right)\left(\frac{\Delta H'}{k_H S_H}\right)\right]^{1/2} \tag{42}$$

式中：

k_L,k_C,k_H——实验条件和目视评价标准条件偏离的校正因子。在标准条件下,k_L,k_C,k_H 都等于1；当实验条件和标准条件不同时,k_L,k_C,k_H 的取值方法见 CIE 101:1993。

注：CIE DE2000 色差公式适用于对人眼张角大于 4°的样品,应使用下脚标 10。本标准与 CIE 142:2001 保持一致,略去下脚标 10。

表 1 CIE 照明体在 CIE 1931 标准色度观察者下的三刺激值和色品坐标

色度值	标准照明体 A	标准照明体 D65	照明体 D50	照明体 D55	照明体 D75	照明体 C
X_n	109.85	95.04	96.42	95.68	94.97	98.07
Y_n	100.00	100.00	100.00	100.00	100.00	100.00
Z_n	35.58	108.88	82.51	92.14	122.61	118.22
x_n	0.447 58	0.312 72	0.345 67	0.332 43	0.299 03	0.310 06
y_n	0.407 45	0.329 03	0.358 51	0.347 44	0.314 88	0.316 16
u'_n	0.255 97	0.197 83	0.209 16	0.204 43	0.193 53	0.200 89
v'_n	0.524 29	0.468 34	0.488 08	0.480 75	0.458 53	0.460 89

注 1：照明体 C：代表相关色温大约为 6 774 K 的平均昼光。照明体 C 不属于 CIE 推荐的昼光照明体，但在一些标准和应用中仍引用照明体 C，在此给出其色度值。

注 2：表中色度值为 CIE 照明体在波长范围为 380 nm～780 nm、波长间隔为 5 nm 下的计算值。

表 2 CIE 照明体在 CIE 1964 标准色度观察者下的三刺激值和色品坐标

色度值	标准照明体 A	标准照明体 D65	照明体 D50	照明体 D55	照明体 D75	照明体 C
$X_{n,10}$	111.14	94.81	96.72	95.80	94.42	97.29
$Y_{n,10}$	100.00	100.00	100.00	100.00	100.00	100.00
$Z_{n,10}$	35.20	107.32	81.43	90.93	120.64	116.14
$x_{n,10}$	0.451 17	0.313 81	0.347 73	0.334 12	0.299 68	0.310 39
$y_{n,10}$	0.405 94	0.330 98	0.359 52	0.348 77	0.317 40	0.319 05
$u'_{n,10}$	0.258 96	0.197 86	0.210 15	0.205 07	0.193 05	0.200 00
$v'_{n,10}$	0.524 25	0.469 54	0.488 86	0.481 65	0.460 04	0.462 55

注 1：照明体 C：代表相关色温大约为 6 774 K 的平均昼光。照明体 C 不属于 CIE 推荐的昼光照明体，但在一些标准和应用中仍引用照明体 C，在此给出其色度值。

注 2：表中色度值为 CIE 照明体在波长范围为 380 nm～780 nm、波长间隔为 5 nm 下的计算值。

附 录 A
（资料性附录）
CIE 1976 均匀色空间计算与应用的注意事项

A.1 当用本标准中的线性公式(4)、(6)、(8)计算 X/X_n、Y/Y_n、Z/Z_n 时，可能得到 h_{ab} 的非正常值。非正常值通常不会出现在表面色的测量和计算中；有可能出现在亮度因数较低，且色品点接近光谱轨迹或紫红边界的透明物体色的测量和计算中。

A.2 当 a^* 和 b^*（或 u^* 和 v^*）均为正值时，h_{ab}（或 h_{uv}）介于 0°和 90°之间；

当 b^*（v^*）为正且 a^*（u^*）为负时，h_{ab}（或 h_{uv}）介于 90°和 180°之间；

当 a^* 和 b^*（或 u^* 和 v^*）均为负时，h_{ab}（或 h_{uv}）介于 180°和 270°之间；

当 b^*（v^*）为负且 a^*（u^*）为正时，h_{ab}（或 h_{uv}）介于 270°和 360°之间。

A.3 引入 CIE 1976 a,b 色调差和 u,v 色调差，是为了将色差 ΔE^* 分解成 ΔL^*、ΔC^* 和 ΔH^*，这三者的平方和等于 ΔE^* 的平方，但 CIE 1976 a,b 色调角差 Δh_{ab} 和 CIE 1976 u,v 色调角差 Δh_{uv} 不具有这种特性。

A.4 当两个颜色的连线穿过 a^* 或 u^* 的正轴，Δh_{ab} 或 Δh_{uv} 应进行±360°修正，以便其数值在±180°范围内。

A.5 CIELAB 色空间和 CIELUV 色空间中的欧几里得距离可以用于近似表示两物体色刺激之间色差大小的视觉感知量，前提条件是这两个物体色刺激应是同样尺寸、形状，在同样的从白到中灰的环境下由明视觉观察者观察，该观察者的适应场色品应与平均昼光的色品接近。如果不满足上述条件，计算的色差值与人眼知觉的色差量之间的相关性将降低。

A.6 当被比较的成对物体色对人眼的张角介于 1°和 4°之间时，应依据 CIE 1931 标准色度观察者计算的三刺激值 X,Y,Z，用于计算 L^*、a^*、b^*、u^*、v^* 以及 ΔE^*_{ab}、C^*_{ab}、s_{uv}、C^*_{uv}、h_{ab}、h_{uv}、ΔH^*_{ab} 和 ΔH^*_{uv} 数值。当被比较的成对物体色对人眼的张角大于 4°时，应依据 CIE 1964 标准色度观察者计算的三刺激值 X_{10}，Y_{10}，Z_{10}，用于计算 L^*_{10}、a^*_{10}、b^*_{10}、u^*_{10}、v^*_{10} 以及 $\Delta E^*_{ab,10}$、$C^*_{ab,10}$、$s_{uv,10}$、$C^*_{uv,10}$、$h_{ab,10}$、$h_{uv,10}$、$\Delta H^*_{ab,10}$ 和 $\Delta H^*_{uv,10}$ 数值。

ICS 17.180.20
A 26

中华人民共和国国家标准

GB/T 7922—2008
代替 GB/T 7922—2003

照明光源颜色的测量方法

Method of measuring the color of light sources

2008-06-26 发布　　　　2009-03-01 实施

中华人民共和国国家质量监督检验检疫总局
中国国家标准化管理委员会　发布

前 言

本标准替代 GB/T 7922—2003《照明光源颜色的测量方法》，与 GB/T 7922—2003 相比主要变化如下：

——修改完善了测试原理示意图；

——增加了“4.3 照明现场颜色测量”条款；

——增加了“4.4 LED 光源颜色测量”条款。

本标准由全国颜色标准化技术委员会提出。

本标准由全国颜色标准化技术委员会归口。

本标准主要起草单位：中国建筑科学研究院。

本标准参加起草单位：杭州远方光电信息有限公司、深圳市海川实业股份有限公司、飞利浦（中国）投资有限公司。

本标准主要起草人：李亚璋、张建平、潘建根、赵燕华、何唯平、汤惠工、姚梦民。

本标准所代替标准的历次版本发布情况为：

——GB/T 7922—1987，GB/T 7922—2003。

照明光源颜色的测量方法

1 范围

本标准规定了照明光源颜色的测量方法。

本标准适用于各类照明光源的颜色测量。

2 规范性引用文件

下列文件中的条款通过本标准的引用而成为本标准的条款。凡是注日期的引用文件，其随后所有的修改单(不包括勘误的内容)或修订版均不适用于本标准，然而，鼓励根据本标准达成协议的各方研究是否可使用这些文件的最新版本。凡是不注日期的引用文件，其最新版本适用于本标准。

GB/T 3979 物体色的测量方法

GB/T 5702 光源显色性评价方法

JJG 213 分布(颜色)标准灯

JJG 247 总光通量白炽标准灯

CIE №15 《色度学》

3 测量方法分类

3.1 按测量场所分，光源色测量可分为实验室测量和现场测量。

3.2 按测量原理分，光源色测量可分为光谱辐射测色法和三刺激值直读法两种。当对测试的准确度要求高时，应使用光谱辐射测色法。

3.3 按光源类型分，可分为一般照明光源和 LED 照明光源。

4 光源颜色的测量方法

4.1 实验室测量——光谱辐射测色法

4.1.1 对光谱辐射仪器的要求

用于光源颜色测量的光谱辐射仪应满足以下条件：

a) 波长范围：380 nm～780 nm，一般不小于 400 nm～700 nm；

b) 波长准确度：优于 0.5 nm；

c) 带宽 $\Delta\lambda \leqslant 5$ nm；

d) 杂散光：用白炽灯作光源，设定单色仪的波长为 450 nm，在入射光的光路上插入截止波长为 500.5 nm±0.5 nm 的玻璃滤色片，此时杂散光的输出信号应为未插入滤色片时光输出信号的 0.01 以内；

e) 探测器应在线性范围内工作；

f) 测量光重复性应在 1%以内。

4.1.2 光源相对光谱功率分布的测定

4.1.2.1 测试原理图，见图 1。

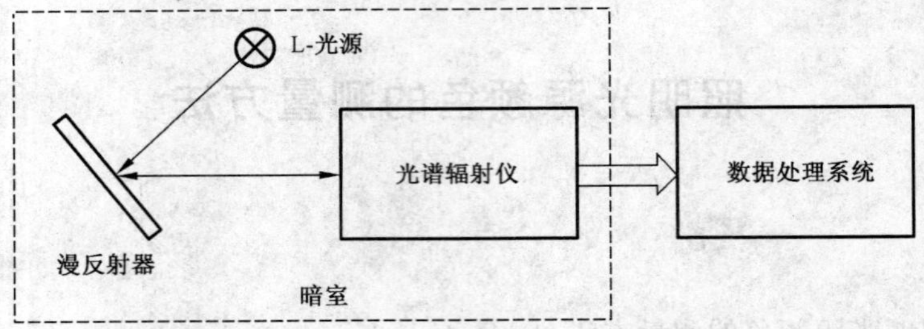

a）采用漫射器测量照明光源颜色

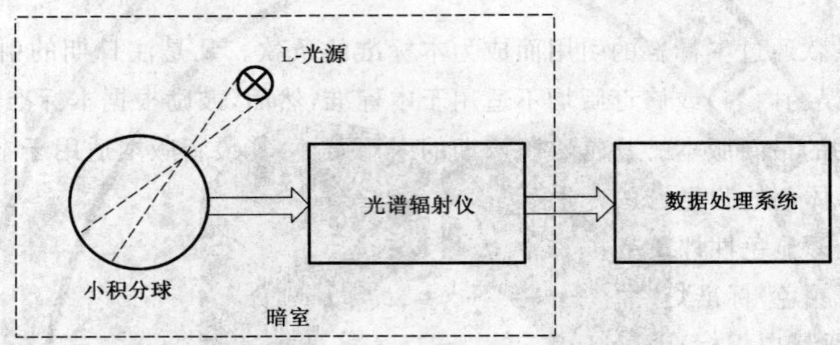

b）采用小积分球测量照明光源颜色

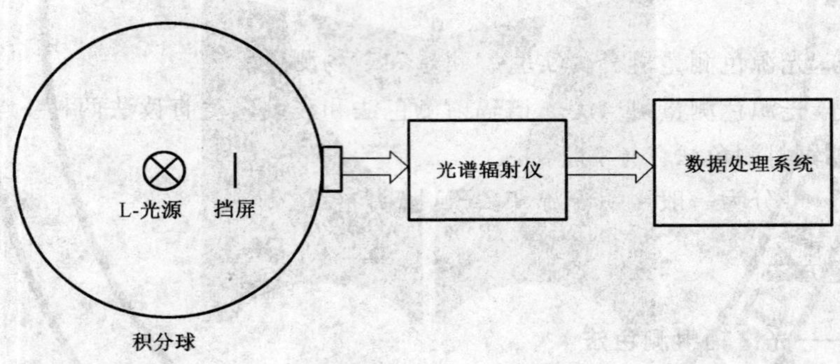

c）采用大(光度)积分球测量照明光源颜色

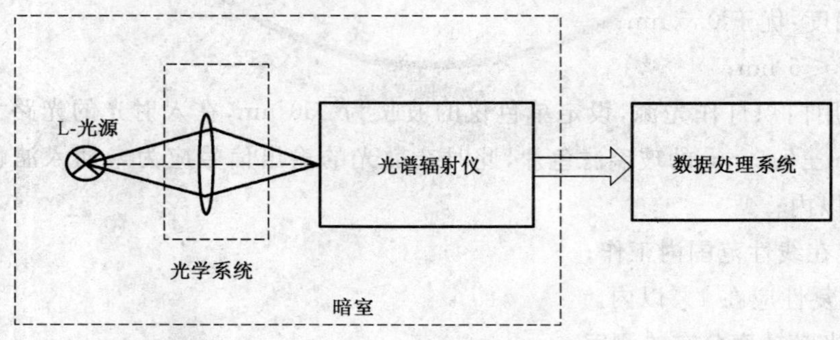

d）采用光学系统或成像系统测量照明光源颜色

图 1　测试原理示意图

4.1.2.2 标准光源

a) 经计量部门标定的光谱辐照度标准灯。一般给出灯泡在一定波长上的光谱辐照度值或相对光谱分布值。若需要求出中间波长上的数值时,可按式(1)用插入法求得。有时也可用几何作图法求出:

$$S_S(\lambda)=\frac{(\lambda-\lambda_2)(\lambda-\lambda_3)(\lambda-\lambda_4)}{(\lambda_1-\lambda_2)(\lambda_1-\lambda_3)(\lambda_1-\lambda_4)}S_S(\lambda_1)+\frac{(\lambda-\lambda_1)(\lambda-\lambda_3)(\lambda-\lambda_4)}{(\lambda_2-\lambda_1)(\lambda_2-\lambda_3)(\lambda_2-\lambda_4)}S_S(\lambda_2)+\frac{(\lambda-\lambda_1)(\lambda-\lambda_2)(\lambda-\lambda_4)}{(\lambda_3-\lambda_1)(\lambda_3-\lambda_2)(\lambda_3-\lambda_4)}S_S(\lambda_3)+\frac{(\lambda-\lambda_1)(\lambda-\lambda_2)(\lambda-\lambda_3)}{(\lambda_4-\lambda_1)(\lambda_4-\lambda_2)(\lambda_4-\lambda_3)}S_S(\lambda_4) \quad \cdots\cdots(1)$$

式中:

λ_1、λ_2、λ_3 和 λ_4——已给出光谱功率分布的波长($\lambda_1<\lambda_2<\lambda_3<\lambda_4$);

$S_S(\lambda_1)$、$S_S(\lambda_2)$、$S_S(\lambda_3)$和 $S_S(\lambda_4)$——波长分别在 λ_1、λ_2、λ_3 和 λ_4 处的光谱功率分布值。

b) 经计量部门标定的分布温度标准灯泡。

当使用分布温度为 2 856 K 的色温标准灯时,其灯泡的相对光谱功率分布可使用表 1 中所给出的标准光源 A 的数值。

当使用除 A 光源外的其他白炽灯作标准灯时,灯泡的相对光谱功率分布 $S_S(\lambda)$可由普朗克公式求出,见式(2):

$$S(\lambda)=c_1\lambda^{-5}\left(e^{\frac{c_2}{\lambda T}}-1\right)^{-1} \quad \cdots\cdots(2)$$

式中:

c_1——第一辐射常数,单位为瓦平方米(W·m²),$c_1=3.741\ 77\times10^{-16}$ W·m²;

c_2——第二辐射常数,单位为米开(m·K),$c_2=1.438\ 8\times10^{-2}$ m·K;

λ——波长,单位为米(m);

T——分布温度,单位为开(K)。

4.1.2.3 测试的一般条件

a) 测试场所不应有影响测试结果的环境光。

b) 标准光源使用的电源及监测仪表的精度均应符合计量器具检定规程 JJG 213 中的有关规定。

c) 待测光源的供电电源、测试线路、使用附件及所用的监测仪表精度均应符合该光源的标准规定。

d) 测试时的环境温度应符合有关灯泡的标准规定。

4.1.2.4 照明和探测的几何条件

a) 测量时标准光源和待测光源应以相同的几何条件将光线入射,而且应均匀照满光谱辐射仪的入射狭缝。

b) 光源至光谱辐射仪之间安置的漫射器可为积分球或漫反射板。为积分球时,光源光先入射到积分球,然后再进入到光谱辐射仪。为漫反射板时,光源光线垂直照射到漫反射板上,与漫反射板的法线成 45°角的漫射光直接地或通过光学系统进入到光谱辐射仪。

注:积分球的要求及喷涂,可按计量器具检定规程 JJG 247 中的有关规定执行。

c) 测量光源时,也可使用成像系统使光进入光谱辐射仪。

4.1.2.5 测试准备

a) 测试前光源应发光稳定;

b) 测试前，应对探测器的光电器件进行预照，使其性能稳定；

c) 波长取样间隔 $\Delta\lambda$ 应与仪器的光谱宽度相同，或为它的整数分之一。

4.1.2.6 相对光谱功率分布的计算方法

相对光谱功率分布 $S_t(\lambda)$，可由式(3)求出：

$$S_t(\lambda) = \frac{R_t(\lambda)}{R_S(\lambda)} \cdot S_S(\lambda) \qquad (3)$$

式中：

$S_S(\lambda)$——标准光源的相对光谱功率分布；

$R_t(\lambda)$——待测光源在波长 λ 处的光电探测器读数；

$R_S(\lambda)$——标准光源在波长 λ 处的光电探测器读数。

4.1.3 三刺激值的计算方法

三刺激值 X、Y、Z 采用等波长间隔法计算，按式(4)进行：

$$\left.\begin{aligned} X &= K \cdot \sum_{380}^{780} S_t(\lambda)\bar{x}(\lambda)\Delta\lambda \\ Y &= K \cdot \sum_{380}^{780} S_t(\lambda)\bar{y}(\lambda)\Delta\lambda \\ Z &= K \cdot \sum_{380}^{780} S_t(\lambda)\bar{z}(\lambda)\Delta\lambda \\ K &= \frac{100}{\sum_{380}^{780} S_t(\lambda)\bar{y}(\lambda)\Delta\lambda} \end{aligned}\right\} \qquad (4)$$

式中：

$S_t(\lambda)$——待测光源的相对光谱功率分布值；

$\bar{x}(\lambda)$、$\bar{y}(\lambda)$、$\bar{z}(\lambda)$——CIE1931XYZ 色度系统中的色度函数(见表 2)；

$\Delta\lambda$——波长间隔；

K——归一化系数。

一般光源色测量采用 5 nm 波长间隔，有时也可采用 10 nm 的波长间隔。

在 CIE1964$X_{10}Y_{10}Z_{10}$ 标准色度系统中，计算时用色度函数 $\bar{x}_{10}(\lambda)$、$\bar{y}_{10}(\lambda)$、$\bar{z}_{10}(\lambda)$(见表 3)代替 $\bar{x}(\lambda)$、$\bar{y}(\lambda)$、$\bar{z}(\lambda)$，其余与上式相同。

4.1.3.1 色品坐标的计算方法

CIE1931XYZ 色度系统中的色品坐标 x、y，按式(5)求出：

$$\left.\begin{aligned} x &= \frac{X}{X+Y+Z} \\ y &= \frac{Y}{X+Y+Z} \end{aligned}\right\} \qquad (5)$$

对于 CIE1964$X_{10}Y_{10}Z_{10}$ 补充标准色度系统中的色品坐标 x_{10}、y_{10} 则可用 X_{10}、Y_{10}、Z_{10} 代替式(5)中的 X、Y、Z 通过计算而求得。

4.1.3.2 测色误差：Δx 和 Δy 应在 ± 0.003 的范围内。

4.2 三刺激值直读法

4.2.1 光电色度计

用于测光源的光电色度计必须满足下列条件：

a) 光电色度计的光谱灵敏度应当满足标准色度系统的色度函数要求，并能直接测量光源色的三刺激值或色品坐标；

b) 测试误差：Δx 和 Δy 应在±0.005 的范围内。

4.2.2 测量方法

4.2.2.1 测试的一般条件

a) 测试场所应没有影响测试结果的环境光；

b) 校准用光源及待测光源的电源、测试线路、使用附件及监测仪表，均应符合该类光源的技术标准要求；

c) 测试时的环境温度应按有关光源的标准规定；

d) 测试前，光源必须发光稳定；

e) 测试前，应对探测器的光电器件进行充分预照，使其性能稳定。

4.2.2.2 照明和探测的几何条件

a) 从待测光源测定点射出的光束，其中心光线应垂直于探测器的受光面；

b) 当测定光源某特定部位的颜色时，其光束的中心光线应垂直于探测器的受光面，并要挡住光源其他部分的光；

c) 也可将光投射到漫反射工作标准白板上，用探测器的受光面对准白板进行测量。工作标准白板应按 GB/T 3979 中的有关技术规定。

4.2.2.3 光电色度计的定标和测量

用已知三刺激值 X、Y、Z 或 X_{10}、Y_{10}、Z_{10} 的校准用光源来对光电色度计进行定标。

4.2.2.3.1 校准用光源应满足下述要求：

a) 发光性能稳定，其稳定性是使待测光源的测定值达到所需精度的重要条件之一；

b) 校准用光源的相对光谱功率分布与待测光源相近似；

c) 校准用光源的亮度和形状与待测光源相近似；

d) 校准用光源的三刺激值用光谱辐射测色法求得。

4.2.2.3.2 光电色度计的定标及测量

在相同的照明和探测条件下对校准用光源和待测光源进行测定。并读出它们各自相应于三刺激值的光电响应值。

待测光源的三刺激值由式(6)求出：

$$T = \frac{T'}{F'}F \quad \cdots\cdots(6)$$

式中：

T——待测光源的三刺激值；

T'——与待测光源三刺激值相应的光电响应值；

F——校准用光源已标定的三刺激值；

F'——与校准用光源三刺激值相应的光电响应值。

4.3 照明现场测量

4.3.1 在照明现场测量照明光源颜色参数其被测光源宜满足下列要求：

——钨丝类光源累计点燃时间在 50 h 以上；

——气体放电灯类光源累计点燃时间在 100 h 以上。

4.3.2 测量照明光源颜色参数时：

——钨丝类光源应在点燃 15 min 后进行；

——气体放电灯类光源应在点燃 40 min 后进行；

——测量的同时应监测电源电压。

4.3.3 在照明现场测量照明光源颜色参数，应使用分光型光谱辐射仪器。

4.3.4 对于照明现场测量照明光源颜色参数的分光型光谱辐射仪器的应满足以下条件：

a) 波长范围：380 nm～780 nm，测光重复性在1%以内；

b) 波长精度：≤±2.0 nm；

c) 光谱带宽：≤8 nm；

d) 波长间隔：≤5 nm；

e) 对A光源的颜色精度：±0.001 5x，±0.001 5y。

4.3.5 采用分光型光谱(辐)照度计在照明现场测量照明光源颜色。将仪器测量探头放置测试工作面上，读取保存测试光谱数据，大型场所测试点不得少于9点，小型场所不得少于3点。

4.3.6 采用分光型光谱(辐)亮度计和(漫射型)标准白板在照明现场测量照明光源颜色。将标准白板放置测试工作面上，亮度计与白板形成45°角，测量白板亮度读取光谱数据，将读取的白板亮度光谱数据用白板的光谱反射比数据进行修正后，再进行照明光源颜色参数计算。

4.3.7 对得到的照明现场光源的光谱数据进行归一化处理后，再依据GB/T 5702进行照明现场照明光源颜色参数的计算。

4.3.8 在测量时应注意避免昼光对测量结果的影响，应避免人员挡光，测试人员不应穿着有颜色鲜艳的衣服(宜穿着白、灰和深黑色衣物)。在测量的同时应纪录电源电压。对于气体放电灯(HID灯)有条件的宜同时测量光源功率和电源电压。在检验报告中应注明测量结果是纯光源的颜色还是包括环境光的综合光色。

4.4 照明用LED光源颜色测量

4.4.1 测量照明用的LED光源颜色参数应采用符合4.3.3规定的仪器。

4.4.2 作为照明用的LED光源，应将LED光源作为整体进行颜色测量；测量位置应与照度计算面相近或相同；若是由三种单色光源(或以上)合成的照明光源，应测量各基色的光谱数据，再依据GB/T 5702和CIE №15计算颜色参数。

4.4.3 测量仪器应符合4.3.4的规定。

4.4.4 测量方法可采用4.3.5和4.3.6所述的方法。

4.4.5 数据处理可采用4.3.7所述的方法。

4.4.6 在测量时应遵守4.3.8的规定。

5 测量结果的表示

记录事项如下：

a) 被测光源名称、型号和制造厂家；

b) 测色仪器(光谱辐射仪或光电色度计型号)；

c) 被测光的照明和探测条件及测试条件；

d) 用光谱辐射测色法时，应记录光谱宽度和取样的波长间隔；

e) 标准光源种类及编号；

f) 说明用的是CIE1931XYZ标准色度系统，还是CIE1964$X_{10}Y_{10}Z_{10}$标准色度系统；

g) 测试结果：x、y或x_{10}、y_{10}。LED光源应注明是光源整体颜色或基色颜色。

表 1　标准 A 光源的相对光谱分布

波长 λ/nm	S(λ)	波长 λ/nm	S(λ)	波长 λ/nm	S(λ)	波长 λ/nm	S(λ)
380	9.80	480	48.24	580	114.44	680	185.43
385	10.90	485	51.04	585	118.08	685	188.70
390	12.09	490	53.91	590	121.73	690	191.93
395	13.35	495	56.85	595	125.39	695	195.12
400	14.71	500	59.86	600	129.04	700	198.26
405	16.15	505	62.93	605	132.70	705	201.36
410	17.68	510	66.06	610	136.35	710	204.41
415	19.29	515	69.25	615	139.99	715	207.71
420	20.99	520	72.50	620	143.62	720	210.36
425	22.79	525	75.79	625	147.24	725	213.27
430	24.67	530	79.13	630	150.84	730	216.12
435	26.64	535	82.52	635	154.42	735	218.92
440	28.70	540	85.95	640	157.98	740	221.67
445	30.85	545	89.41	645	161.52	745	224.36
450	33.09	550	92.91	650	165.03	750	227.00
455	35.41	555	96.44	655	168.51	755	229.59
460	37.81	560	100.00	660	171.96	760	232.12
465	40.30	565	103.58	665	175.38	765	234.59
470	42.87	570	107.18	670	178.77	770	237.01
475	45.52	575	110.80	675	182.12	775	239.37
						780	241.68

表 2　CIE1931 标准色度系统光谱三刺激值

λ/nm	$\bar{x}(\lambda)$	$\bar{y}(\lambda)$	$\bar{z}(\lambda)$	λ/nm	$\bar{x}(\lambda)$	$\bar{y}(\lambda)$	$\bar{z}(\lambda)$
380	0.001 4	0.000 0	0.006 5	460	0.290 8	0.060 0	1.669 2
385	0.002 2	0.000 1	0.010 5	465	0.251 1	0.073 9	1.528 1
390	0.004 2	0.000 1	0.020 1	470	0.195 4	0.091 0	1.287 6
395	0.007 6	0.000 2	0.036 2	475	0.142 1	0.002 6	1.041 9
400	0.014 3	0.000 4	0.067 9	480	0.095 6	0.139 0	0.813 0
405	0.023 2	0.000 6	0.110 2	485	0.058 0	0.169 3	0.616 2
410	0.043 5	0.001 2	0.207 4	490	0.032 0	0.208 0	0.465 2
415	0.077 6	0.002 2	0.371 3	495	0.014 7	0.258 6	0.353 3
420	0.134 4	0.004 0	0.645 6	500	0.004 9	0.323 0	0.272 0
425	0.214 8	0.007 3	1.039 1	505	0.002 4	0.407 3	0.212 3
430	0.283 9	0.011 6	1.385 6	510	0.009 3	0.503 0	0.158 2
435	0.328 5	0.016 8	1.623 0	515	0.029 1	0.608 2	0.111 7
440	0.348 3	0.023 0	1.747 1	520	0.063 3	0.710 0	0.078 2
445	0.348 1	0.029 8	1.782 6	525	0.109 6	0.793 2	0.057 3
450	0.336 2	0.038 0	1.772 1	530	0.165 5	0.862 0	0.042 2
455	0.318 7	0.048 0	1.744 1	535	0.225 7	0.914 9	0.029 8

表 2（续）

λ/nm	$\bar{x}(\lambda)$	$\bar{y}(\lambda)$	$\bar{z}(\lambda)$	λ/nm	$\bar{x}(\lambda)$	$\bar{y}(\lambda)$	$\bar{z}(\lambda)$
540	0.290 4	0.954 0	0.020 3	660	0.164 9	0.061 0	0.000 0
545	0.359 7	0.980 3	0.013 4	665	0.121 2	0.044 6	0.000 0
550	0.433 4	0.995 0	0.008 7	670	0.087 4	0.032 0	0.000 0
555	0.512 1	1.000 0	0.005 7	675	0.063 6	0.023 2	0.000 0
560	0.594 5	0.995 0	0.003 9	680	0.046 8	0.017 0	0.000 0
565	0.678 4	0.978 6	0.002 7	685	0.032 9	0.011 9	0.000 0
570	0.762 1	0.952 0	0.002 1	690	0.022 7	0.008 2	0.000 0
575	0.842 5	0.915 4	0.001 8	695	0.015 8	0.005 7	0.000 0
580	0.916 3	0.870 0	0.001 7	700	0.011 4	0.004 1	0.000 0
585	0.978 6	0.816 3	0.001 4	705	0.008 1	0.002 9	0.000 0
590	1.026 3	0.757 0	0.001 1	710	0.005 8	0.002 1	0.000 0
595	1.056 7	0.694 9	0.001 0	715	0.004 1	0.001 5	0.000 0
600	1.062 2	0.631 0	0.000 8	720	0.002 9	0.001 0	0.000 0
605	1.045 6	0.566 8	0.000 6	725	0.002 0	0.000 7	0.000 0
610	1.002 6	0.503 0	0.000 3	730	0.001 4	0.000 5	0.000 0
615	0.938 4	0.441 2	0.000 2	735	0.001 0	0.000 4	0.000 0
620	0.854 4	0.381 0	0.000 2	740	0.000 7	0.000 2	0.000 0
625	0.751 4	0.321 0	0.000 1	745	0.000 5	0.000 2	0.000 0
630	0.642 4	0.265 0	0.000 0	750	0.000 3	0.000 1	0.000 0
635	0.541 9	0.217 0	0.000 0	755	0.000 2	0.000 1	0.000 0
640	0.447 9	0.175 0	0.000 0	760	0.000 2	0.000 1	0.000 0
645	0.360 8	0.138 2	0.000 0	765	0.000 1	0.000 0	0.000 0
650	0.283 5	0.107 0	0.000 0	770	0.000 1	0.000 0	0.000 0
655	0.218 7	0.081 6	0.000 0	775	0.000 1	0.000 0	0.000 0
				780	0.000 0	0.000 0	0.000 0

表 3　CIE1964X_{10}、Y_{10}、Z_{10}标准色度系统光谱三刺激值

λ/nm	$\bar{x}_{10}(\lambda)$	$\bar{y}_{10}(\lambda)$	$\bar{z}_{10}(\lambda)$	λ/nm	$\bar{x}_{10}(\lambda)$	$\bar{y}_{10}(\lambda)$	$\bar{z}_{10}(\lambda)$
380	0.000 2	0.000 0	0.000 7	440	0.383 7	0.062 1	1.967 3
385	0.000 7	0.000 1	0.002 9	445	0.370 7	0.089 5	1.994 8
390	0.002 4	0.000 3	0.010 5	450	0.370 7	0.089 5	1.994 8
395	0.007 2	0.000 8	0.032 3	455	0.343 0	0.106 3	1.900 7
400	0.019 1	0.002 0	0.086 0	460	0.302 3	0.128 2	1.745 4
405	0.043 4	0.004 5	0.197 1	465	0.254 1	0.152 8	1.554 9
410	0.084 7	0.008 8	0.389 4	470	0.195 6	0.185 2	1.317 6
415	0.140 6	0.014 5	0.656 8	475	0.132 3	0.219 9	1.030 2
420	0.204 5	0.021 4	0.972 5	480	0.080 5	0.253 6	0.772 1
425	0.314 7	0.038 7	1.553 5	485	0.041 1	0.297 7	0.570 1
430	0.314 7	0.038 7	1.553 5	490	0.016 2	0.339 1	0.415 3
435	0.357 7	0.049 6	1.798 5	495	0.005 1	0.395 4	0.302 4

表 3（续）

λ/nm	$\bar{x}_{10}(\lambda)$	$\bar{y}_{10}(\lambda)$	$\bar{z}_{10}(\lambda)$	λ/nm	$\bar{x}_{10}(\lambda)$	$\bar{y}_{10}(\lambda)$	$\bar{z}_{10}(\lambda)$
500	0.003 8	0.460 8	0.218 5	640	0.431 6	0.179 8	0.000 0
505	0.015 4	0.531 4	0.159 2	645	0.343 7	0.140 2	0.000 0
510	0.037 5	0.606 7	0.112 0	650	0.268 3	0.107 6	0.000 0
515	0.071 4	0.685 7	0.082 2	655	0.204 3	0.081 2	0.000 0
520	0.117 7	0.761 8	0.060 7	660	0.152 6	0.060 3	0.000 0
525	0.173 0	0.823 3	0.043 1	665	0.112 2	0.044 1	0.000 0
530	0.236 5	0.875 2	0.030 5	670	0.081 3	0.031 8	0.000 0
535	0.304 2	0.923 8	0.020 6	675	0.057 9	0.022 6	0.000 0
540	0.376 8	0.962 0	0.013 7	680	0.040 9	0.015 9	0.000 0
545	0.451 6	0.982 2	0.007 9	685	0.028 6	0.011 1	0.000 0
550	0.529 8	0.991 8	0.004 0	690	0.019 9	0.007 7	0.000 0
555	0.616 1	0.999 1	0.001 1	695	0.013 8	0.005 4	0.000 0
560	0.705 2	0.997 3	0.000 0	700	0.009 6	0.003 7	0.000 0
565	0.793 8	0.982 4	0.000 0	705	0.006 6	0.002 6	0.000 0
570	0.878 7	0.955 6	0.000 0	710	0.004 6	0.001 8	0.000 0
575	0.951 2	0.915 2	0.000 0	715	0.003 1	0.001 2	0.000 0
580	1.014 2	0.868 9	0.000 0	720	0.002 2	0.000 8	0.000 0
590	1.118 5	0.777 4	0.000 0	725	0.001 5	0.000 6	0.000 0
590	1.118 5	0.777 4	0.000 0	730	0.001 0	0.000 4	0.000 0
595	1.134 3	0.720 4	0.000 0	735	0.000 7	0.000 3	0.000 0
600	1.124 0	0.658 3	0.000 0	740	0.000 5	0.000 2	0.000 0
610	1.030 5	0.528 0	0.000 0	745	0.000 4	0.000 1	0.000 0
610	1.030 5	0.528 0	0.000 0	750	0.000 3	0.000 1	0.000 0
615	0.950 7	0.461 8	0.000 0	755	0.000 2	0.000 1	0.000 0
620	0.856 3	0.398 1	0.000 0	760	0.000 1	0.000 0	0.000 0
625	0.754 9	0.339 6	0.000 0	765	0.000 1	0.000 0	0.000 0
630	0.647 5	0.283 5	0.000 0	770	0.000 1	0.000 0	0.000 0
635	0.535 1	0.228 3	0.000 0	775	0.000 0	0.000 0	0.000 0
				780	0.000 0	0.000 0	0.000 0

ICS 07.040
A 77

中华人民共和国国家标准

GB/T 7930—2008
代替 GB 7930—1987

1:500 1:1000 1:2000 地形图航空摄影测量内业规范

Specifications for aerophotogrammetric office operation of 1:500 1:1000 1:2000 topographic maps

2008-06-20 发布 2008-12-01 实施

中华人民共和国国家质量监督检验检疫总局
中国国家标准化管理委员会 发布

前　言

本标准代替 GB 7930—1987《1∶500　1∶1 000　1∶2 000 地形图航空摄影测量内业规范》。

本标准与 GB 7930—1987 相比较，内容的变化主要包括：

——标准的体例、措辞、语句按照 GB/T 1.1—2000 进行了全面修改。

——增加了范围、规范性引用文件。

——对原标准 1.1.1 进行了修改，平面坐标系应采用国家规定的统一坐标系；确有必要时，可采用依法批准的独立坐标系。投影、高程系统按 GB/T 18315 执行。

——对原标准 1.1.2 进行了修改，地形图的分幅与编号按 GB/T 20257.1 执行。

——对原标准 1.1.6 进行了修改，地形图的符号与注记规格按 GB/T 20257.1 执行。

——对原标准 1.4 进行了修改，航摄资料应满足 GB/T 6962 的规定。

——对原标准 1.6 进行了修改，按 CH/T 1004 的规定编写技术设计书。

——在原标准第 2 章中加入了彩色摄影处理。

——对原标准 8.1 进行了修改，航测内业测绘产品按 CH 1002、CH 1003 规定进行检查验收。

——增加了 10.1 技术总结。

本标准的附录 A、附录 B 为资料性附录。

本标准由国家测绘局提出。

本标准由全国地理信息标准化技术委员会归口。

本标准负责起草单位：国家测绘局测绘标准化研究所。

本标准主要起草人：马聪丽、王占宏、陈继良、姜翔鸾、王兆煦、杜筱霞。

本标准所代替标准的历次版本发布情况为：

——GB 7930—1987。

引　　言

随着科学技术的发展，测绘生产技术和生产体系发生了巨大变化。为保持原技术体系的完整性、现有标准之间的协调性以及标准体系的系统性、完整性，在本标准修订过程中，对经过实践检验的正确合理的技术方法和技术指标予以保留，对与相关标准不协调的内容进行了修改。有关新技术和新方法将另行制定标准。

1∶500　1∶1 000　1∶2 000
地形图航空摄影测量内业规范

1　范围

本标准规定了采用模拟、解析航空摄影测量方法测绘1∶500、1∶1 000、1∶2 000地形图的规格、精度及内业作业的基本要求。

本标准适用于1∶500、1∶1 000、1∶2 000地形图的航空摄影测量内业作业。

2　规范性引用文件

下列文件中的条款通过本标准的引用而成为本标准的条款。凡是注日期的引用文件，其随后所有的修改单(不包括勘误的内容)或修订版均不适用于本标准，然而，鼓励根据本标准达成协议的各方研究是否可使用这些文件的最新版本。凡是不注日期的引用文件，其最新版本适用于本标准。

GB/T 7931　1∶500、1∶1 000、1∶2 000地形图航空摄影测量外业规范

GB/T 6962　1∶500、1∶1 000、1∶2 000比例尺地形图航空摄影规范

GB/T 18315　数字地形图系列和基本要求

GB/T 20257.1　国家基本比例尺地图图式　第1部分1∶500　1∶1 000　1∶2 000地形图图式

CH/T 1001　测绘技术总结编写规定

CH 1002　测绘产品检查验收规定

CH 1003　测绘产品质量评定标准

CH/T 1004　测绘技术设计规定

3　总则

3.1　地形图的规格

3.1.1　空间坐标系

平面坐标系应采用国家规定的统一坐标系；确有必要时，可采用依法批准的独立坐标系。投影、高程系统按GB/T 18315执行。

3.1.2　地形图的分幅及编号

分幅与编号按GB/T 20257.1执行。

3.1.3　地形类别

平地：绝大部分地面坡度在2°以下的地区；

丘陵地：绝大部分地面坡度在2°～6°之间的地区；

山地：绝大部分地面坡度在6°～25°之间的地区；

高山地：绝大部分地面坡度在25°以上的地区。

3.1.4　基本等高距

基本等高距依据地形类别划分，规定见表1，一幅图内一般采用一种基本等高距。当基本等高线不能显示地貌特征时，应加测间曲线，必要时可再加测助曲线。

平坦地区，根据用图需要，也可不绘等高线，仅用高程注记点表示。

表 1　基本等高距

单位为米

基本等高距		地形类别			
		平地	丘陵地	山地	高山地
成图比例尺	1∶500	0.5	1.0(0.5)	1.0	1.0
	1∶1 000	0.5(1.0)	1.0	1.0	2.0
	1∶2 000	1.0(0.5)	1.0	2.0(2.5)	2.0(2.5)
注：括号内表示依用图需要选用的等高距(以下同)。					

3.1.5　高程注记点

高程注记点应选在明显地物点和地形特征点上，其密度为图上每 100 cm^2 内 5～20 个。

3.1.6　地形图的符号和注记

地形图的符号与注记规格按 GB/T 20257.1 执行。

3.2　地形图的精度

3.2.1　内业加密点和地物点对附近野外控制点的平面位置中误差以图比例尺计不应大于表 2 规定。

表 2　平面位置中误差

单位为毫米

地形类别	平地、丘陵地	山地、高山地
加密点中误差	0.4	0.55
地物点中误差	0.6	0.8

3.2.2　内业加密点、高程注记点和等高线对附近野外控制点的高程中误差不应大于表 3 规定。

表 3　高程中误差

单位为米

比例尺		1∶500				1∶1 000				1∶2 000			
地形类别		平地	丘陵地	山地	高山地	平地	丘陵地	山地	高山地	平地	丘陵地	山地	高山地
基本等高距		0.5	1.0 (0.5)	1.0	1.0	0.5 1.0	1.0	1.0	2.0	1.0 (0.5)	1.0	2.0 (2.5)	2.0 (2.5)
中误差	加密点	—	—	0.35	0.5	—	0.35	0.5	1.0	—	0.35	0.8	1.2
	注记点	0.2	0.4 (0.2)	0.5	0.7	0.2 (0.4)	0.5	0.7	1.5	0.4 (0.2)	0.5	1.2	1.5
	等高线	0.25	0.5 (0.25)	0.7	1.0 地形变换点	0.25 (0.5)	0.7	1.0	2.0 地形变换点	0.5 (0.25)	0.7	1.5 地形变换点	2.0 地形变换点

注：1∶500 地形图平地、丘陵地采用平高全野外控制布点；1∶1 000、1∶2 000 地形图平地采用高程全野外控制布点。

山地、高山地地图上的等高线，在实地不能直接找到衡量其高程精度的相应位置时，等高线的高程中误差可按公式(1)计算，当计算值小于表 3 规定时，则按表 3 规定执行。

$$m_h = \pm (a + b \cdot \tan\alpha) \qquad (1)$$

式中：

m_h——等高线高程中误差，单位为米(m)；

a——高程注记点高程中误差，单位为米(m)；

b——地物点平面位置中误差，单位为米(m)；

α——检查点附近的地面倾斜角，单位为度(°)。

3.2.3　特殊困难地区(大面积的森林、沙漠、戈壁、沼泽等)地物点的平面位置中误差按表2相应地形类别放宽0.5倍,高程中误差按表3相应地形类别放宽0.5倍。

3.2.4　本规范取两倍中误差为最大误差。

3.2.5　图廓尺寸与理论尺寸之差不应大于表4规定。

表4　图廓尺寸与理论尺寸之差　　单位为毫米

项　目	边　长	对 角 线
展点图	0.15	0.20
镶嵌图 清绘图 复照底图	0.20	0.30

3.2.6　除使用本规范规定的方法外,还可采用经实践验证能满足本规范精度要求的其他新技术和新方法,但应在技术设计书中明确规定。

3.3　对航摄资料的要求

航摄资料应满足GB/T 6962的规定。

3.4　对航测外业成果的要求

航测外业成果应符合GB/T 7931的有关规定及项目设计书的要求。

3.5　技术设计

按CH/T 1004的规定编写技术设计书。

3.6　对仪器的要求

内业使用的各种作业仪器,应按照仪器检校标准进行检校,检校合格后,在有效期内方可用于生产。

3.7　对其他作业方法的要求

在满足本规范所规定的精度标准的前提下,可采用本规范未列入的新技术和新方法,但应在技术设计书中明确说明相关要求和规定。

4　摄影处理

4.1　一般要求

晒像、复照应采取必要的技术措施,保证影像清晰、反差适中、色调正常;并应在摄影处理过程中,力求消除影像的伸缩变形,以确保影像的几何精度。

4.2　晒像

4.2.1　片基的选择和要求

4.2.1.1　供内业加密和测图用的复制片及供正射影像图用的扫描片,采用涤纶软片,供外业调绘用的一般采用纸基像片,装片法用的调绘片,应采用裱板像片或白底涤纶软片。

4.2.1.2　涤纶软片和像纸的乳剂分解力不应低于80 lp/mm,涤纶软片经摄影处理后的不规则变形应小于3/10 000。

4.2.2　摄影处理的要求

4.2.2.1　根据航摄底片的反差,正确选择感光材料的型号,选配药液,显影液的温度宜在18 ℃～22 ℃之间。

4.2.2.2　正射影像负片密度范围:

灰雾度　$D_0 \leqslant 0.2$

密度值　$D_{最小}$在0.2～0.3

密度值　$D_{最大}$在0.8～1.1

影像反差　ΔD为0.6～0.8

反差系数　$\gamma=0.65$

微分纠正扫描用的透明正片密度范围：

灰雾度　$D_0 \leqslant 0.1$

密度值　$D_{最小}$ 在0.2～0.3

密度值　$D_{最大}$ 在1.0～1.2

影像反差　ΔD 为0.8～0.9

反差系数　$\gamma=0.6$

4.2.2.3　定影和水洗应充分，温度和时间应适当，防止感光药膜变软产生影像漂移。涤纶软片晾干时应注意放置方式，防止局部变形。

4.2.2.4　晒印像片片基的机械方向应与航摄底片的机械方向垂直，晒印时需采取必要的压平措施。

4.2.2.5　框标影像应清晰、完整、齐全。

4.2.3　彩色摄影处理

4.2.3.1　晒印彩色透明软片和像片，应使用色温稳定的曝光光源，曝光定时器，光谱带窄的钠光灯和稳压电源。

4.2.3.2　彩色像片的冲洗要求：显影的温度和时间按配方要求控制，显影液温度与配方所要求的温度之差不超过±0.5 ℃，漂定液温差不超过±1 ℃，中间水洗温差不超过±3 ℃。且应及时添加补充液，保证液体成分和pH值不变。

4.2.3.3　彩色像片校色：晒印真彩色片应利用滤光片进行校色，以标准彩色样片为准；晒印假彩色像片，以正确表达光楔中性灰值或反映本地区特定景观的假彩色样片为准。

4.2.3.4　彩色感光材料的总感光度误差应小于GB 1°，各乳剂层灰雾度不大于0.3，其他物理特性要求同黑白感光材料。

4.2.3.5　彩色透明软片和纸基像片应在85 ℃～95 ℃的条件下进行快速干燥。

4.3　复照

4.3.1　复照仪的光屏、镜头和承影板三平面应严格平行。

4.3.2　被复照的图版、像片等图件应严格压平。

4.3.3　原图复照后，图廓边长、对角线长与理论值之差不应超过表4的规定。

4.3.4　复照图边的宽度不应小于1.5 cm，边长与理论值之差不应大于0.3 mm。

4.3.5　摄影处理的要求同4.2.2。

4.4　照像植字

4.4.1　照像植字的文字、数字和符号的规格应符合图式和技术设计的要求。

4.4.2　文字、数字要求排列整齐、字隔均匀、字迹清楚、黑度和笔划粗细一致。

4.4.3　照像植字要求灰雾度 D_0 小于0.1，黑度 D 大于2.5。

4.4.4　显影、定影和水洗应充分，摄影处理应防止药膜脱落。

5　解析法空中三角测量

5.1　准备工作

5.1.1　解析空中三角测量（电算加密），为纠正和测图提供了定向点或注记点（碎部点），以及作业时所需要的仪器安置元素数据。电算加密前需取得以下各种资料：航摄质量鉴定书，涤纶片（透明正片），图历表（卡），野外控制、调绘像片，布点略图，各种观测计算手簿，前一工序的技术设计书等。测区中如有大的江河湖泊水网地段，还需搜集水文资料。

5.1.2　根据规范、图式和技术设计书的精度要求，分析所搜集的资料，确认其是否能满足内业作业要求，再依据航空摄影资料和外业布点情况，合理选用量测仪器和平差计算程序，编制电算加密计划。

5.2 转点和选点

5.2.1 使用立体转点仪转点、选刺点。刺孔的大小和误差均不应大于0.06 mm。野外控制点一般不转刺，但应转标，需要转刺时，应依据野外控制片上的刺孔、点位略图及点位说明综合判断进行准确转刺。内业加密点应选刺在本片和相邻像片影像都清晰、明显、易转刺和量测的目标点上。

5.2.2 各种测图方法对加密点数量和点在像片上位置的要求：

a) 精密立体测图仪测图、解析测图仪测图、微分纠正的定向点不少于四个，点的分布如图1所示；纠正仪隔片纠正的纠正点点数和点位分布如图2所示；纠正仪每片纠正的纠正点点数和点位分布如图3所示；测图定向点、纠正点为平高点(一带纠正时，可为平面点)，检查点为高程点；

图1 精密立体测图仪、解析测图仪、微分纠正点位分布图

图2 纠正仪隔片纠正点位分布图　　图3 纠正仪每片纠正点位分布图

图中“□”代表像主点；“○”代表平高点。

b) 图1、图2中的平高定向点、纠正点应在过主点且垂直于方位线的直线与旁向重叠中线的交点附近，左右偏离过主点且垂直于方位线的直线不大于1 cm；图3中的平高纠正点应在过两主点连线中点且垂直于方位线的直线与旁向重叠中线的交点1 cm附近范围内选取；主点附近的纠正点(中心点)，应在距离主点1 cm范围内选取，选点困难时，不应大于1.5 cm；

c) 加密点距离各类标志应大于1 mm，像幅为18 cm×18 cm时距离像片边缘不应小于1 cm，像幅为23 cm×23 cm时距离像片边缘不应小于1.5 cm；

d) 一张中心像片覆盖一幅图作业时，测图或纠正用的加密点距离图廓点或图廓线在像片上不大于1 cm，偏离通过主点且垂直于方位线的直线不大于1 cm，困难时，不应大于1.5 cm。当点位不能同时满足距离图廓点和左右偏离过主点垂直于方位线的直线条件时，应增选加密连接点。

5.2.3 加密点的选刺除了应按5.2.2规定执行外，还应该注意以下各点：

a) 加密本身需要的连接点，选刺在位于图1所示的1,3,5,2,4,6六个标准点位附近。1,2点选在距离像主点1 cm范围内的明显点上，个别选点困难时，亦应在1.5 cm的范围内选点。3,4,5,6点一般情况下应与测图定向点、隔片纠正点一致，其离方位线的距离像幅为18 cm×18 cm时应大致相等且大于3.5 cm，像幅为23 cm×23 cm时应大致相等且大于5 cm。当有特殊需要增加连接强度时，可增选连接点的数量。

b) 当旁向重叠过大，连接点距离方位线小于 a)规定时，应分别选点；当旁向重叠过小，在重叠中线处选点难以保证量测精度时，亦可分别选点，但其两点至旁向重叠中线垂足之和不应大于 1.5 cm。

c) 选点目标在本片和邻片上都应位于影像清晰、明显，易于转刺和量测的地形点上，所选点位构成的图形大致呈矩形为宜，并应照顾调绘面积，加密点连线到调绘范围线的距离，不大于像片上 1 cm。

d) 森林地区的点位应尽量选在林间空地的明显点上，如选不出时，可选在相邻航线和左右立体像对都清晰的树顶上。

e) 沿河道、山谷布设的航线选点时应注意标准点之间的相对位置避免出现相对定向的不定性，在平坦地急剧转为山地、高山地时，宜在地形变换线处，每像对增选 1～2 个地形特征点，在较大的江河、湖泊、水库地段，图板上每隔 10 cm～15 cm 应选刺水位点，备水系平差使用。

f) 为便于航测原图的室内抽样检查，各测图单位可依据抽样检验的方法，自行规定选刺备查点的数量和要求。

g) 自由图边的加密点选在图廓线以外。

h) 不同测图方法、不同像片比例尺、不同航摄区测图接边处的点位和点数均应满足各自的要求，并互相转刺。

5.3 坐标量测

5.3.1 像点坐标采用立体坐标量测仪、精密坐标量测仪、精密立体测图仪、解析测图仪等仪器进行量测。

5.3.2 像片定向可采用解析框标定向、辅助点(近似框标)定向、方位线定向等方法。

5.3.3 像点坐标的量测采用一人单测切读两次取中数。在立体坐标量测仪上作业，两次读数之较差，坐标 x、y 不大于 0.05 mm；左右视差 p、上下视差 q 不大于 0.03 mm。在精密坐标仪和解析测图仪上量测两次读数之较差不大于 0.01 mm。

5.3.4 平行航线方向的自由图边，若采用联机空中三角测量系统作业，可只观测一次，脱机作业则需对测对算，对测后的对算较差不超过加密点中误差时，用主测成果，大于中误差而在两倍中误差以内，取中数作为使用值。若采用辅助点或方位线定向可只对测，两人对测的 x、y 较差不大于 0.06 mm p、q 较差不大于 0.04 mm，用中数或主测数据计算均可。

5.3.5 量测野外控制点，应对照野外控制片上的刺孔位置、点位说明和点位略图。野外控制点和内业加密点的点位不明显或在树顶、房顶、塔顶等非地表位置时，应将观测位置记入手簿，或绘出点位略图。

5.4 平差计算和成果整理

5.4.1 计算程序应具有像点坐标系统误差改正的功能。当计算程序需要填写改正后的航摄仪焦距 f'_x、f'_y 时，按公式(2)计算：

$$\left.\begin{aligned} f'_x &= \frac{l_x}{L_x}\cdot f \\ f'_y &= \frac{l_y}{L_y}\cdot f \end{aligned}\right\} \qquad \cdots\cdots(2)$$

式中：

f——航摄仪焦距，单位为毫米(mm)；

L_x、L_y——分别为航摄仪 x 方向和 y 方向框标距离，单位为毫米(mm)；

l_x、l_y——分别为量测像片上 x 方向和 y 方向框标间距离，单位为毫米(mm)。

应利用坐标量测仪量测每片框标距，其量测精度为±0.1 mm。需片片进行焦距改正。

5.4.2 计算的各项限差应符合下列要求：

a) 相对定向中，利用立体坐标量测仪、精密坐标量测仪、精密立体测图仪量测时，平地、丘陵地标准点相对定向的残余上下视差 Δq 不大于 0.02 mm，检查点残余上下视差 Δq 不大于 0.03 mm；山地、高山地标准点相对定向的残余上下视差 Δq 不大于 0.03 mm，检查点残余上下视差 Δq 不大于 0.04 mm。如果采用解析测图仪联机空中三角测量加密，平地、丘陵地相对定向的残余上下视差 Δq 不大于 0.005 mm，山地、高山地的残余上下视差 Δq 不大于 0.008 mm。

b) 模型连接较差按公式(3)、(4)进行计算：

$$\Delta S \leqslant 0.08 \cdot m \cdot 10^{-3} \quad \cdots\cdots(3)$$

$$\Delta Z \leqslant 0.05 \frac{m \cdot f}{b} \cdot 10^{-3} \quad \cdots\cdots(4)$$

式中：

ΔS——平面位置较差，单位为米(m)；

ΔZ——高程较差，单位为米(m)；

m——像片比例尺分母；

f——航摄仪焦距，单位为毫米(mm)；

b——像片基线长度，单位为毫米(mm)。

如采用解析测图仪联机空中三角测量加密，模型连接较差按公式(5)、(6)计算：

$$\Delta S \leqslant 0.06 \cdot m \cdot 10^{-3} \quad \cdots\cdots(5)$$

$$\Delta Z \leqslant 0.04 \frac{m \cdot f}{b} \cdot 10^{-3} \quad \cdots\cdots(6)$$

c) 绝对定向后，基本定向点残差、多余控制点的不符值及区域网间公共点的较差不应大于表 5 的规定。

表 5 绝对定向后平面位置与高程限差

地形类别	点别	平面位置限差 m			高程限差 m		
		1∶500	1∶1 000	1∶2 000	1∶500	1∶1 000	1∶2 000
平地	基本定向点	—	0.3	0.3	—	—	—
	多余控制点	—	0.5	0.5	—	—	—
	公共点较差	—	0.8	0.8	—	—	—
丘陵地	基本定向点	—	0.3	0.3	—	0.26	0.26
	多余控制点	—	0.5	0.5	—	0.4	0.4
	公共点较差	—	0.8	0.8	—	0.7	0.7
山地	基本定向点	0.4	0.4	0.4	0.26	0.4	0.6
	多余控制点	0.7	0.7	0.7	0.4	0.6	1.0
	公共点较差	1.1	1.1	1.1	0.7	1.0	1.6
高山地	基本定向点	0.4	0.4	0.4	0.4	0.75	0.9
	多余控制点	0.7	0.7	0.7	0.6	1.2	1.5
	公共点较差	1.1	1.1	1.1	1.0	2.0	2.4

注 1：基本定向点残差为加密点中误差的 0.75 倍。

注 2：多余控制点的不符值为加密点中误差的 1.25 倍。

注 3：公共点的较差为加密点中误差的 2.0 倍。

5.4.3 计算过程中出现的超限和错误，应认真分析、正确处理。处理意见在图历表(卡)相应栏内注记说明，并签名。

5.4.4 经分析各项限差均符合要求后，根据成图方法和下工序的要求，整理下列各项成果：加密点的平面坐标和高程、底点(主点)坐标、航高及各种定向元素。

5.4.4.1 较大的江河湖泊水网地段，宜按摄影时期水文资料直接参与平差，或者在全区平差计算后，在立体观测下加减配赋改正，其改正数不大于1/2加密点高程中误差。在像片和成果表上应注记水系平差后的高程值。

5.4.4.2 测制1：500地形图时，平面坐标和高程取至0.01 m；比例尺为1：1 000、1：2 000时平面坐标和高程取至0.1 m。

5.4.4.3 打印成果应清晰、齐全，装订裁切应整齐。加密像片上需填写高程，并做到认真校对，防止抄错和遗漏。

5.4.4.4 加密点的中误差按公式(7)、(8)进行计算：

$$m_{控} = \pm\sqrt{\sum_{i=1}^{n}(\Delta_i\Delta_i)/n} \quad \cdots\cdots(7)$$

$$m_{公} = \pm\sqrt{\sum_{i=1}^{n}(d_i d_i)/n} \quad \cdots\cdots(8)$$

式中：

$m_{控}$——控制点中误差，单位为米(m)；

$m_{公}$——区域网间公共点中误差，单位为米(m)；

Δ——多余控制点的不符值，单位为米(m)；

d——相邻区域网间公共点的较差，单位为米(m)；

n——评定精度的点数。

5.4.4.5 填写图历表(卡)：内容有原始数据、作业方法、精度统计、作业过程中重大技术处理情况等，应按项目认真填写，填写者和检查者签名。最后上交资料。

5.5 航测桩点法加密

用航测桩点法加密，以单模型为单元进行平差计算为宜。

绝对(大地)定向后，定向点平面位置限差不大于0.3 mm(图板上)，高程限差不大于0.2 m；多余控制点的不符值不大于加密点的中误差；公共点的较差在加密点中误差两倍以内。

刺点、量测和计算同5.2、5.3、5.4规定。

5.6 加密接边规定

5.6.1 同比例尺、同地形类别的相邻图幅、航线、区域网之间公共点接边，平面和高程较差均不应大于表5的规定，取中数作为最后使用值。与已成图或出版图接边，当较差小于规定限差1/2时，以已成图和出版图为准；当较差大于规定限差的1/2、且小于规定限差时，应取中数作为最后使用值。超过限差时，应认真检查原因，确系已成图或出版图错误，可使用正确的单值，并在图历表内注明备案。

5.6.2 同比例尺，不同地形类别接边时，平面位置较差不应大于图上1.4 mm，最大不超过图上1.75 mm。高程较差不应大于两种地形类别加密中误差之和，最大不超过和的1.25倍。然后将实际较差按中误差的比例进行配赋作为最后使用值。

5.6.3 不同比例尺接边，平面的较差不应大于表2规定的加密点中误差化为实地长度之和的1.25倍，然后将实际较差按中误差的实地值的比例进行配赋作为最后值。高程的较差规定与5.6.2相同。

5.7 展点

5.7.1 要求直角坐标展点仪 x、y 导轨应水平且相互垂直，刺孔不大于0.1 mm；各种机械传动无隙动差。

5.7.2 原图板可选用裱糊图板、聚酯薄膜或刻图膜。图板应平整无折痕。

5.7.3 展点误差不应大于 0.1 mm；图廓边长(包括公里网点间距离)及对角线长与理论值之差不应大于表 4 的规定；恢复图板二次定向对点误差不大于 0.15 mm。展点应认真，校对应细致，防止错漏出现。

5.7.4 展点图板用浅蓝色墨水或铅笔进行点的整饰和注记，各类点的整饰规格如下：

⊡——图廓点。边长 7 mm，内圈直径 1 mm。

△——三角点。边长 7 mm，内圈直径 1 mm。

⊡——埋石点。边长 5 mm，内圈直径 1 mm。

◎——平高控制点。外圈直径 3 mm，内圈直径 1 mm。

○——公里网点直径 2 mm。

●——内业加密点直径 1 mm。

图板上应注记图幅号、比例尺、图廓理论尺寸、略图、控制点号、像片号及公里网坐标。

6 像片平面图和正射影像图

6.1 纠正镶嵌

6.1.1 纠正镶嵌的一般要求

6.1.1.1 平坦地区可采用纠正仪纠正，镶嵌编制像片平面图；丘陵地、山地适宜采用正射投影仪编制正射影像图。

6.1.1.2 纠正仪应经过检校，使仪器设备处于良好的作业状态；承影平面上应光照均匀，成像清晰。

6.1.1.3 各项限差不超过表 6 的规定。

表 6 纠正镶嵌作业限差

单位为毫米

项 目	限 差 规 定
透点图	应严格重合
底片刺点误差	一般 0.06，最大 0.08
纠正对点	一般 0.5，最大 0.6
镶嵌、切割线重叠、裂缝	0.2
片与片、带与带接边差	一般 1.0，最大 1.2
相邻图幅接边差	一般 1.2，最大 1.5

6.1.1.4 像片平面图上的三角点、埋石点、野外控制点均应有刺孔，精度应符合展点要求。公里网点、图廓点应完整。晒像的边线、镶嵌切割线不应超过像片上纠正点连线外 1 cm，像幅为 18 cm×18 cm 时离像片边缘不应小于 0.8 cm，像幅为 23 cm×23 cm 时离像片边缘不应小于 1.0 cm。

6.1.1.5 像片图整饰，各作业单位自行规定，但应标出像底点位置，内业向外业提供的纠正起始面相对航高和高程。图历表(卡)填写应认真、完整、齐全。

6.1.2 像片纠正

6.1.2.1 准备工作：领取航空摄影底片；内、外业控制像片；控制手簿；图历表(卡)；展点图板和技术设计书等。并对资料进行必要的分析。

6.1.2.2 像片平面图通常宜采用固定比例尺编制像片图。在纠正点控制的像片应用面积内，当高差满足公式(9)的要求时，不分带纠正。

$$\Delta h \leqslant 0.001 \frac{f_k}{r} \cdot M \qquad \cdots\cdots (9)$$

式中：

Δh——高差限值(带距)，单位为米(m)；

f_k——航摄仪焦距,单位为毫米(mm);

r——辐射中心至最远纠正点的距离,单位为毫米(mm);

M——成图比例尺分母。

一带纠正的高差限制参见表 7 规定。

表 7 一带纠正高差限制

比例尺	像幅 cm×cm	焦距 mm	每片纠正	隔片纠正	应用公式
1∶500	18×18	210	1.8	1.3	$\Delta h=0.5\frac{f_k}{r}$
	23×23	152	1.0	0.9	
		210	1.3	1.0	
		305	1.9	1.5	
1∶1 000	18×18	210	3.5	2.6	$\Delta h=1.0\frac{f_k}{r}$
	23×23	152	1.9	1.5	
		210	2.6	2.1	
		305	3.8	3.0	
1∶2 000	18×18	115	3.8	2.9	$\Delta h=2.0\frac{f_k}{r}$
		210	7.0	5.2	
	23×23	152	3.8	3.0	
		210	5.2	4.2	
		305	7.6	6.1	

注:计算本表时,像幅为 18 cm×18 cm,每片纠正的 r 取 60 mm,隔片纠正的 r 取 80 mm;像幅为 23 cm×23 cm,每片纠正的 r 取 80 mm,隔片纠正的 r 取 100 mm。

6.1.2.3 根据航摄资料和地面高差情况,可以采用每片纠正或隔片纠正。纠正晒印的要求如下:

a) 纠正片的片号和范围,可根据像片在图板上的位置来决定,像片图应晒出图廓线外 1 cm。

b) 底片刺点:中心点、底点(或主点)、纠正点、野外控制点都应按像片上的影像准确转刺在底片上,转刺误差按表 6 规定执行。

c) 改投影差:应以底点为辐射中心,图板上应展绘底点位置。底点坐标由电算加密提供;如为全野外布点,底点用光学法求解,求解方法参见附录 A。

d) 制作透点图:点位应严格重合,透点图应注明图号、纠正片号和点号。

e) 纠正点和中心点的对点误差应符合表 6 的规定,对点误差应合理配赋。

f) 根据底片影像的反差,正确选择相纸型号和选配药液。显影液的温度一般应在 18 ℃～22 ℃之间。如部分色调不匀,可进行局部减薄处理。

6.1.3 分带纠正

6.1.3.1 在纠正点控制的像片面积内,高差 $\Delta h>0.001\frac{f_k}{r}\cdot M$ 时,应进行分带纠正,分带纠正一般不宜超过三带。用立体测图仪确定带的边缘曲线,高程量测的误差不超过表 7 所列带距的 1/5,或者用旧地形图确定分带线。

6.1.3.2 按公式(10)计算各纠正点对起始带中间平面的投影差改正数 δ_h(计算至 0.1 mm),并在图板上进行改正。

$$\delta_h=\frac{\Delta h}{H_1-\Delta h}\cdot R \qquad (10)$$

式中：

δ_h——纠正点对起始带中间平面的投影差改正数，单位为毫米(mm)；

R——图板上纠正点至底点的距离，单位为毫米(mm)；

H_1——起始带中间平面的航高，单位为米(m)；

Δh——纠正点对起始带中间平面的高差，单位为米(m)。

6.1.3.3 有关纠正对点和晒像的要求与6.1.2相同。但第二带晒像前，应改变纠三仪镜头的高度。纠正仪镜头变化值 Δd 按公式(11)计算：

$$\Delta d = \frac{Q \cdot F}{f_k \cdot M} \qquad \cdots\cdots(11)$$

式中：

Δd——纠正仪镜头变化值，单位为毫米(mm)；

f_k——航摄仪焦距，单位为毫米(mm)；

F——纠正仪主距，单位为毫米(mm)；

Q——带距，单位为米(m)；

M——成图比例尺分母。

Δd 值算出后即可在仪器上安置，并使底点与图板上的相应位置重合，使其可以进行第二带的晒像。

6.1.3.4 航高可使用电算成果或按图解法计算。图解法计算航高时，量测图板、像片上两控制点间距离，要求准确到0.1 mm。

同一片两组线段求得的航高较差不应大于 $H/300$(H 为本片平均相对航高)，在限差内取中数作为最后值。

6.1.4 光学镶嵌

6.1.4.1 光学镶嵌时应先切割好分带或分片界线，贴好镶嵌纸条，不能出现重叠和裂缝。在纠正对点后，直接将影像晒印在有感光材料的图板上。

6.1.4.2 控制点、纠正点、底点、图廓点等在暗室安全灯下展绘；若采用透点法，像片图上刺孔位置应达到展点精度。

6.1.4.3 光学镶嵌(包括纠正对点)的误差不应大于表6的规定，摄影处理的要求与纠正晒印相同。

6.1.5 切割镶嵌

6.1.5.1 切割镶嵌适用多片覆盖一幅图及分带纠正晒印后编制像片平面图。各项限差要求不应大于表6的规定。镶嵌对点误差与纠正对点误差相同。

6.1.5.2 片与片之间的镶嵌切割线，应选在像片上纠正点连线附近，偏离不应大于1 cm；带与带之间切割线应以分带线为依据。切割线应通过接边误差小，色调大致相同的地方，尽量避免通过重要地物；切割线与线状地物交角应尽量大，一般不允许沿河流、道路等处切割。

6.1.5.3 切割线应光滑、粘贴应牢固。

6.1.5.4 镶嵌图上的三角点、埋石点、野外控制点、图廓点等按展点位置整饰。

6.2 微分纠正

6.2.1 准备工作

纠正前应进行如下准备工作：

a) 作业仪器及其外围设备均应处于良好的作业状态下，方可进行作业；

b) 资料准备：包括透明正(负)片、控制像片、感光胶片以及原始数据等；

c) 装片(或归心)、输入已知数据和参数、装感光胶片等。

6.2.2 采集断面数据

采集断面数据要求如下：

a) 采集断面数据一般使用精密立体测图仪、立体坐标量测仪加其外围设备或解析测图仪；断面数据还可以从任何一种数字高程模型获取。

b) 用精密立体测图仪、立体坐标量测仪加外围设备采集断面数据时，相对定向、绝对定向等要求与第7章精密立体测图仪测图相同。

c) 用解析测图仪采集断面数据时，内定向、相对定向和绝对定向等要求与第8章解析测图仪联机测图相同。

d) 根据成图精度、高差及坡度综合考虑，正确选择模型断面的横向间隔 Δx 和纵向间隔 Δy。

e) 计算模型的断面数 N。当单模型采集或单程采集时，N 为奇、偶数均可；双模型采集时，第一个模型的 N 应为偶数。

f) 采集断面数据，测标一般应与模型表面相切，照准误差不大于 $H/1\ 750$（H 为平均相对航高）。

6.2.3 正射投影仪纠正的一般要求

正射投影仪纠正的一般要求如下：

a) 供扫描用的透明正片要求同4.2.2.2，且不应有划伤、斑点、指纹等。

b) 以采用一张像片覆盖一幅图或一张像片覆盖四幅图为宜。

c) 平面定向，平面控制点经定向配赋后，测标位置与点位不符值以像片比例尺计一般不大于0.03 mm，最大不应超过0.05 mm。

d) 根据不同类型仪器和地面坡度大小选择缝隙长度 W，参见附录B。

零级正射投影仪参照公式(12)选择：

$$W = \frac{2Zdx}{X \cdot \tan\theta_x} \qquad \cdots\cdots(12)$$

一级正射投影像参照公式(13)选择：

$$W = \frac{4Zdx}{X \cdot \tan\theta_x} \qquad \cdots\cdots(13)$$

式中：

W——缝隙长度，单位为毫米(mm)；

dx——图上影像 x 方向位移，单位为毫米(mm)；

Z——模型点投影高度，单位为毫米(mm)；

X——图上扫描点 x 方向的最大坐标，单位为毫米(mm)；

θ_x——地面坡度 x 方向分量，单位为度(°)。

这时平地、丘陵地影像位移不大于图上0.2 mm；山地、高山地不大于图上0.4 mm。长度 W 数值参见附录B中表B.1、B.2、B.3、B.4(零级)和B.5、B.6、B.7、B.8(一级)。

e) 缝隙宽度 D(见附录B)根据各类正射投影仪的特点，参照公式(14)选择。

$$D = \frac{1 - \tan\beta \cdot \tan\theta_y}{2R_y \cdot \tan\beta \cdot \tan\theta_y} \qquad \cdots\cdots(14)$$

式中：

D——缝隙宽度，单位为毫米(mm)；

R_y——正射底片因地形坡度 θ_y 影响后的分辨率，单位为线对每毫米(lp/mm)；

β——投影光线在 YZ 平面的投影和 Z 轴的夹角，单位为度(°)；

θ_y——地面坡度角 Y 方向分量，单位为度(°)。

这时正射底片的分辨率应不少于9 lp/mm。宽度 D 数值参见附录B中表B.9。

f) 测定并安置灰楔。量测扫描片上最大和最小密度值，并按公式(15)计算出平均密度值 $D_{平均}$，继而计算灰楔值。

$$\left.\begin{aligned} D_{平均} &= \frac{D_{最大} + D_{最小}}{2} \\ 灰楔值 &= D_{平均} - K \end{aligned}\right\} \qquad \cdots\cdots(15)$$

式中：

$D_{最大}$——最大密度值；

$D_{最小}$——最小密度值；

K——根据作业情况试验测定的密度常数。

g) 扫描和晒印正射负(正)片，应晒出图廓线外 8 mm。每个立体像对一次晒印完毕。

h) 正射像片的摄影处理作业要求与第 4 章同。

i) 正射影像图的整饰，依据用图需要，由各作业单位自行规定。

6.2.4 接边要求

接边要求如下：

a) 双模型仪器上的连接误差，以模型比例尺计一般不大于 0.005 mm，最大不应大于 0.01 mm；

b) 带与带接边差：

平地、丘陵地：一般 0.3 mm，最大 0.6 mm，

山地、高山地：一般 0.5 mm，最大 1.0 mm。

c) 幅与幅接边差：

平地、丘陵地：一般 1.2 mm，最大 1.5 mm，

山地、高山地：一般 1.6 mm，最大 2.0 mm。

7 精密立体测图仪测图

7.1 准备工作

7.1.1 精密立体测图仪适用于各种成图比例尺及各种地形类别的测图，仪器应保持良好的作业状态，定期检校，鉴定合格后方可进行作业。

7.1.2 测图面积不应超过像片上控制点连线外 1 cm，且像幅为 18 cm×18 cm 时离像片边缘不应小于 1 cm、像幅为 23 cm×23 cm 时离像片边缘不应小于 1.5 cm。

7.1.3 模型比例尺按公式(16)进行计算：

$$M_{模} = H/Z \quad \cdots\cdots(16)$$

式中：

$M_{模}$——模型比例尺分母；

H——相对航高，单位为米(m)；

Z——仪器上的相应航高，单位为毫米(mm)。

作业时应根据 H 和 Z 的最大值与最小值分别计算最小及最大的模型比例尺.在此范围内，应尽可能选择最大模型比例尺，且应考虑便于直接读出高程和仪器与绘图桌的传动比。

7.1.4 装片。不论采用透明正片或负片都应通过放大镜仔细观察，使框标标志严格对准像片盘的相应标志，其对准误差不应大于 0.05 mm。

7.1.5 安置焦距。左右投影器应分别安置改正后的焦距 f'_k，安置值取至 0.01 mm(或仪器最小刻划值)。

7.1.6 概略模型基线按公式(17)计算：

$$b_x = m_{像} / M_{模} \cdot b \quad \cdots\cdots(17)$$

式中：

b_x——概略模型基线，单位为毫米(mm)；

b——像片基线长度，单位为毫米(mm)。

b_x 值也可根据电算加密提供的数据进行安置。

7.2 定向

7.2.1 利用电算加密提供的外方位元素成果时，应将成果化算为适应测图仪坐标轴系及分划尺的安置

值，并在安置基线与绝对倾斜角的基础上进行相对定向与绝对定向。

7.2.2　相对定向后，各点的残余上下视差不应大于0.02 mm，主点附近不应有残余上下视差。残余视差配赋应合理。

7.2.3　绝对定向的平面对点误差，平地、丘陵地一般不大于图上0.4 mm，最大不应大于0.5 mm；山地、高山地一般不大于0.5 mm，最大不应大于0.6 mm。高程定向误差不大于加密点的高程中误差；平地、丘陵地全野外布点时，高程误差不应大于0.3 m。

7.2.4　高程误差经配赋后，应使3,6,4,5点误差值大致相等，3与6点，4与5点符号相同，而3、6点与4、5点的符号则应相反。

7.2.5　平面对点误差经配赋后，应使3,4,5,6点误差大致相等，而误差方向大致成对相反。

7.3　测绘地物、地貌

7.3.1　立体测图可采用在全野外调绘后测图的方法，亦可采用室内在精密立体测图仪上根据模型判读测图后，再进行外业对照、补测和补调的方法。

7.3.2　如采用全野外调绘方式测图，参照调绘片在仪器上应认真仔细地辨认、测绘。原则是外业定性，内业定位。当外业调绘确有错误时，内业可根据立体模型影像改正，并在调绘片背后加以说明。测绘地物、地貌元素应做到无错漏、不变形、不移位。在测绘依比例尺表示的符号时，应以测标中心切准轮廓线或拐角打点连线；测绘不依比例尺表示的符号时，以其定位点或定位线确定。

7.3.3　如采用内判测图后外业对照、补测和补调方法时，应注意下列几点：

a)　航摄像片的现势性要好；

b)　必要时需编制测区室内判读样片；

c)　对有把握判准的地物、地貌元素，按图式要求直接测绘在图板上，其要求同5.3.2；对无把握判准的地物、地貌元素，内业只测绘外轮廓作为疑点留给外业处理；

d)　外业进行检查、核对、补测和补调工作。对内业测绘有把握的部分应作抽查，对内业标明的疑点应作核对、补测，对内业无法判绘的地形元素如新增(或减少)的重要地物，隐蔽地区地物、地貌元素及影像上未显示出来的地物元素和各种注记等应进行补调。

7.3.4　测绘等高线时应用测标切准模型描绘。在等倾斜地段，相邻两计曲线间距离在图上小于5 mm时，可只测绘计曲线，首曲线可以插绘。

7.3.5　有植被覆盖的地表，当只能沿植被表面描绘时，应加植被高度改正。在树林密集隐蔽地区，应依据野外高程点和立体模型进行测绘。

7.3.6　高程注记点应切读两次，读数较差一般不大于0.3 m，取中数注至0.1 m。

7.3.7　图上需要注记的比高大于1 m时，可由内业量注。

7.4　接边和结尾工作

7.4.1　测绘地物、地貌时，应在仪器上与已描图边进行接边(并经检查员检查)。在限差以内时，各改一半，可绘在差值的1/2处，超限时应查明原因，作出处理。图边上应注明“已接边、接边者姓名和日期”。接边误差应作记录。

7.4.2　像对间的地物接边差不大于地物点平面位置中误差的两倍，等高线接边差不应大于1个基本等高距。

7.4.3　每像对测完后，应经检查才能从仪器上取下。

7.4.4　每幅图测完后，应认真进行自校和资料整理。图历表(卡)、量测计算手簿应齐全，并填写完整。

7.5　航测桩点法测图

7.5.1　航测桩点法测图适宜平坦地区，以便根据桩点在精密立体测图仪上测图或者在其他立体测图仪上测图。

7.5.2　依据桩点在精密立体测图仪上测绘地物、地貌时，其仪器的相对定向、绝对定向和测绘地物、地貌的要求同7.2和7.3。绝对定向完成后，首先在立体观察下检查桩点是否正确、合理，对明显不合理、有错误的点应认真检查原因，作出处理，然后依据桩点测绘地物、地貌。

7.5.3　少数不能代表地形特征的地物点、控制点允许点线矛盾，一般情况下高程注记点不应与等高线有矛盾，若有矛盾时可以加、减 1/4 等高距之值作适当调整，使其合理，否则应检查原因作出处理。

8　解析测图仪联机测图

8.1　准备工作

8.1.1　解析测图仪适用于各种摄影资料的测图，仪器应保持良好的作业状态，定期检校，鉴定合格后方可进行作业。

8.1.2　资料准备：包括透明正片、控制像片、调绘片以及原始数据等。

8.1.3　装片。透明正片的 X 方向大致平行于仪器的 X 方向。

8.1.4　输入参数，如仪器类型、作业姓名、作业日期、像片号、基线、焦距、框标数据、定向点数据、模型号等软件所需要的各种参数。

8.2　定向和测图

8.2.1　内定向时测标严格对准框标，框标坐标量测误差不应大于 0.02 mm。

8.2.2　相对定向各点的残余上下视差不应大于 0.008 mm。

8.2.3　绝对定向平面坐标误差，平地、丘陵地一般为 0.000 $2M_{图}$ m，($M_{图}$ 为成图比例尺分母)最大不应大于 0.000 $3M_{图}$ m；山地、高山地一般为 0.000 $3M_{图}$ m，最大不应大于 0.000 $4M_{图}$ m。高程定向误差，平地、丘陵地全野外布点不应大于 0.2 m，其余不应超过加密点高程中误差的 0.75 倍。

8.2.4　绘图桌定向平面误差同 8.2.3。

8.2.5　测图、接边和结尾工作要求与精密立体测图仪测图 7.3、7.4 相同。

9　原图清绘与接边

9.1　原图清绘的要求

9.1.1　图廓线、公里网线应严格通过展点针孔，连线偏差不大于 0.1 mm。

9.1.2　各类控制点中心位置偏移不应大于 0.1 mm。

9.1.3　各类地物元素的线划、符号中心位置偏移不应大于 0.2 mm。图上各符号间间隔除应实交的元素外，其他各符号间间隔不应小于 0.3 mm。

9.1.4　各种线划、符号规格应符合图式要求，线条应均匀光滑，墨色饱满，刻绘线划透亮，不应划破和烫伤片基。

9.1.5　原图着色法清绘一般采用单色，刻绘法清绘可采用一版刻绘(全要素刻绘)或分版刻绘，当采用分版刻绘时，其套合差不应大于 0.2 mm。

9.1.6　各种注记宜采用植字或膜片刻绘。注记位置恰当，不压盖重要地物地貌，粘贴应牢固平整。

9.1.7　在铅笔稿原图上进行清理着色(或刻绘)，或在仪器上直接清绘后的原图应准确、清晰、易读，符合现行图式的规格，满足晒图、复照及制版印刷的要求。

9.2　原图接边规定

9.2.1　同比例尺图幅接边时地物平面位置和等高线接边较差一般不应大于表 2、表 3 所列中误差的 2 倍，最大不应大于 2.5 倍。

9.2.2　同比例尺不同精度图幅接边时地物平面位置和等高线接边较差一般不应大于表 2、表 3 相应中误差之和，最大不应大于其和的 1.5 倍，然后按中误差值的比例进行配赋接边。

9.2.3　不同比例尺图幅接边，可将小比例尺图边放大成等比例尺后进行接边。其地物平面位置和等高线接边较差一般不大于表 2、表 3 相应中误差(地物平面中误差应化为同一比例尺)之和，最大不应大于其和的 1.5 倍。然后按中误差值比例化在同比例尺的图上进行配赋接边。

9.2.4　与已成图、出版图接边时接边较差不大于 9.2.1、9.2.2、9.2.3 的规定，只改新图，如大于上述限差时，应认真检查，确认新图无误，则以新图为准，不接部分在两幅图的图历表(卡)内和原图上分别注明。

9.2.5 各类地物的拼接，不应改变其真实形状及相关位置，直线地物应从离图廓线最近的转折点处进行拼接。地貌拼接不应产生变形。

9.2.6 自由图边地物、地貌应测出图廓外 6 mm。图廓外的地物、地貌和各种名称数字注记用铅稿线整饰。

10 检查验收和资料上交

10.1 技术总结

按 CH/T 1001 的规定编写技术总结。

10.2 检查验收

航测内业测绘产品按 CH 1002、CH 1003 规定进行检查验收。

10.3 资料上交

上交的各项成果成图资料应整理装订齐全，数据准确、字迹端正清楚，保证下工序和用图单位能顺利进行工作。

附 录 A
（资料性附录）
WILD E4 纠正仪上作业求底点的方法

纠正前在航摄底片上用格网模片刺出像主点，对点完成后，在控制图版上刺出主点投影位置。将承影桌纵横坐标转绘到控制图板上，记录承影桌左、右手轮倾斜角的正切函数值 $\tan\beta_x \cdot \tan\beta_y$ 及放大倍率 K，记录手簿见表 A.1。

表 A.1 WILD E4 纠正仪上作业求底点的手簿

<table>
<tr><td colspan="2">像片编号 8654</td><td colspan="2">图幅编号 23-30</td></tr>
<tr><td colspan="2">(0098)
$\tan\beta_x=+0.009\ 8$</td><td>(9902)
$\tan\beta_y=0.990\ 2-1.000=-0.009\ 8$</td><td>$K=5.245$</td></tr>
<tr><td colspan="2">$\tan^2\beta_x=0.000\ 096\ 04$
$\tan^2\beta_y=0.000\ 096\ 04$</td><td>$\tan\beta=0.013\ 8$
$\beta=0°47'26''$</td><td>$\tan\gamma=\tan\beta_x/\tan\beta_y=-1.000\ 0$
$\gamma=135°$</td></tr>
<tr><td colspan="2">$\tan^2\beta=0.000\ 192\ 08$</td><td>$\sin\beta=0.013\ 8$</td><td>$\gamma+180°=315°$</td></tr>
<tr><td colspan="2">(1) $K=5.245$
(2) $f_k^2/F=294.000$
(3) $\tan\beta=0.013\ 8$
(1)×(2)×(3)=ON=21.30 mm</td><td></td><td>$f_k=210$ mm
$F=150$ mm
$\beta<30°$
$\tan\beta=\sin\beta$</td></tr>
<tr><td>备注</td><td colspan="3">f_k 为摄影机焦距；F 为纠正仪主距；
K 为放大倍率；ON 为图上偏心距；$ON=K\cdot\frac{f_k^2}{F}\cdot\tan\beta$</td></tr>
<tr><td>作业员</td><td>许广珍</td><td>检查员</td><td>张书玲</td></tr>
</table>

纠正像片图摄影处理完毕后，将控制图板蒙在像片图上，使仪器坐标轴线原点与象主点投影点重合。然后按计算得的极坐标值（ON、$180°+\gamma$）展出底点 N 位置（由承影面上主点为中心，以主纵线向承影面抬高方向截取 ON），并透刺在像片图上。

附 录 B
（资料性附录）
缝隙长度 *W*、宽度 *D* 表

缝隙长度 *W*、宽度 *D* 见表 B.1～表 B.9。

表 B.1 缝隙长度 *W* 表

单位为毫米

d_x		18 cm×18 cm				f=115 mm				X/Z=0.70			零级	
		2°	3°	6°	10°	15°	20°	25°	27°	31°	35°	39°	42°	45°
W	2	0.02	0.04	0.07	0.12	0.19	0.25	0.33	0.36	0.42	0.49	0.57	0.63	0.70
	3	0.04	0.06	0.11	0.18	0.28	0.38	0.49	0.54	0.63	0.74	0.85		
	4	0.05	0.07	0.15	0.25	0.38	0.51	0.65	0.71					
	5	0.06	0.09	0.18	0.31	0.47	0.64							
	8	0.10	0.15	0.29	0.49	0.75								
	16	0.20	0.29	0.59	0.99									

表 B.2 缝隙长度 *W* 表

单位为毫米

d_x		18 cm×18 cm				f=210 mm				X/Z=0.38			零级	
		2°	3°	6°	10°	15°	20°	25°	27°	31°	35°	39°	42°	45°
W	2	0.01	0.02	0.04	0.07	0.10	0.14	0.18	0.19	0.23	0.27	0.31	0.34	0.38
	3	0.02	0.03	0.06	0.10	0.15	0.21	0.26	0.29	0.34	0.40	0.46	0.51	0.57
	4	0.03	0.04	0.08	0.13	0.20	0.28	0.35	0.39	0.46	0.53	0.62	0.68	
	5	0.03	0.05	0.10	0.17	0.25	0.34	0.44	0.48	0.57	0.66			
	8	0.05	0.08	0.16	0.27	0.41	0.55	0.71	0.77					
	16	0.11	0.16	0.32	0.54	0.81	1.11							

表 B.3 缝隙长度 *W* 表

单位为毫米

d_x		23 cm×23 cm				f=153 mm				X/Z=0.65			零级	
		2°	3°	6°	10°	15°	20°	25°	27°	31°	35°	39°	42°	45°
W	2	0.02	0.03	0.07	0.11	0.17	0.24	0.30	0.33	0.39	0.45	0.52	0.58	0.65
	3	0.03	0.05	0.10	0.17	0.26	0.35	0.45	0.50	0.58	0.68	0.79	0.88	
	4	0.04	0.07	0.14	0.23	0.35	0.47	0.61	0.66	0.78				
	5	0.06	0.08	0.17	0.29	0.44	0.59	0.76						
	8	0.09	0.14	0.27	0.46	0.70	0.95							
	16	0.18	0.27	0.55	0.92	1.39	1.89							

表 B.4 缝隙长度 W 表

单位为毫米

d_x		23 cm×23 cm			f=210 mm				X/Z=0.48				零级	
		2°	3°	6°	10°	15°	20°	25°	27°	31°	35°	39°	42°	45°
W	2	0.02	0.02	0.05	0.08	0.13	0.17	0.22	0.24	0.29	0.34	0.39	0.43	0.48
	3	0.02	0.04	0.08	0.13	0.19	0.26	0.34	0.37	0.43	0.50	0.58	0.65	0.72
	4	0.03	0.05	0.10	0.17	0.26	0.35	0.45	0.49	0.58	0.67	0.78		
	5	0.04	0.06	0.13	0.21	0.32	0.44	0.56	0.61	0.72				
	8	0.07	0.10	0.20	0.34	0.51	0.70	0.89						
	16	0.13	0.20	0.40	0.68	1.03								

表 B.5 缝隙长度 W 表

单位为毫米

d_x		18 cm×18 cm			f=210 mm				X/Z=0.38				一级	
		2°	3°	6°	10°	15°	20°	25°	27°	31°	35°	39°	42°	45°
W	2	0.01	0.01	0.02	0.03	0.05	0.07	0.09	0.10	0.11	0.13	0.15	0.17	0.19
	4	0.01	0.02	0.04	0.07	0.10	0.14	0.18	0.19	0.23	0.27	0.31	0.34	0.38
	5	0.02	0.02	0.05	0.08	0.13	0.17	0.22	0.24	0.28	0.33	0.38	0.43	0.48
	6	0.02	0.03	0.06	0.10	0.15	0.21	0.26	0.29	0.34	0.40	0.46	0.51	0.57
	8	0.03	0.04	0.08	0.13	0.20	0.28	0.35	0.39	0.46	0.53	0.61	0.68	
	12	0.04	0.06	0.12	0.20	0.30	0.41	0.53	0.58	0.68	0.80			
	16	0.05	0.08	0.16	0.27	0.41	0.55	0.71						

表 B.6 缝隙长度 W 表

单位为毫米

d_x		18 cm×18 cm			f=115 mm				X/Z=0.70				一级	
		2°	3°	6°	10°	15°	20°	25°	27°	31°	35°	39°	42°	45°
W	2	0.01	0.02	0.04	0.06	0.09	0.13	0.16	0.18	0.21	0.24	0.28	0.32	0.35
	4	0.02	0.04	0.07	0.12	0.19	0.25	0.33	0.36	0.42	0.49	0.57	0.63	0.70
	5	0.03	0.04	0.09	0.15	0.23	0.32	0.41	0.44	0.52	0.61	0.71		
	6	0.04	0.06	0.11	0.18	0.28	0.38	0.49	0.54	0.63				
	8	0.05	0.07	0.15	0.25	0.38	0.51	0.65	0.71					
	12	0.07	0.11	0.22	0.37	0.56	0.76							
	16	0.10	0.15	0.29	0.49	0.75								

表 B.7 缝隙长度 W 表

单位为毫米

d_x		23 cm×23 cm			f=153 mm				X/Z=0.65				一级	
		2°	3°	6°	10°	15°	20°	25°	27°	31°	35°	39°	42°	45°
W	2	0.01	0.02	0.03	0.06	0.09	0.12	0.115	0.16	0.20	0.23	0.26	0.29	0.32
	4	0.02	0.03	0.07	0.11	0.17	0.24	0.30	0.33	0.39	0.46	0.53	0.58	0.65
	5	0.03	0.04	0.08	0.14	0.22	0.30	0.38	0.41	0.49	0.57	0.66	0.73	
	6	0.03	0.05	0.10	0.17	0.26	0.35	0.45	0.50	0.58	0.68			
	8	0.04	0.07	0.14	0.23	0.35	0.47	0.61	0.66	0.78				
	12	0.07	0.10	0.20	0.34	0.52	0.71							
	16	0.09	0.14	0.27	0.46	0.70								

表 B.8 缝隙长度 W 表

单位为毫米

d_x		23 cm×23 cm				f=210 mm				X/Z=0.48			一级	
		2°	3°	6°	10°	15°	20°	25°	27°	31°	35°	39°	42°	45°
W	2	0.01	0.01	0.02	0.04	0.06	0.09	0.11	0.12	0.14	0.17	0.19	0.22	0.24
	4	0.02	0.02	0.05	0.08	0.13	0.18	0.22	0.24	0.29	0.34	0.39	0.43	0.48
	5	0.02	0.03	0.06	0.10	0.16	0.22	0.28	0.30	0.36	0.42	0.48	0.54	0.60
	6	0.02	0.04	0.08	0.13	0.19	0.26	0.34	0.37	0.43	0.50	0.58	0.65	
	8	0.03	0.05	0.10	0.17	0.26	0.35	0.45	0.49	0.58	0.67			
	12	0.05	0.08	0.15	0.25	0.38	0.52	0.67	0.73	0.86				
	16	0.07	0.10	0.20	0.34	0.51	0.70							

表 B.9 缝隙宽度 D 表

焦距/mm 像幅/cm×cm	R_y/(lp/mm)		2°	6°	15°	25°	30°
153 23×23 β=31°	D/mm	0.1	233	74	26	13	9
		0.2	117	37	13	6	5
		0.3	78	24	9	4	3
		0.6	39	12	4	2	2
		1.0	23	7	3	1	1
210 23×23 β=23°	D/mm	0.1	332	107	39	20	15
		0.2	166	54	19	10	8
		0.3	110	36	13	7	5
		0.6	55	18	6	3	3
		1.0	33	11	4	2	2
115 18×18 β=32°	D/mm	0.1	224	71	25	12	9
		0.2	112	36	12	6	4
		0.3	74	24	8	4	3
		0.6	37	12	4	2	1
		1.0	22	7	2	1	1
210 18×18 β=19°	D/mm	0.1	410	133	49	26	20
		0.2	205	67	25	13	10
		0.3	137	44	16	9	7
		0.6	68	22	8	4	3
		1.0	41	13	5	3	2

ICS 07.040
A 77

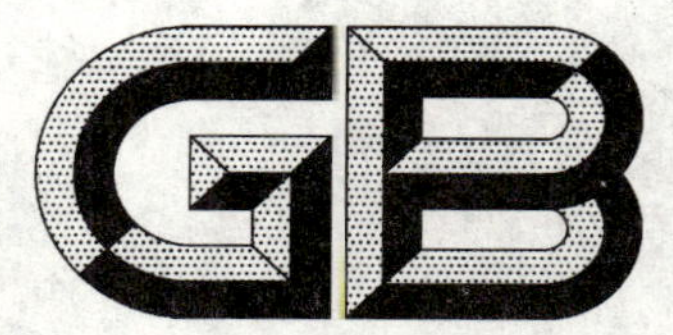

中华人民共和国国家标准

GB/T 7931—2008
代替 GB 7931—1987

1∶500 1∶1 000 1∶2 000 地形图航空摄影测量外业规范

Specifications for aerophotogrammetric field work of 1∶500 1∶1 000 1∶2 000 topographic maps

2008-06-20 发布　　　　2008-12-01 实施

中华人民共和国国家质量监督检验检疫总局
中国国家标准化管理委员会　发布

前　言

本标准代替 GB 7931—1987《1∶500、1∶1 000、1∶2 000 地形图航空摄影测量外业规范》。

本标准与 GB 7931—1987 相比主要变化如下：

——按 GB/T 1.1—2000《标准化工作导则　第 1 部分：标准的结构和编写规则》对标准进行了修订；

——增加了标准的适用范围；

——增加了 8 个规范性引用文件；

——对地形图的规格中的内容进行了调整；

——修改了调绘的内容。

本标准的附录 B、附录 C、附录 E、附录 F、附录 H 为规范性附录。

本标准的附录 A、附录 D、附录 G 为资料性附录。

本标准由国家测绘局提出。

本标准由全国地理信息标准化技术委员会归口。

本标准起草单位：国家测绘局测绘标准化研究所。

本标准主要起草人：邓国庆、冗伟、许卓群、宋英贤、陈尊充、许晓明。

本标准所代替标准的历次版本发布情况为：

——GB 7931—1987。

引　　言

随着科学技术的发展,测绘生产技术和生产体系发生了巨大变化。为保持原技术体系的完整性、现有标准之间的协调性以及标准体系的系统性、完整性,在标准修订过程中,对经过实践检验的正确合理的技术方法和技术指标予以保留,对与相关标准不协调的内容进行了修改。有关新技术和新方法将另行制定标准。

1:500　1:1 000　1:2 000 地形图航空摄影测量外业规范

1　范围

本标准规定了采用模拟、解析航空摄影测量方法测绘 1:500、1:1 000、1:2 000 地形图的外业作业基本要求。

本标准适用于 1:500、1:1 000、1:2 000 地形图的航空摄影测量外业生产作业。

2　规范性引用文件

下列文件中的条款通过本标准的引用而成为本标准的条款。凡是注日期的引用文件，其随后所有的修改单(不包括勘误的内容)或修订版均不适用于本标准，然而，鼓励根据本标准达成协议的各方研究是否可使用这些文件的最新版本。凡是不注日期的引用文件，其最新版本适用于本标准。

GB/T 6962　1:500　1:1 000　1:2 000 比例尺地形图航空摄影规范

GB/T 13923　基础地理信息要素分类与代码

GB/T 18315　数字地形图系列和基本要求

GB/T 20257.1　国家基本比例尺地图图式　第 1 部分:1:500　1:1 000　1:2 000 地形图图式

CH/T 1001　测绘技术总结编写规定

CH 1002　测绘产品检查验收规定

CH 1003　测绘产品质量评定标准

CH/T 1004　测绘技术设计规定

3　总则

3.1　地形图规格

3.1.1　空间参考系

平面坐标系统采用国家规定的统一坐标系;如有必要时，可采用依法批准的独立坐标系。投影、高程系统按 GB/T 18315 执行。

3.1.2　分幅与编号

分幅与编号按 GB/T 20257.1 执行。

3.1.3　基本等高距

基本等高距根据地形类别和用图的需要按 GB/T 18315 的规定选取。地形类别以图幅范围内大部分地面坡度进行划分(见表 1)。平坦地区，根据用图需要，可不绘等高线，用高程点注记表示。一幅图内宜采用一种基本等高距。

表 1　地形类别的确定　　单位为度

地　形　类　别	地　面　坡　度
平地	<2
丘陵地	2～6(含 2)
山地	6～25(含 6)
高山地	≥25

3.1.4 高程注记

高程注记点应选在明显地物点或地形特征点上。依据地形类别及地物点和地形点的数量，密度为图上每 100 cm^2 内 5～20 个。

3.1.5 符号与注记

地形图符号与注记按 GB/T 20257.1 执行。

3.2 精度

平面位置精度、高程精度、最大误差按 GB/T 18315 执行。1∶500 地形图高山地的地面坡度在 40°以上，1∶1 000 地形图高山地、1∶2 000 地形图山地、高山地在图上不能直接找到衡量等高线高程精度的位置时，等高线高程精度可按公式(1)计算。

$$m_{\mathrm{h}} = \pm (a + b\tan\alpha) \qquad \cdots\cdots(1)$$

式中：

m_{h}——等高线高程中误差，单位为米(m)；

a——高程注记点高程中误差，单位为米(m)；

b——地物点平面位置中误差，单位为米(m)；

α——检查点附近的地面倾斜角，单位为度(°)。

3.3 基础控制点的密度要求

基础控制点指可作为首级像片控制测量起闭点的控制点。平面基础控制点包括国家等级三角点、精密导线点、5 秒级的小三角点和导线点，其密度应满足每四幅图面积内最少有一个点；高程基础控制点包括国家等级水准点和等外水准点，其密度应满足 2 km～4 km 最少有一个点。

3.4 对航摄资料的要求

航摄资料应满足 GB/T 6962 的规定。

3.5 对其他作业方法的要求

在满足本规范所规定的精度标准的前提下，可采用本规范未列入的新技术和新方法，但应在技术设计书中明确说明相关要求和规定。

3.6 准备工作

3.6.1 资料收集

主要收集以下资料：

a) 航摄资料；

b) 基础控制点成果；

c) 各种地图资料，如相关的地形图、交通图、水利图、行政区划图、地名录等。

3.6.2 测区踏勘

对不熟悉情况的测区，应进行测区踏勘，了解测区内与生产和生活有关的各方面情况。

3.6.3 技术设计

按 CH/T 1004 的规定编写技术设计书。

3.6.4 仪器检查、校正

作业使用的各种仪器、器材应进行检查校正，并在检校合格的有效期内。

4 像片控制点的布设

4.1 像片控制点选点条件

像片控制点应满足下列条件：

a) 像片控制点的目标影像应清晰，易于判别；

b) 布设的控制点宜能公用，一般布设在航向及旁向六片或五片重叠范围内；

c) 控制点距像片边缘不应小于 1 cm(18 cm×18 cm 像幅)或 1.5 cm(23 cm×23 cm 像幅)，综合

法成图的控制点距航向边缘不应小于上述规定的1/2；

d) 控制点距像片的各类标志大于1 mm；

e) 控制点应选在旁向重叠中线附近，离开方位线的距离应大于3 cm(18 cm×18 cm像幅)或4.5 cm(23 cm×23 cm像幅)；当旁向重叠过大，不能满足要求时，应分别布点；旁向重叠较小使相邻航线的点不能公用时，可分别布点，此时控制范围所裂开的垂直距离一般应小于1 cm，困难时不应大于2 cm；

f) 位于自由图边、待成图边以及其他方法成图的图边控制点，应布设在图廓线外。

4.2 全野外布点

4.2.1 综合法成图的全野外布点

当成图比例尺不大于航摄比例尺四倍时，在每隔号像片测绘区域的四个角上各布设一个平高点，在像主点附近布设一个平高点作检查(见图1，图1～图7中：⊙平高点、□像主点、· 高程点)。成图比例尺大于航摄比例尺四倍时，应加布控制点。

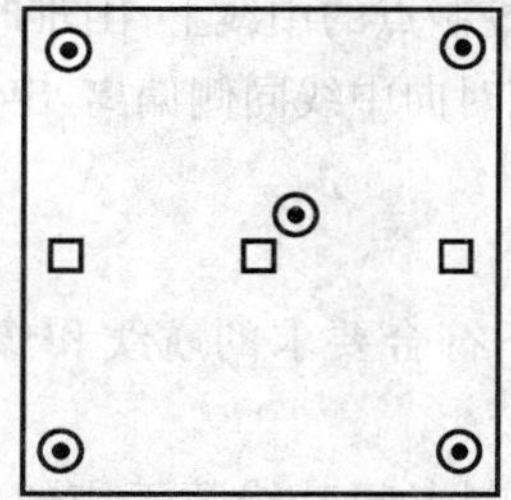

图1 综合法成图的全野外布点

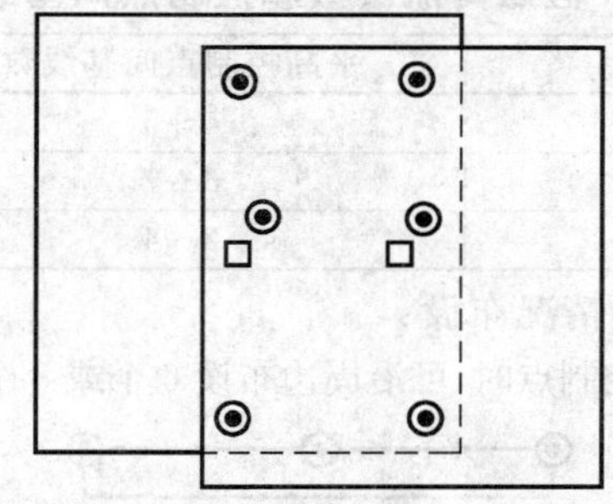

图2 全能法成图的全野外布点

4.2.2 全能法成图的全野外布点

a) 立体测图或微分纠正时，每一个立体像对应布设四个平高点。当成图比例尺大于航摄比例尺四倍时，应在像主点附近布设一个平高点(见图2)；

b) 当控制点的平面位置由内业加密完成，高程部分由全野外施测时，图2中的平高控制点可改为高程控制点。

4.2.3 点位在像片上位置的要求

点位在像片上的位置，除4.1规定外，应满足下列要求：

a) 点位离开通过像主点且垂直于方位线的直线不应大于1 cm，困难时个别点可不大于1.5 cm；

b) 一张像片(两个立体像对)覆盖一幅图时，四个基本纠正点，或定向点，应选在尽量靠近图廓点与图廓线的位置上，离图廓点与图廓线应在1 cm以内。

4.3 航线网布点

航线网布点的要求如下：

a) 航线网布点应按航线每分段布设六个平高点(见图3)；

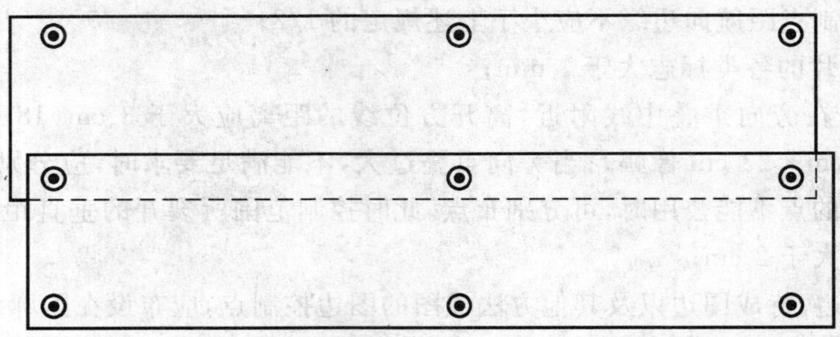

图 3　航线网布点

b)　首末端点间隔的基线数参见附录 A；

c)　航线首末端上下两控制点应布设在通过像主点且垂直于方位线的直线上，困难时互相偏离不大于半条基线；上下对点应布在同一立体像对内；

d)　航线中间两控制点应布设在首末控制点的中线上；困难时可向两侧偏离一条基线左右，其中一个宜在中线上；应尽量避免两控制点同时向中线同侧偏离，出现同侧偏离时，最大不应超过一条基线。

4.4　区域网布点

区域网布点时要求：

a)　区域网内不应包括有像片重叠不符合要求的航线和像对，不应包括大片云影、阴影等影响内业加密建网连接的像对；

b)　平面网和平高网的航线跨度、控制点间基线数不应超过表 2 规定；1∶500 地形图平地、丘陵地平高点应采用全野外布点，1∶1 000、1∶2 000 地形图平地高程点应采用全野外布点；

表 2　区域网航线数和控制点间基线数

比例尺	航线数	平高控制点间基线数	高程控制点间基线数
1∶500	4～5	4～5	5～6
1∶1 000	4～6	6～7	6～10
1∶2 000	2～4	2～4	4～6

c)　区域网的控制点可根据下列情况布设：

1)　当区域网用于加密平面控制点时，可沿周边布设 6 个或 8 个平高点，布设方案见图 4、图 5 所示；

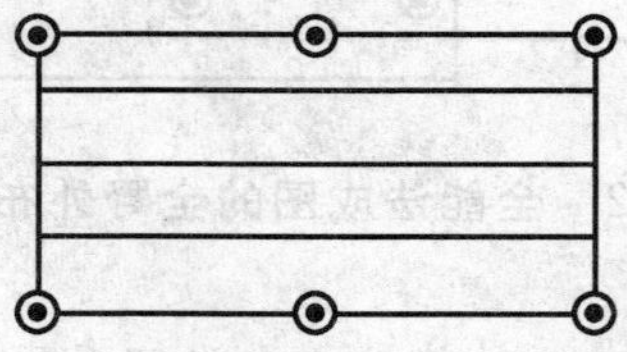

图 4　区域网布点方法 1

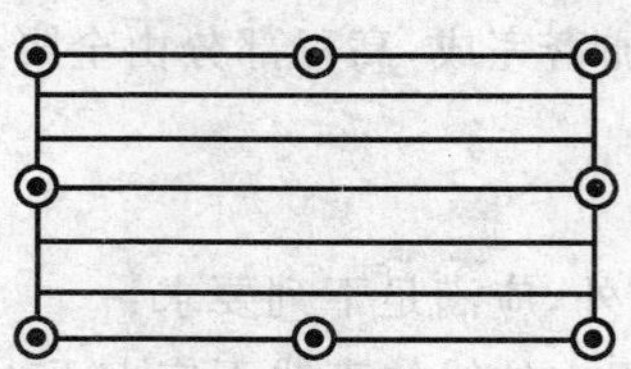

图 5　区域网布点方法 2

2)　当区域网用于加密平高控制点时，可沿周边布设 6 个或 8 个平高点；高程控制点跨度在 1∶2 000成图时，航线方向应间隔 4～6 条基线(见图 6，图中高程点符号适用于图 6 和图 7)；1∶500、1∶1 000成图的定向点高程宜采用全野外布点，采用内业加密时，其跨度应为 2～4 条基线；

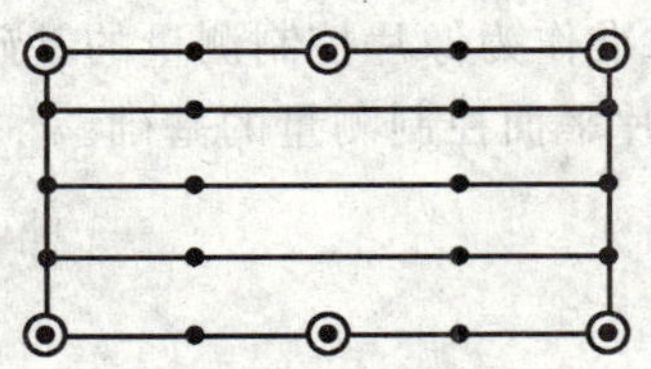

图6　区域网布点方法3

3）受地形等条件限制时，可采用不规则区域网布点：应在凸出处布平高点，凹进处布高程点，当凹角点与凸角点之间距离超过两条基线时，在凹角处应布设平高点，见图7所示。

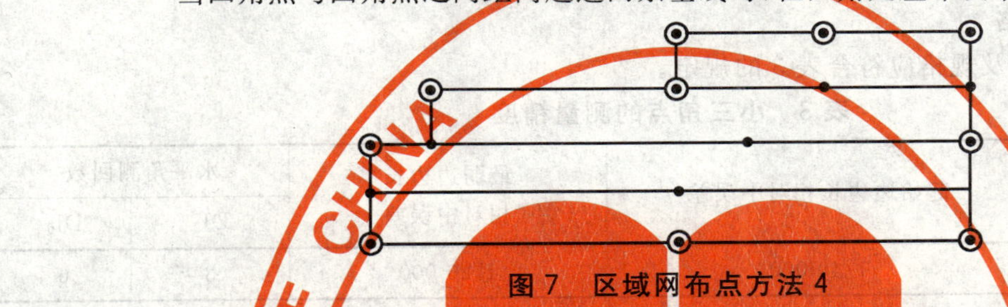

图7　区域网布点方法4

d）区域网布点时，控制点在像片上和航线内的具体点位要求与航线网布点要求相同。

4.5　特殊情况的布点

4.5.1　航摄区域接合处的布点

航区或航摄分区接合处，控制点应布设在航线重叠接合处，邻区尽量公用。不能满足公用要求时，应分别布点。

4.5.2　航向重叠不够的布点

航向重叠度小于53%，存在航摄漏洞时，应分别布点，漏洞处应采用平板仪测图方法补测。

4.5.3　旁向重叠不够的布点

旁向重叠部分小于15%的重叠度时，应分别布点。重叠部分大于1 cm，影像清晰，范围内无重要地物，可在重叠部分内加测2～3个高程点；影像不清楚或重叠小于1 cm，重叠不足部分应采用平板仪测图方法补测。

4.5.4　像主点和标准点位落水的布点

点位落水时，应注意以下事项：

a）点位落水（像主点或标准点位处于水域内，或被云影、阴影、雪影等覆盖，或无明显地物），落水范围的大小和位置不影响立体模型连接时，可按正常航线布点；

b）像主点2 cm范围内选不出明显目标，或航向三片重叠范围内选不出连接点时，落水像对应全野外布点；

c）定向点的标准位置附近为落水区，在离开方位线4 cm（23 cm×23 cm像幅）或2.5 cm（18 cm×18 cm像幅）以外的航向三片重叠范围内选不出连接点，落水像对应全野外布点。

4.5.5　水滨和岛屿的布点

水滨和岛屿地区，应按全野外布点，以能最大限度控制测绘面积为原则。超过控制点连线1 cm以外的陆地部分应加测平高点，困难时可改为高程点。用航测方法难以保证精度时，可采用平板仪测图方法进行补测。

5　基础控制点测量

5.1　像片控制测量的基础

除使用国家等级点外，可根据测区的实际情况和具体要求，合理地布设测角中误差小于或等于5″

的小三角点和导线点，以及施测等外水准作为像片控制测量的基础。对于采用独立坐标系的小测区，也可布设5″级小三角网和导线网作为像片平面控制测量的基础。

5.2　5″级平面控制测量

5.2.1　小三角测量

5.2.1.1　布设形式

小三角点布设应以国家等级点为基础，采用插网(锁)、插点等方法实施。小三角点可作为独立坐标系中的基础控制，独立地构成线形锁、三角网等。网中的量边工作均可采用相应精度的光电测距仪完成。

5.2.1.2　测量精度及规格

小三角点的测量精度及规格应符合表3的规定。

表3　小三角点的测量精度

测角中误差 (″)	起始边边长相对中误差	最弱边边长相对中误差	水平角测回数	
			DJ_2	DJ_6
5	1/40 000	1/20 000	3	6

5.2.1.3　线形锁

线形锁宜近于直伸状，锁内各三角形边长应尽量相等。求距角不应小于40°，困难时不应小于30°，锁的图形强度系数总和不应大于85，图形强度系数R(见附录B)总和值应小于85。有条件时，线形锁应加测检查角。三角形平均边长，1∶500测图为0.5 km，1∶1 000测图为1 km，1∶2 000测图为2 km。

5.2.1.4　插网及插点

插网应布置均匀，各三角形内角不宜小于30°，在网的中部个别内角可不小于20°。插点的交会角应不小于30°，交会的平均边长1∶1 000测图时宜为1.5 km，最大不超过2 km，1∶2 000测图时宜为3 km，最大不超过4 km。插网及插点各边应尽量对向观测。

5.2.2　光电测距导线测量

5.2.2.1　布设形式

光电测距导线可布设成附合导线、结点导线或导线网。导线的路线在等级点之间、等级点与结点之间、结点与结点之间应布设成直伸状。导线相邻边宜相等。

5.2.2.2　主要技术要求

光电测距导线测量的主要技术要求见表4。

表4　光电测距附合导线的主要技术要求

测角中误差 (″)	图上平均边长 mm	边数	导线全长相对闭合差	方位角闭合差 (″)	水平角测回数	
					DJ_2	DJ_6
5	1 000	8	1/20 000	$10\sqrt{n}$	2	6
	500	12	1/15 000			
	300	18	1/14 000			
注：n为转折角个数。						

5.2.2.3　结点允许边数

结点至起始点之间的允许边数为表4中规定边数的0.7倍，结点与结点之间的允许边数为表4中规定边数的0.5倍。

5.2.2.4　作业要求

光电测距导线的作业要求如下：

a) 光电测距仪的标称精度为 1 km 的测距中误差不应大于 10 mm；

b) 测距工作应在大气稳定和成像清晰的条件下进行；

c) 在测距过程中，遇到大气湍流影响严重时，应停止观测；

d) 斜距测回数不应少于二测回，一测回最少应读两次数，两次读数较差小于 1 cm 时，取平均值作为该测回值；

e) 斜距单程测回间较差不应大于 15 mm；

f) 每边应测定一次气象数据，温度应读至 1 ℃，气压应读至 1 mm 汞高；

g) 一般采用三联脚架法施测；

h) 每次使用以前，应根据需要及仪器的实际情况，对光电测距仪及其主要附件进行检验。

5.2.3 选点和埋石

应按照技术设计书所规定的具体布设方案进行。点位确定以后可根据需要埋石，一般不造标。点名可按测区排列顺序编号，也可采用附近的地理名称。标石埋设规格见附录 C。

5.2.4 水平角观测

5.2.4.1 基本要求

水平角观测采用全圆方向观测法。应选择通视良好、目标清晰的方向作为起始方向。方向数大于 3 时，每半测回应闭合于起始方向(归零)。方向数大于 7 个时，应分组观测，每组应采用共同的起始方向。各测回度盘位置变换数值为 180°除以规定的测回数。

5.2.4.2 观测限差

水平角观测限差见表 5。

表 5 水平角观测限差

单位为秒

限　　差	DJ_2	DJ_6
半测回归零差	12	24
2C 变动范围	18	36
各测回同一方向的较差	12	24
三角形闭合差	15	15

5.2.4.3 重测条件

观测结果中 2C 的变动范围或测回差超限时，可重测超限方向，重测时应联测同一起始方向。归零差、起始方向的 2C 变动范围超限或测回中重测方向数超过总方向数的 1/3 时，该测回应重测。重测测回数超过总测回数 1/2 或因闭合差超限而重测时，该测站应全部重测。

5.2.4.4 归心改正

测站点、照准点的偏心距大于测站至最近观测点距离的 1/80 000 时，应在水平方向内进行归心改正。测定归心元素时，偏心距应量至毫米，偏心角应量至 15′。三个方向投影的示误三角形边长或两个方向两次投影示误四边形的对角线长度不应大于 5 mm。

5.2.4.5 平差计算取位

平差计算取位的要求见表 6。

表 6 平差计算的取位

观测方向值 (″)	各项改正数 (″)	对数或函数 位	坐标计算 m	最后坐标值 m	坐标方位角 (″)
1	1	6	0.01	0.1	1

5.2.4.6 限差检验

对外业观测资料应进行下列限差检验：

a) 小三角测量的测角中误差按公式(2)计算。

$$m_\beta = \pm \sqrt{\sum_{i=1}^{n} (W_i W_i)/3n} \quad \cdots\cdots (2)$$

式中：

m_β——测角中误差，单位为秒(″)；

W——三角形闭合差，单位为秒(″)；

n——三角形个数。

b) 导线(网)测量的测角中误差按公式(3)计算。

$$m_\beta = \pm \sqrt{\sum_{i=1}^{n} (f_\beta^i f_\beta^i / n_\beta^i)/n} \quad \cdots\cdots (3)$$

式中：

m_β——测角中误差，单位为秒(″)；

f_β——附合导线或闭合环的方位角闭合差，单位为秒(″)；

n_β——计算 f_β 的测站数；

n——附合导线和(或)闭合环的个数。

c) 方位角条件闭合差限差按公式(4)计算。

$$W_{方} \leqslant 10 \times \sqrt{n} \quad \cdots\cdots (4)$$

式中：

$W_{方}$——方位角条件闭合差，单位为秒(″)；

n——传递方位角个数；

d) 极条件闭合差限差按公式(5)计算。

$$W_{限} \leqslant 10 \times \sqrt{\sum_{i=1}^{n} \delta_i \delta_i} \quad \cdots\cdots (5)$$

式中：

$W_{限}$——极条件闭合差限差，单位为秒(″)；

δ——求距角正弦对数秒差(以对数第6位为单位)；

n——传递方位角个数。

5.3 高程控制测量

5.3.1 等外水准测量

等外水准测量要求如下：

a) 作为基础控制测量的等外水准路线，应起闭于国家等级水准点；

b) 等外水准测量采用单程观测法，支线水准应采用往返观测或单程双测的方法施测；

c) 等外水准测量的施测精度按表7的规定；当平地、丘陵地采用1 m以上基本等高距测图时，路线总长可适当放长；

表7 等外水准测量的精度

地形类别	路线全长 km			附合路线或闭合路线高程闭合差 m	仪器至标尺距离 m
	附合	单结点	支线		
平地、丘陵地	12	9	3	$30\sqrt{L}$	100
山地	20	15	6	$45\sqrt{L}$	
注：L 为路线长(km)，小于1 km按1 km计。					

d) 等外水准测量的观测工作应间歇在固定的标志上。当不可能时，应间歇在打入地下的三个木桩上；两间歇点间歇前后的高差之差不大于6 mm，可以继续往前观测；

e) 等外水准测量的观测限差不应超过表 8 的规定。

表 8 等外水准测量的观测限差

同一标尺读数之差 mm	两读数高差之差 mm	一站之前后视距差 m	前后视距差总和 m	视线最低高度 m
4	6	20	100	0.2

5.3.2 三角高程导线测量

三角高程导线测量要求如下：

a) 三角高程导线测量适用于丘陵地、山地和高山地。三角高程导线应起闭于国家四等以上水准点或四等水准联测过的平面基础控制点。

b) 三角高程导线测量的精度及规格要求见表 9。

c) 以结点形式敷设导线，按 5.2.2.3 的要求。

d) 各方向观测时的照准位置应记在手簿中；由不同方向观测同一点时应照准同一位置，遇到特殊情况，可另选择照准位置，应在手簿中图示说明。

e) 觇标高和仪器高应用钢尺量测二次，读至 5 mm，较差不应大于 1 cm，高标时较差不应大于 2 cm。

f) 垂直角的观测宜在目标清晰、大气稳定时进行；方向数较多时可分组进行观测；通视条件较差时，可分别对每一方向进行连续观测。

表 9 三角高程导线测量的精度与规格

平均边长 km	边数		路线全长高程闭合差 m	往返测高差较差 m	垂直角测回数（中丝法）		各测回垂直角较差及同一测站指标差较差（″）	
	1 m 等高距	2 m 等高距			DJ_2	DJ_6	DJ_2	DJ_6
0.5	30	40	$0.05\sqrt{\sum_{i=1}^{n} S_iS_i}$	0.1S	2	4	15	25
1.0	15	30						
2.0	4	15						

注：S 为边长(km)，小于 1 km 按 1 km 计。n 为边数。

5.3.3 光电测距高程导线测量

光电测距高程导线测量要求如下：

a) 光电测距高程导线可代替等外水准测量；光电测距高程导线应起闭于国家四等以上水准点或四等水准联测过的平面基础控制点。

b) 光电测距高程导线可单独施测，也可与光电测距导线同时施测。

c) 光电测距高程导线的施测技术要求见表 10。

表 10 光电测距高程导线施测技术要求

平均边长 m	边 数			路线全长高程闭合差 mm	往返测高差较差 m	垂直角测回数（中丝法）		各测回垂直角较差及同一方向指标差较差（″）	
	0.5 m 等高距	1.0 m 等高距	2.0 m 等高距			DJ_2	DJ_6	DJ_2	DJ_6
300	18	40	60	$24\sqrt{n}$	0.2S	2	4	15	25
500	12	20	30	$30\sqrt{n}$					
1 000		8	20	$70\sqrt{n}$					

注 1：S 为边长(km)。

注 2：n 为边数。

d) 光电测距高程导线测量除了应按 5.2.2.4 的要求完成测距工作以外，还应满足以下作业要求：
   1) 垂直角应直返觇；
   2) 视线宜选在地面覆盖物相同的地段，避免通过热体上空，应离开地面或障碍物 1.3 m 以上；
   3) 仪器高和觇标高应量至毫米；
   4) 使用 DJ_6 仪器测定天顶距(或垂直角)时，应首先测定垂直度盘偏心，在观测结果中加以改正。

6 像片控制点测量

6.1 精度要求

平面控制点和平高控制点相对邻近基础控制点的平面位置中误差不应超过地物点平面位置中误差的 1/5。高程控制点和平高控制点相对邻近基础控制点的高程中误差不应超过基本等高距的 1/10。

6.2 像片控制点的判刺和整饰

6.2.1 像片控制点的判刺

6.2.1.1 野外控制点应以判点为主，刺点为辅。

6.2.1.2 平面控制点的实地判点精度为图上 0.1 mm，点位目标应选在影像清晰的明显地物上，宜选在交角良好的细小线状地物交点、明显地物折角顶点、影像小于 0.2 mm 的点状地物中心。弧形地物及阴影等不应选作点位目标。

6.2.1.3 高程控制点的点位目标应选在高程变化较小的地方。

6.2.1.4 平高控制点的点位目标应同时满足平面和高程控制点对点位目标的要求。在点位目标难以保证室内判点精度的地区，航摄前应铺设地面标志(参见附录 D)。

6.2.1.5 控制点与基准面在不同平面时，应标注比高，量注至 0.1 m；当点位周围不等高时，应标注比高量注的位置。

6.2.2 像片控制点的整饰

6.2.2.1 三角点、埋石点、平高点或平面点的刺点片，在像片正面以边长或直径为 7 mm 的红色三角形、正方形或圆形整饰；水准点或高程点的刺点片以直径 7 mm 的绿色圆形整饰，水准点在圆内加绘不相交的斜十字形。点名、点号及高程用红色分式注记，分子为点名或点号，分母为高程。像片正面整饰格式见附录 E。

6.2.2.2 像片的反面应以相应的符号标出点位，注上点名或点号，应绘局部放大的详细点位略图，简要说明刺点位置和比高、刺点者、检查者或对刺者，签名及日期。说明文字应简练、确切，点位图、说明、刺孔三者应一致。像片反面整饰格式见附录 F。

6.2.2.3 控制像片仅整饰刺点片；航线间公用的点应在邻航线的主片上转标，并应注上点号和说明刺在哪一片上。当借用相邻测区的像片控制点时，应转刺并按规定整饰，转刺的点应加注邻幅图号及原刺点片号。

6.2.3 像片控制点的编号

基础控制点使用原有编号。像片控制点的编号由技术设计书作出具体规定。

6.3 像片控制点的平面测量

6.3.1 导线

6.3.1.1 光电测距附合导线和支导线的技术要求不应超过表 11 的规定。

6.3.1.2 钢尺量距附合导线和支导线的技术要求不应超过表 12 的规定。

6.3.1.3 导线不应超过三次附合。

表 11 光电测距附合导线、支导线的技术要求

导线类别	地形类别	路线全长(图上)mm	边数	水平角测回数		方位角闭合差(″)	导线闭合差(图上)mm	距离往返测较差
				DJ_2	DJ_6			
附合导线	平地、丘陵地	3 500	12	1	2	$24\sqrt{n}$	0.5	
	山地、高山地	4 500	15	1	2	$24\sqrt{n}$	0.7	

表 11（续）

导线类别	地形类别	路线全长（图上）mm	边数	水平角测回数		方位角闭合差（″）	导线闭合差（图上）mm	距离往返测较差
				DJ_2	DJ_6			
支导线		900	3	1	2			$3(a+bD)$

注：n——转折角个数；
a——测距仪标称精度中的固定误差(mm)；
b——测距仪标称精度中的比例误差(mm/km)；
D——测距边长度(km)。

表 12　钢尺量距附合导线和支导线的技术要求

导线类别	导线全长（图上）mm	边数	水平角测回数		方位角闭合差(″)	导线闭合差（图上）mm	距离往返测较差
			DJ_2	DJ_6			
附合导线	1 500	10	1	2	$30\sqrt{n}$	0.5	1/1 000
支导线	400	3	1	2			1/1 000

注：n 为转折角个数。

6.3.2　线形锁

线形锁的传距角一般不应小于30°。平地、丘陵地锁长不应超过图上 1 300 mm，三角形个数不应超过 9 个；山地、高山地锁长不应超过图上 1 500 mm，三角形个数不应超过 12 个。线形锁不应超过二次附合。

6.3.3　交会法

交会角应在 30°～150°之间。后方交会($\alpha+\beta+C$)不应在 160°～200°之间，折叠图形($\gamma-\delta$)不应小于 20°。平地、丘陵地交会边长不应大于图上 600 mm，山地、高山地交会边长不应大于图上 800 mm。前方、侧方、后方交会应采用二组图形计算。平地、丘陵地二组坐标之差不应超过图上 0.2 mm，山地、高山地二组坐标之差不应超过图上 0.3 mm。

交会点从一级导线或一级锁点发展时，可再发展一次交会点；交会点的起算点全为基础控制点时，交会边长可放至图上 1 000 mm，山地、高山地可以再发展一次交会点。

6.3.4　引点

本点至引点的距离应用钢尺丈量，不能用视距法测定，其长度不应超过图上 100 mm，距离应往返丈量，两次丈量较差不应超过距离的 1/1 000。当距离用光电测距仪测定时，可放长至图上 500 mm，应进行二次独立观测，两次观测距离较差不应超过 $3(a+bD)$。引点应在本点观测两个连接角，水平角应观测一测回。高差测定中直返觇或两次观测高差较差不应大于基本等高距的 1/10。

6.4　像片控制点的高程测量

6.4.1　高程路线

高程路线不宜用闭合环。用闭合环时，起算点高程应确保无误，不能环套环。高程控制点和平高控制点的高程测量可采用测图水准、光电测距高程导线、三角高程导线、独立交会高程点进行施测。按结点布设高程路线时，结点与起闭点间路线长可为表 13 附合路线全长的 3/4。测图水准、光电测距高程导线、三角高程导线可交替使用。

6.4.2　测图水准

测图水准用于高差不大的地区，应起闭于水准点、经水准联测的三角点或等外水准点。测图水准应采用水准标尺单面一次读数，读记至厘米。水准仪的 i 角应不大于 20″；观测时仪器宜安置在前后标尺的中央；仪器至标尺的距离不应超过 200 m。路线全长和闭合差不应超过表 13 的规定。

6.4.3　光电测距高程导线

光电测距高程导线，垂直角应对向观测，直返觇高差较差不应大于 0.04 Sm(S 以百米为单位，

300 m 以内按 300 m 计算);路线全长和闭合差不应超过表 13 的规定。

6.4.4 三角高程导线

三角高程导线用于山地和高山地,垂直角应对向观测,直返觇高差较差应不大于 0.04 Sm(S 以百米为单位,300 m 以内按 300 m 计算);路线全长和闭合差不应超过表 13 的规定。

6.4.5 独立交会高程点

独立交会高程点用于 1 m 或 2 m 等高距的地区,采用三个单觇高程平均值,交会边长和高程较差不应超过表 13 的规定。

表 13 像片控制点的高程测量的规定

等高距 m	附合路线全长 km			高程闭合差 m	独立交会高程点	
	测图水准	光电测距 高程导线	三角高 程导线		交会边长 km	高程较差 km
0.5	5	5		0.2		
1.0	20	20	8	0.4	2	0.3
2.0(2.5)		30	20	0.8	2	0.5

6.5 像片控制点的观测、记簿与计算

6.5.1 水平角观测

6.5.1.1 导线、线形锁、各种交会法的水平角应按方向观测法观测,采用 DJ_6 型经纬仪应观测二测回,采用 DJ_2 型经纬仪应观测一测回,一次读数。

6.5.1.2 三个方向观测时可不归零。方向多于 10 个时应分组观测,并应采用同一起始方向。重测方向数超过总方向数的 1/3 时该测回应全部重测。

6.5.1.3 应注意仪器对中和觇标竖直。观测时宜照准根部。照准点偏心距大于测站至照准点距离的 1/20 000 时,应进行归心改正。光电测距导线宜采用三联脚架法。

6.5.2 垂直角观测

6.5.2.1 光电测距高程导线、三角高程导线、独立交会高程点和引点的垂直角观测可采用中丝法二测回,或三丝法一测回,一次读数。

6.5.2.2 垂直角观测应在目标清晰、成像稳定时进行,应在手簿中注明照准位置。仪器高和觇标高应量记至厘米。

6.5.3 水平角和垂直角观测限差

水平角和垂直角观测限差不应大于表 14 的规定。

表 14 水平角和垂直角的观测限差

类别	限差名称	限差值(″)	
		DJ_2	DJ_6
水平角观测	半测回归零差	15	24
	两个半测回同一方向较差	20	36
	各测回同一方向较差	—	24
	三角形闭合差	50	50
垂直角观测	测回垂直角较差	24	24
	同一测站指标差较差	24	24

6.5.4 记簿

6.5.4.1 原始观测值和记事项目应在现场用钢笔或铅笔记录在规定格式的外业手簿中，字迹应清晰、整齐、美观，不能擦改或涂改，不应转抄复制。

6.5.4.2 手簿各记事项目，每一测站或每一工作时间段的首末页应填写齐全。

6.5.4.3 原始观测数据应以不改为原则，如有读错或记错，应在现场更正。但同一测站不能有两个相关数字连环更改；同一距离、同一高差的往、返测或两次测量的相关数字不能连环更改。

6.5.4.4 凡更正错误，均应将错误数字整齐划去，另记正确数字。凡划去的数字或划去的成果，均应注明原因和重测结果所在的页数。废站也应划去并注明原因。

6.5.4.5 补测和重测不应记在测错的手簿前面。

6.5.4.6 引点距离和归心元素的测定，应记于手簿中距离记录表或记事用纸上。

6.5.5 平面坐标和高程的计算

6.5.5.1 计算前应全面、认真地检查观测手簿，仔细校对起算成果，避免差错。

6.5.5.2 平面坐标计算应取至 0.01 m，高程计算应取至 0.01 m，距离应取至 0.01 m，角度应取至 1″；采用近似平差时，闭合差应以边长、转折角或测站数按比例进行配赋。

6.5.5.3 计算应采用固定表格、电子计算器或计算机计算。采用计算机计算时，对数据及输入纸带，应仔细核对。计算结束后，应对打印成果进行校验。

6.5.5.4 使用单指标读值经纬仪，垂直度盘存在偏心差时，应进行偏心差的测定，在成果中加入改正数。

7 综合法测图

7.1 适用地区

固定比例尺像片图测图适用于地形平坦地区。

7.2 像片图质量的要求

7.2.1 像片图影像应清晰，色调均匀，反差适中，无伤痕和污迹；像纸应粘贴牢固，底板平整。

7.2.2 图廓大小与理论尺寸之差，边长不应大于 0.2 mm，对角线不应大于 0.3 mm。

7.2.3 展绘的三角点、控制点之间的距离与理论长度的较差不应大于图上 0.2 mm；控制点至图廓点的距离与理论长度的较差不应大于图上 0.2 mm。

7.2.4 图廓边像片影像的接边差一般不应大于 1.2 mm，个别最大处不能大于 1.5 mm。

7.2.5 像片图应注明图号、像片号、纠正起始面的高程和相对航高，并刺出像底点的位置。

7.3 测站点的布设要求

测站点的布设位置应满足测绘等高线、高程注记点和补测地物的要求，设站的密度应视实际作业需要和最大视距而定。

7.4 测站点的平面精度和测定方法

7.4.1 测站点平面位置中误差，相对最近野外平面控制点不应大于图上 0.45 mm。

7.4.2 测站点平面位置可用以下方法测定：

a) 利用像片图上的各类控制点；

b) 利用像片图上的明显地物点：当明显地物点的投影差值大于图上 0.2 mm 时，应先改正投影差；

c) 控制点为起始点的图解交会：交会边长不应大于图上 150 mm，交会角应在 30°～150°之间；示误三角形的边长不应大于 0.5 mm，检查点至检查方向的垂距不应大于 0.3 mm；1∶500、1∶1 000 比例尺测图，不能使用图解后方交会；

d) 控制点为起始点的图解支导线：支导线允许边数为 1 条，支导线点宜用其他控制点作检查，技术要求应符合表 15 的规定。

表 15　支导线法确定测站点平面位置的要求

测图比例尺	等高距 m	最大边长 m	边长测量方法	往返测平距较差	往返测高差较差
1∶500	0.5	50	往返量距	1/300	1/5 基本等高距
1∶1 000	0.5	100	往返量距	1/300	1/3 基本等高距
1∶2 000	1	150	往返量距	1/100	1/3 基本等高距

7.5　测站点的高程精度和测定方法

7.5.1　测站点相对最近高程控制点的高程中误差不应超过 1/3 基本等高距。

7.5.2　测定测站点的高程可用以下方法测定：

a)　测图水准：其技术要求按 6.4.2 的规定；

b)　光电测距高程导线：其技术要求按 6.4.3 的规定；

c)　图解交会三角高程：起算点为测图水准以上的高程控制点，交会边长不应大于图上 150 mm，垂直角观测一测回，由两个方向推算的高程较差或一个方向往返测的高差较差，见表 15；

d)　图解支导线三角高程：起算点应为测图水准以上的高程控制点，垂直角观测一测回，高差应往返测定，技术要求应符合表 15 的规定。

7.6　碎部测图

7.6.1　测站点对中偏差不应大于图上 0.05 mm。

7.6.2　应依据图上相距 100 mm 以上的控制点或经投影差改正后的明显地物点标定图板方向，标板后应用其他方向检查，测站点离检查方向的垂距不应大于图上 0.4 mm。

7.6.3　垂直度盘指标差每天作业前应进行测定，1′以内可不改正。

7.6.4　地物点和地形点视距（量距）最大长度应符合表 16 的规定。

表 16　地物点和地形点视距（量距）最大长度　　单位为米

测图比例尺	等高距	地物点		地形点
		视距	量距	视距
1∶500	0.5	40	50	70
1∶1 000	0.5	80	100	150
1∶2 000	1	150		250

7.6.5　标尺应具有厘米分划，地物点视距应全丝读数，读记至 0.1 m。

7.6.6　碎部点高程可用水准仪施测，点位应依据像片影像刺定。当影像的投影差值大于图上 0.2 mm 时，应改正投影差。

7.6.7　碎部点可作高程注记点。高程点的注记，基本等高距为 0.5 m 时应注至厘米，基本等高距为 1 m 时应注至分米。图上允许少数地物点的高程与等高线的高程相矛盾。

7.7　投影差改正和屋檐宽度的改正

7.7.1　投影差改正应满足以下要求：

a)　高山或低于纠正起始面的物体，投影差值大于图上 0.2 mm 时，应进行投影差改正；

b)　供投影差改正用的高差，其量测误差不应大于 0.5 m；

c)　改正投影差应以像底点为辐射中心；

d)　投影差改正方法参见附录 G。

7.7.2　屋檐宽度改正应满足以下要求：

a)　图上房层轮廓线应以墙基为准，当屋檐宽度大于图上 0.2 mm 时应加屋檐宽度改正；

b） 屋檐宽度应量测至厘米。

7.8 应补测的内容

像片图测图应补测下列内容：

a） 影像模糊地物；

b） 被影像或阴影遮盖的地物；

c） 航摄时的水淹、云影地段；

d） 不满幅的自由图边；

e） 新增地物。

8 像片调绘

8.1 像片调绘的基本要求

8.1.1 像片调绘应判读准确，描绘清楚，图式符号运用恰当，各种注记准确无误。

8.1.2 应采用放大片调绘，放大倍数视地物复杂程度而定。调绘像片的比例尺，不宜小于成图比例尺的1.5倍。

8.1.3 调绘像片采用隔号像片，为使调绘面积界线避开复杂地形，个别可出现连号。全野外布点时调绘面积界线应是像片控制点的连线；非全野外布点时调绘面积界线应是像片重叠部分的中线。如果偏离，均不应大于控制像片上1 cm。界线不宜分割重要工业设施和密集居民地，不宜顺沿线状地物和压盖点状地物。界线统一规定右、下为直线，左、上为曲线，调绘面积不得产生漏洞。自由图边应调绘出图外6 mm。调绘面积的划分及整饰要求见附录H。

8.1.4 像片调绘可以采取先野外判读调查，后室内清绘的方法；也可采取先室内判读、清绘，后野外检核和调查，再室内修改和补充清绘的方法。不论采取哪种方法，对像片上各种明显的、依比例尺表示的地物，可只作性质、数量说明，其位置、形状应以内业立体模型为准，调绘片应分色清绘。

8.1.5 影像模糊地物、被影像或阴影遮盖的地物，可在调绘像片上进行补调，补调方法可采用以明显地物点为起始点的交会法或截距法，补调的地物应在调绘像片上标明与明显地物点相关的距离。需补调的地物较多时，应把范围圈出并加注说明，待内业成图后再用平板仪补测。航摄后拆除的建筑物，应在像片上用红色“×”划去，范围较大时应加说明。

8.1.6 建筑物的投影差改正，采用全能法成图时应由内业处理。

8.1.7 路堤、路堑、陡坎、斜坡、陡岸和梯田坎等，当其图上长度大于10 mm和比高大于0.5 m(2 m等高距图幅大于1 m)时应表示；当比高大于1个等高距时应适当量注比高。比高小于3 m时应量注至0.1 m，大于3 m时应量注至整米。全能法成图时图上需要注记的比高，大于1 m时可由内业测注，在阴影遮盖的沟谷和隐蔽地区应由外业量注。

8.1.8 按GB/T 13923规定的要素类进行调查和注记。

8.2 测量控制点

8.2.1 三角点和埋石点在调绘片上不表示，由内业展绘。当三角点和埋石点设在不依比例尺表示的土堆上时，应在调绘片上表示。

8.2.2 国家等级水准点应准确调注。

8.3 水系

8.3.1 河流、湖泊、水库的水涯线应绘在摄影时的水位处，摄影时间为枯水期，可在实地刺出一常水位点，由内业描绘水涯线；摄影时间为洪水期，应提供常水位高程，由外业实测水涯线及被淹地段的地物地貌。

8.3.2 池塘的水涯线应以摄影时的水位为准，当水位线与岸边线在图上的距离小于1 mm时，水涯线可绘在岸边线位置上。

8.3.3 水渠、贮水池的水涯线应以坎沿为准。

8.3.4 海岸线应按摄影时的影像描绘平均大潮高潮痕迹所形成的水陆分界线。

8.3.5 高水界应按用图部门的需要表示。

8.3.6 潮汐川受潮流影响地段的水涯线应按海岸线符号表示。

8.3.7 河流、沟渠在图上宽度大于 0.5 mm 的应用双线依比例尺表示，小于 0.5 mm 的应用单线表示。

8.3.8 水渠应测注渠边和渠底高程。堤坝应测注顶部和坡脚高程。时令河应测注河床高程。泉、井应测注出水口或井台高程，根据需要注记井台至水面的深度。河流、湖泊水位点高程可视用图需要测定。以上高程由全能法成图时，应由内业测注。

8.3.9 岸坡比较陡峻、坡度在 70°以上的陡岸应区分石质与土质。陡岸下缘与水涯线间的河滩宽度大于图上 2 mm 时，应测绘等高线并绘出相应的土质、植被符号。

8.3.10 干出滩或海滩(海岸线与低潮界之间高潮时被海水淹没，低潮时露出的潮浸地带)，调绘时应按图式规定符号表示，干出滩的宽度在图上小于 3 mm 时可不表示。

8.3.11 干出滩及浅海部分应测注水深和等深线。全能法成图时，浅海部分的水深由外业施测，也可根据海图由内业编绘。浅海部分应测范围以海岸带地形图满幅为准。

8.3.12 当地平均海水面可根据用图需要表示，并加注“平均海水面”。

8.4 居民地及设施

8.4.1 居民地调绘要求如下：

a) 描绘房屋应以墙基为准。当屋檐宽度大于图上 0.2 mm 时，应在像片的相应处注明实测宽度(量注至厘米)，供内业进行屋檐宽度改正；

b) 1∶500、1∶1 000 成图时，房屋应注建筑材料和层数；房屋不宜综合，应逐个调绘，临时性的建筑物可舍去；1∶2 000 成图时，房屋可不注建筑材料，只注房屋层数；房屋可适当综合取舍，宽度在 1 m 以下的次要巷道可不表示；图上 6 mm^2 以下的天井、庭院可进行综合；

c) 房屋轮廓凸凹在图上小于 0.4 mm，简单房屋小于 0.6 mm 时，可用直线连接。

8.4.2 独立地物调绘要求如下：

a) 作为定位主要依据的独立地物，能依比例尺表示的应绘外轮廓、填绘符号；不能依比例尺表示的，应准确表示其定位点和定位线；

b) 地下建筑物可不表示，其出入口和天窗应表示；

c) 实地的建筑物、构筑物，图式中无相应规定符号，也不便归类表示，可实地调绘该要素的地面几何图形，加注专名。

8.4.3 围墙调绘要求如下：

围墙在 1∶500、1∶1 000 图上依比例尺表示，图上宽度小于 0.5 mm 时，不依比例尺表示。1∶2 000 成图的围墙用不依比例尺符号表示。

8.5 交通

8.5.1 调绘道路应要求位置准确、等级分明，线段曲直和交叉位置的形式反映应真实，与其他地形要素的关系应明确，注记应齐全。

8.5.2 道路通过居民地不宜中断，应按真实位置绘出。公路进入城区时，公路符号应以街道线代替。城区街道中应将固定性的安全岛、人行道、绿化带和街心花园绘出。

8.5.3 铁路、公路、简易公路、大车路和城区主要街道的中心，在图上每隔 10 cm～15 cm 应测注高程注记点，主要道路交叉口及转折处也应测注高程(全能法成图由内业测注)。

8.5.4 双线表示的道路，边线不明显时，应调注路宽和路的一条边至明显地物点的距离，量至分米，注记在相应位置处。

8.6 管线

8.6.1 永久性的电力线、通讯线应表示。电杆、铁塔应按实际位置绘出。同一杆上架有多种线路时，应表示其中主要的线路。

8.6.2 电力线分为输电线和配电线。输电线路为高压线，配电线路一般为低压线。

8.6.3 地面及架空管线应表示，并注记输送物质；地下管线不表示，但其入口处和检修井一般需表示。

8.7 境界

8.7.1 调绘境界应在实地进行，并经慎重调查，多方核实确认无误后方可绘于图上。

8.7.2 国界的调绘要求如下：

a) 国界应根据国家正式签订的边界条约或边界议定书及附图，会同边防人员一起经实地踏勘后，按实地位置不间断地精确绘出。

b) 国界上的界标(界桩、界碑)应按坐标值展绘图上，注明编号。无坐标的界标应测出坐标。界标应根据实际情况尽量测注高程。坐标和高程精度的要求应与控制点相同。同号双立或三立的界标同时表示有困难时，可用空心小圆圈按实地相对位置关系绘出，并应注出各自的编号。

c) 国界线上的各种注记不得压盖国界符号，并应注在本国界内。

8.7.3 国内各级境界的调绘要求如下：

a) 县(区)级以上境界应绘出，乡(镇)级境界、国营农(林、牧)场界应按用图需要调绘；

b) 两级以上境界重合时，应绘高级境界符号，应同时注出各级名称；

c) 自然保护区界线，调绘时应调查核实，准确描绘；

d) 山区沿自然地形分界时，应将境界准确绘于地性线上。

8.8 地貌

8.8.1 不能用等高线反映的天然或人工地貌要素，应按图式规定调绘于像片上。

8.8.2 密集的居民地内不宜绘等高线，应以高程注记点表示地形。当高程注记与比高注记不易区分时，应在比高数字前加“+”号。

8.8.3 各种天然形成和人工修筑的坡、坎，坡度在70°以上应表示为陡坎，70°以下应表示为斜坡。斜坡在图上投影宽度小于2 mm以陡坎表示。

8.8.4 梯田坎坡顶与坡脚间的投影宽度在图上大于2 mm时，应依比例尺表示。1∶2 000成图时梯田坎过密，两坎间距在图上小于8 mm时，可适当取舍。

8.8.5 地裂缝按实地情况应分别用不依比例尺和依比例尺符号表示，适当量注裂缝深度。不依比例尺表示的地裂缝还应适当量注裂缝宽度。

8.9 植被与土质

8.9.1 大面积成片分布的植被，调绘时可在像片内用红色文字作简注说明；整张调绘片如为同一类别的植被或土质，可在片边加注统一说明。

8.9.2 地类界与地面上有实物的线状要素符号(如道路、陡坎等)重合，或接近平行且间隔小于图上2 mm时，地类界应省略不绘。当与境界、管线符号重合时，地类界符号应移位0.2 mm绘出。

8.9.3 树林、竹林、灌木林应量注摄影时的平均高度，供内业立体测图时改正树高和测绘等高线。当不同区域具有不同的平均树高时，应分别量注。密集的高草地段应调注平均草高。以上高度应量注至分米。

8.10 地理名称调绘

8.10.1 地理名称注记调绘时应对居民地、市镇街巷、工矿企业、机关学校、医院、农(林)场、大型文化体育建筑、名胜古迹、山岭、沟谷、河流、湖泊、海港等名称，调查核实，正确注记。

8.10.2 居民地应注出当地常用的自然名称。较大的居民地，应根据实地情况调注总名和分名，以不同的字级注于像片上。水系、山脉等地理名称，应只调注远近知名的统一固定名称，名称不统一时，不宜注记。地理注记名称与三角点、埋石点名称不一致时，以实地调查的名称为准注记。

8.10.3 书写字体应笔划规整、清晰易认。同等级的名称，字体大小应一致；同一名称的字隔应等距，间隔最大不应超过两个字隔；不同名称注记的间隔应区分明确，不得相连和相交；同一名称注记不应被双线线状地物分割。当用同一名称不能概括大面积或延伸较长的地物、地貌要素时，应以同一名称分多组注记。

8.10.4 图幅名称应选择该图幅内著名的地理名称。同一测区内不得有相同的图名。图幅内确无名称时，注图幅编号。

9 图幅接边、检查验收和上交成果

9.1 图幅接边

图幅接边应满足以下要求：

a) 图幅接边应在相同比例尺的相邻图幅间进行。所接边的图边应在离开测区前严密接好，并应经过检查。自由图边应保证成图满幅，还应测绘出图廓线外 6 mm，并经第二人实地检查。

b) 地形图图幅接边的接合差不应大于的平面、高程中误差的 $2\sqrt{2}$倍。小于该限差时应平均配赋，保持地物、地貌相互位置和走向的正确性。超过限差时，应到实地检查纠正。

c) 与已出版图接边的较差小于 9.1b)的规定时，只改新图，大于限差时，应认真检查，确认新图无误时，以新图为准，对不接边部分在两幅图的图历簿内和原图上应分别注明。

d) 各类地物接边时，不应改变其真实形状及相关位置，直线地物应从离图廓线最近的转折点处进行拼接。地貌拼接不能产生变形。

9.2 检查验收

按 CH 1002 和 CH 1003 的规定。

9.3 上交成果

9.3.1 上交成果的要求

上交的成果应经检查验收后，交下一工序使用。上交的成果应准确、清楚、齐全。

9.3.2 上交成果资料项目

9.3.2.1 立测法成图上交成果资料包括以下内容：

a) 控制像片；

b) 调绘像片、像片图；

c) 计算手簿；

d) 图历簿(少数民族地区作业，应附少数民族语地理名称调查表)；

e) 观测手簿；

f) 自由图边抄边资料；

g) 检查验收报告；

h) 技术总结，按 CH/T 1001 的规定编写。

9.3.2.2 电算加密的成果应以每一个布点区域为单位整理，填在每个布点区域的左上角图幅的图历表内，随该区域左上角的图幅上交。上交成果资料包括以下内容：

a) 控制像片；

b) 观测手簿；

c) 计算手簿；

d) 控制点成果及控制点分布略图等。

其他图幅只填写本图幅的控制点成果及控制点联测略图。

9.3.3 计算手簿的装订

基础控制点测量成果应单独整理装订。计算手簿按以下顺序装订：

a) 封面(电算加密图幅以每一布点区域为单位整理)；

b) 目次；

c) 控制点点位联测略图(应表示出控制点的概略位置、平面测定方法和高程联测路线)；

d） 起始点成果；

e） 坐标换带计算；

f） 归心计算；

g） 控制点成果；

h） 方位角边长反算；

i） 锁网形计算；

j） 单三角形计算；

k） 光电测距导线计算；

l） 前方交会计算；

m） 侧方交会计算；

n） 后方交会计算；

o） 引点计算；

p） 间接高程计算(包括独立交会高程点计算)；

q） 高程平差计算；

r） 封底。

9.3.4 成果整理

9.3.4.1 调绘成果应分幅上交。

9.3.4.2 全野外布点和航线网布点的控制成果应分幅上交。

9.3.4.3 区域网布点的控制成果,应以每一个布点区域为单位整理,并随该区域左上角的图幅上交,其中应包括控制像片、观测手簿,计算手簿。全区域网的控制点成果及控制点分布略图,应填写在每个布点区域的左上角图幅的图历簿内,其他图幅应标出本幅在区域中的位置。

9.3.5 图历簿填写的要求

图历簿各项内容的填写应做到项目齐全、数据准确、字迹清楚、说明简要明确。特殊情况说明应阐述作业过程中对一些特殊问题的处理和有待下工序弥补、注意的问题。编写时应实事求是,经检查验收后,方可填入图历簿。

附 录 A
（资料性附录）
航线网布点首末端点间的间隔基线数

A.1 间隔基线数

航线网布点首末端点间的间隔基线数见表 A.1。表中基线取 65 cm 计算，1∶500 焦距取 304 mm、1∶1 000 焦距取 210 mm（航摄比例尺 1∶3 000 以上）和 153 mm（航摄比例尺 1∶3 000 以下）、1∶2 000 焦距取 153 mm 进行计算。

表 A.1 航线网布点首末端点间的间隔基线数

航摄比例尺	像控点	1∶500 成图				1∶1 000 成图				1∶2 000 成图			
		平地	丘陵地	山地	高山地	平地	丘陵地	山地	高山地	平地	丘陵地	山地	高山地
1∶2 000	平面	全野外	全野外	14	14								
	高程	全野外	全野外	10	12								
1∶2 500	平面	全野外	全野外	12	12								
	高程	全野外	全野外	6	8								
1∶3 000	平面	全野外	全野外	10	10								
	高程	全野外	全野外	全野外	8								
1∶4 000	平面					10	10	14	14				
	高程					全野外	8	12	20				
1∶6 000	平面					6	6	10	10				
	高程					全野外	全野外	8	8				
1∶8 000	平面									10	10	14	14
	高程									全野外	全野外	10	16
1∶10 000	平面									8	8	12	12
	高程									全野外	全野外	6	12
1∶12 000	平面									6	6	10	10
	高程									全野外	全野外	全野外	10

附 录 B
（规范性附录）
R 值表

B.1 R 值表

R 值表见表 B.1。

表 B.1 R 值表

单位为对数第六位

B 角值(°)	A 角值(°)																															
	30	31	32	33	34	35	36	37	38	39	40	41	42	43	44	45	46	47	48	49	50	52	54	56	58	60	65	70	75	80	85	90
30	39	38	37	35	34	33	32	31	30	29	28	27	27	27	26	25	24	24	23	23	23	21	21	20	19	19	18	16	15	15	14	13
35	33	32	31	29	28	27	26	25	24	24	23	22	21	21	20	20	19	19	18	18	18	16	16	15	15	14	13	12	11	10	10	9
40	28	27	26	24	24	23	22	21	20	20	19	18	17	17	17	16	15	15	15	14	14	13	12	12	11	11	10	9	8	7	7	6
45	25	24	23	21	20	20	19	18	17	17	16	15	15	15	14	13	13	13	12	11	11	10	10	9	9	8	8	7	6	5	5	4
50	23	22	21	19	18	18	17	16	15	15	14	13	13	13	12	11	11	11	10	10	10	9	8	8	7	7	6	5	5	4	4	3
55	21	20	19	17	17	16	15	14	14	13	12	12	11	11	10	10	9	9	9	8	8	7	7	6	6	5	5	4	4	3	3	2
60	19	18	17	16	15	14	13	13	12	11	11	10	9	9	9	8	8	8	7	7	7	6	5	5	5	4	4	3	3	2	2	1
65	18	17	16	14	14	13	12	12	11	10	10	9	9	9	8	8	7	7	7	6	6	6	5	4	4	4	3	2	2	2	1	1
70	16	16	15	13	13	12	11	11	10	9	9	8	8	8	7	7	6	6	6	5	5	4	4	4	3	3	2	2	1	1	1	1
75	15	15	14	13	12	11	11	10	9	9	8	8	7	7	7	6	6	6	5	5	5	4	4	3	3	3	2	1	1	1	1	
80	15	14	13	12	11	10	10	9	9	8	7	7	6	6	6	5	5	5	5	4	4	3	3	3	2	2	2	1	1			
85	14	13	12	11	10	10	9	8	8	7	7	6	6	6	5	5	4	4	4	4	4	3	3	2	2	2	1	1	1			
90	13	12	12	10	10	9	8	8	7	7	6	6	5	5	5	4	4	4	4	3	3	3	2	2	2	1	1	1				
95	12	12	11	10	9	8	8	7	7	6	6	5	5	5	4	4	4	4	3	3	3	2	2	2	1	1						
100	12	11	10	9	8	8	7	7	6	6	5	5	5	5	4	4	3	3	3	3	3	2	2	2								
105	11	11	10	9	8	8	7	7	6	6	5	5	4	4	4	4	3	3	3	3	3	2										
110	11	10	9	8	8	7	7	6	6	5	5	4	4	4	4	3	3	3	3	2	2											
115	10	10	9	8	8	7	7	6	6	5	5	4	4	4	4	3																
120	10	9	9	8	7	7	6	6	5	5	5	4	4	4	4	3																

附 录 C
（规范性附录）
5 秒级基础控制点标石埋设图

C.1 标石埋设图

5 秒级基础控制点标石埋设见图 C.1 所示。

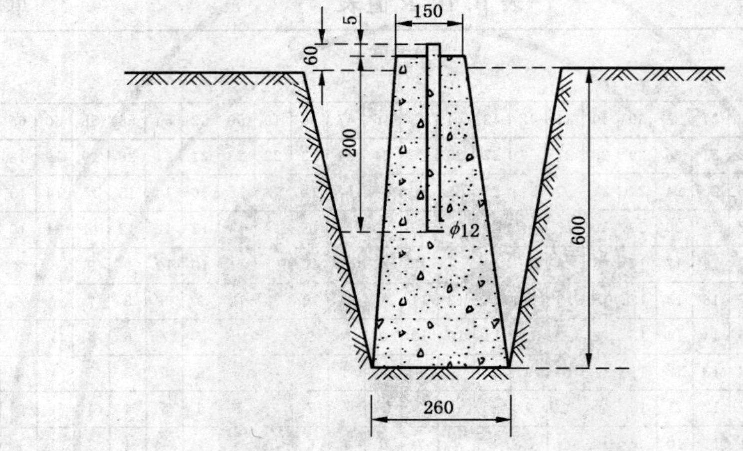

图 C.1 5 秒级基础控制点标石埋设

附　录　D
（资料性附录）
铺设地面标志的要求

D.1　铺设地面标志的摄区，在签订航摄合时应予以注明。

D.2　地面标志应在飞机进入摄区前铺设完毕。

D.3　地面标志一般可采用下列形状和尺寸：

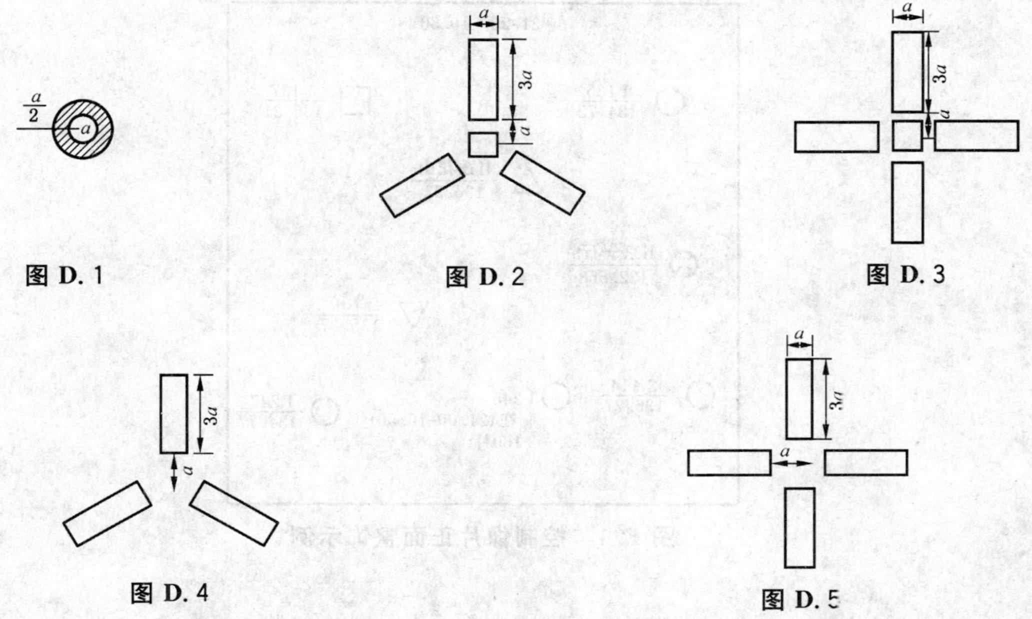

图 D.1　图 D.2　图 D.3　图 D.4　图 D.5

图中，$a=0.04\times M_{像}$，单位为毫米，$M_{像}$为像片比例尺分母。中心标志不应大于 a，标翼的宽度及标翼至标志中心一般为 a，标翼的长度一般为 $3a$。

D.4　在暗色衬景上应布设白色标志；在绿色植被上宜采用白色标志，也可采用黄色；在水泥屋顶上、打谷场上、土路上和没有植被的土地上宜采用加黑边的白色标志。

选择标志材料时，应考虑材料的色调和携带、敷设的方便，标志的安全、材料的价格等方面因素。如在水泥地和沥青路面，可采用油漆，一般地面上的标志可采用乳白塑料布，涂上油漆的苇席或竹席，以及石灰、煤渣等材料。

D.5　标志的点位应布在明显目标上，如道路交叉口、打谷场、水坝和大桥的一端等，可采用加黑边的白色圆形标志。点位布在不易寻找的地面上，宜采用带标翼的标志，一般以三翼标为好。在有觇标的控制点上布标，应采用十字形标志。

铺设标志时，应使翼片中线交点或圆形标志中心与实地选定点位（或已有控制点）的中心重合，各翼片大致水平。

在城市和阴蔽地区布标应注意标位的对空视角。

附　录　E
（规范性附录）
控制像片正面整饰格式

E.1　控制像片正面整饰

控制像片正面整饰示例见图 E.1。

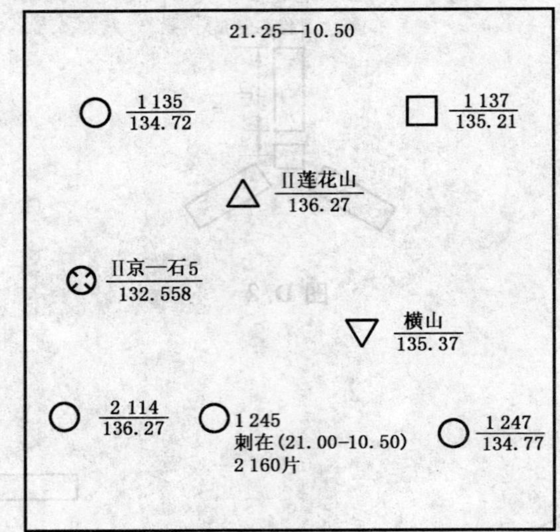

图 E.1　控制像片正面整饰示例

附　录　F
（规范性附录）
控制像片反面整饰格式

F.1　控制像片反面整饰

控制像片反面整饰示例见图 F.1。

图 F.1　控制像片反面整饰示例

附 录 G
（资料性附录）
投影差的改正方法

G.1 投影差改正方法

像片图上地物投影差改正值的计算公式见公式(G.1)。

$$\delta_A = \frac{\Delta h}{H} \cdot R \qquad \cdots\cdots(G.1)$$

式中：

δ_A——投影差改正值；

Δh——地物点相对于纠正起始面的高差，单位为米(m)；

H——像片纠正起始面的相对航高，单位为米(m)；

R——图上地物点到像底点的向径，单位为米(m)。

按公式计算每一建筑物顶部角点的投影差改正值，沿该点向径方向逐点进行改正，建筑物高度数据由外业量测，并首先测定建筑物底部的高程，从而求算其与纠正起始面的高差。也可以应用立体量测仪在室内量测。经过投影差改正的角点连接成相应的建筑物边线后，可根据外业量测的屋檐宽度分别改正至建筑物底部的轮廓线。

内业应提供像底点位置，纠正起始面的高程和纠正起始面的相对航高。

附　录　H
（规范性附录）
调绘像片整饰格式

H.1　调绘像片的整饰

H.1.1　图幅编号应注于调绘片正上方，像片号应注于调绘片右上角。

H.1.2　调绘面积界线应用蓝色，自由图边、与已成图接边界线应用红色。

H.1.3　接边线右、下边为直线，左、上边为曲线。线外应注明接边图号。

H.1.4　调绘内容整饰应按图式符号规定执行，分色清绘：地物要素及注记应用黑色，地貌要素及注记应用棕色，水系要素及注记应用绿色，地类界和屋檐宽度注记应用红色。

H.1.5　调绘者、检查者应签名。

H.1.6　调绘像片整饰示例见图 H.1。

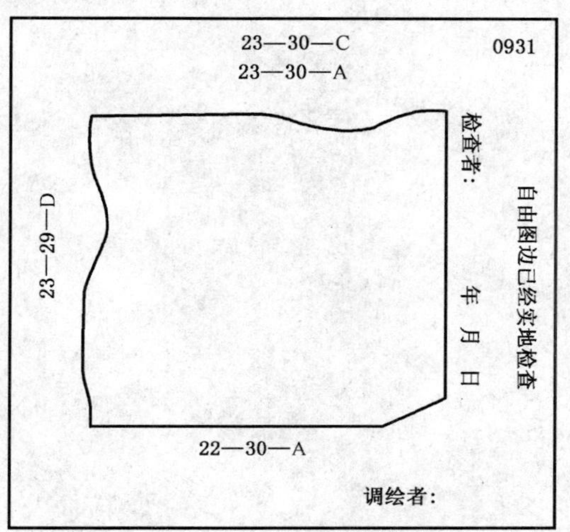

图 H.1　调绘像片整饰示例

ICS 23.100.40
J 20

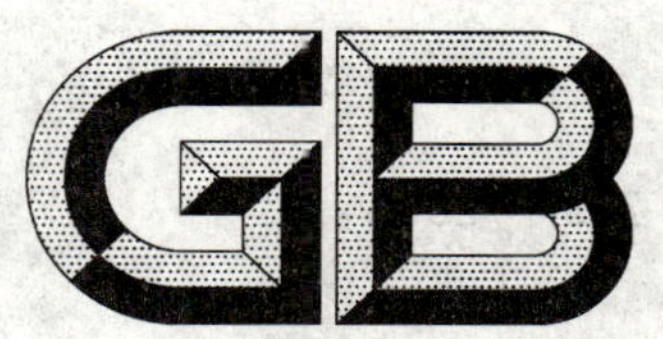

中华人民共和国国家标准

GB/T 7937—2008
代替 GB/T 7937—2002

液压气动管接头及其相关元件公称压力系列

Fluid power systems and components—Connectors and associated components—Nominal pressures

(ISO 4399:1995,MOD)

2008-01-14 发布　　　　2008-05-01 实施

中华人民共和国国家质量监督检验检疫总局
中国国家标准化管理委员会　发布

前 言

本标准修改采用国际标准 ISO 4399:1995《流体传动系统和元件　管接头及其相关元件　公称压力》(英文版)。

本标准采用 ISO 4399:1995 时,做了以下修改:

——在第 2 章规范性引用文件中用采用国际标准的我国标准代替对应的国际标准;

——在表 1 及相关条款中,删除了以“bar”为单位的压力等量值和相应说明;

——在表 1 中,增加了[21 MPa]、80 MPa、100 MPa、125 MPa、160 MPa 五个压力等级。

本标准代替 GB/T 7937—2002《液压气动管接头及其相关元件　公称压力系列》,与其相比变化如下:

——3.1 公称压力的定义改为“为便于表示和标识管接头及其相关元件归属的压力系列,而对其指定的压力值。”;

——表 1 中第二行、第二列中的“63”改为“6.3”。

——在表 1 中增加[21 MPa]、125 MPa、160 MPa 三个压力等级。

本标准由中国机械工业联合会提出。

本标准由全国液压气动标准化技术委员会(SAC/TC3)归口。

本标准起草单位:北京机械工业自动化研究所。

本标准主要起草人:赵曼琳、刘新德。

本标准所代替标准的历次版本发布情况为:

GB/T 7937—1997、GB/T 7937—2002。

液压气动管接头及其相关元件 公称压力系列

1 范围

本标准规定了液压气动管接头及其相关元件的公称压力。

2 规范性引用文件

下列文件中的条款通过本标准的引用而成为本标准的条款。凡是注日期的引用文件，其随后所有的修改单(不包括勘误的内容)或修订版均不适用于本标准，然而，鼓励根据本标准达成协议的各方研究是否可使用这些文件的最新版本。凡是不注日期的引用文件，其最新版本适用于本标准。

GB/T 2346—2003 流体传动系统及元件 公称压力系列(ISO 2944:2000,MOD)

GB/T 17446 流体传动系统及元件 术语(GB/T 17446—1998,idt ISO 5598:1985)

3 术语和定义

GB/T 17446 确立的以及下列术语和定义适用于本标准。

3.1

公称压力 nominal pressure

为便于表示和标识管接头及其相关元件归属的压力系列，而对其指定的压力值。

注：此定义与在 GB/T 2346—2003 中所应用的定义相同，并且仅适用于本标准。

4 单位

4.1 公称压力应按压力等级，分别以千帕(kPa)或兆帕(MPa)表示。

4.2 当没有具体规定时，公称压力应被视为表压，即：相对于大气压的压力。

4.3 除本标准规定之外的公称压力应从 GB/T 2346—2003 中选择。

5 公称压力

管接头及其相关元件的公称压力应由表 1 选取。

表 1 公称压力系列

单位为兆帕

0.25	4	[21]	50	160
0.63	6.3	25	63	
1	10	31.5	80	
1.6	16	[35]	100	
2.5	20	40	125	
注：方括号中为非推荐值。				

6 标注说明(引用本标准)

决定遵守本标准时，在试验报告、样本和销售文件中采用以下说明：“管接头及其相关元件的公称压力符合 GB/T 7937—2008《液压气动管接头及其相关元件 公称压力系列》规定”。

ICS 23.100.40
J 20

中华人民共和国国家标准

GB/T 7939—2008
代替 GB/T 7939—1987

液压软管总成　试验方法

Hydraulic fluid power—Hose assemblies—Test methods

(ISO 6605:2002,MOD)

2008-01-14 发布　　2008-05-01 实施

中华人民共和国国家质量监督检验检疫总局
中国国家标准化管理委员会　发布

前　言

本标准修改采用国际标准 ISO 6605:2002《液压传动　软管和软管总成　试验方法》(英文版)。

本标准根据 ISO 6605:2002 重新起草。为了方便比较,在附录 A 中列出了本标准章条编号和国际标准章条编号的对照一览表,在附录 B 中给出了技术性差异及其原因的一览表以供参考。

本标准与 ISO 6605:2002 的主要差异如下:

——增加 3.1~3.5 的术语及定义。

——在 5.2 中明确规定耐压试验压力为 2 倍的软管总成最高工作压力,试验时间为 60 s。

——5.3.3 试验标记长度不同,ISO 6605 规定 500 mm;本标准规定从中间向左右各 125 mm。

——在 5.4.2.1 中明确规定爆破试验压力为 4 倍的软管总成最高工作压力。

——在 5.6 中明确规定脉冲试验压力、温度、频率和升压速率。

——删除 ISO 6605 中"5.8 抗磨损试验"。

——删除 ISO 6605 中"5.9 黏着力试验"。

本标准代替 GB/T 7939—1987《液压软管总成　试验方法》,与其相比变化如下:

——增加对 GB/T 17446 的引用。

——增加 3.1~3.5 的术语及定义。

——5.2 中原试验压力为 1.5 倍工作压力改为 2 倍的最高工作压力。

——脉冲试验频率由 0.5 Hz~1.25 Hz 改为 0.5 Hz~1.3 Hz。

——脉冲试验油温由 93℃±3℃改为 100℃±3℃。

本标准的附录 A、附录 B 是资料性附录。

本标准由中国机械工业联合会提出。

本标准由全国液压气动标准化技术委员会(SAC/TC 3)归口。

本标准负责起草单位:天津工程机械研究院。

本标准参加起草单位:伊顿(宁波)流体连接件有限公司、攀枝花钢铁冶建实业开发公司液压附件厂、徐工筑路机械有限公司徐州液压附件厂。

本标准主要起草人:冯国勋、周舜华、刘小平、浩鸣。

本标准所代替标准的历次版本发布情况为:

GB/T 7939—1987。

液压软管总成 试验方法

1 范围

本标准规定了用于评价液压传动系统中的软管总成性能的试验方法。

评价液压软管总成的特殊试验和性能标准，应符合各产品的技术要求。

2 规范性引用文件

下列文件中的条款通过本标准的引用而成为本标准的条款。凡是注日期的引用文件，其随后所有的修改单(不包括勘误的内容)或修订版均不适用于本标准，然而，鼓励根据本标准达成协议的各方研究是否可使用这些文件的最新版本。凡是不注日期的引用文件，其最新版本适用于本标准。

GB/T 9573—2003 橡胶、塑料软管及软管组合件尺寸测量方法(ISO 4671:1999,IDT)

GB/T 17446 流体传动系统及元件 术语(GB/T 17446—1998,idt ISO 5589:1985)

3 术语和定义

GB/T 17446 确立的以及下列术语和定义适用于本标准。

3.1

最高工作压力 maximum working pressure

液压软管总成在规定的使用条件下，能够保证系统正常运转使用的最高压力。

3.2

长度变化 change length

液压软管总成在最高工作压力下的轴向长度变化量。

3.3

耐压压力 proof pressure

液压软管总成在 2 倍的最高工作压力下的承载能力。

3.4

最小爆破压力 minimum burst pressure

液压软管总成应能承受的最低破坏压力，其值为 4 倍的最高工作压力。

3.5

脉冲 impulse

在液压软管总成规定的使用条件下，工作压力的瞬间改变或周期变化。

4 外观检查

应目测检查软管总成，以确定软管接头的正确组装。

5 试验项目

警告：使用本标准的人员应熟悉正规实验室操作规程。本标准无意涉及因使用本标准而可能出现的所有安全问题。制定安全和健康规范并确保遵守国家法规是使用者的责任。

5.1 尺寸检查

5.1.1 应检查软管所有尺寸符合 GB/T 9573—2003 及相关软管技术条件中的规定。

5.1.2 管接头的材料、尺寸公差、表面粗糙度等应符合产品技术条件要求。

5.2 耐压试验

5.2.1 软管总成以 2 倍的最高工作压力进行静压试验，至少保压 60 s。

5.2.2 经过耐压试验后，软管总成未呈现泄漏或其他失效迹象，则认为通过了该试验。

5.3 长度变化试验

5.3.1 伸长率或收缩率的测定，应在未经使用的且未老化的软管总成上进行，软管接头之间的软管自由长度至少为 600 mm。

5.3.2 将软管总成连接到压力源，呈不受限制状态，如果因自然弯曲软管不呈直的状态，可以横向固定使呈直的状态，加压到工作压力保压 30 s，然后释放压力。

5.3.3 在软管总成卸压重新稳定 30 s 后，在两端软管接头中间位置取一点，向两边各距 125 mm(l_0)处做精确的参考标记。

5.3.4 对软管总成重新加压至规定的最高工作压力，保压 30 s。

5.3.5 软管保压期间，测量软管上参考点之间的距离，记录为 l_1。

5.3.6 按下列公式确定长度变化。

$$\Delta l = \frac{l_1 - l_0}{l_0} \times 100\%$$

式中：

l_0——软管总成在初次加压、卸压并重新稳定后，参考标记间的距离，单位为毫米(mm)。

l_1——软管总成在压力状态下，参考标记间的距离，单位为毫米(mm)。

Δl——长度变化百分比，在长度伸长的情况下为正值(＋)，缩短的情况下为负值(－)。

5.4 爆破试验

5.4.1 一般要求

这是一种破坏性试验，试验后的软管总成应报废。

5.4.2 步骤

5.4.2.1 对已组装上软管接头 30 天之内的软管总成，匀速增加到 4 倍的最高工作压力进行爆破试验。

5.4.2.2 软管总成在规定的最小爆破压力以下，呈现泄漏、软管爆破或失效，应拒绝验收。

5.5 低温弯曲试验

5.5.1 一般要求

这是一种破坏性试验，试验后的软管总成应报废。

5.5.2 步骤

5.5.2.1 使软管总成处在产品规定的最低使用温度下，保持直线状态，持续 24 h。

5.5.2.2 仍在最低使用温度下，用 8 s～12 s 时间在芯轴上弯曲试验一次，芯轴直径为规定的最小弯曲半径的两倍。

当软管总成的公称内径在 22 mm(含 22 mm)以下，应在芯轴上弯曲 180°，当软管总成的公称内径大于 22 mm，应在芯轴上弯曲 90°。

5.5.2.3 弯曲后，让试样恢复到室温，目测检查外覆层有无裂纹，并做耐压试验(见 5.2)。

5.5.2.4 软管总成在低温弯曲试验后未呈现可见裂纹、泄漏或其他失效现象，应认为通过了该项试验。

5.6 耐久性(脉冲)试验

5.6.1 一般要求

这是一种破坏性试验,试验后的软管总成应报废。

5.6.2 步骤

5.6.2.1 应在组装接头后的 30 天内,且未经使用的软管总成进行此项试验。

5.6.2.2 计算在试验下的软管的自由(暴露)长度。如图 1 所示,根据软管内径选用下列适当的公式:

a) 软管公称内径 22 mm(含 22 mm)以下:弯曲 180°,自由长度=$\pi[r+(d/2)]+2d$。

b) 软管公称内径 22 mm 以上:弯曲 90°,自由长度=$\{\pi[r+(d/2)]\}/2+2d$。

式中:

r——最小弯曲半径;

d——软管外径。

5.6.2.3 把软管总成试件连接到试验装置上,按图 1 所示安装,当软管总成公称内径在 22 mm(含 22 mm)以下时,应弯曲 180°;大于 22 mm 时,弯曲 90°。

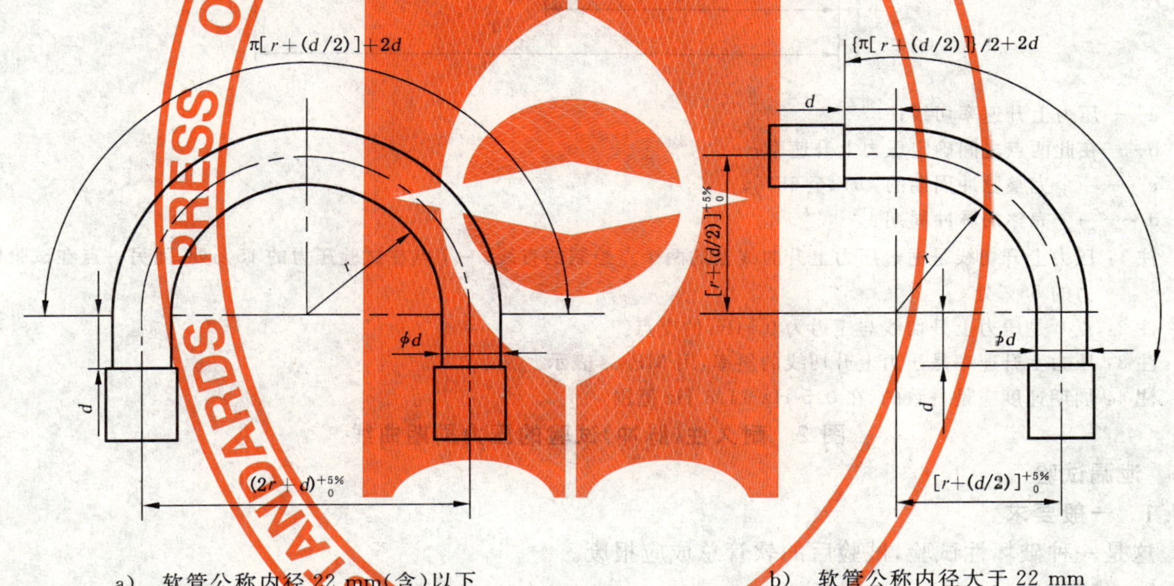

图 1 软管总成耐久性(脉冲)试验安装示意图

5.6.2.4 选择的试验油液应符合黏度等级 ISO VG 46(在 40℃时,46cSt±4.6cSt)的要求,使其在软管总成内以足够的速度循环,以维持相同的温度。

5.6.2.5 对软管总成内部施加一脉冲压力,其频率在 0.5 Hz~1.3 Hz(30 周期/分至 78 周期/分之间),记录试验的频率。

5.6.2.6 压力循环应在图 2 所示的阴影区域内,并使之尽可能接近图示曲线。压力上升的实际速率应在 100 MPa/s~350 MPa/s 之间。

5.6.2.7 对软管总成进行脉冲试验,其压力为软管总成最高工作压力的 100%、125%、133%,试验油温度保持在 100℃±3℃。

5.6.2.8 脉冲试验的持续总脉冲次数的确定,按产品标准规定,试验可以间歇进行。

5.6.2.9 在完成所需的总脉冲次数后,软管总成未呈现失效现象,则认为通过了脉冲试验。

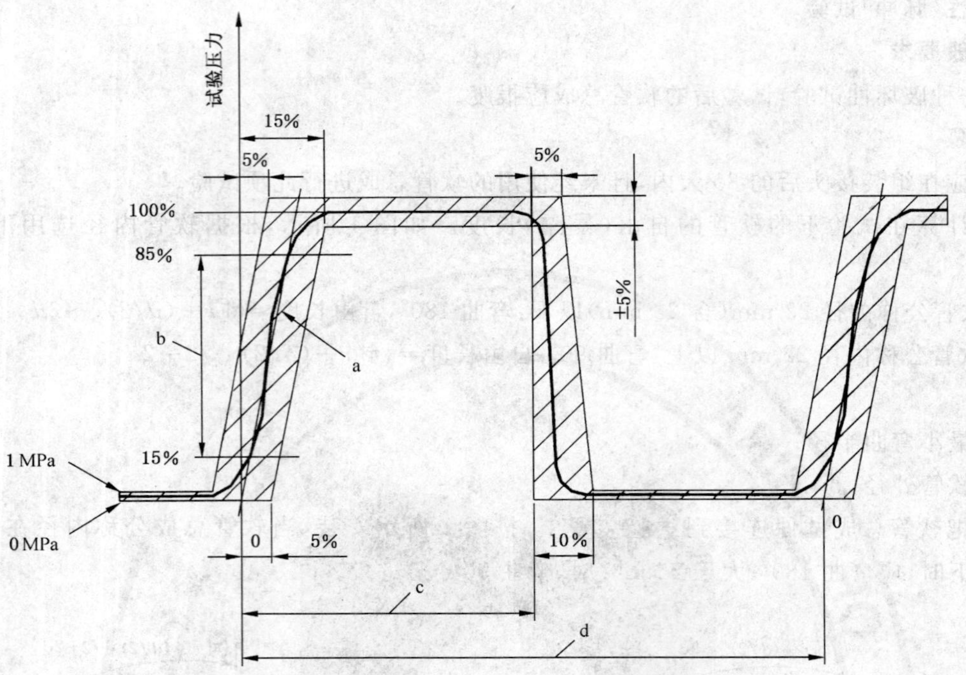

a——压力上升速率切线；

b——在此两点之间确定压力上升速率；

c——一个完整脉冲周期的45%至55%；

d——一个完整的脉冲周期。

注1：压力上升切线是通过压力上升曲线上的两个点绘制的直线，一个点在试验压力的15%处，而另一点在试验压力的85%处。

注2：点0是压力上升切线与压力为0 MPa的交点。

注3：压力上升速率是压力上升切线的斜率，用MPa/s表示。

注4：周期速度应是一致的，在0.5 Hz～1.3 Hz范围。

图2 耐久性(脉冲)试验的压力周期曲线

5.7 泄漏试验

5.7.1 一般要求

这是一种破坏性试验，试验后的软管总成应报废。

5.7.2 步骤

5.7.2.1 应在组装接头后的30天之内，对软管总成进行试验。施加规定的最小爆破压力的70%的静态压力，保压5 min～5.5 min。

5.7.2.2 减压到0 MPa。

5.7.2.3 重新加压到最小爆破压力的70%，再保压5 min～5.5 min。

5.7.2.4 泄漏试验后软管总成未呈现泄漏或其他失效现象，则认为通过了该试验。

6 验收准则

液压软管总成应通过本标准规定的所有试验。

7 标注说明(引用本标准)

决定遵守本标准时，建议制造商在试验报告、产品样本和销售文件中使用以下说明：

"液压软管总成的试验方法符合GB/T 7939—2008《液压软管总成 试验方法》"。

附 录 A
（资料性附录）
本标准章条编号与 ISO 6605:2002 章条编号对照

表 A.1 给出了本标准章条编号与 ISO 6605:2002 章条编号对照的一览表。

表 A.1 本标准章条编号与 ISO 6605:2002 章条编号对照表

本标准章条编号	对应 ISO 6605:2002 的章条编号
1	1
2	2
3	3
3.1～3.5	—
4	4
5	5
警告语	—
5.1	5.1
5.2	5.2
5.3	5.3
5.4	5.4
5.5	5.5
5.6	5.6
5.7	5.7
—	5.8
—	5.9
6	6
7	7
—	参考文献
附录 A	—
附录 B	—

附 录 B
（资料性附录）
本标准与 ISO 6605:2002 的技术性差异及其解释

章条	修改：
3.1～3.5	增加术语和定义。

解释：

增加本标准涉及的一些特定术语和定义，以统一概念。

章条	修改：
5.2	明确规定耐压试验压力为 2 倍的软管总成最高工作压力，试验时间为 60 s。

解释：

将试验压力写入本章条，便于操作者直接使用本标准。

章条	修改：
5.3.3	试验标记长度不同，ISO 6605:2002 规定 500 mm；本标准规定从中间向左右各 125 mm。

解释：

与上一版本相同，便于精确测量，同时又扩大了对实际产品的试验范围。

章条	修改：
5.4.2	明确规定爆破试验压力为 4 倍的软管总成最高工作压力。

解释：

便于操作者直接使用本标准，免去操作者翻阅查找相关标准的工作。

章条	修改：
5.6.2.6	用“压力上升的实际速率应在 100 MPa/s～350 MPa/s之间。”代替“压力上升的实际速率应按图 2 所示确定，并且应在公称计算值的±10%以内。”
5.6.2.7	用“其压力为软管总成工作压力的 100%、125%、133%，试验油温度保持在 100℃±3℃。”代替“其压力和温度按相关产品的技术条件。”

解释：

5.6.2.6 条和 5.6.2.7 条将压力上升速度、试验油温、试验压力等做出规定，为使用者提供了很大方便，统一了试验条件。

章条	修改：
5.8 抗磨损试验	删除此条。
5.9 黏着力试验	删除此条。

解释：

5.8 条与 5.9 条不适应在软管总成的试验方法中出现，它是对软管的技术要求。

ICS 23.100.50
J 20

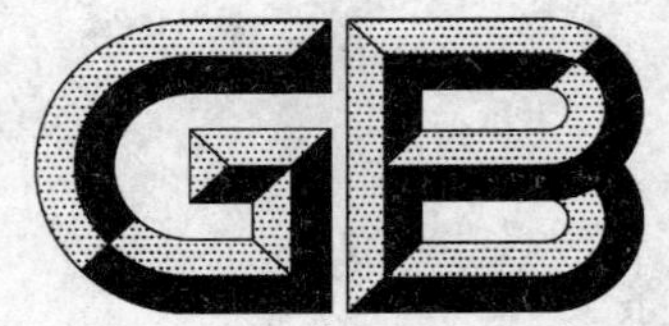

中华人民共和国国家标准

GB/T 7940.1—2008/ISO 5599-1:2001
代替 GB/T 7940.1—2001

气动　五气口方向控制阀
第1部分:不带电气接头的安装面

Pneumatic fluid power—Five-port directional control valves—
Part 1:Mounting interface surfaces without electrical connector

(ISO 5599-1:2001,IDT)

2008-06-25 发布　　　　2009-01-01 实施

中华人民共和国国家质量监督检验检疫总局
中国国家标准化管理委员会　发布

前　言

GB/T 7940 在《气动　五气口方向控制阀》的总标题下，包括以下部分：

——第 1 部分：不带电气接头的安装面；

——第 2 部分：带可选电气接头的安装面。

本部分为 GB/T 7940 的第 1 部分，是在等同采用 ISO 5599-1:2001/Cor. 1:2007《气压传动　五气口方向控制阀　第 1 部分：不带电气接头的安装面》(英文版)的基础上，对 GB/T 7940.1—2001《气动五气口方向控制阀　第 1 部分：不带电气接头的安装面》进行的修订。

本部分与 ISO 5599-1:2001 主要有以下差异：

——在“2　规范性引用文件”和“参考文献”中以相应的国家标准替代国际标准。

本部分与 GB/T 7940.1—2001 的主要差异：

——对“2”中的引用文件进行了修改和增补；

——增添“3 术语和定义”；

——增添“5.5 对于气口的标识，另外的选项根据 ISO 11727 来制定”。

本部分由中国机械工业联合会提出。

本部分由全国液压气动标准化技术委员会(SAC/TC 3)归口。

本部分起草单位：无锡气动技术研究所有限公司、北京理工大学、宁波索诺工业自控设备有限公司。

本部分主要起草人：李企芳、张连仁、杨燧然、彭光正、吴登奎、单位宁。

本部分所代替标准的历次版本发布情况为：

——GB/T 7940—1987、GB/T 7940.1—2001。

引　言

在气动系统中，动力是通过闭合回路中的压缩空气来传递和控制的。

用于分配和控制气体的各种装置可以直接安装在管路上或安装在界面上，以便快速拆卸或更换。

按照本部分的要求而安装在界面上使用的五气口方向控制阀，其功能在于控制压缩气体的流向。

为此，规定了气口和控制口的识别标志，控制机构动作结果的标识，安装面的尺寸及公差要求，以提高按本部分规定的气动方向控制阀的互换性。

气动　五气口方向控制阀
第1部分:不带电气接头的安装面

1　范围

GB/T 7940的本部分规定了不带电气接头的气动五气口方向控制阀,当最高使用压力为1.6 MPa时,其安装面要求如下:

——安装面外形尺寸和公差;

——气口的标识;

——控制机构驱动结果的标识。

本部分不适用于安装面的功能特征。

2　规范性引用文件

下列文件中的条款通过GB/T 7940的本部分的引用而成为本部分的条款。凡是注日期的引用文件,其随后所有的修改单(不包括勘误的内容)或修订版均不适用于本部分,然而,鼓励根据本部分达成协议的各方研究是否可使用这些文件的最新版本。凡是不注日期的引用文件,其最新版本适用于本部分。

GB/T 3505—2000　产品几何技术规范　表面结构　轮廓法　表面结构的术语　定义及参数(eqv ISO 4287:1997)

GB/T 10610—1998　产品几何技术规范　表面结构　轮廓法评定表面结构的规则和方法(eqv ISO 4288:1996)

GB/T 17446—1998　流体传动系统及元件　术语(idt ISO 5598:1985)

ISO 11727　气压传动　控制阀和其他元件的气口、控制机构的标识

3　术语和定义

GB/T 17446确立的术语和定义适用于本部分。

4　尺寸要求和公差

4.1　对规格代号为1、2、3的尺寸要求见图1和表1。

4.2　对规格代号为4、5、6的尺寸要求见图2和表2。

4.3　阀安装面的主要尺寸和形位公差见图3、图4和表3。

4.4　安装面,包括点划线框定的连续表面的形位公差,要求如下:

——表面粗糙度:$Ra \leqslant 1.6\ \mu m$(参见GB/T 3505、GB/T 10610);

——平面度:在100 mm距离范围内为0.1 mm。

例如:

▱	0.1/100

4.5　阀的安装面不应再有图示以外的其他气口。安装面所示的孔口应包括连接到阀座上的开放通道口。

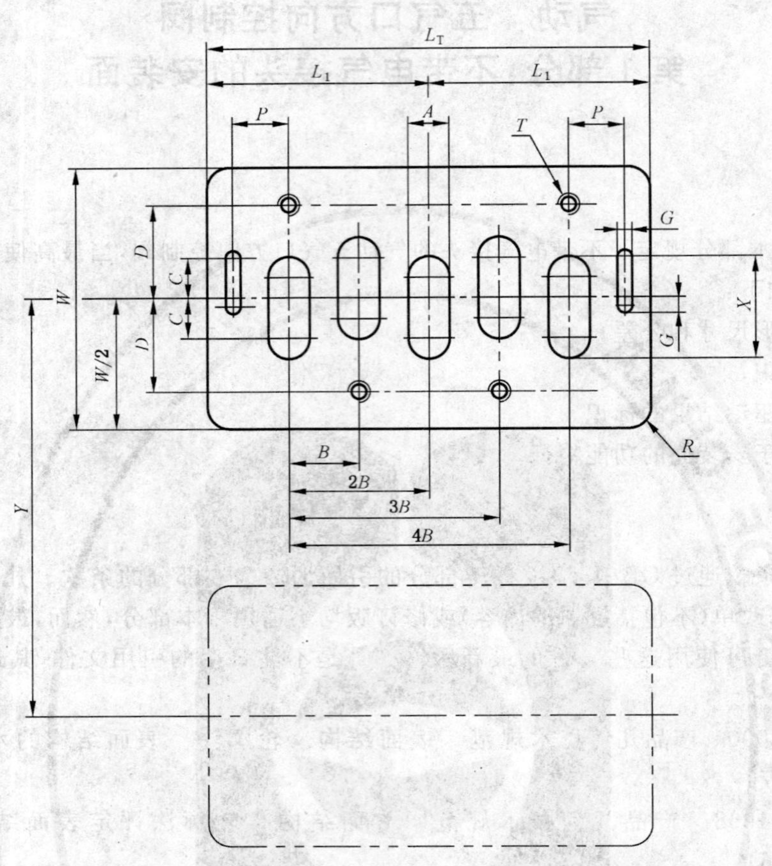

注：以安装面为中心(包括安装面)应有一宽度为 Y，长度为 $4L_1$(最小)的自由平面，除安装螺栓外，不得有任何障碍物。

图 1　安装面(规格 1、2 和 3)

表 1　规格 1、2 和 3 的安装面尺寸　　　　单位为毫米

规格	A	B	C	D	G[a]	L_1 最小	L_T 最小	P	R 最大	T[b]	W 最小	X	Y[c]	气孔面积/mm^2
1	4.5	9	9	14	3	32.5	65	8.5	2.5	M5×0.8	38	16.5	43	70
2	7	12	10	19	3	40.5	81	10	3	M6×1	50	22	56	143
3	10	16	11.5	24	4	53	106	13	4	M8×1.25	64	29	71	269

[a] 宽度为 G 的沟槽的最小深度为 G。

[b] 最小螺纹深度应等于螺纹直径的 2 倍(见图 4 剖面图 $X—X$)。

[c] Y 表示集装阀座上连续两个相同规格安装面轴心线之间的最小距离。

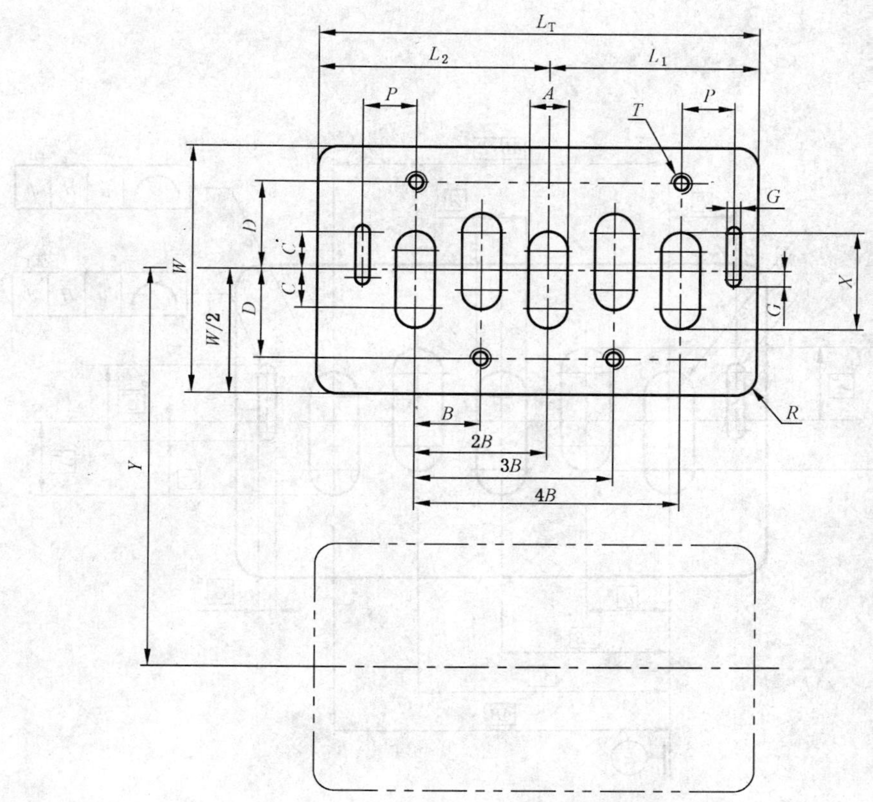

注：以安装面为中心(包括安装面)应有一宽度为 Y，长度为 $4L_2$(最小)的自由平面，除安装螺栓外，不得有任何障碍物。

图 2　安装面(规格 4、5、和 6)

表 2　规格 4、5 和 6 的安装面尺寸

单位为毫米

规格	A	B	C	D	G[a]	L_1 最小	L_2[b] 最小	L_T 最小	P	R 最大	T[c]	W 最小	X	Y[d]	气孔面积/mm^2
4	13	20	14.5	29	4	64.5	77.5	142	15.5	4	M8×1.25	74	36.5	82	438
5	17	25	18	34	5	79.5	91.5	171	19	5	M10×1.5	88	42	97	652
6	20	30	22	44	5	95	105	200	22.5	5	M10×1.5	108	50.5	119	924

[a] 宽度为 G 的沟槽最小深度为 G；

[b] 为了适应电气接头的要求，4、5、6 号规格的 L_2 不等于 L_1；

[c] 最小螺纹深度应等于螺纹直径的 2 倍(见图 4 剖面图 X—X)；

[d] Y 表示集装阀座上连续两个相同规格安装面轴心线之间的最小距离。

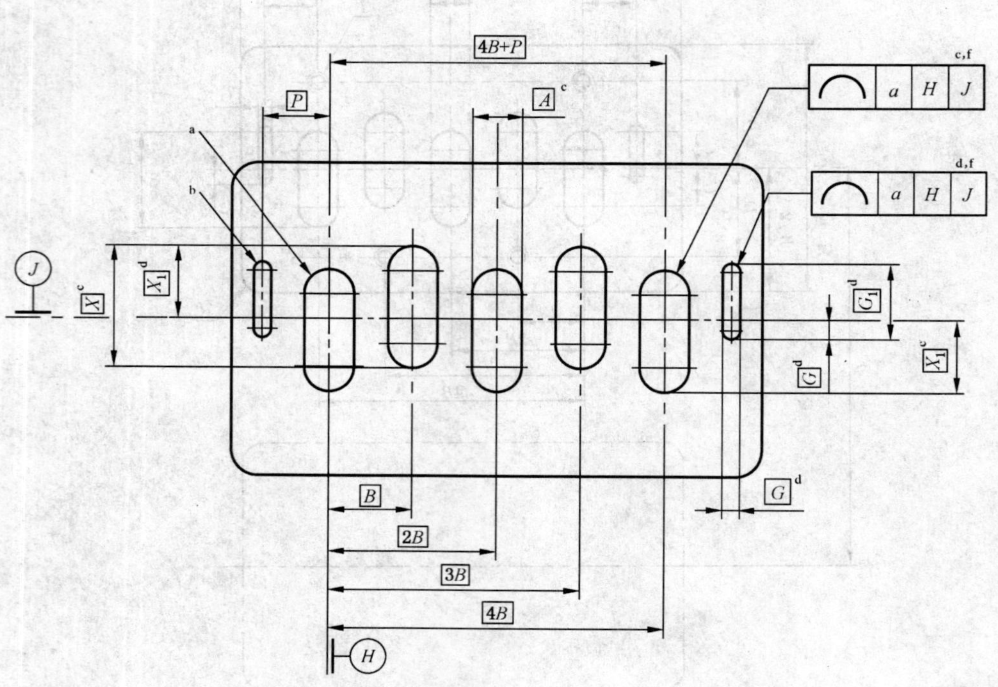

a 10 处；

b 4 处；

c 5 处；

d 2 处；

e 3 处；

f 全周上。

图 3 安装面的外形尺寸和形位公差

图 4　安装面主要控制口的标识和安装面的位置公差

表 3 安装面的外形尺寸和公差

单位为毫米

尺寸和公差		规格					
		1	2	3	4	5	6
尺寸	*A*	4.5	7	10	13	17	20
	B	9	12	16	20	25	30
	D	14	19	24	29	34	44
	G[a]	3	3	4	4	5	5
	G_1	13.5	14.5	17.5	20.5	25.5	29.5
	P	8.5	10	13	15.5	19	22.5
	T[b]	M5×0.8	M6×1	M8×1.25	M8×1.25	M10×1.5	M10×1.5
	X	16.5	22	29	36.5	42	50.5
	X_1	11.25	13.5	16.5	21	26.5	32
	d	25	32	40	50	63	80
公差	*a*	0.8	0.8	1	1	1.4	1.4
	e	0.2	0.2	0.3	0.4	0.5	0.5
气孔面积/mm^2		70	143	269	438	652	924

[a] 宽度为 *G* 的沟槽的最小深度等于 *G*。

[b] 最小螺纹深度应等于螺纹直接 *T* 的 2 倍(见图 4 剖面图 *X*—*X*)。

5 气口和控制口的标识

5.1 在安装面中气流通道口，与通道相连的气口应标识如下(见图 4):

——气口 1、2、3、4、5 为主气流通道；

——气口 12 和 14 为控制气口。

注：气口 14 更适用于单通道外部先导口的电磁阀。

5.2 对于单稳态阀，阀的设定稳态位置应始终与控制机构 12 的控制结果相一致，如图 5 所示。

5.3 当正压信号施加于控制口 12 时，气口 1 应与气口 2 连通(而气口 4 与气口 5 连通)，当正压信号施加于控制口 14 时，气口 1 应与气口 4 连通(而气口 2 与气口 3 连通)(参见图 6 和 ISO 11727)。

5.4 阀的控制气口 12 和 14 相对于阀座中气口 2、3、4、5 的方位应如图 5 和图 6 所示。

5.5 对于气口的标识，另外的选项应根据 ISO 11727 来制定。

6 标注说明(引用本部分)

当遵守本部分时,在测试报告、产品样本和销售文件中应使用下列说明:

"安装面尺寸符合 GB/T 7940.1—2008/ISO 5599-1:2001《气动 五气口方向控制阀 第1部分:不带电气接头的安装面》。"

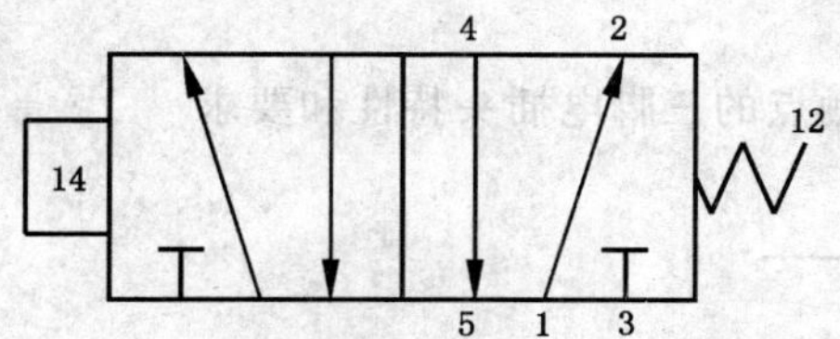

图5 单稳态阀的强制稳态位置

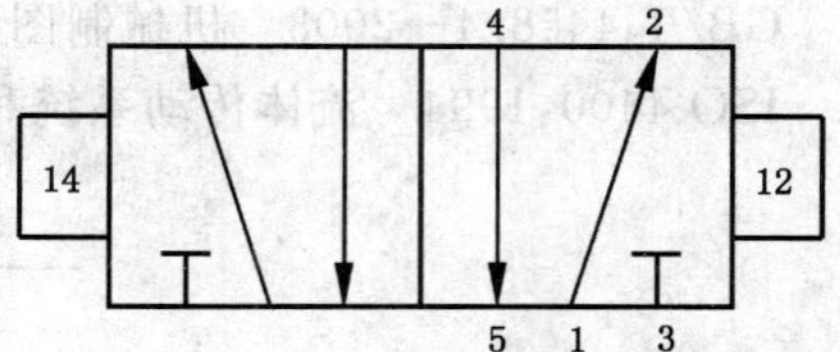

图6 与先导控制有关的气口间的关系

参 考 文 献

[1] GB/T 786.1—1993 液压气动图形符号
[2] GB/T 7932—2003/ISO 4414:1998 气动系统通用技术条件
[3] GB/T 4458.4—2003 机械制图 尺寸注法
[4] ISO 4400:1994 流体传动系统和元件 带接地触点的三脚电插头特性和要求

ICS 23.100.50
J 20

中华人民共和国国家标准

GB/T 7940.2—2008/ISO 5599-2:2001
代替 GB/T 7940.2—2001

气动　五气口方向控制阀
第2部分:带可选电气接头的安装面

Pneumatic fluid power—Five-port directional control valves—Part 2:Mounting interface surfaces with optional electrical connector

(ISO 5599-2:2001,IDT)

2008-06-25 发布　　　　2009-01-01 实施

中华人民共和国国家质量监督检验检疫总局
中国国家标准化管理委员会　发布

前　言

GB/T 7940 在《气动　五气口方向控制阀》的总标题下，包括以下部分：

——第 1 部分：不带电气接头的安装面；

——第 2 部分：带可选电气接头的安装面。

本部分为 GB/T 7940 的第 2 部分，是在等同采用 ISO 5599-2:2001/Amd.1:2004,Cor.1:2007《气压传动　五气口方向控制阀　第 2 部分：带可选电气接头的安装面》（英文版）的基础上，对 GB/T 7940.2—2001《气动五气口方向控制阀　第 2 部分：带可选电气接头的安装面》进行的修订。

本部分与 ISO 5599-2:2001 主要有以下差异：

——在“2 规范性引用文件”和“参考文献”中以相应的国家标准替代国际标准。

本部分与 GB/T 7940.2—2001 的主要差异：

——对“2”中的引用文件进行了修改和增补。

——增添“5.5 对于气口的标识，另外的选项根据 ISO 11727 来制定。”

——增添“6.3.4 可选用指示灯和/或抗电涌电路，但对极化应不敏感。”

本部分由中国机械工业联合会提出。

本部分由全国液压气动标准化技术委员会(SAC/TC3)归口。

本部分起草单位：无锡气动技术研究所有限公司、北京理工大学、宁波索诺工业自控设备有限公司。

本部分主要起草人：杨燧然 、李企芳、张连仁 、彭光正、吴登奎、单位宁。

本部分所代替标准的历次版本发布情况为：

——GB/T 7940—1987、GB/T 7940.2—2001。

引　言

在气动系统中，动力是通过闭合回路中的压缩空气来传递和控制的。

用于分配和控制气体的各种装置可以直接安装在管路上或安装在界面上，以便快速拆卸或更换。

按照本部分的要求而安装在界面上使用的五气口方向控制阀，其功能在于控制压缩气体的流向。

当阀以电驱动时，有必要将电气接头安装在阀体上。如果使用标准的电气接头，便利了阀的用户，可以将不同厂商生产的接头予以互换。

为此，规定了气口和控制口的识别标志，控制机构动作结果的标识，安装面的尺寸及公差要求，以提高按本部分规定的气动方向控制阀的互换性。

气动　五气口方向控制阀
第2部分:带可选电气接头的安装面

1　范围

GB/T 7940的本部分规定了带可选电气接头的气动五气口方向控制阀,当最高使用压力为1.6 MPa时,其安装面要求如下:

——安装面外形尺寸和公差;

——气口的标识;

——控制机构驱动结果的标识;

——可选择的电气接头的尺寸、公差和规格。

2　规范性引用文件

下列文件中的条款通过GB/T 7940的本部分的引用而成为本部分的条款。凡是注日期的引用文件,其随后所有的修改单(不包括勘误的内容)或修订版均不适用于本部分,然而,鼓励根据本部分达成协议的各方研究是否可使用这些文件的最新版本。凡是不注日期的引用文件,其最新版本适用于本部分。

GB/T 3505—2000　产品几何技术规范　表面结构　轮廓法　表面结构的术语、定义及参数(eqv ISO 4287:1997)

GB/T 10610—1998　产品几何技术规范、表面结构、轮廓法评定表面结构的规则和方法(eqv ISO 4288:1996)

GB/T 17446—1998　流体传动系统及元件　术语(idt ISO 5598:1985)

ISO 11727　气压传动　控制阀和其他元件的气口、控制机构的标识

3　术语和定义

GB/T 17446确立的以及下列术语和定义适用于本部分。

3.1

电气接头　electrical connector

由两部分装置(插头和插座)组成,当它们连接时,能连续起电气和机械的连接作用。

3.2

插头　contact

电路中可移动的载流元件。

3.3

插套　socket

设计成带有开口或凹槽,能机械夹持插销的阴触头。

3.4

插销　pin

设计成能与插套相匹配的阳触头。

3.5

插座　housing

设计成能定位,并保证触件接触和有相应绝缘功能的装置。

4 尺寸要求和公差

4.1 对规格代号为1E、2E、3E的尺寸要求见图1和表1。

4.2 对规格代号为4E、5E、6E的尺寸要求见图2和表2。

4.3 阀安装面的主要尺寸和形位公差见图3、图4、图5、图6和表3。

4.4 安装面，包括点画线框定的连续表面的形位公差，要求如下：

——表面粗糙度：$Ra \leqslant 1.6\ \mu m$（参见GB/T 3505、GB/T 10610）；

——平面度：在100 mm距离范围内为0.1 mm。

例如：

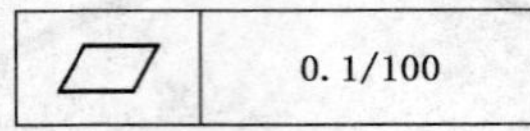

4.5 阀的安装面不应再有图示以外的其他气口。安装面所示的孔口应包括连接到阀座上的开放通道口。

5 气口和控制口的标识

5.1 在安装面中气流通道口，与通道相连的气口应标识如下（见图4和图6）：

——气口1、2、3、4、5为主气流通道；

——气口12和14为控制气口。

注：气口14更适用于单通道外部先导电磁阀。

5.2 对于单稳态阀，阀的设定稳态位置应始终与控制机构12的控制结果相一致，如图7所示。

5.3 当正压信号施加于控制口12时，气口1应与气口2连通（而气口4与气口5连通），当正压信号施加于控制口14时，气口1应与气口4连通（而气口2与气口3连通）（参见图8和ISO 11727）。

5.4 阀的控制气口12和14相对于阀座中气口2、3、4、5的方位应如图7和图8所示。

5.5 对于气口的标识，另外的选项应根据ISO 11727来制定。

6 电气接头

6.1 概述

图9为电气接头结构说明，显示了在安装面上插销、插套和底座用于安装电气接头的开口。图10为电气接头的尺寸。

6.2 电气接头

6.2.1 电气接头应易装拆，如无特殊要求应按照6.2.2和6.2.4的要求。

6.2.2 电气接头应能承受300 V交流或直流电压。

6.2.3 电气接头应能承受2 A最大电流和10 A最大脉冲电流。

6.2.4 绝缘导线在105℃时应能承受300 V电压。

6.3 插头

6.3.1 插头应有4个电触头和一个接地触头。接地触头应最先接通和最后断开。接地插销应比其他插销长1.5 mm。

6.3.2 插销直径应为2.03 mm～2.18 mm。

6.3.3 插套对插销要有一定的摩擦力。

6.3.4 可选用指示灯和/或抗电涌电路，但对极化应不敏感。

6.4 绝缘材料

6.4.1 使用$0.75\ mm^2 \sim 2.5\ mm^2$截面积的导线。

6.4.2 对角方向上使用同色绝缘导线。

6.4.3 接地线采用黄、绿双色绝缘导线。

6.5 规定

6.5.1 电气接头的尺寸见图10。

6.5.2 触头应位于矩形的顶角处，接地触头在中央。

6.5.3 触头1和4应与气孔槽平行，靠向阀的内部。

6.5.4 触头1和3用于单电控换向阀。

6.5.5 触头2和4用于双电控换向阀的第二个线圈。

6.5.6 触头5用于接地。

6.5.7 当阀体与安装面分离时，每个插座应保持在原位。

7 标注说明（引用本部分）

当遵守本部分时，在测试报告、产品样本和销售文件中应使用下列说明：

"安装面尺寸符合GB/T 7940.2—2008/ISO 5599-2:2001《气动　五气口方向控制阀　第2部分：带可选电气接头的安装面》。"

单位为毫米

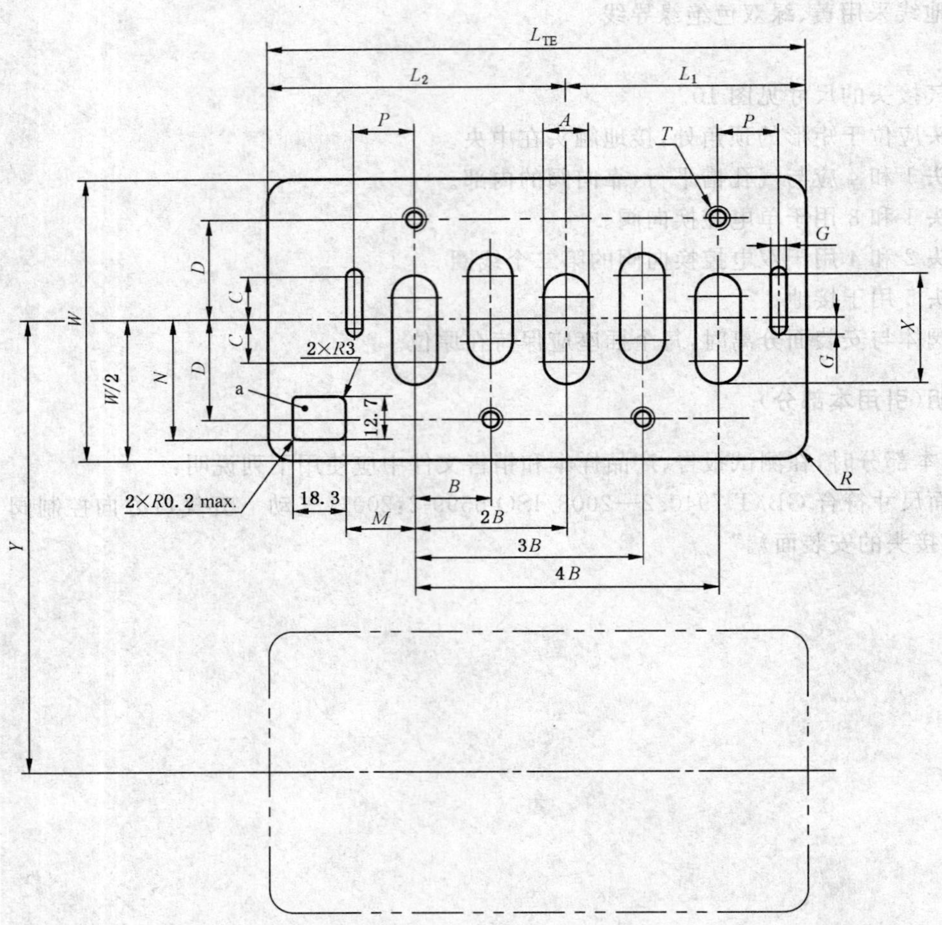

以安装面为中心(包括安装面)应有一宽度为Y,长度为$4L_1$(最小)的自由平面,除安装螺栓外,不得有任何障碍物。

a 电气接头安装位置。

图 1 带可选电气接头的安装面(规格 1E、2E 和 3E)

表 1 规格 1E、2E 和 3E 的安装面尺寸

单位为毫米

规格	A	B	C	D	G[a]	L_1 最小	L_2 最小	L_{TE} 最小	M	N	P	R 最大	T[b]	W 最小	X	Y[c]	气孔面积/mm^2
1E	4.5	9	9	14	3	32.5	54.5	87	14.5	14	8.5	2.5	M5×0.8	38	16.5	43	70
2E	7	12	10	19	3	40.5	62.5	103	16.5	19	10	3	M6×1	50	22	56	143
3E	10	16	11.5	24	4	53	75	128	21	26	13	4	M8×1.25	64	29	71	269

[a] 宽度为G的沟槽的最小深度为G。

[b] 最小螺纹深度应等于螺纹直径的 2 倍(见图 4 剖面图 X-X)。

[c] Y表示集装阀座上连续两个相同规格安装面轴心线之间的最小距离。

单位为毫米

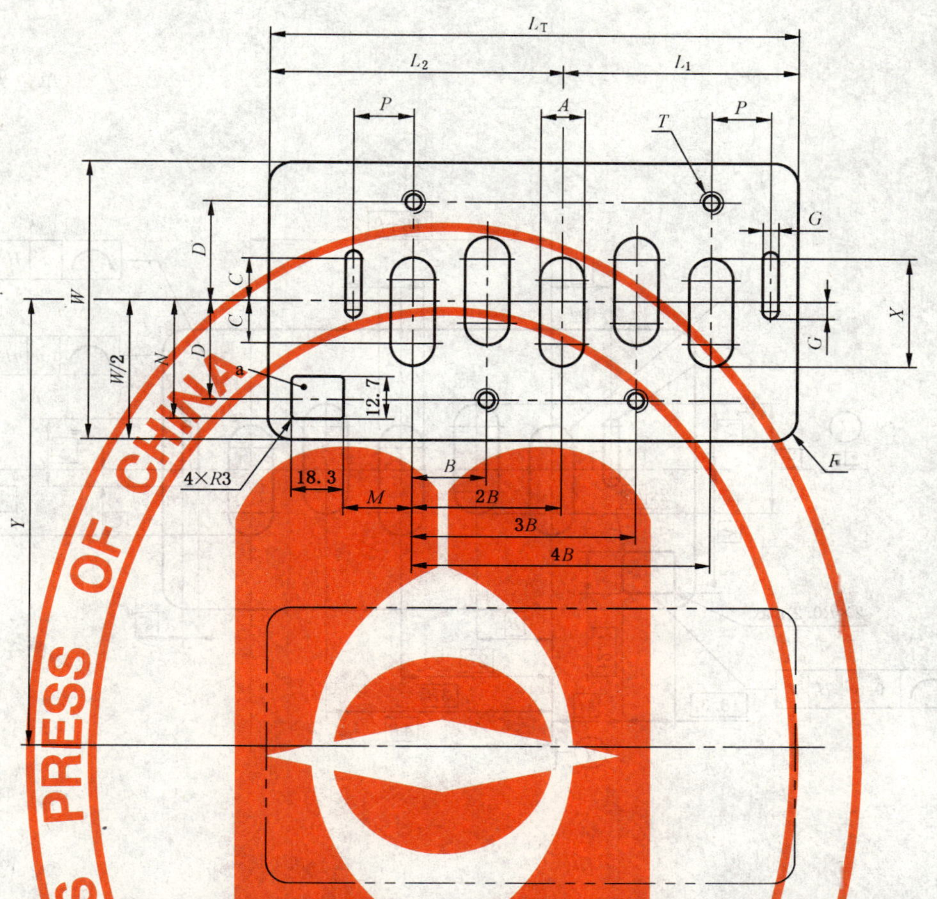

以安装面为中心(包括安装面)应有一宽度为 Y,长度为 $4L_2$(最小)的自由平面,除安装螺栓外,不得有任何障碍物。

a 电气接头安装位置。

图 2　带可选电气接头的安装面(规格 4E、5E 和 6E)

表 2　规格 4E、5E 和 6E 的安装面尺寸

单位为毫米

规格	A	B	C	D	G[a]	L_1 最小	L_2 最小	L_T 最小	M	N	P	R 最大	T[b]	W 最小	X	Y[c]	气孔面积/mm
4E	13	20	14.5	29	4	64.5	77.5	142	15.5	31	15.5	4	M8×1.25	74	36.5	82	438
5E	17	25	18	34	5	79.5	91.5	171	19	38	19	5	M10×1.5	88	42	97	652
6E	20	30	22	44	5	95	105	200	22.5	48	22.5	5	M10×1.5	108	50.5	119	924

[a] 宽度为 G 的沟槽最小深度为 G;

[b] 最小螺纹深度应等于螺纹直径的 2 倍(见图 4 剖面图 X-X)

[c] Y 表示集装阀座上连续两个相同规格安装面轴心线之间的最小距离。

单位为毫米

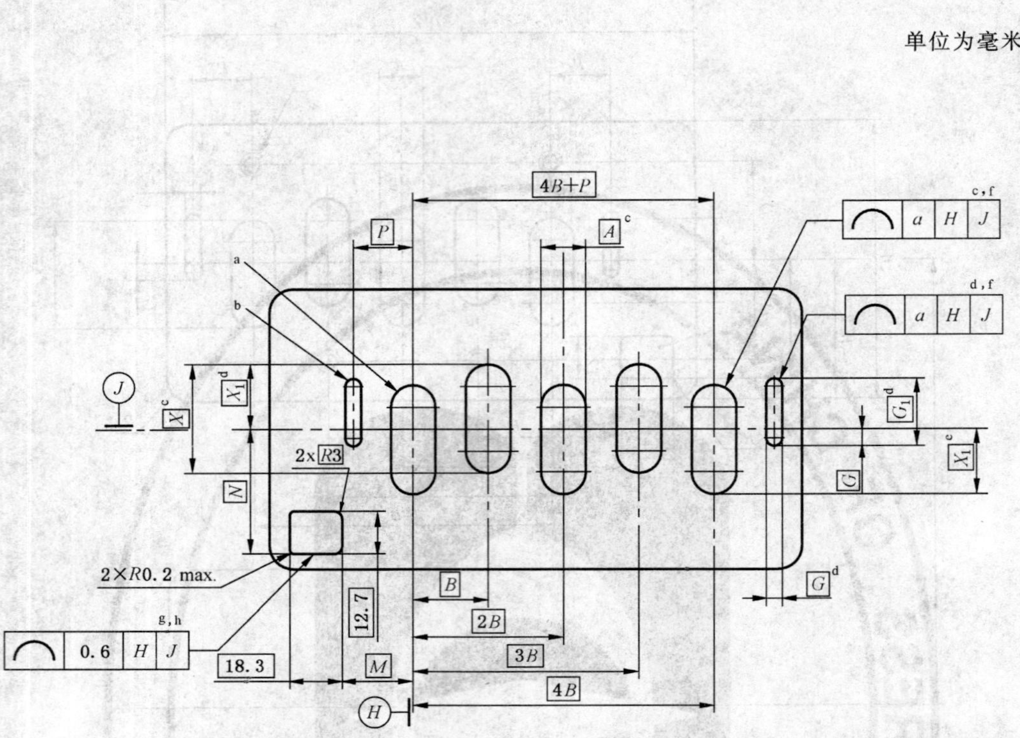

a 10 处；

b 10 处；

c 4 处；

d 5 处；

e 2 处；

f 3 处；

g 全周上；

h 可选电气接头。

图 3 安装面的外形尺寸和形位公差(规格 1E、2E 和 3E)

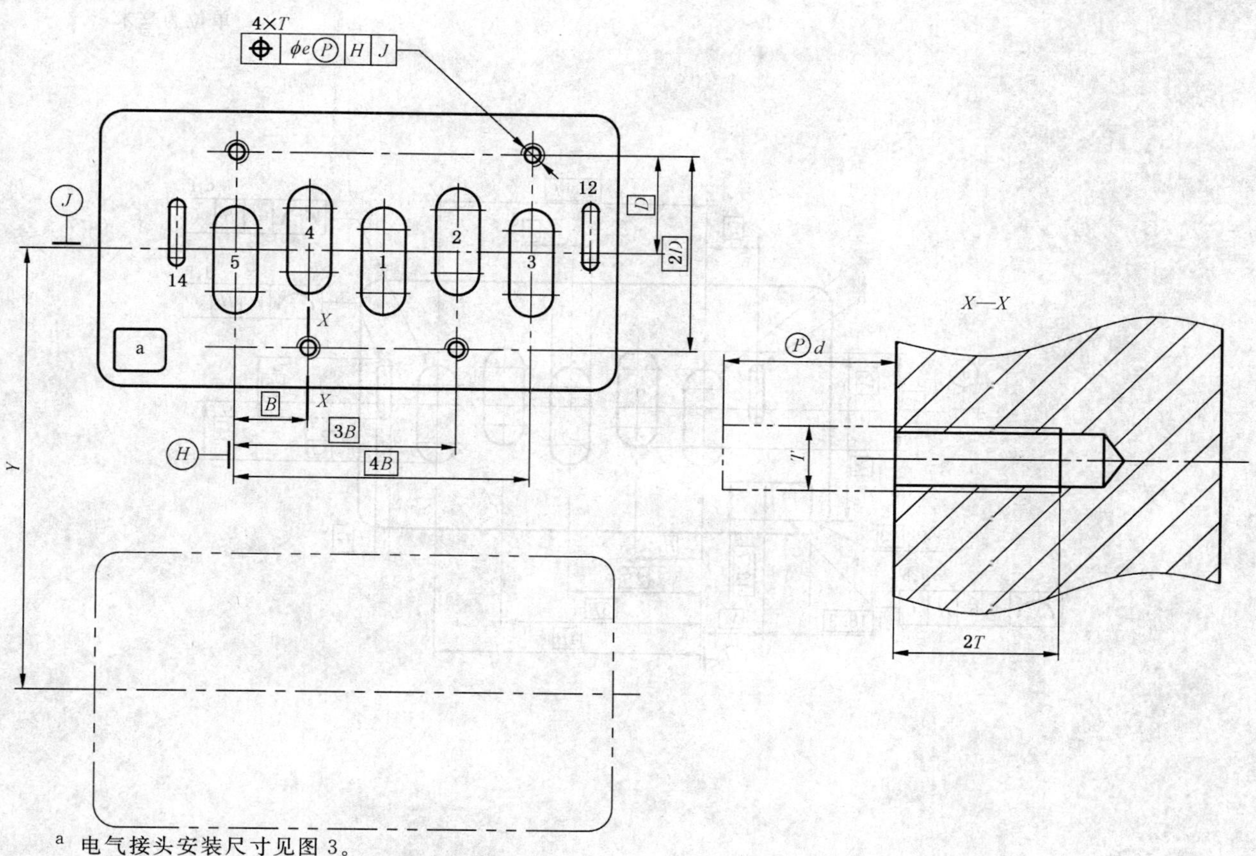

[a] 电气接头安装尺寸见图 3。

图 4　安装面主要控制口的标识和位置公差(规格 1E、2E 和 3E)

表 3　安装面的外形尺寸和公差

单位为毫米

		规格					
		1E	2E	3E	4E	5E	6E
尺寸	A	4.5	7	10	13	17	20
	B	9	12	16	20	25	30
	D	14	19	24	29	34	44
	G[a]	3	3	4	4	5	5
	G_1	13.5	14.5	17.5	20.5	25.5	29.5
	M	14.5	16.5	21	15.5	19	22.5
	P	8.5	10	13	15.5	19	22.5
	N	14	19	26	31	38	48
	T[b]	M5×0.8	M6×1	M8×1.25	M8×1.25	M10×1.5	M10×1.5
	X	16.5	22	29	36.5	42	50.5
	X_1	11.25	13.5	16.5	21	26.5	32
	d	25	32	40	50	63	80
公差	a	0.8	0.8	1	1	1.4	1.4
	e	0.2	0.2	0.3	0.4	0.5	0.5
气孔面积 mm^2		70	143	269	438	652	924

[a] 宽度为 G 的沟槽的最小深度等于 G。

[b] 最小螺纹深度应等于螺纹直接 T 的 2 倍(见图 4 剖面图 X-X)。

单位为毫米

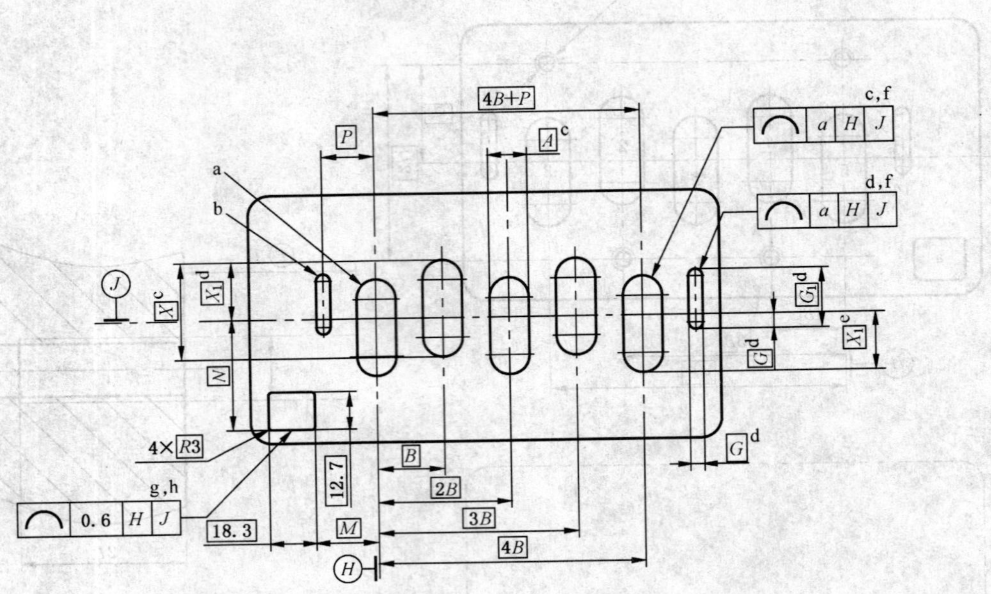

a 10处；

b 4处；

c 5处；

d 2处；

e 3处；

f 全周上；

g 可选电气接头；

h 连接深度Ⓟ。

图5 安装面外形尺寸和公差(规格4E、5E和6E)

a 电气接头安装尺寸见图 5。

图 6 安装面的主要控制口和位置公差(规格 4E、5E 和 6E)

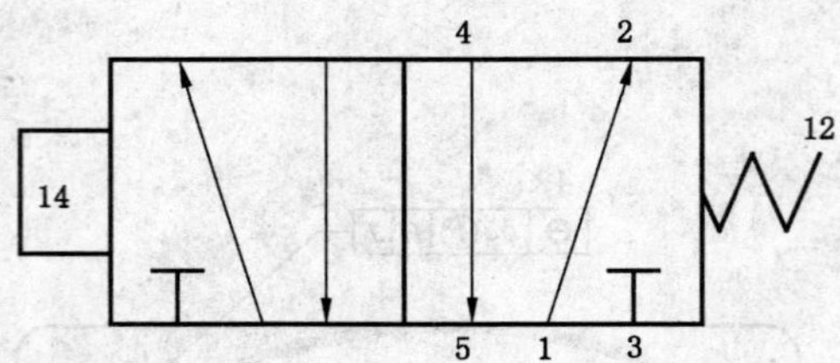

图7 单稳态阀的强制稳态位置

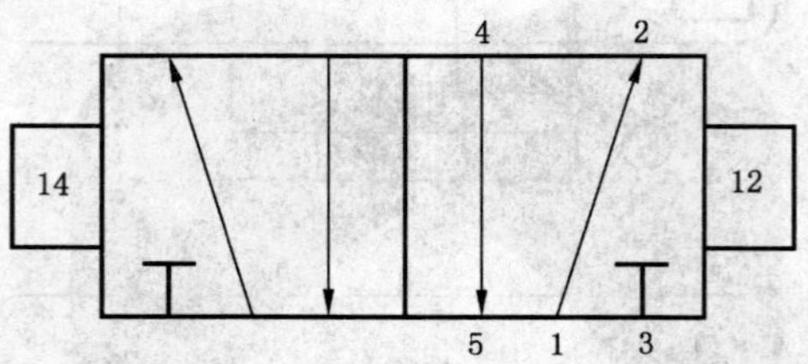

图8 与先导控制有关的气口间的关系

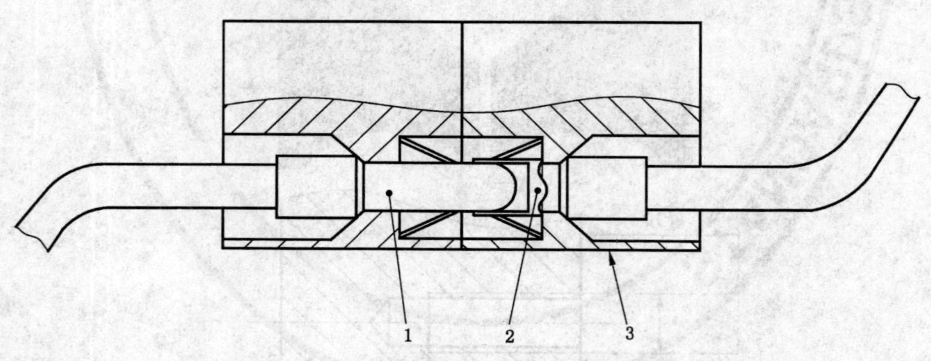

1——插销；

2——插套；

3——底座。

图9 电气连接

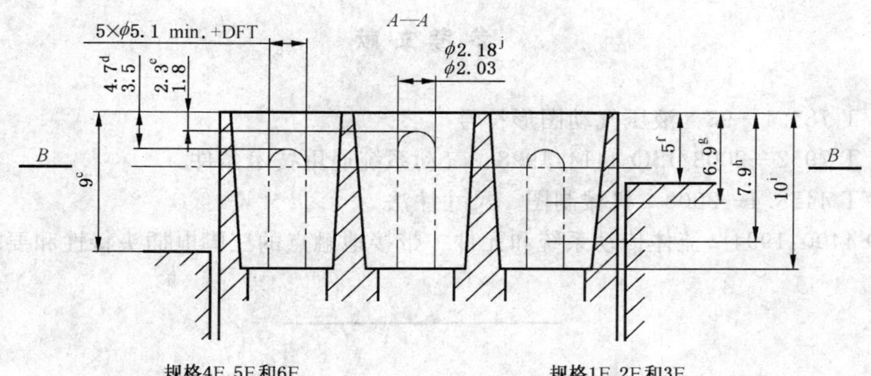

B—B[k]　　B—B[l]　　B—B[m]

17.9±0.1[a]　12.4±0.1　7.1　5.8　2.9　A　A　R^b　5.56　11.3

单位为毫米

规格	R_1	R_2	R_3	R_4
1E、2E、3E	0.2 最大	2.6～3	0.2 最大	2.6～3
4E、5E、6E	2.6～3	2.6～3	2.6～3	2.6～3

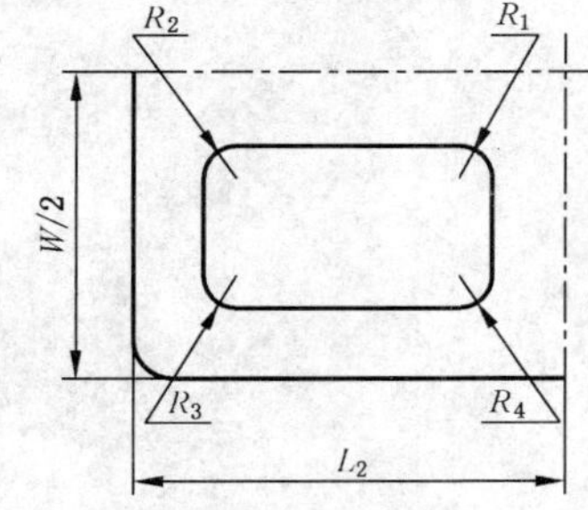

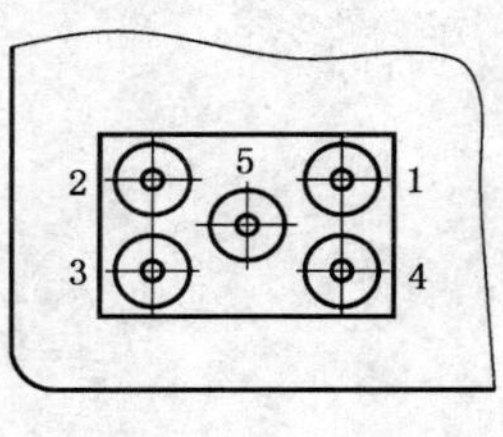

a 电气接头的最大允许极限；
b R 表示允许的内部轮廓；
c 凸出安装面的高度(规格 4E、5E、6E)；
d 插头导线；
e 仅用于接地插头；
f 凸出安装面的高度(1E、2E、3E)；
g 装配时插头的最短深入距离；
h 最小的无阻碍插头长度；
i 入口最小深度；
j 插头尺寸；
k 4 个插孔外形是方形的；
l 2 个插孔外形是圆形的；
m 4 个插孔外形是圆形的。

图 10　电气接头的尺寸要求

参考文献

[1] GB/T 786.1—93 液压气动图形符号

[2] GB/T 7932—2003/ISO 4414:1998 气动系统通用技术条件

[3] GB/T 4458.4—2003 机械制图 尺寸注法

[4] ISO 4400:1994 流体传动系统和元件 带接地触点的三脚电插头特性和要求

ICS 13.310
A 91

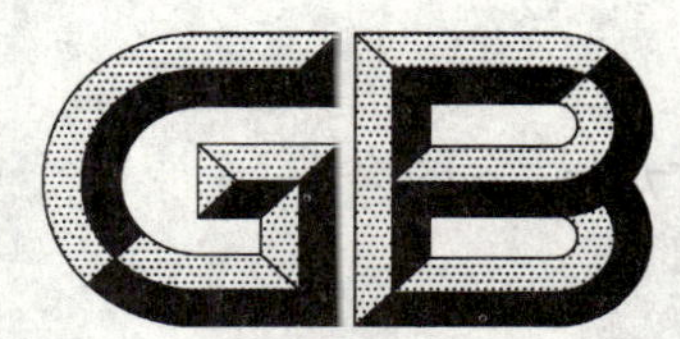

中华人民共和国国家标准

GB/T 7946—2008
代替 GB 7946—1987

脉冲电子围栏及其安装和安全运行

Electrical installation and safe operation of electric security fences

2008-09-19 发布　　　　2009-06-01 实施

中华人民共和国国家质量监督检验检疫总局
中国国家标准化管理委员会　发布

前言

本标准代替 GB 7946—1987《带电铁丝网和电围栏的安装和安全运用》。

本标准与 GB 7946—1987 相比，主要差异如下：

——标准名称由《带电铁丝网和电围栏的安装和安全运用》改为《脉冲电子围栏及其安装和安全运行》；

——第 1 章"范围"中补充指出了产品的应用场所范围不由本标准规定；

——增加了第 2 章：规范性引用文件；

——第 3 章"术语和定义"中增加了脉冲电子围栏系统、脉冲电子围栏主机、脉冲电子围栏前端等术语；增加了适用于电子围栏的相关国际通用术语：金属导体、绝缘子、高压绝缘线等术语；

——增加了第 4 章"电子围栏主机使用环境条件"；

——增加了第 5 章"脉冲电子围栏系统的一般要求"；

——增加了第 6 章"脉冲电子围栏主机的特性和参数"；将原标准第 2 章中的相关的参数指标纳入本章；

——增加了第 7 章"脉冲电子围栏前端"中规定了电子围栏主要组成部分的基本技术要求；

——第 8 章"脉冲电子围栏安装"和第 9 章"脉冲电子围栏运行和维护"是在 GB 7946—1987 的基础上，参照 AS/NZS 3016：1994 进行修订；在第 8 章中，增加了电磁干扰抑制和防止火灾风险的具体规定；

——关于附录 A"脉冲电子围栏系统试验"，原标准的附录 A 为资料性附录。由于电子围栏主机性能关系到整个系统的安全运行和可靠性，是系统重要的组成部分，所以此次修订附录 A 作为标准的一部分，修订为规范性附录；

——增加了附录 B"脉冲电子围栏的安装示例"，作为资料性附录。

本标准的附录 A 为规范性附录，附录 B 为资料性附录。

本标准由全国电气安全标准化技术委员会（SAC/TC 25）提出并归口。

本标准主要起草单位：上海广拓信息技术有限公司、机械工业北京电工技术经济研究所、上海电动工具研究所。

本标准参加起草单位：广东出入境检验检疫局技术中心、西门子（中国）有限公司。

本标准主要起草人：王雷、曾雁鸿、刘江、于丽欣、武宗庆、姚东、范一兵。

本标准所代替标准的历次版本发布情况为：

——GB 7946—1987。

脉冲电子围栏及其安装和安全运行

1 范围

本标准适用于各种需要区域边界安全技术防范使用的脉冲电子围栏系统。

本标准不对产品应用场所的范围加以指定。

2 规范性引用文件

下列文件中的条款通过本标准的引用而成为本标准的条款。凡是注日期的引用文件，其随后所有的修改单(不包括勘误的内容)或修订版均不适用于本标准，然而，鼓励根据本标准达成协议的各方研究是否可使用这些文件的最新版本。凡是不注日期的引用文件，其最新版本适用于本标准。

GB 2894 安全标志(GB 2894—1996,neq ISO 3864:1984)

GB 4208 外壳防护等级(IP 代码)(GB 4208—2008,IEC 60529:2001,IDT)

GB 4343.1 电磁兼容 家用电器、电动工具和类似器具的要求 第1部分:发射(GB 4343.1—2003,IEC CISPR 14-1:2000,IDT)

GB 12663 防盗报警控制器通用技术条件

GB 50254 电气装置安装工程低压电器施工及验收规范

GB/T 50314 智能建筑设计标准

IEC 60335-2-76 家用的类似用途电器的安全 第2-76部分 脉冲电子围栏的特殊要求

3 术语和定义

下列术语和定义适用于本标准。

3.1

脉冲电子围栏系统 electric fence system

由脉冲电子围栏主机，脉冲电子围栏前端两个部分组成。

3.2

智能型脉冲电子围栏系统 intelligent electric fence system

能够和计算机联网，进行点对点控制管理的脉冲电子围栏系统。

3.3

脉冲电子围栏主机 energizer

脉冲电子围栏系统中产生脉冲电的装置。

3.4

脉冲电子围栏前端 fence

由金属导体，绝缘子，支架等组成，一般安装于防护区域的周界。

3.5

金属导体 metal conductor

脉冲电子围栏前端的组成部分，用于防护区域的周界，传输主机产生的高压脉冲的导体，金属导体的材质可以为电子围栏专用的合金线，金属导管等。

3.6

绝缘子 insulator

材质为工程塑料，安装在支架上，用于持久地支撑金属导体，并使金属导体与支架绝缘。

3.7

支架 bracket

用于安装绝缘材料和架设金属导体的支撑物。

3.8

高压绝缘线 high voltage insulated line

用于连接主机和脉冲电子围栏的具有绝缘性能的与金属导体为同一材质的连接线。

3.9

合金线 alloy line

电子围栏前端使用的专用的合金导线。

4 电子围栏主机使用环境条件

4.1 环境温度

脉冲电子围栏主机周围空气温度不得超过+55 ℃,周围空气温度的下限为-25 ℃。

电子围栏前端工作不受环境温度限制。

注:如在严寒地区使用电子围栏系统,制造商与用户之间需要按照相关的协议进行设计和使用。

4.2 湿度

脉冲电子围栏主机最高温度为+40 ℃时,相对湿度不得超过93%。在较低温度时,允许有较大的相对湿度,但应考虑到由于温度的变化,可能偶尔产生适度的凝露。

4.3 海拔

安装场地的海拔高度不高于1 000 m。

海拔超过1 000 m使用的电子围栏系统,应按照制造商与用户之间的协议进行设计和使用。

4.4 其他环境条件

4.4.1 对放置于室外的脉冲电子围栏主机应放置在设备箱内,在腐蚀性环境、粉尘严重等环境下的地区应采取防尘、防腐及提高绝缘强度等措施。

4.4.2 台风经常侵袭或风速超过35 m/s的地区,应加强主机放置设备的基础固定。

4.4.3 地震烈度超过8度的地区,应采取抗震措施,如增设固定支点,加强基础等。

5 脉冲电子围栏系统的一般要求

5.1 脉冲电子围栏系统的应用

电子围栏系统应按照第8章的规定安装应用。

5.2 脉冲电子围栏系统的安全

5.2.1 脉冲电子围栏系统的安全要求应符合IEC 60335-2-76的规定。

5.2.2 警示标志

a) 脉冲电子围栏的前端应具有防止触电的醒目警示牌;

b) 警示牌字迹应清晰,应加夜间荧光,且不易脱落,图形及尺寸应符合GB 2894的规定;

c) 警示牌应被牢固地放置在每道门上、每个入口处和急救标志的地方;

d) 警示牌应每间隔10 m设置一个。

5.3 脉冲电子围栏系统的供电

5.3.1 脉冲电子围栏的供电系统分为两类:

a) 主电源供电的电子围栏;

b) 有备用电源供电的电子围栏。

5.3.2 脉冲电子围栏前端不能与脉冲电子围栏供电电源或其他电源相联接。

5.3.3 脉冲电子围栏主机的备用电源应能够支持独立供电8 h以上,一般采用蓄电池作为备用电源,应符合 GB 12663 的规定。

5.4 电磁兼容

脉冲电子围栏系统的电磁兼容应符合 GB 4343.1 的规定。

6 脉冲电子围栏主机的特性和参数

6.1 脉冲电子围栏主机的特性

a) 在高压模式时,应能使每根金属导体上具有 5 kV～10 kV 的脉冲电压;

b) 应能够检测出脉冲电子围栏前端开路、短路状况;

c) 报警输出端口应符合 GB 12663 的规定;

d) 能够分辨出入侵报警和设备故障报警;

e) 外壳防护等级符合 GB 4208 规定的 IP30 要求;

f) 智能型电子围栏主机应能够显示脉冲电子围栏前端每根金属导体实际运行的电压值;

g) 智能型电子围栏主机应能够根据需要,调节至高压或低压两种工作模式,并可实现用户自由切换;高压在 5 kV～10 kV 之间,低压在 1 kV 以下;

h) 智能型电子围栏主机应提供用户可以调节报警电压、报警延时等参数的装置。

6.2 脉冲电子围栏主机的基本技术参数

a) 输出电压峰值:5 kV～10 kV;

b) 输出电流峰值:<10 A;

c) 脉冲宽度(脉冲持续时间):≤0.1 s;

d) 脉冲间隔时间:1 s～1.5 s;

e) 脉冲输出电量:≤2.5 mC;

f) 脉冲输出能量:≤5.0 J。

7 脉冲电子围栏前端

7.1 金属导体

脉冲电子围栏前端的金属导体应抗氧化,耐腐蚀,且具有良好的导电率。每 100 m 电阻值不应超过 2.5 Ω。金属导体之间距应在 50 mm～200 mm 之间,并可重复使用。金属导体可以是专用合金线、不锈钢绞合线、不锈钢管等材料。

7.2 绝缘子

脉冲电子围栏前端使用的绝缘子抗脉冲电压应不小于 15 kV。

7.3 绝缘线

高压绝缘线应达到耐 15 kV 的脉冲电压,导电部分应与前端金属导体采用一致的材料,避免电化学反应。

7.4 支架

金属导体支架应采用防静电、防锈和耐腐蚀的材料制成。

8 脉冲电子围栏安装

8.1 安装分类

a) 附属式,即附属在围墙或栅栏上部或者内侧,脉冲电子围栏前端最上面一根金属导体离墙顶或栅栏顶部的间距应不小于 700 mm;

b) 落地式,即脉冲电子围栏前端独立安装在建筑物的周围,作为实体屏障,脉冲电子围栏前端的高度应不小于 1 800 mm。

8.2 架空电力线与脉冲电子围栏的最小距离

脉冲电子围栏系统的安装应符合 GB 50254 的规定。且架空电力线与脉冲电子围栏的最小距离应大于表 1 所示的距离。

表 1 架空电力线与脉冲电子围栏最小距离

架空电力线电压等级/kV	与脉冲电子围栏的最小距离	
	水平距离/m	垂直距离/m
10 及以下	2.5	2
35～110	5	3
220	7	4
330	9	5
500	9	5

8.3 通信线路与脉冲电子围栏的距离

通信线路外侧导线与脉冲电子围栏前端的金属导体，以及与其高压绝缘线的水平距离应不小于 2 m。

8.4 与其他物体的间距

脉冲电子围栏前端安装在其他物体上时，应与其他物体保持高于 10 cm 的间距。应防止植物沿脉冲电子围栏向上生长，围栏和植物间的最小距离为 200 mm，应从植物摇摆时取最近位置计算。

8.5 脉冲电子围栏系统的支架

支架应安装在坚固的墙体或其他物件上，支架与墙体或其他物件的结合应牢固，支架的间距应小于 5 m。

8.6 脉冲电子围栏系统的接地

脉冲电子围栏系统应有可靠的接地系统，并符合 GB 50254 的规定。

8.6.1 脉冲电子围栏接地系统不能与任何其他的接地系统连接(如雷电保护系统或者通信接地系统)，并应与其他接地系统保持 10 m 以上距离的独立接地。

8.6.2 脉冲电子围栏的接地应至少埋深 1.5 m，并埋设导电相对良好的地方，接地电阻不大于 10 Ω。

8.6.3 接地体可采用垂直敷设的角钢、钢管或水平敷设的圆钢、扁钢等。

接地体和接地线的规格，不应小于表 2 所列数值。

表 2 接地体和接地线的最小规格

名称	单位	地上	地下
钢管直径	mm	—	32
圆钢直径	mm	6	8
扁钢、角钢厚度	mm	4	4
接地金属导线截面	mm^2	25	—

8.7 脉冲电子围栏系统报警装置安装

脉冲电子围栏系统报警信号部分线缆的布设应符合 GB/T 50314 的规定。

8.8 防雷防雨措施

应在脉冲电子围栏主机的电源高低压侧，安装防雷装置(避雷器或浪涌抑制器等)，户外的主机应设置防雨箱。

8.9 安装的电气联接和机械连接

为保证脉冲电子围栏前端各回路具有可靠的电气联接和机械连接，在需要永久连接的地方，采取必要的防松、防腐蚀措施。

8.10　脉冲电子围栏系统的蓄电池放置

8.10.1　蓄电池为内置的，即放置在脉冲电子围栏主机电池箱内的，应满足以下要求：

a)　放置蓄电池的主机电池箱室内应防火，防酸(碱)，防爆；

b)　放置蓄电池的主机室内应防水；

c)　为减少电池电解液的温度差异，放置蓄电池的主机室应避免阳光直接照射，并防止灰尘等侵入室内。

8.10.2　蓄电池为外置的，即单独设置蓄电池室的，应满足以下要求：

a)　蓄电池室应通风良好，最低温度不低于 0 ℃；

b)　蓄电池宜安装在耐酸(碱)的台架上，蓄电池与台架间垫以玻璃绝缘垫，在蓄电池底座与玻璃绝缘垫之间还应垫以耐酸(碱)的纸垫。蓄电池台架与地面间也应垫以玻璃绝缘垫。

8.11　电磁干扰抑制

脉冲电子围栏系统的位置可能对铺设在地下和架设的通讯线路产生电磁干扰，脉冲电子围栏应与通信设施保持 2 m 以上距离。电磁干扰的抑制应符合 GB 4343.1 的规定。

8.12　防止火灾风险

当脉冲电子围栏前端安装在谷场或干草场地等易燃物附近时，应注意以下情况：

a)　脉冲电子围栏前端的金属导体和接地的金属导体至少保持 30 mm 的直线距离；

b)　使脉冲电子围栏前端远离干草堆或其他易燃物；

c)　应防止植物沿脉冲电子围栏前端向上生长。

8.13　脉冲电子围栏的安装示例

参见附录 B。

9　脉冲电子围栏运行和维护

9.1　包装和产品说明书

9.1.1　脉冲电子围栏主机包装

脉冲电子围栏主机包装箱表面或内包装表面应标志有：

a)　制造商名称；

b)　产品名称；

c)　商标；

d)　产品型号或规格；

e)　制造日期或批号；

f)　“切勿受潮”、“小心轻放”或表示该含义的标记；

g)　脉冲电子围栏主机应装入纸盒或塑料袋，配有防震泡膜，然后装箱；

h)　脉冲电子围栏系统应配有制造商的说明书。

9.1.2　脉冲电子围栏主机的运输和贮存条件

a)　运输温度：－10 ℃～55 ℃，运输相对湿度不大于 93％；

b)　贮存温度：－10 ℃～55 ℃，贮存相对湿度不大于 93％。

9.2　脉冲电子围栏系统的操作和维护应按照产品使用说明书的要求来进行。

9.3　电源中断时，在做好安全措施以前，不得触及高压设备，以防突然来电。

9.4　每月进行一次全面检查，包括：挂线杆、绝缘子、金属导体、跨接线、接地桩、警灯、内部报警、复位开关等。

9.5　每半年作一次脉冲电子围栏开路报警和短路报警试验，高低压切换试验。

9.6　每月需停电对脉冲电子围栏主机作表面清洁一次，对蓄电池半年检查一次，一年更换一次。定期对脉冲电子围栏周围环境进行巡视，避免环境因素引起的电气危险和火灾风险。

附 录 A
（规范性附录）
脉冲电子围栏系统试验

A.1 峰值电压试验

A.1.1 试验负荷为1 MΩ的无感电阻和0 μF～0.2 μF的可调电容组成的并联阻容电路。

A.1.2 将该试验负荷跨在输出端子间，调整电容使电压最大，从示波器看到的最大峰值电压应小于10 kV。

A.2 输出电流试验

A.2.1 试验负荷为500 Ω的无感电阻组成和0 μF～0.2 μF的可调电容组成的并联阻容电路。

A.2.2 将该试验负荷跨在输出端子间，调整电容使输出电流最大，在0.3 ms以上时输出电流瞬时值应小于10 A，且超过300 mA的持续时间应不大于1.5 ms。

A.3 脉冲间隔试验

A.3.1 试验负荷按A.2.1，接线及调节按A.2.2。

A.3.2 测量从脉冲开始时间到第二次脉冲开始时间，间隔不小于1 s。

A.4 脉冲间持续时间试验

A.4.1 试验负荷按A.2.1，接线及调节按A.2.2。

A.4.2 一个脉冲间的持续时间不大于0.1 s。

A.5 脉冲输出电量与能量试验

A.5.1 试验负荷按A.2.1，接线及调节按A.2.2。

A.5.2 每个脉冲输出最大电量应不大于2.5 mC，最大能量不大于5.0 J。

A.6 电源电压适应范围试验

A.6.1 试验负荷按A.2.1，接线及调节按A.2.2。

A.6.2 额定工作电压为正弦50 Hz，220 V交流。当输入电压在180 V～240 V范围内波动时，能正常工作。

A.7 电快速瞬变试验

A.7.1 试验负荷按A.2.1，接线及调节按A.2.2。

A.7.2 对脉冲主机的电源输入端施加下列脉冲群干扰，脉冲波型为1 kV(峰值)5/50 ns T_r/T_d，5 kHz重复频率正，负极性各进行2 min，主机能正常工作，不出现误报警等情况。

A.8 浪涌抗扰度试验

A.8.1 试验负荷按A.2.1，接线及调节按A.2.2。

A.8.2 对脉冲主机施加脉冲，脉冲波型为1.2/50(8/20)μs T_r/T_d，相线之间为1 kV，相线与零线间为1 kV，相线与保护地线间为2 kV，中线与保护地线间为2 kV。依次施加5次正脉冲和5次负脉冲，每分钟至多只能施加1个脉冲，试验中不应出现误报警等情况。

A.9 金属导体阻值试验

采用1级精度欧姆表测试，每100 m金属导体的电阻不超过2.5 Ω。

A.10 支架距离试验

采用米尺测试相邻两根支架的间距，间距不应大于5 m。

A.11 金属导体的间距试验

采用米尺测试相邻两根金属导体的间距，间距应在50 mm～200 mm。

A.12 前段围栏的间距和高度试验

采用米尺测试附属式电子围栏，脉冲电子围栏最上面一根金属导体离墙顶、栅栏顶部或其他所附属的物体的间距不小于700 mm。

采用米尺测试落地式脉冲电子围栏，脉冲电子围栏的高度应不小于1 800 mm。

附 录 B
（资料性附录）
脉冲电子围栏的安装示例

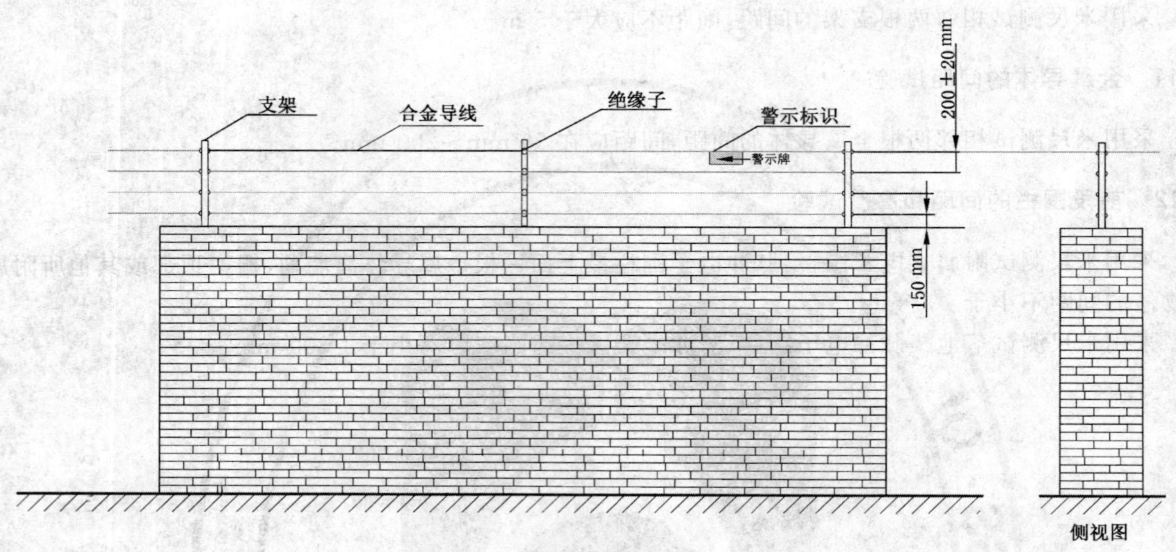

图 B.1 安装示例

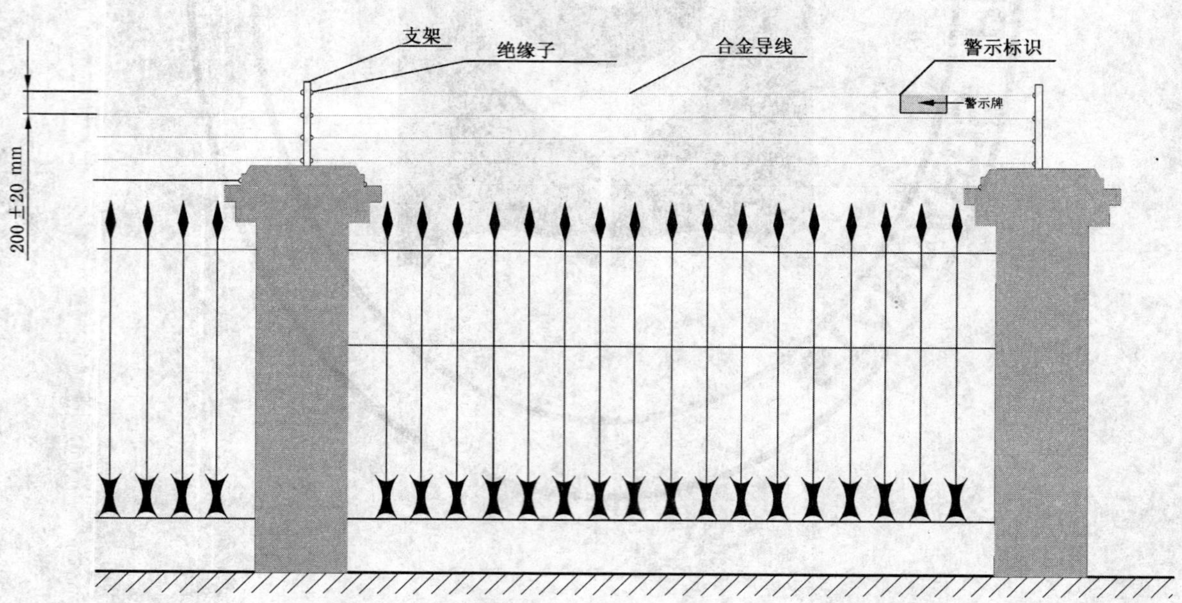

图 B.2 栅栏围墙安装示例

图 B.3 实体围墙 4 线斜装效果图

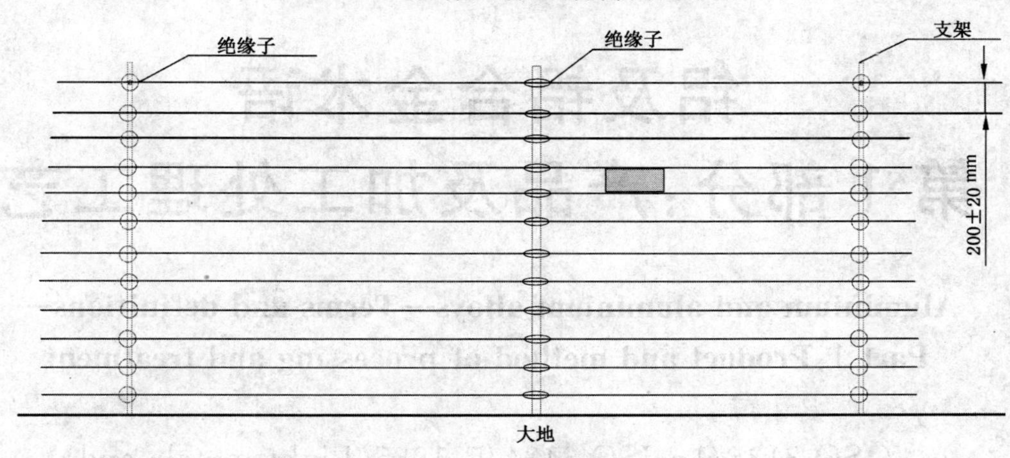

图 B.4 12 线落地装正视效果图

ICS 77.150.10
H 60

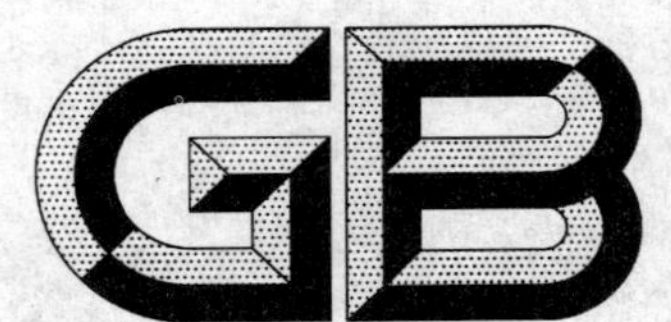

中华人民共和国国家标准

GB/T 8005.1—2008
代替 GB/T 8005—1987

铝及铝合金术语 第1部分:产品及加工处理工艺

Aluminium and aluminium alloys—Terms and definitions—Part 1:Product and method of processing and treatment

(ISO 3134/1~ISO 3134/5:1985,Light metals and their alloys—Terms and definitions,MOD)

2008-06-09 发布　　2008-12-01 实施

中华人民共和国国家质量监督检验检疫总局
中国国家标准化管理委员会　发布

前言

GB/T 8005《铝及铝合金术语》分为3个部分：

——第1部分：产品及加工处理工艺；

——第2部分：化学分析；

——第3部分：表面处理。

本部分为GB/T 8005的第1部分。

本部分修改采用ISO 3134/1:1985《轻金属及其合金　术语和定义　第1部分：材料》、ISO 3134/2:1985《轻金属及其合金　术语和定义　第2部分：未压力加工产品》、ISO 3134/3:1985《轻金属及其合金　术语和定义　第3部分：压力加工产品》、ISO 3134/4:1985《轻金属及其合金　术语和定义　第4部分：铸件》、ISO 3134/5:1985《轻金属及其合金　术语和定义　第5部分：加工处理工艺》，并重新起草。为了方便比较，在资料性附录B中列出了本部分章条和对应的国际标准章条的对照一览表。

本部分在采用国际标准时，进行了修改，这些技术差异用垂直单线标识在它们所涉及的条款的页边空白处。主要差异如下：

——按照汉语习惯对一些编排格式进行了修改；

——将一些适用于国际标准的表述改为适用于我国标准的表述；

——增加了变形铝合金、变形铝-铜系合金、变形铝-锰系合金、变形铝-硅系合金、变形铝-镁合金、变形铝-镁-硅系合金、变形铝-锌系合金这些变形铝合金方面的术语定义；

——增加了铸造铝合金、铝-铜系铸造合金、铝-硅-铜-镁系铸造合金、铝-硅系铸造合金、铝-镁系铸造合金、铝-锌系铸造合金、铝-钛系铸造合金、其他系铸造铝合金这些铸造铝合金的术语定义；

——增加了压铸、辊压矫直、锯切这些加工工艺方面的术语定义；

——增加了铸棒、铸线、铸带这些未压力加工产品方面的术语定义；

——增加了铸轧带、连铸连轧带、连铸连轧线、薄板、厚板、冷轧板材、包覆板材、压型板材、母带、无零箔、单零箔、双零箔、模锻件、自由锻件这些压力加工产品方面的术语定义；

——在铝的定义中，本部分定义铝的质量分数最少为99.00%；而国际标准中定义铝的质量分数最少为99.0%，Fe+Si≤1.0；

——在铝合金的定义中，增加了铝的质量分数大于50%的规定；

——ISO 3134.4—1985中，2.5定义的离心模铸件，未纳入本部分；

——ISO 3134.1—1985中，2.3“镁及镁合金的分类”未纳入本部分；

——增加了易切削合金、自淬火合金等变形铝合金方面的术语定义（参照EN 12258.1—1998《铝及铝合金—术语和定义　第1部分：常用术语》）；

——增加了铸造锭、铸造、砂模铸造、硬模铸造、高压压铸、低压压铸、熔模铸造、连续铸造、半连续铸造等铸造铝合金方面的术语定义（参照EN 12258.1）；

——增加了热轧带材、冷轧带材、钎焊带材、重轧带坯、铝箔毛料、无缝管材、有缝管材、焊接管材、精密型材、母板、热轧板材、初轧板坯、钎焊板材、波纹板材、压花板材、花纹板材等压力加工产品方面的术语定义（参照EN 12258.1）；

——增加了成型、加工、拉拔、拉伸矫直、可控拉伸矫直、消除应力、永久变形、双层轧制、矫平、板材轧制、辊压矫平、压光、纵切、分切、拉矫、切边、剪切、冲压剪、挤压、正向挤压、反向挤压、挤压比、挤压效应、挤压焊缝、线材绕丝、剥皮等加工工艺方面的术语定义（参照EN 12258.1）；

——增加了预热、软化退火、再结晶退火、超时退火、空气淬火、在线淬火、淬火应力、淬火转移时间、临界淬火冷却速度、时效、预时效、时效硬化、时效软化、延缓时效、峰时效、不完全时效、过时效、双级时效、沉淀处理、脱敏处理、热应力释放等热处理方面的术语定义(参照 EN 12258.1)。

本部分代替 GB/T 8005—1987《铝及铝合金术语》。

本部分与 GB/T 8005—1987 相比,主要变化如下:

——增加了目次和范围;

——改变了原标准的标准结构;

——修改了铝的术语定义;

——修改了铝合金、中间合金这些铝合金方面的术语定义;

——增加了变形合金、变形铝-铜系合金、变形铝-锰系合金、变形铝-硅系合金、变形铝-镁合金、变形铝-镁-硅系合金、变形铝-锌系合金这些变形铝合金方面的术语定义;

——增加了变形铝合金、其他系变形铝合金、易切削合金、自淬火合金这些变形合金的定义;

——增加了铸造铝合金、铝-铜系铸造合金、铝-硅-铜-镁系铸造合金、铝-硅系铸造合金、铝-镁系铸造合金、铝-锌系铸造合金、铝-钛系铸造合金、其他系铸造铝合金这些铸造铝合金方面的术语定义;

——增加了铸造锭、铸件、砂模铸件、永久模铸件、压铸件、铸棒、铸线、铸带这些未加工产品方面的术语定义;

——增加了铸轧带、连铸连轧带、连铸连轧线、无缝管材、有缝管材、焊接管材、精密型材、薄板、厚板、母板、热轧板材、初轧板坯、冷轧板材、包覆板材、钎焊板材、波纹板材、压型板材、压花板材、花纹板材、热轧带材、冷轧带材、钎焊带材、母带、重轧带坯、铝箔毛料、无零箔、单零箔、双零箔、模锻件、自由锻件这些压力加工产品方面的术语定义;

——增加了铸造、砂模铸造、硬模铸造、压铸、高压压铸、低压压铸、熔模铸造、连续铸造、半连续铸造、成型、加工、拉拔、拉伸矫直、可控拉伸矫直、消除应力、永久变形、双层轧制、矫平、板材轧制、辊压矫平、辊压矫直、压光、纵切、分切、拉矫、切边、剪切、锯切、冲压剪、挤压、正向挤压、反向挤压、挤压比、挤压效应、挤压焊缝、线材绕丝、剥皮这些加工工艺方面的术语定义;

——增加了预热、均匀化、退火、快速退火、软化退火、沉淀退火、再结晶退火、超时退火、空气淬火、在线淬火、淬火应力、淬火转移时间、临界淬火冷却速度、时效、预时效、时效硬化、时效软化、延缓时效、峰时效、不完全时效、过时效、双级时效、沉淀处理、脱敏处理、稳定化、热应力释放这些热处理方面的术语定义。

本部分的附录 A、附录 B 为资料性附录。

本部分由中国有色金属工业协会提出。

本部分由全国有色金属标准化技术委员会归口。

本部分主要起草单位:西南铝业(集团)有限责任公司、中国有色金属工业标准计量质量研究所。

本部分参加起草单位:东北轻合金有限责任公司、广东坚美铝型材厂有限公司、中铝瑞闽铝板带有限公司、中铝西北铝加工分公司。

本部分主要起草人:李瑞山、葛立新、游江海、王正安、刘援朝、王国军、戴悦星、黄瑞银、段瑞芬、郭瑞。

本部分所代替标准的历次版本发布情况为:

——GB/T 8005—1987。

铝及铝合金术语
第1部分:产品及加工处理工艺

1 范围

本部分规定了铝及铝合金产品分类、加工处理工艺等方面涉及的术语和定义。

本部分适用于铝及铝合金产品。

2 铝及铝合金

2.1

铝 aluminium

铝的质量分数不小于99.00%的金属。在变形铝及铝合金中,铝又称为纯铝(即牌号为1×××系的金属)。

2.2

合金 alloy

由基体金属元素(质量分数最大的元素)、合金元素及杂质所组成的一种金属物质。

2.3

合金元素 alloying element

为使金属具有某些特征,在基体金属中有意加入或保留的金属或非金属元素。

2.4

杂质 impurity

存在于金属中,但并非有意加入或保留的金属或非金属元素。

2.5

铝合金 aluminium alloy

铝的质量分数大于50%以上的合金。

2.6

中间合金 master alloy

为调节成分、控制杂质或晶粒大小而配制的铝基或非铝基合金。某些用来控制晶粒大小和铸造组织的中间合金也称为晶粒细化剂、成分添加剂或硬化剂。

3 变形铝合金

3.1

变形合金 wrought alloy

主要通过热加工或冷加工进行塑性变形生产加工产品的合金。

3.2

变形铝合金 wrought aluminium alloy

主要通过热加工或冷加工进行塑性变形生产铝加工产品的合金。

3.3

变形铝-铜系合金 wrought aluminium copper alloy series

以铜为主要合金元素的变形铝合金(即牌号为2×××系的合金)。

3.4

变形铝-锰系合金　wrought aluminium manganese alloy series

以锰为主要合金元素的变形铝合金(即牌号为3×××系的合金)。

3.5

变形铝-硅系合金　wrought aluminium silicon alloy series

以硅为主要合金元素的变形铝合金(即牌号为4×××系的合金)。

3.6

变形铝-镁合金　wrought aluminium magnesium alloy series

以镁为主要合金元素的变形铝合金(即牌号为5×××系的合金)。

3.7

变形铝-镁-硅系合金　wrought aluminium magnesium-silicon alloy series

以镁和硅为主要合金元素并以 Mg_2Si 相为主要强化相的变形铝合金(即牌号为6×××系的合金)。

3.8

变形铝-锌系合金　wrought aluminium zinc alloy series

以锌为主要合金元素的变形铝合金(即牌号为7×××系的合金)。

3.9

其他系变形铝合金　wrought aluminium alloy other series

既不属于纯铝,也不属于2×××系～7×××系的铝合金(即牌号为8×××系的合金)。

3.10

热处理可强化合金　heat-treatable alloy

通过适当的热处理能够强化的合金。

3.11

热处理不可强化合金　non-heat-treatable alloy

通过热处理不能明显强化的合金。

3.12

易切削合金　free machining alloy

通过合金成分和热处理状态的设计,在合金进行机加工时,切屑细小、并具有较低的能量消耗、良好的表面光洁度和较长的刀具寿命的合金。

3.13

自淬火合金　self-quenching alloy

对热处理温度反应不敏感,即从固溶热处理温度以上的温度冷却下来的过程中,对于冷却速度反应不敏感的合金,这些合金的淬火临界冷却速度通常比在静止空气中的冷却速度低。

4　铸造铝合金

4.1

铸造合金　casting alloy

主要通过浇铸或压铸生产铸件产品的合金。

4.2

铸造铝合金　casting aluminium alloy

主要通过浇铸或压铸生产铝铸件产品的合金。

4.3

铝-铜系铸造合金　casting aluminium copper alloy series

以铜为主要合金元素的铸造铝合金(即牌号为2××.×系的合金)。

4.4

铝-硅-铜-镁系铸造合金　casting aluminium silicon-copper-magnesium alloy series

以硅、铜和(或)镁为主要合金元素的铸造铝合金(即牌号为3××.×系的合金)。

4.5

铝-硅系铸造合金　casting aluminium silicon alloy series

以硅为主要合金元素的铸造铝合金(即牌号为4××.×系的合金)。

4.6

铝-镁系铸造合金　casting aluminium magnesium alloy series

以镁为主要合金元素的铸造铝合金(即牌号为5××.×系的合金)。

4.7

铝-锌系铸造合金　casting aluminium zinc alloy series

以锌为主要合金元素的铸造铝合金(即牌号为7××.×系的合金)。

4.8

铝-钛系铸造合金　casting aluminium titanium alloy series

以钛为主要合金元素的铸造铝合金(即牌号为8××.×系的合金)。

4.9

其他系铸造铝合金　casting aluminium alloy other series

以其他元素为主要合金元素的铸造铝合金(即牌号为9××.×系的合金)。

5　未压力加工产品

5.1

未压力加工产品　unwrought product

经铸造或压铸所获得的产品。

5.2

原生铝锭　primary aluminium ingot

经还原或分解金属化合物所提炼的金属铝。

5.3

精铝锭　refined aluminium ingot

用特殊冶炼方法获得的质量分数不小于99.95%的重熔用锭。

5.4

重熔用锭　ingot for remelting

经调节成分和(或)消除某些杂质(金属或非金属)的冶金处理,铸造成型并用于重新熔炼生产的金属坯料。

5.5

再生铝锭　secondary aluminium ingot

将废料回收,经调节成分和(或)消除某些杂质(金属或非金属)的冶金处理,铸造成型并用于重新熔炼生产的金属坯料。再生铝锭也称为复化锭。

5.6

铸造锭　ingot for casting

铸造成型并用于生产铸件的重熔用金属坯料。

5.7

轧制锭　ingot for rolling

铸造成型并用于轧制生产的金属坯料。

5.8

挤压锭　ingot for extruding

铸造成型并用于挤压生产的金属坯料。

5.9

锻造锭　ingot for forging

铸造成型并用于锻造生产的金属坯料。

5.10

铸件　casting

在一个模形(或模具)中结晶,或凝固成型的产品。

5.11

砂模铸件　sand casting

将金属液注入砂型模并使其凝固制成的铸件。

5.12

永久模铸件　permanent mould casting

通过重力或低压将铝液注入通常由铁或钢等耐用材料制成的模具内凝固制成的铸件。

5.13

压铸件　die-casting

金属模具中的熔体在高压或低压的作用下凝固制成的铸件。

5.14

铸棒、铸线　casting rod/bar, casting wire

采用在线铸造设备将液态金属连续铸造制成的棒材、线材、拉线坯或线卷。

5.15

铸带　casting strip

采用在线铸造设备将液态金属连续铸造制成的带材或带坯。

6　压力加工产品

6.1

压力加工产品　wrought product

通过热和(或)冷塑性变形,例如,挤压、拉伸(也称冷拔)、轧管、轧环、锻造、铸轧、连铸连轧、热轧、热连轧、冷轧、冷连轧等(这些加工方法可单独或联合采用),所获得的产品。按照横断面形状和交货形状,分为棒材、线材、管材、型材、板材、带材、箔材、锻件等。

6.2

铸轧带　casting-rolled strip

通过在线连续铸造并轧制制成的带材或带坯的卷材。

6.3

连铸连轧带　concatenation casting-rolled strip

采用在线连续铸造,并通过两机架以上的轧制设备连续轧制制成的带材或带坯的卷材。

6.4

连铸连轧线　concatenation casting-rolled wire

采用在线连续铸造,并通过两机架以上的轧制设备连续轧制制成的线材或线卷。

6.5

棒材 rod/bar

棒材产品可以通过挤压或挤压后拉伸(又称冷拔)获得,为实心压力加工产品,并呈直线形交货。棒材产品沿其纵向全长,横断面对称、均一,且呈圆形、椭圆形、正方形、长方形、等边三角形、正五边形、正六边形、正八边形等正多边形(横断面形状如图 A.1 所示):

——横断面形状呈标准圆形的棒材,称为圆棒(round bar);

——横断面形状呈标准椭圆形的棒材,称为椭圆棒(ellipse bar);

——横断面形状呈标准正方形的棒材,称为方棒(square bar);

——横断面形状呈标准长方形的棒材,称为扁棒(rectangular bar)。扁棒产品包括有一组对边为凸弧,另一组对边为等长并平行的产品。扁棒的厚度通常大于宽度的 1/10;

——横断面形状呈标准等边三角形的棒材,称为三角棒(triangle bar);

——横断面形状呈标准正五边形的棒材,称为五角棒(pentagon bar);

——横断面形状呈标准正六边形的棒材,称为六角棒(hexagon bar);

——横断面形状呈标准正八边形的棒材,称为八角棒(octagon bar);

——横断面形状呈其他标准正多边形的棒材,参照上述方法命名。

注:除圆棒和椭圆棒外,其他棒材产品,有时沿其纵向全长,棱角倒圆。

6.6 线材

6.6.1

线材 wire

线材产品可以通过挤压或挤压后拉伸(又称冷拔)获得,为实心压力加工产品,并成卷交货。线材产品沿其纵向全长,横断面对称、均一,且呈圆形、椭圆形、正方形、长方形、等边三角形、正五边形、正六边形、正八边形等正多边形(横断面形状如图 A.1 所示):

——横断面形状呈标准圆形的线材,称为圆线(round wire);

——横断面形状呈标准椭圆形的线材,称为椭圆线(ellipse wire);

——横断面形状呈标准正方形的线材,称为方线(square wire);

——横断面形状呈标准长方形的线材,称为扁线(rectangular wire)。扁线产品包括有一组对边为凸弧,另一组对边为等长并平行的产品。扁线产品的厚度通常应大于宽度的 1/10;

——横断面形状呈标准等边三角形的线材,称为三角线(triangle wire);

——横断面形状呈标准正五边形的线材,称为五角线(pentagon wire);

——横断面形状呈标准正六边形的线材,称为六角线(hexagon wire);

——横断面形状呈标准正八边形的线材,称为八角线(octagon wire);

——横断面形状呈其他标准正多边形的线材,参照上述方法命名。

注:除圆线和椭圆线外,其他线材产品,有时沿其纵向全长,棱角倒圆。

6.6.2

拉线坯 drawing stock

拉线坯一般通过挤、拉或连铸连轧获得。拉线坯沿其纵向全长,为横断面均一的实心产品,并成卷交货。拉线坯横断面形状近似圆形、三角形或正多边形(如图 A.2 所示)。通常,近似圆形产品的直径,或三角形产品的边长,或正多边形产品的内切圆直径,大于 7.0 mm。

6.7 管材

6.7.1

管材 tube

管材产品可以通过挤压或挤压后拉伸获得,也可以通过板材进行焊接获得。管材产品为沿其纵向全长,仅有一个封闭通孔、且壁厚、横断面都均匀一致的空心产品,并呈直线形或成卷交货。

横断面形状有标准的圆形、椭圆形、正方形、长方形、等边三角形或正多边形(如图 A.3 所示):

——横断面形状呈标准圆形的管材,称为圆管(round tube);

——横断面形状呈标准椭圆形的管材,称为椭圆管(ellipse tube);

——横断面形状呈标准正方形的管材,称为方管(square tube);

——横断面形状呈标准长方形的管材,称为扁管(rectangular tube);

——横断面形状呈标准等边三角形的管材,称为三角管(triangle tube);

——横断面形状呈标准正五边形的管材,称为五角管(pentagon tube);

——横断面形状呈标准正六边形的管材,称为六角管(hexagon tube);

——横断面形状呈标准正八边形的管材,称为八角管(octagon tube);

——横断面形状呈其他标准正多边形的管材,参照上述方法命名。

注 1:对于沿其纵向全长,棱角经倒圆的正方形、矩形、等边三角形或正多边形空心产品,只要横断面上的内孔和外轮廓线同心、同形状和同方位,也称为管材。

注 2:由符合上述定义的管材经弯曲、车螺纹、钻孔、减径、扩径和加工成圆锥形的空心产品,均称为管材。

6.7.2

无缝管材 seamless tubes

对坯料采用穿孔针穿孔挤压,或将坯料镗孔后采用固定针穿孔挤压,所得内孔边界之间无分界线或焊缝的管材。

6.7.3

有缝管材 seam tubes(或 porthole tubes)

对坯料不采用穿孔挤压,而是采用分流组合模或桥式组合模挤压,所得内孔边界之间有一条或多条分界线或焊缝的管材。

6.7.4

焊接管材 weld tubes

用轧制的板材或带材焊接而成的管材,在焊接边界之间有一条明显的分界线或焊缝的管材。

6.8 型材

6.8.1

型材 profile

通过挤压或挤压后拉伸(又称冷拔)获得。

型材产品沿其纵向全长,横断面均一,且横断面形状不同于棒材、管材、线材、板材或带材,并呈直线形交货。按照横断面的形状,型材又可分为空心型材和实心型材。

注:沿其纵向全长,横断面形状符合上述定义但不均一的产品,也称为型材,即变断面型材。

6.8.2

空心型材 hollow profile

只有一个封闭通孔,但横断面与管材不同的型材产品;或具有多个封闭通孔的型材产品(见图 A.4)。

注:当通孔未完全封闭时,只要通孔面积不小于开口距离平方的两倍,也称为空心型材。

6.8.3

实心型材 solid profile

横断面上无任何封闭通孔的型材产品。

6.8.4

精密型材 precision profile

对尺寸偏差要求特别严格或有特殊要求的型材产品。

6.9 板材

6.9.1

板材 sheet and plate

横断面呈矩形,厚度均一并大于 0.20 mm 的轧制产品。通常边部经过剪切或锯切,并以平直状外形交货。厚度不大于宽度的 1/10。

注 1:由符合上述定义的板材加工而成的波纹状产品、花纹状产品(表面有沟槽、筋、方格、豆状或棱格形花纹等)、包覆产品、边部经整修和板面打孔的产品,均称为板材。

注 2:由符合上述定义的板材,加工而成的横断面均匀变化的产品,也称为板材。

6.9.2

薄板 sheet

厚度大于 0.20 mm 且不大于 6 mm 的板材。

6.9.3

厚板 plate

厚度大于 6 mm 的板材。

6.9.4

母板 parent plate/sheet

在切定尺之前,均有相同操作工艺的整块板材。

6.9.5

热轧板材 hot rolled sheet and plate

最终厚度是通过热轧而获得的板材。

6.9.6

初轧板坯 rolled slab

在热轧生产线上由开坯轧机所轧出的压力加工产品。

6.9.7

冷轧板材 cold rolled sheet and plate

最终厚度是通过冷轧而获得的板材。

6.9.8

包覆板材 clad sheet/clad plate

将母体金属轧制锭的一面或两面包覆另一种金属薄板后进行轧制制成的板材。

6.9.9

钎焊板材 crazing sheet

用于钎焊的低熔点合金薄板。

6.9.10

波纹板材 corrugated sheet

通过对称轧制或异步轧制制成的,具有波浪型板面的(参见图 A.5)薄板。

6.9.11

压型板材 convexo-concave sheet

通过对称轧制或异步轧制制成的,具有凸凹均布型板面(参见图 A.6)的薄板。

6.9.12

压花板材 patterned sheet

使用刻有花纹的上辊和(或)下辊在板材的一面或两面上压印,制成的具有浅花纹状板面(参见图 A.7)的薄板,也称浅花纹板。

6.9.13

花纹板材　raised sheet/plate

使用刻有较深厚度花纹的下辊在板材的一面压印，制成的具有凸状图案花纹（参见图 A.8）板面的薄板或厚板。

6.10　带材

6.10.1

带材　strip

横断面呈矩形，厚度均一并大于 0.20 mm 的轧制产品。通常边部经过纵切，并成卷交货。厚度不大于宽度的 1/10。带材也称为卷材。

注：由符合上述定义的带材加工而成的波纹状产品、花纹状产品（表面有沟槽、筋、方格、豆状或棱格形花纹等）、包覆产品、边部经整修和表面打孔的产品，均称为带材。

6.10.2

热轧带材　hot rolled strip

最终厚度是通过热轧而获得的带材。

6.10.3

冷轧带材　cold rolled strip

最终厚度是通过冷轧而获得的带材。

6.10.4

钎焊带材　brazing strip

用于钎焊的低熔点合金带材。

6.10.5

母带　parent strip

在分切或剖切成小卷材之前的整个大卷。

6.10.6

重轧带坯　reroll stock

需要通过再次轧制而获得最终带材产品的卷坯。重轧带坯也称带坯。

6.10.7

铝箔毛料　foil-stock

需要通过进一步轧制而获得铝箔产品的卷坯。

6.11　箔材

6.11.1

箔材　foil

横断面呈矩形，厚度均一并等于或小于 0.20 mm，且成卷交货的轧制产品。

6.11.2

无零箔　nothing zero foil

厚度为 0.10 mm～0.20 mm 的铝箔。

6.11.3

单零箔　one-zero foil

厚度不小于 0.01 mm 且小于 0.10 mm 的铝箔。

6.11.4

双零箔　two-zero foil

厚度不小于 0.001 mm 且小于 0.01 mm 的铝箔。

6.12

锻件 forging

经锤锻、压锻或轧制成型的模锻件、自由锻件、轧制圆环等压力加工产品。通常以热加工的方式在上、下两砧或两模间或在圆环轧机上进行生产。

6.12.1

锻坯 forging stock

适用于生产锻件用的热加工中间产品，例如，棒材或其他任何横断面形状的压力加工产品。锻坯也可以是铸造产品，例如，锻造锭。

6.12.2

模锻件 die forging product

在闭式锻模中锻造加工成型的产品。

6.12.3

自由锻件 hand forging product

在平砧或形状简单的模具上反复进行敲打操作而锻造成型的产品。

6.13

冲压坯 blank

取自轧制产品，为形状规则或不规则的金属平片。主要用于弯曲、冲压或深冲加工。

6.14

圆冲压坯 circle

形状呈圆形的冲压坯。

6.15

冲挤坯 slug

取自压力加工产品的金属平片。此金属平片厚度均匀，形状规则或不规则，中心处有无通孔均可。通常仅用于冲挤加工。

注：冲挤坯也可取自铸造产品。

7 加工工艺

7.1

铸造 casting

将液态金属浇注到模具中凝固的过程。

7.2

砂模铸造 sand casting

将液态金属浇注到砂模中（在常压下）凝固的过程。

7.3

硬模铸造 permanent mould casting

将液态金属浇注到由铁或钢等耐用材料制成的模具（又称永久模）内凝固的过程。硬模铸造也称永久模铸造。

7.4

压铸 pressure die casting

在高于大气压的压力条件下，将液态金属浇注到永久模中凝固的过程。

7.5

高压压铸 high pressure die casting

在高压条件下（通常为 7MPa），将液态金属浇注到永久模中凝固的过程。

7.6

低压压铸　low pressure die casting

在低压条件下(通常比大气压高 7 kPa),将液态金属浇注到永久模中凝固的过程。

7.7

熔模铸造　investment casting

熔模铸造由两个步骤组成:

a) 制作一个陶瓷模壳,模壳里放置着由蜡或热塑性材料制作的产品样板,该样板会在制作这个陶瓷模壳的过程中消失;

b) 将液态金属浇注到这个陶瓷模壳里凝固。

7.8

连续铸造　continuous casting

使液态金属在水冷结晶器或铸模中迅速凝固,已凝固的金属被连续拉出来并切断的同时,结晶器又被液体的金属填满,继续铸造的铸造过程。

7.9

半连续铸造　semicontinuous casting

使液态金属在水冷结晶器或铸模中迅速凝固,已凝固的金属被连续拉出直至所需的长度时停止铸造的铸造过程。

7.10

成型　forming

使金属不需要发生质量改变而转变成所需形状的过程。

7.11

加工　working

通常是使固体金属被延长而成型,且没有固定的延长方向。加工可通过如轧制、挤压、锻造等过程进行,冷或热加工均可。

7.12

热加工　hot working

金属或合金在不产生加工硬化的某温度范围内发生塑性变形的过程。

7.13

冷加工　cold working

金属或合金在产生加工硬化温度下发生塑性变形的过程。

7.14

加工硬化　strain hardening

通过冷加工,改变了金属或合金的组织结构,使金属或合金的强度和硬度升高,而延性通常有所下降的处理。

7.15

拉拔　drawing

将金属坯料从模孔中拉拔出来,以减小它的横截面,使其产生加工硬化的过程。拉拔也称拉伸。

7.16

拉伸矫直　stretching

通过施加足够的永久张力,对轧制后的产品进行平整的过程,或对挤压或拉拔后的产品进行矫直,从而消除扭曲变形的处理。

7.17

可控拉伸矫直　controlled stretching

固溶热处理和淬火之后进行的拉伸矫直，其目的是为了减小内应力和将加工时的扭曲变形降到最小。

7.18

消除应力　stress relieving(mechanical)

通过可控拉伸矫正，释放和降低残余的内应力的处理。

7.19

永久变形　permanent set

外力完全释放后，残留应力导致的变形。

7.20

双层轧制　double rolling

同时轧制两种厚度的箔材的过程。双层轧制又称合卷轧制。

7.21

矫平　flattening;levelling

通过拉伸、局部扭转或弯曲，以消除板材、箔材、带材中的变形，从而使产品平整的处理过程。

7.22

板材轧制　milling

加工过程中，金属在轧机的上、下辊之间进行辗压，从而生产出单板或带状板材的过程。

7.23

辊压矫平　roller levelling

将厚板或薄板通过在一系列隔开的小直径辊轮之间辊压，使其得到平整的处理过程。

7.24

辊压矫直　roller straightening

使挤压或拉拔产品通过一系列足够多的小辊轮，从而得到矫直的处理过程。

7.25

压光　skin pass

对薄板或带材作轻微的冷轧(冷轧中尽量减少拉伸应力对后续加工的影响)，以改善表面光洁度的过程。

7.26

纵切，分切　slitting

利用旋转的剪刀将带材切成两个或多个宽度规格的卷材的过程。

7.27

拉矫　tension levelling

利用一系列的隔开的辊轮对弯曲的带材不断施加张力，从而使其平整的过程。

7.28

切边　trimming

去除半成品边缘的多余金属的过程。

7.29

剪切，锯切　shearing，sawing

通过闸刀或锯片对金属进行分割的过程。

7.30

冲压剪(封闭式剪切)　blanking(closed cut)

对冲压坯进行封闭式的剪切生产的过程。

7.31

挤压　extrusion

对挤压筒中的锭坯施加压力,使其通过模具的孔隙成型为产品的过程。

7.32

正向挤压　direct extrusion

铸锭与挤压筒存在相对运动的挤压过程。

7.33

反向挤压　indirect extrusion

铸锭与挤压筒不存在相对运动的挤压过程。

7.34

挤压比　extrusion ratio

挤压筒与挤压产品的横断面积之比。

7.35

挤压效应　extrusion effect

某些合金经挤压后增加了沿挤压方向(型材纵向)的拉伸性能的现象。

7.36

挤压焊缝　extrusion seam

沿挤压产品纵向存在的线纹,是由挤压时的压力焊合产生的,称挤压焊缝。

7.37

线材绕丝　reeling(of wire)

将线材缠绕到卷轴、线轴或者鼓芯上的过程。

7.38

剥皮　shaving

将热轧过的棒、管或线材,从锋利的模孔中拉拔出来,以去除其表面薄表层的处理过程。

8　热处理

8.1

状态　temper

金属或合金通过某些生产工序(例如,压力加工和(或)热处理),产生了特有的物理和(或)力学性能之后所给予的命名。

8.2

预热　preheating

将工件加热到热加工操作第一步所需温度的过程。有时该步骤会与均匀化处理同时进行。

8.3

均匀化　homogenizing

金属或合金加热到某一高温并保温一段时间,以消除或减少偏析的处理。

8.4

退火　annealing

通过消除金属或合金冷加工产生的加工硬化,或使金属或合金再结晶和(或)可溶组分从固溶体中聚集析出,使金属或合金软化的热处理。

8.5

快速退火　flash annealing

通过快速加热来进行的退火，如果有需要的话，可在适当的温度下作短暂停留，这种退火通常在连续热处理炉中进行。

8.6

软化退火　soft annealing

通过退火去除由于冷加工或固溶体中的聚合沉淀引起的加工硬化，使金属完全软化的热处理。软化退火有时也称为中间退火。

8.7

沉淀退火　precipitation annealing

为获得理想的塑性和抗腐蚀性能等特性，通过沉淀或聚合硬化沉淀物的方式，对热处理可强化合金产品进行的退火处理。

8.8

再结晶退火　recrystallization annealing

使金属工件软化，同时发生再结晶的退火处理。

8.9

超时退火　super annealing

对热处理可强化合金产品进行退火后，令它经过一个缓慢可控速度冷却，使它具有最大的延展性和最小的自然时效趋势的热处理过程。

8.10

不完全退火　partial annealing

使冷加工产品的强度降低到控制指标，延展性增加，但产品并未完全软化的热处理。

8.11

淬火　quenching

将加热到高温的产品，以能够使固溶体中保留部分或全部可溶组分的冷却速度进行冷却的处理过程。

8.12

空气淬火　air quenching

通过空气对产品进行淬火。

8.13

在线淬火　on hot line quenching

在热轧机出口对轧制产品进行的淬火，或在挤压机出口对热挤压产品进行的淬火。在线淬火也称为热线淬火。

8.14

淬火应力　quenching stress

淬火后保留在金属内部的不均匀应力。

8.15

淬火转移时间　transfer period quenching

金属从出炉(固溶热处理炉)至接触淬火介质止所需经历的时间。

8.16

临界淬火冷却速度　critical quenching cooling rate

在沉淀硬化条件下，为了获得一定的力学性能，合金从固溶热处理温度以上冷却所需要的最小冷却速度。

8.17

固溶热处理　solution heat treatment

将合金加热到某一适当温度,并在此温度保温,使可溶组分充分进入固溶体中,随后淬火,使可溶组分以过饱和状态保留在固溶体中的处理过程。

8.18

时效　aging

使金属间相在过饱和固溶体中的质量分数骤减,从而让金属的性质发生改变的处理。

8.19

预时效　pre-aging treatment

在淬火之后和保温期结束之前的短暂热处理。

8.20

时效硬化　age hardening

通过时效使合金强度和硬度提高的现象。时效硬化也称沉淀硬化。

8.21

时效软化　age softening

由于加工硬化组织的自发沉淀,使一些合金在室温下出现强度和硬度降低的现象。

8.22

自然时效　natural aging

在室温下,通过过饱和固溶体中可溶组分的脱溶,使合金强化的处理。

8.23

人工时效　artificial aging

在高于室温以上,通过过饱和固溶体中可溶组分的快速脱溶,使合金强化的热处理。

8.24

延缓时效　delayed aging

使合金的温度保持在室温以下,从而延缓自然时效的处理。当恢复到室温时,时效继续正常进行。

8.25

峰时效　peak aging

在一定的时间或温度下进行的人工时效,能得到最大程度的硬化。

8.26

不完全时效　under-aging

在低于峰时效的时间或温度下进行的人工时效,与峰时效的金属相比,抗拉强度轻微下降,而伸长率有所提高。不完全时效也称欠时效。

8.27

过时效　over-aging

在高于峰时效的时间或温度下进行的人工时效,其目的是为改善材料的冶金特性,如传导性或抗应力腐蚀性。与峰时效的金属相比,过时效使金属的抗拉强度下降。

8.28

双级时效　step aging treatment

在两个不同温度的连续阶段进行人工时效的处理。

8.29

沉淀处理　precipitation treatment

在室温以上,使金属中的组分以可控制的形式从过饱和固溶体中沉淀析出的热处理。

8.30

脱敏处理　desensitization treatment

为降低晶间腐蚀敏感性而对某些热处理不可强化合金进行的高温热处理(一般在高于200℃的温度下保持相当长的时间)。

8.31

稳定化　stabilizing

促使产品的尺寸、力学性能、组织结构或内应力在使用时能够保持稳定的热处理。

8.32

热应力释放　stress relieving thermal

通过热处理降低内应力的过程。

附 录 A
（资料性附录）
管、棒、线、拉线坯、空心型材断面及波纹、压型、压花、花纹板材花纹示例

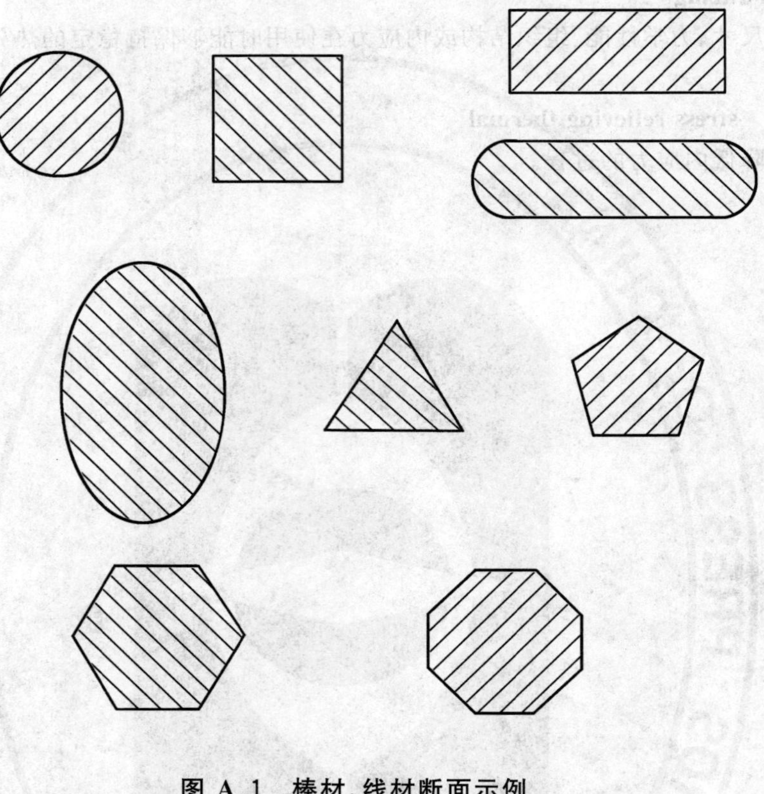

图 A.1 棒材、线材断面示例

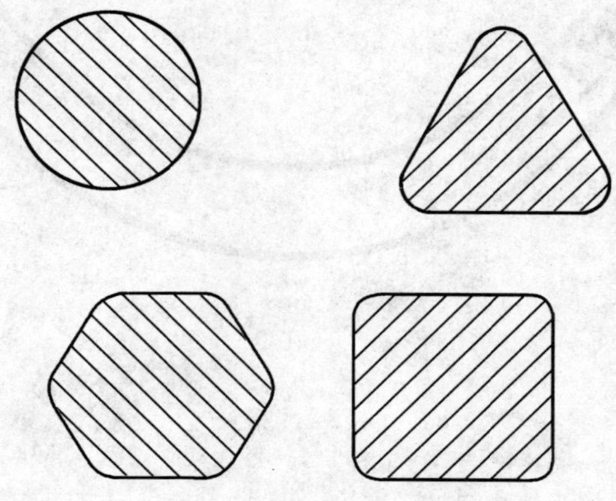

图 A.2 拉线坯断面示例

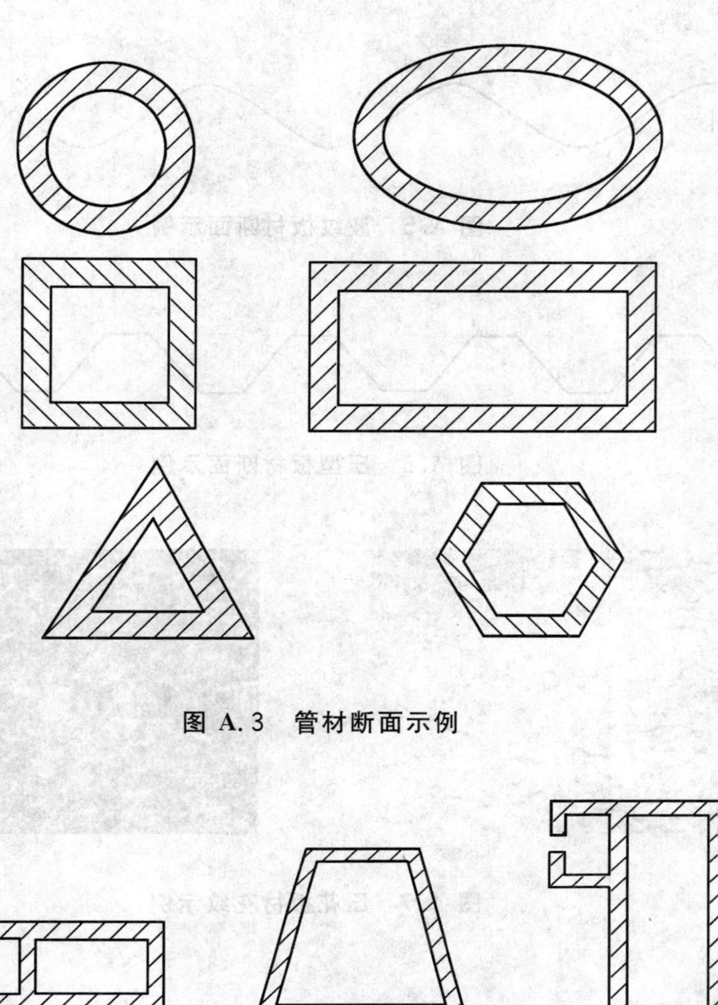

图 A.3　管材断面示例

图 A.4　空心型材断面示例

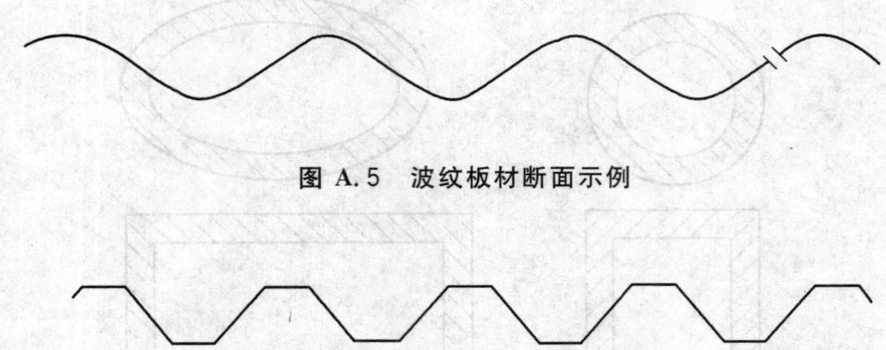

图 A.5　波纹板材断面示例

图 A.6　压型板材断面示例

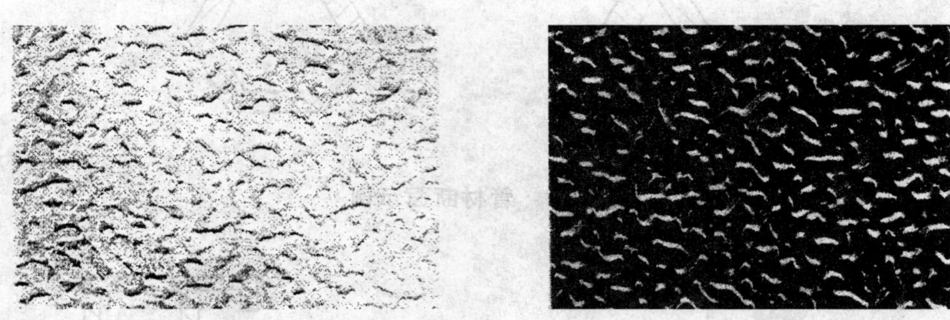

图 A.7　压花板材花纹示例

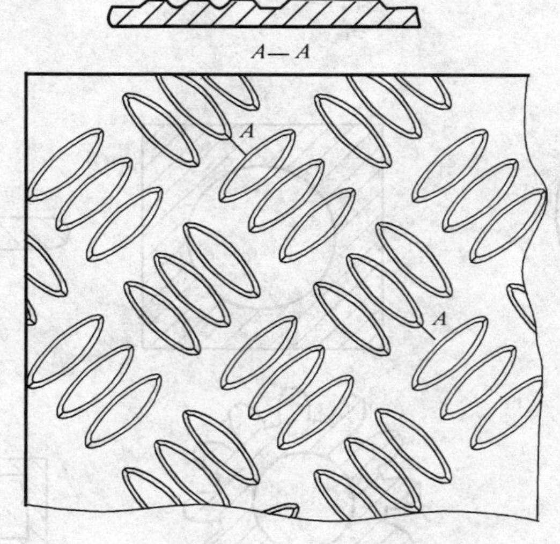

图 A.8　花纹板材花纹示例

附 录 B
（资料性附录）
本部分章条编号与 ISO 3134:1985 章条编号对照

表 B.1 本部分章条编号与 ISO 3134:1985 章条编号对照

本部分章条编号	对应的国际标准章条编号
1	ISO 3134.1—1985,1
2.1	ISO 3134.1—1985,3.1
2.2	ISO 3134.1—1985,2.1
2.3	ISO 3134.1—1985,2.2
2.4	ISO 3134.1—1985,2.3
2.5	ISO 3134.1—1985,3.2
2.6	ISO 3134.1—1985,2.6
3.1	ISO 3134.1—1985,2.4
3.2～3.9	—
3.10	ISO 3134.1—1985,2.7
3.11	ISO 3134.1—1985,2.8
3.12～3.13	—
4.1	ISO 3134.1—1985,2.5
4.2～4.9	—
5.1	ISO 3134.2—1985,2.1
5.2	ISO 3134.1—1985,5.1
5.3	ISO 3134.1—1985,5.3
5.4	ISO 3134.2—1985,2.5
5.5	ISO 3134.1—1985,5.2
5.6	—
5.7	ISO 3134.2—1985,2.2
5.8	ISO 3134.2—1985,2.3
5.9	ISO 3134.2—1985,2.4
5.10	ISO 3134.4—1985,2.1
5.11	ISO 3134.4—1985,2.2
5.12	ISO 3134.4—1985,2.3
5.13	ISO 3134.4—1985,2.4
5.14～5.15	—
6.1	ISO 3134.3—1985,2.1
6.2～6.4	—
6.5	ISO 3134.3—1985,2.2
6.6.1	ISO 3134.3—1985,2.3
6.6.2	ISO 3134.3—1985,2.4
5.7.1	ISO 3134.3—1985,2.5

表 B.1（续）

本部分章条编号	对应的国际标准章条编号
5.7.2～5.7.4	—
5.8.1～5.8.3	ISO 3134.3—1985,2.6
5.8.4	—
6.9.1	ISO 3134.3—1985,2.7
6.9.2～6.9.13	—
6.10.1	ISO 3134.3—1985,2.8
6.10.2～6.10.7	—
7.11.1	ISO 3134.3—1985,2.9
6.11.2～6.11.4	—
6.12	ISO 3134.3—1985,2.11
6.12.1	ISO 3134.3—1985,2.10
6.12.2～6.12.3	—
6.13	ISO 3134.3—1985,2.12
6.14	ISO 3134.3—1985,2.13
6.15	ISO 3134.3—1985,2.14
7.1～7.9	—
7.10～7.11	—
7.12～7.14	ISO 3134.5—1985,2
7.15～7.38	—
8.1	ISO 3134.5—1985,2
8.2	—
8.3～8.5	ISO 3134.5—1985,2
8.6	—
8.7	ISO 3134.5—1985,2
8.8～8.9	—
8.10～8.11	ISO 3134.5—1985,2
8.12～8.16	—
8.17	ISO 3134.5—1985,2
8.18～8.21	—
8.22～8.23	ISO 3134.5—1985,2
8.24～8.30	—
8.31	ISO 3134.5—1985,2
8.32	—
—	ISO 3134.1—1985,2.3
—	ISO 3134.4—1985,2.5

汉语拼音索引

英文字母索引

A

B

C

T

U

W

ICS 77.150.10
H 60

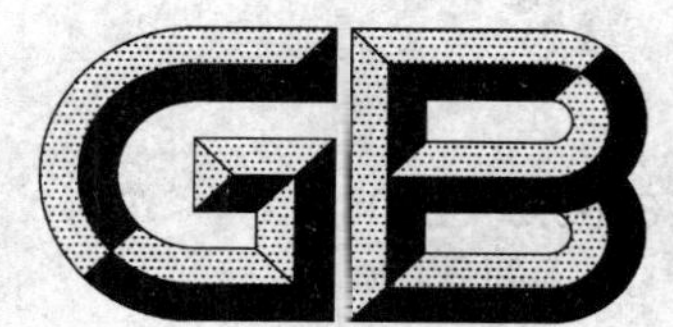

中华人民共和国国家标准

GB/T 8005.3—2008
代替 GB/T 11109—1989

铝及铝合金术语 第3部分:表面处理

Aluminium and aluminium alloys—Terms and definitions —Part 3:Surface treatment

(ISO 7583:1986,Anodizing of aluminium and its alloys —Vocabulary trilingual edition, MOD)

2008-06-09 发布　　2008-12-01 实施

中华人民共和国国家质量监督检验检疫总局
中国国家标准化管理委员会　发布

前言

GB/T 8005《铝及铝合金术语》分为 3 个部分：

——第 1 部分：产品及加工处理工艺；

——第 2 部分：化学分析；

——第 3 部分：表面处理。

本部分为 GB/T 8005 的第 3 部分。

本部分修改采用 ISO 7583:1986《铝及铝合金阳极氧化　术语》，并根据 ISO 7583:1986 重新起草。为了方便比较，在资料性附录 A 中列出了本部分章条和对应的国际标准章条的对照一览表。

本部分在采用国际标准时进行了修改。这些技术差异用垂直单线标识在它们所涉及的条款的页边空白处。主要技术差异如下：

——在“范围”中规定本部分的术语和定义适用于铝及铝合金的表面处理；

——增加了第 6 章“涂装及涂料”的内容，包括 26 个条目；

——增加了有机聚合物膜的性能及检测的内容，包括 47 个条目；

——增加了“2.2　自然氧化”、“2.20　水洗”、“2.26　有机聚合物喷涂膜”、“2.27　功能性氧化膜”、“2.28　电镀”、“2.29　化学镀”、“2.30　颜色”、“3.1　表面预处理”、“3.2　緞处理”、“3.3　亚光处理”、“3.14　乳浊液脱脂”、“3.15　有机溶剂脱脂”、“3.17　超声波清洗”、“3.29　碱回收”、“4.3　脉冲阳极氧化”、“4.12　恒电流阳极氧化”、“5.6　多色化着色”、“5.11　水合热封孔”、“5.13　沸水封孔”、“5.16　冷封孔”、“5.20　中温封孔”21 个条目；

——删除了阻抗试验、损耗系数、烧损、粉化、剥落、应力破裂、风化霜斑、封孔灰、橘皮等 18 个条目。

本部分代替 GB/T 11109—1989《铝及铝合金阳极氧化　术语》。

本部分与 GB/T 11109—1989 相比，主要变化如下：

——标准名称改为：“铝及铝合金术语 第 3 部分：表面处理术语”；

——内容从铝及铝合金阳极氧化扩展到表面处理；

——调整了章节结构。本部分分 6 章：1. 基础词汇；2. 表面预处理；3. 阳极氧化；4. 着色及封孔；5. 涂装与涂料；6. 性能及检验。每一分类中的术语按照技术概念或工艺顺序重新排列；

——增加了 94 个条目，删除了 13 个条目。

本部分的附录 A 是资料性附录。

本部分由中国有色金属工业协会提出。

本部分由全国有色金属标准化技术委员会归口。

本部分负责起草单位：国家有色金属质量监督检验中心、中国有色金属工业标准计量质量研究所、广东坚美铝型材厂有限公司、福建省南平铝业有限公司、天津圣联达粉末涂料有限公司。

本部分参加起草单位：广东兴发铝业有限公司、广亚铝业有限公司、福建省闽发铝业股份有限公司、华南产品质量监督检验中心、山东华建铝业有限公司。

本部分主要起草人：朱祖芳、葛立新、卢继延、何耀祖、余泉和、滕景军、纪红、吴锡坤、潘学著、陈素妹、唐维学、郭峰。

本部分所代替标准的历次版本发布情况为：

——GB/T 11109—1989。

铝及铝合金术语
第3部分:表面处理

1 范围

本部分规定了铝及铝合金表面处理的基础词汇,表面预处理、阳极氧化、着色及封孔、涂装及涂料、性能及检测六个方面的术语和定义。

本部分适用于铝及铝合金的表面处理。

2 基础术语

2.1

阳极氧化 anodic oxidation

一种电化学氧化过程。在该过程中铝或铝合金的表面通常转化成一层氧化膜,该膜具有防护性、装饰性或其他功能特性。

2.2

自然氧化 natural oxidation

在大气中没有人为加速的氧化过程。

2.3

化学转化 chemical conversion

金属铝在氧化性化学溶液中生成化学氧化膜的处理,旧称化学氧化。

2.4

阳极 anode

在电解过程中,以负离子放电,生成正离子或发生其他氧化反应的电极。

2.5

阴极 cathode

在电解过程中,以正离子放电,生成负离子或发生其他还原反应的电极。

2.6

辅助电极 auxiliary electrode

在电解过程中使电流均匀分布以得到均匀氧化膜所采用的附加阳极或附加阴极。

2.7

电流密度 current density

通过电极表面的单位面积电流强度。一般用安培每平方米(A/m^2)或安培每平方分米(A/dm^2)表示。

2.8

临界电流密度 critical current density

电解时特定的电流密度值,高于或低于该值时会发生不同的有时是未预期的电极反应。

2.9

电流效率 current efficiency

阳极氧化过程中形成氧化膜所消耗的有效电流与按照法拉第定律计算的理论电流之间的比值,通常用百分数表示。

2.10

阳极效率 anode efficiency

阳极氧化过程中,用于生成氧化膜的电量与所用总电量的比值。

2.11

电解 electrolysis

电流流经电解液在电极上产生电化学反应的过程。

2.12

电解液 electrolyte

由离子传输电流的导电性液体介质。

2.13

分布能力 throwing power

在电解过程中,电流在不规则电极表面上均匀分布的能力。

2.14

去离子作用 deionization

用离子交换的方法除去溶液中离子的方法。

2.15

活化 activation

表面由钝态向活化态的转变。

2.16

阳极氧化膜再活化 reactivation(of an anodic oxide coating)

阳极氧化膜经酸处理后,吸附染料能力增加的处理方法。

2.17

脱膜 stripping

除去金属表面的阳极氧化膜、化学转化膜或涂层。

2.18

增光 brightening

用化学或电化学方法,使金属表面光亮的过程。

2.19

清洗 cleaning

用弱酸、弱碱溶液或溶剂及蒸气,清除表面油脂和污垢的处理方法。这种处理可以采用化学或电解法。

2.20

水洗 rinsing

用清洁水除去工件表面溶于水的酸、碱和化合物的过程。

2.21

絮凝 flocculate

聚合成较大的能发生沉淀或有助于沉淀的凝聚物的现象。

2.22

有效面 significant surface

已经覆盖或有待覆盖氧化膜或涂层的表面。

2.23

挂架 rack (jig)

表面处理时悬挂和运载工件的装置。阳极氧化时可用铝或钛制成,喷涂时可由铁件制成。

2.24

阳极氧化膜　anodic oxide coating

铝及铝合金的表面在阳极氧化过程中生成的保护性氧化膜。

2.25

阳极氧化复合膜　combined anodic coating

铝及铝合金阳极氧化后，再电泳涂漆形成的复合膜。

2.26

有机聚合物喷涂膜　spraying coating

铝及铝合金的表面通过喷涂生成的有机聚合物覆盖层，喷涂之前通常需要化学转化处理。

2.27

功能性氧化膜　functional coating

明显改善性能（如高硬度）或赋予新功能（如磁性）的阳极氧化膜。

2.28

电镀　electroplating

在基体表面电化学还原沉积金属镀层的方法。

2.29

化学镀　electroless plating

在基体表面化学还原并沉积金属镀层的方法。

2.30

颜色　colour

由入射光谱的成分、物件对光的反射或透射以及观察者的光感所决定的物体外观特性。

2.31

蓝卡　blue scale

测定染料耐光性的国际标准卡。此卡由八种蓝色程度不同的毛织品组成，每种表示不同的耐光性。

2.32

灰卡　grey scale

在表面上染有不同强度灰色的国际标准卡，一般用于估计颜色的变化。

3　表面预处理

3.1

表面预处理　surface pretreatment

表面处理主工艺之前为了调整表面状态而进行的机械和化学处理。

3.2

缎面处理　satin finishing

使表面具有均匀的不连续细条纹的表面处理。

3.3

亚光处理　matte finishing

用机械或化学处理方法形成无方向性的不光亮表面的表面处理。

3.4

光亮浸渍　bright dipping

金属铝在适当溶液中浸渍使金属表面光亮的处理。

3.5

化学增光　chemical brightening

金属铝浸入化学溶液中使其表面光亮化的处理过程。

3.6

电解增光　electrobrightening

用适当的电解处理方法使金属铝表面光亮化的处理过程。

3.7

抛光　polishing

金属铝表面降低粗糙度的处理。

3.8

软轮抛光　buffing

金属表面通过旋转的软轮(一般采用棉布或其他柔性材料制成)进行抛光。轮上所用的粘附磨料为含细小磨粒的悬浊液、膏体或油脂。

3.9

化学抛光　chemical polishing

金属铝浸入化学溶液中的抛光处理。

3.10

电解抛光　electropolishing

金属铝在适当的电解液中作为阳极的抛光处理。

3.11

浸蚀　etching

金属表面在酸性或碱性介质中,由于全面或选择性溶解使表面粗糙化的处理。酸浸蚀可以在通电或不通电的条件下进行。

3.12

电解浸蚀　electrolytic etching

金属在适当的溶液中用电解法进行的浸蚀处理。

3.13

脱脂　degreasing

用机械、化学或电解方法除去金属表面油脂的处理。

3.14

乳浊液脱脂　emulsion degreasing

用乳状清洁剂使金属表面除去油脂的处理。

3.15

有机溶剂脱脂　organic solvent degreasing

用有机溶剂使金属表面除去油脂的处理。

3.16

酸洗　pickling

在酸溶液中通过化学作用除去铝表面的氧化物或其他化合物的处理。

3.17

超声波清洗　ultrasonic cleaning

清洗溶液中用超声发生器产生的振动强化清洗工件的处理。

3.18

除灰　desmutting

除去附着在铝表面上的“污灰”的处理(如铝在碱洗后浸入硫酸或硝酸溶液中的处理),又称出光、酸洗或中和。

3.19

去氧化物处理　deoxidizing

除去金属表面氧化物的处理过程。

3.20

刷光　brushing

表面进行机械处理的一种方法,通常用旋转的刷子。

3.21

磨光　grinding

用含有或附着磨料的刚性或柔性载体,磨去金属表层物质的过程。

3.22

带式磨光　belt grinding

一种机械处理铝件的方法,粘有磨料的环行条带与铝件表面接触磨光,通常有干式和湿式两种。

3.23

滚筒磨光　tumbling

为改善金属表面的光洁度,在滚筒中(有无磨料或弹丸均可)批量处理铝件的过程。

3.24

喷磨　abrasive blasting

用空气流或离心力将刚玉或玻璃砂等磨料射向物体表面的处理方法。也可采用悬浮在水或其他液体中的细小磨料进行处理(湿喷磨或蒸汽喷磨)。

3.25

喷丸　shot blasting

向金属表面喷射硬而小的球状颗粒(如金属丸)的处理方法。

3.26

喷玻璃丸　glass bead blasting

将细小的球状玻璃丸喷射在金属表面,使之得到清洁或表面硬化的处理方法。

3.27

喷砂　sand blasting

用压缩空气或离心力将砂粒或氧化铝等磨料喷向金属表面的处理方法。

3.28

湿喷　wet blasting

将含有磨料的水浆以高速喷向工件,对其表面进行清洁或精饰。

3.29

碱回收　alkali recovery

除去碱洗溶液中不需要成分和调节浓度而重新利用旧碱洗溶液的方法。

4　阳极氧化

4.1

直流阳极氧化　D. C. anodizing

用直流电进行的阳极氧化。

4.2

交流阳极氧化　A. C. anodizing

用交流电进行的阳极氧化。

4.3

脉冲阳极氧化　pulse anodizing

用脉冲电压电解的方法，由于电流恢复效应在高电流密度下进行的阳极氧化。

4.4

硫酸阳极氧化　sulfuric acid anodizing

用硫酸电解液进行的阳极氧化。

4.5

铬酸阳极氧化　chromic acid anodizing

用铬酸电解液进行的阳极氧化，主要用于航空方面。

4.6

光亮阳极氧化　bright anodizing

以保持表面光亮度为主要目的的阳极氧化。

4.7

硬质阳极氧化　hard anodizing

生成硬质氧化膜的阳极氧化方法，该膜具有较高的硬度和较好的耐磨性能。

4.8

整体着色阳极氧化　integral colour anodizing (self-colour anodizing)

用适当的电解液(常以有机酸为基)使铝在阳极氧化过程中直接生成有色氧化膜的处理过程。又称自着色阳极氧化。

4.9

卷材阳极氧化　coil anodizing

带、丝或线等卷材依次通过各工序进行连续处理的阳极氧化。

4.10

篮式或桶式阳极氧化　basket or barrel anodizing

小零部件(如铆钉)在带孔的筐篮或桶中的阳极氧化。铝制零部件置于筐篮或桶中作为阳极，酸性电解液在零部件之间循环。

4.11

恒电压阳极氧化　constant voltage anodizing

在恒定电压下进行阳极氧化。

4.12

恒电流阳极氧化　constant current anodizing

在恒定电流密度下进行阳极氧化。

4.13

本高-斯托特工艺　Bengough-Stuart process

最早商品化的以铬酸为电解液的阳极氧化工艺。

4.14

壁垒型膜阳极氧化　barrier layer anodizing

生成薄而致密无孔的氧化膜的阳极氧化。这种方法通常用于制造铝电解电容器。

4.15

阻挡层　barrier layer

多孔型阳极氧化膜结构中，一层紧靠金属铝表面极薄的无孔氧化物层(0.01 μm～0.07 μm)，它有别于多孔型结构阳极氧化膜的主体部分。

4.16

阳极氧化膜结构　structure of anodic oxide coating

多孔型阳极氧化膜的结构由多孔层和阻挡层组成，主体结构是带中心小孔的六角形结构的多孔层，介于多孔层与铝表面之间有一层薄的阻挡层。

4.17

氧化物单元　oxide cell

非晶态多孔型阳极氧化膜的最小结构单位。它的中心有微孔直通铝表面的阻挡层，孔壁为比较致密的氧化物。

4.18

微孔　pore

每一个氧化物单元中心的由于通过电流而形成的小孔。

4.19

周期换向电解　periodic reverse electrolyzing

电流呈周期性换向的电解方法。

4.20

迭加交流电　superimposed A. C.

在电解过程中将交流电迭加在直流电上的电流形式。

4.21

分流电极　thief (robber)

放在特定位置上的辅助电极，它能将工件上某些部位的电流部分转移，以避免局部电流密度过高。

4.22

槽电压　bath voltage (tank voltage)

电解槽中阳极与阴极之间的电压。

4.23

汇流排(母线)　bus bar

将电流导入阳极或阴极(例如在阳极氧化槽中)的刚性金属导体。

4.24

助滤剂　filter aid

惰性的颗粒大小各异的材料组成的过滤介质。在过滤中用于防止主过滤器上滤渣堆积过多。

4.25

空气搅拌　air agitation

使空气穿过溶液，起到搅动与混合的作用。

4.26

精磨　lapping

机械处理(硬质阳极氧化)膜表面的方法。主要是为了满足尺寸公差和改善表面质量。

5　着色及封孔

5.1

着色　colouring

泛指未经封孔的阳极氧化膜在适当的着色溶液中进行的上色处理，包括有机染色、无机着色、电解着色等。

5.2

着色剂　colourant

对阳极氧化膜进行上色的材料或物质。例如有机染料、无机颜料和金属盐等。

5.3

颜料　pigment

几乎不溶的有颜色的固体粉状物质，通常指无机化合物。

5.4

染料　dyestuff

能将其本身颜色染到其他材料（如阳极氧化膜）的带色化合物，通常是可溶或不溶的有机化合物。

5.5

电解着色　electrolytic colouring

阳极氧化膜的多孔型结构中由于电沉积金属或金属氧化物而呈现颜色。

5.6

多色化着色　multicolouring

通过阳极氧化膜的扩孔或阻挡层调整，在普通电解着色槽中得到多种颜色的着色工艺。

5.7

褪色　fading

原有颜色强度的减弱。

5.8

失色　bleeding

由于染色的阳极氧化膜中染料溶解而使颜色减退。例如在封孔过程中染料（颜料）的溶解。

5.9

脱色　bleaching

用化学处理方法（如硝酸）破坏阳极氧化膜中的染料（或着色化合物）。

5.10

阳极氧化膜封孔　sealing of anodic oxide coating

阳极氧化膜的微孔由于吸附作用、化学反应或其他机制所进行的封闭处理，以增加氧化膜的抗污染、耐腐蚀并提高氧化膜颜色的耐久性。

5.11

水合热封孔　hydro-thermal sealing

通过氧化铝水解反应实现的封孔处理，包括高压水蒸气封孔和沸水封孔。

5.12

蒸汽封孔　steam sealing

阳极氧化膜用加压饱和或不饱和水蒸气进行的封孔处理。

5.13

沸水封孔　boiling water sealing

阳极氧化膜用沸腾的纯水进行的封孔处理。

5.14

镍盐封孔　nickel sealing

用镍盐（主要用乙酸镍）封闭阳极氧化膜的处理。

5.15

铬酸盐（重铬酸盐）封孔　chromate (dichromate) sealing

在含有重铬酸盐的（常用质量分数为5%重铬酸钾或重铬酸钠溶液）溶液中所进行的封闭阳极氧化膜的处理，常用于提高阳极氧化膜的耐腐蚀性。

5.16

冷封孔　cold sealing

在常温下以氟离子和镍离子为主要成分的封孔处理。

5.17

陈化 aging

阳极氧化膜由于封孔过程的缓慢持续而导致的结构变异，其变化程度取决于大气暴露时间。

5.18

勃姆石（一水氧化铝） boehmite

阳极氧化膜在高温水或蒸汽中封孔时，由于膜的水合作用所生成的含一份结晶水的铝氧化物。

5.19

拜耳体（三水氧化铝） bayerite

阳极氧化膜在温度过低（低于 80℃）的水或蒸汽中封孔时，由于膜的水合作用所生成的一种含三结晶水的铝氧化物。

5.20

中温封孔 medium temperature sealing

在温度高于冷封孔、低于沸水封孔的水溶液中封孔的一组工艺。

6 涂装及涂料

6.1

铬酸盐处理 chromate process

在铬酸盐溶液中进行化学转化处理的过程。

6.2

磷酸盐处理 phosphate process

在磷酸盐溶液中进行化学转化处理的过程。

6.3

磷铬酸盐处理 chromate-phosphate process

在磷酸盐/铬酸盐溶液中进行化学转化处理的过程。

6.4

无铬化学转化 chrom-free conversion

在不含铬酸盐的溶液中进行化学转化处理的过程，目前工业上较多采用钛/锆与氟的络合物体系。

6.5

涂装 painting

将涂料涂敷于基体表面形成具有防护、装饰或特定功能涂层的过程。

6.6

喷涂 spraying

将涂料喷射到金属部件表面形成涂层的方法。

6.7

静电喷涂 electrostatic spraying

在高直流电场的作用下，使带电的涂料喷射到金属部件表面形成涂层的方法。通常待涂部件为阳极，喷涂装置为阴极。

6.8

浸涂 dip painting

将待涂部件浸入涂料的水溶液或有机溶液，使部件表面形成涂层的方法。

6.9

电泳涂装 electrophoretic painting

溶液中带电的涂料粒子在直流电压的作用下由于电泳作用形成涂层的方法，铝的电泳一般为阳极电泳。

6.10

粉末喷涂　powder spraying

干燥状态没有任何水或溶剂的细粉末，喷涂到基体表面再进行热固化的方法。

6.11

液相喷涂(喷漆)　liquid spraying

含有涂料树脂的溶剂喷涂到金属表面的方法，也称喷漆。

6.12

多层喷涂　multi-layer spraying

由一次以上喷涂和(或)固化形成膜层的涂装处理。

6.13

固化　curing

涂料树脂与固化剂发生交联反应形成聚合物膜层的过程。

6.14

辊涂　rolling painting

在金属板带表面用涂料辊连续涂敷有机涂层的方法。

6.15

热转印　heat transformation

油墨通过加热处理后，发生转移使膜层表面形成纹理或图案的过程。

6.16

热喷涂　thermal spraying

喷涂熔融或半熔融状态金属粉末在基体表面生成镀层的方法。

6.17

聚酯/TGIC 涂料　PE/TGIC

以饱和聚酯树脂与 TGIC 固化剂为主要基料的涂料。

6.18

聚酯/羟烷基酰胺涂料　PE/HAA

以饱和聚酯树脂与羟烷基酰胺固化剂为主要基料的涂料。

6.19

聚氨酯涂料　PU

以饱和聚酯树脂与异氰酸酯固化剂为主要基料的涂料。

6.20

丙烯酸涂料　acrilic paints

以丙烯酸树脂配合固化剂为主要基料的涂料。

6.21

粒度分布　particle size distribution

粉末涂料的尺寸、范围以及各种尺寸颗粒在总量中的比例。

6.22

固体分　solid content

在规定的实验条件下，涂料中非挥发物所占的质量分数。

6.23

挥发分　volatile content

在规定的实验条件下，挥发物所占的质量分数。

6.24

灰分　ash content

涂料灼烧灰化后的剩余物含量，一般以质量分数表示。

6.25

流平 leveling

涂料在涂敷后通过液相流动降低膜层表面不均匀性提高平整度的过程。

6.26

储存稳定性 storage stability

涂料经储存后能维持稳定的物理或化学特性的能力。

7 性能及检测

7.1

外观质量 appearance

目视膜层的表面状态,包括表面的颜色、光泽和外观缺陷等。

7.2

外观检查 appearance inspection

在规定的照明与观察条件下,按照规定要求进行表面状态的目视检查。

7.3

色差 colour difference

试样与标样或试样之间的颜色差异。通常通过色差仪测量或目视观察。

7.4

允许色差 colour tolerance (colour limits)

在规定的照明与观察条件下,试样与标样对比所允许的颜色偏差。

7.5

光亮度 brightness

物体表面对光的反射能力的非精确术语。

7.6

光泽 gloss

膜层表面以反射光线的能力为特征的一种光学性质。通常采用光泽计检测。

7.7

膜厚 thickness of coating

膜层厚度的简称。

7.8

局部膜厚 local thickness of coating

在考察面积内经过若干次(一般5次)单一测量得到厚度平均值,又称测量点膜厚。

7.9

平均膜厚 average thickness of coating

若干测量点得到膜厚的平均值,或用质量损失法测量的厚度。

7.10

涡流测厚 thickness test by eddy current

以一种高频感应电流方式,用于测量非磁性基体金属上非导电性膜的厚度。

7.11

质量损失法测厚 thickness test by mass-loss method

通过试样去除氧化膜后的单位面积质量损失,计算阳极氧化膜平均厚度的方法。本方法也可用于检测阳极氧化膜的表面密度。

7.12

分光束显微法测厚　thickness test by split-beam microscope method

采用分光束显微镜测定阳极氧化膜厚度的无损测定方法。

7.13

横截面显微法测厚　thickness test by microscopical method

采用金相显微镜对膜层的局部厚度作横截面显微测量的方法。

7.14

硬度　hardness

膜层抵抗硬物压入其表面的能力。硬度是衡量膜层软硬程度的一项重要的性能指标。

7.15

显微硬度测定　hardness by microhardness test

在阳极氧化膜的横断面上，用显微硬度仪对于压头施加一定载荷，测量压痕尺寸得到膜硬度的试验方法。

7.16

铅笔硬度试验　hardness by pencil scratch test

采用各种硬度的铅笔划破或划伤涂层检验涂层硬度的方法。

7.17

压痕硬度试验　indentation test

在规定条件下，用压痕仪测量压痕尺寸，以压痕长度的倒数检验涂层硬度的方法。

7.18

耐磨性　abrasion resistance

膜层对摩擦机械作用的抵抗能力。

7.19

落砂试验　sand-falling test

用磨粒自由下落在试样表面，检验膜层耐磨性的试验方法。

7.20

喷磨试验　abrasive jet test

用压缩空气或惰性气体驱动磨粒射向试样表面，检验膜层的试验方法。

7.21

轮式磨损试验　abrasive wheel wear test

用恒载荷加压的摩擦轮与试样表面往复运动测量膜层的耐磨性的试验方法。

7.22

磨损试验(Taber)　Taber abrasive resistance test

平板试样固定在水平旋转盘上，在预置接触压力下的摩擦轮与试样表面接触旋转运动测量阳极氧化膜的耐磨性的试验方法。

7.23

耐腐蚀性　corrosion resistance

在各种类型腐蚀性介质中承受变化的能力，如耐盐雾腐蚀性、耐碱性、耐酸性等。

7.24

盐雾试验　salt spray test

泛指氯化钠溶液盐雾介质中加速腐蚀的试验方法，包括中性盐雾试验(NSS)，乙酸盐雾试验(AASS)和铜加速乙酸盐雾试验(CASS)。

7.25

中性盐雾试验　NSS test

用中性氯化钠溶液喷雾的加速腐蚀试验方法。

7.26

乙酸盐雾试验　AASS test

用乙酸酸化的氯化钠溶液喷雾的加速腐蚀试验方法。

7.27

卡斯试验　CASS test

用乙酸、氯化铜、氯化钠溶液喷雾的加速腐蚀试验方法。CASS是英语“铜加速乙酸盐雾试验”的缩写。

7.28

耐碱试验　alkali resistance test

采用规定浓度的氢氧化钠溶液进行加速腐蚀的试验方法。

7.29

耐砂浆试验　mortar resistance test

采用砂浆(采用干砂和石灰按比例配制的浆团或采用干砂、石灰和水泥按比例配制的浆团)介质进行加速腐蚀的试验方法。

7.30

耐酸试验　acid resistance test

采用规定浓度的酸溶液进行加速腐蚀的试验方法。

7.31

克氏试验　kesternish test

在含有二氧化硫的高温潮湿气氛中进行的加速腐蚀试验方法。

7.32

湿热试验　humidity resistance test

在恒温恒湿箱中检查其耐湿热性能的试验方法。

7.33

法克特试验　FACT test

即福特阳极氧化铝腐蚀试验。该试验是在特定的电解池中,在氧化膜上施加直流电所进行的腐蚀试验。

7.34

马丘试验　machu test

在马丘溶液中进行的加速腐蚀试验方法。

7.35

耐洗涤剂性　detergent resistance

在洗涤剂溶液中承受变化的能力。通常在规定浓度的洗涤剂溶液中进行试验。

7.36

耐候性　weathering resistance

膜层承受长期大气暴露的能力。

7.37

自然曝晒试验　natural weathering test

在大气暴露实验站于各种大气条件下进行的旨在研究材料在不同环境中的耐候性试验。

7.38

加速耐候试验　accelerated weathering test

模拟并强化自然大气暴露条件对试样的破坏作用的一种实验室加速试验。

7.39

耐光性　light fastness

着色表面在长期光照下的耐光照变色的能力(不含大气的影响)。

7.40

加速耐光试验(光牢度试验)　accelerated light fastness test

用人造光源辐照检验着色阳极氧化膜颜色耐久性的试验方法。

7.41

光反射性　light reflectivity

物体受光照射时表面反射光的能力。通常采用专业的光反射性能测定仪器测量阳极氧化膜表面的反射特性的方法,如积分球法、遮光角度仪或角度仪法、条标法等。

7.42

反射率　reflectance

反射光光通量与入射光光通量之比。

7.43

镜面反射率　specular reflectance

在规定的光源和接收器张角的条件下,镜面反射方向的反射光光通量与入射光光通量之比。

7.44

镜面光泽度　specular gloss

在规定的光源和接收器张角的条件下,镜面反射方向的反射光光通量与玻璃标样在该镜面反射方向的反射光光通量之比。

7.45

影像清晰度　image clarity

用表面反射的影像清晰程度或畸变程度表示的阳极氧化膜的表面光学性能。

7.46

保光率　gloss retention

膜层保持原有光泽的能力,通常用试验前后光泽度变化的比值表示。

7.47

封孔质量　sealing quality

阳极氧化膜微孔封闭的效果,通常采用磷铬酸浸泡试验,染斑试验和导纳试验等方法评价。

7.48

磷铬酸试验　phospho-chrom test

在磷酸/铬酸溶液中浸泡测定封孔质量的试验方法,目前有硝酸预浸和无硝酸预浸两种磷铬酸试验,均属仲裁试验。

7.49

染斑试验　dye spot test

在规定的条件下,检查阳极氧化膜吸收染料能力的试验。主要用于在线评价阳极氧化膜的封孔质量。

7.50

导纳试验　admittance test

用交流电路测定氧化膜的表观导纳值,评价阳极氧化膜的封孔质量。

7.51

抗变形破裂性　resistance to cracking by deformation

阳极氧化膜抗变形开裂作用的能力。

7.52

阳极氧化膜弯曲试验　bend test(of an anodic oxide coating)

确定阳极氧化膜不产生肉眼可见的裂纹的最小弯曲半径(与板片厚度有关)的试验方法。

7.53

抗热裂性　craze resistance

膜层抗热开裂作用的能力。通常通过阶梯加热检验膜层开裂性能。

7.54

绝缘性　insulation

阳极氧化膜在电击穿前所承受的最大电场强度的能力。

7.55

击穿电位法　measurement of breakdown potential

采用击穿电位测量检验阳极氧化膜绝缘性能的试验方法。

7.56

表面密度　surface density

单位表面积上阳极氧化膜的质量(g/cm^2)，通常采用质量损失法来测量表面密度。

7.57

附着性　adhesion

膜层与基材之间的结合牢固的程度,通常采用划格法试验附着性。

7.58

耐沸水性　resistance to boiling water

膜层抗沸水作用的能力。通常将试样置于沸水中评价膜层抗沸水性。

7.59

耐溶剂性　resistance to solvent

膜层抗溶剂作用的能力。通常采用二甲苯或丁酮等溶剂进行检验。

7.60

耐冲击性　impact resistance

膜层抗冲击作用的能力。通常采用冲击试验仪检验评价膜层的抗冲击性能。

7.61

抗杯突性　cupping resistance

膜层抗杯突作用的能力。通常采用杯突试验仪评价膜层抗杯突性能。

7.62

抗弯曲性　bend resistance

膜层抗弯曲作用的能力。通常采用弯曲试验仪评价膜层抗弯曲性能。

附 录 A
（资料性附录）
本部分章条编号与 ISO 7583：1986 章条编号对照

表 A.1 本部分章条编号与 ISO 7583：1986 章条编号对照

本部分章条编号	对应的国际标准章条编号
1	—
2.1	8
2.2	—
2.3	44
2.4	9
2.5	40
2.6	12
2.7	60
2.8	59
2.9	10
2.10	61
2.11	78
2.12	79
2.13	131
2.14	64、65
2.15	4
2.16	112
2.17	125
2.18	32
2.19	49
2.20	—
2.21	87
2.22	—
2.23	94、111
2.24	11
2.25～2.29	—
2.30	52
2.31	27
2.32	89
3.1～3.3	—

表 A.1（续）

本部分章条编号	对应的国际标准章条编号
3.4	31
3.5	42
3.6	77
3.7	108
3.8	35、101
3.9	45
3.10	82
3.11	83
3.12	81
3.13	63
3.14～3.15	—
3.16	106
3.17	—
3.18	67
3.19	66
3.20	34
3.21	90
3.22	13、20、21
3.23	132
3.24	2
3.25	119
3.26	88
3.27	115
3.28	99、135
3.29	—
4.1	62
4.2	3
4.3	—
4.4	127
4.5	48
4.6	30
4.7	91
4.8	93、118
4.9	51、124
4.10	14、17

表 A.1（续）

本部分章条编号	对应的国际标准章条编号
4.11	56
4.12	—
4.13	23
4.14	16
4.15	15
4.16	126
4.17	104
4.18	109
4.19	105
4.20	128
4.21	130
4.22	18、129
4.23	38
4.24	86
4.25	7
4.26	96
5.1	54、74
5.2	53
5.3	107
5.4	70、75
5.5	80
5.6	—
5.7	85
5.8	25、97
5.9	24
5.10	116
5.11	—
5.12	122
5.13	—
5.14	102
5.15	47、68
5.16	—
5.17	6
5.18	28
5.19	19

表 A.1（续）

本部分章条编号	对应的国际标准章条编号
5.20	—
6.1～6.26	—
7.1～7.3	—
7.4	55
7.5	33
7.6～7.9	—
7.10	76
7.11～7.17	—
7.18	1
7.19～7.24	—
7.25	114
7.26	—
7.27	39
7.28～7.30	—
7.31	95
7.32	—
7.33	84
7.34～7.35	—
7.36	133
7.37～7.38	—
7.39	98
7.40～7.41	—
7.42	113
7.43～7.48	—
7.49	71、72、73
7.50	5
7.51	—
7.52	22
7.53	—
7.54	69
7.55	—
7.56	50
7.57～7.62	—
—	26
—	29

表 A.1（续）

本部分章条编号	对应的国际标准章条编号
—	36
—	37
—	41
—	43
—	46
—	57
—	58
—	92
—	100
—	103
—	110
—	117
—	120
—	121
—	123
—	134

汉语拼音索引

英文字母索引

A

B

C

H

I

K

L

M

N

T

U

V

W

ICS 75.160.20
E 31

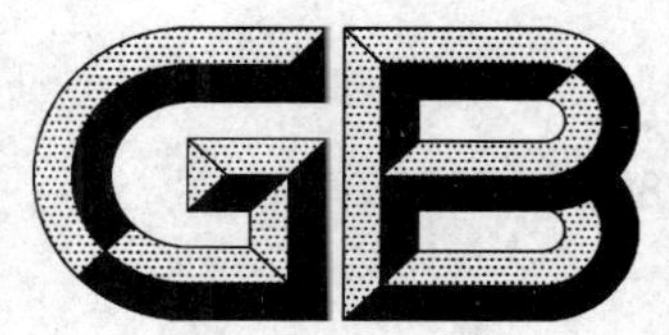

中华人民共和国国家标准

GB/T 8019—2008
代替 GB/T 8019—1987

燃料胶质含量的测定
喷射蒸发法

Standard test method for gum content in fuels by jet evaporation

2008-08-25 发布　　2009-02-01 实施

中华人民共和国国家质量监督检验检疫总局
中国国家标准化管理委员会　发布

前　言

本标准修改采用美国试验与材料协会标准 ASTM D381：2004《燃料胶质含量测定法（喷射蒸发法）》。

本标准根据 ASTM D381：2004 重新起草。

为了适合我国国情，本标准在采用 ASTM D381：2004 时进行了少量修改，本标准与 ASTM D381：2004 的主要差异如下：

——本标准的引用标准采用了我国相应的现行有效标准；

——本标准增加了“取样”一章；

——ASTM D381：2004 规定测量试验温度采用的温度计符合 E1 的 ASTM 3C/IP73C，本标准直接引用 GB/T 514 中 GB-29 号温度计。

本标准代替 GB/T 8019—1987《车用汽油和航空燃料实际胶质测定法（喷射蒸发法）》，GB/T 8019—1987 是参照采用 ISO 6246：1981《车用汽油和航空燃料实际胶质测定法（喷射蒸发法）》制定的。

本标准与 GB/T 8019—1987 相比主要变化如下：

——标准名称修改为《燃料胶质含量的测定　喷射蒸发法》；

——本标准增加了“规范性引用文件”、“意义和用途”、“取样”和“校正和标准化”四章；

——本标准对“实际胶质”重新定义，增加了对车用汽油溶剂洗胶质的定义；

——本标准直接引用 GB/T 514 中 GB-29 号温度计，取消了 GB/T 8019—1987 标准中附录 A《温度计规格》；

——本标准在 9.2 中将蒸发浴温度达到 162 ℃改为 160 ℃～165 ℃；

——本标准增加了 11.8 内容；

——本标准在 11.10 中增加了抽提不能超过 3 次，并且增加了“注”的内容；

——本标准在“计算”一章，只列出了单盘天平称量方式的计算公式，GB/T 8019—1987 针对单盘天平和双盘天平两种称量方式列出不同的计算公式；

——本标准重复性和再现性规定有所改变，增加了公式表示内容；

——本标准对报告结果列出详细规定。

本标准由全国石油产品和润滑剂标准化技术委员会提出。

本标准由全国石油产品和润滑剂标准化技术委员会石油燃料和润滑剂分技术委员会归口。

本标准起草单位：中国石油化工股份有限公司石油化工科学研究院。

本标准主要起草人：陈少红、申峥、李维华。

本标准所代替标准的历次版本发布情况为：

——GB/T 8019—1987。

燃料胶质含量的测定
喷射蒸发法

1 范围

1.1 本标准规定了航空燃料的实际胶质以及车用汽油和其他挥发性馏分(包括含有醇类、醚类含氧化合物以及沉积物抑制添加剂的产品)在试验时胶质含量的测定方法。

1.2 本标准对非航空燃料残渣中正庚烷不溶部分的测定方法有明确规定。

1.3 本标准采用国际单位制(SI)单位。

1.4 本标准涉及某些有危险性的材料、操作和设备,但是无意对与此有关的所有安全问题都提出建议。因此,用户在使用本标准之前有必要建立适当的安全和防护措施,并确定有适用性的管理制度。对于特殊的警告声明,详见6.4、7.2和8.2.1。

2 规范性引用文件

下列文件中的条款通过本标准的引用而成为本标准的条款。凡是注日期的引用文件,其随后所有的修改单(不包括勘误的内容)或修订版均不适用于本标准,然而,鼓励根据本标准达成协议的各方研究是否可使用这些文件的最新版本。凡是不注日期的引用文件,其最新版本适用于本标准。

GB/T 514 石油产品试验用玻璃液体温度计技术条件

GB/T 4756 石油液体手工取样法(GB/T 4756—1998,eqv ISO 3170:1988)

GB/T 8170 数值修约规则

3 术语和定义

下列术语和定义适用于本标准。

3.1

实际胶质 existent gum

航空燃料的蒸发残渣,未经进一步处理。

3.2

溶剂洗胶质含量 solvent washed gum content

非航空燃料的蒸发残渣(见3.3)经过正庚烷洗涤,除去洗涤液后的残渣量。

注:对车用汽油或非航空汽油,溶剂洗胶质以前被称作"实际胶质"。

3.3

未洗胶质含量 unwashed gum content

在试验条件下,非航空燃料的蒸发残渣量,未经进一步处理。

4 方法概要

已知量的试样在控制的温度、空气或蒸汽流的条件下蒸发。若试样为航空燃料,则将所得残渣称量并以"mg/100 mL"报告。若为车用汽油,则将正庚烷抽提前和抽提后的残渣分别称量,所得结果以"mg/100 mL"报告。

5 意义和用途

对于测定车用汽油中胶质含量的真正意义还未完全确定。但已证明，胶质含量过高会导致进气系统产生沉积物和使进气阀发生粘结。在大多数情况下，可以认为胶质含量低能够确保进气系统的安全。当然，使用者应该认识到，试验本身与进气系统沉积物并无相关性。对车用汽油来说，试验的基本目的是测定试样在试验以前或相对较缓和的试验条件下形成的氧化产物。由于许多车用汽油是人为掺进了非挥发性的油品或添加剂，所以用正庚烷将蒸发残渣中非挥发性的油品或添加剂抽提出来是非常必要的，以便测得有害的胶质物质。对于喷气燃料来说，胶质含量高说明燃料被高沸点油品或颗粒物质污染，这一情况通常反映出炼厂下游的输配过程处理不当。

6 仪器

6.1 天平：感量为 0.1 mg。

6.2 烧杯：容量 100 mL。其尺寸如图 1 所示。

将烧杯编成组，每组的个数以蒸发浴中烧杯孔的个数而定，给各组中每个烧杯用数字或字母做标记，包括配衡烧杯。

6.3 冷却容器：干燥器或其他能盖紧的容器。用来冷却称量前的烧杯，不必使用干燥剂。

注：使用干燥剂会导致结果有误。

6.4 可使用实心金属块浴或液体浴电加热。按图 1 所示的原理构成。浴应有两个或多个烧杯孔和排气口，在配上用 500 μm～600 μm 铜或不锈钢筛制成的锥形转接器后，每个排气口的流速应为 1 000(mL/s)±150(mL/s)。如果使用液体浴，应该用合适的液体装到距顶部 25 mm 以内。可以用温度控制器或适当的液体回流来保持温度。

警告——如果使用充满液体的蒸发浴，必须注意使用液体的闪点至少要高出预期最高浴温 30 ℃。

6.5 流量计：如图 1 所示，能测量每个排气口空气或蒸汽的流量为 1 000 mL/s。作为选择，可以用压力计测量每个排气口空气或蒸汽的流量为 1 000(mL/s)±150(mL/s)。

6.6 烧结玻璃漏斗：粗孔，容量 150 mL。

6.7 蒸汽：能够使用合适的方法在蒸发浴进气口处产生 232 ℃～246 ℃的所需蒸汽量。

6.8 温度计：应符合 GB/T 514 中 GB-29 号温度计的技术要求。

6.9 带刻度量筒：容量 50 mL±0.5 mL。

6.10 转移工具：扁头不锈钢镊子或不锈钢钳子，用于取出烧杯和锥形转接器。

7 材料和试剂

7.1 空气：压力不大于 35 kPa 的过滤空气。

7.2 蒸汽：无油污状残余物，压力不低于 35 kPa。

警告——如果使用蒸汽加热器，按要求应使用保护设备以避免接触暴露的皮肤。

7.3 正庚烷：分析纯。

7.4 胶质溶剂：等体积甲苯和丙酮的混合物。

8 取样

取样方法见 GB/T 4756 规定，所取样品应具有代表性。

9 准备工作

9.1 空气喷射装置的组装

9.1.1 按图 1 所示组装空气喷射装置。在室温下调节试验装置出口的空气流速为 600(mL/s)±90(mL/s)。

检查其余出口的空气流速是否一致。

注：常温常压下每个出口的读数为 600(mL/s)±90(mL/s)将保证在 155 ℃±5 ℃的温度下输出量为 1 000 mL/s±150 mL/s。

9.1.2 加热蒸发浴(见 6.4)，直到浴的温度达到 160 ℃～165 ℃，将空气引入装置，直到每个出口的流速到达 9.1 所要求的流量。用温度计(见 6.8)测量每个孔的温度，温度计的感温泡应插到孔中烧杯的底部。温度超出 150 ℃～160 ℃范围的任何孔都不适用本方法。

单位为毫米

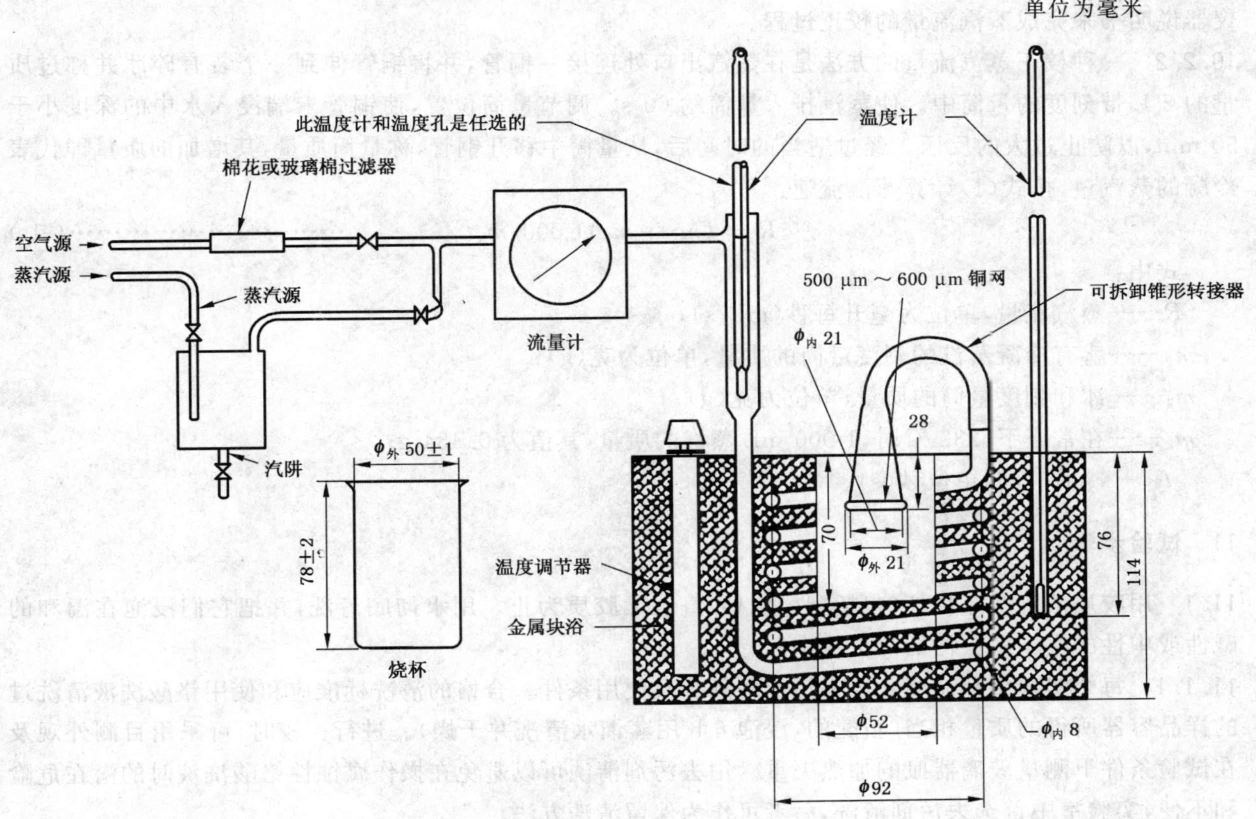

图 1 喷射蒸发法胶质含量测定仪

9.2 蒸汽喷射装置的组装

9.2.1 按图 1 所示组装蒸汽喷射装置。

警告——试验过程中蒸发的样品和溶剂蒸汽极易燃烧和闪火，吸入对人体有害。蒸发浴必须安装一个有效的排气罩以控制这类蒸汽，减少热爆炸的风险。

9.2.2 加热蒸发浴，使装置进入操作状态。当温度到达 232 ℃时，慢慢地将干蒸汽引入系统，直到每个出口的流速达到 1 000 mL/s±150 mL/s 为止。调节浴温在 232 ℃～246 ℃的范围内。用温度计测量温度，温度计的感温泡应插到装上锥形转接器的每个浴孔的烧杯的底部。温度与 232 ℃相差大于 3 ℃的任何孔都不适用本方法。

10 校准和标准化

10.1 空气流量校正

10.1.1 检验或校正空气流量以确保在常温和常压下所有出口达到 600(mL/s)±90(mL/s)。查阅仪器说明书来完成空气流量的校正过程。

10.1.2 一种校正空气流量的方法是用校正过的流量计与 6.5 所述的设备分开，直接检测在常温常压下每个出口的流量。为保证数据的准确，流量计的背压应小于 1 kPa。

10.1.3 作为选择,另一种校正空气流量的方法是测量和调节供给所有出口相应的总空气流量。总空气流量等于每个出口的空气流量乘以出口的个数(例如,仪器有5个孔,测得的总流量即为3 000 mL/s,也就是说每个孔的流量是600 mL/s)。供给所有出口的总流量经过检测达到适当数值时,比较每个孔的相对流量,检查是否一致,与10.1.1中的要求相符。

10.2 蒸汽流量校正

10.2.1 检验或校正蒸汽流量以确保在常温和常压下所有出口达到1 000(mL/s)±150(mL/s)。查阅仪器说明书来完成蒸汽流量的校正过程。

10.2.2 一种校正蒸汽流量的方法是在蒸汽出口处连接一铜管,并将铜管伸到一个装有碎冰并称过质量的2 L带刻度的量筒中。使蒸汽排入量筒约60 s。调节量筒位置,使铜管末端浸入水中的深度小于50 mm,以防止过大的反压。经过适当的时间后,从量筒中移开铜管,称量筒质量,其增加的质量即代表冷凝的蒸汽量,按式(1)计算蒸汽流速:

$$R=(m_1-m_2)1\,000/m_k t \qquad \cdots\cdots(1)$$

式中:

R——蒸汽流量,单位为毫升每秒(mL/s);

m_1——盛有冷凝蒸汽的刻度量筒的质量,单位为克(g);

m_2——冰和刻度量筒的质量,单位为克(g);

m_k——在常压下,232 ℃时,1 000 mL蒸汽的质量,其值为0.434 g;

t——冷凝时间,单位秒(s)。

11 试验步骤

11.1 用胶质溶剂洗涤烧杯(包括配衡烧杯)直至无胶质为止。用水彻底清洗,并把它们浸泡在温和的碱性或中性的实验室去污剂清洗液中。

11.1.1 每个实验室都需要确定去污剂的种类及使用条件。合格的清洗标准应和使用铬酸洗液清洗过的样品容器所得的质量相当(新配的,浸泡6 h用蒸馏水清洗并干燥)。进行比较时,可采用目测外观及在试验条件下测量玻璃器皿的加热失重。用去污剂清洗可以避免在操作腐蚀性铬酸洗液时的潜在危险和不便,实验室中首选去污剂清洗,后者可作为保留清洗方法。

11.1.2 用不锈钢镊子从清洗液中取出烧杯,并在后续的操作中也只许用镊子持取。先用自来水,然后用蒸馏水彻底洗涤烧杯,并放在150 ℃的烘箱中至少干燥1 h。将烧杯放在天平附近的冷却容器中至少冷却2 h。

11.2 由表1所给数据,选择车用汽油或航空燃料相应的操作条件。把蒸发浴加热到规定的操作温度。将空气或蒸汽引入装置,并调节流速至10.1.1或10.2.1中规定的流速。如果使用外部预热器则调节蒸发介质的温度,使试验孔达到规定的温度。

表1 试验操作条件

样品类型	蒸发介质	操作温度/℃	
		浴	试验孔
航空汽油和车用汽油	空气	160～165	150～160
喷气燃料	蒸汽	232～246	229～235

11.3 称量配衡烧杯和各试验烧杯的质量,称至0.1 mg,并记录。

11.4 如果样品中存在悬浮或沉淀的固体物质,则用适当的方法充分混匀样品容器内的物质,立即在常压下使一定量的样品通过烧结玻璃漏斗过滤,滤液按11.5～11.7中所述步骤处理。

11.5 用刻度量筒称取 50 mL±0.5 mL 的试样，倒入每个称过的烧杯（配衡烧杯除外）中。每种待测的燃料各用一个烧杯。把装有试样的烧杯和配衡烧杯放入蒸发浴中，放进第一个烧杯和放进最后一个烧杯之间的时间要尽可能短。当使用空气蒸发试样时，应使用不锈钢镊子或钳子，放上锥形转接器。当用蒸汽蒸发时，允许用不锈钢镊子或钳子放进锥形转接器之前把烧杯加热 3 min～4 min。而锥形转接器在接到出口前须用蒸汽预热，锥形转接器要放在热蒸汽浴顶端的中央，开始通入空气或蒸汽达到规定的流速，保持规定的温度和流速，使试样蒸发 30 min±0.5 min。

注：在引入空气或蒸汽流时，应该小心，避免飞溅。飞溅能使胶质测定结果偏低。

11.6 加热结束时，用不锈钢镊子或钳子移走锥形转接器，将烧杯从浴中转移到冷却器中，将冷却容器放在天平附近至少 2 h。按 11.3 所述称量各个烧杯，并记录其质量。

11.7 盛有车用汽油残渣的烧杯，应按 11.8～11.12 所述步骤完成试验，其余烧杯可收回进行清洗，以备再用。

如果用原始成品汽油的保留样做参比试验，则可通过称量残渣得到车用汽油受污染的定性证据。这个参比试验是重要的，因为车用汽油含有人为加入的非挥发性物质，如果要证明有污染发生，则要进一步研究。

11.8 对未洗胶质含量结果小于 0.5 mg/100 mL 的非航空燃料，没有必要执行这部分洗涤步骤，也不用按 11.9～11.12 的步骤进行，因为溶剂洗胶质含量总是小于或等于未洗胶质含量。如果未洗胶质含量不小于 0.5 mg/100 mL，向每个盛有残渣的烧杯中加入 25 mL 正庚烷并轻轻地旋转 30 s，使混合物静置 10 min。用同样的方法处理配衡烧杯。

11.9 小心地倒掉正庚烷溶液，防止任何固体残渣损失。

11.10 用第二份 25 mL 正庚烷，按 11.8 和 11.9 所述步骤重新进行抽提．如果油提液带色，则应重新进行第三次抽提。不能进行 3 次以上的抽提。

注：不能进行 3 次以上的抽提，因为部分不能溶解的胶质可能会由于机械操作而损失，这样会导致测得的溶剂洗胶质含量偏低。

11.11 把烧杯（包括配衡烧杯）放进保持在 160 ℃～165 ℃的蒸发浴中，不放锥形转接器，使烧杯干燥 5 min±0.5 min。

11.12 干燥结束时，用不锈钢镊子或钳子从浴中取出烧杯，放进冷却容器中，并使其在天平附近冷却至少 2 h。按 11.3 所述方法称量各个烧杯，记录其质量。

12 计算

12.1 航空燃料的实际胶质含量按式(2)计算：

$$A = 2\,000(B - D + X - Y) \qquad \cdots\cdots(2)$$

12.2 车用汽油或其他非航空燃料的溶剂洗胶质含量按式(3)计算：

$$S = 2\,000(C - D + X - Z) \qquad \cdots\cdots(3)$$

12.3 车用汽油或其他非航空燃料的未洗胶质含量按式(4)计算：

$$U = 2\,000(B - D + X - Y) \qquad \cdots\cdots(4)$$

式中：

A——实际胶质含量，单位为克每 100 毫升(mg/100 mL)；

S——溶剂洗胶质含量，单位为克每 100 毫升(mg/100 mL)；

U——未洗胶质含量，单位为克每 100 毫升(mg/100 mL)；

B——11.6 中记下的试样烧杯加残渣质量，单位为克(g)；

C——11.12 中记下的试样烧杯加残渣质量，单位为克(g)；

D——11.3 中记下的空烧杯质量，单位为克(g)；

X——11.3 中记下的配衡烧杯质量，单位为克(g)；

Y——11.6 中记下的空烧杯质量，单位为克(g)；

Z——11.12 中记下的配衡烧杯质量，单位为克(g)。

13 报告

13.1 对航空燃料实际胶质含量大于或等于 1 mg/100 mL 的结果，报告实际胶质含量结果，按照 GB/T 8170 对数值进行修约，精确至 1 mg/100 mL；对于小于 1 mg/100 mL 的结果，报告实际胶质含量为“<1 mg/100 mL”。

13.2 对非航空燃料溶剂洗胶质或未洗胶质含量大于或等于 0.5 mg/100 mL 的结果，报告溶剂洗胶质或未洗胶质含量结果，按照 GB/T 8170 对数值进行修约，精确至 0.5 mg/100 mL；对于小于 0.5 mg/100 mL的结果，报告为“<0.5 mg/100 mL”。如果未洗胶质含量小于 0.5 mg/100 mL，溶剂洗胶质含量也报告为“<0.5 mg/100 mL”。

13.3 对所有试样，如果蒸发前进行了过滤步骤(见 11.4)，则在胶质含量结果的数值后注明“过滤后”的字样。

14 精密度和偏差

14.1 精密度

由实验室间统计测试结果得到的精密度见 14.1.1 和 14.1.2 以及图 2 中的曲线(95%置信水平)。

注：本方法给出的溶剂洗胶质含量和未洗胶质含量的精密度是用精制过的车用汽油(包括含有醇类和醚类含氧化合物以及沉积物抑制添加剂的产品)在 1997 年由实验室间统计研究测得的，溶剂洗胶质含量和未洗胶质含量的精密度分别是基于含有 0～15 mg/100 mL 和 0～50 mg/100 mL 胶质含量样品所得出的。

14.1.1 重复性(r)：由同一操作者使用同一仪器，在相同的操作条件下，对同一样品进行的两个试验结果之差，对于航空汽油实际胶质含量不应超过式(5)规定的数值；对于喷气燃料实际胶质含量不应超过式(6)规定的数值；对于车用汽油未洗胶质含量不应超过式(7)规定的数值；对于车用汽油溶剂洗胶质含量不应超过式(8)规定的数值。

航空汽油实际胶质含量：$r=1.11+0.095X$ ··························(5)

喷气燃料实际胶质含量：$r=0.5882+0.2490X$ ··························(6)

车用汽油未洗胶质含量：$r=0.997X^{0.4}$ ··························(7)

车用汽油溶剂洗胶质含量：$r=1.298X^{0.3}$ ··························(8)

式中：

X——重复测定结果的算术平均值。

14.1.2 再现性(R)：由不同操作者在不同实验室，对同一样品进行测定，所得两个独立结果之差，对于航空汽油实际胶质含量不应超过式(9)规定的数值；对于喷气燃料实际胶质含量不应超过式(10)规定的数值；对于车用汽油未洗胶质含量不应超过式(11)规定的数值；对于车用汽油溶剂洗胶质含量不应超过式(12)规定的数值。

航空汽油实际胶质含量：$R=2.09+0.126X$ ··························(9)

喷气燃料实际胶质含量：$R=2.941+0.2794X$ ··························(10)

车用汽油未洗胶质含量：$R=1.928X^{0.4}$ ··························(11)

车用汽油溶剂洗胶质含量：$R=2.494X^{0.3}$ ··························(12)

式中：

X——两个独立结果的算术平均值。

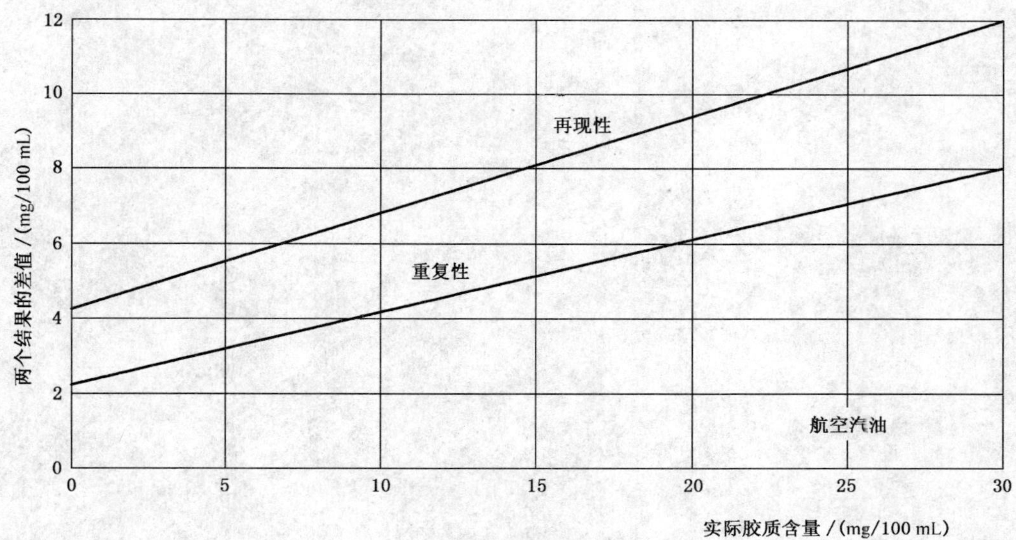

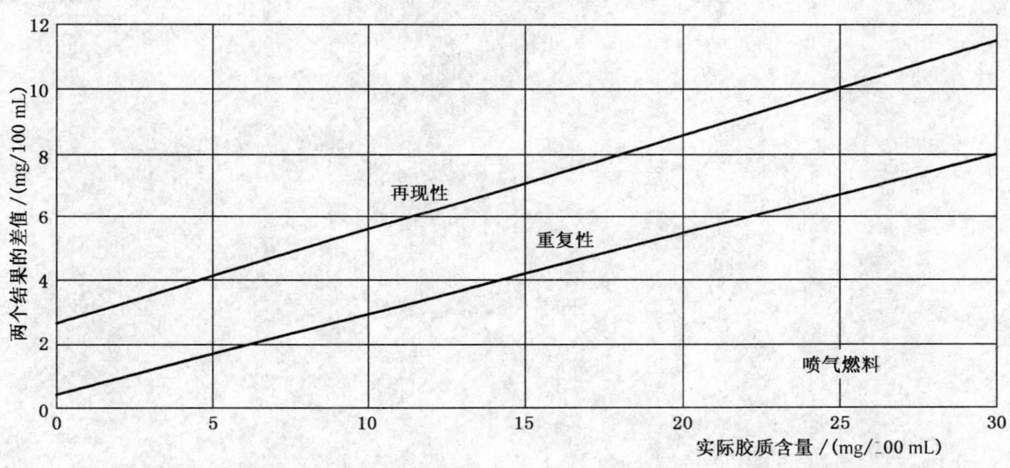

图 2 航空燃料实际胶质的精密度

14.2 偏差

因用本方法测定实际胶质、溶剂洗胶质或未洗胶质含量时，没有可接受的参比物质，故偏差未确定。

15 关键词

航空燃料；实际胶质；车用汽油；溶剂洗胶质；未洗胶质。

ICS 03.120.30
A 41

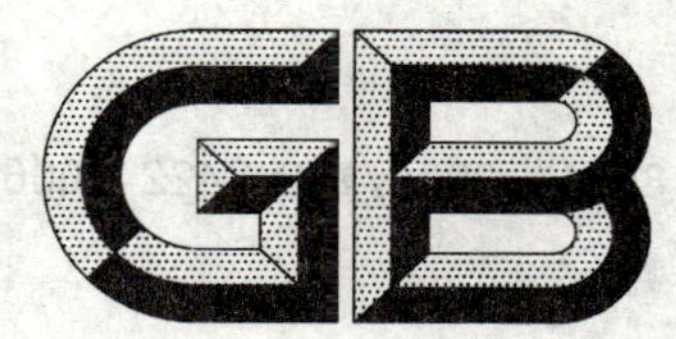

中华人民共和国国家标准

GB/T 8051—2008/ISO 8422:2006
代替 GB/T 8051—2002

计数序贯抽样检验方案

Sequential sampling plans for inspection by attributes

(ISO 8422:2006,IDT)

2008-07-28 发布　　　　2009-01-01 实施

中华人民共和国国家质量监督检验检疫总局
中国国家标准化管理委员会　发布

前言

本标准等同采用 ISO 8422:2006《计数序贯抽样检验方案》。

本标准代替 GB/T 8051—2002。本标准与 GB/T 8051—2002 相比,技术内容的主要变化有:

——将生产方风险质量和使用方风险质量改为优先数并将其进行了扩展。

——对所提供方案的参数 h_A,h_R 和 g 的值进行了重新计算,以精确地满足规定的要求。

——将不合格品百分数与每百单位产品不合格数的两种检验的使用方风险质量从主表中分开并在表 A.1 中增加了序贯抽样方案的平均样本量。

——取消了 GB/T 8051—2002 中关于连续批序贯抽样检验的附录 A,这部分内容经修订后将作为 GB/T 6378.5 发布。

——删除了 GB/T 8051—2002 中数学性较强且与标准使用关系不大的附录 B 和附录 C。

——新增加的附录 A 是资料性附录,它给出了计数序贯抽样检验方案的统计特性。

——将 ISO 8422:2006 的 6.1 中的"就可使用 6.1 和 6.2 所规定的一般方法。"改为"就可使用 6.2 和 6.3 所规定的一般方法。"

——扩充了第 8 章数值示例的表。

本标准的附录 A 为资料性附录。

本标准由中国标准化研究院提出。

本标准由全国统计方法应用标准化技术委员会归口。

本标准起草单位:中国人民解放军军械工程学院、中国标准化研究院、中国科学院数学与系统科学研究院、苏州大学、福州春伦茶业有限公司。

本标准主要起草人:张玉柱、于振凡、丁文兴、陈敏、冯士雍、马毅林、汪仁官、傅天龙。

本标准所代替标准的历次版本发布情况为:

——GB/T 8051—1987,GB/T 8051—2002。

引　言

在当代生产过程中，期望不合格品率常常达到百万分之几(10^{-6})的高质量水平。在这种情况下，使用通常的抽样方案，例如GB/T 2828.1所提供的，往往需要非常大的样本量。面对这个问题，使用者会使用较高错判概率的验收抽样方案，或在极端情况下，完全放弃验收抽样程序。然而，许多情况下，仍然需要用标准化的统计方法验收高质量的产品。这时就要应用样本量尽可能小的统计抽样方法。序贯抽样方案是仅有的满足这种需要的统计抽样方法，因为在具有相近统计特性的所有可能的抽样方案中，序贯抽样方案具有最小的平均样本量。

序贯抽样方案的主要优势是可降低平均样本量。平均样本量是在给定的批或过程质量水平下，其抽样方案所有可能出现的样本量的加权平均。在等效操作特性的前提下，像二次和多次抽样方案一样，序贯抽样方案比一次抽样方案的平均样本量更小。使用序贯抽样方案比使用二次或多次抽样方案，节省的平均费用更多。对于质量非常好的批，序贯抽样方案的节省最多可达85%，比较起来，二次抽样方案只能节省37%，多次抽样方案只能节省75%。另一方面，在使用二次、多次或序贯抽样方案时，对某些特定质量的批，实际检验的单位产品数有可能超过对应的一次抽样方案的样本量n_0。对二次和多次抽样方案，实际检验的单位产品数的上限约为$1.25n_0$。对经典序贯抽样方案，则没有上限，实际检验的单位产品数可以超过对应一次方案的样本量n_0，甚至能大到与批量N相等。本标准的序贯抽样方案，引入了截尾规则，实际检验的单位产品数的上限值为n_t。

其他需要考虑的因素包括：

a) 简单性

与一次抽样方案的简单规则相比，序贯抽样方案的规则稍显复杂。

b) 检验量的可变性

对具体的批来说，由于实际检验的单位产品数事先未知，序贯抽样方案的组织实施会有一些困难，例如，检验操作流程的安排等。

c) 抽取样本产品的费用

如果在不同时间抽取样本产品费用较高，那么序贯抽样方案平均样本量降低的获益会被抽样费用的增加所抵消。

d) 测试的持续时间

如果单个产品的测试时间较长，且多个产品可同时测试，则序贯抽样方案比对应的一次抽样方案所需的时间长。

e) 批内质量的变异

如果批由两个或多个不同来源的子批组成，且子批间的质量可能存在实质差别，则序贯抽样方案代表性样本的抽取比对应的一次抽样方案更困难。

二次、多次抽样方案的优点和缺点介于一次和序贯抽样方案之间。权衡平均样本量小的优点与上述缺点可得出如下结论：序贯抽样方案仅适合于单个样本产品的测试费用相对昂贵的情形。

一次、二次、多次和序贯抽样方案类型的选择应在批检验开始之前确定。在一批检验期间，不允许从一种类型转移到另一种类型，因为如果实际检验结果影响了接收准则的选择，则抽样方案的操作特性可能会剧烈变化。

尽管序贯抽样方案较之对应的一次抽样方案在平均意义上更为经济，但对于某具体批的检验，可能会出现累积不合格品数长期徘徊于接收数和拒收数之间，直到检验量很大时才能作出接收或拒收判定的情形。使用图解法时，上述情形对应于阶梯曲线在不定域内随机徘徊。这种情况最有可能发生在批或过程的质量水平(不合格品百分数或每百单位产品不合格数)接近于接收线和拒收线斜率 g 的 100 倍时。

为避免上述情形,在抽样开始之前应设置累积样本量的一个截尾值 n_t,当累积样本量达到 n_t 时,若批的接收性还没有确定,则终止检验,并用截尾接收数和截尾拒收数来判定批的接收与否。

尽管截尾会导致序贯抽样方案操作特性的变化,但本标准中确定序贯抽样方案的操作特性时考虑了截尾。截尾准则是本标准所提供抽样方案的一个组成部分。

GB/T 2828.5 也提供了计数序贯抽样检验方案,但是那些方案的设计原则与本标准有本质的不同。GB/T 2828.5 中的序贯抽样方案是 GB/T 2828.1 计数验收抽样系统的补充。因此,它们应用于连续批的检验,批系列要长到足以允许运用 GB/T 2828 系统的转移规则。当使用 GB/T 2828.5 的序贯抽样方案时,转移规则的应用仅意味着对使用方提供更高的保护(依靠加严抽样检验或暂停检验规则)。然而,在某些情况下,需要更严格地控制生产方和使用方风险。例如,当抽样方案被用于评定生产过程的质量或检验假设时,就属于这种情况。在这些情形下,GB/T 2828.5 抽样计划的单个抽样方案不宜选用。本标准提供的抽样方案可满足这种特定需求。

计数序贯抽样检验方案

1 范围

本标准规定了对分立个体产品的计数序贯抽样检验方案和程序。

本标准用生产方风险点和使用方风险点检索方案。这些方案不仅适用于验收抽样的目的,也适用于对比率的简单假设的统计检验。

本标准的目的是提供对检验结果的序贯评定程序,使用此程序可通过拒收劣质批给生产方施加经济和心理上的压力,促使其提供具有高接收概率的优质批。同时,给劣质批的接收概率规定一个上限以保护使用方。

本标准提供的抽样方案,可用于(但不限于)下述检验:

——最终产品;

——零部件和原材料;

——操作;

——在制品;

——库存品;

——维修操作;

——数据或记录;

——管理程序。

本标准的抽样方案适用于对分立个体的计数检验。用于以不合格品率(或不合格品百分数)或每单位产品不合格数(或每百单位产品不合格数)为批质量指标的情形。

抽样检验方案基于不合格的产生是随机且统计独立的假定。若有确切的理由怀疑产品的某个不合格是由于可能同时导致其他不合格的条件引起,最好只考虑这个产品是合格品还是不合格品,而不考虑多重不合格的情况。

本标准的抽样方案应主要用于对取自过程的样本的分析。例如,这些抽样方案可用在处于统计受控过程下的产品批的验收抽样。也可用于批量大且不合格比例较小(显著小于10%)的孤立批。

对连续序列批的验收抽样,应使用GB/T 2828.5 按接收质量限(AQL)检索的逐批检验序贯抽样方案系统。

2 规范性引用文件

下列文件中的条款通过本标准的引用而成为本标准的条款。凡是注日期的引用文件,其随后所有的修改单(不包括勘误的内容)或修订版均不适用于本标准,然而,鼓励根据本标准达成协议的各方研究是否可使用这些文件的最新版本。凡是不注日期的引用文件,其最新版本适用于本标准。

GB/T 2828.1—2003 计数抽样检验程序 第1部分:按接收质量限(AQL)检索的逐批检验抽样计划(ISO 2859-1:1999,IDT)

ISO 3534-1:2006 统计学词汇及符号 第1部分:一般统计术语与用于概率的术语

ISO 3534-2:2006 统计学词汇及符号 第2部分:应用统计

3 术语和定义

GB/T 2828.1—2003、ISO 3534-1:2006、ISO 3534-2:2006确定的术语、定义和符号以及下列术语、定义和符号适用于本标准。

3.1

检验 inspection

通过观测和判断适当时同时进行的测量、试验或量测的合格评定。

[ISO 3534-2:2006,4.1.2]

3.2

计数检验 inspection by attributes

对所考虑的产品集合内每个产品上的一个或多个特定特征的出现次数进行记录，和对有多少个单位产品有无特征进行记数，或有多少个上述事件出现在产品、产品集合或机会空间的单位产品上进行记数的检验(3.1)。

注：当所实施的检验仅记录单位产品是否为不合格品时，称为不合格品的检验。当所进行的检验是对每个抽样单元上的不合格计数时，称之为不合格数的检验。

[ISO 3534-2:2006,4.1.3]

3.3

单位产品 item(entity)

可被个别描述和考虑的任何事物。

例：分立的物理个体；一定量的散料；服务、活动、人、系统及其某种组合。

[ISO 3534-2:2006,1.2.11]

3.4

不合格 nonconformity

不满足规定的要求。

[GB/T 19000—2000,3.6.2]

注：见 3.5 的注。

3.5

缺陷 defect

不满足预期的使用要求。

注 1：缺陷与不合格(3.4)在法律的内涵上有重大差别，特别是与产品引起的责任有关时。从而，应极其谨慎地使用术语缺陷。

注 2：消费者约定的使用受自然信息的影响，诸如为消费者提供的操作或维护。

[ISO 3534-2:2006,3.1.12]

3.6

不合格品 nonconforming item

有一个或多个不合格(3.4)的单位产品(3.3)。

[ISO 3534-2:2006,1.2.12]

3.7

(样本)不合格品百分数 percent nonconforming

(样本中)样本(3.13)中的不合格品(3.6)数，除以样本量(3.14)，再乘以 100，即：

$$100\times\frac{d}{n}$$

式中：

d——样本中的不合格品数；

n——样本量。

[GB/T 2828.1—2003,3.1.8]

3.8

(总体或批)不合格品百分数 percent nonconforming

(总体或批中)总体或批(3.11)中的不合格品(3.6)数除以总体量或批量(3.12)，再乘以 100，即

$$100 \times p_{ni} = 100 \times \frac{D_{ni}}{N}$$

式中：

p_{ni}——总体(或批)不合格品率；

D_{ni}——总体或批中的不合格品数；

N——总体或批量。

注 1：适用于 GB/T 2828.1—2003,3.1.9。

注 2：在本标准中,主要使用术语不合格品百分数(3.7 和 3.8)或每百单位产品不合格数(3.9 和 3.10),在理论场合则常用"不合格品率"和"每单位产品不合格数",而前面的术语有更广泛的使用。

[GB/T 2828.1—2003,3.1.9]

3.9

(样本)每百单位产品不合格数　nonconformities per 100 items

(样本中)样本(3.13)中的不合格数(3.4)除以样本量(3.13),再乘以 100,即

$$100 \times \frac{d}{n}$$

式中：

d——样本中的不合格数；

n——样本量。

[GB/T 2828.1—2003,3.1.10]

3.10

(总体或批)每百单位产品不合格数　nonconformities per 100 items

(总体或批中)总体或批中的不合格(3.4)数除以总体量或批量(3.12),再乘以 100,即

$$100 \times p_{nt} = 100 \times \frac{D_{nt}}{N}$$

式中：

p_{nt}——每单位产品不合格数；

D_{nt}——总体或批中的不合格数；

N——总体或批量。

注 1：一个单位产品中可能包含一个或多个不合格。

[GB/T 2828.1—2003,3.1.11]

3.11

批　lot

为抽样检验的目的,汇集起来的单位产品构成的集合。

注：抽样检验的目的可以是确定批的接收性,或估计个别特性的均值。

[ISO 3534-2:2006,1.2.4]

3.12

批量　lot size

批(3.11)中单位产品(3.3)的数量。

[GB/T 2828.2—2008,3.1.14]

3.13

样本　sample

来自总体的一个或多个样本单位的子集。

[ISO 3534-2:2006,1.2.17]

3.14

样本量　sample size

样本中的样本单位数目。

[ISO 3534-2:2006,1.2.26]

3.15

验收抽样方案　acceptance sampling plan

使用的样本量(3.14)及其与之关联的批接收准则。

[ISO 3534-2:2006,4.1.8]

3.16

使用方风险质量　consumer's risk quality

对于验收抽样方案(3.15),与规定的使用方风险相对应的批(3.11) 或过程的质量水平。

注:规定的使用方风险一般为10%。

[ISO 3534-2:2006,4.6.9]

3.17

生产方风险质量　producer's risk quality

对于验收抽样方案(3.15),与规定的生产方风险相对应的批(3.11)或过程的质量水平。

注:规定的生产方风险一般为5%。

[ISO 3534-2:2006,4.6.10]

3.18

记数　count

执行计数检验时,每个样本产品的检验结果。

注:对于不合格品的检验,如果样本产品合格则记为1。对于不合格数的检验,是在样本产品中发现的不合格数。

3.19

累积数　cumulative count

实施序贯抽样检验时,从检验开始直到当前被检样本产品记数的总和。

3.20

累积样本量　cumulative sample size

实施序贯抽样检验时,从检验开始直到当前被检样本产品的总数。

3.21

接收值　acceptance value

〈序贯抽样〉图解法中用于判定批被接收的值,由抽样方案规定的参数和累积样本量得出。

3.22

接收数　acceptance number

〈序贯抽样〉数值法中用于判定批被接收的数,由接收值向下取整获得。

3.23

拒收值　rejection value

〈序贯抽样〉图解法中用于判定批不接收的值,由抽样方案规定的参数和累积样本量得出。

3.24

拒收数　rejection number

〈序贯抽样〉数值法中用于判定批不接收的数,由接收值向上取整获得。

3.25

接收性表　acceptability table

〈序贯抽样〉数值法中用于判定批接收性表。

3.26

接收性图 acceptability chart

〈序贯抽样〉图解法中用于判定批接收性的图，由以下三个区域组成：

——接收域；

——拒收域；

——不定域。

其边界是接收线、拒收线和截尾线。

4 符号和缩略语

在本标准中所使用的符号和缩略语如下：

A 接收值(对序贯抽样方案)

Ac 接收数

Ac_0 对应一次抽样方案的接收数

Ac_t 截尾时的接收数

d 记数

D 累积数

g 接收线和拒收线的斜率

h_A 接收线的截距

h_R 拒收线的截距

n_0 对应一次抽样方案的样本量

n_{cum} 累积样本量

n_t 截尾时的累积样本量

$\overline{P}$ 过程平均

p_x 接收概率为 x 的质量水平

P_a 接收概率(用百分数表示)

Q_{CR} 使用方风险质量(以不合格品百分数或每百单位产品不合格数表示)

Q_{PR} 生产方风险质量(以不合格品百分数或每百单位产品不合格数表示)

R 拒收值(序贯抽样方案)

Re 拒收数

Re_0 对应一次抽样方案的拒收数

Re_t 截尾时的拒收数

注：$Re_t = Ac_t + 1$

α 生产方风险

β 使用方风险

5 计数序贯抽样检验方案原理

在计数序贯抽样检验中，样本产品随机抽取并逐一检验，用累积数来记录不合格品数(或不合格数)。在对每个单位产品检验后，用累积数与接收准则比较以评价在该检验阶段是否有足够信息对该检验批作出判定。

在某检验阶段，如果累积数表明接收不满意质量水平批的风险足够低，则接收该批，并终止检验。另一方面，如果累积数表明拒收满意质量水平批的风险足够低，则不接收该批，并终止检验。

如果据累积数不能作出上述决定，则继续抽取另一单位产品进行检验，直到有足够信息对批作出接收或不接收的决定为止。

6 抽样方案的选择

6.1 生产方风险点和使用方风险点

当规定了序贯抽样方案所需操作特性曲线上的两个点后，就可使用 6.2 和 6.3 所规定的一般方法。接收概率高的点为生产方风险点；另一个点为使用方风险点。

在 OC 曲线上的两点没有确定的情况下，设计序贯抽样方案的第一步是确定这两个点。为此，常用下面的组合：

——生产方风险 $\alpha \leqslant 0.05$，对应的生产方风险质量（Q_{PR}）；

——使用方风险 $\beta \leqslant 0.10$，对应的使用方风险质量（Q_{CR}）。

如果使用的序贯抽样方案与已知的一次、二次或多次抽样方案有相似的操作特性，生产方和使用方的风险点可从相应方案的操作特性曲线图表中查得。如果这样的方案不存在，只能根据对抽样方案的要求条件，直接规定生产方和使用方的风险点。

6.2 Q_{PR} 和 Q_{CR} 的优先值

表 1 和表 2 分别给出了 28 个 Q_{PR}（生产方风险质量）的优先值，范围从 0.020（%）到 10.0（%）；23 个 Q_{CR}（使用方风险质量）的优先值，范围从 0.200（%）到 31.5（%）。本标准仅在选定 Q_{PR} 和 Q_{CR} 均为优先值且在 $\alpha \leqslant 0.05$ 和 $\beta \leqslant 0.10$ 的限制下使用。

6.3 检验前的准备

6.3.1 查取参数 h_A，h_R 和 g

对于每一阶段的检验，批的接收与不接收准则由参数 h_A、h_R 和 g 决定。

表 1 和表 2 给出了对应于 Q_{PR} 和 Q_{CR} 的优先值及与生产方风险 $\alpha \leqslant 0.05$ 和使用方风险 $\beta \leqslant 0.10$ 的一组参数。表 1 适用于不合格品百分数的检验，表 2 适用于每百单位产品不合格数的检验。

6.3.2 查取截尾值

序贯抽样方案的截尾累积样本量 n_t、截尾接收数 Ac_t 在表 1 和表 2 中与参数 h_A，h_R 和 g 一同给出。

7 序贯抽样方案的实施

7.1 方案的规定

实施序贯抽样方案前，检验员应在抽样文件中记录规定的参数值 h_A、h_R、g 以及截尾样本量 n_t 和截尾接收数 Ac_t。

7.2 抽取样本

应从检验批中随机地抽取一个样本产品，并按抽取的顺序逐一进行检验。

7.3 记数与累积数

7.3.1 记数

对于不合格品百分数的检验，若样本产品不合格，则记数 $d=1$ 否则 $d=0$。

对于每百单位产品不合格数的检验，d 是在样本产品上发现的不合格的数目。

7.3.2 累积数

累积数 D，是从第一个直到最近一个被检样本产品（即 n_{cum}）的记数 d 值之和。

7.4 数值法和图解法之间的选择

本标准提供了两种序贯抽样方案的实施方法：数值法和图解法，可从中选择一种。

数值法使用接收性表，其优点是准确，在边缘情况下可避免接收或不接收的争议。接收性表还可用来记录检验结果。

图解法使用接收性图，优点是批质量信息可由图上不定域内的折线来显示，其信息随着检验样本产品的增加而增加，直到折线达到或穿越边界线为止。另一方面，因为描点和画线本身不很准确，所以该方法不很准确。

凡是涉及到有关接收或不接收的问题，数值法是标准方法(见 7.6.2 的警示)。应用数值法时，建议使用合适的软件做接收性表的计算和准备。

7.5 数值法

7.5.1 准备接收性表

使用数值法时，应进行以下计算并准备接收性表。

对于每个 n_{cum} 值，当累积样本量小于截尾样本量时，接收值 A 由式(1)给出：

$$A=(g\times n_{cum})-h_A \quad \cdots\cdots(1)$$

接收数 Ac 通过对接收值 A 向下取整获得。对每个 n_{cum} 值，拒收值 R 由式(2)给出：

$$R=(g\times n_{cum})+h_R \quad \cdots\cdots(2)$$

拒收数 Re 通过对拒收值 R 向上取整获得。

若用式(1)求得的 A 值为负，则因累积样本量太小，不能对检验批作接收的判定。相反，对于不合格品百分数检验，若用式(2)求得的 R 值大于累积样本量，则因累积样本量太小，不能对检验批做出拒收的判定。

如果拒收数 Re 大于截尾拒收数 $\mathrm{Re_t}$，这时应将 $\mathrm{Re_t}$ 代替 Re，因为累积数 D 达到或超过截尾拒收数 $\mathrm{Re_t}$ 就没有接收的可能。

公式(1)和公式(2)中计算的 A 和 R 应与 g 小数点后的位数相同。

即使到当前为止每个样本产品都合格，最小累积样本量小于 h_A/g 值时，也不能作出接收的判定；即使到当前为止每个样本产品都不合格，最小的累积样本量小于等于 $h_R/(1-g)$ 值时，也不能作出不接收的判定。

最后，通过记录上述必需的数值，就完成了接收性表的准备。

7.5.2 判定

每个样本产品检验后，将记数值与累积数填入 7.5.1 准备的接收性表。

a) 对累积样本量 n_{cum}，若累积数 D 小于或等于相应的接收数 Ac，则接收该批，检验终止。

b) 对累积样本量 n_{cum}，若累积数 D 大于或等于相应的拒收数 Re，则不接收该批，检验终止。

c) 如果 a)和 b)都不满足，则继续抽取下一个样本产品进行检验。

当累积样本量达到截尾样本量 n_t 时，则在规则 a)和 b)中应分别采用截尾接收数 $\mathrm{Ac_t}$ 和截尾拒收数 $\mathrm{Re_t}(=\mathrm{Ac_t}+1)$。

7.6 图解法

7.6.1 接收性图的准备

使用图解法时，应根据下列步骤准备接收性图。在直角坐标系中，以累积样本量 n_{cum} 为横轴，累积数 D 为纵轴。在图中画两条斜率皆为 g 的直线，下边的直线为接收线，截距为 $-h_A$，纵坐标值对应于公式(1)的接收值 A；上边的直线为拒收线，截距为 h_R，纵坐标值对应于公式(2)的拒收值 R。在 $n_{cum}=n_t$ 处加入一条垂直线，作为截尾线。在 $D=\mathrm{Re_t}$ 处加入一条水平线作为切断线。

图中的这些线确定了三个区域：

——接收域：接收线及其下方区域，连同截尾线上的点(n_t，$\mathrm{Ac_t}$)及其以下部分；

——拒收域：拒收线及其上方区域，连同截尾线上的点(n_t，$\mathrm{Re_t}$)及其以上部分；

——不定域：接收线和拒收线之间，截尾线左侧的带状区域。

加入切断线后，在不定域上部由拒收线、截尾线和切断线为边界的三角形区域(包括每一边界)是拒收域的一部分。在本标准图 1 中表示累积数的所有点都没有落在接收线或拒收线上。图 1 是制作好的接收性图的一个示例。

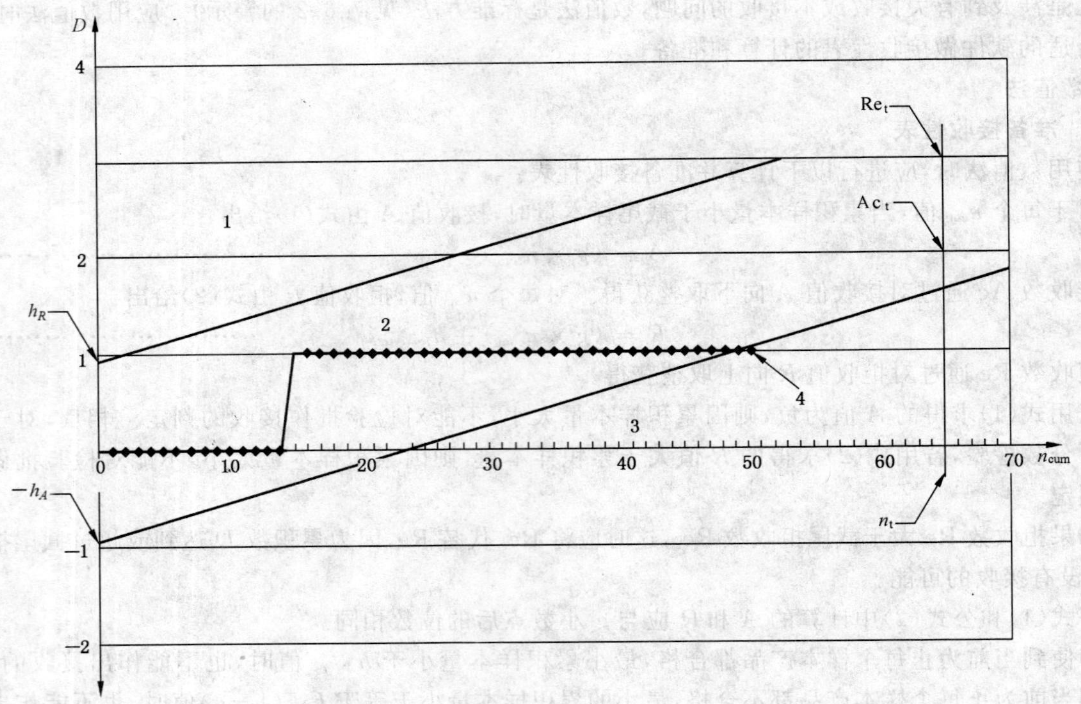

说明：1——拒收域；

2——不定域；

3——接收域；

4——检验终止。

图 1 接收性图

7.6.2 判定

应用图解法时，应按照如下程序进行：

每个样本产品检验完毕，在按 7.6.1 要求准备的接收性图上描出(n_{cum},D)点。

a) 如果点落在接收域内，则接收该批，检验终止。

b) 如果点落在拒收域内，则不接收该批，检验终止。

c) 如果点落在不定域内，则继续抽取下一个样本产品进行检验。

接收性图中的相邻点用直线连起来，得到的折线显现出检验结果的变化趋势。

警示：若点非常接近接收线或拒收线，则应改用数值法进行判定。

8 数值示例

下面举例说明如何使用本标准中的序贯抽样方案。

示例：

某代表使用方的组织要对某产品进行质量评估。生产方声称其产品的合格品率不低于 99%。而市场信息表明此声明可能不真实。为核实声明，同时为减少抽样费用，决定采用 Q_{PR}=1.00(%)和 Q_{CR}=10.00(%)的序贯抽样方案。

方案中的参数(h_A,h_R 和 g)和序贯抽样方案的截尾值(n_t,$\mathrm{Ac_t}$)可在表 1 中查找。

参数如下：$h_A=0.931$，$h_R=0.922$ 和 $g=0.0394$。截尾值如下：$n_t=65$ 和 $\mathrm{Ac_t}=2$。

而，拒收和接收值(R 和 A)由如下公式给出：

$$R=(g\times n_{cum})+h_R=(0.039\,4\times n_{cum})+0.922$$

$$A=(g\times n_{cum})-h_A=(0.039\,4\times n_{cum})-0.931$$

当使用数值法时，拒收和接收值从 $n_{cum}=1$ 到 n_t-1（等于 64）计算，然后分别取整得到接收和拒收数（Ac，Re）。如果拒收数（Re）大于截尾拒收数（$Re_t=3$），则用 3 替换 Re 值。

现在假设从市场上随机相继地抽取单位产品提交检验，接收性表与检验结果如下：

n_{cum}	Ac	Re	D	n_{cum}	Ac	Re	D	n_{cum}	Ac	Re	D
1	—	—	0	23	—	2	1	45	0	3	1
2	—	2	0	24	0	2	1	46	0	3	1
3	—	2	0	25	0	2	1	47	0	3	1
4	—	2	0	26	0	2	1	48	0	3	1
5	—	2	0	27	0	2	1	49	0	3	1
6	—	2	0	28	0	3	1	50**	1	3	1
7	—	2	0	29	0	3	1	51	1	3	
8	—	2	0	30	0	3	1	52	1	3	
9	—	2	0	31	0	3	1	53***	1	3	
10	—	2	0	32	0	3	1	54	1	3	
11	—	2	0	33	0	3	1	55	1	3	
12	—	2	0	34	0	3	1	56	1	3	
13	—	2	0	35	0	3	1	57	1	3	
14	—	2	0	36	0	3	1	58	1	3	
15*	—	2	1	37	0	3	1	59	1	3	
16	—	2	1	38	0	3	1	60	1	3	
17	—	2	1	39	0	3	1	61	1	3	
18	—	2	1	40	0	3	1	62	1	3	
19	—	2	1	41	0	3	1	63	1	3	
20	—	2	1	42	0	3	1	64	1	3	
21	—	2	1	43	0	3	1	$n_t=65$	$Ac_t=2$	$Re_t=3$	
22	—	2	1	44	0	3	1				

注：“—”表示不能作出接收或不接收的判定。

* 第 15 个样本样品为不合格品。

** 检验至第 50 个样本样品时，$D=1$ 可作出接收性的判定，检验终止。

*** （53，3）为切断线起点。

对 $n_{cum}=50$，得到 $D=1$，这个值小于计算的接收值 $A=1.039$。因此，检验终止，生产方的声称不被拒绝。该例的接收性图如图 1 所示。

9 表

表 1——不合格品百分数检验的序贯抽样方案的参数（主表，$\alpha\leqslant 0.05$ 和 $\beta\leqslant 0.10$）

表 2——每百单位产品不合格数检验的序贯抽样方案的参数（主表，$\alpha\leqslant 0.05$ 和 $\beta\leqslant 0.10$）

注：除了一条对角线的格子外，h_R 的值沿每一行从左到右稳定递减，沿每一列从上到下稳定递增。但这条对角线上的 h_R 值是正确的。

表 1　不合格品百分数检验的序贯抽样方案(主表 $\alpha \leqslant 0.05, \beta \leqslant 0.010$)

Q_{PR}/%	参数	Q_{CR}(不合格品百分数)														
		0.200	0.250	0.315	0.400	0.500	0.630	0.800	1.00	1.25	1.60	2.00	2.50	3.15	4.00	5.00
0.020 0	h_A	1.014	0.878	0.835	0.788	0.741	0.694	0.616								
	h_R	0.944	0.991	0.856	0.745	0.656	0.564	0.465	*							
	g	0.000 775	0.000 899	0.001 07	0.001 26	0.001 48	0.001 76	0.002 10								
	n_t Ac_t	3 054　2	2 079　1	1 560　1	1 127　1	853　1	630　1	503　1	230　0							
0.025 0	h_A	1.085	1.016	0.883	0.831	0.799	0.741	0.680	0.616							
	h_R	1.280	0.943	0.985	0.847	0.741	0.651	0.559	0.464	*						
	g	0.000 837	0.000 971	0.001 14	0.001 35	0.001 59	0.001 87	0.002 22	0.002 63							
	n_t Ac_t	3 473　2	2 444　2	1 649　1	1 218　1	892　1	677　1	507　1	401　1	184　0						
0.031 5	h_A		1.091	1.014	0.884	0.829	0.783	0.734	0.681	0.616						
	h_R		1.302	0.944	0.980	0.852	0.745	0.649	0.560	0.468	*					
	g		0.001 05	0.001 22	0.001 45	0.001 69	0.001 98	0.002 36	0.002 79	0.003 29						
	n_t Ac_t		2 764　2	1 936　2	1 297　1	984　1	719　1	533　1	408　1	321　1	143　0					
0.040 0	h_A		1.244	1.086	1.013	0.888	0.823	0.784	0.737	0.683	0.611					
	h_R		1.410	1.355	0.943	0.990	0.856	0.743	0.653	0.567	0.462	*				
	g		0.001 14	0.001 32	0.001 55	0.001 82	0.002 12	0.002 52	0.002 97	0.003 50	0.004 21					
	n_t Ac_t		3 282　3	2 217　2	1 525　2	103 8　1	784　1	564　1	429　1	328　1	255　1	114　0				
0.050 0	h_A			1.237	1.081	1.013	0.887	0.830	0.785	0.743	0.672	0.611				
	h_R			1.388	1.275	0.942	0.982	0.845	0.742	0.652	0.556	0.464	*			
	g			0.001 43	0.001 67	0.001 95	0.002 29	0.002 70	0.003 15	0.003 71	0.004 45	0.005 26				
	n_t Ac_t			2 590　3	1 730　2	1 238　2	819　1	605　1	448　1	336　1	257　1	199　1	91　0			
0.063 0	h_A			1.412	1.233	1.081	1.020	0.876	0.835	0.797	0.755	0.700	0.625			
	h_R			1.684	1.365	1.312	0.942	0.980	0.850	0.745	0.645	0.560	0.465	*		
	g			0.001 56	0.001 81	0.002 09	0.002 46	0.002 89	0.003 40	0.003 98	0.004 77	0.005 63	0.008 48			
	n_t Ac_t			3 110　4	2 024　3	1 390　2	968　2	650　1	392　1	354　1	254　1	192　1	154　1	72　0		
0.080 0	h_A				1.410	1.242	1.087	1.010	0.879	0.835	0.795	0.731	0.673	0.609		
	h_R				1.682	1.407	1.346	0.942	0.986	0.855	0.740	0.650	0.567	0.467	*	
	g				0.001 98	0.002 28	0.002 65	0.003 10	0.003 62	0.004 27	0.005 09	0.005 94	0.007 00	0.008 34		
	n_t Ac_t				2 448　4	1 640　3	1 109　2	762　2	520　1	392　1	275　1	213　1	165　1	126　1	57　0	
0.100	h_A				1.642	1.406	1.246	1.078	1.018	0.885	0.813	0.764	0.721	0.663	0.610	
	h_R				1.879	1.682	1.378	1.270	0.941	0.985	0.844	0.742	0.651	0.559	0.450	*
	g				0.002 14	0.002 47	0.002 88	0.003 34	0.003 91	0.004 58	0.005 38	0.006 31	0.007 43	0.008 83	0.010 7	
	n_t Ac_t				3 035　6	1 954　4	1 293　3	865　2	609　2	411　1	309　1	234　1	174　1	134　1	94　1	45　0

表 1（续）

Q_{PR}/%	参数	Q_{CR}（不合格品百分数）																		
		0.500	0.630	0.800	1.00	1.25	1.60	2.00	2.50	3.15	4.00	5.00	6.30	8.00	10.00	12.5	16.0	20.0	25.0	31.5
0.125	h_A	1.655	1.392	1.239	1.098	1.013	0.880	0.830	0.767	0.711	0.661	0.617								
	h_R	1.869	1.658	1.331	1.250	0.939	0.970	0.840	0.740	0.645	0.553	0.451	*							
	g	0.002 69	0.003 09	0.003 64	0.004 25	0.004 89	0.005 80	0.006 79	0.007 90	0.009 35	0.011 2	0.013 4								
	n_t Ac_t	2 426 6	1 541 4	1 004 3	692 2	490 2	320 1	238 1	184 1	140 1	102 1	75 1	36 0							
0.160	h_A	1.990	1.653	1.401	1.242	1.095	1.006	0.881	0.830	0.771	0.715	0.690	0.613							
	h_R	2.422	1.935	1.681	1.396	1.355	0.938	0.986	0.850	0.741	0.644	0.550	0.457	*						
	g	0.002 96	0.003 40	0.003 95	0.004 58	0.005 30	0.006 21	0.007 29	0.008 55	0.010 0	0.011 9	0.014 2	0.017 0							
	n_t Ac_t	3 256 9	1 954 6	1 225 4	820 3	554 2	381 2	259 1	192 1	144 1	107 1	77 1	59 1	28 0						
0.200	h_A		1.987	1.650	1.400	1.232	1.078	0.990	0.880	0.840	0.750	0.706	0.663	0.611						
	h_R		2.361	1.865	1.678	1.400	1.243	0.938	0.980	0.840	0.734	0.641	0.553	0.434	*					
	g		0.003 72	0.004 30	0.004 94	0.005 69	0.006 70	0.007 77	0.009 15	0.010 8	0.012 7	0.015 0	0.017 9	0.021 8						
	n_t Ac_t		2 555 9	1 513 6	977 4	653 3	429 2	313 2	204 1	150 1	118 1	88 1	63 1	46 1	22 0					
0.250	h_A		2.430	1.920	1.648	1.406	1.240	1.090	0.993	0.880	0.797	0.748	0.719	0.662	0.597					
	h_R		3.088	2.355	1.860	1.666	1.320	1.230	0.941	0.970	0.840	0.730	0.641	0.545	0.431	*				
	g		0.004 07	0.004 69	0.005 38	0.006 20	0.007 31	0.008 50	0.009 72	0.011 5	0.013 5	0.015 9	0.018 9	0.022 8	0.027 1					
	n_t Ac_t		3 595 14	2 100 9	1 210 6	780 4	499 3	343 2	245 2	160 1	123 1	93 1	65 1	48 1	37 1	18 0				
0.315	h_A			2.405	1.952	1.631	1.385	1.245	1.082	1.020	0.870	0.800	0.780	0.740	0.661	0.587				
	h_R			3.036	2.342	1.916	1.617	1.330	1.248	0.930	0.970	0.831	0.730	0.620	0.541	0.414	*			
	g			0.005 1	0.005 88	0.006 74	0.007 85	0.009 22	0.010 6	0.012 4	0.014 6	0.017 0	0.020 2	0.024 2	0.028 7	0.034 5				
	n_t Ac_t			6 285 2 14	1 627 9	1 002 6	600 4	402 3	273 2	187 2	127 1	97 1	68 1	49 1	38 1	29 1	14 0			
0.400	h_A				2.434	1.981	1.634	1.405	1.225	1.075	1.005	0.870	0.820	0.743	0.695	0.660	0.574			
	h_R				3.180	2.401	1.871	1.646	1.380	1.300	0.930	0.970	0.840	0.719	0.638	0.550	0.427	*		
	g				0.006 49	0.007 40	0.008 66	0.009 96	0.011 4	0.013 3	0.015 7	0.018 4	0.021 7	0.025 6	0.030 2	0.036 3	0.044 1			
	n_t Ac_t				2 289 14	1 297 9	780 6	483 4	323 3	219 2	147 2	100 1	76 1	55 1	41 1	29 1	23 1	11 0		
0.500	h_A				3.197	2.431	1.899	1.647	1.390	1.245	1.065	0.961	0.860	0.820	0.750	0.686	0.601	0.559		
	h_R				4.372	3.166	2.359	1.839	1.645	1.330	1.172	0.923	0.960	0.820	0.730	0.620	0.492	0.441	*	
	g				0.007 15	0.008 11	0.009 38	0.010 8	0.012 4	0.014 6	0.016 9	0.019 6	0.023 2	0.027 5	0.032 4	0.038 1	0.046 2	0.055 8		
	n_t Ac_t				3 636 25	1 827 14	1 062 9	601 6	387 4	254 3	167 2	127 2	78 1	57 1	43 1	32 1	24 1	18 1	9 0	
0.630	h_A					3.228	2.379	1.939	1.605	1.386	1.221	1.061	0.952	0.853	0.796	0.735	0.638	0.586	0.600	
	h_R					4.476	3.034	2.322	1.934	1.642	1.305	1.174	0.926	0.942	0.828	0.715	0.609	0.533	0.400	*
	g					0.008 96	0.010 3	0.011 8	0.013 5	0.015 8	0.018 3	0.021 2	0.024 7	0.029 4	0.034 6	0.040 8	0.049 0	0.058 5	0.071 5	
	n_t Ac_t					2 892 25	1 424 14	818 9	517 6	307 4	198 3	133 2	104 2	63 1	45 1	34 1	27 1	20 1	14 1	7 0
0.800	h_A						3.155	2.465	1.925	1.630	1.375	1.235	1.050	0.947	0.880	0.787	0.678	0.621	0.650	0.550
	h_R						4.349	3.085	2.451	1.917	1.625	1.324	1.200	0.906	0.950	0.826	0.688	0.629	0.500	0.450
	g						0.011 4	0.013 1	0.014 8	0.017 2	0.019 8	0.023 3	0.026 9	0.031 4	0.037 1	0.043 7	0.052 1	0.062 0	0.075 1	0.091 6
	n_t Ac_t						2 265 25	1 137 14	674 9	404 6	240 4	158 3	107 2	76 2	46 1	36 1	29 1	21 1	14 1	11 1
1.00	h_A							3.181	2.434	1.871	1.581	1.389	1.181	1.058	0.931	0.850	0.721	0.659	0.700	0.580
	h_R							4.255	3.077	2.430	1.851	1.591	1.309	1.046	0.922	0.940	0.779	0.672	0.650	0.500
	g							0.014 3	0.016 3	0.018 4	0.021 5	0.025 1	0.028 8	0.034 1	0.039 4	0.046 6	0.055 4	0.065 8	0.079 4	0.096 5
	n_t Ac_t							1 801 25	906 14	536 9	311 6	189 4	127 3	77 2	65 2	37 1	30 1	22 1	15 1	11 1

表 1（续）

Q_{PR}/%	参数	Q_{CR}（不合格品百分数） 2.00	2.50	3.15	4.00	5.00	6.30	8.00	10.00	12.5	16.0	20.0	25.0	31.5
1.25	h_A		3.177	2.367	1.873	1.578	1.380	1.190	1.025	0.949	0.792	0.700	0.690	0.650
	h_R		4.219	3.023	2.290	1.835	1.550	1.230	1.061	0.901	0.941	0.791	0.690	0.650
	g		0.017 9	0.020 4	0.023 5	0.027 1	0.031 6	0.036 7	0.042 7	0.049 9	0.059 7	0.069 9	0.084 1	0.101 8
	n_t Ac_t		1 440 25	723 14	419 9	251 6	149 4	96 3	64 2	45 2	31 1	23 1	16 1	11 1
1.60	h_A			3.222	2.383	1.921	1.567	1.350	1.166	1.050	0.892	0.759	0.750	0.700
	h_R			4.506	3.057	2.322	1.880	1.565	1.255	1.050	0.873	0.925	0.800	0.700
	g			0.022 7	0.026 0	0.029 8	0.034 2	0.039 8	0.046 6	0.054 0	0.063 7	0.075 8	0.089 9	0.108 4
	n_t Ac_t			1 145 25	567 14	326 9	202 6	117 4	79 3	49 2	36 2	24 1	16 1	12 1
2.00	h_A				3.156	2.363	1.882	1.532	1.346	1.212	1.000	0.900	0.800	0.700
	h_R				4.119	3.018	2.270	1.783	1.504	1.196	1.000	0.900	0.910	0.800
	g				0.028 7	0.032 5	0.037 4	0.043 6	0.049 9	0.058 2	0.069 0	0.081 0	0.095 8	0.115 0
	n_t Ac_t				897 25	452 14	259 9	160 6	91 4	58 3	40 2	27 2	17 1	13 1
2.50	h_A					3.106	2.305	1.830	1.529	1.330	1.120	0.980	0.930	0.800
	h_R					4.094	2.921	2.175	1.742	1.485	1.150	0.950	0.880	0.880
	g					0.035 8	0.040 8	0.047 1	0.054 6	0.063 0	0.074 3	0.086 9	0.102 3	0.122 3
	n_t Ac_t					717 25	358 14	202 9	121 6	71 4	46 3	29 2	20 2	13 1
3.15	h_A						3.060	2.271	1.808	1.521	1.300	1.125	0.980	0.816
	h_R						4.040	2.811	2.186	1.720	1.400	1.065	0.900	0.871
	g						0.045 1	0.051 7	0.059 6	0.069 1	0.080 5	0.093 7	0.109 9	0.129 4
	n_t Ac_t						569 25	280 14	167 9	97 6	53 4	34 3	23 2	17 1
4.00	h_A							3.023	2.289	1.789	1.439	1.230	1.069	0.844
	h_R							3.936	2.826	2.170	1.652	1.800	1.051	0.860
	g							0.057 3	0.065 5	0.074 5	0.087 1	0.101 8	0.118 7	0.1406
	n_t Ac_t							445 25	224 14	127 9	75 6	38 3	27 3	18 2
5.00	h_A								2.995	2.221	1.773	1.403	1.160	1.000
	h_R								3.816	2.757	1.978	1.598	1.750	1.600
	g								0.071 9	0.081 6	0.096 2	0.109 2	0.128 1	0.150 9
	n_t Ac_t								354 25	177 14	97 9	59 6	31 3	19 2
6.30	h_A									2.947	2.097	1.682	1.380	1.080
	h_R									3.810	2.681	1.920	1.700	1.690
	g									0.090 1	0.104 0	0.120 1	0.139 0	0.159 9
	n_t Ac_t									283 25	132 13	77 9	42 5	25 3
8.00	h_A										2.889	2.088	1.613	1.303
	h_R										3.549	2.630	1.937	1.938
	g										0.116 0	0.131 0	0.150 5	0.177 1
	n_t Ac_t										211 24	103 13	62 9	27 4
10.0	h_A											2.675	1.960	1.474
	h_R											3.549	2.521	1.859
	g											0.143 8	0.164 4	0.190 3
	n_t Ac_t											164 23	82 13	46 8

n_t（格中左边的数）是截尾样本量。

Ac_t（格中右边的数）是截尾接收数。

空格表示没有可推荐的序贯抽样方案。或选择 Q_{PR} 和 Q_{CR} 其他的组合。

* 使用对应的截尾一次抽样方案。

表 2　每百单位产品不合格数检验的序贯抽样方案(主表 $\alpha \leqslant 0.05, \beta \leqslant 0.010$)

Q_{PR}(每百单位产品不合格数)	参数	Q_{CR}(每百单位产品不合格数) 0.200	0.250	0.315	0.400	0.500	0.630	0.800	1.00	1.25	1.60	2.00	2.50	3.15	4.00	5.00
0.020 0	h_A	1.016	0.883	0.836	0.800	0.762	0.709	0.625								
	h_R	0.944	0.991	0.856	0.743	0.654	0.562	0.464	*							
	g	0.000 776	0.000 903	0.001 07	0.001 27	0.001 49	0.001 77	0.002 11								
	n_t　Ac_t	3 060　2	2 083　1	1 564　1	1 119　1	825　1	616　1	486　1	231　0							
0.025 0	h_A	1.082	1.016	0.875	0.832	0.800	0.759	0.702	0.627							
	h_R	1.286	0.944	0.987	0.848	0.743	0.651	0.555	0.463	*						
	g	0.000 834	0.000 970	0.001 13	0.001 35	0.001 59	0.001 87	0.002 24	0.002 64							
	n_t　Ac_t	3 474　2	2 448　2	1 659　1	1 222　1	895　1	654　1	487　1	385　1	185　0						
0.031 5	h_A		1.091	1.014	0.886	0.832	0.799	0.760	0.705	0.630						
	h_R		1.315	0.944	0.980	0.852	0.743	0.646	0.560	0.465	*					
	g		0.001 05	0.001 22	0.001 45	0.001 69	0.002 00	0.002 38	0.002 80	0.003 31						
	n_t　Ac_t		2 783　2	1941　2	1 295　1	982　1	711　1	514　1	389　1	307　1	144　0					
0.040 0	h_A		1.247	1.088	1.022	0.895	0.835	0.800	0.760	0.714	0.630					
	h_R		1.413	1.358	0.943	0.990	0.855	0.742	0.654	0.564	0.460	*				
	g		0.001 14	0.001 32	0.001 56	0.001 83	0.002 14	0.002 54	0.002 98	0.003 52	0.004 23					
	n_t　Ac_t		3 287　3	2 217　2	1 528　2	1 036　1	782　1	560　1	413　1	310　1	238　1	116　0				
0.050 0	h_A			1.240	1.083	1.022	0.884	0.835	0.796	0.763	0.700	0.625				
	h_R			1.390	1.286	0.942	0.988	0.848	0.745	0.650	0.555	0.465	*			
	g			0.001 43	0.001 67	0.001 95	0.002 28	0.002 71	0.003 17	0.003 73	0.004 47	0.005 29				
	n_t　Ac_t			2 590　3	1 738　2	1 222　2	855　1	609　1	448　1	330　1	244　1	194　1	93　0			
0.063 0	h_A			1.415	1.236	1.083	1.017	0.885	0.835	0.800	0.757	0.705	0.630			
	h_R			1.687	1.372	1.329	0.943	0.980	0.854	0.747	0.645	0.560	0.465	*		
	g			0.001 56	0.001 81	0.002 09	0.002 45	0.002 90	0.003 39	0.003 97	0.004 75	0.005 60	0.006 63			
	n_t　Ac_t			3 111　4	2 032　3	1 399　2	972　2	648　1	489　1	358　1	257　1	195　1	151　1	74　0		
0.080 0	h_A				1.415	1.239	1.101	1.021	0.890	0.835	0.800	0.760	0.715	0.630		
	h_R				1.600	1.417	1.352	0.941	0.990	0.860	0.745	0.650	0.570	0.470	*	
	g				0.001 98	0.002 27	0.002 67	0.003 12	0.003 64	0.004 26	0.005 07	0.005 96	0.007 03	0.008 36		
	n_t　Ac_t				2 449　4	1 644　3	1 112　2	764　2	518　1	396　1	279　1	207　1	154　1	123　1	58　0	
0.100	h_A				1.646	1.410	1.245	1.096	1.033	0.891	0.838	0.795	0.765	0.710	0.635	
	h_R				1.884	1.692	1.389	1.280	0.940	0.990	0.847	0.745	0.650	0.560	0.460	*
	g				0.002 14	0.002 471 9	0.002 87	0.003 38	0.003 94	0.004 55	0.005 41	0.006 34	0.007 46	0.008 84	0.010 6	
	n_t　Ac_t				3 039　6	65　4	1 298　3	871　2	611　2	415　1	302　1	224　1	164　1	123　1	95　1	47　0

表 2（续）

Q_{PR}（每百单位产品不合格数）	参数	Q_{CR}（每百单位产品不合格数）																		
		0.500	0.630	0.800	1.00	1.25	1.60	2.00	2.50	3.15	4.00	5.00	6.30	8.00	10.00	12.5	16.0	20.0	25.0	31.5
0.125	h_A	1.659	1.403	1.240	1.091	1.030	0.885	0.835	0.800	0.765	0.700	0.630								
	h_R	1.877	1.663	1.344	1.280	0.940	0.975	0.850	0.740	0.650	0.560	0.465	*							
	g	0.002 69	0.003 10	0.003 63	0.004 21	0.004 91	0.005 82	0.006 76	0.007 93	0.009 37	0.011 2	0.013 2								
	n_t Ac_t	2 435 6	1 548 4	1 010 3	696 2	490 2	332 1	242 1	179 1	129 1	98 1	76 1	37 0							
0.160	h_A	1.995	1.659	1.413	1.235	1.100	1.025	0.898	0.840	0.795	0.755	0.710	0.680							
	h_R	2.438	1.947	1.690	1.415	1.405	0.940	0.990	0.860	0.755	0.650	0.570	0.450	*						
	g	0.002 96	0.003 40	0.003 96	0.004 54	0.005 30	0.006 27	0.007 36	0.008 51	0.010 00	0.011 9	0.014 1	0.017 6							
	n_t Ac_t	3 270 9	1 963 6	1 229 4	823 3	563 2	383 2	268 1	196 1	143 1	104 1	78 1	57 1	29 0						
0.200	h_A		1.993	1.656	1.416	1.243	1.100	1.035	0.890	0.840	0.800	0.770	0.720	0.620						
	h_R		2.377	1.876	1.683	1.408	1.260	0.940	1.080	0.850	0.740	0.650	0.570	0.460	*					
	g		0.003 72	0.004 30	0.004 96	0.005 70	0.006 79	0.007 89	0.009 11	0.010 7	0.012 7	0.014 9	0.017 7	0.021 1						
	n_t Ac_t		2 566 9	1 520 6	981 4	656 3	432	304	213	153 1	112 1	81	60 1	48 1	24 0					
0.250	h_A		2.438	1.941	1.648	1.400	1.237	1.090	1.030	0.880	0.830	0.800	0.760	0.700	0.620					
	h_R		3.115	2.579	1.880	1.693	1.345	1.270	0.941	0.980	0.850	0.740	0.660	0.570	0.460	*				
	g		0.004 07	0.004 69	0.005 36	0.006 15	0.007 26	0.008 42	0.009 81	0.011 4	0.013 5	0.015 9	0.018 7	0.022 4	0.026 4					
	n_t Ac_t		3 609 14	1 911 8	1 217 6	786 4	506 3	347 2	245 2	163 1	121 1	88 1	65 1	48 1	38 1	19 0				
0.315	h_A			2.410	1.959	1.652	1.408	1.245	1.085	1.030	0.875	0.840	0.790	0.750	0.720	0.610				
	h_R			3.280	2.646	1.912	1.629	1.360	1.325	0.945	0.980	0.840	0.750	0.650	0.560	0.450	*			
	g			0.005 5	0.005 89	0.006 72	0.007 90	0.009 12	0.010 5	0.012 4	0.014 4	0.016 9	0.020 0	0.023 8	0.028 0	0.033 1				
	n_t Ac_t			2 707 13	1 528 8	982 6	606 4	405 3	279 2	193 2	131 1	95 1	72 1	52 1	38 1	32 1	15 0			
0.400	h_A				2.447	2.003	1.655	1.419	1.265	1.100	0.950	0.880	0.850	0.800	0.760	0.705	0.610			
	h_R				3.236	2.428	1.873	1.682	1.395	1.340	0.950	0.990	0.860	0.740	0.650	0.550	0.470	*		
	g				0.006 49	0.007 42	0.008 61	0.009 94	0.011 6	0.013 4	0.014 7	0.018 2	0.021 4	0.025 4	0.029 8	0.035 2	0.042 3			
	n_t Ac_t				2 305 14	1 308 9	761 6	492 4	329 3	220 2	153 2	104 1	75 1	55 1	41 1	32 1	25 1	12 0		
0.500	h_A				3.214	2.447	1.940	1.640	1.395	1.245	1.080	1.020	0.880	0.830	0.810	0.760	0.690	0.610		
	h_R				4.424	3.235	2.580	1.882	1.694	1.385	1.280	0.940	0.980	0.850	0.740	0.650	0.570	0.450	*	
	g				0.007 14	0.008 11	0.009 39	0.010 7	0.012 3	0.014 4	0.016 8	0.019 5	0.022 9	0.027 1	0.031 9	0.037 3	0.044 7	0.052 9		
	n_t Ac_t				3 634 25	1 843 14	957 8	609 6	394 4	260 3	175 2	120 2	82 1	61 1	43 1	32 1	25 1	19 1	10 0	
0.630	h_A					3.272	2.430	1.966	1.660	1.435	1.238	1.090	1.010	0.880	0.830	0.810	0.740	0.700	0.630	
	h_R					4.368	3.182	2.617	1.906	1.670	1.350	1.310	0.940	0.980	0.840	0.750	0.640	0.580	0.430	*
	g					0.008 97	0.010 3	0.011 8	0.013 5	0.015 8	0.018 2	0.021 1	0.024 6	0.029 0	0.033 9	0.039 7	0.047 5	0.056 0	0.066 7	
	n_t Ac_t					2 987 26	1 329 13	760 8	491 6	312 4	201 3	139 2	96 2	63 1	48 1	34 1	26 1	20 1	15 1	8 0
0.800	h_A						3.233	2.517	1.988	1.684	1.415	1.240	1.100	1.050	0.880	0.830	0.780	0.750	0.704	0.630
	h_R						4.307	3.110	2.432	1.918	1.665	1.400	1.300	0.935	0.970	0.850	0.720	0.670	0.540	0.450
	g						0.011 4	0.013 1	0.014 8	0.017 2	0.019 9	0.022 9	0.026 7	0.032 4	0.036 4	0.042 6	0.050 7	0.059 6	0.070 3	0.083 6
	n_t Ac_t						2 232 25	1 129 14	654 9	392 6	243 4	164 3	106 2	77 2	50 1	39 1	28 1	21 1	15 1	12 1
1.00	h_A							3.228	2.473	1.985	1.650	1.417	1.240	1.110	0.955	0.900	0.840	0.790	0.747	0.660
	h_R							4.384	3.186	2.370	2.340	1.680	1.360	1.220	0.930	0.980	0.860	0.720	0.650	0.600
	g							0.014 3	0.016 3	0.018 6	0.021 6	0.024 9	0.028 8	0.034 6	0.038 8	0.045 5	0.054 1	0.063 4	0.074 6	0.088 4
	n_t Ac_t							1 812 25	917 14	514 9	276 5	197 4	127 3	86 2	62 2	40 1	29 1	22 1	16 1	14 1

表 2（续）

Q_{PR}（每百单位产品不合格数）	参数	Q_{CR}（每百单位产品不合格数） 2.00	2.50	3.15	4.00	5.00	6.30	8.00	10.00	12.50	16.00	20.00	25.00	31.50
1.25	h_A	4.840	3.248	2.447	1.920	1.660	1.410	1.230	1.085	1.020	0.900	0.850	0.794	0.700
	h_R	6.415	4.330	3.105	2.600	1.860	1.625	1.350	1.285	0.920	0.950	0.830	0.700	0.670
	g	0.015 9	0.017 9	0.020 4	0.023 4	0.027 1	0.031 3	0.036 2	0.042 1	0.048 9	0.057 9	0.067 6	0.079 3	0.093 7
	n_t Ac_t	3 567 56	1 442 25	723 14	384 8	244 6	154 4	102 3	70 2	49 2	30 1	23 1	17 1	14 1
1.60	h_A		4.964	3.336	2.447	2.005	1.675	1.407	1.225	1.100	1.070	0.900	0.800	0.750
	h_R		7.036	4.397	3.207	2.405	1.910	1.640	1.410	1.365	0.930	0.930	0.870	0.750
	g		0.020 0	0.022 7	0.026 0	0.029 8	0.034 3	0.040 1	0.045 4	0.053 0	0.066 8	0.072 9	0.085 1	0.100 3
	n_t Ac_t		3 144 62	1 171 26	575 14	327 9	196 6	123 4	83 3	55 2	38 2	24 1	20 1	15 1
2.00	h_A			4.874	3.257	2.460	2.030	1.630	1.405	1.230	1.150	0.995	0.900	0.800
	h_R			6.894	4.312	3.190	2.325	2.405	1.648	1.370	1.135	0.925	0.910	0.840
	g			0.025 1	0.028 7	0.032 6	0.037 7	0.043 1	0.050 1	0.057 3	0.071 7	0.076 6	0.090 8	0.107 0
	n_t Ac_t			2 426 60	902 25	460 14	257 9	139 5	97 4	66 3	41 2	31 2	20 1	16 1
2.50	h_A				4.682	3.255	2.454	1.945	1.640	1.388	1.210	1.085	1.000	0.900
	h_R				6.695	4.330	3.075	2.510	1.845	1.680	1.340	1.315	0.930	0.885
	g				0.031 6	0.035 9	0.041 0	0.047 3	0.053 9	0.062 7	0.072 7	0.084 2	0.097 1	0.115 1
	n_t Ac_t				1 801 56	724 25	362 14	190 8	122 6	79 4	51 3	35 2	24 2	16 1
3.15	h_A					4.797	3.250	2.389	2.010	1.630	1.410	1.187	1.115	1.000
	h_R					6.713	4.295	3.244	2.270	1.865	1.600	1.360	1.220	0.890
	g					0.039 7	0.045 2	0.051 5	0.059 8	0.067 9	0.079 1	0.091 2	0.111 4	0.123 1
	n_t Ac_t					1 480 58	572 25	270 13	161 9	99 6	59 4	41 3	26 2	18 2
4.00	h_A						4.854	3.225	2.440	2.010	1.640	1.350	1.200	1.145
	h_R						6.914	4.332	3.185	2.370	1.840	1.700	1.350	1.140
	g						0.050 2	0.057 3	0.065 1	0.075 1	0.086 6	0.096 6	0.114 6	0.143 1
	n_t Ac_t						1 215 60	452 25	230 14	131 9	77 6	49 4	33 3	20 2
5.00	h_A							4.670	3.208	2.445	1.900	1.625	1.381	1.155
	h_R							6.792	4.431	3.175	2.565	1.800	1.620	1.350
	g							0.063 2	0.071 4	0.081 5	0.093 7	0.108 2	0.125 5	0.144 0
	n_t Ac_t							886 55	364 25	184 14	96 8	59 6	39 4	26 3
6.30	h_A								4.754	3.225	2.390	1.900	1.640	1.350
	h_R								6.721	4.365	2.970	2.295	1.815	1.600
	g								0.079 3	0.089 7	0.103 3	0.117 6	0.136 5	0.156 6
	n_t Ac_t								740 58	300 26	141 14	81 9	47 6	31 4
8.00	h_A									4.885	3.210	2.400	1.952	1.650
	h_R									7.019	4.300	3.150	2.360	1.800
	g									0.099 8	0.114 7	0.130 1	0.150 1	0.176 6
	n_t Ac_t									628 62	226 25	115 14	66 9	39 6
10.0	h_A										4.664	3.190	2.405	1.878
	h_R										6.607	4.265	3.140	2.300
	g										0.126 6	0.143 6	0.163 0	0.187 6
	n_t Ac_t										450 56	181 25	92 14	52 9

n_t（格中左边的数）是截尾样本量。
Ac_t（格中右边的数）是截尾接收数。
空格表示没有可推荐的序贯抽样方案。或选择 Q_{PR} 和 Q_{CR} 其他的组合。

* 使用对应的截尾一次抽样方案。

附 录 A
（资料性附录）
计数序贯抽样检验方案的统计特性

A.1 平均样本量

序贯抽样方案的主要优点是能降低平均样本量，但也存在某些不足（见引言）。为评估从降低样本量中可能的获益，我们需要知道具体序贯抽样方案平均样本量的实际数值。遗憾的是，对于序贯抽样，没有用于计算平均样本量的精确数学公式。因此，对具体序贯抽样方案，在给定质量水平（不合格品百分率或每百单位产品不合格品数）下的平均样本量只能使用数值计算方法得到。本标准在表 A.1 和表 A.2 给出了几个有代表性质量水平下序贯抽样方案平均样本量（ASSI）的近似值。

a） 0（没有任何不合格品的非常好的质量水平）；

b） Q_{PR}（对应一次抽样方案，接收概率为 95%的质量水平）；

c） $100g$（给出一个接近最大值的平均样本量，g 是序贯抽样方案的参数）；

d） Q_{CR}（对应一次抽样方案，接收概率为 10%的质量水平）。

表 A.1 给出的是不合格品百分数检验的值；表 A.2 给出的是每百单位产品不合格数检验的值。

示例：

某代表使用方的组织要对某产品进行质量评估。生产方声称其产品的合格品率不低于 99%。而市场信息表明此声明可能不真实。为核实声明，同时为减少抽样费用，决定采用 $Q_{PR}=1.00(\%)$ 和 $Q_{CR}=10.00(\%)$ 的序贯抽样方案。

考虑到验证生产方声称质量水平的几种可能值，质量检验员要分析抽样的预期费用。对于表 A.1 中 $Q_{PR}=1.00(\%)$ 和 $Q_{CR}/Q_{PR}=10$ 的序贯抽样方案，当实际不合格品率为 1%时，其平均样本量等于 29.5；当实际不合格品率为 10%时，其平均样本量等于 18.6；在最坏情况下，当不合格品率为 $100g=3.94\%$ 时，平均样本量等于 30.7。

所选择的序贯抽样方案（见第 8 章），截尾样本量 $n_t=65$。从而，与其等效的一次抽样方案 $n_0=0.667n_t=44$，Ac=1（见表 A.1 的注）。因此，通过采用该序贯抽样方案至少可减少 30%的平均样本量。

然而需要注意是，在特定情形下，被检验的样本产品的数量偶尔可能比等效的一次抽样方案样本量大。第 8 章的示例就属于这种情形，抽取 50 个样本产品后检验才终止。

表 A.1　不合格品百分数检验的序贯抽样方案的平均样本量

Q_{PR}/%	$\overline{P}$/%	Q_{CR}/Q_{PR}(不合格品百分数检验)和 Ac_0(等效一次抽样方案的接收数)[a] 的标称值												
		2.00	2.50	3.15	4.00	5.00	6.30	8.00	10.0	12.5	16.0	20.0	25.0	31.5
		18	10	6	4	3	2	(1.4)	1	(0.7)	(0.5)	(0.3)	(0.2)	(0.1)
0.020 0	0								1 309	977	781	629	510	399
	Q_{PR}								1 537	1 127	840	643	507	392
	100g								1 565	1 141	812	584	437	321
	Q_{CR}								921	716	467	316	227	163
0.025 0	0							1 297	1 047	775	616	503	405	313
	Q_{PR}							1 640	1 229	892	659	514	402	307
	100g							1 765	1 251	900	635	467	345	251
	Q_{CR}							1 110	736	563	363	253	179	128
0.031 5	0							1 040	832	610	492	399	319	251
	Q_{PR}							1 317	977	700	528	408	317	246
	100g							1 419	995	706	509	371	271	202
	Q_{CR}							896	585	441	292	201	141	103
0.040 0	0						1 092	823	654	488	390	314	255	201
	Q_{PR}						1 479	1 048	768	563	420	321	254	197
	100g						1 647	1 139	782	569	406	292	218	162
	Q_{CR}						1 035	723	460	358	233	158	113	82.7
0.050 0	0						866	648	524	387	308	251	204	156
	Q_{PR}						1 169	819	614	445	329	256	203	153
	100g						1 298	881	623	450	317	233	174	125
	Q_{CR}						812	554	368	282	181	126	90.7	63.9
0.063 0	0					906	682	518	415	304	246	201	159	125
	Q_{PR}					1 343	917	657	487	350	264	205	158	123
	100g					1 566	1 014	711	496	353	254	187	135	101
	Q_{CR}					1 023	632	449	292	221	146	101	70.4	51.3
0.080 0	0					713	545	411	326	243	196	157	127	100
	Q_{PR}					1 057	738	523	383	280	211	160	126	98.2
	100g					1 232	822	568	390	284	204	145	109	81.0
	Q_{CR}					805	517	361	230	178	118	78.7	56.7	41.4
0.100	0				768	570	433	323	261	195	154	125	102	79
	Q_{PR}				1 261	845	583	408	306	224	164	128	101	77.6
	100g				1 509	985	647	440	311	226	158	116	87.1	63.8
	Q_{CR}				985	643	405	276	184	142	90.8	63.3	45.5	32.7
0.125	0				616	451	341	259	209	152	123	100	80	62
	Q_{PR}				1 008	667	456	326	245	173	131	102	79.5	60.9
	100g				1 205	776	502	350	249	174	126	93.1	68.5	49.8
	Q_{CR}				788	503	312	221	147	109	72.3	50.6	35.8	25.6
0.160	0			673	487	355	272	207	163	121	98	79	63	49
	Q_{PR}			1 286	808	527	368	264	191	140	105	80.8	62.6	48.1
	100g			1 619	974	615	410	286	195	142	101	73.9	54.0	39.7
	Q_{CR}			1 100	643	402	258	183	115	89.7	58.7	40.3	28.3	20.5
0.200	0			535	384	284	217	161	130	97	78	62	50	39
	Q_{PR}			1 013	629	421	294	203	153	111	83.3	63.3	49.7	38.3
	100g			1 267	752	491	328	219	156	112	80.0	57.9	43.0	31.6
	Q_{CR}			853	492	321	206	138	92.2	70.6	46.3	31.6	22.6	16.4
0.250	0		598	412	307	227	170	129	104	77	61	50	40	30
	Q_{PR}		1 361	781	502	336	227	162	122	87.9	65.1	50.9	39.8	29.5
	100g		1 785	995	601	392	249	174	124	88.6	62.9	46.2	34.3	24.5
	Q_{CR}		1 249	699	393	256	155	110	73.5	55.7	36.4	25.3	18.1	12.8
0.315	0		466	330	244	177	136	103	83	60	49	39	31	24
	Q_{PR}		1 058	630	406	260	182	130	96.8	68.5	52.0	39.7	30.7	23.6
	100g		1 404	806	500	301	200	140	98.1	69.2	50.0	36.2	26.3	19.6
	Q_{CR}		1 011	572	359	194	125	88.7	58.1	43.4	29.0	19.8	13.9	10.3
0.400	0		376	268	189	141	108	81	65	48	38	31	25	19
	Q_{PR}		864	512	313	209	146	103	75.8	54.9	40.8	31.5	24.9	18.7
	100g		1 144	644	387	244	162	112	76.9	55.6	39.6	28.6	21.6	15.4
	Q_{CR}		810	437	277	159	102	71.2	45.6	35.3	23.0	15.7	11.4	8.18

表 A.1(续)

Q_{PR}/%	$\overline{P}$/%	Q_{CR}/Q_{PR}(不合格品百分数检验)和 Ac_0(等效一次抽样方案的接收数)[a] 的标称值													
		1.60	2.00	2.50	3.15	4.00	5.00	6.30	8.00	10.0	12.5	16.0	20.0	25.0	31.5
		38	18	10	6	4	3	2	(1.4)	1	(0.7)	(0.5)	(0.3)	(0.2)	(0.1)
0.500	0		448	300	204	150	113	86	64	52	38	30	24	20	15
	Q_{PR}		1 315	690	388	250	167	115	80.2	60.7	43.2	31.8	24.5	19.8	14.7
	100g		1 821	913	495	311	194	127	85.8	61.7	43.8	30.6	22.6	17.0	12.0
	Q_{CR}		1 335	646	348	224	127	80.0	54.2	36.7	27.8	17.8	12.5	9.07	6.30
0.630	0		361	232	165	121	89	67	51	40	29	24	19	15	12
	Q_{PR}		1 072	526	313	201	132	89.8	63.9	47.3	33.5	25.6	19.5	14.9	11.8
	100g		1 483	695	398	248	154	99.3	68.6	48.9	34.4	24.9	18.1	13.0	9.77
	Q_{CR}		1 097	498	281	178	101	62.2	43.5	29.0	21.6	14.8	10.2	7.03	5.22
0.800	0		277	189	132	96	70	54	40	32	24	19	15	12	9
	Q_{PR}		818	429	254	160	103	72.0	50.4	37.3	26.8	20.3	15.2	12.0	8.85
	100g		1 131	565	328	198	121	79.5	54.3	37.9	27.0	20.0	13.9	10.6	7.37
	Q_{CR}		827	400	236	144	78.7	50.3	34.6	22.7	17.2	11.9	7.80	5.83	4.04
1.00	0		223	150	104	75	56	42	32	25	19	15	12	9	7
	Q_{PR}		653	342	199	123	82.1	56.5	39.3	29.5	21.2	15.7	12.1	9.01	6.88
	100g		898	450	254	150	95.4	62.8	41.2	30.7	21.4	15.0	11.0	8.11	5.69
	Q_{CR}		654	317	181	106	62.4	39.6	26.2	18.6	13.6	8.89	6.22	4.58	3.16
1.25	0	298	178	117	81	60	44	33	25	20	14	12	9	7	
	Q_{PR}	1 232	520	267	152	97.8	64.2	43.7	30.9	23.4	16.2	12.6	9.19	7.00	
	100g	1 765	715	356	194	119	74.4	48.0	32.8	24.1	17.1	12.1	8.63	6.31	
	Q_{CR}	1 329	520	258	136	84.0	48.4	30.1	21.0	14.7	11.3	7.37	5.01	3.65	
1.60	0	244	142	92	65	47	34	26	20	15	11	9	7		
	Q_{PR}	1 073	425	212	125	78.1	50.4	34.9	24.7	17.5	12.7	9.41	7.17		
	100g	1 544	588	283	160	96.9	58.8	38.8	26.2	18.1	13.5	9.10	6.88		
	Q_{CR}	1 168	430	206	114	69.9	38.3	24.6	16.8	11.1	9.08	5.56	4.14		
2.00	0	189	110	73	51	36	27	21	15	12	9	7			
	Q_{PR}	821	321	168	96.8	59.7	39.8	28.0	18.5	13.9	10.1	7.48			
	100g	1 188	444	224	124	73.9	46.7	30.9	19.9	14.4	10.6	7.61			
	Q_{CR}	906	328	162	88.4	52.2	30.6	19.7	12.8	8.85	7.31	4.84			
2.50	0	143	87	57	39	29	22	16	12	10	7				
	Q_{PR}	605	255	130	73.9	47.0	31.5	20.9	14.6	11.4	7.83				
	100g	875	353	173	94.0	57.4	36.3	23.0	15.5	11.5	8.33				
	Q_{CR}	666	261	124	65.3	40.3	23.6	14.6	10.1	7.01	5.83				
3.15	0	116	68	44	31	23	17	13	9	7					
	Q_{PR}	494	200	99.8	58.6	37.0	24.1	16.8	11.2	8.40					
	100g	712	277	132	75.1	45.3	27.6	18.2	12.0	9.26					
	Q_{CR}	538	204	93.6	52.6	31.9	17.9	11.6	7.93	6.12					
4.00	0	92	53	35	25	17	13	10	7						
	Q_{PR}	399	155	80.3	46.8	28.0	18.6	12.7	8.58						
	100g	578	214	107	60.2	34.4	22.2	14.0	9.25						
	Q_{CR}	441	156	77.5	42.7	24.1	16.5	9.32	6.26						
5.00	0	70	42	28	19	13	10	7							
	Q_{PR}	292	122	62.9	34.7	21.7	14.3	9.42							
	100g	418	169	83.9	43.8	26.9	17.4	11.1							
	Q_{CR}	315	126	60.3	30.2	18.8	13.1	8.40							
6.30	0	55	33	21	15	10	7								
	Q_{PR}	236	97.2	46.6	27.2	16.7	10.7								
	100g	342	136	62.5	34.7	20.8	13.3								
	Q_{CR}	262	102	45.6	25.3	14.6	10.0								
8.00	0	45	25	16	11	8									
	Q_{PR}	195	72.1	36.9	21.2	13.0									
	100g	284	101	49.8	27.7	16.0									
	Q_{CR}	217	75.4	36.6	20.4	12.0									
10.0	0	32	19	12	9										
	Q_{PR}	135	55.6	28.2	15.9										
	100g	196	78.3	38.3	20.0										
	Q_{CR}	151	59.1	28.9	14.4										

[a] Ac_0 是供参照的对应一次抽样方案的接收数。
n_0 表示对应一次抽样方案的样本量,等于 0.667n_t。
Ac_0 为小数时没有对应的一次抽样方案。

表 A.2　每百单位产品不合格数检验的序贯抽样方案的平均样本量

Q_{PR}（每百单位产品不合格数）	$\overline{P}$/%	Q_{CR}/Q_{PR}（每百单位产品不合格数检验）和 Ac_0（等效一次抽样方案的接收数）[a] 的标称值												
		2.00	2.50	3.15	4.00	5.00	6.30	8.00	10.0	12.5	16.0	20.0	25.0	31.5
		18	10	6	4	3	2	(1.4)	1	(0.7)	(0.5)	(0.3)	(0.2)	(0.1)
0.020 0	0								1 310	978	782	630	512	401
	Q_{PR}								1 538	1 129	842	644	509	394
	$100g$								1 565	1 143	813	586	439	323
	Q_{CR}								922	717	467	317	228	164
0.025 0	0							1 298	1 048	775	617	504	406	314
	Q_{PR}							1 642	1 231	894	661	515	404	308
	$100g$							1 769	1 253	905	637	469	347	252
	Q_{CR}							1 112	738	565	364	254	180	128
0.031 5	0							1 040	832	612	493	400	320	252
	Q_{PR}							1 319	977	702	529	409	318	247
	$100g$							1 424	995	707	511	372	273	203
	Q_{CR}							900	586	441	293	201	142	103
0.040 0	0						1 094	825	656	490	391	315	256	203
	Q_{PR}						1 483	1 051	770	565	421	322	255	199
	$100g$						1 650	1 141	783	570	407	293	219	164
	Q_{CR}						1 037	725	462	358	234	159	114	83.3
0.050 0	0						868	649	525	388	309	252	205	157
	Q_{PR}						1 172	821	616	447	331	258	204	154
	$100g$						1 300	885	626	452	318	235	176	126
	Q_{CR}						813	556	369	283	182	127	91.3	64.5
0.063 0	0					908	683	519	416	306	247	202	160	126
	Q_{PR}					1 346	920	659	488	351	265	207	159	124
	$100g$					1 569	1 018	714	497	354	256	189	137	102
	Q_{CR}					1 025	635	452	293	221	147	102	71.0	51.9
0.080 0	0					715	546	413	328	245	197	158	128	102
	Q_{PR}					1 060	741	525	385	282	213	161	127	100
	$100g$					1 236	826	570	391	286	206	147	110	82.3
	Q_{CR}					808	519	363	231	180	119	79.8	57.3	42.0
0.100 0	0				770	571	434	325	263	196	155	126	103	81
	Q_{PR}				1 265	848	586	411	308	226	166	129	102	79.5
	$100g$				1 513	989	650	442	312	228	159	118	88.3	65.3
	Q_{CR}				988	647	408	279	185	144	91.4	63.9	46.1	33.4
0.125	0				617	453	342	260	210	153	124	101	82	63
	Q_{PR}				1 011	669	458	328	246	176	133	103	81.4	61.9
	$100g$				1 210	778	505	353	250	176	128	94.2	70.0	51.0
	Q_{CR}				791	506	314	223	148	110	73.5	51.2	36.5	26.2
0.160	0			674	488	357	273	208	164	123	99	80	64	51
	Q_{PR}			1 290	811	530	370	266	192	142	107	82.1	63.7	50.1
	$100g$			1 626	979	618	413	290	196	143	103	75.6	55.1	41.5
	Q_{CR}			1 106	647	405	260	186	116	90.2	59.9	41.4	28.9	21.4
0.200	0			536	386	286	219	163	132	98	79	63	52	41
	Q_{PR}			1 017	632	424	296	205	155	113	84.7	64.4	51.7	40.2
	$100g$			1 273	756	494	330	220	157	115	81.9	58.9	44.4	33.1
	Q_{CR}			859	495	323	208	139	93.2	73.0	47.5	32.2	23.3	17.0
0.250	0		600	414	308	228	171	130	105	78	62	51	41	32
	Q_{PR}		1 366	786	506	339	229	164	123	89.5	66.4	52.0	40.8	31.4
	$100g$		1 795	1 000	605	396	253	177	125	90.6	64.0	47.3	35.4	26.0
	Q_{CR}		1 258	703	396	259	157	111	74.2	57.1	37.0	25.9	18.7	13.5
0.315	0		468	333	246	179	137	104	84	61	50	40	32	26
	Q_{PR}		1 066	635	407	262	184	132	98.6	70.3	53.3	41.1	31.9	25.5
	$100g$		1 413	811	489	304	203	143	100	71.3	51.1	38.0	27.9	21.1
	Q_{CR}		1 018	576	322	197	127	90.8	59.8	44.8	29.6	20.9	14.8	11.0
0.400	0		378	270	193	143	110	83	65	49	40	32	26	21
	Q_{PR}		870	516	316	212	148	105	77.0	56.7	42.8	32.6	25.9	20.7
	$100g$		1 156	650	378	247	165	114	79.3	57.7	41.5	29.7	22.6	17.2
	Q_{CR}		822	443	248	162	104	72.8	46.6	36.7	24.3	16.4	12.1	8.92

表 A.2（续）

Q_{PR}（每百单位产品不合格数）	$\overline{P}$/%	Q_{CR}/Q_{PR}（每百单位产品不合格数检验）和 Ac_0（等效一次抽样方案的接收数）[a] 的标称值													
		1.60	2.00	2.50	3.15	4.00	5.00	6.30	8.00	10.0	12.5	16.0	20.0	25.0	31.5
		38	18	10	6	4	3	2	(1.4)	1	(0.7)	(0.5)	(0.3)	(0.2)	(0.1)
0.500	0		451	302	207	154	114	87	65	53	39	31	26	21	16
	Q_{PR}		1 327	696	393	253	170	117	82.2	62.0	45.0	33.4	26.4	20.9	15.8
	100g		1 835	925	501	303	198	130	88.8	63.0	45.8	32.5	23.9	18.0	13.4
	Q_{CR}		1 347	658	352	198	130	82.1	56.3	37.3	29.3	19.0	13.2	9.68	7.10
0.630	0		365	236	167	123	91	69	52	42	31	25	21	16	13
	Q_{PR}		1 081	535	318	203	135	92.3	66.1	49.3	35.5	26.8	21.4	16.0	12.8
	100g		1 488	699	405	245	157	102	71.6	50.3	36.1	26.1	19.5	14.0	10.9
	Q_{CR}		1 082	498	287	161	103	63.8	45.6	30.0	23.2	15.3	10.9	7.64	5.84
0.800	0		284	193	135	98	72	55	42	33	25	20	16	13	11
	Q_{PR}		833	437	258	162	106	74.2	52.8	38.6	28.6	21.6	16.4	13.1	10.8
	100g		1 135	572	325	195	123	82.6	56.7	39.4	29.0	21.1	15.1	11.7	8.89
	Q_{CR}		823	404	222	130	80.9	52.3	36.2	23.7	18.6	12.5	8.43	6.44	4.73
1.00	0		226	152	107	77	57	44	33	26	20	16	13	11	8
	Q_{PR}		664	348	203	127	84.8	58.9	41.2	31.0	22.9	17.1	13.3	11.0	8.00
	100g		915	461	255	156	99.2	65.0	44.0	32.1	23.2	16.8	12.2	9.63	7.14
	Q_{CR}		671	327	172	112	65.3	40.9	28.1	19.0	15.0	10.1	6.85	5.30	3.99
1.25	0	305	182	120	83	62	46	34	26	21	16	13	11	8	
	Q_{PR}	1 256	531	274	157	101	67.2	45.9	33.0	24.8	18.0	13.8	11.2	8.11	
	100g	1 787	730	360	201	121	78.0	51.2	36.0	25.4	18.3	13.3	10.1	7.50	
	Q_{CR}	1 335	533	253	142	79.7	51.0	32.3	23.0	15.3	11.9	7.96	5.73	4.30	
1.60	0	249	147	95	68	49	36	27	21	17	13	10	8		
	Q_{PR}	1 096	439	218	129	81.2	53.0	37.1	26.8	19.6	14.6	11.0	8.35		
	100g	1 581	600	289	163	97.9	61.8	41.8	29.4	19.8	14.8	11.1	8.07		
	Q_{CR}	1 197	438	205	111	65.1	40.8	26.6	19.2	12.1	9.60	6.85	4.76		
2.00	0	195	114	76	54	38	29	22	17	13	10	9			
	Q_{PR}	844	332	174	102	63.6	42.6	29.7	20.8	15.8	11.4	8.74			
	100g	1 215	456	231	127	78.9	49.6	33.2	21.7	16.6	11.7	8.76			
	Q_{CR}	920	333	164	86.4	57.1	32.7	21.3	14.0	10.3	7.73	5.39			
2.50	0	149	91	60	42	31	23	17	13	11	8				
	Q_{PR}	627	265	137	78.7	50.6	34.0	22.9	16.5	13.1	9.16				
	100g	902	366	180	99.8	60.7	39.8	25.6	18.1	13.6	9.42				
	Q_{CR}	682	268	127	70.3	40.1	26.4	16.2	11.7	8.46	6.24				
3.15	0	121	72	47	34	25	18	14	11	9					
	Q_{PR}	517	211	107	63.6	40.7	26.6	18.5	13.4	10.6					
	100g	741	290	141	79.4	49.0	30.8	20.7	14.2	10.9					
	Q_{CR}	558	212	102	53.7	32.7	20.0	13.3	9.35	6.79					
4.00	0	97	57	38	27	19	14	11	9						
	Q_{PR}	422	166	87.1	51.6	31.6	21.3	15.0	10.8						
	100g	609	229	116	65.2	38.2	25.3	16.8	11.2						
	Q_{CR}	462	168	82.5	44.7	25.4	16.7	10.9	7.42						
5.00	0	74	45	30	21	16	12	9							
	Q_{PR}	314	133	69.7	39.4	25.7	17.2	11.8							
	100g	453	184	92.6	50.5	30.4	20.1	13.3							
	Q_{CR}	346	136	66.1	35.9	20.1	13.4	8.72							
6.30	0	60	36	24	17	13	9								
	Q_{PR}	258	108	53.3	31.8	20.8	13.6								
	100g	371	149	69.6	39.8	24.6	16.1								
	Q_{CR}	279	109	48.7	27.1	16.5	10.8								
8.00	0	49	28	19	14	10									
	Q_{PR}	220	83.0	43.6	25.9	16.3									
	100g	316	115	57.9	32.9	19.6									
	Q_{CR}	239	84.1	41.4	22.9	13.4									
10.0	0	37	23	15	11										
	Q_{PR}	157	66.4	34.9	20.3										
	100g	226	91.6	46.5	25.6										
	Q_{CR}	171	67.5	33.4	17.7										

[a] Ac_0 是供参照的对应一次抽样方案的接收数。
n_0 表示对应一次抽样方案的样本量，等于 $0.667n_t$。
Ac_0 为小数时没有对应的一次抽样方案。

参 考 文 献

[1] ISO 2859-5:2005 Sampling procedures for inspection by attributes—Part 5: System of sequential sampling plans indexed by acceptance quality limit(AQL) for lot-by-lot inspection.

[2] ISO 2859-10 Sampling procedures for inspection by attributes—Part 10: Introduction to the ISO 2859 series of attribute sampling standards.

[3] ISO 8423:1991 Sequential sampling plans for inspection by variables for percent nonconforming(known standard deviation).

[4] ISO/TR 8550:1994 Guide for the selection of an acceptance sampling system, scheme or plan for inspection of discrete items in lots.

[5] ENKAWA, T. and MORI, M. Exact expressions for OC and ASN functions of Poisson sequential probability test, Rep. Stat. Appl. Res. , JUSE, 32(3), 1985, pp. 1-16.

[6] GHOSH, B. K. Sequential Tests of Statistical Hypothesis, Addison-Wesley, New York, 1970.

[7] JOHNSON, N. L. Sequential analysis—A survey. J. Roy. Statist. Soc. , A124, 1961, pp. 372-411.

[8] WALD, A. Sequential Analysis. Wiley, New York, 1947.

参 考 文 献

[1] ISO 2859-5:2005 Sampling procedures for inspection by attributes—Part 5: System of sequential sampling plans indexed by acceptance quality limit (AQL) for lot-by-lot inspection

[2] ISO 2859-10 Sampling procedures for inspection by attributes—Part 10: Introduction to the ISO 2859 series of attributes sampling standards

[3] ISO 8423:1991 Sequential sampling plans for inspection by variables for percent nonconforming (known standard deviation)

[4] ISO/TR 8550:1994 Guide for the selection of an acceptance sampling system, scheme or plan for inspection of discrete items in lots

[5] [illegible] Exact expressions for OC and ASN functions of Poisson sequential probability [illegible]

[6] GHOSH B.K. Sequential [illegible] Addison-Wesley, New York, 1970

[7] [illegible] pp. [illegible]

[8] WALD A. Sequential [illegible]

ICS 03.120.30
A 41

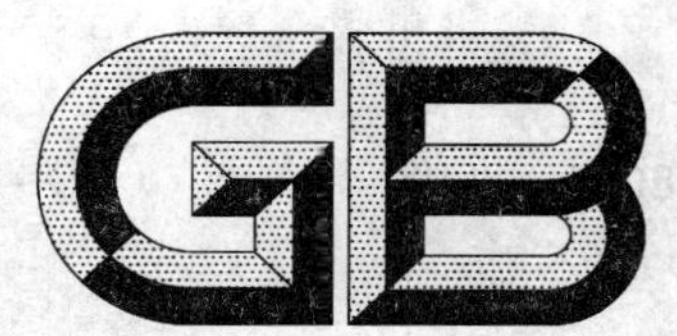

中华人民共和国国家标准

GB/T 8054—2008
代替GB/T 8053—2001
GB/T 8054—1995

计量标准型一次抽样检验程序及表

Single sampling procedures and tables for inspection having desired operating characteristics by variables

2008-07-16 发布　　2009-01-01 实施

中华人民共和国国家质量监督检验检疫总局
中国国家标准化管理委员会　发布

前　言

本标准由 GB/T 8054—1995《平均值的计量标准型一次抽样检验程序及表》和 GB/T 8053—2001《不合格品率的计量标准型一次抽样检验程序及表》整合而成。

本标准代替 GB/T 8054—1995《平均值的计量标准型一次抽样检验程序及表》和 GB/T 8053—2001《不合格品率的计量标准型一次抽样检验程序及表》。

本标准与 GB/T 8053—2001、GB/T 8054—1995 相比较，其变化主要包括：

1）　改正了原标准中的错误：

将$\frac{U-L}{\hat{\sigma}}>2.89u_{1-p_0}-0.89u_{1-p_0}$改为$\frac{U-L}{\hat{\sigma}}>2.89u_{1-p_0}-0.89u_{1-p_1}$

2）　将“希望特性值低（给定上规格限）时”，改为“给定上规格限（希望特性值低）时”

将“希望特性值高（给定下规格限）时”，改为“给定下规格限（希望特性值高）时”

将“希望特性值在一定范围内（给定双侧规格限）时”，改为“给定双侧规格限（希望特性值在一定范围内）时”

本标准的附录 A 和附录 B 为规范性附录，附录 C、附录 D 和附录 E 资料性附录。

本标准由全国统计方法应用标准化技术委员会（SAC/TC 21）归口。

本标准起草单位：中国标准化研究院、广州市产品质量监督检验所、海南省产品质量监督检验所、无锡市产品质量监督检验所、北京工业大学。

本标准主要起草人：于振凡、邓穗兴、丁文兴、党华、陈立坚、黄艳、吴建国、陈华英、于善奇。

本标准所代替标准的历次版本发布情况为：

——GB/T 8053—1987，GB/T 8053—2001；

——GB/T 8054—1987，GB/T 8054—1995。

计量标准型一次抽样检验程序及抽样表

1 范围

本标准规定了以均值和不合格品率为质量指标的计量标准型一次抽样检验的程序与实施方法。

本标准适用于产品质量特性以计量值表示且服从或近似服从正态分布的检验。

本标准规定生产方风险 $\alpha=0.05$，使用方风险 $\beta=0.10$。

2 规范性引用文件

下列文件中的条款通过本标准的引用而成为本标准的条款。凡是注日期的引用文件，其随后所有的修改单(不包括勘误的内容)或修订版均不适用于本标准，然而，鼓励根据本标准达成协议的各方研究是否可使用这些文件的最新版本。凡是不注日期的引用文件，其最新版本适用于本标准。

GB/T 4091　常规控制图(GB/T 4091—2001,idt,ISO 8258:1991)

GB/T 4883　数据的统计处理和解释　正态样本异常值的判断和处理

GB/T 19000—2000　质量管理体系　基础和术语(idt ISO 9000:2000)

GB/T 10111　随机数的产生及其在产品质量抽样检验

ISO 3534-1:2006　统计学术语　第1部分:一般统计术语与用于概率的术语

ISO 3534-2:2006　统计学术语　第2部分:应用统计

3 术语与定义、符号

ISO 3534-1:2006、ISO 3534-2:2006 和 GB/T 19000—2000 确定的术语、定义和符号以及下列术语、定义和符号适用于本标准。

3.1 术语与定义

3.1.1

单位产品　unit of product

为实施抽样检验的需要而对产品划分的基本单位。

3.1.2

检验批　inspection lot

为实施抽样检验而汇集起来的一批产品。(简称:批)

3.1.3

计量质量特性　variables quality characteristic

被检的单位产品特性能用连续尺度进行度量的质量特性。

3.1.4

计量抽样检验　sampling inspection by variables

按规定的抽样方案从批中随机抽取一定数量的单位产品。用测量、试验或其他方法取得它们的质量特性值，与质量要求进行对比，并判断该批产品能否接收的过程。

3.1.5

一次抽样检验　single sampling inspection

根据从批中一次抽取的样本的检验结果，决定是否接收该批。

[ISO 3534-2:2006,4.4]

3.1.6

[抽检]特性曲线(OC 曲线)　operating characteristic curve [of a sampling inspection plan]

对于给定的抽样方案,表示批接收概率与批质量水平的函数关系曲线。

3.1.7

合格　conformity

满足规定的要求。

3.1.8

合格质量　conformity quality

满足规定的要求的质量水平。抽样检验中,对应于一个确定的、较高接收概率的、被认为满意的批质量水平。

3.1.9

极限质量　limiting quality

对于孤立批,为进行抽样检验,限制在某一低接收概率的质量水平。

3.1.10

生产方风险　producer's risk;PR

对于给定的抽样方案,当批质量水平(例如:不合格品率)为某一指定的合格值时的拒收概率。

3.1.11

使用方风险　consumer's risk;CR

对于给定的抽样方案,当批质量水平(例如:不合格品率)为某一指定的不满意值时的接收概率。

3.1.12

标准型抽样检验　sampling inspection having desired operating characteristics

为保护生产、使用双方的利益,把生产方风险和使用方风险固定为某特定数值的抽样检验。

3.1.13

抽样方案　sampling plan

规定样本量和有关接收准则的一个具体方案。

3.1.14

抽样检验类型　sampling inspection types

确定抽样方案时,按批标准差已知和未知而划分的抽样检验类别。

本标准分为两种抽样检验类型。

3.1.15

"σ"法　"σ" method

批标准差已知时,利用样本均值与批标准差来判断批能否接收的方法。

3.1.16

"s"法　"s" method

批标准差未知时,利用样本均值与样本标准差来判断批能否接收的方法。

3.1.17

接收常数　acceptability constant;acceptance constant

计量验收抽样的接收准则中,由合格质量水平和样本量所确定的用于决定批是否可接收的一个常数。

[ISO 3534-2:2006,4.26]

3.1.18

检验方式　inspection cases

检验方式由所要求质量规格界限的情况确定。本标准有上规格限、下规格限和双侧规格限三种方式

3.1.19

规格限 specification limit

判定单位产品是否合格的界限值。

3.1.20

上规格限 upper specification limit

合格单位产品所允许的质量特性最大界限值。

3.1.21

下规格限 lower specification limit

合格单位产品所允许的质量特性最小界限值。

3.1.22

双侧规格限 double specification limit

同时规定上规格限与下规格限的情形。

3.1.23

质量统计量 quality statistics

由规格限、样本均值和批标准差(或样本标准差)构成的函数,用来判断批能否被接收。分上规格限和下规格限两种质量统计量。

3.2 符号

U:上规格限。

L:下规格限。

p:批不合格品率。

p_0:以批不合格品率为质量指标时的合格质量。

p_1:以批不合格品率为质量指标时的极限质量。

μ:批质量特性值的均值,简称批均值。

σ:批质量特性值的标准差,简称批标准差。

$\hat{\sigma}$:批标准差的统计估计值或经验估计值。

μ_{0L}:合格质量的下规格限。

μ_{1L}:极限质量的下规格限。

μ_{0U}:合格质量的上规格限。

μ_{1U}:极限质量的上规格限。

μ_{1-p}:标准正态分布的上侧概率为 p 时的分位数。

x:样本中单位产品质量特性值,x_i 表示第 i 个单位产品的质量特性值。

$\overline{x}$:样本质量特性值的平均值,简称样本均值 $\overline{x}=\frac{1}{n}\sum_{i=1}^{n}x_i$ 。

s:样本标准差 $s=\sqrt{\frac{1}{n-1}\sum_{i=1}^{n}(x_i-\overline{x})^2}$ 。

R:样本极差。

Q_U:上规格限的质量统计量。其中

σ 法:$Q_U=\frac{U-\overline{x}}{\sigma}$;$s$ 法:$Q_U=\frac{U-\overline{x}}{s}$ (以不合格品率为质量指标)

σ 法:$Q_U=\frac{\mu_{0U}-\overline{x}}{\sigma}$;$s$ 法:$Q_U=\frac{\mu_{0U}-\overline{x}}{s}$ (以均值为质量指标)

Q_L:下规格限的质量统计量。其中

σ 法:$Q_L=\frac{\overline{x}-L}{\sigma}$;$s$ 法:$Q_L=\frac{\overline{x}-L}{s}$ (以不合格品率为质量指标)

$$\sigma\text{ 法}:Q_L=\frac{\overline{x}-\mu_{0L}}{\sigma};s\text{ 法}:Q_L=\frac{\overline{x}-\mu_{0L}}{s}\quad\text{（以均值为质量指标）}$$

k:接收常数。

P_a:检验批的接收概率。

α:生产方风险。

β:使用方风险。

n:样本量。

n_i:第 i 次试抽样本量。

$\Phi(x)$:标准正态分布的分布函数。

标准正态分布的密度函数为:

$$\varphi(x)=\frac{1}{\sqrt{2\pi}}\exp\left(-\frac{x^2}{2}\right),-\infty<x<\infty$$

$T_{n-1}(\delta,x)$:自由度为 $n-1$,非中心参数为 δ 的非中心 t 分布函数的分位数。

4 以均值为质量指标的抽样检验

4.1 抽样检验的程序

实施本标准的程序如下:

a) 选择抽样检验类型;

b) 确定抽样检验方式;

c) 规定合格质量与极限质量的上规格限和(或)下规格限;

d) 确定抽样方案;

e) 构成批与抽取样本;

f) 检测样本与计算结果;

g) 判断批能否接收;

h) 处理检验批。

4.2 抽样检验的实施

4.2.1 抽样检验类型的选择

产品质量稳定,并有近期质量管理或抽样检验的数据能预先确定批标准差时,可选用“σ”法。如无近期数据或即使有近期数据,但质量不稳定时,应选用“s”法。产品质量稳定与否的检验方法,可按附录 A 的规定执行。

当生产方与使用方有较长时间供货合同时,无论采用“s”法或“σ”法,都要以控制图方式记录样本均值与样本标准差。若在应用“s”法过程中,控制图显示样本标准差已处于统计控制状态,允许由“s”法转换为“σ”法。若在应用“σ”法过程中,控制图显示样本标准差已不处于统计控制状态,须立即由“σ”法转换为“s”法。如果控制图虽未显示失去统计控制状态,但表明批标准差变小或变大时,应随时更新所采用的批标准差值。控制图的使用按 GB/T 4091 执行。

4.2.2 抽样检验方式的确定

本标准有上规格限、下规格限及双侧规格限三种抽样检验方式。供采用本标准者根据产品标准对质量要求不同的规格限而选用。

采用双侧规格限时,必须满足条件 $\mu_{1U}-\mu_{0U}=\mu_{0L}-\mu_{1L}$,才能应用本标准的图表。

4.2.3 合格质量与极限质量的上规格限和(或)下规格限的规定

合格质量与极限质量的上、下规格限应根据产品标准中对质量的要求,由生产方和使用方协商确定。

4.2.4 抽样方案的确定

4.2.4.1 “σ”法

按下表所列步骤确定抽样方案。

工作步骤	工作内容	检验方式		
		上规格限	下规格限	双侧规格限
(1)	规定质量要求	μ_{0U},μ_{1U}	μ_{0L},μ_{1L}	μ_{0U},μ_{1U} μ_{0L},μ_{1L}
(2)	确定σ值	由生产厂近期的20～25组 $\bar{x}-s$(或R)控制图数据，近期20～25批的抽样检验数据，按照附录B的方法进行估计		
(3)	计算	$\frac{\mu_{1U}-\mu_{0U}}{\sigma}$	$\frac{\mu_{0L}-\mu_{1L}}{\sigma}$	$\frac{\mu_{1U}-\mu_{0U}}{\sigma}$或$\frac{\mu_{0L}-\mu_{1L}}{\sigma}$
(4)	检索抽样方案	由计算值在表1中检出n、k		由计算值在表2中检出n、k

4.2.4.2 “s”法

按下表所列步骤确定抽样方案。

工作步骤	工作内容	检验方式		
		上规格限	下规格限	双侧规格限
(1)	规定质量要求	μ_{0U},μ_{1U}	μ_{0L},μ_{1L}	μ_{0U},μ_{1U} μ_{0L},μ_{1L}
(2)	估计σ	由生产方与使用方根据以往经验协商出双方可接受的$\hat{\sigma}$值，或直接协商出合适的试抽样本量。从检验批中抽取样本，将样本标准差s作为批标准差的估计值$\hat{\sigma}$		
(3)	计算	$\frac{\mu_{1U}-\mu_{0U}}{\hat{\sigma}}$	$\frac{\mu_{0L}-\mu_{1L}}{\hat{\sigma}}$	$\frac{\mu_{1U}-\mu_{0U}}{\hat{\sigma}}$或$\frac{\mu_{0L}-\mu_{1L}}{\hat{\sigma}}$
(4)	检索抽样方案	由计算值在表3中检出n、k		由计算值在表4中检出n、k

4.2.5 批的构成与样本的抽取

单位产品必须以批的形式提交。提交的批可与投产批、销售批、运输批相同或不同，但应由同一规格型号、同一质量等级以及由同一原料成分在同一工艺条件下生产的单位产品构成。批量大小按销售情况和实际生产条件由生产方与使用方商定。

所需样本应从整批中随机抽取，例如，按GB/T 10111规定的方法随机抽取样本。

“s”法中若采取试抽样本估计σ时，试抽样本量n_0应不小于11，在以$\frac{\mu_{1U}-\mu_{0U}}{\hat{\sigma}}$(或$\frac{\mu_{0L}-\mu_{1L}}{\hat{\sigma}}$)值确定样本量$n_i(i=1,2,3\cdots\cdots)$后，应按下列不同情况予以处理。

a) 当$n_{i+1}>n_i$，再从批中随机抽取其差额数$n_{i+1}-n_i(i=0,1,2\cdots\cdots)$予以补足后进行判断。当$n_i\geqslant 20$时，可以不再补抽。

b) 当$n_{i+1}\leqslant n_i$时，不需再抽样本，即以样本量n_i进行判断；但接收常数k应取试抽样本量n_i的对应值。

4.2.6 **样本的检测与统计量的计算**

抽取的样本按产品标准或订货合同等有关文件规定的试验、测量或其他方法，对抽取的样本中每一单位产品逐个进行检测。检测结果应完整准确地记录，并计算出样本的平均值与标准差。

检测中若发现有明显偏离所属样本其他检测结果的个别异常数据时，首先应设法找出产生异常数据的技术原因或物理原因。无法查找原因时，经使用方同意，可按 GB/T 4883 予以判断，然后根据异常数据的性质，由生产方与使用方协商确定是否剔除。

异常数据剔除后，应重新从检验批中随机抽取相应数量的单位产品，补充至抽样方案要求的样本量，再行判断检验批的接收与否。

4.2.7 **批能否接收的判断**

4.2.7.1 **"σ"法判断规则**

a) 给定上规格限时，计算

$$Q_U = \frac{\mu_{0U} - \bar{x}}{\sigma}$$

若 $Q_U \geqslant k$，接收该批；若 $Q_U < k$，不接收该批。

b) 给定下规格限时，计算

$$Q_L = \frac{\bar{x} - \mu_{0L}}{\sigma}$$

若 $Q_L \geqslant k$，接收该批；若 $Q_L < k$，不接收该批。

c) 给定双侧规格限时，计算

$$Q_U = \frac{\mu_{0U} - \bar{x}}{\sigma} \text{ 和 } Q_L = \frac{\bar{x} - \mu_{0L}}{\sigma}$$

若 $Q_U \geqslant k$ 并且 $Q_L \geqslant k$，接收该批；若 $Q_U < k$ 或 $Q_L < k$，不接收该批。

对不被接收的批，以 95%的概率确认该批不合格。

4.2.7.2 **"s"法判断规则**

a) 给定上规格限时，计算

$$Q_U = \frac{\mu_{0U} - \bar{x}}{s}$$

若 $Q_U \geqslant k$，接收该批；若 $Q_U < k$，不接收该批。

b) 给定下规格限时，计算

$$Q_L = \frac{\bar{x} - \mu_{0L}}{s}$$

若 $Q_L \geqslant k$，接收该批；若 $Q_L < k$，不接收该批。

c) 给定双侧规格限时，计算

$$Q_U = \frac{\mu_{0U} - \bar{x}}{s} \text{ 和 } Q_L = \frac{\bar{x} - \mu_{0L}}{s}$$

若 $Q_U \geqslant k$ 并且 $Q_L \geqslant k$，接收该批；若 $Q_U < k$ 或 $Q_L < k$，不接收该批。

对不被接收的批，以 95%的概率确认该批不合格。

4.2.8 **处理检验批**

凡判为接收的批，使用方应整批接收；判为不接收的批，未经处理不得再次提交检验，应按照合同规定予以处理。

4.3 **确定抽样方案的实例**

4.3.1 **"σ"法**

4.3.1.1 **给定上规格限时**

例：要求固体苛性钠中的氧化铁 Fe_2O_3 含量要低，批均值在 0.004 0%以下该批合格，在 0.005 0%以上以低概率接收。已知 σ=0.000 6%，试确定抽样方案。

确定步骤：

a) 已知 $\mu_{0U}=0.0040\%$，$\mu_{1U}=0.0050\%$，$\sigma=0.0006\%$

b) 计算$\frac{\mu_{1U}-\mu_{0U}}{\sigma}=\frac{0.0050-0.0040}{0.0006}=1.667$

c) 从表1中找出1.667所在位置，在表的第3行数字范围(1.463～1.689)内，由此得到：

$$n=4, k=-0.822$$

d) 求得抽样方案为[4,−0.822]，从批中抽取4个单位产品，检测后得到样本均值$\bar{x}$和$Q_U=\frac{0.004-\bar{x}}{0.0006}$。

判断规则为：

若$Q_U\geqslant-0.822$，接收该批；若$Q_U<-0.822$，不接收该批。

4.3.1.2 给定下规格限时

例：某种钢材的抗拉强度以大为好，批均值在46×10^7 Pa以上该批合格，在43×10^7 Pa以下则以低概率接收。已知批标准差为4×10^7 Pa，试确定抽样方案。

确定步骤：

a) 已知 $\mu_{0L}=46\times10^7$ Pa，$\mu_{1L}=43\times10^7$ Pa，$\sigma=4\times10^7$ Pa

b) 计算$\frac{\mu_{0L}-\mu_{1L}}{\sigma}=\frac{46-43}{4}=0.750$

c) 从表1中找出0.750所在位置，在表的第15行数字范围(0.731～0.755)内，由此得到：

$$n=16, k=-0.411$$

d) 求得抽样方案为[16,−0.411]。从批中抽取16个单位产品，检测后得到$\bar{x}$和$Q_L=\frac{\bar{x}-46}{4}$。

判断规则为：

若$Q_L\geqslant-0.411$，接收该批；若$Q_L<-0.411$，不接收该批。

4.3.1.3 给定双侧规格限时

例：设某种产品的标准尺寸为100 mm。如果批平均尺寸在100±0.2 mm之内，该批合格。在100±0.5 mm之外，以低概率接收。已知$\sigma=0.3$ mm，求抽样方案。

确定步骤：

a) 已知 $\mu_{0L}=99.8$ mm，$\mu_{1L}=99.5$ mm，$\mu_{0U}=100.2$ mm，$\mu_{1U}=100.5$ mm，$\sigma=0.3$ mm。

b) 计算$\frac{\mu_{1U}-\mu_{0U}}{\sigma}=\frac{\mu_{0L}-\mu_{1L}}{\sigma}=\frac{0.3}{0.3}=1$。

c) 计算$\frac{\mu_{0U}-\mu_{0L}}{\sigma}=\frac{100.2-99.8}{0.3}=1.333$。

d) 从表2中先找出$\frac{\mu_{1U}-\mu_{0U}}{\sigma}$的计算值1所在范围0.980～1.039和样本量$n=9$，再由此范围所在的列找出计算值$\frac{\mu_{0U}-\mu_{0L}}{\sigma}=1.333$所在范围为0.867以上，并由此得到$k=-0.548$。

e) 于是求得抽样方案为(9,−0.548)。从批中抽取9个单位产品，检测后得到样本均值$\bar{x}$和$Q_U=\frac{100.2-\bar{x}}{0.3}$，$Q_L=\frac{\bar{x}-99.8}{0.3}$。判断规则为：

若$Q_U\geqslant-0.548$并且$Q_L\geqslant-0.548$，接收该批；若$Q_U<-0.548$或$Q_L<-0.548$，不接收该批。

4.3.2 “s”法

4.3.2.1 给定上规格限时

例：规定某种原材料的化学成分SO_2低于1.50%者为该批合格，超过2.50%者以低概率接收。由于无近期质量控制或抽样检测的数据，生产方与使用方根据以往经验商定$\hat{\sigma}=0.85\%$，采用未知标准差的“s”法确定抽样方案。

确定步骤：

a) 已知 $\mu_{0U}=1.50\%$，$\mu_{1U}=2.50\%$，$\hat{\sigma}=0.85\%$。

b) 计算$\frac{\mu_{1U}-\mu_{0U}}{\hat{\sigma}}=\frac{2.50-1.50}{0.85}=1.176$。

c) 从表 3 中找出 1.176 所在范围为(1.160～1.259)，由此得到：

$$n=8, k=-0.670$$

d) 求得抽样方案为[8，－0.670]。从批中抽取 8 个单位产品，化验出样本的 SO_2 成分均值 $\bar{x}$ 及标准差 s 及 $Q_U=\frac{1.50-\bar{x}}{s}$。判断规则为：

若 $Q_U\geqslant-0.670$，接收该批；若 $Q_U<-0.670$，不接收此批。

4.3.2.2 给定下规格限时

例：要求一批钢板的洛氏硬度均值超过 75 时为可接收，低于 70 时为不可接收，由于无法预知批标准差，使用方和生产方商定，采用"s"法中规定的试抽样本方法来估计标准差。试抽样本量定为 20。求所需的抽样方案。

确定步骤：

a) 已知 $\mu_{0L}=75$，$\mu_{1L}=70$。

b) 从批中随机抽取 20 个样品，测定硬度后，计算得到样本标准差 $s=6$，以此作为标准差的估计值 $\hat{\sigma}$。

c) 计算$\frac{\mu_{0L}-\mu_{1L}}{\hat{\sigma}}=\frac{75-70}{6}=0.833$。

d) 从表 3 中找出 0.833 所在位置，在表的第 12 行数字范围(0.800～0.839)内。由此得到：

$$n_1=15, k=-0.455$$

e) 由于试抽样本量 $n_0=20$，$n_0>n_1$。所以上述抽样方案不能用，应以试抽样本作为判断能否接收的依据，其接收常数为试抽样本量 $n_0=20$ 的对应值 $k=-0.387$，求得抽样方案[20，－0.387]。计算其均值 $\bar{x}$、标准差 s 和 $Q_L=\frac{\bar{x}-75}{s}$。判断规则为：

若 $Q_L\geqslant-0.387$，接收该批；若 $Q_L<-0.387$，不接收该批。

4.3.2.3 给定双侧规格限时

例：设 4.3.1.3 例的标准差是未知的，而且无近期质量数据可供估计，经生产方与使用方商定采用试抽样本的"s"法进行抽样检测，并商定 $n_0=11$，求所需的抽样方案。

确定步骤：

a) 已知 $\mu_{0U}=100.2$ mm，$\mu_{1U}=100.5$ mm，$\mu_{0L}=99.8$ mm，$\mu_{1L}=99.5$ mm。

b) 从批中试抽 $n_0=11$ 个单位产品，测量尺寸并算得样本标准差。$s=0.37$，以此作标准差的估计值 $\hat{\sigma}$。

c) 计算$\frac{\mu_{0U}-\mu_{0L}}{\hat{\sigma}}=\frac{100.2-99.8}{0.37}=1.081$。

d) 计算$\frac{\mu_{0L}-\mu_{1L}}{\hat{\sigma}}=\frac{99.8-99.5}{0.37}=0.811$。

e) 从表 4 中先找出$\frac{\mu_{0L}-\mu_{1L}}{\hat{\sigma}}$的计算值 0.811 所在范围为(0.800～0.839)，样本量 $n_1=15$，再由此范围所在列，找出$\frac{\mu_{0U}-\mu_{0L}}{\hat{\sigma}}$的计算值 1.081 所在范围为 0.981 以上，由此得 $k=-0.455$。于是，所需抽样方案为(15，－0.455)。

f) 由于试抽样本量 $n_0=11$，$n_1>n_0$，所以从检验批中补抽 4 个单位产品，补足 15 个后，重新计算

其均值 $\overline{x}$ 和标准差 s，$Q_U=\frac{100.2-\overline{x}}{s}$ 和 $Q_L=\frac{\overline{x}-99.8}{s}$。判断规则为：

若 $Q_U \geqslant -0.455$ 并且 $Q_L \geqslant -0.455$，接收该批；若 $Q_U < -0.455$ 或 $Q_L < -0.455$，不接收该批。

4.4 抽样表

本标准给出了以均值为质量指标的"σ"法与"s"法的抽样方案表，见表1～表4。

表1 单侧规格限"σ"法的样本量与接收常数(以均值为质量指标)

A 或 A′计算值范围	n	k
2.069 以上	2	−1.163
1.690～2.068	3	−0.950
1.463～1.689	4	−0.822
1.309～1.462	5	−0.736
1.195～1.308	6	−0.672
1.106～1.194	7	−0.622
1.035～1.105	8	−0.582
0.975～1.034	9	−0.548
0.925～0.974	10	−0.520
0.882～0.924	11	−0.496
0.845～0.881	12	−0.475
0.811～0.844	13	−0.456
0.782～0.810	14	−0.440
0.756～0.781	15	−0.425
0.731～0.755	16	−0.411
0.710～0.730	17	−0.399
0.690～0.709	18	−0.388
0.671～0.689	19	−0.377
0.654～0.670	20	−0.368
0.585～0.653	25	−0.329
0.534～0.584	30	−0.300
0.495～0.533	35	−0.278
0.463～0.494	40	−0.260
0.436～0.462	45	−0.245
0.414～0.435	50	−0.233

注：① 当计算值小于0.414时，可按下面公式计算 n 和 k

$n=\frac{8.56382}{(\text{计算值})^2}$，$k=-0.56207\times(\text{计算值})$。

② $A=\frac{\mu_{1U}-\mu_{0U}}{\sigma}$，$A'=\frac{\mu_{0L}-\mu_{1L}}{\sigma}$。

表 2 双侧规格限"σ"法的样本量与接收常数(以均值为质量指标)

A或A′	2.080及以上	1.700～2.079	1.480～1.699	1.320～1.479	1.200～1.319	1.120～1.199	1.040～1.119	0.980～1.039	0.940～0.979
n	2	3	4	5	6	7	8	9	10
c	0.014及以下	0.012及以下	0.010及以下	0.009及以下	0.008及以下	0.008及以下	0.007及以下	0.007及以下	0.006及以下
k	−1.379	−1.126	−0.975	−0.872	−0.796	−0.737	−0.690	−0.650	−0.617
c	0.015～0.085	0.013～0.069	0.011～0.060	0.010～0.054	0.009～0.049	0.009～0.045	0.008～0.042	0.008～0.040	0.007～0.038
k	−1.365	−1.114	−0.965	−0.863	−0.788	−0.730	−0.682	−0.643	−0.610
c	0.086～0.156	0.070～0.127	0.061～0.110	0.055～0.098	0.050～0.090	0.046～0.083	0.043～0.078	0.041～0.073	0.039～0.070
k	−1.334	−1.089	−0.943	−0.844	−0.770	−0.713	−0.667	−0.629	−0.597
c	0.157～0.226	0.128～0.185	0.111～0.160	0.099～0.143	0.091～0.131	0.084～0.121	0.079～0.113	0.074～0.107	0.071～0.101
k	−1.306	−1.066	−0.923	−0.826	−0.754	−0.698	−0.653	−0.616	−0.584
c	0.227～0.297	0.186～0.242	0.161～0.210	0.144～0.188	0.132～0.171	0.122～0.159	0.114～0.148	0.108～0.140	0.102～0.133
k	−1.281	−1.046	−0.906	−0.810	−0.740	−0.685	−0.641	−0.604	−0.573
c	0.298～0.368	0.243～0.300	0.211～0.260	0.189～0.233	0.172～0.212	0.160～0.197	0.149～0.184	0.141～0.173	0.134～0.164
k	−1.259	−1.028	−0.890	−0.796	−0.727	−0.673	−0.629	−0.593	−0.563
c	0.369～0.438	0.301～0.358	0.261～0.310	0.234～0.277	0.213～0.253	0.198～0.234	0.185～0.219	0.174～0.207	0.165～0.196
k	−1.240	−1.013	−0.877	−0.785	−0.716	−0.663	−0.620	−0.585	−0.555
c	0.439～0.509	0.359～0.416	0.311～0.360	0.278～0.322	0.254～0.294	0.235～0.272	0.220～0.255	0.208～0.240	0.197～0.228
k	−1.225	−1.000	−0.866	−0.775	−0.707	−0.655	−0.612	−0.577	−0.548
c	0.510～0.580	0.417～0.473	0.361～0.410	0.323～0.367	0.295～0.355	0.273～0.310	0.256～0.290	0.241～0.273	0.299～0.259
k	−1.212	−0.989	−0.857	−0.766	−0.700	−0.648	−0.606	−0.571	−0.542
c	0.581～0.651	0.474～0.531	0.411～0.460	0.368～0.411	0.366～0.376	0.311～0.348	0.291～0.325	0.274～0.307	0.260～0.291
k	−1.201	−0.980	−0.849	−0.759	−0.693	−0.642	−0.600	−0.566	−0.537
c	0.652～0.778	0.532～0.635	0.461～0.550	0.412～0.492	0.377～0.449	0.349～0.416	0.326～0.389	0.308～0.367	0.292～0.348
k	−1.192	−0.973	−0.843	−0.754	−0.688	−0.637	−0.596	−0.562	−0.533
c	0.779～1.131	0.636～0.924	0.551～0.800	0.493～0.716	0.450～0.653	0.417～0.650	0.390～0.566	0.368～0.533	0.349～0.506
k	−1.174	−0.958	−0.830	−0.742	−0.678	−0.627	−0.587	−0.553	−0.525
c	1.132～1.485	0.925～1.212	0.801～1.050	0.717～0.939	0.654～0.857	0.606～0.794	0.567～0.742	0.534～0.700	0.507～0.664
k	−1.165	−0.951	−0.824	−0.737	−0.673	−0.623	−0.583	−0.549	−0.521
c	1.486～1.838	1.213～1.501	1.051～1.300	0.940～1.163	0.858～1.061	0.795～0.983	0.743～0.919	0.701～0.687	0.665～0.822
k	−1.163	−0.950	−0.823	−0.736	−0.672	−0.622	−0.582	−0.548	−0.520
c	1.838及以上	1.501以上	1.300以上	1.163以上	1.061以上	0.983以上	0.919以上	0.867以上	0.822以上
k	−1.163	−0.950	−0.822	−0.736	−0.672	−0.622	−0.582	−0.548	−0.520

表 2（续）

A 或 A' n	0.900～0.939 11	0.860～0.899 12	0.820～0.859 13	0.780～0.819 14	0.760～0.779 15	0.740～0.759 16	0.720～0.739 17	0.700～0.719 18
c k	0.006 及以下 −0.588	0.006 及以下 −0.563	0.006 及以下 −0.541	0.005 及以下 −0.521	0.005 及以下 −0.504	0.005 及以下 −0.488	0.005 及以下 −0.473	0.005 及以下 −0.460
c k	0.007～0.036 −0.582	0.007～0.035 −0.557	0.007～0.033 −0.535	0.006～0.032 −0.516	0.006～0.031 −0.498	0.006～0.030 −0.483	0.006～0.029 −0.468	0.006～0.028 −0.455
c k	0.037～0.066 −0.569	0.036～0.064 −0.545	0.034～0.061 −0.523	0.033～0.059 −0.504	0.032～0.057 −0.487	0.031～0.055 −0.472	0.030～0.053 −0.458	0.029～0.052 −0.445
c k	0.067～0.096 −0.557	0.065～0.092 −0.533	0.062～0.089 −0.512	0.060～0.086 −0.494	0.058～0.083 −0.477	0.056～0.080 −0.462	0.054～0.078 −0.448	0.053～0.075 −0.435
c k	0.097～0.127 −0.546	0.093～0.121 −0.523	0.090～0.116 −0.502	0.087～0.112 −0.484	0.084～0.108 −0.468	0.081～0.105 −0.453	0.079～0.102 −0.439	0.076～0.099 −0.427
c k	0.128～0.157 −0.537	0.122～0.150 −0.514	0.117～0.144 −0.494	0.113～0.139 −0.476	0.109～0.134 −0.460	0.106～0.130 −0.445	0.103～0.126 −0.432	0.100～0.123 −0.420
c k	0.158～0.187 −0.529	0.151～0.179 −0.506	0.145～0.172 −0.487	0.140～0.166 −0.469	0.135～0.160 −0.453	0.131～0.155 −0.439	0.127～0.150 −0.425	0.124～0.146 −0.413
c k	0.188～0.217 −0.522	0.180～0.208 −0.500	0.173～0.200 −0.480	0.167～0.192 −0.463	0.161～0.186 −0.447	0.156～0.180 −0.433	0.151～0.175 −0.420	0.147～0.170 −0.408
c k	0.218～0.247 −0.517	0.209～0.237 −0.495	0.201～0.227 −0.475	0.193～0.219 −0.458	0.187～0.212 −0.442	0.181～0.205 −0.428	0.176～0.199 −0.416	0.171～0.193 −0.404
c k	0.248～0.277 −0.512	0.238～0.266 −0.490	0.228～0.255 −0.471	0.220～0.246 −0.454	0.213～0.238 −0.438	0.206～0.230 −0.425	0.200～0.223 −0.412	0.194～0.217 −0.400
c k	0.278～0.332 −0.508	0.267～0.318 −0.487	0.256～0.305 −0.468	0.247～0.294 −0.451	0.239～0.284 −0.435	0.231～0.275 −0.421	0.224～0.267 −0.409	0.218～0.259 −0.397
c k	0.333～0.482 −0.501	0.319～0.462 −0.479	0.306～0.444 −0.460	0.295～0.428 −0.444	0.285～0.413 −0.429	0.276～0.400 −0.415	0.268～0.388 −0.403	0.260～0.377 0.391
c k	0.483～0.633 −0.497	0.463～0.606 −0.476	0.445～0.582 −0.457	0.429～0.561 −0.440	0.414～0.542 −0.425	0.401～0.525 −0.412	0.389～0.509 −0.400	0.378～0.495 −0.388
c k	0.634～0.784 −0.496	0.607～0.751 −0.475	0.583～0.721 −0.456	0.562～0.695 −0.440	0.543～0.671 −0.425	0.526～0.650 −0.411	0.510～0.631 −0.399	0.496～0.613 −0.388
c k	0.784 以上 −0.496	0.751 以上 −0.475	0.721 以上 −0.456	0.695 以上 −0.440	0.671 以上 −0.425	0.650 以上 −0.411	0.631 以上 −0.399	0.613 以上 −0.388

表 2（续）

A 或 A' n	0.680～0.699 19	0.660～0.679 20	0.640～0.659 21	0.620～0.639 23	0.600～0.619 24	0.580～0.599 26	0.560～0.579 28	0.540～0.559 30
c	0.005 及以下	0.004 及以下	0.004 及以下	0.004 及以下	0.004 及以下	0.004 及以下	0.004 及以下	0.004 及以下
k	−0.448	−0.436	−0.426	−0.407	−0.398	−0.383	−0.369	−0.356
c	0.006～0.028	0.005～0.027	0.005～0.026	0.005～0.025	0.005～0.024	0.005～0.024	0.005～0.023	0.005～0.022
k	−0.443	−0.432	−0.421	−0.402	−0.394	−0.379	−0.365	−0.352
c	0.029～0.050	0.028～0.049	0.027～0.048	0.026～0.046	0.025～0.045	0.025～0.043	0.024～0.042	0.023～0.040
k	−0.433	−0.422	−0.412	−0.393	−0.385	−0.370	−0.357	−0.344
c	0.051～0.073	0.050～0.072	0.049～0.070	0.047～0.067	0.046～0.065	0.044～0.063	0.043～0.060	0.041～0.058
k	−0.424	−0.413	−0.403	−0.385	−0.377	−0.362	−0.349	−0.337
c	0.074～0.096	0.073～0.094	0.071～0.092	0.068～0.088	0.066～0.086	0.064～0.082	0.061～0.079	0.059～0.077
k	−0.416	−0.405	−0.395	−0.378	−0.370	−0.355	−0.342	−0.331
c	0.097～0.119	0.095～0.116	0.093～0.113	0.089～0.108	0.087～0.106	0.083～0.102	0.080～0.098	0.078～0.095
k	−0.408	−0.398	−0.389	−0.371	−0.363	−0.349	−0.336	−0.325
c	0.120～0.142	0.117～0.139	0.114～0.135	0.109～0.129	0.107～0.127	0.103～0.122	0.099～0.117	0.096～0.113
k	−0.402	−0.392	−0.383	−0.366	−0.358	−0.344	−0.332	−0.320
c	0.143～0.165	0.140～0.161	0.136～0.157	0.130～0.150	0.128～0.147	0.123～0.141	0.118～0.136	0.114～0.131
k	−0.397	−0.387	−0.378	−0.361	−0.354	−0.340	−0.327	−0.316
c	0.166～0.188	0.162～0.183	0.158～0.179	0.151～0.171	0.148～0.167	0.142～0.161	0.137～0.155	0.132～0.150
k	−0.393	−0.383	−0.347	−0.357	−0.350	−0.336	−0.324	−0.313
c	0.189～0.211	0.184～0.206	0.180～0.201	0.172～0.192	0.168～0.188	0.162～0.180	0.156～0.174	0.151～0.168
k	−0.390	−0.380	−0.371	−0.354	−0.347	−0.333	−0.321	−0.310
c	0.212～0.252	0.207～0.246	0.202～0.240	0.193～0.229	0.189～0.225	0.181～0.216	0.175～0.208	0.169～0.201
k	−0.387	−0.377	−0.368	−0.352	−0.344	−0.331	−0.319	−0.308
c	0.253～0.367	0.247～0.358	0.241～0.349	0.230～0.334	0.226～0.327	0.217～0.314	0.209～0.302	0.202～0.292
k	−0.381	−0.371	−0.362	−0.346	−0.339	−0.326	−0.314	−0.303
c	0.368～0.482	0.359～0.470	0.350～0.458	0.335～0.438	0.328～0.429	0.315～0.142	0.303～0.397	0.293～0.383
k	−0.378	−0.368	−0.360	−0.344	−0.336	−0.323	−0.311	−0.301
c	0.483～0.596	0.471～0.581	0.459～0.567	0.439～0.542	0.430～0.531	0.413～0.510	0.398～0.491	0.384～0.475
k	−0.377	−0.368	−0.359	−0.343	−0.336	−0.323	−0.311	−0.300
c	0.596 以上	0.581 以上	0.567 以上	0.542 以上	0.531 以上	0.510 以上	0.191 以上	0.175 以上
k	−0.377	−0.368	−0.359	−0.343	−0.336	−0.323	−0.311	−0.300

表 2（续）

A 或 A'	0.520～0.539	0.500～0.519	0.480～0.499	0.460～0.479	0.440～0.459	0.420～0.439	0.401～0.419	0.400 及以下
n	32	35	38	41	45	49	54	60
c	0.004 及以下	0.003 及以下	0.003 及以下	0.003 及以下	0.003 及以下	0.003 及以下	0.003 及以下	0.003 及以下
k	−0.345	−0.330	−0.316	−0.305	−0.291	−0.279	−0.265	−0.252
c	0.005～0.021	0.004～0.020	0.004～0.019	0.004～0.019	0.004～0.018	0.004～0.017	0.004～0.016	0.004～0.015
k	−0.341	−0.326	−0.313	−0.301	−0.288	−0.276	−0.263	−0.249
c	0.022～0.039	0.021～0.037	0.020～0.036	0.020～0.034	0.019～0.033	0.018～0.031	0.017～0.030	0.016～0.028
k	−0.334	−0.319	−0.036	−0.295	−0.281	−0.270	−0.257	−0.244
c	0.040～0.057	0.038～0.054	0.037～0.052	0.035～0.050	0.034～0.048	0.032～0.046	0.031～0.044	0.029～0.041
k	−0.326	−0.312	−0.300	−0.288	−0.275	−0.264	−0.251	−0.238
c	0.058～0.074	0.055～0.071	0.053～0.068	0.051～0.066	0.049～0.063	0.047～0.060	0.045～0.057	0.042～0.054
k	−0.320	−0.306	−0.294	−0.283	−0.270	−0.259	−0.247	−0.234
c	0.075～0.092	0.072～0.088	0.069～0.084	0.067～0.081	0.064～0.078	0.061～0.074	0.058～0.071	0.055～0.067
k	−0.315	−0.301	−0.289	−0.278	−0.265	−0.254	−0.242	−0.230
c	0.093～0.110	0.089～0.105	0.085～0.101	0.082～0.097	0.079～0.092	0.075～0.089	0.072～0.084	0.068～0.080
k	−0.310	−0.297	−0.285	−0.274	−0.262	−0.251	−0.239	−0.226
c	0.111～0.127	0.106～0.122	0.102～0.117	0.098～0.112	0.093～0.107	0.090～0.103	0.085～0.098	0.081～0.093
k	−0.306	−0.293	−0.281	−0.271	−0.258	−0.247	−0.236	−0.224
c	0.128～0.145	0.123～0.139	0.118～0.133	0.113～0.128	0.108～0.122	0.101～0.117	0.099～0.112	0.094～0.106
k	−0.303	−0.290	−0.278	−0.268	−0.255	−0.245	−0.233	−0.221
c	0.146～0.163	0.140～0.156	0.134～0.149	0.129～0.144	0.123～0.137	0.118～0.131	0.113～0.125	0.107～0.119
k	−0.300	−0.287	−0.275	−0.265	−0.253	−0.243	−0.231	−0.219
c	0.164～0.194	0.157～0.186	0.150～0.178	0.145～0.172	0.138～0.164	0.132～0.157	0.126～0.150	0.120～0.142
k	−0.298	−0.285	−0.273	−0.263	−0.251	−0.211	−0.229	−0.218
c	0.195～0.283	0.187～0.270	0.179～0.260	0.173～0.250	0.165～0.239	0.158～0.229	0.151～0.218	0.143～0.207
k	−0.293	−0.281	−0.269	−0.259	−0.247	−0.237	−0.226	−0.214
c	0.284～0.371	0.271～0.355	0.261～0.341	0.251～0.328	0.240～0.313	0.230～0.300	0.219～0.286	0.208～0.271
k	−0.201	−0.278	−0.267	−0.257	−0.246	−0.235	−0.224	−0.213
c	0.372～0.460	0.356～0.439	0.342～0.422	0.329～0.406	0.314～0.388	0.301～0.371	0.287～0.354	0.272～0.336
k	−0.291	−0.278	−0.267	−0.257	−0.245	−0.235	−0.224	−0.212
c	0.460 以上	0.439 以上	0.422 以上	0.406 以上	0.388 以上	0.371 以上	0.354 以上	0.336 以上
k	−0.291	−0.278	−0.267	−0.257	−0.245	−0.235	−0.224	−0.212

注：$c=\frac{\mu_{0U}-\mu_{0L}}{\sigma}$，$A=\frac{\mu_{1U}-\mu_{0U}}{\sigma}$，$A'=\frac{\mu_{0L}-\mu_{1L}}{\sigma}$。

表 3　单侧规格限"s"法的样本量与接收常数(以均值为质量指标)

B 或 B' 计算值范围	n	k
1.980 及以上	4	−1.176
1.620～1.979	5	−0.953
1.420～1.619	6	−0.823
1.260～1.419	7	−0.734
1.160～1.259	8	−0.670
1.080～1.159	9	−0.620
1.020～1.079	10	−0.580
0.960～1.019	11	−0.546
0.920～0.959	12	−0.518
0.880～0.919	13	−0.494
0.840～0.879	14	−0.473
0.800～0.839	15	−0.455
0.780～0.799	16	−0.438
0.760～0.779	17	−0.423
0.740～0.759	18	−0.410
0.720～0.739	19	−0.398
0.700～0.719	20	−0.387
0.680～0.699	21	−0.376
0.660～0.679	22	−0.367
0.640～0.659	23	−0.358
0.620～0.639	24	−0.350
0.600～0.619	26	−0.335
0.580～0.599	27	−0.328
0.560～0.579	29	−0.316
0.540～0.559	31	−0.305
0.520～0.539	34	−0.290
0.500～0.519	36	−0.282
0.480～0.499	39	−0.270
0.460～0.479	42	−0.260
0.440～0.459	46	−0.248
0.420～0.439	50	−0.237
0.400～0.419	55	−0.226
0.399 及以下	60	−0.216

注：$B=\frac{\mu_{1U}-\mu_{0U}}{\hat{\sigma}}$，$B'=\frac{\mu_{0L}-\mu_{1L}}{\hat{\sigma}}$。

表 4　双侧规格限“s”法的样本量与接收常数(以均值为质量指标)

B或B'	1.980 及以上	1.620～1.979	1.420～1.619	1.260～1.419	1.160～1.259	1.080～1.159	1.020～1.079	0.960～1.019	0.920～0.959
n	4	5	6	7	8	9	10	11	12
D	0.010 及以下	0.009 及以下	0.008 及以下	0.008 及以下	0.007 及以下	0.007 及以下	0.006 及以下	0.006 及以下	0.006 及以下
k	−1.581	−1.234	−1.043	−0.919	−0.831	−0.746	−0.711	−0.668	−0.632
D	0.011～0.050	0.010～0.045	0.009～0.041	0.009～0.038	0.008～0.035	0.008～0.033	0.007～0.032	0.007～0.030	0.007～0.029
k	−1.557	−1.217	−1.031	−0.909	−0.822	−0.755	−0.704	−0.661	−0.625
D	0.051～0.100	0.046～0.089	0.042～0.082	0.039～0.076	0.036～0.071	0.034～0.067	0.033～0.063	0.031～0.060	0.030～0.058
k	−1.506	−1.181	−1.001	−0.884	−0.799	−0.736	−0.685	−0.644	−0.609
D	0.101～0.150	0.090～0.134	0.083～0.122	0.077～0.113	0.072～0.106	0.068～0.100	0.064～0.095	0.061～0.090	0.059～0.087
k	−1.464	−1.152	−0.977	−0.863	−0.782	−0.719	−0.670	−0.630	−0.596
D	0.151～0.200	0.135～0.179	0.123～0.163	0.114～0.151	0.107～0.141	0.101～0.133	0.096～0.126	0.091～0.121	0.088～0.115
k	−1.423	−1.121	−0.952	−0.843	−0.764	−0.703	−0.656	−0.616	−0.584
D	0.201～0.250	0.180～0.224	0.164～0.204	0.152～0.189	0.142～0.177	0.134～0.167	0.127～0.158	0.122～0.151	0.116～0.144
k	−1.383	−1.094	−0.931	−0.825	−0.748	−0.689	−0.643	−0.605	−0.572
D	0.251～0.300	0.225～0.268	0.205～0.245	0.190～0.227	0.178～0.212	0.168～0.200	0.159～0.190	0.152～0.181	0.145～0.173
k	−1.351	−1.070	−0.913	−0.809	−0.734	−0.677	−0.631	−0.594	−0.562
D	0.301～0.350	0.269～0.313	0.246～0.286	0.228～0.265	0.213～0.247	0.201～0.233	0.191～0.221	0.182～0.211	0.174～0.202
k	−1.321	−1.050	−0.897	−0.795	−0.722	−0.666	−0.622	−0.585	−0.554
D	0.351～0.400	0.314～0.358	0.287～0.327	0.266～0.302	0.248～0.283	0.234～0.267	0.222～0.253	0.212～0.241	0.203～0.231
k	−1.296	−1.032	−0.883	−0.784	−0.712	−0.657	−0.613	−0.577	−0.547
D	0.401～0.650	0.359～0.581	0.328～0.531	0.303～0.491	0.284～0.460	0.268～0.433	0.254～0.411	0.242～0.392	0.232～0.375
k	−1.233	−0.990	−0.850	−0.756	−0.688	−0.636	−0.594	−0.560	−0.530
D	0.651～0.900	0.582～0.805	0.532～0.735	0.492～0.680	0.461～0.636	0.434～0.600	0.412～0.569	0.393～0.543	0.376～0.520
k	−1.192	−0.963	−0.830	0.740	0.674	−0.624	−0.583	−0.549	−0.521
D	0.901～1.400	0.806～1.252	0.736～1.143	0.681～1.058	0.637～0.990	0.601～0.933	0.570～0.885	0.544～0.844	0.521～0.808
k	−1.178	−0.954	−0.823	−0.735	−0.670	−0.620	−0.580	−0.547	−0.518
D	1.401～1.900	1.253～1.699	1.144～1.551	1.059～1.436	0.991～1.344	0.934～1.267	0.886～1.202	0.845～1.146	0.809～1.097
k	−1.176	−0.953	−0.823	−0.734	−0.670	−0.620	−0.580	−0.546	−0.518
D	1.900 以上	1.699 以上	1.551 以上	1.436 以上	1.344 以上	1.267 以上	1.202 以上	1.146 以上	1.097 以上
k	−1.176	−0.953	−0.823	−0.734	−0.670	−0.620	−0.580	−0.546	−0.518

表 4（续）

B或B′	0.880～0.919	0.840～0.879	0.800～0.839	0.780～0.799	0.760～0.779	0.740～0.759	0.720～0.739	0.700～0.719
n	13	14	15	16	17	18	19	20
D	0.006 及以下	0.005 及以下	0.005 及以下	0.005 及以下	0.005 及以下	0.005 及以下	0.005 及以下	0.004 及以下
k	−0.601	−0.574	−0.551	−0.530	−0.512	−0.495	−0.479	−0.466
D	0.007～0.028	0.006～0.027	0.006～0.026	0.006～0.025	0.006～0.024	0.006～0.024	0.006～0.023	0.005～0.022
k	−0.594	−0.568	−0.545	−0.525	−0.506	−0.490	−0.474	−0.461
D	0.029～0.055	0.028～0.053	0.027～0.052	0.026～0.050	0.025～0.049	0.025～0.047	0.024～0.046	0.023～0.045
k	−0.579	−0.554	−0.531	−0.512	−0.494	−0.478	−0.463	−0.449
D	0.056～0.083	0.054～0.080	0.053～0.077	0.051～0.075	0.050～0.073	0.048～0.071	0.047～0.069	0.046～0.067
k	−0.567	−0.543	−0.521	−0.501	−0.483	−0.468	−0.454	−0.440
D	0.084～0.111	0.081～0.107	0.078～0.103	0.076～0.100	0.074～0.097	0.072～0.094	0.070～0.092	0.068～0.089
k	−0.555	−0.531	−0.509	−0.491	−0.473	−0.458	−0.444	−0.431
D	0.112～0.139	0.108～0.134	0.104～0.129	0.101～0.125	0.098～0.121	0.095～0.118	0.093～0.115	0.090～0.112
k	−0.545	−0.521	−0.500	−0.481	−0.465	−0.449	−0.436	−0.424
D	0.140～0.166	0.135～0.160	0.130～0.155	0.126～0.150	0.122～0.146	0.119～0.141	0.116～0.138	0.113～0.134
k	−0.536	−0.512	−0.492	−0.473	−0.457	−0.442	−0.429	−0.417
D	0.167～0.194	0.161～0.187	0.156～0.181	0.151～0.175	0.147～0.170	0.142～0.165	0.139～0.161	0.135～0.157
k	−0.528	−0.505	−0.484	−0.467	−0.450	−0.436	−0.423	−0.411
D	0.195～0.222	0.188～0.214	0.182～0.207	0.176～0.200	0.171～0.194	0.166～0.189	0.162～0.184	0.158～0.179
k	−0.521	−0.498	−0.478	−0.461	−0.445	−0.431	−0.418	−0.406
D	0.223～0.361	0.215～0.347	0.208～0.336	0.201～0.325	0.195～0.315	0.190～0.306	0.185～0.298	0.180～0.291
k	−0.505	−0.484	−0.464	−0.447	−0.432	−0.418	−0.406	−0.394
D	0.362～0.499	0.348～0.481	0.337～0.465	0.326～0.450	0.316～0.437	0.307～0.424	0.299～0.413	0.292～0.402
k	−0.497	−0.476	−0.457	−0.440	−0.425	−0.412	−0.400	−0.388
D	0.500～0.777	0.482～0.748	0.466～0.723	0.451～0.700	0.438～0.679	0.425～0.660	0.414～0.642	0.403～0.626
k	−0.495	−0.473	−0.455	−0.438	−0.423	−0.410	−0.398	−0.387
D	0.778～1.054	0.749～1.016	0.724～0.981	0.701～0.950	0.680～0.922	0.661～0.896	0.643～0.872	0.627～0.850
k	−0.494	−0.473	−0.455	−0.438	−0.423	−0.410	−0.398	−0.387
D	1.054 以上	1.016 以上	0.981 以上	0.950 以上	0.922 以上	0.896 以上	0.872 以上	0.850 以上
k	−0.494	−0.473	−0.455	−0.438	−0.423	−0.410	−0.398	−0.387

表 4（续）

B 或 B'	0.680～0.699	0.660～0.679	0.640～0.659	0.620～0.639	0.600～0.619	0.580～0.599	0.560～0.579	0.559～0.540
n	21	22	23	24	26	27	29	31
D	0.004 及以下	0.004 及以下	0.004 及以下	0.004 及以下	0.004 及以下	0.004 及以下	0.004 及以下	0.004 及以下
k	−0.453	−0.441	−0.430	−0.420	−0.402	−0.394	−0.379	−0.365
D	0.005～0.022	0.005～0.021	0.005～0.021	0.005～0.020	0.005～0.020	0.005～0.019	0.005～0.019	0.005～0.018
k	−0.448	−0.437	−0.426	−0.416	−0.398	−0.390	−0.375	−0.361
D	0.023～0.044	0.022～0.043	0.022～0.042	0.021～0.041	0.021～0.039	0.020～0.038	0.020～0.037	0.019～0.036
k	−0.437	−0.426	−0.416	−0.406	−0.388	−0.380	−0.366	−0.352
D	0.045～0.065	0.044～0.064	0.043～0.063	0.042～0.061	0.040～0.059	0.039～0.058	0.038～0.056	0.037～0.054
k	−0.428	−0.417	−0.407	−0.398	−0.380	−0.373	−0.358	−0.346
D	0.066～0.087	0.065～0.085	0.064～0.083	0.062～0.082	0.060～0.078	0.059～0.077	0.057～0.074	0.055～0.072
k	−0.420	−0.409	−0.399	−0.389	−0.373	−0.365	−0.351	−0.339
D	0.088～0.109	0.086～0.107	0.084～0.104	0.083～0.102	0.079～0.098	0.078～0.096	0.075～0.093	0.073～0.090
k	−0.412	−0.401	−0.391	−0.383	−0.366	−0.359	−0.345	−0.333
D	0.110～0.131	0.108～0.128	0.105～0.125	0.103～0.122	0.099～0.118	0.097～0.115	0.094～0.111	0.091～0.108
k	−0.405	−0.395	−0.385	−0.376	−0.360	−0.353	−0.339	−0.327
D	0.132～0.153	0.129～0.149	0.126～0.146	0.123～0.143	0.119～0.137	0.116～0.135	0.112～0.130	0.109～0.126
k	−0.400	−0.390	−0.380	−0.371	−0.355	−0.348	−0.335	−0.323
D	0.154～0.175	0.150～0.171	0.147～0.167	0.144～0.163	0.138～0.157	0.136～0.154	0.131～0.149	0.127～0.144
k	−0.395	−0.385	−0.375	−0.367	−0.351	−0.344	−0.331	−0.319
D	0.176～0.284	0.172～0.277	0.168～0.271	0.164～0.265	0.158～0.255	0.155～0.250	0.150～0.241	0.145～0.233
k	−0.384	−0.374	−0.365	−0.367	−0.341	−0.334	−0.322	−0.311
D	0.285～0.393	0.278～0.384	0.272～0.375	0.266～0.367	0.256～0.353	0.251～0.346	0.242～0.334	0.234～0.323
k	−0.378	−0.368	−0.359	−0.351	−0.336	−0.330	−0.317	−0.306
D	0.394～0.611	0.385～0.597	0.376～0.584	0.368～0.572	0.354～0.549	0.347～0.539	0.335～0.520	0.324～0.503
k	−0.376	−0.367	−0.358	−0.350	−0.335	−0.328	−0.316	−0.305
D	0.612～0.829	0.598～0.810	0.585～0.792	0.573～0.776	0.550～0.745	0.540～0.731	0.521～0.706	0.504～0.683
k	−0.376	−0.367	−0.358	−0.350	−0.335	−0.328	−0.316	−0.305
D	0.829 以上	0.810 以上	0.792 以上	0.776 以上	0.745 以上	0.731 以上	0.706 以上	0.683 以上
k	−0.376	−0.367	−0.358	−0.350	−0.335	−0.328	−0.316	−0.305

表 4（续）

B 或 B'	0.520～0.539	0.500～0.519	0.480～0.499	0.460～0.479	0.440～0.459	0.420～0.439	0.400～0.419	0.399 及以下
n	34	36	39	42	46	50	55	60
D	0.003 及以下	0.003 及以下	0.003 及以下	0.003 及以下	0.003 及以下	0.003 及以下	0.003 及以下	0.003 及以下
k	−0.347	−0.337	−0.323	−0.310	−0.296	−0.283	−0.269	−0.257
D	0.004～0.017	0.004～0.017	0.004～0.016	0.004～0.015	0.004～0.015	0.004～0.014	0.004～0.013	0.004～0.013
k	−0.344	−0.333	−0.319	−0.307	−0.293	−0.280	−0.266	−0.254
D	0.018～0.034	0.018～0.033	0.017～0.032	0.016～0.031	0.016～0.029	0.015～0.028	0.014～0.027	0.014～0.026
k	−0.335	−0.325	−0.312	−0.300	−0.285	−0.273	−0.260	−0.248
D	0.035～0.051	0.034～0.050	0.033～0.048	0.032～0.046	0.030～0.044	0.029～0.042	0.028～0.040	0.027～0.039
k	−0.329	−0.319	−0.306	−0.294	−0.280	−0.268	−0.255	−0.244
D	0.052～0.069	0.051～0.067	0.049～0.064	0.047～0.062	0.045～0.059	0.043～0.057	0.041～0.054	0.040～0.052
k	−0.322	−0.313	−0.299	−0.288	−0.274	−0.263	−0.250	−0.239
D	0.070～0.086	0.068～0.083	0.065～0.080	0.063～0.077	0.060～0.074	0.058～0.071	0.055～0.067	0.053～0.065
k	−0.316	−0.307	−0.294	−0.283	−0.270	−0.258	−0.246	−0.235
D	0.087～0.103	0.084～0.100	0.081～0.096	0.078～0.093	0.075～0.088	0.072～0.085	0.068～0.081	0.066～0.077
k	−0.311	−0.302	−0.290	−0.279	−0.265	−0.254	−0.242	−0.231
D	0.104～0.120	0.101～0.117	0.097～0.112	0.094～0.108	0.089～0.103	0.086～0.099	0.082～0.094	0.078～0.090
k	−0.307	−0.298	−0.286	−0.275	−0.262	−0.251	−0.239	−0.228
D	0.121～0.137	0.118～0.133	0.113～0.128	0.109～0.123	0.104～0.118	0.100～0.113	0.095～0.108	0.091～0.103
k	−0.304	−0.295	−0.282	−0.272	−0.259	−0.248	−0.236	−0.225
D	0.138～0.223	0.134～0.217	0.129～0.208	0.124～0.201	0.119～0.192	0.114～0.184	0.109～0.175	0.104～0.168
k	−0.296	−0.287	−0.275	−0.264	−0.252	−0.241	−0.230	−0.220
D	0.224～0.309	0.218～0.300	0.209～0.288	0.202～0.278	0.193～0.265	0.185～0.255	0.176～0.243	0.169～0.232
k	−0.291	−0.283	−0.271	−0.261	−0.249	−0.238	−0.227	−0.216
D	0.310～0.480	0.301～0.467	0.289～0.448	0.279～0.432	0.266～0.413	0.256～0.396	0.244～0.378	0.233～0.361
k	−0.290	−0.282	−0.270	−0.260	−0.248	−0.237	−0.226	−0.216
D	0.481～0.652	0.468～0.633	0.449～0.608	0.433～0.586	0.414～0.560	0.397～0.537	0.379～0.512	0.362～0.491
k	−0.290	−0.282	−0.270	−0.260	−0.248	−0.237	−0.226	−0.216
D	0.652 以上	0.633 以上	0.608 以上	0.586 以上	0.560 以上	0.537 以上	0.512 以上	0.491 以上
k	−0.290	−0.282	−0.270	−0.260	−0.248	−0.237	−0.226	−0.216

注：$D=\frac{\mu_{0U}-\mu_{0L}}{\hat{\sigma}}$，$B=\frac{\mu_{1U}-\mu_{0U}}{\hat{\sigma}}$，$B'=\frac{\mu_{0L}-\mu_{1L}}{\hat{\sigma}}$。

5 以不合格品率为质量指标的抽样检验

5.1 抽样检验的程序

实施本标准的程序如下：

a) 选择抽样检验类型；

b) 确定抽样检验方式；

c) 规定合格质量与极限质量；

d) 确定抽样方案；

e) 构成批与抽取样本；

f) 检测样本与计算结果；

g) 判断批能否接收；

h) 处理检验批。

5.2 抽样检验的实施

5.2.1 抽样检验类型的选择

产品质量稳定，并有近期质量管理或抽样检验的数据能预先确定批标准差时，可选用"σ"法。如无近期数据或即使有近期数据，但质量不稳定时，应选用"s"法。

产品质量稳定与否的检验方法可按本标准的附录 A 的规定执行。

当生产方与使用方有较长时间供货合同时，无论采用"s"法或"σ"法，都要以控制图方式记录样本均值与样本标准差。若在应用"s"法过程中，控制图显示样本标准差已处于统计控制状态，允许由"s"法转换为"σ"。若在应用"σ"法过程中，控制图显示样本标准差不处于统计控制状态，须立即由"σ"法转换为"s"法。如果控制图虽未显示失去统计控制状态，但表明批标准差变小或变大时，应随时更新所采用的批标准差值。控制图的使用按 GB/T 4091 执行。

5.2.2 抽样检验方式的确定

本标准有上规格限、下规格限及双侧规格限三种抽样检验方式。供本标准使用者根据产品标准质量要求不同的规格限而选用。

采用双侧规格限"s"法，必须满足下列两个条件，才能应用标准的图表：

a) $\dfrac{U-L'}{\hat{\sigma}}>2.89u_{1-p_0}-0.89u_{1-p_1}$

b) $\dfrac{U-L}{\hat{\sigma}}>2u_{1-0.2p_0}$

式中 u_{1-p_0}、u_{1-p_1} 与 $u_{1-0.2p_0}$ 是标准正态分布的上侧概率 p_0、p_1 与 $0.2p_0$ 时的分位数。在附录 E 中给出了本标准中采用的优先不合格品率数列的分位数值。

抽样检验为"s"法时，上述条件中的 $\hat{\sigma}$ 值，由生产方与使用方根据以往经验商定。

5.2.3 合格质量与极限质量的规定

合格质量与极限质量应根据产品标准中对质量的要求，由生产方与使用方协商确定。

5.2.4 抽样方案的确定

5.2.4.1 "σ"法

按下表所列步骤确定抽样方案。

工作步骤	工作内容	检验方式		
		上规格限	下规格限	双侧规格限
(1)	规定质量要求	U,p_0,p_1	L,p_0,p_1	U,L,p_0,p_1
(2)	确定 σ 值	由生产厂近期的 20～25 组 $\overline{x}-s$(或 R)控制图数据，或近期 20～25 批的抽样检验数据。按附录 B 的方法估计		
(3)	确定抽样方案	由 p_0,p_1 值于表 5 检出 n,k 值		由 p_0,p_1 及 $\dfrac{U-L}{\sigma}$ 值于表 6 检出 n,k 值

5.2.4.2 “*s*”法

按下表所列步骤确定抽样方案。

工作步骤	工作内容	检验方式		
		上规格限	下规格限	双侧规格限
(1)	规定质量要求	U, p_0, p_1	L, p_0, p_1	U, L, p_0, p_1
(2)	确定抽样方案	由 p_0、p_1 值于表7检出 n, k		同左(所给条件满足双侧规格限使用条件时)

5.2.5 批的构成与样本的抽取

提交检验的产品必须以批的形式提交,提交的批可与投产批、销售批、运输批相同或不同,但应由同一规格型号、同一质量等级以及由同一材质原料在同一工艺条件下生产的单位产品构成。批量大小按销售情况和实际生产条件由生产方与使用方商定。

所需样本应从整批中随机抽取,可在批构成之后或在批的构成过程中进行。

5.2.6 样本的检测与统计量的计算

方法同4.2.6。

5.2.7 批能否接收的判断

5.2.7.1 “σ”法判断规则

a) 给定上规格限时,

$$Q_U = \frac{U - \overline{x}}{\sigma}$$

若 $Q_U \geqslant k$,接收该批;若 $Q_U < k$,不接收该批。

b) 给定下规格限时,

$$Q_L = \frac{\overline{x} - L}{\sigma}$$

若 $Q_L \geqslant k$,接收该批;若 $Q_L < k$,不接收该批。

c) 给定双侧规格限制时,

$$Q_U = \frac{U - \overline{x}}{\sigma}, Q_L = \frac{\overline{x} - L}{\sigma}$$

若 $Q_U \geqslant k$ 并 $Q_L \geqslant k$,接收该批;若 $Q_U < k$ 或 $Q_L < k$,不接收该批。

对不被接收的批,以95%的概率确认该批不合格。

5.2.7.2 “*s*”法判断规则

a) 给定上规格限时,

$$Q_U = \frac{U - \overline{x}}{s}$$

若 $Q_U \geqslant k$,接收该批;若 $Q_U < k$,不接收该批。

b) 给定下规格限时,

$$Q_L = \frac{\overline{x} - L}{s}$$

若 $Q_L \geqslant k$,接收该批;若 $Q_L < k$,不接收该批。

c) 给定双侧规格限时,

$$Q_U = \frac{U - \overline{x}}{s}, Q_L = \frac{\overline{x} - L}{s}$$

若 $Q_U \geqslant k$ 并 $Q_L \geqslant k$,接收该批;若 $Q_U < k$ 或 $Q_L < k$,不接收该批。

对不被接收的批,以95%的概率确认该批不合格。

5.2.8 批的处理

方法同4.2.8。

5.3 应用示例

5.3.1 “σ”法

5.3.1.1 给定上规格限时

例:设某种产品的单位产品质量特性值不超过200时为合格品。已知$\sigma=6$,规定$p_0=1.00(\%)$,$p_1=8.00(\%)$,确定满足上述要求的抽样方案,并对批的接收与否作出判断。

确定步骤:

a) 已知$U=200$,$p_0=1.00(\%)$,$p_1=8.00(\%)$,$\sigma=6$。

b) 根据p_0、p_1,由表5中查得$p_0=1.00(\%)$的横向行与$p_1=8.00(\%)$的竖向列相交位置中的数为:

$$n=10,k=1.81$$

c) 求得抽样方案[10,1.81]。从此中抽取10个单位产品,检测后得到样本均值$\bar{x}$,判断规则为:

$$Q_U=\frac{200-\bar{x}}{6}$$

若$Q_U\geqslant1.81$,接收该批;若$Q_U<1.81$,不接收该批。

5.3.1.2 给定下规格限时

例:已知产品特征值的标准差$\sigma=16$。产品标准规定单位产品特征值不低于500时为合格品,又规定$p_0=1.00(\%)$,$p_1=10.00(\%)$,求抽样方案,并对批的接收与否作出判断。

确定步骤:

a) 已知$L=500$,$p_0=1.00(\%)$,$p_1=10.00(\%)$,$\sigma=16$。

b) 根据已知条件,由表5查得$p_0=1.00(\%)$的横向行与$p_1=10.00(\%)$的竖向列相交位置的数为:

$$n=8,k=1.74$$

c) 求得抽样方案为[8,1.74],从批中抽取8个单位产品,检测后得到样本均值$\bar{x}$,判断规则为:

$$Q_L=\frac{\bar{x}-500}{16}$$

若$Q_L\geqslant1.74$,接收该批;若$Q_L<1.74$,不接收该批。

5.3.1.3 给定双侧规格限时

例:设某一产品,其质量特性值要求双侧规格限,分别为$L=58$,$U=67$,又要求超出双侧规格限的不合格率$p_0=5.00(\%)$,$p_1=16.00(\%)$,产品的标准差$\sigma=1.3$,试求抽样方案,并对批的接收与否作出判断。

确定步骤:

a) 已知$L=58$,$U=67$,$p_0=5.00(\%)$,$p_1=16.00(\%)$,$\sigma=1.3$。

b) 计算:计算值$\frac{U-L}{\sigma}=\frac{67-58}{1.3}=6.923$。

c) 根据已知条件和计算值6.923,由表6中查得$p_1=16.00(\%)$的横向行与$p_0=5.00(\%)$的竖向列相交位置的数为:

$$n=19,k=1.29$$

d) 求得抽样方案为[19,1.29],从批中抽取19个单位产品,检测后得到样本均值$\bar{x}$,判断规则为:

$$Q_U=\frac{67-\bar{x}}{1.3},Q_L=\frac{\bar{x}-58}{1.3}$$

若$Q_U\geqslant1.29$并且$Q_L\geqslant1.29$,接收该批;若$Q_U<1.29$或$Q_L<1.29$,不接收该批。

5.3.2 “s”法

5.3.2.1 给定上规格限时

例:假定5.3.1.1例题中标准差为未知时,试求其抽样方案,并对批的接收与否作出判断。

确定步骤：

a) 已知 $U=200$，$p_0=1.00(\%)$，$p_1=8.00(\%)$。

b) 根据已知条件，由表 7 中查得 $p_0=1.00(\%)$的横向行与 $p_1=8.00(\%)$的竖向列相交位置的数为：$n=28$，$k=1.83$。

c) 求得抽样方案[28,1.83]，(样本量明显比“σ”法的抽样方案为大)。从批中抽取 28 个单位产品，检测后得到样本均值 $\bar{x}$ 和样本标准差 s，判断规则为：

$$Q_U=\frac{200-\bar{x}}{s}$$

求 $Q_U \geqslant 1.83$，接收该批；若 $Q_U<1.83$，不接收该批。

5.3.2.2 **给定下规格限时**

例：假定 5.3.1.2 例题中标准差为未知时，试求其抽样方案，并对批的接收与否作出判断。

确定步骤：

a) 已知 $L=500$，$p_0=1.00(\%)$，$p_1=10.00(\%)$。

b) 根据已知条件，由表 7 中查得 $p_0=1.00(\%)$的横向行与 $p_1=10.00(\%)$的竖向列相交位置的数为：$n=21$，$k=1.76$。

c) 求得抽样方案[21,1.76](样本量明显比“σ”法的抽样方案的样本量大)。从批中抽取 21 个单位产品，检测后得到样本均值 $\bar{x}$ 与样本标准差 s，判断规则为：

$$Q_L=\frac{\bar{x}-500}{s}$$

若 $Q_L \geqslant 1.76$，接收该批；若 $Q_L<1.76$，不接收该批。

5.3.2.3 **给定双侧规格限时**

例：假定 5.3.1.3 例题中标准差未知，试求其抽样方案，并对批的接收与否作出判断。

确定步骤：

a) 已知 $L=58$，$U=67$，$p_0=5.00(\%)$，$p_1=16.00(\%)$。

b) 为了检测上述条件是否适合应用本标准图表，根据经验所知，产品的标准差在 0.6～1.8 之间变动，故以最大标准差 $\hat{\sigma}=1.8$ 来计算。

计算：

$$\frac{U-L}{\hat{\sigma}}=\frac{67-58}{1.8}=5.000$$

$$2u_{1-0.2p_0}=2\times 2.326\ 35=4.653$$

$$2.89u_{1-p_0}-0.89u_{1-p_1}=2.89\times 1.644\ 85-0.89\times 0.994\ 46=3.869$$

$$5.000>3.869 \text{ 并且 } 5.000>4.653$$

符合 5.2.2 条双侧规格限的条件，可采用本标准的表检索抽样方案。

c) 根据已知条件，由表 7 中查得 $p_0=5.00(\%)$的横向行与 $p_1=16.00(\%)$的竖向列相交位置的数为：

$$n=38, k=1.29$$

d) 求得抽样方案为[38,1.29]。从批中抽取 38 个单位产品。检测后得到样本均值 $\bar{x}$ 与样本标准差 s。判断规则为：

$$Q_U=\frac{67-\bar{x}}{s}, Q_L=\frac{\bar{x}-58}{s}$$

若 $Q_U \geqslant 1.29$ 并 $Q_L \geqslant 1.29$，接收该批；若 $Q_U<1.29$ 或 $Q_L<1.29$，不接收该批。

5.4 **抽样表**

本标准给出了以不合格品率为质量指标的“σ”法与“s”法的抽样方案表，见表 5、表 6 与表 7。

表 5 单侧规格限“σ”法的样本量与接收常数(以不合格品率为质量指标)

p_0(%) 代表值 \ p_1(%) 代表值	范围	0.80	1.00	1.25	1.60	2.00	2.50	3.15	4.00	5.00	6.30	8.00	10.00	12.50	16.00	20.00	25.00	31.50
代表值	范围	0.71~0.9	0.91~1.12	1.13~1.40	1.41~1.80	1.81~2.24	2.25~2.80	2.81~3.55	3.56~4.50	4.51~5.60	5.61~7.10	7.11~9.00	9.01~11.2	11.30~14.0	14.10~18.0	18.10~22.4	22.50~28.0	28.10~35.5
0.100	0.090~0.112	18 2.71	15 2.66	12 2.61	10 2.56	8 2.51	7 2.46	6 2.40	5 2.34	4 2.27	4 2.23	3 2.14	3 2.10	2 2.00	2 1.92	2 1.87	2 1.81	2 1.74
0.125	0.113~0.140	23 2.68	18 2.63	14 2.58	11 2.53	9 2.48	8 2.43	6 2.36	5 2.30	5 2.26	4 2.19	3 2.10	3 2.06	2 1.97	2 1.88	2 1.82	2 1.77	2 1.70
0.160	0.141~0.180	29 2.64	22 2.60	17 2.55	13 2.50	11 2.45	9 2.39	7 2.33	6 2.28	5 2.21	5 2.14	4 2.08	3 2.01	3 1.94	2 1.85	2 1.77	2 1.72	2 1.64
0.200	0.181~0.224	39 2.61	28 2.57	21 2.52	16 2.47	13 2.42	10 2.36	8 2.30	7 2.25	6 2.19	5 2.12	4 2.05	3 1.98	3 1.92	2 1.82	2 1.73	2 1.68	2 1.60
0.250	0.225~0.280	*	37 2.54	27 2.49	20 2.44	15 2.38	12 2.33	10 2.28	8 2.22	6 2.15	5 2.08	4 2.01	4 1.96	3 1.87	3 1.79	2 1.70	2 1.62	2 1.56
0.315	0.281~0.355	*	*	36 2.46	25 2.40	19 2.35	14 0.30	11 2.24	9 2.18	7 2.12	6 2.06	5 1.99	4 1.91	3 1.84	3 1.77	2 1.67	2 1.57	2 1.50
0.400	0.356~0.450	*	*	*	33 2.37	24 2.32	18 2.26	14 2.21	11 2.15	8 2.09	7 2.02	6 1.95	5 1.89	4 1.81	3 1.72	3 1.63	2 1.53	2 1.45
0.500	0.451~0.560	*	*	*	46 2.33	31 2.28	23 2.23	17 2.17	13 2.11	10 2.05	8 1.99	6 1.92	5 1.85	4 1.77	3 1.68	3 1.60	2 1.51	2 1.40
0.630	0.561~0.710	*	*	*	*	44 2.25	30 2.19	21 2.14	15 2.07	12 2.02	9 1.95	7 1.88	6 1.82	5 1.75	4 1.66	3 1.57	3 1.47	2 1.36
0.800	0.711~0.900		*	*	*	*	42 2.16	28 2.10	20 2.04	15 1.98	11 1.91	8 1.84	7 1.78	6 1.70	4 1.61	3 1.52	3 1.44	2 1.33

表 5（续）

p_0(%) \ p_1(%) 代表值	代表值	0.80	1.00	1.25	1.60	2.00	2.50	3.15	4.00	5.00	6.30	8.00	10.00	12.50	16.00	20.00	25.00	31.50
代表值	范围 \ 范围	0.71 ~0.9	0.91 ~1.12	1.13 ~1.40	1.41 ~1.80	1.81 ~2.24	2.25 ~2.80	2.81 ~3.55	3.56 ~4.50	4.51 ~5.60	5.61 ~7.10	7.11 ~9.00	9.01 ~11.2	11.30 ~14.0	14.10 ~18.0	18.10 ~22.4	22.50 ~28.0	28.10 ~35.5
1.00	0.901 ~1.12			*	*	*	*	39 2.06	26 2.00	18 1.94	14 1.88	10 1.81	8 1.74	6 1.66	5 1.58	4 1.50	3 1.39	3 1.30
1.25	1.130 ~1.40				*	*	*	*	36 1.97	24 1.91	17 1.84	12 1.77	9 1.70	7 1.62	6 1.54	4 1.44	3 1.36	3 1.25
1.60	1.410 ~1.80					*	*	*	*	34 1.86	23 1.80	16 1.73	12 1.66	9 1.59	7 1.49	5 1.41	4 1.32	3 1.20
2.00	1.810 ~2.24						*	*	*	*	31 1.76	20 1.69	14 1.62	10 1.54	8 1.46	6 1.37	5 1.28	3 1.17
2.50	2.250 ~2.80							*	*	*	46 1.72	28 1.65	19 1.58	13 1.50	9 1.41	7 1.33	5 ~1.23	4 1.13
3.15	2.810 ~3.55								*	*	*	41 1.60	26 1.53	17 1.46	11 1.37	8 1.28	6 1.19	5 ~1.08
4.00	3.560 ~4.50									*	*	*	39 1.49	24 1.41	15 1.33	10 1.24	7 1.14	5 1.05
5.00	4.510 ~5.60										*	*	*	36 1.37	20 1.28	14 1.19	10 1.10	6 0.99
6.30	5.610 ~7.10											*	*	*	30 1.23	19 1.14	12 1.05	8 0.94
8.00	7.110 ~9.00												*	*	*	27 1.09	17 0.99	10 0.89
10.00	9.010 ~11.2													*	*	45 1.03	24 0.94	14 0.83

* 样本量大于 50，不予推荐。

表 6　双侧规格限"σ"法的样本量与接收常数(以不合格品率为质量指标)

p_0(%)	代表值	0.100			0.125			0.160		
	范围	0.090～0.112			0.113～0.140			0.141～0.180		
p_1(%) 代表值	$\frac{U-L}{\sigma}$计算值 / 范围	6.64 及以下	6.65～6.90	6.91 及以上	6.51 及以下	6.52～6.80	6.81 及以上	6.37 及以下	6.38～6.69	6.70 及以上
0.80	0.71～0.90	14 2.75	16 2.73	18 2.71	16 2.73	18 2.71	23 2.68	20 2.70	24 2.67	29 2.65
1.00	0.91～1.12	12 2.70	13 2.68	14 2.67	13 2.68	15 2.66	18 2.63	16 2.65	18 2.63	22 2.60
1.25	1.13～1.40	10 2.65	11 2.63	12 2.62	11 2.63	12 2.61	14 2.59	13 2.60	15 2.58	17 2.55
1.60	1.41～1.80	8 2.59	9 2.58	10 2.57	9 2.57	10 2.56	11 2.53	10 2.54	12 2.52	13 2.50
2.00	1.81～2.24	7 2.54	7 2.53	8 2.51	8 2.51	8 2.50	9 2.48	9 2.49	10 2.47	11 2.45
2.50	2.25～2.80	6 2.48	6 2.47	7 2.46	7 2.46	7 2.45	8 2.43	8 2.43	8 2.42	9 2.40
3.15	2.81～3.55	5 2.42	5 2.41	6 2.0	6 2.40	6 2.39	6 2.37	6 2.37	7 2.36	7 2.34
4.00	3.56～4.50	5 2.36	5 2.35	5 2.34	5 2.33	5 2.32	5 2.31	5 2.31	6 2.29	6 2.28
5.00	4.51～5.60	4 2.30	4 2.29	4 2.28	4 2.27	4 2.26	5 2.25	5 2.24	5 2.23	5 2.22
6.30	5.61～7.10	4 2.23	4 2.23	4 2.23	4 2.21	4 2.20	4 2.19	4 2.17	4 2.17	4 2.15
8.00	7.11～9.00	3 2.15	3 2.15	3 2.15	3 2.13	3 2.12	3 2.12	3 2.10	4 2.09	4 2.08
10.00	9.01～11.2	3 2.10	3 2.10	3 2.10	3 2.08	3 2.07	3 2.06	3 2.02	3 2.02	3 2.01
12.5	11.3～14.0	2 2.00	2 2.00	2 2.00	2 1.97	2 1.97	2 1.97	3 1.94	3 1.94	3 1.94
16.0	14.1～18.0	2 1.92	2 1.92	2 1.92	2 1.88	2 1.88	2 1.88	2 1.85	2 1.85	2 1.85
20.0	18.1～22.4	2 1.87	2 1.87	2 1.87	2 1.82	2 1.82	2 1.82	2 1.77	2 1.77	2 1.77
25.0	22.5～28.0	2 1.81	2 1.81	2 1.81	2 1.76	2 1.76	2 1.76	2 1.71	2 1.71	2 1.71
31.5	28.1～35.5	2 1.74	2 1.74	2 1.74	2 1.69	2 1.69	2 1.69	2 1.64	2 1.64	2 1.64

表 6（续）

p_0(%) 代表值		0.200			0.250			0.315		
p_0(%) 范围		0.181～0.224			0.225～0.280			0.281～0.355		
p_1(%) 代表值	范围 \ $\frac{U-L}{\sigma}$计算值	6.24 及以下	6.25～6.57	6.58 及以上	6.11 及以下	6.12～6.43	6.44 及以上	5.96 及以下	5.97～6.29	6.30 及以上
0.80	0.71～0.90	25 2.67	30 2.65	37 2.62	32 2.64	42 2.61	*	40 2.62	*	*
1.00	0.91～1.12	19 2.62	23 2.60	28 2.57	24 2.59	31 2.56	37 2.54	29 2.57	38 2.54	*
1.25	1.13～1.40	16 2.57	18 2.55	21 2.55	19 2.54	23 2.51	27 2.49	22 2.52	28 2.49	35 2.46
1.60	1.41～1.80	13 2.51	14 2.49	16 2.47	15 2.48	17 2.46	20 2.44	17 2.46	20 2.43	24 2.41
2.00	1.81～2.24	10 2.46	11 2.44	13 2.42	12 2.43	13 2.41	15 2.39	13 2.41	16 2.38	18 2.36
2.50	2.25～2.80	8 2.40	9 2.39	10 2.37	10 2.37	11 2.35	12 2.33	11 2.35	12 2.33	14 2.30
3.15	2.81～3.55	7 2.34	8 2.33	8 2.31	8 2.31	9 2.30	10 2.28	9 2.29	10 2.27	11 2.24
4.00	3.56～4.50	6 2.28	7 2.27	7 2.25	7 2.25	8 2.23	8 2.22	7 2.23	8 2.21	9 2.18
5.00	4.51～5.60	5 2.21	5 2.21	6 2.19	6 2.19	6 2.17	6 2.16	6 2.16	6 2.15	7 2.12
6.30	5.61～7.10	4 2.14	4 2.14	5 2.12	5 2.12	5 2.11	5 2.09	5 2.09	5 2.08	6 2.06
8.00	7.11～9.00	4 2.07	4 2.07	4 2.05	4 2.04	4 2.03	4 2.02	4 2.02	5 2.01	5 1.99
10.00	9.01～11.2	3 2.00	3 1.99	3 1.98	4 1.97	4 1.96	4 1.95	4 1.94	4 1.93	4 1.92
12.5	11.3～14.0	3 1.92	3 1.92	3 1.92	3 1.89	3 1.89	3 1.88	3 1.86	3 1.86	3 1.84
16.0	14.1～18.0	2 1.82	2 1.82	2 1.82	3 1.80	3 1.80	3 1.79	3 1.77	3 1.77	3 1.76
20.0	18.1～22.4	2 1.73	2 1.73	2 1.73	2 1.70	2 1.70	2 1.70	2 1.68	2 1.68	2 1.67
25.0	22.5～28.0	2 1.67	2 1.67	2 1.67	2 1.62	2 1.62	2 1.62	2 1.58	2 1.58	2 1.58
31.5	28.1～35.5	2 1.60	2 1.60	2 1.60	2 1.56	2 1.56	2 1.56	2 1.50	2 1.50	2 1.50

* 样本量大于 50，不予推荐。

表 6（续）

p_0(%)	代表值	0.400			0.500			0.630		
	范围	0.356～0.450			0.451～0.560			0.561～0.710		
p_1(%) 代表值	$\frac{U-L}{\sigma}$计算值 / 范围	5.82 及以下	5.83～6.15	6.16 及以上	5.67 及以下	5.68～6.01	6.02 及以上	5.52 及以下	5.53～5.85	5.86 及以上
1.00	0.91～1.12	41 2.53	*	*	*	*	*	*	*	*
1.25	1.13～1.40	29 2.48	39 2.45	49 2.43	39 2.46	*	*	*	*	*
1.60	1.41～1.80	21 2.43	26 2.40	33 2.37	27 2.40	35 2.36	45 2.34	36 2.37	49 2.33	*
2.00	1.81～2.24	16 2.38	19 2.35	24 2.32	21 2.34	25 2.31	31 2.29	26 2.32	34 2.28	44 2.25
2.50	2.25～2.80	13 2.32	15 2.29	17 2.27	16 2.29	19 2.26	23 2.23	19 2.26	24 2.23	29 2.20
3.15	2.81～3.55	10 2.26	12 2.24	14 2.21	12 2.23	14 2.20	17 2.18	15 2.20	18 2.17	21 2.14
4.00	3.56～4.50	8 2.19	10 2.17	11 2.15	10 2.16	11 2.14	12 2.12	12 2.13	13 2.11	15 2.08
5.00	4.51～5.60	7 2.13	8 2.11	8 2.09	8 2.10	9 2.08	10 2.06	10 2.07	11 2.05	12 2.02
6.30	5.61～7.10	6 2.06	6 2.05	7 2.03	7 2.02	7 2.01	8 1.99	8 2.00	8 1.98	9 1.96
8.00	7.11～9.00	5 1.98	5 1.97	6 1.96	6 1.95	6 1.94	6 1.93	7 1.92	7 1.91	7 1.89
10.00	9.01～11.2	4 1.91	4 1.90	5 1.89	5 1.88	5 1.87	5 1.85	6 1.85	6 1.84	6 1.82
12.5	11.3～14.0	4 1.83	4 1.83	4 1.81	4 1.80	4 1.80	4 1.78	5 1.77	5 1.76	5 1.75
16.0	14.1～18.0	3 1.74	3 1.73	3 1.72	3 1.71	3 1.70	3 1.69	4 1.68	4 1.67	4 1.65
20.0	18.1～22.4	3 1.65	3 1.65	3 1.64	3 1.62	3 1.61	3 1.60	3 1.59	3 1.58	3 1.57
25.0	22.5～28.0	2 1.55	2 1.55	2 1.54	2 1.52	2 1.52	2 1.51	3 1.49	3 1.48	3 1.47
31.5	28.1～35.5	2 1.45	2 1.45	2 1.45	2 1.40	2 1.40	2 1.40	2 1.37	2 1.37	2 1.36

* 样本量大于 50，不予推荐。

表 6（续）

p_0(%)	代表值	0.800			1.00			1.25		
	范围	0.711～0.900			0.901～1.12			1.13～1.40		
p_1(%) \ $\frac{U-L}{\sigma}$计算值 代表值	范围	5.36 及以下	5.37～5.69	5.70 及以上	5.21 及以下	5.22～5.36	5.37 及以上	5.05 及以下	5.06～5.39	5.40 及以上
2.00	1.81～2.24	35 2.28	46 2.25	*	*	*	*	*	*	*
2.50	2.25～2.80	24 2.23	32 2.19	40 2.17	33 2.19	44 2.16	*	47 2.16	*	*
3.15	2.81～3.55	18 2.17	23 2.13	27 2.11	23 2.13	29 2.10	38 2.07	30 2.10	41 2.06	*
4.00	3.56～4.50	14 2.10	17 2.07	19 2.05	17 2.07	21 2.04	26 2.01	21 2.04	26 2.01	34 1.97
5.00	4.51～5.60	11 2.04	13 2.01	15 1.99	13 2.00	16 1.97	18 1.95	16 1.97	18 1.94	23 1.92
6.30	5.61～7.10	9 1.96	10 1.94	11 1.92	10 1.94	12 1.91	14 1.88	12 1.91	14 1.88	16 1.85
8.00	7.11～9.00	7 1.89	8 1.87	8 1.85	8 1.86	9 1.84	10 1.82	9 1.83	10 1.81	12 1.78
10.0	9.01～11.2	6 1.82	6 1.80	7 1.78	6 1.79	7 1.77	8 1.75	7 1.76	8 1.74	9 1.71
12.5	11.3～14.0	5 1.74	5 1.73	5 1.71	5 1.71	5 1.69	6 1.67	6 1.67	7 1.65	7 1.63
16.0	14.1～18.0	4 1.65	4 1.64	4 1.62	4 1.62	4 1.60	5 1.58	5 1.59	5 1.57	6 1.55
20.0	18.1～22.4	3 1.56	3 1.55	3 1.53	4 1.52	4 1.51	4 1.50	4 1.49	4 1.48	4 1.46
25.0	22.5～28.0	3 1.46	3 1.45	3 1.44	3 1.42	3 1.41	3 1.40	3 1.39	3 1.38	3 1.37
31.5	28.1～35.5	2 1.34	2 1.34	2 1.33	3 1.31	3 1.30	3 1.29	3 1.28	3 1.27	3 1.26

* 样本量大于 50,不予推荐。

表 6（续）

p_0(%) 代表值		1.60			2.00			2.50		
p_0(%) 范围		1.41～1.80			1.81～2.24			2.25～2.80		
p_1(%) 代表值	范围 \ $\frac{U-L}{\sigma}$计算值	4.88 及以下	4.89～5.23	5.24 及以上	4.71 及以下	4.72～5.05	5.06 及以上	4.54 及以下	4.55～4.87	4.88 及以上
4.00	3.56～4.50	28 2.00	41 1.96	*	40 1.97	*	*	*	*	*
5.00	4.51～5.60	20 1.94	27 1.90	34 1.87	26 1.91	36 1.87	50 1.83	38 1.87	*	*
6.30	5.61～7.10	15 1.87	19 1.83	23 1.80	18 1.84	24 1.80	30 1.77	24 1.80	33 1.76	44 1.73
8.00	7.11～9.00	11 1.80	14 1.76	16 1.73	13 1.76	16 1.73	19 1.70	16 1.73	21 1.69	27 1.66
10.0	9.01～11.2	9 1.72	10 1.69	12 1.66	10 1.69	12 1.66	14 1.62	12 1.65	15 1.62	18 1.59
12.5	11.3～14.0	7 1.64	8 1.62	9 1.59	8 1.61	9 1.58	10 1.55	9 1.58	11 1.54	13 1.51
16.0	14.1～18.0	5 1.55	6 1.53	7 1.50	6 1.52	7 1.49	8 1.46	7 1.48	8 1.45	9 1.42
20.0	18.1～22.4	4 1.46	5 1.44	5 1.42	5 1.43	5 1.41	6 1.38	5 1.40	6 1.37	7 1.34
25.0	22.5～28.0	4 1.35	4 1.34	4 1.32	4 1.33	4 1.31	5 1.28	4 1.29	5 1.27	5 1.24
31.5	28.1～35.5	3 1.24	3 1.23	3 1.21	3 1.21	3 1.20	3 1.18	3 1.18	4 1.16	4 1.14

* 样本量大于 50，不予推荐。

表 6（续）

p_0(%) 代表值		3.15			4.00			5.00		
p_0(%) 范围		2.81～3.55			3.56～4.50			4.51～5.60		
p_1(%) 代表值	范围 \ $\frac{U-L}{\sigma}$计算值	4.36 及以下	4.37～4.69	4.70 及以上	4.16 及以下	4.17～4.49	4.50 及以上	3.98 及以下	3.99～4.29	4.30 及以上
6.30	5.61～7.10	34 1.77	*	*	*	*	*	*	*	*
8.00	7.11～9.00	21 1.70	30 1.65	40 1.6	30 1.66	43 1.62	*	*	*	*
10.0	9.01～11.2	15 1.62	19 1.58	25 1.54	20 1.58	26 1.54	35 1.50	28 1.55	40 1.50	*
12.5	11.3～14.0	11 1.54	14 1.50	16 1.47	14 1.50	17 1.47	22 1.42	19 1.46	23 1.42	33 1.38
16.0	14.1～18.0	8 1.44	9 1.42	11 1.38	10 1.41	12 1.37	14 1.34	12 1.37	15 1.33	19 1.29
20.0	18.1～22.4	6 1.35	7 1.33	8 1.30	8 1.31	9 1.28	10 1.25	9 1.27	11 1.24	13 1.20
25.0	22.5～28.0	5 1.25	5 1.23	6 1.20	6 1.21	6 1.19	7 1.16	7 1.17	8 1.14	9 1.11
31.5	28.1～35.5	4 1.14	4 1.12	5 1.09	4 1.10	5 1.07	5 1.05	5 1.05	5 1.03	6 1.00

* 样本量大于 50,不予推荐。

表 6（续）

p_0(%) 代表值		6.30			8.00			10.00		
p_0(%) 范围		5.61～7.10			7.11～9.00			9.01～11.2		
p_1(%) 代表值	范围 \ $\frac{U-L}{\sigma}$计算值	3.78 及以下	3.79～4.09	4.10 及以上	3.56 及以下	3.57～3.89	3.90 及以上	3.35 及以下	3.36～3.69	3.70 及以上
12.5	11.3～14.0	25 1.43	36 1.38	*	*	*	*	*	*	*
16.0	14.1～18.0	16 1.33	21 1.29	28 1.24	22 1.29	31 1.24	46 1.19	*	*	*
20.0	18.1～22.4	10 1.24	14 1.20	18 1.15	14 1.20	18 1.15	25 1.10	20 1.16	29 1.10	41 1.05
25.0	22.5～28.0	8 1.13	10 1.10	12 1.06	10 1.09	12 1.05	16 1.00	13 1.05	16 1.00	22 0.95
31.5	28.1～35.5	6 1.02	7 0.99	8 0.95	7 0.98	8 0.94	10 0.90	9 0.93	11 0.88	13 0.84

* 样本量大于 50，不予推荐。

表 7 “s”法的样本量与接收常数(以不合格品率为质量指标)

p_1(%) 代表值 / p_0(%)		0.80	1.00	1.25	1.60	2.00	2.50	3.15	4.00	5.00	6.30	8.00	10.00	12.50	16.00	20.00	25.00	31.50
代表值	范围 \ 范围	0.71 ~0.9	0.91 ~1.12	1.13 ~1.40	1.41 ~1.80	1.81 ~2.24	2.25 ~2.80	2.81 ~3.55	3.56 ~4.50	4.51 ~5.60	5.61 ~7.10	7.11 ~9.00	9.01 ~11.2	11.30 ~14.0	14.10 ~18.0	18.10 ~22.4	22.50 ~28.0	28.10 ~35.5
0.100	0.090 ~0.112	87 2.71	68 2.67	54 2.62	42 2.57	34 2.52	28 2.47	23 2.42	19 2.36	16 2.31	13 2.24	11 2.19	9 2.11	8 2.07	6 1.97	5 1.89	5 1.84	4 1.74
0.125	0.113 ~0.140	*	80 2.64	62 2.59	48 2.54	38 2.49	31 2.44	25 2.39	20 2.32	17 2.28	14 2.21	12 2.16	10 2.10	8 2.02	7 1.95	6 1.88	5 1.80	4 1.70
0.160	0.141 ~0.080	*	98 2.60	74 2.56	56 2.50	44 2.46	35 2.40	28 2.35	23 2.30	18 2.23	15 2.18	12 2.10	10 2.04	9 2.00	7 1.91	6 1.84	5 1.75	4 1.66
0.200	0.181 ~0.224	*	*	90 2.53	66 2.47	51 2.42	40 2.37	31 2.32	25 2.26	20 2.20	16 2.14	13 2.08	11 2.02	9 1.95	7 1.87	6 1.80	5 1.72	4 1.62
0.250	0.225 ~0.280	*	*	*	79 2.44	59 2.39	46 2.34	35 2.28	28 2.23	22 2.17	18 2.12	14 2.04	12 1.99	10 1.93	8 1.84	6 1.76	5 1.67	4 1.58
0.315	0.281 ~0.355	*	*	*	98 2.41	71 2.36	54 2.31	41 2.25	31 2.19	25 2.14	19 2.07	15 2.00	12 1.94	10 1.88	8 1.80	7 1.73	5 1.64	4 1.54
0.400	0.356 ~0.450	*	*	*	*	89 2.32	65 2.27	48 2.22	36 2.16	28 2.10	22 2.04	17 1.98	14 1.92	11 1.85	9 1.77	7 1.69	6 1.62	4 1.50
0.500	0.451 ~0.560	*	*	*	*	*	80 2.23	57 2.18	42 2.12	32 2.07	24 2.00	19 1.94	15 1.88	12 1.81	9 1.72	7 1.64	6 1.57	5 1.47
0.630	0.561 ~0.710	*	*	*	*	*	*	71 2.14	50 2.08	37 2.03	28 1.97	21 1.90	16 1.83	13 1.77	10 1.69	8 1.62	6 1.52	5 1.43
0.800	0.711 ~0.900		*	*	*	*	*	92 2.10	62 2.05	44 1.99	32 1.92	24 1.86	18 1.79	14 1.72	11 1.66	8 1.56	7 1.49	5 1.39

表 7（续）

p_1(%) / p_0(%) 代表值	代表值 / 范围	0.80	1.00	1.25	1.60	2.00	2.50	3.15	4.00	5.00	6.30	8.00	10.00	12.50	16.00	20.00	25.00	31.50
	范围	0.71 ~0.9	0.91 ~1.12	1.13 ~1.40	1.41 ~1.80	1.81 ~2.24	2.25 ~2.80	2.81 ~3.55	3.56 ~4.50	4.51 ~5.60	5.61 ~7.10	7.11 ~9.00	9.01 ~11.2	11.30 ~14.0	14.10 ~18.0	18.10 ~22.4	22.50 ~28.0	28.10 ~35.5
1.00	0.901 ~1.12			*	*	*	*	*	79 2.01	54 1.95	38 1.89	28 1.83	21 1.76	16 1.69	12 1.62	9 1.53	7 1.45	5 1.34
1.25	1.13 ~1.40				*	*	*	*	*	69 1.91	47 1.85	32 1.78	24 1.72	18 1.65	13 1.57	10 1.50	7 1.39	6 1.31
1.60	1.41 ~1.80					*	*	*	*	95 1.87	60 1.80	40 1.74	28 1.67	20 1.60	15 1.53	11 1.45	8 1.35	6 1.26
2.00	1.81 ~2.24						*	*	*	*	81 1.76	50 1.69	34 1.63	24 1.56	17 1.48	12 1.40	9 1.32	6 1.21
2.50	2.25 ~2.80							*	*	*	*	67 1.65	43 1.59	29 1.52	19 1.43	14 1.36	10 1.27	7 1.17
3.15	2.81 ~3.55								*	*	*	96 1.61	57 1.54	36 1.47	23 1.39	16 1.31	11 1.22	8 1.13
4.00	3.56 ~4.50									*	*	*	83 1.49	48 1.42	29 1.34	19 1.25	13 1.17	9 1.08
5.00	4.51 ~5.60										*	*	*	69 1.37	38 1.29	23 1.20	15 1.11	10 1.02
6.30	5.61 ~7.10											*	*	*	53 1.23	30 1.15	19 1.07	12 0.97
8.00	7.11 ~9.00												*	*	87 1.18	44 1.10	24 1.00	14 0.89
10.00	9.01 ~11.2													*	*	68 1.04	34 0.95	18 0.84

* 样本量大于 100，不予推荐。

附 录 A
（规范性附录）
产品质量稳定与否的检验方法

A.1 收集近期20～25组质量控制或抽样检验的数据，如果每组的样本量相等记为n，则分别计算出各组的方差s_i^2。并计算出批的方差均值$\overline{s^2}$。根据样本量n从F分布表（表A.1和表A.2）中查出$F_{1-\alpha}(n-1,\infty)$值，再计算$\overline{s^2}\times F_{1-\alpha}(n-1,\infty)$的值，以此值对照批内各组的$s_i^2$值，如没有发现有超过者，则可认为产品质量是稳定的。

如果收集到的各组样本量不等记为n_i，可先算出各组的离差平方和D_i，按（A.1）式计算批的样本方差均值$\overline{s^2}$：

$$\overline{s^2}=\sum_{i=1}^{k}D_i\Big/\sum_{i=1}^{k}(n_i-1) \qquad \text{(A.1)}$$

式中：

D_i——批中第i组数据的离差平方和；

n_i——批中第i组的样本量。

各组的离差平方和按（A.2）式计算：

$$D_i=\sum_{j=1}^{n_i}(x_{ij}-\overline{x}_i)^2 \qquad \text{(A.2)}$$

式中：

x_{ij}——第i组样本中第j个单位产品质量特性值；

$\overline{x}_i$——第i组样本均值；

n_i——第i组的样本量。

然后以k组样本中最大的样本量n为依据，从表A.1或表A.2中查$F_{1-\alpha}(n-1,\infty)$值，与前面介绍的方法一样，检验产品质量是否稳定。

表A.1 $F_{0.99}(n-1,\infty)$

$n-1$	1	2	3	4	5	6	7	8	9	10	12	15	20	24	30	40	60	120
$F_{0.99}(n-1,\infty)$	6.63	4.61	3.78	3.32	3.02	2.80	2.64	2.51	2.41	2.32	2.18	2.04	1.88	1.79	1.70	1.59	1.47	1.32

表A.2 $F_{0.95}(n-1,\infty)$的值

$n-1$	1	2	3	4	5	6	7	8	9	10	12	15	20	24	30	40	60	120
$F_{0.95}(n-1,\infty)$	3.84	3.00	2.60	2.37	2.21	2.10	2.01	1.94	1.88	1.83	1.75	1.67	1.57	1.52	1.46	1.39	1.32	1.22

表A.1是按生产方风险$\alpha=1\%$设计的，如果生产方与使用方鉴于产品特性而认为该α的设定不合适时，可选用较大生产方风险$\alpha=5\%$的表A.2。

查表时，若所求$(n-1)$值无对应值时，可根据F值与$(n-1)$值的倒数成正比例变化的关系，以内插法求之。

例：某种建筑材料的吸水率有17组近期数据，每组的样本量为14个单位产品。各组的s^2为0.003 68、0.006 50、0.004 42、0.002 13、0.001 87、0.002 88、0.008 93、0.006 05、0.002 12、0.007 23、0.006 75、0.003 35、0.008 55、0.001 78、0.006 33、0.004 37、0.006 50。检验其质量是否稳定。规定$\alpha=1\%$

解：a） 计算$\overline{s^2}=\sum s^2/17=0.083\ 44/17=0.004\ 91$。

b) 查表 $F_{0.99}(14-1,\infty)$值，表中无13这一栏，故先查 $F_{0.99}(12,\infty)=2.18$ 与 $F_{0.99}(15,\infty)=2.04$，以内插法求 $F(13,\infty)$值：

$$F_{0.99}(13,\infty)=F_{0.99}(12,\infty)-[F_{0.99}(12,\infty)-F_{0.99}(15,\infty)]\times\frac{\frac{1}{12}-\frac{1}{13}}{\frac{1}{12}-\frac{1}{15}}$$

$$=2.18-(2.18-2.04)\times\frac{\frac{1}{12}-\frac{1}{13}}{\frac{1}{12}-\frac{1}{15}}$$

$$=2.126$$

c) 计算 $F_{0.99}(13,\infty)\times\overline{s^2}=2.126\times0.004\ 91=0.010\ 44$。

d) 查对17组 s^2 值，皆未超过0.010 44值。故可认为该产品质量稳定。

附　录　B
（规范性附录）
批标准差的估算方法

当产品质量稳定时，批标准差可由近期 $k(20\leqslant k\leqslant 25)$ 组样本的方差或极差来估计。

B.1　由样本方差估计

批方差由(B.1)式估计：

$$\sigma^2=\sum_{i=1}^{k}D_i\Big/\Big(\sum_{i=1}^{k}n_i-k\Big) \qquad \cdots\cdots\text{(B.1)}$$

式中：

$D_i=\sum_{j=1}^{n_i}(x_{ij}-\overline{x}_i)^2$；

n_i——第 i 组样本量。

B.2　由样本极差估计

使用极差控制图时若样本量 n 小于 10，可根据各组的极差 R_i，计算出这些极差的均值 $\overline{R}$ 后，由(B.2)式估计批标准差：

$$\sigma=\overline{R}/d_2 \qquad \cdots\cdots\text{(B.2)}$$

式中：

$\overline{R}=\frac{1}{k}\sum_{i=1}^{k}R_i$；

d_2——依赖于每组样本量的系数，其值由表 B.1 给出。

表 B.1

n	2	3	4	5	6	7	8	9	10
d_2	1.128	1.693	2.059	2.326	2.534	2.704	2.847	2.970	3.078

如果收集到的 k 组样本量不相等，分别为 n_1、n_2……n_k 时，则由(B.3)式估计 σ 值：

$$\sigma=\frac{1}{k}\sum_{i=1}^{k}(R_i/d_{2i}) \qquad \cdots\cdots\text{(B.3)}$$

式中：

R_i——第 i 组的样本极差；

d_{2i}——表 B.1 给出的样本量 n_i 的系数。

附 录 C
（资料性附录）
抽检特性函数（以均值为质量指标）

六种抽样检验方式的抽检特性函数 P_a 列于下面：

C.1 “σ”法

a) 给定上规格限（希望特性值低）时，

$$P_a = \Phi\left[\sqrt{n}\left(\frac{\mu_{0U}-\mu}{\sigma}-k\right)\right]$$

b) 给定下规格限（希望特性值高）时，

$$P_a = \Phi\left[\sqrt{n}\left(\frac{\mu-\mu_{0L}}{\sigma}-k\right)\right]$$

c) 给定双侧规格限（希望特性值在一定范围内）时，

$$P_a = \Phi\left[\sqrt{n}\left(\frac{\mu_{0U}-\mu}{\sigma}-k\right)\right]-\Phi\left[\sqrt{n}\left(k-\frac{\mu-\mu_{0L}}{\sigma}\right)\right]$$

C.2 “s”法

a) 给定上规格限（希望特性值低）时，

$$P_a = T_{n-1}\left(\frac{\mu-\mu_{0U}}{\hat{\sigma}}\sqrt{n}, -k\sqrt{n}\right)$$

b) 给定下规格限（希望特性值高）时，

$$P_a = 1-T_{n-1}\left(\frac{\mu-\mu_{0L}}{\hat{\sigma}}\sqrt{n}, k\sqrt{n}\right)$$

c) 给定双侧规格限（希望特性值在一定范围内）时，

$$P_a = T_{n-1}\left(\frac{\mu-\mu_{0U}}{\hat{\sigma}}\sqrt{n}, -k\sqrt{n}\right)-T_{n-1}\left(\frac{\mu-\mu_{0L}}{\hat{\sigma}}\sqrt{n}, k\sqrt{n}\right)$$

抽样方案确定后，由上列函数式可容易地算出批均值及其相应的接收概率。即可在横坐标轴为 μ、纵坐标轴为 P_a 的坐标图上绘出 OC 曲线。OC 曲线展示了各抽样方案在各种质量水平下批的接收概率。供抽样检验时参考查阅。

附 录 D
（资料性附录）
抽检特性函数（以不合格品率为质量指标）

抽检特性曲线可通过抽检特性函数的计算而画出。六种抽样检验方式的抽检特性函数列于下面：

D.1 “σ”法

a） 给定上规格限（希望特性值低）时，

$$P_a = \Phi[-\sqrt{n}(k + u_p)]$$

b） 给定下规格限（希望特性值高）时，

$$P_a = \Phi[-\sqrt{n}(k + u_p)]$$

c） 给定双侧规格限（希望特性值在一定范围内）时，为应用方便计，可按下列近似公式计算。

$$P_a = \Phi[-\sqrt{n}(k + u_p)] - \Phi[\sqrt{n}(k + u_p)]$$

D.2 “s”法

为应用方便，可按下列近似式进行计算。

a） 给定上规格限（希望特性值低）时，

$$P_a = \Phi\left[\frac{-k - u_p}{\sqrt{\frac{1}{n} + \frac{k^2}{2(n-1)}}}\right]$$

b） 给定下规格限（希望特性值高）时，

$$P_a = \Phi\left[\frac{-k - u_p}{\sqrt{\frac{1}{n} + \frac{k^2}{2(n-1)}}}\right]$$

c） 给定双侧规格限（希望特性值在一定范围内）时，

$$P_a = \Phi\left[\frac{-k - u_p}{\sqrt{\frac{1}{n} + \frac{k^2}{2(n-1)}}}\right] - \Phi\left[\frac{k + u_p}{\sqrt{\frac{1}{n} + \frac{k^2}{2(n-1)}}}\right]$$

抽样方案确定后，由上列公式可容易地算出批不合格品率及其相应接收概率的关系。在以横坐标轴为 p、纵坐标轴为 P_a 的平面上绘出函数曲线，即为 OC 曲线。OC 曲线表示各种不合格品率的批的接收概率，供抽样检验时参考查阅。

附　录　E
（资料性附录）
常用不合格品率的分位数值表

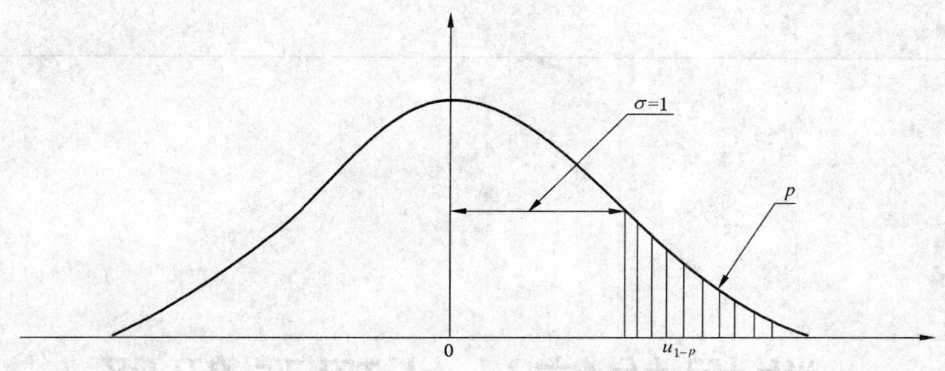

表 E.1　不合格品率的分位数值 u_{1-p}

p(%)		u_{1-p}
p_0	p_1	
0.100	—	3.090 23
0.125	—	3.023 34
0.160	—	2.947 84
0.200	—	2.878 16
0.250	—	2.807 03
0.315	—	2.731 74
0.400	—	2.652 07
0.500	—	2.575 83
0.630	—	2.494 88
0.800	0.80	2.408 92
1.00	1.00	2.326 35
1.25	1.25	2.241 40
1.60	1.60	2.144 41
2.00	2.00	2.053 75
2.50	2.50	1.959 96
3.15	3.15	1.859 19
4.00	4.00	1.750 69
5.00	5.00	1.644 85
6.30	6.30	1.530 07
8.00	8.00	1.405 07
10.0	10.0	1.281 55
—	12.5	1.150 35
—	16.0	0.994 46
—	20.0	0.841 62
—	25.0	0.674 49
—	31.5	0.481 73

ICS 03.120.30
A 41

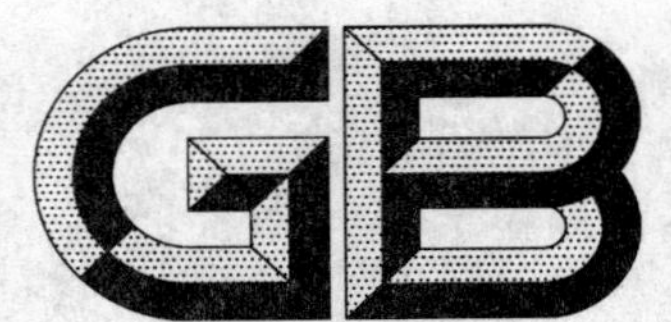

中华人民共和国国家标准

GB/T 8056—2008
代替 GB/T 8056—1987

数据的统计处理和解释
指数分布样本离群值的判断和处理

Statistical interpretation of data—Detection and treatment of outliers in the sample from exponential distribution

2008-07-16 发布　　　　2009-01-01 实施

中华人民共和国国家质量监督检验检疫总局
中国国家标准化管理委员会　发布

前 言

本标准代替GB/T 8056—1987《数据的统计处理和解释　指数样本异常值的判断和处理》。本标准与GB/T 8056—1987相比较,技术内容的变化主要包括:

——增加了术语、定义和符号;

——将“指数样本异常值的判断和处理”改为“指数样本离群值的判断和处理”;

——将术语“检出异常值”和“高度异常值”分别改为“歧离值”和“统计离群值”,并进一步明确了二者的含义及相互差异;

——增加了检出水平和剔除水平的定义;

——检出水平由原标准中“检出水平一般取为1%,5%或10%”改为“除非根据本标准达成协议的各方另有约定,检出水平应为0.05”;

——明确规定剔除水平的值除非根据本标准达成协议的各方另有约定,剔除水平应为0.01;

——增加了各种情形“统计离群值”的检验步骤;

——将“没有异常值”和“没有高度异常的异常值”分别改为“未发现离群值”和“未发现统计离群值”;

——增加了双侧离群值检验、多个离群值检验、定数截尾样本离群值检验的示例。

本标准的附录A是规范性附录。

本标准由全国统计方法应用标准化技术委员会提出并归口。

本标准起草单位:宁波工程学院、中国标准化研究院、北京大学、上海师范大学、福州春伦茶业有限公司。

本标准主要起草人:荆广珠、丁文兴、于振凡、梁方楚、孙山泽、费鹤良、傅天龙。

本标准所代替标准的历次版本发布情况为:

——GB/T 8056—1987。

引　　言

从事科学研究、工农业制造以及管理工作都离不开数据，而对这些数据的整理、分析和解释都离不开统计方法。统计学是研究数字资料的整理、分析和正确解释的一门学科。人们各自从不同的来源取得各种数字资料，这些数字资料通常都是杂乱无章的，必须经过整理和简缩才能利用，使用完善的统计方法就可使数据整理、排列的有条有理，用图形或少量的几个重要参数，就可将大量数据的特征表达出来，这样既可避免不正确的解释，又可将获得满意数据的成本降到最低限度，提高了经济效益。

《数据的统计处理和解释》含有多项国家标准，它们是：

——统计容忍区间的确定(GB/T 3359)

——均值的估计和置信区间(GB/T 3360)

——在成对观测值情形下两个均值的比较(GB/T 3361)

——二项分布参数的估计与检验(GB/T 4088)

——泊松分布参数的估计与检验(GB/T 4089)

——正态性检验(GB/T4882)

——正态样本离群值的判断和处理(GB/T 4883)

——正态分布均值和方差的估计与检验(GB/T 4889)

——正态分布均值和方差检验的功效(GB/T 4890)

——Ⅰ型极值分布样本离群值的判断和处理(GB/T 6380)

——伽玛分布（皮尔逊Ⅲ型分布）的参数估计(GB/T 8055)

——指数分布样本离群值的判断和处理(GB/T 8056)

本标准尚无相应的国际标准。

数据的统计处理和解释
指数分布样本离群值的判断和处理

1 范围

本标准规定了判断和处理来自指数分布的样本中离群值的一般原则和实施步骤。

本标准适用于来自指数总体的样本。

2 规范性引用文件

下列文件中的条款通过本标准引用成为本标准的条款。凡是注日期的引用文件，其随后所有的修改单(不包括勘误的内容)或修订版本均不适于本标准。然而，鼓励根据本标准达成协议的各方研究是否可使用这些文件的最新版本。凡是不注日期的引用文件，其最新版本适用于本标准。

GB/T 4086.4　统计分布数值表　F 分布分位数表

ISO 3534-1　统计学词汇及符号　第 1 部分：一般统计术语与用于概率的术语

ISO 3534-2　统计学词汇及符号　第 2 部分：应用统计

3 术语、定义和符号

ISO 3534-1、ISO 3534-2 确立的术语、定义和符号以及下列术语、定义和符号适用于本标准。为便于参考，某些术语直接引自上述标准。

3.1 术语和定义

3.1.1

指数分布　exponential distribution

具有下述分布函数的连续型分布，

$$F(x)=\begin{cases}1-e^{-x/\beta}, & x>0\\ 0, & x\leqslant 0\end{cases}$$

其中 $\beta>0$。

3.1.2

离群值　outlier

样本中的一个或几个观测值，它们离开其他观测值较远，暗示它们可能来自不同的总体。

注：离群值按显著性的程度分为歧离值和统计离群值。

3.1.3

统计离群值　statistical outlier

在剔除水平(3.1.6)下统计检验为显著的离群值。

3.1.4

歧离值　straggler

在检出水平 (3.1.5)下统计检验为显著，但在剔除水平(3.1.6)下不显著的离群值。

3.1.5

检出水平　detection level

为检出离群值而指定的统计检验的显著性水平。

注：除非根据本标准达成协议的各方另有约定，检出水平应为 0.05。

3.1.6

剔除水平　deletion level

为检出离群值是否高度离群而指定的统计检验的显著性水平。

注：剔除水平的值应不超过检出水平的值。除非根据本标准达成协议的各方另有约定，剔除水平应为0.01。

3.1.7

***p* 分位数　*p* quantile**

使得分布函数 $F(x)$ 的值不小于 $p(0<p<1)$ 的 x 的最小值。

3.2　符号和缩略语

n	样本量(观测值个数)
$\overline{x}$	样本均值
α	检验离群值所使用的显著性水平，简称检出水平
α^*	检验统计离群值所使用的显著性水平，简称剔除水平($\alpha^*<\alpha$)
$x_{(i)}$	观测值自小到大排序后的第 i 个值
$E_{n,n}$	样本量 $n>100$ 时，检验最大的观测值 $x_{(n)}$ 是否为离群值时所用的统计量
$E_{n,1}$	样本量 $n>100$ 时，检验最小的观测值 $x_{(1)}$ 是否为离群值时所用的统计量
$E_{n,r}$	定数截尾样本中，判断 $x_{(1)}$ 是否为离群值时所用的统计量
$F_p(v_1,v_2)$	自由度为 v_1 和 v_2 的 F 分布的 p 分位数
$T_{n,n}$	样本量 $n\leqslant100$ 时，检验最大的观测值 $x_{(n)}$ 是否为离群值时所用的统计量
$T_{n,1}$	样本量 $n\leqslant100$ 时，检验最小的观测值 $x_{(1)}$ 是否为离群值时所用的统计量
$T_{1-\alpha}(n,n)$	检出水平为 α 时，用统计量 $T_{n,n}$ 作检验时的临界值
$T_{\alpha}(n,1)$	检出水平为 α 时，用统计量 $T_{n,1}$ 作检验时的临界值

4　离群值判断

4.1　离群值的来源与判定

4.1.1　来源

离群值按产生原因分为两类：第一类离群值是总体固有变异性的极端表现，这类离群值与样本中其余观测值属于同一总体；第二类离群值是由于试验条件和试验方法的偶然偏离所产生的结果，或产生于观测、记录、计算中的失误，这类离群值与样本中其余观测值不属于同一总体。

4.1.2　判定

对离群值的判定通常可根据技术上或物理上的理由直接进行，例如当试验者已经知道试验偏离规定的试验方法，或测试仪器发生问题等。当上述理由不明确时，可用本标准规定的方法。

4.2　离群值的三种情形

本标准在下述不同情形下判断样本中的离群值：

a)　上侧情形：根据实际情况或以往经验，离群值都为高端值；

b)　下侧情形：根据实际情况或以往经验，离群值都为低端值；

c)　双侧情形：根据实际情况或以往经验，离群值可为高端值，也可为低端值。

注：1)　上侧情形和下侧情形统称单侧情形；

2)　若无法认定单侧情形，按双侧情形处理。

4.3　检出离群值个数的上限

应规定在样本中检出离群值个数的上限(与样本量相比应较小)，当检出离群值个数达到了这个上限时，对此样本应作慎重的研究和处理。

4.4　单个离群值情形

检验规则如下：

a） 原假设为所有观测值来自同一总体，依实际情况或以往经验选定 4.2 中的一种情形作为备择假设，根据统计学原理选用判断离群值的统计量（见 6.1、8.2）；

b） 确定适当的显著性水平；

c） 根据显著性水平及样本量，确定检验的临界值；

d） 由观测值计算相应统计量的值，根据所得值与临界值的比较结果作出判断。

4.5 多个离群值情形

在允许检出离群值的个数大于 1 的情况下，重复使用 4.4 规定的检验规则进行检验，并按下述规则决定检验停止的时机：

a） 若没有检出离群值，则整个检验停止。

b） 若检出离群值，当检出的离群值总数达到上限（4.3）时，检验停止；否则，采用相同的检出水平和相同的规则，对除去已检出的离群值后余下的观测值继续检验。

5 离群值处理

5.1 处理方式

处理离群值的方式有：

a） 保留离群值并用于后续数据处理；

b） 在找到实际原因时修正离群值，否则予以保留；

c） 剔除离群值，不追加观测值；

d） 剔除离群值，并追加新的观测值或用适宜的插补值代替。

5.2 处理规则

对检出的离群值，应尽可能寻找其技术上和物理上的原因，作为处理离群值的依据。应根据实际问题的性质，权衡寻找和判定产生离群值的原因所需代价、正确判定离群值的得益及错误剔除正常观测值的风险，以确定实施下述三个规则之一：

a） 若在技术上或物理上找到产生离群值的原因，则应剔除或修正；否则，不得剔除或修正；

b） 若在技术上或物理上找到产生离群值的原因，则应剔除或修正；否则，保留歧离值，剔除或修正统计离群值。在重复使用同一检验规则检验多个离群值的情形，每次检出离群值后，都要再检验它是否为统计离群值。若某次检出的离群值为统计离群值，则此离群值及在它前面检出的离群值（含歧离值）都应被剔除或修正。

c） 检出的离群值（含歧离值）都应被剔除或修正。

5.3 备案

被剔除或修正的观测值及其理由应予记录，以备查询。

6 单个离群值的判断规则

6.1 检验统计量的选择

当样本量 $n \leqslant 100$ 时，使用统计量 $T_{n,n}$（或 $T_{n,1}$）进行检验；当样本量 $n > 100$ 时，使用统计量 $E_{n,n}$（或 $E_{n,1}$）进行检验。

6.2 上侧情形的检验规则

6.2.1 样本量 $n \leqslant 100$ 时的检验

当样本量 $n \leqslant 100$ 时，实施步骤如下：

a） 计算统计量 $T_{n,n}$ 的值：

$$T_{n,n} = \frac{x_{(n)}}{\sum_{i=1}^{n} x_i} \qquad \cdots\cdots(1)$$

b) 确定检出水平 α，在附录 A 的表 A.1 中查出临界值 $T_{1-\alpha}(n,n)$；

c) 当 $T_{n,n}>T_{1-\alpha}(n,n)$ 时，判定 $x_{(n)}$ 为离群值，否则判未发现 $x_{(n)}$ 是离群值；

d) 对于检出的离群值 $x_{(n)}$，确定剔除水平 α^*，在表 A.1 中查出临界值 $T_{1-\alpha^*}(n,n)$。当 $T_{n,n}>T_{\alpha^*}(n,n)$ 时，判定 $x_{(n)}$ 为统计离群值，否则判未发现 $x_{(n)}$ 是统计离群值(即 $x_{(n)}$ 为歧离值)。

6.2.2 样本量 $n>100$ 时的检验

当样本量 $n>100$ 时，实施步骤如下：

a) 计算统计量 $E_{n,n}$ 的值：

$$E_{n,n}=\frac{(n-1)[x_{(n)}-x_{(n-1)}]}{\sum_{i=1}^{n}x_i-[x_{(n)}-x_{(n-1)}]} \quad \cdots\cdots(2)$$

b) 确定检出水平 α，在 F 分布的分位数表(见 GB/T 4086.4)中查出 $F_{1-\alpha}(2,2n-2)$；

c) 当 $E_{n,n}>F_{1-\alpha}(2,2n-2)$ 时，判定 $x_{(n)}$ 为离群值，否则判未发现 $x_{(n)}$ 是离群值；

d) 对于检出的离群值 $x_{(n)}$，确定剔除水平 α^*，在 F 分布的分位数表(见 GB/T 4086.4)中查出 $F_{1-\alpha^*}(2,2n-2)$。当 $E_{n,n}>F_{1-\alpha^*}(2,2n-2)$ 时，判定 $x_{(n)}$ 为统计离群值，否则判未发现 $x_{(n)}$ 是统计离群值(即 $x_{(n)}$ 为歧离值)。

6.2.3 上侧情形的检验示例

从某种电子产品中随机地取出 15 个样品，在一定条件下进行寿命试验，其失效时间分别为(单位：kh)：

0.215 0	0.389 3	1.484 9	1.034 9	0.298 4
0.600 4	5.102 0	0.138 1	1.234 9	2.318 2
0.489 3	0.868 2	0.725 4	0.066 7	1.818 2

经验表明这种电子产品的寿命 T 服从指数分布，并且此处使用者关心的是数据中是否存在上侧离群值，据此，可采用 6.2.1 中的检验方法。

本例中，样本量 $n=15$，$x_{(15)}=5.102\,0$，$\sum_{i=1}^{15}x_i=16.78$，按式(1)计算得

$$T_{15,15}=\frac{x_{(15)}}{\sum_{i=1}^{15}x_i}=\frac{5.102\,0}{16.78}=0.304\,0$$

确定检出水平 $\alpha=0.05$，在表 A.1 中查出临界值 $T_{0.95}(15,15)=0.334\,6$，因为 $T_{15,15}<T_{0.95}(15,15)$，故判未发现 $x_{(15)}=5.102\,0$ 是离群值。

6.3 下侧情形的检验规则

6.3.1 样本量 $n\leqslant 100$ 时的检验

当样本量 $n\leqslant 100$ 时，实施步骤如下：

a) 计算统计量 $T_{n,1}$ 的值：

$$T_{n,1}=\frac{x_{(1)}}{\sum_{i=1}^{n}x_i} \quad \cdots\cdots(3)$$

b) 确定检出水平 α，在表 A.2 中查出临界值 $T_{\alpha}(n,1)$；

c) 当 $T_{n,1}<T_{\alpha}(n,1)$ 时，判定 $x_{(1)}$ 为离群值，否则判未发现 $x_{(1)}$ 是离群值；

d) 对于检出的离群值 $x_{(1)}$，确定剔除水平 α^*，在表 A.2 中查出临界值 $T_{\alpha^*}(n,1)$。当 $T_{n,1}<T_{\alpha^*}(n,1)$ 时，判定 $x_{(1)}$ 为统计离群值，否则判未发现 $x_{(1)}$ 是统计离群值(即 $x_{(1)}$ 为歧离值)。

6.3.2 样本量 $n>100$ 时的检验

当样本量 $n>100$ 时，实施步骤如下：

a) 计算统计量 $E_{n,1}$ 的值：

$$E_{n,1}=\frac{n(n-1)x_{(1)}}{\sum_{i=1}^{n}x_i-nx_{(1)}} \qquad \cdots\cdots\cdots\cdots\cdots\cdots(4)$$

b) 确定检出水平 α，在 F 分布的分位数表中，查出 $F_{\alpha}(2,2n-2)$；

c) 当 $E_{n,1}<F_{\alpha}(2,2n-2)$ 时，判定 $x_{(1)}$ 为离群值，否则判未发现 $x_{(1)}$ 是离群值；

d) 对于检出的离群值 $x_{(1)}$，确定剔除水平 α^*，在 F 分布的分位数表（见 GB/T 4086.4）中查出 $F_{\alpha^*}(2,2n-2)$。当 $E_{n,1}<F_{\alpha^*}(2,2n-2)$ 时，判定 $x_{(1)}$ 为统计离群值，否则判未发现 $x_{(1)}$ 是统计离群值（即 $x_{(1)}$ 为歧离值）。

6.3.3 下侧情形的检验示例

随机抽取某厂生产的多功能继电器 110 个样品，从剔除了早期故障后直到发生元器件或材料的老化变质之前的随机失效阶段，在使用过程中记录寿命失效时间，得到的记录数据为（单位：kh）：

0.114 8	1.562 3	2.408 0	6.018 2	1.818 7	0.001 2	0.014 7	0.619 4	2.892 1	2.649 2	4.190 4
0.545 9	4.487 6	0.240 2	0.836 6	1.584 1	2.902 7	0.191 2	1.789 9	0.121 9	0.096 0	0.772 5
20.861 9	0.272 1	1.420 1	4.901 2	0.970 4	1.913 2	5.895 1	4.651 4	1.891 2	0.886 9	0.930 5
3.267 4	1.268 4	7.025 6	4.093 7	1.798 1	0.399 4	0.670 2	4.022 2	1.908 1	0.989 0	6.454 9
0.540 5	2.569 7	5.366 5	1.791 6	8.652 0	9.257 0	1.679 7	2.057 3	0.089 1	0.827 7	9.509 2
2.193 3	1.140 5	2.886 6	3.653 3	0.459 6	9.500 2	0.980 6	0.700 5	4.245 4	0.181 9	1.003 0
0.700 9	10.895 2	0.465 0	4.134 3	2.328 7	4.564 3	0.280 7	3.944 9	4.084 7	8.138 1	4.829 4
4.309 4	6.938 5	6.211 8	0.295 1	0.727 7	3.968 3	10.674 0	1.625 3	0.776 9	0.074 9	1.011 5
0.194 1	0.756 7	11.314 4	3.604 7	0.283 2	5.188 8	0.358 1	3.343 8	0.203 2	3.278 1	3.244 8
3.232 2	6.836 0	2.837 8	1.146 5	0.755 5	1.145 7	2.576 1	1.738 3	0.544 7	1.319 7	3.413 9

大量统计资料表明这种多功能继电器在此类试验阶段的寿命 T 服从指数分布，并且此处使用者关心的是数据中是否存在下侧离群值，据此，可采用 6.3.2 中的检验方法。

本例中，样本量 $n=100$，$x_{(1)}=0.001\,2$，$\sum_{i=1}^{110}x_i=319.929\,7$，按式(4)计算得

$$E_{110,1}=\frac{110\times 109\times x_{(1)}}{\sum_{i=1}^{110}x_i-110x_{(1)}}=0.045\,0$$

确定检出水平 $\alpha=0.05$，在 F 分布的分位数表（见 GB/T 4086.4）中查出 $F_{0.05}(2,218)=0.05$。因为 $E_{110,1}<F_{0.05}(2,218)$，故判定 $x_{(1)}=0.001\,2$ 为离群值。

对于检出的离群值 $x_{(1)}=0.001\,2$，确定剔除水平 $\alpha^*=0.01$，在 F 分布的分位数表（见 GB/T 4086.4）中查出 $F_{0.01}(2,218)=0.011$。因为 $E_{110,1}>F_{0.01}(2,218)$，故判未发现 $x_{(1)}=0.001\,2$ 是统计离群值（即 $x_{(1)}=0.001\,2$ 为歧离值）。

6.4 双侧情形的检验规则

6.4.1 样本量 $n\leqslant 100$ 时的检验

当样本量 $n\leqslant 100$ 时，实施步骤如下：

a) 计算

$$M=\exp(-x_{(1)}/\bar{x})+\exp(-x_{(n)}/\bar{x}) \qquad \cdots\cdots\cdots\cdots\cdots\cdots(5)$$

b) 若 $M\leqslant 1$，按式(1)计算统计量 $T_{n,n}$ 的值，并确定检出水平 α，在表 A.1 中查出临界值 $T_{1-\alpha/2}(n,n)$。当 $T_{n,n}>T_{1-\alpha/2}(n,n)$ 时，判定 $x_{(n)}$ 为离群值，否则判未发现 $x_{(n)}$ 是离群值；

c) 对于检出的离群值 $x_{(n)}$，确定剔除水平 α^*，在表 A.1 中查出临界值 $T_{1-\alpha^*/2}(n,n)$。当 $T_{n,n}>T_{1-\alpha^*/2}(n,n)$ 时，判定 $x_{(n)}$ 为统计离群值，否则判未发现 $x_{(n)}$ 是统计离群值（即 $x_{(n)}$ 为歧离值）；

d) 若 $M>1$，按式(3)计算统计量 $T_{n,1}$ 的值，并确定检出水平 α，在表 A.2 中查出临界值 $T_{\alpha/2}(n,1)$。当 $T_{n,1}<T_{\alpha/2}(n,1)$ 时，判定 $x_{(1)}$ 为离群值，否则判未发现 $x_{(1)}$ 是离群值；

e) 对于检出的离群值 $x_{(1)}$，确定剔除水平 α^*，在表 A.2 中查出临界值 $T_{\alpha^*/2(n,1)}$。当 $T_{n,1} < T_{\alpha^*/2}(n,1)$ 时，判定 $x_{(1)}$ 为统计离群值，否则判未发现 $x_{(1)}$ 是统计离群值(即 $x_{(1)}$ 为歧离值)。

6.4.2 样本量 $n>100$ 时的检验

当样本量 $n>100$ 时，实施步骤如下：

a) 按式(5)计算 M；

b) 若 $M \leqslant 1$，按式(2)计算统计量 $E_{n,n}$ 的值，并确定检出水平 α，在 F 分布的分位数表(见 GB/T 4086.4)中查出 $F_{1-\alpha/2}(2,2n-2)$。当 $E_{n,n} > F_{1-\alpha/2}(2,2n-2)$ 时，判定 $x_{(n)}$ 为离群值，否则判未发现 $x_{(n)}$ 是离群值；

c) 对于检出的离群值 $x_{(n)}$，确定剔除水平 α^*，在 F 分布的分位数表(见 GB/T 4086.4)中查出 $F_{1-\alpha^*/2}(2,2n-2)$。当 $E_{n,n} > F_{1-\alpha^*/2}(2,2n-2)$ 时，判定 $x_{(n)}$ 为统计离群值，否则判未发现 $x_{(n)}$ 是统计离群值(即 $x_{(n)}$ 为歧离值)；

d) 若 $M>1$，按式(4)计算统计量 $E_{n,1}$ 的值，并确定检出水平 α，在 F 分布的分位数表(见 GB/T 4086.4)中查出 $F_{\alpha/2}(2,2n-2)$。当 $E_{n,1} < F_{\alpha/2}(2,2n-2)$ 时，判定 $x_{(1)}$ 为离群值，否则判未发现 $x_{(1)}$ 是离群值；

e) 对于检出的离群值 $x_{(1)}$，确定剔除水平 α^*，在 F 分布的分位数表(见 GB/T 4086.4)中查出 $F_{\alpha^*/2}(2,2n-2)$。当 $E_{n,1} < F_{\alpha^*/2}(2,2n-2)$ 时，判定 $x_{(1)}$ 为统计离群值，否则判未发现 $x_{(1)}$ 是统计离群值(即 $x_{(1)}$ 为歧离值)。

6.4.3 双侧情形的检验示例

随机抽取某厂生产太阳能光伏组件接线盒 20 个样品，对其外部绝缘材料进行 750 ℃灼热丝试验，当样品出现裂痕、龟裂或者其他质量瑕疵时判定该接线盒的外部绝缘材料寿命失效。得到寿命失效时间数据为(单位：h)：

1.369 4　0.563 0　1.837 2　0.520 3　1.105 3　0.417 6　0.146 6　0.566 3　0.019 7　0.233 4
1.880 0　6.602 0　0.182 7　1.651 0　0.447 9　0.402 0　0.258 7　0.968 1　0.817 4　0.727 6

实际经验表明此类环境试验中接线盒的外部绝缘材料寿命 T 服从指数分布，试验的结果涉及到产品是否通过阻燃性能检测和外部绝缘材料的阻燃极限寿命，使用者同时关注数据中是否存在上侧、下侧离群值。据此，可采用 6.4.1 中的检验方法。

本例中，样本量 $n=20$，$x_{(1)}=0.019\,7$，$x_{(20)}=6.602\,0$，$\sum_{i=1}^{20} x_i = 20.716\,1$，$\bar{x}=1.035\,8$，首先按式(5)计算：

$$M = \exp(-x_{(1)}/\bar{x}) + \exp(-x_{(20)}/\bar{x}) = 0.982\,9$$

因为 $M=0.982\,9<1$，按式(1)计算：

$$T_{20,20} = \frac{x_{(20)}}{\sum_{i=1}^{20} x_i} = \frac{6.602\,0}{20.716\,1} = 0.318\,7$$

确定检出水平 $\alpha=0.05$，在表 A.1 中查出临界值 $T_{0.975}(20,20)=0.296\,6$。因为 $T_{20,20} > T_{0.975}(20,20)$，故判定 $x_{(20)}=6.602\,0$ 为离群值。

对于检出的离群值 $x_{(20)}=6.602\,0$，确定剔除水平 $\alpha^*=0.01$，在表 A.1 中查出临界值 $T_{0.995}(20,20)=0.353\,3$。因为 $T_{20,20} < T_{0.995}(20,20)$，故判未发现 $x_{(20)}=6.602\,0$ 是统计离群值(即 $x_{(20)}=6.602\,0$ 为歧离值)。

7 多个离群值的判断规则

7.1 检验步骤

当样本中可能有多个有离群值需要检验时，按照 4.5 的规则执行。具体判断离群值的方法，可根据单侧情形和双侧情形分别按 6.2,6.3 和 6.4 的步骤实施。

7.2 多个离群值检验示例

从某种耐磨材料中随机地取出 36 个样品,在一定条件下进行寿命试验,其失效时间分别为(单位:kh):

1.547 3	4.110 1	2.563 3	0.000 1	13.456 0	41.021 7	3.677 6	29.894 2	4.773 2
9.788 2	1.436 1	2.882 1	24.993 4	0.693 4	1.633 2	0.585 4	1.657 9	5.794 0
6.631 8	0.002 1	3.430 2	1.590 1	1.491 8	4.352 8	1.322 3	4.517 2	9.574 4
3.272 3	2.434 3	2.342 6	0.355 2	1.567 0	1.827 7	0.861 4	0.054 6	4.111 9

经验表明这种耐磨材料的试验寿命 T 服从指数分布,使用者关心数据中是否存在多个下侧离群值。若规定检出离群值个数上限为 2,据此,可采用 7.1 中的检验方法。

首先,对 $x_{(1)}=0.000\ 1$ 是否是离群值进行判断,本例中,样本量 $n=36$,$\sum_{i=1}^{36}x_i=200.247\ 1$,按式(3)计算:

$$T_{36,1}=\frac{x_{(1)}}{\sum_{i=1}^{36}x_i}=\frac{0.000\ 1}{200.247\ 1}=4.993\ 8\times10^{-7}$$

确定检出水平 $\alpha=0.05$,在表 A.2 中查出临界值 $T_{0.05}(36,1)=4.067\ 9\times10^{-5}$,因为 $T_{36,1}<T_{0.05}(36,1)$,故判定 $x_{(1)}=0.000\ 1$ 为离群值。

对于检出的离群值 $x_{(1)}=0.000\ 1$,确定剔除水平 $\alpha^*=0.01$,在表 A.2 中查出临界值 $T_{0.01}(36,1)=7.975\ 3\times10^{-6}$。因为 $T_{36,1}<T_{0.01}(36,1)$,故判定 $x_{(1)}=0.000\ 1$ 为统计离群值。

再对余下的 35 个数据继续检验,此时样本量变为 35,最小观测值为 $x_{(2)}=0.002\ 1$,按式(3)计算:

$$T_{35,1}=\frac{x_{(2)}}{\sum_{i=2}^{36}x_i}=\frac{0.002\ 1}{200.247\ 0}=1.048\ 7\times10^{-5}$$

仍取检出水平 $\alpha=0.05$,在表 A.2 中查出临界值 $T_{0.05}(35,1)=4.370\ 1\times10^{-5}$,因为 $T_{35,1}<T_{0.05}(35,1)$,故判定 $x_{(2)}=0.002\ 1$ 是离群值。

对于检出的离群值 $x_{(2)}=0.002\ 1$,确定剔除水平 $\alpha^*=0.01$,在表 A.2 中查出临界值 $T_{0.01}(35,1)=8.444\ 4\times10^{-6}$。因为 $T_{35,1}>T_{0.01}(35,1)$,故判未发现 $x_{(2)}=0.002\ 1$ 为统计离群值(即 $x_{(2)}=0.002\ 1$ 为歧离值)。

因为检出离群值个数已经达到规定的上限 2,检验停止。

8 定数截尾样本离群值的判断规则

8.1 定数截尾样本

在产品寿命试验中,经常会采用定数截尾寿命试验:取 n 个产品同时投入试验至第 $r(r<n)$ 个产品失效试验停止,得到前 r 个产品的寿命观测值为:

$$x_{(1)}\leqslant x_{(2)}\leqslant\cdots\leqslant x_{(r)}$$

针对诸如此类的定数截尾样本,有时需要考察是否存在下侧离群值。

8.2 离群值的检验规则

判断定数截尾样本中最小的观测值 $x_{(1)}$ 是否为离群值时,实施步骤如下:

a) 计算统计量 $E_{n,r}$ 的值:

$$E_{n,r}=\frac{n(r-1)x_{(1)}}{\sum_{i=1}^{r}x_{(i)}+(n-r)x_{(r)}-nx_{(1)}} \quad\cdots\cdots(6)$$

b) 确定检出水平 α,在 F 分布的分位数表(见 GB/T 4086.4)中查出 $F_\alpha(2,2r-2)$。

c) 当 $E_{n,r}<F_{\alpha}(2,2r-2)$时，判定 $x_{(1)}$ 为离群值，否则判未发现 $x_{(1)}$ 是离群值。

d) 对于检出的离群值 $x_{(1)}$，确定剔除水平 α^*，在 F 分布的分位数表（见 GB/T 4086.4）中查出 $F_{\alpha^*}(2,2r-2)$。当 $E_{n,r}<F_{\alpha^*}(2,2r-2)$时，判定 $x_{(1)}$ 为统计离群值，否则判未发现 $x_{(1)}$ 是统计离群值（即 $x_{(1)}$ 为歧离值）。

8.3 定数截尾样本离群值检验示例

在某产品中取 18 个样品同时投入试验至第 6 个产品失效试验停止，得到前 6 个产品的寿命观测值为（单位：h）：

0.008 1　0.464 8　0.927 0　1.291 2　1.603 0　3.526 7

经验表明该产品失效时间 T 服从指数分布，本试验关注数据中是否存在下侧离群值，据此，可采用 8.2 中的检验方法。

此时样本量 $n=18$，$r=6$，最小观测值为 $x_{(1)}=0.008\ 1$，最大观测值为 $x_{(6)}=3.526\ 7$，$\sum_{i=1}^{6}x_{(i)}=7.820\ 8$，按式(6)计算：

$$E_{18,6}=\frac{90x_{(1)}}{\sum_{i=1}^{6}x_{(i)}+12x_{(6)}-18x_{(1)}}=0.014\ 6$$

确定检出水平 α，在 F 分布的分位数表（见 GB/T 4086.4）中查出 $F_{0.05}(2,10)=0.051\ 5$。因为 $E_{18,6}<F_{0.05}(2,10)$，故判定 $x_{(1)}=0.008\ 1$ 是离群值。

对于检出的离群值 $x_{(1)}=0.008\ 1$，确定剔除水平 $\alpha^*=0.01$，在 F 分布的分位数表（见 GB/T 4086.4）中查出 $F_{0.01}(2,10)=0.010\ 1$。因为 $E_{18,6}>F_{0.01}(2,10)$，故判未发现 $x_{(1)}=0.008\ 1$ 是统计离群值（即 $x_{(1)}=0.008\ 1$为歧离值）。

附 录 A
（规范性附录）
临 界 值 表

$T_{1-\alpha}(n,n)$的临界值表见表 A.1，$T_{\alpha}(n,1)$的临界值表见表 A.2。

表 A.1 $T_{(1-\alpha)}(n,n)$表

n	0.95	0.975	0.99	0.995
2	0.974 9	0.987 4	0.995	0.997 4
3	0.870 8	0.908 7	0.942 5	0.959 0
4	0.768 0	0.815 7	0.864 0	0.892 7
5	0.683 9	0.734 1	0.788 4	0.822 7
6	0.616 2	0.665 9	0.721 6	0.758 2
7	0.561 1	0.608 8	0.663 9	0.701 1
8	0.515 7	0.561 5	0.614 7	0.650 8
9	0.477 6	0.520 7	0.572 4	0.607 6
10	0.445 0	0.486 2	0.536 1	0.570 1
11	0.416 8	0.455 7	0.503 7	0.536 3
12	0.392 3	0.429 3	0.474 8	0.507 4
13	0.370 8	0.406 2	0.449 9	0.480 8
14	0.351 6	0.385 6	0.427 3	0.457 0
15	0.334 6	0.366 8	0.407 0	0.435 5
16	0.319 1	0.349 9	0.388 5	0.416 0
17	0.305 2	0.334 7	0.371 9	0.398 5
18	0.292 6	0.320 7	0.356 6	0.381 8
19	0.281 0	0.308 0	0.342 2	0.366 8
20	0.270 3	0.296 6	0.329 7	0.353 3
21	0.260 6	0.285 7	0.318 0	0.341 5
22	0.251 5	0.276 0	0.306 9	0.329 3
23	0.243 1	0.266 7	0.296 5	0.318 3
24	0.235 3	0.258 0	0.287 0	0.308 2
25	0.228 0	0.250 1	0.278 4	0.299 2
26	0.221 2	0.242 5	0.269 9	0.290 3
27	0.214 7	0.235 4	0.262 1	0.281 4
28	0.208 8	0.228 8	0.254 7	0.273 8
29	0.203 2	0.222 6	0.247 7	0.266 2
30	0.197 8	0.216 8	0.241 3	0.259 3
31	0.192 8	0.211 2	0.234 8	0.252 5

表 A.1（续）

n	0.95	0.975	0.99	0.995
32	0.188 0	0.206 0	0.229 2	0.245 8
33	0.183 4	0.200 9	0.223 6	0.240 2
34	0.179 2	0.196 3	0.218 2	0.234 6
35	0.175 1	0.191 8	0.213 1	0.229 1
36	0.171 1	0.187 6	0.208 8	0.224 3
37	0.167 5	0.183 5	0.204 0	0.219 3
38	0.164 0	0.179 6	0.199 7	0.214 5
39	1.160 5	0.175 7	0.195 6	0.210 3
40	0.157 3	0.172 2	0.191 4	0.205 6
41	0.154 2	0.168 9	0.187 8	0.201 4
42	0.151 3	0.165 5	0.183 9	0.197 9
43	0.148 4	0.162 4	0.190 4	0.194 0
44	0.145 7	0.159 4	0.177 4	0.190 5
45	0.143 1	0.156 6	0.173 9	0.186 8
46	0.140 6	0.153 7	0.170 9	0.183 4
47	0.138 1	0.151 1	0.167 7	0.180 0
48	0.135 7	0.148 4	0.165 1	0.177 3
49	0.133 5	0.145 9	0.162 1	0.174 3
50	0.131 3	0.143 6	0.159 6	0.171 6
51	0.129 2	0.141 2	0.156 9	0.168 3
52	0.127 2	0.139 0	0.154 3	0.165 7
53	0.125 2	0.136 9	0.151 8	0.162 9
54	0.123 3	0.134 8	0.149 7	0.160 8
55	0.121 4	0.132 7	0.147 3	0.158 2
56	0.119 6	0.130 8	0.145 1	0.156 1
57	0.117 9	0.128 9	0.143 0	0.153 6
58	0.116 3	0.127 0	0.141 1	0.151 5
59	0.114 6	0.125 2	0.139 0	0.149 4
60	0.113 0	0.123 5	0.137 0	0.147 4
61	0.111 5	0.121 8	0.135 1	0.145 3
62	0.110 0	0.120 2	0.133 3	0.143 2
63	0.108 6	0.118 6	0.131 6	0.141 2
64	0.107 1	0.117 0	0.129 8	0.139 4
65	0.105 8	0.115 5	0.128 1	0.137 4
66	0.104 5	0.114 1	0.126 5	0.135 8

表 A.1（续）

n	0.95	0.975	0.99	0.995
67	0.103 2	0.112 6	0.125 0	0.134 0
68	0.101 9	0.111 2	0.123 3	0.132 4
69	0.100 7	0.109 9	0.122 0	0.130 6
70	0.099 5	0.108 6	0.120 3	0.129 1
71	0.098 3	0.107 3	0.119 0	0.127 8
72	0.097 2	0.106 0	0.117 6	0.126 0
73	0.096 0	0.104 8	0.116 1	0.124 4
74	0.095 0	0.103 6	0.114 8	0.123 1
75	0.093 9	0.102 4	0.113 6	0.121 9
76	0.092 9	0.101 3	0.112 3	0.120 3
77	0.091 9	0.100 2	0.111 0	0.119 0
78	0.090 9	0.099 1	0.109 8	0.117 7
79	0.089 9	0.098 0	0.108 5	0.116 4
80	0.089 0	0.097 0	0.107 4	0.115 2
81	0.088 1	0.096 0	0.106 3	0.113 9
82	0.087 2	0.095 0	0.105 3	0.112 8
83	0.086 3	0.094 0	0.104 2	0.111 5
84	0.085 4	0.093 1	0.103 1	0.110 5
85	0.084 6	0.092 2	0.102 0	0.109 4
86	0.083 7	0.091 2	0.101 0	0.108 2
87	0.082 9	0.090 4	0.100 0	0.107 2
88	0.082 1	0.089 4	0.099 0	0.106 1
89	0.081 3	0.088 6	0.098 1	0.105 0
90	0.080 6	0.087 8	0.097 2	0.104 2
91	0.079 9	0.087 0	0.096 2	0.103 3
92	0.079 1	0.086 2	0.095 3	0.102 2
93	0.078 4	0.085 4	0.094 5	0.101 4
94	0.077 7	0.084 6	0.093 7	0.100 4
95	0.077 0	0.083 9	0.092 7	0.099 4
96	0.076 3	0.083 1	0.091 9	0.098 4
97	0.075 7	0.082 4	0.091 1	0.097 6
98	0.075 0	0.081 6	0.090 3	0.096 8
99	0.074 4	0.081 0	0.089 5	0.096 0
100	0.073 7	0.080 2	0.088 8	0.095 2

表 A.2　$T_{\alpha}(n,1)$的临界值表

n	0.005	0.01	0.025	0.05
2	2.4868×10^{-2}	5.000×10^{-3}	1.2496×10^{-2}	2.500×10^{-2}
3	8.2006×10^{-4}	1.6709×10^{-3}	4.1999×10^{-3}	8.4402×10^{-3}
4	4.1005×10^{-4}	8.3612×10^{-4}	2.0983×10^{-3}	4.2381×10^{-3}
5	2.5468×10^{-4}	5.0189×10^{-4}	1.2601×10^{-3}	2.5483×10^{-3}
6	1.6554×10^{-4}	3.3467×10^{-4}	8.4336×10^{-4}	1.7010×10^{-3}
7	1.1716×10^{-4}	2.3909×10^{-4}	6.0283×10^{-4}	1.2161×10^{-3}
8	8.9140×10^{-5}	1.7934×10^{-4}	4.5074×10^{-4}	9.1260×10^{-4}
9	6.9610×10^{-5}	1.3950×10^{-4}	3.5029×10^{-4}	7.1013×10^{-4}
10	5.5260×10^{-5}	1.1161×10^{-4}	2.8063×10^{-4}	5.6830×10^{-4}
11	4.5370×10^{-5}	9.1321×10^{-5}	2.2966×10^{-4}	4.6511×10^{-4}
12	3.7780×10^{-5}	7.6104×10^{-5}	1.9164×10^{-4}	3.8768×10^{-4}
13	3.1730×10^{-5}	6.4398×10^{-5}	1.6201×10^{-4}	3.2810×10^{-4}
14	2.7100×10^{-5}	5.5200×10^{-5}	1.3953×10^{-4}	2.8128×10^{-4}
15	2.3930×10^{-5}	4.7842×10^{-5}	1.2089×10^{-4}	2.4381×10^{-4}
16	2.1160×10^{-5}	4.1862×10^{-5}	1.0537×10^{-5}	2.1336×10^{-4}
17	1.8420×10^{-5}	3.6938×10^{-5}	9.3330×10^{-5}	1.8828×10^{-4}
18	1.6260×10^{-5}	3.2835×10^{-5}	8.2900×10^{-5}	1.6737×10^{-4}
19	1.4590×10^{-5}	2.9379×10^{-5}	7.3980×10^{-5}	1.4977×10^{-4}
20	1.2980×10^{-5}	2.6441×10^{-5}	6.6580×10^{-5}	1.3480×10^{-4}
21	1.1990×10^{-5}	2.3923×10^{-5}	6.0260×10^{-5}	1.2197×10^{-4}
22	1.0870×10^{-5}	2.1749×10^{-5}	5.4740×10^{-5}	1.1089×10^{-4}
23	9.8500×10^{-6}	1.9858×10^{-5}	4.9820×10^{-5}	1.0125×10^{-4}
24	9.1200×10^{-6}	1.8203×10^{-5}	4.5720×10^{-5}	9.2819×10^{-5}
25	8.2500×10^{-6}	1.6747×10^{-5}	4.2060×10^{-5}	8.5398×10^{-5}
26	7.6300×10^{-6}	1.5459×10^{-5}	3.8870×10^{-5}	7.8832×10^{-5}
27	7.0600×10^{-6}	1.4314×10^{-5}	3.6030×10^{-5}	7.2995×10^{-5}
28	6.6300×10^{-6}	1.3292×10^{-5}	3.3560×10^{-5}	6.7784×10^{-5}
29	6.1300×10^{-6}	1.2375×10^{-5}	3.1260×10^{-5}	6.3111×10^{-5}
30	5.7700×10^{-6}	1.1550×10^{-5}	2.9020×10^{-5}	5.8906×10^{-5}
31	5.3300×10^{-6}	1.0805×10^{-5}	2.7270×10^{-5}	5.5107×10^{-5}
32	5.0700×10^{-6}	1.0130×10^{-5}	2.5530×10^{-5}	5.1664×10^{-5}
33	4.7700×10^{-6}	9.5159×10^{-6}	2.3990×10^{-5}	4.8534×10^{-5}
34	4.4900×10^{-6}	8.9562×10^{-6}	2.2540×10^{-5}	4.5680×10^{-5}
35	4.1400×10^{-6}	8.4444×10^{-6}	2.1320×10^{-5}	4.3701×10^{-5}
36	4.0200×10^{-6}	7.9753×10^{-6}	2.0160×10^{-5}	4.0679×10^{-5}

表 A.2(续)

n	0.005	0.01	0.025	0.05
37	$3.700\ 0\times10^{-6}$	$7.544\ 2\times10^{-6}$	$1.906\ 0\times10^{-5}$	$3.848\ 1\times10^{-5}$
38	$3.600\ 0\times10^{-6}$	$7.147\ 2\times10^{-6}$	$1.802\ 0\times10^{-5}$	$3.645\ 6\times10^{-5}$
39	$3.390\ 0\times10^{-6}$	$6.780\ 7\times10^{-6}$	$1.703\ 0\times10^{-5}$	$3.458\ 8\times10^{-5}$
40	$3.230\ 0\times10^{-6}$	$6.441\ 7\times10^{-6}$	$1.622\ 0\times10^{-5}$	$3.285\ 9\times10^{-5}$
41	$3.030\ 0\times10^{-6}$	$6.127\ 5\times10^{-6}$	$1.539\ 0\times10^{-5}$	$3.125\ 6\times10^{-5}$
42	$2.960\ 0\times10^{-6}$	$5.835\ 7\times10^{-6}$	$1.473\ 0\times10^{-5}$	$2.976\ 8\times10^{-5}$
43	$2.780\ 0\times10^{-6}$	$5.564\ 3\times10^{-6}$	$1.402\ 0\times10^{-5}$	$2.838\ 4\times10^{-5}$
44	$2.650\ 0\times10^{-6}$	$5.311\ 4\times10^{-6}$	$1.342\ 0\times10^{-5}$	$2.709\ 4\times10^{-5}$
45	$2.480\ 0\times10^{-6}$	$5.075\ 3\times10^{-6}$	$1.273\ 0\times10^{-5}$	$2.589\ 1\times10^{-5}$
46	$2.430\ 0\times10^{-6}$	$4.854\ 7\times10^{-6}$	$1.222\ 0\times10^{-5}$	$2.476\ 5\times10^{-5}$
47	$2.310\ 0\times10^{-6}$	$4.648\ 1\times10^{-6}$	$1.169\ 0\times10^{-5}$	$2.371\ 2\times10^{-5}$
48	$2.200\ 0\times10^{-6}$	$4.454\ 5\times10^{-6}$	$1.124\ 0\times10^{-5}$	$2.272\ 4\times10^{-5}$
49	$2.120\ 0\times10^{-6}$	$4.272\ 7\times10^{-6}$	$1.079\ 0\times10^{-5}$	$2.179\ 7\times10^{-5}$
50	$2.080\ 0\times10^{-6}$	$4.101\ 8\times10^{-6}$	$1.033\ 0\times10^{-5}$	$2.092\ 5\times10^{-5}$
51	$1.940\ 0\times10^{-6}$	$3.940\ 9\times10^{-6}$	$9.910\ 0\times10^{-6}$	$2.010\ 5\times10^{-5}$
52	$1.900\ 0\times10^{-6}$	$3.789\ 3\times10^{-6}$	$9.540\ 0\times10^{-6}$	$1.933\ 2\times10^{-5}$
53	$1.810\ 0\times10^{-6}$	$3.646\ 4\times10^{-6}$	$9.170\ 0\times10^{-6}$	$1.860\ 2\times10^{-5}$
54	$1.780\ 0\times10^{-6}$	$3.511\ 3\times10^{-6}$	$8.860\ 0\times10^{-6}$	$1.791\ 4\times10^{-5}$
55	$1.660\ 0\times10^{-6}$	$3.383\ 6\times10^{-6}$	$8.500\ 0\times10^{-6}$	$1.726\ 2\times10^{-5}$
56	$1.630\ 0\times10^{-6}$	$3.262\ 8\times10^{-6}$	$8.210\ 0\times10^{-6}$	$1.664\ 6\times10^{-5}$
57	$1.550\ 0\times10^{-6}$	$3.148\ 3\times10^{-6}$	$7.950\ 0\times10^{-6}$	$1.606\ 2\times10^{-5}$
58	$1.490\ 0\times10^{-6}$	$3.039\ 8\times10^{-6}$	$7.680\ 0\times10^{-6}$	$1.550\ 8\times10^{-5}$
59	$1.460\ 0\times10^{-6}$	$2.936\ 7\times10^{-6}$	$7.410\ 0\times10^{-6}$	$1.498\ 3\times10^{-5}$
60	$1.440\ 0\times10^{-6}$	$2.838\ 8\times10^{-6}$	$7.160\ 0\times10^{-6}$	$1.448\ 3\times10^{-5}$
61	$1.350\ 0\times10^{-6}$	$2.745\ 8\times10^{-6}$	$6.920\ 0\times10^{-6}$	$1.400\ 9\times10^{-5}$
62	$1.340\ 0\times10^{-6}$	$2.657\ 2\times10^{-6}$	$6.680\ 0\times10^{-6}$	$1.355\ 7\times10^{-5}$
63	$1.270\ 0\times10^{-6}$	$2.572\ 8\times10^{-6}$	$6.500\ 0\times10^{-6}$	$1.312\ 6\times10^{-5}$
64	$1.230\ 0\times10^{-6}$	$2.492\ 4\times10^{-6}$	$6.270\ 0\times10^{-6}$	$1.271\ 6\times10^{-5}$
65	$1.210\ 0\times10^{-6}$	$2.415\ 8\times10^{-6}$	$6.100\ 0\times10^{-6}$	$1.232\ 5\times10^{-5}$
66	$1.140\ 0\times10^{-6}$	$2.342\ 6\times10^{-6}$	$5.890\ 0\times10^{-6}$	$1.195\ 2\times10^{-5}$
67	$1.130\ 0\times10^{-6}$	$2.272\ 6\times10^{-6}$	$5.730\ 0\times10^{-6}$	$1.159\ 5\times10^{-5}$
68	$1.110\ 0\times10^{-6}$	$2.205\ 8\times10^{-6}$	$5.530\ 0\times10^{-6}$	$1.125\ 4\times10^{-5}$
69	$1.050\ 0\times10^{-6}$	$2.141\ 9\times10^{-6}$	$5.380\ 0\times10^{-6}$	$1.092\ 8\times10^{-5}$
70	$1.040\ 0\times10^{-6}$	$2.080\ 7\times10^{-6}$	$5.220\ 0\times10^{-6}$	$1.061\ 6\times10^{-5}$
71	$9.900\ 0\times10^{-7}$	$2.022\ 1\times10^{-6}$	$5.080\ 0\times10^{-6}$	$1.031\ 7\times10^{-5}$

表 A.2（续）

n	0.005	0.01	0.025	0.05
72	9.8000×10^{-7}	1.9659×10^{-6}	4.9400×10^{-6}	1.0030×10^{-6}
73	9.7000×10^{-7}	1.9120×10^{-6}	4.8100×10^{-6}	9.7555×10^{-6}
74	9.1000×10^{-7}	1.8604×10^{-6}	4.6800×10^{-6}	9.4919×10^{-6}
75	9.0000×10^{-7}	1.8107×10^{-6}	4.5700×10^{-6}	9.2388×10^{-6}
76	8.7000×10^{-7}	1.7631×10^{-6}	4.4500×10^{-6}	8.9957×10^{-6}
77	8.5000×10^{-7}	1.7173×10^{-6}	4.3100×10^{-6}	8.7621×10^{-6}
78	8.4000×10^{-7}	1.6733×10^{-6}	4.2000×10^{-6}	8.5375×10^{-6}
79	7.9000×10^{-7}	1.6309×10^{-6}	4.1100×10^{-6}	8.3214×10^{-6}
80	7.8000×10^{-7}	1.5901×10^{-6}	3.9900×10^{-6}	8.1134×10^{-6}
81	7.7000×10^{-7}	1.5509×10^{-6}	3.8900×10^{-6}	7.9131×10^{-6}
82	7.5000×10^{-7}	1.5131×10^{-6}	3.8200×10^{-6}	7.7201×10^{-6}
83	7.2000×10^{-7}	1.4766×10^{-6}	3.7200×10^{-6}	7.5341×10^{-6}
84	7.1000×10^{-7}	1.4414×10^{-6}	3.6300×10^{-6}	7.3548×10^{-6}
85	7.0000×10^{-7}	1.4075×10^{-6}	3.5500×10^{-6}	7.1817×10^{-6}
86	6.7000×10^{-7}	1.3748×10^{-6}	3.4600×10^{-6}	7.0147×10^{-6}
87	6.7000×10^{-7}	1.3432×10^{-6}	3.3800×10^{-6}	6.8535×10^{-6}
88	6.6000×10^{-7}	1.3127×10^{-6}	3.2900×10^{-6}	6.6978×10^{-6}
89	6.4000×10^{-7}	1.2832×10^{-6}	3.2200×10^{-6}	6.5473×10^{-6}
90	6.1000×10^{-7}	1.2547×10^{-6}	3.1600×10^{-6}	6.4018×10^{-6}
91	6.0000×10^{-7}	1.2271×10^{-6}	3.0900×10^{-6}	6.2611×10^{-6}
92	6.0000×10^{-7}	1.2004×10^{-6}	3.0100×10^{-6}	6.1250×10^{-6}
93	5.9000×10^{-7}	1.1746×10^{-6}	2.9400×10^{-6}	5.9933×10^{-6}
94	5.7000×10^{-7}	1.1496×10^{-6}	2.8900×10^{-6}	5.8658×10^{-6}
95	5.5000×10^{-7}	1.1254×10^{-6}	2.8300×10^{-6}	5.7424×10^{-6}
96	5.4000×10^{-7}	1.1020×10^{-6}	2.7700×10^{-6}	5.6337×10^{-6}
97	5.4000×10^{-7}	1.0792×10^{-6}	2.7200×10^{-6}	5.5068×10^{-6}
98	5.3000×10^{-7}	1.0572×10^{-6}	2.6600×10^{-6}	5.3945×10^{-6}
99	5.1000×10^{-7}	1.0359×10^{-6}	2.6100×10^{-6}	5.2855×10^{-6}
100	5.0000×10^{-7}	1.0151×10^{-6}	2.5500×10^{-6}	5.1798×10^{-6}

参 考 文 献

[1] N. S Tand, et al. Unmasking test for multiple outliers in an exponential sample [J]. Chinese Jpurnal of Applied Probability and Statistics, 1997, 13(4). 384-390

[2] N. S Tand, et al. Testing for k upper and s lower outliers in an exponential sample [J]. Mathematical Statistics and Applied Probability, 1998, 13(3). 228-229

[3] G. L Tietijen, Some Grubbs-type Statistics for Detecting of Several Outliers Technometrics [J], 1972, 14. 583-597

[4] A. C Kimber, Testing upper and lower outlier pairs in gamma samples. Commyn. Statist. Sim[J]. Comp, 1988, 17. 1055-1072

[5] A. E Gelfand, Bayesian analysis of constrained parameter and truncated data problems using Gibbs sampling[J]. Journal of the American Statistical Association, 1992, 87: 523-532

[6] 张德然,茆诗松. 指数分布场合下同时存在异常大和异常小值的检验[J]. 应用数学,2004, 17(1):55-60

[7] 王炳兴. 指数分布场合异常数据的检验[J]. 应用概率统计,2001, 17(3):255-259

[8] 费鹤良. 指数分布样本中异常数据检验的有效性[J]. 应用概率统计,1989, 5(4):289-294

ICS 73.080
Q 61

中华人民共和国国家标准

GB/T 8071—2008
代替 GB/T 8071—2001

温 石 棉

Chrysotile asbestos

2008-08-20 发布 2009-04-01 实施

中华人民共和国国家质量监督检验检疫总局
中国国家标准化管理委员会 发布

前 言

本标准代替 GB/T 8071—2001《温石棉》。

本标准与 GB/T 8071—2001 相比，主要做了如下修改：

——取消手选温石棉、纵纤维温石棉、横纤维温石棉的定义；

——增加了纤维系数定义；

——取消手选温石棉类别、质量要求及其试验方法；

——取消机选温石棉横纤维、纵纤维类别的划分；

——增加 7 级温石棉技术要求及其试验方法；

——提出温石棉应该采用压缩包装；

——取消袋装温石棉 25 kg 包装要求；

——在包装标志内容中增加了“防雨防潮防破损，谨防泄漏污染环境”的警示语。

本标准由中国建筑材料工业联合会提出。

本标准由全国非金属矿产品及制品标准化技术委员会(SAC/TC 406)归口。

本标准负责起草单位：咸阳非金属矿研究设计院。

本标准主要起草人：王继生、覃东萍。

本标准 1987 年 7 月首次发布，2001 年 4 月第一次修订，本版为第二次修订。

温　石　棉

1　范围

本标准规定了温石棉的术语和定义、分级与标记、要求、试验方法、检验规则、标志、包装、运输和储存等。

本标准适用于机选温石棉产品的质量检验和验收。

2　规范性引用文件

下列文件中的条款通过本标准的引用而成为本标准的条款。凡是注日期的引用文件，其随后所有的修改单(不包括勘误的内容)或修订版均不适用于本标准，然而，鼓励根据本标准达成协议的各方研究是否可使用这些文件的最新版本。凡是不注日期的引用文件，其最新版本适用于本标准。

GB/T 6646—2008　温石棉试验方法

GB 8072　温石棉取样、制样方法

3　术语和定义

下列术语和定义适用于本标准。

3.1

温石棉　chrysotile asbestos

是一种纤维状含水硅酸镁矿物，矿物学上称之为纤维蛇纹石。分子式为 $3MgO \cdot 2SiO_2 \cdot 2H_2O$，理论成分为 MgO43.64%，$SiO_2$43.36%，$H_2O$13.00%。

3.2

温石棉纤维　chrysotile asbestos fiber

符合 3.1 定义、具有一定长径比、最大横向尺寸小于 0.1 mm 的矿物集合体。

3.3

机选温石棉　milled asbestos

用机械加工方法从矿石中选出来的各等级温石棉纤维。

3.4

砂粒　grit

混入温石棉纤维中的非纤维矿物，其颗粒直径在 0.2 mm 以上。

3.5

细粉　fines

按公认的试验方法，对温石棉纤维进行长度分级所获得的最细粒级。

注：通常情况下，指按 GB/T 6646—2008 中 4.2 湿式分级中通过 0.075 mm 筛孔的物料。

3.6

松解棉　open

经过松解、具有高度纤维化的温石棉。

3.7

主体纤维含量　major fiber content

机选温石棉经干式分级后留存在所规定筛网上的累积筛余量。

注：一、二级温石棉，所规定的筛网筛孔为 12.50 mm；三、四级温石棉，所规定的筛网筛孔为 4.75 mm；五、六级温石

棉，所规定的筛网筛孔为 1.40 mm。

3.8

夹杂物　impurity

混入温石棉纤维中的非矿物杂质，如草根、树叶、纸屑、绳头等。

3.9

纤维系数　fibre coefficient

表示温石棉纤维长度和数量的综合特征量。

注：纤维系数是按 GB/T 6646—2008 中 4.3 快速湿式分级方法测定的数据计算得出，计算方法见本标准 6.6。

4　分级与标记

4.1　产品分级

机选温石棉分为 1 级、2 级、3 级、4 级、5 级、6 级、7 级等七个等级。

4.2　产品代号与标记

1 级～6 级机选温石棉的产品代号由级别识别数字（一位数字）和主体纤维含量识别数字（两位数字）组成。7 级机选温石棉的产品代号由数字 7 和松散密度数值组成。

机选温石棉的标记由产品代号后缀本标准号组成。

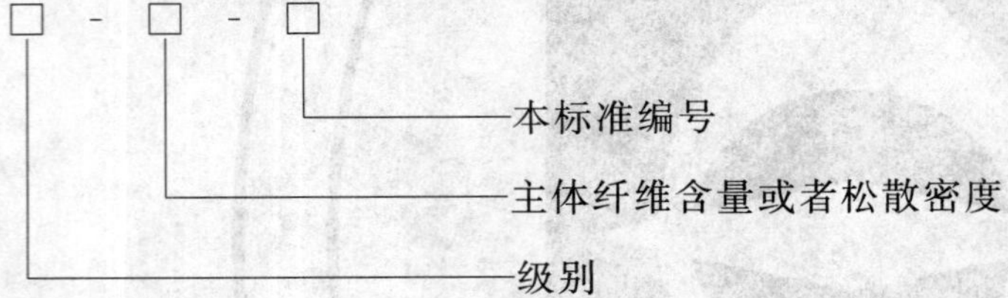

示例如下：

5 级温石棉、主体纤维含量（质量分数）为 60%，其标记为：5-60-GB/T 8071—2008

7 级温石棉、松散密度为 350 kg/m³，其标记为：7-350-GB/T 8071—2008

5　要求

5.1　机选温石棉的水分（吸附水）应不大于 2%。如超过 2%，验收计量时扣除其超额水分。

5.2　机选温石棉的产品质量应符合表 1 或表 2 规定。

表 1　1 级～6 级机选温石棉质量要求

级别	产品代号	干式分级（质量分数）/%				松解棉含量（质量分数）/%	+1.18 mm 纤维含量（质量分数）/%	−0.075 mm 细粉量（质量分数）/%	纤维系数	砂粒含量（质量分数）/%	夹杂物含量（质量分数）/%
		+12.5 mm	+4.75 mm	+1.4 mm	−1.40 mm						
		≥			≤	≥	≥	≤	≥	≤	≤
1	1-70	70	93	97	3	—	50	40	—	0.3	0.04
	1-60	60	88	96	4		47	44			
	1-50	50	85	95	5		43	46			
2	2-40	40	82	94	6		37	50	—		
	2-30	30	82	93	7		32	54			
	2-20	20	75	91	9		28	58			

表 1（续）

级别	产品代号	干式分级（质量分数）/%				松解棉含量（质量分数）/%	+1.18 mm 纤维含量（质量分数）/%	−0.075 mm 细粉量（质量分数）/%	纤维系数	砂粒含量（质量分数）/%	夹杂物含量（质量分数）/%
		+12.5 mm	+4.75 mm	+1.4 mm	−1.40 mm						
			⩾		⩽	⩾	⩾	⩽	⩾	⩽	⩽
3	3-80	—	80	93	7	50	10	38	1.3	0.3	0.04
	3-70		70	91	9			40	1.2		
	3-60		60	89	11			42	1.1		
	3-50		50	87	13		9	43	1.0		
	3-40		40	84	16			44	0.9		
4	4-30	—	30	83	17	45	8	46	0.7	0.4	0.03
	4-20		20	82	18		7	49	0.6		
	4-15		15	80	20		6	52	0.5		
	4-10		10	80	20		6	52	0.5		
5	5-80	—	—	80	20	40	4	54	0.40	0.5	0.02
	5-70			70	30		3	56	0.35		
	5-60			60	40		1.5	58	0.30		
	5-50			50	50		1	60	0.25		
6	6-40	—	—	40	60	35	—	66	—	2.0	
	6-30			30	70			68			
	6-20			20	80			70			

表 2　7 级机选温石棉质量要求

级别	产品代号	松散密度/(kg/m³)　⩽	−0.045 mm 细粉含量（质量分数）/%　⩽	砂粒含量（质量分数）/%　⩽
7	7-250	250	50	0.05
	7-350	350	50	0.1
	7-450	450	60	0.3
	7-550	550	70	0.5

6　试验方法

6.1　水分含量测定

按 GB/T 6646—2008 中 4.6 进行测定。

6.2　干式分级及夹杂物含量测定

按 GB/T 6646—2008 中 4.1 进行测定。

6.3　松解棉含量测定

按 GB/T 6646—2008 中 4.7 进行测定。

6.4　+1.18 mm 纤维含量测定

按 GB/T 6646—2008 中 4.2 或 4.3 进行测定。仲裁检验按 4.2 进行测定。

6.5　−0.075 mm 细粉含量测定

6.5.1　按 GB/T 6646—2008 中 4.2 或 4.3 进行测定。仲裁检验按 4.2 进行测定。

6.5.2 为方便生产,在生产控制检验中,−0.075 mm 细粉含量也可按 GB/T 6646—2008 中 4.8 规定的方法进行测定。经供需双方商定同意,4.8 规定的方法亦可作为双方交收检验方法。

6.6 纤维系数测定

纤维系数按 GB/T 6646—2008 中 4.3 进行测定,按式(1)进行计算。

$$纤维系数 = (a\times 4 + b\times 3 + c\times 2 + d\times 1)/100 \qquad (1)$$

式中:

a——为 2.36 mm 筛上物的含量(质量分数),%;

b——为 1.18 mm 筛上物的含量(质量分数),%;

c——为 0.60 mm 筛上物的含量(质量分数),%;

d——为 0.30 mm 筛上物的含量(质量分数),%。

6.7 砂粒含量测定

按 GB/T 6646—2008 中 4.5 或者 4.9 进行测定。仲裁检验按 4.9 进行测定。7 级棉按 4.5 进行测定。

6.8 松散密度测定

按 GB/T 6646—2008 中 4.10 进行测定。

6.9 −0.045 mm 细粉含量测定

按 GB/T 6646—2008 中 4.8 规定的方法测定。但是需将直径 200 mm、筛孔为 0.075 mm 的标准筛换为直径 200 mm、筛孔为 0.045 mm 的标准筛,其他内容完全按 GB/T 6646—2008 中 4.8 规定的方法进行。

7 检验规则

7.1 检验分类

7.1.1 机选温石棉检验分为出厂检验(常规检验、交收检验)和型式检验。

7.1.2 出厂检验项目 6 级为主体纤维含量、−0.075 mm 细粉含量、砂粒含量、夹杂物含量;7 级为松散密度、−0.045 mm 细粉含量、砂粒含量。

7.1.3 型式检验项目为本标准第 5 章规定的全部要求。

7.1.4 有下列情况之一时应进行型式检验:

a) 首批或试制产品;

b) 正式生产后,原料质量发生波动或生产工艺及设备发生变更,可能影响产品质量时;

c) 正常生产六个月时;

d) 停产超过三个月,恢复生产时;

e) 出厂检验结果与上次型式检验结果有较大差异时;

f) 用户提出型式检验要求时;

g) 质量监督机构提出型式检验要求时。

7.2 取样与制样

机选温石棉取样与制样方法按 GB 8072 进行。

7.3 判定规则

7.3.1 机选温石棉产品出厂检验的各项检验结果必须达到表 1 或表 2 规定的相应的质量要求;型式检验的所有项目的检验结果,必须达到表 1 或表 2 规定的质量要求。

7.3.2 在第一次检验结果达不到规定的质量要求时,应加倍取样对不合格项进行复检。加倍取样复检结果全部达到规定的质量要求时,判为合格;如果有一项或一项以上检验结果达不到规定的质量要求时,判为不合格。

8 标志

8.1 袋装温石棉产品应在包装袋上标明产品名称、产品标记、每袋净重、生产单位及地址、电话等，同时应有“防雨防潮防破损，谨防泄漏污染环境”的标识。

8.2 每袋上应有合格证。合格证上应标明产品标记、生产日期或批号、生产单位、检验结果。

9 包装、运输和贮存

9.1 机选温石棉应采用包装袋运输。包装袋应采用压缩包装的方式包装。包装袋应坚固、耐用、防潮。每袋净含量为 40 kg±0.8 kg、50 kg±1.0 kg。

9.2 机选温石棉在运输过程中和储存时要注意防雨、防潮，防破损，防止包装物泄露污染环境。

9.3 机选温石棉在搬运过程中禁止用钩子直接钩挂包装袋，禁止翻滚。对在储存和运输过程中出现的包装袋意外破损，应及时进行修补或更换。

ICS 91.100.10
Q 11

中华人民共和国国家标准

GB/T 8074—2008
代替 GB/T 8074—1987

水泥比表面积测定方法　勃氏法

Testing method for specific surface of cement—Blaine method

2008-01-09 发布　　2008-08-01 实施

中华人民共和国国家质量监督检验检疫总局
中国国家标准化管理委员会　发布

前　言

本标准修订参照了ASTM C204《用透气法测定波特兰水泥细度标准试验方法》，JIS R5201《水泥物理试验方法　细度试验》和EN 196-6《水泥试验方法　细度测定》三个标准。

本标准代替GB/T 8074—1987《水泥比表面积测定方法(勃氏法)》。

本标准与GB/T 8074—1987相比，主要变化如下：

——引用文件中增加了GB/T 208《水泥密度测定方法》标准(本版第2章)；

——引用文件中增加了GB/T 1914《化学分析滤纸》标准(本版第2章)；

——引用文件中增加了GB 12573《水泥取样方法》标准(本版第2章)；

——在原有勃氏法比表面积测定仪的基础上增加了自动比表面积测定仪(本版第5.1条)；

——规定PⅠ、PⅡ型水泥空隙率选用0.500，其他水泥空隙率选用0.530(1987版第5.2条，本版第7.3条)；

——规定在改变空隙率时用2 000 g砝码来压实捣器(本版第7.3条)；

——取消了原标准附录A中的表3。

本标准附录A和附录B为资料性附录。

本标准由中国建筑材料联合会提出。

本标准由全国水泥标准化技术委员会(SAC/TC 184)归口。

本标准负责起草单位：中国建筑材料科学研究总院。

本标准参加起草单位：无锡建仪仪器机械有限公司、绍兴肯特机械电子有限公司、河北科析仪器设备有限公司。

本标准主要协作单位：北京顺发拉法基水泥有限公司、山东华银特种水泥股份有限公司、中国水泥发展中心物化检测所、本溪水泥厂、冀东水泥股份有限公司、抚顺水泥股份有限公司、浙江省建筑材料科技有限公司建材质量检测中心、贵州省建材行业产品质量监督检验站、国家建筑工程质量监督检验中心。

本标准主要起草人：陈萍、颜碧兰、宋立春、张学萃、李钊海、王文茹。

本标准所代替标准的历次版本发布情况为：

——GB/T 8074—1987。

水泥比表面积测定方法　勃氏法

1　范围

本标准规定了用勃氏透气仪来测定水泥细度的试验方法。

本标准适用于测定水泥的比表面积及适合采用本标准方法的、比表面积在 2 000 cm^2/g 到 6 000 cm^2/g 范围的其他各种粉状物料，不适用于测定多孔材料及超细粉状物料。

2　规范性引用文件

下列文件中的条款通过本标准的引用而成为本标准的条款。凡是注日期的引用文件，其随后所有的修改单(不包括勘误的内容)或修订版均不适用于本标准，然而，鼓励根据本标准达成协议的各方研究是否可使用这些文件的最新版本。凡是不注日期的引用文件，其最新版本适用于本标准。

GB/T 208　水泥密度测定方法

GB/T 1914　化学分析滤纸

GB 12573　水泥取样方法

GSB 14-1511　水泥细度和比表面积标准样品

JC/T 956　勃氏透气仪

3　方法原理

本方法主要是根据一定量的空气通过具有一定空隙率和固定厚度的水泥层时，所受阻力不同而引起流速的变化来测定水泥的比表面积。在一定空隙率的水泥层中，孔隙的大小和数量是颗粒尺寸的函数，同时也决定了通过料层的气流速度。

4　术语和定义

下列定义和术语适用于本标准。

4.1

水泥比表面积　specific area

单位质量的水泥粉末所具有的总表面积，以平方厘米每克(cm^2/g)或平方米每千克(m^2/kg)来表示。

4.2

空隙率　area ratio

试料层中颗粒间空隙的容积与试料层总的容积之比，以 ε 表示。

5　试验设备及条件

5.1　透气仪

本方法采用的勃氏比表面积透气仪，分手动和自动两种，均应符合 JC/T 956 的要求。

5.2　烘干箱

控制温度灵敏度±1℃。

5.3　分析天平

分度值为 0.001 g。

5.4 秒表

精确至 0.5 s。

5.5 水泥样品

水泥样品按 GB 12573 进行取样，先通过 0.9 mm 方孔筛，再在 110℃±5℃下烘干 1 h，并在干燥器中冷却至室温。

5.6 基准材料

GSB 14-1511 或相同等级的标准物质。有争议时以 GSB 14-1511 为准。

5.7 压力计液体

采用带有颜色的蒸馏水或直接采用无色蒸馏水。

5.8 滤纸

采用符合 GB/T 1914 的中速定量滤纸。

5.9 汞

分析纯汞。

5.10 试验室条件

相对湿度不大于 50%。

单位为毫米

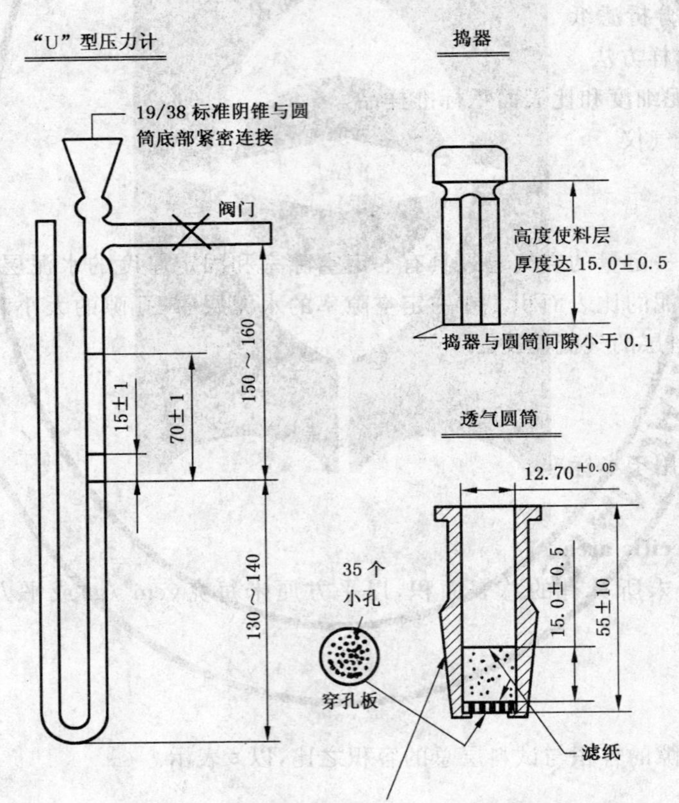

图 1 比表面积 U 型压力计示意图

6 仪器校准

6.1 仪器的校准采用 GSB 14-1511 或相同等级的其他标准物质。有争议时以前者为准。

6.2 仪器校准按 JC/T 956 进行。

6.3 校准周期

至少每年进行一次。仪器设备使用频繁则应半年进行一次；仪器设备维修后也要重新标定。

7 操作步骤

7.1 测定水泥密度

按 GB/T 208 测定水泥密度。

7.2 漏气检查

将透气圆筒上口用橡皮塞塞紧，接到压力计上。用抽气装置从压力计一臂中抽出部分气体，然后关闭阀门，观察是否漏气。如发现漏气，可用活塞油脂加以密封。

7.3 空隙率(ε)的确定

PⅠ、PⅡ型水泥的空隙率采用0.500±0.005，其他水泥或粉料的空隙率选用0.530±0.005。

当按上述空隙率不能将试样压至7.5规定的位置时，则允许改变空隙率。

空隙率的调整以2 000 g砝码(5等砝码)将试样压实至7.5规定的位置为准。

7.4 确定试样量

试样量按式(1)计算：

$$m = \rho V(1 - \varepsilon) \qquad \cdots\cdots(1)$$

式中：

m——需要的试样量，单位为克(g)；

ρ——试样密度，单位为克每立方厘米(g/cm^3)；

V——试料层体积，按JC/T 956测定，单位为立方厘米(cm^3)；

ε——试料层空隙率，参见附录A。

7.5 试料层制备

7.5.1 将穿孔板放入透气圆筒的突缘上，用捣棒把一片滤纸放到穿孔板上，边缘放平并压紧。称取按7.4确定的试样量，精确到0.001 g，倒入圆筒。轻敲圆筒的边，使水泥层表面平坦。再放入一片滤纸，用捣器均匀捣实试料直至捣器的支持环与圆筒顶边接触，并旋转1～2圈，慢慢取出捣器。

7.5.2 穿孔板上的滤纸为ϕ12.7 mm边缘光滑的圆形滤纸片。每次测定需用新的滤纸片。

7.6 透气试验

7.6.1 把装有试料层的透气圆筒下锥面涂一薄层活塞油脂，然后把它插入压力计顶端锥型磨口处，旋转1～2圈。要保证紧密连接不致漏气，并不振动所制备的试料层。

7.6.2 打开微型电磁泵慢慢从压力计一臂中抽出空气，直到压力计内液面上升到扩大部下端时关闭阀门。当压力计内液体的凹月面下降到第一条刻线时开始计时(参见图1)，当液体的凹月面下降到第二条刻线时停止计时，记录液面从第一条刻度线到第二条刻度线所需的时间。以秒记录，并记录下试验时的温度(℃)。每次透气试验，应重新制备试料层。

8 计算

8.1 当被测试样的密度、试料层中空隙率与标准样品相同，试验时的温度与校准温度之差≤3℃时，可按式(2)计算。

$$S = \frac{S_S \sqrt{T}}{\sqrt{T_S}} \qquad \cdots\cdots(2)$$

如试验时的温度与校准温度之差>3℃时，则按式(3)计算：

$$S = \frac{S_S \sqrt{\eta_S} \sqrt{T}}{\sqrt{\eta} \sqrt{T_S}} \qquad \cdots\cdots(3)$$

式中：

S——被测试样的比表面积，单位为平方厘米每克(cm^2/g)；

S_S——标准样品的比表面积，单位为平方厘米每克(cm^2/g)；

T——被测试样试验时，压力计中液面降落测得的时间，单位为秒(s)；

T_S——标准样品试验时，压力计中液面降落测得的时间，单位为秒(s)；

η——被测试样试验温度下的空气粘度，单位为微帕·秒(μPa·s)，参见附录B；

η_S——标准样品试验温度下的空气粘度，单位为微帕·秒(μPa·s)。

8.2 当被测试样的试料层中空隙率与标准样品试料层中空隙率不同，试验时的温度与校准温度之差≤3℃时，可按式(4)计算。

$$S=\frac{S_S\sqrt{T}(1-\varepsilon_S)\sqrt{\varepsilon^3}}{\sqrt{T_S}(1-\varepsilon)\sqrt{\varepsilon_S^3}} \qquad \cdots\cdots(4)$$

如试验时的温度与校准温度之差>3℃时，则按式(5)计算：

$$S=\frac{S_S\sqrt{\eta_S}\sqrt{T}(1-\varepsilon_S)\sqrt{\varepsilon^3}}{\sqrt{\eta}\sqrt{T_S}(1-\varepsilon)\sqrt{\varepsilon_S^3}} \qquad \cdots\cdots(5)$$

式中：

ε——被测试样试料层中的空隙率；

ε_S——标准样品试料层中的空隙率。

8.3 当被测试样的密度和空隙率均与标准样品不同，试验时的温度与校准温度之差≤3℃时，可按式(6)计算。

$$S=\frac{S_S\rho_S\sqrt{T}(1-\varepsilon_S)\sqrt{\varepsilon^3}}{\rho\sqrt{T_S}(1-\varepsilon)\sqrt{\varepsilon_S^3}} \qquad \cdots\cdots(6)$$

如试验时的温度与校准温度之差大于3℃时，则按式(7)计算：

$$S=\frac{S_S\rho_S\sqrt{\eta_S}\sqrt{T}(1-\varepsilon_S)\sqrt{\varepsilon^3}}{\rho\sqrt{\eta}\sqrt{T_S}(1-\varepsilon)\sqrt{\varepsilon_S^3}} \qquad \cdots\cdots(7)$$

式中：

ρ——被测试样的密度，单位为克每立方厘米(g/cm^3)；

ρ_s——标准样品的密度，单位为克每立方厘米(g/cm^3)。

8.4 结果处理

8.4.1 水泥比表面积应由二次透气试验结果的平均值确定。如二次试验结果相差2%以上时，应重新试验。计算结果保留至10 cm^2/g。

8.4.2 当同一水泥用手动勃氏透气仪测定的结果与自动勃氏透气仪测定的结果有争议时，以手动勃氏透气仪测定结果为准。

附　录　A
（资料性附录）
水泥层空隙率值

空隙率值 ε	$\sqrt{\varepsilon^3}$	空隙率值 ε	$\sqrt{\varepsilon^3}$
0.495	0.348	0.515	0.369
0.496	0.349	0.520	0.374
0.497	0.350	0.525	0.380
0.498	0.351	0.526	0.381
0.499	0.352	0.527	0.383
0.500	0.354	0.528	0.384
0.501	0.355	0.529	0.385
0.502	0.356	0.530	0.386
0.503	0.357	0.531	0.387
0.504	0.358	0.532	0.388
0.505	0.359	0.533	0.389
0.506	0.360	0.534	0.390
0.507	0.361	0.535	0.391
0.508	0.362	0.540	0.397
0.509	0.363	0.545	0.402
0.510	0.364	0.550	0.408

附 录 B
（资料性附录）
在不同温度下汞密度、空气粘度 η 和 $\sqrt{\eta}$

室温/ ℃	水银密度/ (g/cm³)	空气粘度 η/ (μPa·s)	$\sqrt{\eta}$值
8	13.58	17.49	4.18
10	13.57	17.59	4.19
12	13.57	17.68	4.20
14	13.56	17.78	4.22
16	13.56	17.88	4.23
18	13.55	17.98	4.24
20	13.55	18.08	4.25
22	13.54	18.18	4.26
24	13.54	18.28	4.28
26	13.53	18.37	4.29
28	13.53	18.47	4.30
30	13.52	18.57	4.31
32	13.52	18.67	4.32
34	13.51	18.76	4.33

ICS 91.100.30
Q 12

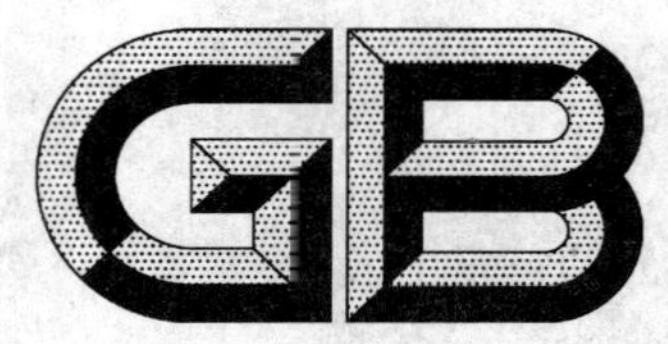

中华人民共和国国家标准

GB 8076—2008
代替 GB 8076—1997

混凝土外加剂

Concrete admixtures

2008-12-31 发布　　　　2009-12-30 实施

中华人民共和国国家质量监督检验检疫总局
中国国家标准化管理委员会　发布

ICS 91.100.30
Q 12

中华人民共和国国家标准

GB 8076—2008
代替 GB 8076—1997

混凝土外加剂

Concrete admixtures

2008-12-31 发布　　2009-12-30 实施

中华人民共和国国家质量监督检验检疫总局
中国国家标准化管理委员会　发布

前 言

本标准第5章的表1中抗压强度比、收缩率比、相对耐久性为强制性的，其余为推荐性的。

本标准代替GB 8076—1997《混凝土外加剂》，与GB 8076—1997相比，主要差异在于：

——增加了高性能减水剂和泵送剂，并制定了技术要求和试验方法；

——增加了产品代号一章；

——对高性能减水剂、高效减水剂和普通减水剂划分了类型，即某类外加剂可分早强型、标准型和缓凝型；

——取消了合格品，在原一等品性能指标的基础上，对产品技术指标进行了调整；

——参考EN934-2:2001及JIS A 6204:2006等标准，调整了匀质性项目的技术指标(如：含固量、含水率、密度等)，增加了部分产品的混凝土试验的项目(如：坍落度和含气量1 h的经时变化量)；

——删除了原标准中钢筋锈蚀的测试方法，制定了用离子色谱法测定混凝土外加剂中氯离子含量的测定方法；

——提高了混凝土外加剂性能检验专用基准水泥的比表面积。

本标准附录A、附录B为规范性附录，附录C为资料性附录。

本标准由中国建筑材料联合会提出。

本标准由全国水泥制品标准化技术委员会归口。

本标准负责起草单位：中国建筑材料科学研究总院。

本标准参加起草单位：江苏省建筑科学研究院、浙江五龙化工股份有限公司、同济大学、上海市建筑科学研究院、中国建筑科学研究院、中国铁道科学研究院、南京水利水电科学研究院、中国建材检验认证中心、苏州混凝土水泥制品研究院、黑龙江省寒地科学研究院、广东佛山瑞龙建材科技有限公司、天津市雍阳减水剂厂、江苏海润化工有限公司、江西武冠新材料公司、湛江外加剂厂、四川柯帅外加剂有限公司、北京兴发水泥有限公司、格雷斯中国有限公司、山东华伟银凯建材有限公司、黑龙江省低温建筑科学研究院中间试验厂。

本标准主要起草人：田培、王玲、缪昌文、宋永良、孙振平、姚利君、郭京育、朱长华、张燕驰、崔金华、冯金之、朱卫中、仲以林、张俊超、徐兆桐、罗建成、何浩孟、帅希文、李全华、张书强、贾吉堂、朱广祥、白杰、高春勇、林晖。

本标准所代替的历次版本发布情况为：

——GB 8076—1987，GB 8076—1997。

引　言

各种混凝土外加剂的应用改善了新拌和硬化混凝土性能，促进了混凝土新技术的发展，促进了工业副产品在胶凝材料系统中更多的应用，还有助于节约资源和环境保护，已经逐步成为优质混凝土必不可少的材料。近年来，国家基础建设保持高速增长，铁路、公路、机场、煤矿、市政工程、核电站、大坝等工程对混凝土外加剂的需求一直很旺盛，我国的混凝土外加剂行业也一直处于高速发展阶段。

减水剂是混凝土外加剂中最重要的品种，按其减水率大小，可分为普通减水剂（以木质素磺酸盐类为代表）、高效减水剂（包括萘系、密胺系、氨基磺酸盐系、脂肪族系等）和高性能减水剂（以聚羧酸系高性能减水剂为代表）。2007 年各种减水剂总产量约 284.54 万 t，其中普通减水剂为 17.51 万 t，占 6.2%；高效减水剂为 225.6 万 t，占 79.3%；高性能减水剂为 41.43 万 t，占 14.6%。

高性能减水剂具有一定的引气性，较高的减水率和良好的坍落度保持性能。与其他减水剂相比，高性能减水剂在配制高强度混凝土和高耐久性混凝土时，具有明显的技术优势和较高的性价比。国外从 20 世纪 90 年代开始使用高性能减水剂，日本现在用量占减水剂总量的 60%～70%，欧、美约占减水剂总量的 20%左右。高性能减水剂包括聚羧酸系减水剂、氨基羧酸系减水剂以及其他能够达到本标准指标要求的减水剂。我国从 2000 年前后逐渐开始对高性能减水剂进行研究，近两年以聚羧酸系减水剂为代表的高性能减水剂逐渐在工程中得到应用。因此，本标准增加了早强型、标准型和缓凝型三种型号的高性能减水剂，并针对该类减水剂的技术特点，在大量试验的基础上，提出了具体性能要求和试验方法。

混 凝 土 外 加 剂

1 范围

本标准规定了用于水泥混凝土中外加剂的术语和定义、要求、试验方法、检验规则、包装、出厂、贮存及退货等。

本标准适用于高性能减水剂(早强型、标准型、缓凝型)、高效减水剂(标准型、缓凝型)、普通减水剂(早强型、标准型、缓凝型)、引气减水剂、泵送剂、早强剂、缓凝剂及引气剂共八类混凝土外加剂。

2 规范性引用文件

下列文件中的条款通过本标准的引用而成为本标准的条款。凡是注日期的引用文件,其随后所有的修改单(不包括勘误的内容)或修订版均不适用于本标准,然而,鼓励根据本标准达成协议的各方研究是否可使用这些文件的最新版本。凡是不注日期的引用文件,其最新版本适用于本标准。

GB/T 176 水泥化学分析方法

GB/T 8074 水泥比表面积测定方法 勃氏法

GB/T 8075 混凝土外加剂的定义、分类、命名和术语

GB/T 8077 混凝土外加剂匀质性试验方法

GB/T 8170 数值修约规则与极限数值的表示和判定

GB/T 14684 建筑用砂

GB/T 14685 建筑用卵石、碎石

GB/T 50080 普通混凝土拌合物性能试验方法标准

GB/T 50081 普通混凝土力学性能试验方法标准

GBJ 82 普通混凝土长期性能和耐久性能试验方法

JG 3036 混凝土试验用搅拌机

JGJ 55 普通混凝土配合比设计规程

JGJ 63 混凝土用水标准

3 术语和定义

GB/T 8075 确立的以及下列术语和定义适用于本标准。

3.1

高性能减水剂 high performance water reducer

比高效减水剂具有更高减水率、更好坍落度保持性能、较小干燥收缩,且具有一定引气性能的减水剂。

3.2

基准水泥 reference cement

符合本标准附录 A 要求的、专门用于检验混凝土外加剂性能的水泥。

3.3

基准混凝土 reference concrete

按照本标准规定的试验条件配制的不掺外加剂的混凝土。

3.4

受检混凝土 test concrete

按照本标准规定的试验条件配制的掺有外加剂的混凝土。

4 代号

采用以下代号表示下列各种外加剂的类型：

早强型高性能减水剂：HPWR-A；

标准型高性能减水剂：HPWR-S；

缓凝型高性能减水剂：HPWR-R；

标准型高效减水剂：HWR-S；

缓凝型高效减水剂：HWR-R；

早强型普通减水剂：WR-A；

标准型普通减水剂：WR-S；

缓凝型普通减水剂：WR-R；

引气减水剂：AEWR；

泵送剂：PA；

早强剂：Ac；

缓凝剂：Re；

引气剂：AE。

5 要求

5.1 受检混凝土性能指标

掺外加剂混凝土的性能应符合表1的要求。

表 1　受检混凝土性能指标

项目		外加剂品种												
		高性能减水剂 HPWR			高效减水剂 HWR		普通减水剂 WR			引气减水剂 AEWR	泵送剂 PA	早强剂 Ac	缓凝剂 Re	引气剂 AE
		早强型 HPWR-A	标准型 HPWR-S	缓凝型 HPWR-R	标准型 HWR-S	缓凝型 HWR-R	早强型 WR-A	标准型 WR-S	缓凝型 WR-R					
减水率/%，不小于		25	25	25	14	14	8	8	8	10	12	—	—	6
泌水率比/%，不大于		50	60	70	90	100	95	100	100	70	70	100	100	70
含气量/%		≤6.0	≤6.0	≤6.0	≤3.0	≤4.5	≤4.0	≤4.0	≤5.5	≥3.0	≤5.5	—	—	≥3.0
凝结时间之差/min	初凝	−90～+90	−90～+120	>+90	−90～+120	>+90	−90～+90	−90～+120	>+90	−90～+120	—	−90～+90	>+90	−90～+120
	终凝			—		—			—			—	—	
1 h 经时变化量	坍落度/mm	—	≤80	≤60	—	—	—	—	—	—	≤80	—	—	—
	含气量/%	—	—	—						−1.5～+1.5	—			−1.5～+1.5
抗压强度比/%，不小于	1 d	180	170	—	140	—	135	—	—	—	—	135	—	—
	3 d	170	160	—	130	—	130	115	—	115	—	130	—	95
	7 d	145	150	140	125	125	110	115	110	110	115	110	100	95
	28 d	130	140	130	120	120	100	110	110	100	110	100	100	90
收缩率比/%，不大于	28 d	110	110	110	135	135	135	135	135	135	135	135	135	135
相对耐久性(200 次)/%，不小于		—	—	—	—	—	—	—	—	80	—	—	—	80

注 1：表 1 中抗压强度比、收缩率比、相对耐久性为强制性指标，其余为推荐性指标。

注 2：除含气量和相对耐久性外，表中所列数据为掺外加剂混凝土与基准混凝土的差值或比值。

注 3：凝结时间之差性能指标中的“－”号表示提前，“＋”号表示延缓。

注 4：相对耐久性(200 次)性能指标中的“≥80”表示将 28 d 龄期的受检混凝土试件快速冻融循环 200 次后，动弹性模量保留值≥80%。

注 5：1 h 含气量经时变化量指标中的“－”号表示含气量增加，“＋”号表示含气量减少。

注 6：其他品种的外加剂是否需要测定相对耐久性指标，由供、需双方协商确定。

注 7：当用户对泵送剂等产品有特殊要求时，需要进行的补充试验项目、试验方法及指标，由供需双方协商决定。

5.2 匀质性指标

匀质性指标应符合表2的要求。

表2 匀质性指标

项目	指标
氯离子含量/%	不超过生产厂控制值
总碱量/%	不超过生产厂控制值
含固量/%	S>25%时，应控制在0.95 S～1.05 S； S≤25%时，应控制在0.90 S～1.10 S
含水率/%	W>5%时，应控制在0.90 W～1.10 W； W≤5%时，应控制在0.80 W～1.20 W
密度/(g/cm^3)	D>1.1时，应控制在D±0.03； D≤1.1时，应控制在D±0.02
细度	应在生产厂控制范围内
pH值	应在生产厂控制范围内
硫酸钠含量/%	不超过生产厂控制值

注1：生产厂应在相关的技术资料中明示产品匀质性指标的控制值；
注2：对相同和不同批次之间的匀质性和等效性的其他要求，可由供需双方商定；
注3：表中的S、W和D分别为含固量、含水率和密度的生产厂控制值。

6 试验方法

6.1 材料

6.1.1 水泥

采用本标准附录A规定的水泥。

6.1.2 砂

符合GB/T 14684中Ⅱ区要求的中砂，但细度模数为2.6～2.9，含泥量小于1%。

6.1.3 石子

符合GB/T 14685要求的公称粒径为5 mm～20 mm的碎石或卵石，采用二级配，其中5 mm～10 mm占40%，10 mm～20 mm占60%，满足连续级配要求，针片状物质含量小于10%，空隙率小于47%，含泥量小于0.5%。如有争议，以碎石结果为准。

6.1.4 水

符合JGJ 63混凝土拌和用水的技术要求。

6.1.5 外加剂

需要检测的外加剂。

6.2 配合比

基准混凝土配合比按JGJ 55进行设计。掺非引气型外加剂的受检混凝土和其对应的基准混凝土的水泥、砂、石的比例相同。配合比设计应符合以下规定：

a) 水泥用量：掺高性能减水剂或泵送剂的基准混凝土和受检混凝土的单位水泥用量为360 kg/m^3；掺其他外加剂的基准混凝土和受检混凝土单位水泥用量为330 kg/m^3。
b) 砂率：掺高性能减水剂或泵送剂的基准混凝土和受检混凝土的砂率均为43%～47%；掺其他外加剂的基准混凝土和受检混凝土的砂率为36%～40%；但掺引气减水剂或引气剂的受检混凝土的砂率应比基准混凝土的砂率低1%～3%。
c) 外加剂掺量：按生产厂家指定掺量。

d) 用水量:掺高性能减水剂或泵送剂的基准混凝土和受检混凝土的坍落度控制在(210±10)mm,用水量为坍落度在(210±10)mm 时的最小用水量;掺其他外加剂的基准混凝土和受检混凝土的坍落度控制在(80±10)mm。

用水量包括液体外加剂、砂、石材料中所含的水量。

6.3 混凝土搅拌

采用符合 JG 3036 要求的公称容量为 60 L 的单卧轴式强制搅拌机。搅拌机的拌合量应不少于 20 L,不宜大于 45 L。

外加剂为粉状时,将水泥、砂、石、外加剂一次投入搅拌机,干拌均匀,再加入拌合水,一起搅拌 2 min。外加剂为液体时,将水泥、砂、石一次投入搅拌机,干拌均匀,再加入掺有外加剂的拌合水一起搅拌 2 min。

出料后,在铁板上用人工翻拌至均匀,再行试验。各种混凝土试验材料及环境温度均应保持在(20±3)℃。

6.4 试件制作及试验所需试件数量

6.4.1 试件制作

混凝土试件制作及养护按 GB/T 50080 进行,但混凝土预养温度为(20±3)℃。

6.4.2 试验项目及数量

试验项目及数量详见表 3。

表 3 试验项目及所需数量

<table>
<tr><th colspan="2" rowspan="2">试验项目</th><th rowspan="2">外加剂类别</th><th rowspan="2">试验类别</th><th colspan="4">试验所需数量</th></tr>
<tr><th>混凝土拌合批数</th><th>每批取样数目</th><th>基准混凝土总取样数目</th><th>受检混凝土总取样数目</th></tr>
<tr><td colspan="2">减水率</td><td>除早强剂、缓凝剂外的各种外加剂</td><td rowspan="6">混凝土拌合物</td><td>3</td><td>1 次</td><td>3 次</td><td>3 次</td></tr>
<tr><td colspan="2">泌水率比</td><td rowspan="3">各种外加剂</td><td>3</td><td>1 个</td><td>3 个</td><td>3 个</td></tr>
<tr><td colspan="2">含气量</td><td>3</td><td>1 个</td><td>3 个</td><td>3 个</td></tr>
<tr><td colspan="2">凝结时间差</td><td>3</td><td>1 个</td><td>3 个</td><td>3 个</td></tr>
<tr><td rowspan="2">1 h 经时变化量</td><td>坍落度</td><td>高性能减水剂、泵送剂</td><td>3</td><td>1 个</td><td>3 个</td><td>3 个</td></tr>
<tr><td>含气量</td><td>引气剂、引气减水剂</td><td>3</td><td>1 个</td><td>3 个</td><td>3 个</td></tr>
<tr><td colspan="2">抗压强度比</td><td rowspan="2">各种外加剂</td><td rowspan="2">硬化混凝土</td><td>3</td><td>6、9 或 12 块</td><td>18、27 或 36 块</td><td>18、27 或 36 块</td></tr>
<tr><td colspan="2">收缩率比</td><td>3</td><td>1 条</td><td>3 条</td><td>3 条</td></tr>
<tr><td colspan="2">相对耐久性</td><td>引气减水剂、引气剂</td><td>硬化混凝土</td><td>3</td><td>1 条</td><td>3 条</td><td>3 条</td></tr>
<tr><td colspan="8">注 1:试验时,检验同一种外加剂的三批混凝土的制作宜在开始试验一周内的不同日期完成。对比的基准混凝土和受检混凝土应同时成型。
注 2:试验龄期参考表 1 试验项目栏。
注 3:试验前后应仔细观察试样,对有明显缺陷的试样和试验结果都应舍除。</td></tr>
</table>

6.5 混凝土拌合物性能试验方法

6.5.1 坍落度和坍落度 1 h 经时变化量测定

每批混凝土取一个试样。坍落度和坍落度 1 小时经时变化量均以三次试验结果的平均值表示。三次试验的最大值和最小值与中间值之差有一个超过 10 mm 时,将最大值和最小值一并舍去,取中间值作为该批的试验结果;最大值和最小值与中间值之差均超过 10 mm 时,则应重做。

坍落度及坍落度 1 小时经时变化量测定值以 mm 表示,结果表达修约到 5 mm。

6.5.1.1 **坍落度测定**

混凝土坍落度按照 GB/T 50080 测定；但坍落度为(210±10)mm 的混凝土，分两层装料，每层装入高度为筒高的一半，每层用插捣棒插捣 15 次。

6.5.1.2 **坍落度 1 h 经时变化量测定**

当要求测定此项时，应将按照 6.3 搅拌的混凝土留下足够一次混凝土坍落度的试验数量，并装入用湿布擦过的试样筒内，容器加盖，静置至 1 h(从加水搅拌时开始计算)，然后倒出，在铁板上用铁锹翻拌至均匀后，再按照坍落度测定方法测定坍落度。计算出机时和 1 h 之后的坍落度之差值，即得到坍落度的经时变化量。

坍落度 1 h 经时变化量按式(1)计算：

$$\Delta Sl = Sl_0 - Sl_{1h} \qquad \cdots\cdots (1)$$

式中：

ΔSl——坍落度经时变化量，单位为毫米(mm)；

Sl_0——出机时测得的坍落度，单位为毫米(mm)；

Sl_{1h}——1 h 后测得的坍落度，单位为毫米(mm)。

6.5.2 **减水率测定**

减水率为坍落度基本相同时，基准混凝土和受检混凝土单位用水量之差与基准混凝土单位用水量之比。减水率按式(2)计算，应精确到 0.1%。

$$W_R = \frac{W_0 - W_1}{W_0} \times 100 \qquad \cdots\cdots (2)$$

式中：

W_R——减水率，%；

W_0——基准混凝土单位用水量，单位为千克每立方米(kg/m³)；

W_1——受检混凝土单位用水量，单位为千克每立方米(kg/m³)。

W_R 以三批试验的算术平均值计，精确到 1%。若三批试验的最大值或最小值中有一个与中间值之差超过中间值的 15%时，则把最大值与最小值一并舍去，取中间值作为该组试验的减水率。若有两个测值与中间值之差均超过 15%时，则该批试验结果无效，应该重做。

6.5.3 **泌水率比测定**

泌水率比按式(3)计算，应精确到 1%。

$$R_B = \frac{B_t}{B_c} \times 100 \qquad \cdots\cdots (3)$$

式中：

R_B——泌水率比，%；

B_t——受检混凝土泌水率，%；

B_c——基准混凝土泌水率，%。

泌水率的测定和计算方法如下：

先用湿布润湿容积为 5 L 的带盖筒(内径为 185 mm，高 200 mm)，将混凝土拌合物一次装入，在振动台上振动 20 s，然后用抹刀轻轻抹平，加盖以防水分蒸发。试样表面应比筒口边低约 20 mm。自抹面开始计算时间，在前 60 min，每隔 10 min 用吸液管吸出泌水一次，以后每隔 20 min 吸水一次，直至连续三次无泌水为止。每次吸水前 5 min，应将筒底一侧垫高约 20 mm，使筒倾斜，以便于吸水。吸水后，将筒轻轻放平盖好。将每次吸出的水都注入带塞量筒，最后计算出总的泌水量，精确至 1 g，并按式(4)、式(5)计算泌水率：

$$B = \frac{V_W}{(W/G)G_W} \times 100 \qquad \cdots\cdots (4)$$

$$G_W = G_1 - G_0 \quad \cdots\cdots(5)$$

式中：

B——泌水率，%；

V_W——泌水总质量，单位为克(g)；

W——混凝土拌合物的用水量，单位为克(g)；

G——混凝土拌合物的总质量，单位为克(g)；

G_W——试样质量，单位为克(g)；

G_1——筒及试样质量，单位为克(g)；

G_0——筒质量，单位为克(g)。

试验时，从每批混凝土拌合物中取一个试样，泌水率取三个试样的算术平均值，精确到0.1%。若三个试样的最大值或最小值中有一个与中间值之差大于中间值的15%，则把最大值与最小值一并舍去，取中间值作为该组试验的泌水率，如果最大值和最小值与中间值之差均大于中间值的15%时，则应重做。

6.5.4　含气量和含气量1 h经时变化量的测定

试验时，从每批混凝土拌合物取一个试样，含气量以三个试样测值的算术平均值来表示。若三个试样中的最大值或最小值中有一个与中间值之差超过0.5%时，将最大值与最小值一并舍去，取中间值作为该批的试验结果；如果最大值与最小值与中间值之差均超过0.5%，则应重做。含气量和1 h经时变化量测定值精确到0.1%。

6.5.4.1　含气量测定

按GB/T 50080用气水混合式含气量测定仪，并按仪器说明进行操作，但混凝土拌合物应一次装满并稍高于容器，用振动台振实15 s～20 s。

6.5.4.2　含气量1 h经时变化量测定

当要求测定此项时，将按照6.3搅拌的混凝土留下足够一次含气量试验的数量，并装入用湿布擦过的试样筒内，容器加盖，静置至1 h(从加水搅拌时开始计算)，然后倒出，在铁板上用铁锹翻拌均匀后，再按照含气量测定方法测定含气量。计算出机时和1 h之后的含气量之差值，即得到含气量的经时变化量。

含气量1 h经时变化量按式(6)计算：

$$\Delta A = A_0 - A_{1h} \quad \cdots\cdots(6)$$

式中：

ΔA——含气量经时变化量，%；

A_0——出机后测得的含气量，%；

A_{1h}——1小时后测得的含气量，%。

6.5.5　凝结时间差测定

凝结时间差按式(7)计算：

$$\Delta T = T_t - T_c \quad \cdots\cdots(7)$$

式中：

ΔT——凝结时间之差，单位为分钟(min)；

T_t——受检混凝土的初凝或终凝时间，单位为分钟(min)；

T_c——基准混凝土的初凝或终凝时间，单位为分钟(min)。

凝结时间采用贯入阻力仪测定，仪器精度为10 N，凝结时间测定方法如下：

将混凝土拌合物用5 mm(圆孔筛)振动筛筛出砂浆，拌匀后装入上口内径为160 mm，下口内径为150 mm，净高150 mm的刚性不渗水的金属圆筒，试样表面应略低于筒口约10 mm，用振动台振实，约3 s～5 s，置于(20±2)℃的环境中，容器加盖。一般基准混凝土在成型后3 h～4 h，掺早强剂的在成型后1 h～2 h，掺缓凝剂的在成型后4 h～6 h开始测定，以后每0.5 h或1 h测定一次，但在临近初、终凝时，可以缩短测定间隔时间。每次测点应避开前一次测孔，其净距为试针直径的2倍，但至少不小于15 mm，试针与容器边缘之距离不小于25 mm。测定初凝时间用截面积为100 mm^2 的试针，测定终凝时间用20 mm^2 的试针。

测试时，将砂浆试样筒置于贯入阻力仪上，测针端部与砂浆表面接触，然后在(10±2)s内均匀地使测针贯入砂浆(25±2)mm深度。记录贯入阻力，精确至10 N，记录测量时间，精确至1 min。贯入阻力按式(8)计算，精确到0.1 MPa。

$$R = \frac{P}{A} \qquad \cdots\cdots (8)$$

式中：

R——贯入阻力值，单位为兆帕(MPa)；

P——贯入深度达25 mm时所需的净压力，单位为牛顿(N)；

A——贯入阻力仪试针的截面积，单位为平方毫米(mm^2)。

根据计算结果，以贯入阻力值为纵坐标，测试时间为横坐标，绘制贯入阻力值与时间关系曲线，求出贯入阻力值达3.5 MPa时，对应的时间作为初凝时间；贯入阻力值达28 MPa时，对应的时间作为终凝时间。从水泥与水接触时开始计算凝结时间。

试验时，每批混凝土拌合物取一个试样，凝结时间取三个试样的平均值。若三批试验的最大值或最小值之中有一个与中间值之差超过30 min，把最大值与最小值一并舍去，取中间值作为该组试验的凝结时间。若两测值与中间值之差均超过30 min组试验结果无效，则应重做。凝结时间以min表示，并修约到5 min。

6.6 硬化混凝土性能试验方法

6.6.1 抗压强度比测定

抗压强度比以掺外加剂混凝土与基准混凝土同龄期抗压强度之比表示，按式(9)计算，精确到1%。

$$R_f = \frac{f_t}{f_c} \times 100 \qquad \cdots\cdots (9)$$

式中：

R_f——抗压强度比，%；

f_t——受检混凝土的抗压强度，单位为兆帕(MPa)；

f_c——基准混凝土的抗压强度，单位为兆帕(MPa)。

受检混凝土与基准混凝土的抗压强度按GB/T 50081进行试验和计算。试件制作时，用振动台振动15 s～20 s。试件预养温度为(20±3)℃。试验结果以三批试验测值的平均值表示，若三批试验中有一批的最大值或最小值与中间值的差值超过中间值的15%，则把最大值与最小值一并舍去，取中间值作为该批的试验结果，如有两批测值与中间值的差均超过中间值的15%，则试验结果无效，应该重做。

6.6.2 收缩率比测定

收缩率比以28 d龄期时受检混凝土与基准混凝土的收缩率的比值表示，按(10)式计算：

$$R_\varepsilon = \frac{\varepsilon_t}{\varepsilon_c} \times 100 \qquad \cdots\cdots (10)$$

式中：

R_ε——收缩率比，%；

ε_t——受检混凝土的收缩率，%；

ε_c——基准混凝土的收缩率，%。

受检混凝土及基准混凝土的收缩率按GBJ 82测定和计算。试件用振动台成型，振动(15～20)s。每批混凝土拌合物取一个试样，以三个试样收缩率比的算术平均值表示，计算精确1%。

6.6.3 相对耐久性试验

按 GBJ 82 进行,试件采用振动台成型,振动 15 s～20 s,标准养护 28 d 后进行冻融循环试验(快冻法)。

相对耐久性指标是以掺外加剂混凝土冻融 200 次后的动弹性模量是否不小于 80%来评定外加剂的质量。每批混凝土拌合物取一个试样,相对动弹性模量以三个试件测值的算术平均值表示。

6.7 匀质性试验方法

6.7.1 氯离子含量测定

氯离子含量按 GB/T 8077 进行测定,或按本标准附录 B 的方法测定,仲裁时采用附录 B 的方法。

6.7.2 含固量、总碱量、含水率、密度、细度、pH 值、硫酸钠含量的测定

按 GB/T 8077 进行。

7 检验规则

7.1 取样及批号

7.1.1 点样和混合样

点样是在一次生产产品时所取得的一个试样。混合样是三个或更多的点样等量均匀混合而取得的试样。

7.1.2 批号

生产厂应根据产量和生产设备条件,将产品分批编号。掺量大于 1%(含 1%)同品种的外加剂每一批号为 100 t,掺量小于 1%的外加剂每一批号为 50 t。不足 100 t 或 50 t 的也应按一个批量计,同一批号的产品必须混合均匀。

7.1.3 取样数量

每一批号取样量不少于 0.2 t 水泥所需用的外加剂量。

7.2 试样及留样

每一批号取样应充分混匀,分为两等份,其中一份按表 1 和表 2 规定的项目进行试验,另一份密封保存半年,以备有疑问时,提交国家指定的检验机关进行复验或仲裁。

7.3 检验分类

7.3.1 出厂检验

每批号外加剂的出厂检验项目,根据其品种不同按表 4 规定的项目进行检验。

表 4 外加剂测定项目

测定项目	外加剂品种													备注
	高性能减水剂 HPWR			高效减水剂 HWR		普通减水剂 WR			引气减水剂 AEWR	泵送剂 PA	早强剂 Ac	缓凝剂 Re	引气剂 AE	
	早强型 HPWR-A	标准型 HPWR-S	缓凝型 HPWR-R	标准型 HWR-S	缓凝型 HWR-R	早强型 WR-A	标准型 WR-S	缓凝型 WR-R						
含固量														液体外加剂必测
含水率														粉状外加剂必测
密度														液体外加剂必测
细度														粉状外加剂必测

表 4（续）

测定项目	外加剂品种													
	高性能减水剂 HPWR			高效减水剂 HWR		普通减水剂 WR			引气减水剂 AEWR	泵送剂 PA	早强剂 Ac	缓凝剂 Re	引气剂 AE	备注
	早强型 HPWR-A	标准型 HPWR-S	缓凝型 HPWR-R	标准型 HWR-S	缓凝型 HWR-R	早强型 WR-A	标准型 WR-S	缓凝型 WR-R						
pH 值	√	√	√	√	√	√	√	√	√	√	√	√	√	
氯离子含量	√	√	√	√	√	√	√	√	√	√	√	√	√	每 3 个月至少一次
硫酸钠含量				√	√	√					√			每 3 个月至少一次
总碱量	√	√	√	√	√	√	√	√	√	√	√	√	√	每年至少一次

7.3.2 型式检验

型式检验项目包括第 5 章全部性能指标。有下列情况之一者，应进行型式检验：

a) 新产品或老产品转厂生产的试制定型鉴定；

b) 正式生产后，如材料、工艺有较大改变，可能影响产品性能时；

c) 正常生产时，一年至少进行一次检验；

d) 产品长期停产后，恢复生产时；

e) 出厂检验结果与上次型式检验结果有较大差异时；

f) 国家质量监督机构提出进行型式试验要求时。

7.4 判定规则

7.4.1 出厂检验判定

型式检验报告在有效期内，且出厂检验结果符合表 2 的要求，可判定为该批产品检验合格。

7.4.2 型式检验判定

产品经检验，匀质性检验结果符合表 2 的要求；各种类型外加剂受检混凝土性能指标中，高性能减水剂及泵送剂的减水率和坍落度的经时变化量，其他减水剂的减水率、缓凝型外加剂的凝结时间差、引气型外加剂的含气量及其经时变化量、硬化混凝土的各项性能符合表 1 的要求，则判定该批号外加剂合格。如不符合上述要求时，则判该批号外加剂不合格。其余项目可作为参考指标。

7.5 复验

复验以封存样进行。如使用单位要求现场取样，应事先在供货合同中规定，并在生产和使用单位人员在场的情况下于现场取混合样，复验按照型式检验项目检验。

8 产品说明书、包装、贮存及退货

8.1 产品说明书

产品出厂时应提供产品说明书，产品说明书至少应包括下列内容：

a) 生产厂名称；

b) 产品名称及类型；

c) 产品性能特点、主要成分及技术指标；

d) 适用范围；

e) 推荐掺量；

f) 贮存条件及有效期，有效期从生产日期算起，企业根据产品性能自行规定；

g） 使用方法、注意事项、安全防护提示等。

8.2 包装

粉状外加剂可采用有塑料袋衬里的编织袋包装；液体外加剂可采用塑料桶、金属桶包装。包装净质量误差不超过1%。液体外加剂也可采用槽车散装。

所有包装容器上均应在明显位置注明以下内容：产品名称及类型、代号、执行标准、商标、净质量或体积、生产厂名及有效期限。生产日期和产品批号应在产品合格证上予以说明。

8.3 产品出厂

凡有下列情况之一者，不得出厂：技术文件(产品说明书、合格证、检验报告等)不全、包装不符、质量不足、产品受潮变质，以及超过有效期限。产品匀质性指标的控制值应在相关的技术资料中明示。

生产厂随货提供技术文件的内容应包括：产品名称及型号、出厂日期、特性及主要成分、适用范围及推荐掺量、外加剂总碱量、氯离子含量、安全防护提示、储存条件及有效期等。

外加剂的应用及有关事项参见附录C。

8.4 贮存

外加剂应存放在专用仓库或固定的场所妥善保管，以易于识别，便于检查和提货为原则。搬运时应轻拿轻放，防止破损，运输时避免受潮。

8.5 退货

使用单位在规定的存放条件和有效期限内，经复验发现外加剂性能与本标准不符时，则应予以退回或更换。

净质量和体积误差超过1%时，可以要求退货或补足。粉状的外加剂可取50包，液体的外加剂可取30桶(其他包装形式由双方协商)，称量取平均值计算。

凡无出厂文件或出厂技术文件不全，以及发现实物质量与出厂技术文件不符合，可退货。

附　录　A
（规范性附录）
混凝土外加剂性能检验用基准水泥技术条件

基准水泥是检验混凝土外加剂性能的专用水泥，是由符合下列品质指标的硅酸盐水泥熟料与二水石膏共同粉磨而成的42.5强度等级的P.Ⅰ型硅酸盐水泥。基准水泥必须由经中国建材联合会混凝土外加剂分会与有关单位共同确认具备生产条件的工厂供给。

A.1　品质指标（除满足42.5强度等级硅酸盐水泥技术要求外）

A.1.1　熟料中铝酸三钙（C_3A）含量6%～8%。

A.1.2　熟料中硅酸三钙（C_3S）含量55%～60%。

A.1.3　熟料中游离氧化钙（fCaO）含量不得超过1.2%。

A.1.4　水泥中碱（$Na_2O+0.658K_2O$）含量不得超过1.0%。

A.1.5　水泥比表面积（350±10）m^2/kg。

A.2　试验方法

A.2.1　游离氧化钙、氧化钾和氧化钠的测定，按GB/T 176进行。

A.2.2　水泥比表面积的测定，按GB/T 8074进行。

A.2.3　铝酸三钙和硅酸三钙含量由熟料中氧化钙、二氧化硅、三氧化二铝和三氧化二铁含量，按下式计算得：

$$C_3S = 3.80 \cdot SiO_2(3KH - 2) \quad \cdots\cdots (A.1)$$

$$C_3A = 2.65 \cdot (Al_2O_3 - 0.64Fe_2O_3) \quad \cdots\cdots (A.2)$$

$$KH = \frac{CaO - fCaO - 1.65Al_2O_3 - 0.35Fe_2O_3}{2.80SiO_2} \times 100 \quad \cdots\cdots (A.3)$$

式中：C_3S、C_3A、SiO_2、Al_2O_3、Fe_2O_3和fCaO分别表示该成分在熟料中所占的质量分数，数值以%表示；KH表示石灰饱和系数。

A.3　验收规则

A.3.1　基准水泥出厂15 t为一批号。每一批号应取三个有代表性的样品，分别测定比表面积，测定结果均须符合规定。

A.3.2　凡不符合本技术条件A.1中任何一项规定时，均不得出厂。

A.4　包装及贮运

采用结实牢固和密封良好的塑料桶包装。每桶净重（25±0.5）kg，桶中须有合格证，注明生产日期、批号。有效储存期为自生产之日起半年。

附 录 B
（规范性附录）
混凝土外加剂中氯离子含量的测定方法（离子色谱法）

B.1 范围

本方法适用于混凝土外加剂中氯离子的测定。

B.2 方法提要

离子色谱法是液相色谱分析方法的一种，样品溶液经阴离子色谱柱分离，溶液中的阴离子 F^-、Cl^-、SO_4^{2-}、NO_3^- 被分离，同时被电导池检测。测定溶液中氯离子峰面积或峰高。

B.3 试剂和材料

a) 氮气：纯度不小于 99.8%；
b) 硝酸：优级纯；
c) 实验室用水：一级水（电导率小于 18 mΩ·cm，0.2 μm 超滤膜过滤）；
d) 氯离子标准溶液（1 mg/mL）：准确称取预先在（550～600）℃加热（40～50）min 后，并在干燥器中冷却至室温的氯化钠（标准试剂）1.648 g，用水溶解，移入 1 000 mL 容量瓶中，用水稀释至刻度。
e) 氯离子标准溶液（100 μg/mL）：准确移取上述标准溶液 100 mL 至 1 000 mL 容量瓶中，用水稀释至刻度。
f) 氯离子标准溶液系列：准确移取 1 mL，5 mL，10 mL，15 mL，20 mL，25 mL（100 μg/mL 的氯离子的标准溶液）至 100 mL 容量瓶中，稀释至刻度。此标准溶液系列浓度分别为：1 μg/mL，5 μg/mL，10 μg/mL，15 μg/mL，20 μg/mL，25 μg/mL。

B.4 仪器

B.4.1 离子色谱仪：包括电导检测器，抑制器，阴离子分离柱，进样定量环（25 μL，50 μL，100 μL）。
B.4.2 0.22 μm 水性针头微孔滤器。
B.4.3 On Guard Rp 柱：功能基为聚二乙烯基苯。
B.4.4 注射器：1.0 mL、2.5 mL。
B.4.5 淋洗液体系选择
B.4.5.1 碳酸盐淋洗液体系：阴离子柱填料为聚苯乙烯、有机硅、聚乙烯醇或聚丙烯酸酯阴离子交换树脂。
B.4.5.2 氢氧化钾淋洗液体系：阴离子色谱柱 IonPacAs18 型分离柱（250 mm×4 mm）和 IonPacAG18 型保护柱（50 mm×4 mm）；或性能相当的离子色谱柱。
B.4.6 抑制器：连续自动再生膜阴离子抑制器或微填充床抑制器。
B.4.7 检出限：0.01 μg/mL。

B.5 通则

B.5.1 测定次数

在重复性条件下测定 2 次。

B.5.2 空白试验

在重复性条件下做空白试验。

B.5.3 结果表述

所得结果应按 GB/T 8170 修约，保留 2 位小数；当含量＜0.10%时，结果保留 2 位有效数字；如果委托方供货合同或有关标准另有要求时，可按要求的位数修约。

B.5.4 分析结果的采用

当所得试样的两个有效分析值之差不大于表 B.1 所规定的允许差时，以其算术平均值作为最终分析结果；否则，应重新进行试验。

表 B.1 试样允许差

Cl^- 含量范围/%	＜0.01	0.01～0.1	0.1～1	1～10	＞10
允许差/%	0.001	0.02	0.1	0.2	0.25

B.6 分析步骤

B.6.1 称量和溶解

准确称取 1 g 外加剂试样，精确至 0.1 mg。放入 100 mL 烧杯中，加 50 mL 水和 5 滴硝酸溶解试样。试样能被水溶解时，直接移入 100 mL 容量瓶，稀释至刻度；当试样不能被水溶解时，采用超声和加热的方法溶解试样，再用快速滤纸过滤，滤液用 100 mL 容量瓶承接，用水稀释至刻度。

B.6.2 去除样品中的有机物

混凝土外加剂中的可溶性有机物可以用 On Guard RP 柱去除。

B.6.3 测定色谱图

将上述处理好的溶液注入离子色谱中分离，得到色谱图，测定所得色谱峰的峰面积或峰高。

B.6.4 氯离子含量标准曲线的绘制

在重复性条件下进行空白试验。将氯离子标准溶液系列分别在离子色谱中分离，得到色谱图，测定所得色谱峰的峰面积或峰高。以氯离子浓度为横坐标，峰面积或峰高为纵坐标绘制标准曲线。

B.6.5 计算及数据处理

将样品的氯离子峰面积或峰高对照标准曲线，求出样品溶液的氯离子浓度 C，并按照式(B.1)计算出试样中氯离子含量。

$$X_{Cl^-} = \frac{C \times V \times 10^{-6}}{m} \times 100 \qquad \cdots\cdots\cdots (B.1)$$

式中：

X_{Cl^-}——样品中氯离子含量，%；

C——由标准曲线求得的试样溶液中氯离子的浓度，单位为微克每毫升（μg/mL）；

V——样品溶液的体积，数值为 100 mL；

m——外加剂样品质量，单位为克（g）。

附 录 C
（资料性附录）
混凝土外加剂信息

C.1 范围

本附录提供了混凝土外加剂的种类、主要功能、水泥与外加剂之间的适应性、外加剂应用注意事项等简单信息。涵盖了高性能减水剂（早强型、标准型、缓凝型）、高效减水剂（标准型、缓凝型）、普通减水剂（早强型、标准型、缓凝型）、引气减水剂、泵送剂、早强剂、缓凝剂、引气剂共8类外加剂。

C.2 外加剂的种类

外加剂按其主要功能分类，每一类不同的外加剂均由某种主要化学组成分组成。市售的外加剂可能都复合有不同的组成材料。

C.2.1 高性能减水剂

高性能减水剂是国内外近年来开发的新型外加剂品种，目前主要为聚羧酸盐类产品。它具有"梳状"的结构特点，有带有游离的羧酸阴离子团的主链和聚氧乙烯基侧链组成，用改变单体的种类，比例和反应条件可生产具各种不同性能和特性的高性能减水剂。早强型、标准型和缓凝型高性能减水剂可由分子设计引入不同功能团而生产，也可掺入不同组分复配而成。其主要特点为：

a) 掺量低（按照固体含量计算，一般为胶凝材料质量的0.15%～0.25%），减水率高；

b) 混凝土拌合物工作性及工作性保持性较好；

c) 外加剂中氯离子和碱含量较低；

d) 用其配制的混凝土收缩率较小，可改善混凝土的体积稳定性和耐久性；

e) 对水泥的适应性较好；

f) 生产和使用过程中不污染环境，是环保型的外加剂。

C.2.2 高效减水剂

高效减水剂不同于普通减水剂，具有较高的减水率，较低引气量，是我国使用量大、面广的外加剂品种。目前，我国使用的高效减水剂品种较多，主要有下列几种：

a) 萘系减水剂；

b) 氨基磺酸盐系减水剂；

c) 脂肪族（醛酮缩合物）减水剂；

d) 密胺系及改性密胺系减水剂；

e) 蒽系减水剂；

f) 洗油系减水剂。

缓凝型高效减水剂是以上述各种高效减水剂为主要组分，再复合各种适量的缓凝组分或其他功能性组分而成的外加剂。

C.2.3 普通减水剂

普通减水剂的主要成分为木质素磺酸盐，通常由亚硫酸盐法生产纸浆的副产品制得。常用的有木钙、木钠和木镁。其具有一定的缓凝、减水和引气作用。以其为原料，加入不同类型的调凝剂，可制得不同类型的减水剂，如早强型、标准型和缓凝型的减水剂。

C.2.4 引气减水剂

引气减水剂是兼有引气和减水功能的外加剂。它是由引气剂与减水剂复合组成，根据工程要求不同，性能有一定的差异。

C.2.5 泵送剂

泵送剂是用改善混凝土泵送性能的外加剂。它由减水剂、调凝剂、引气剂、润滑剂等多种组分复合而成。根据工程要求，其产品性能含有所差异。

C.2.6 早强剂

早强剂是能加速水泥水化和硬化，促进混凝土早期强度增长的外加剂，可缩短混凝土养护龄期，加快施工进度，提高模板和场地周转率。早强剂主要是无机盐类、有机物等，但现在越来越多的使用各种复合型早强剂。

C.2.7 缓凝型

缓凝剂是可在较长时间内保持混凝土工作性，延缓混凝土凝结和硬化时间的外加剂，缓凝剂的种类较多，可分为有机和无机两大类。主要有：

a) 糖类及碳水化合物，如淀粉、纤维素的衍生物等。

b) 羟基羧酸，如柠檬酸、酒石酸、葡萄糖酸以及其盐类。

c) 可溶硼酸盐和磷酸盐等。

C.2.8 引气剂

引气剂是一种在搅拌过程中具有在砂浆或混凝土中引入大量、均匀分布的微气泡，而且在硬化后能保留在其中的一种外加剂，引气剂的种类较多。主要有：

a) 可溶性树脂酸盐(松香酸)；

b) 文沙尔树脂；

c) 皂化的吐尔油；

d) 十二烷基磺酸钠；

e) 十二烷基苯磺酸钠；

f) 磺化石油羟类的可溶性盐等。

C.3 混凝土外加剂的主要功能

a) 改善混凝土或砂浆拌合物施工时的和易性；

b) 提高混凝土或砂浆的强度及其他物理力学性能；

c) 节约水泥或代替特种水泥；

d) 加速混凝土或砂浆的早期强度发展；

e) 调节混凝土或砂浆的凝结硬化速度；

f) 调节混凝土或砂浆的含气量；

g) 降低水泥初期水化热或延缓水化放热；

h) 改善拌合物的泌水性；

i) 提高混凝土或砂浆耐各种侵蚀性盐类的腐蚀性；

j) 减弱碱-集料反应；

k) 改善混凝土或砂浆的毛细孔结构；

l) 改善混凝土的泵送性；

m) 提高钢筋的抗锈蚀能力；

n) 提高集料与砂浆界面的粘结力，提高钢筋与混凝土的握裹力；

o) 提高新老混凝土界面的粘结力等。

C.4 影响水泥和外加剂适应性的主要因素

水泥与外加剂的适应性是一个十分复杂的问题，至少受到下列因素的影响。遇到水泥和外加剂不适应的问题，必须通过试验，对不适应因素逐个排除，找出其原因。

a） 水泥：矿物组成、细度、游离氧化钙含量、石膏加入量及形态、水泥熟料碱含量、碱的硫酸饱和度、混合材种类及掺量、水泥助磨剂等。

b） 外加剂的种类和掺量。如：萘系减水剂的分子结构，包括磺化度、平均分子量、分子量分布、聚合性能、平衡离子的种类等。

c） 混凝土配合比，尤其是水胶比、矿物外加剂的品种和掺量。

d） 混凝土搅拌时的加料程序、搅拌时的温度、搅拌机的类型等。

C.5 应用外加剂主要注意事项

外加剂的使用效果受到多种因素的影响，因此，选用外加剂时应特别予以注意。

C.5.1 外加剂的品种应根据工程设计和施工要求选择。应使用工程原材料，通过试验及技术经济比较后确定。

C.5.2 几种外加剂复合使用时，应注意不同品种外加剂之间的相容性及对混凝土性能的影响。使用前应进行试验，满足要求后，方可使用。如：聚羧酸系高性能减水剂与萘系减水剂不宜复合使用。

C.5.3 严禁使用对人体产生危害，对环境产生污染的外加剂。用户应注意工厂提供的混凝土外加剂安全防护措施的有关资料，并遵照执行。

C.5.4 对钢筋混凝土和有耐久性要求的混凝土，应按有关标准规定严格控制混凝土中氯离子含量和碱的数量。混凝土中氯离子含量和总碱量是指其各种原材料所含氯离子和碱含量之和。

C.5.5 由于聚羧酸系高性能减水剂的掺加量对其性能影响较大，用户应注意按照准确计量。

ICS 83.060
B 72

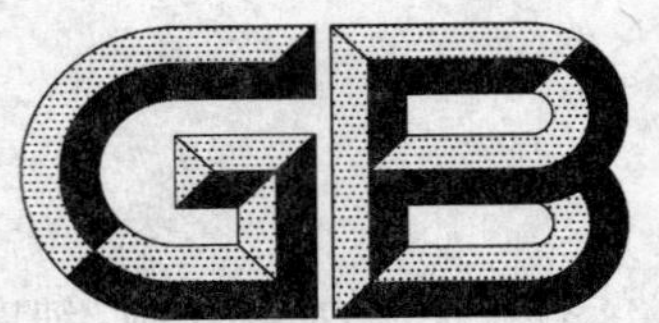

中华人民共和国国家标准

GB/T 8081—2008/ISO 2000:2003
代替 GB/T 8081—1999

天然生胶 技术分级橡胶(TSR)规格导则

Rubber,raw natural—Guidelines for the specification of technically specified rubber(TSR)

(ISO 2000:2003,IDT)

2008-06-04 发布　　2008-12-01 实施

中华人民共和国国家质量监督检验检疫总局
中国国家标准化管理委员会　发布

前　言

本标准等同采用ISO 2000:2003《天然生胶　标准橡胶规格》(英文版)。

为了便于使用,本标准作了如下编辑性修改:

——"本国际标准"一词改为"本标准";

——删除国际标准的前言;

——在第2章规范性引用文件中引用了GB/T 3517、GB/T 4498、GB/T 8086、GB/T 8088、GB/T 14796,这些标准与ISO 2000:2003的相应部分没有技术性差异。

本标准代替GB/T 8081—1999《天然生胶　标准橡胶规格》。

本标准与GB/T 8081—1999相比主要差异如下:

——标准名称改为"天然生胶　技术分级橡胶(ISR)规格导则";

——删去了ISO前言;

——增加了引言;

——增加了第3章"术语和定义";

——增加了第4章"原料组成";

——增加了第5章"分级结构";

——增加了全乳胶(SCRWF)、10号恒黏胶(SCR10CV)、20号恒黏胶(SCR20CV)三个级别及其相应的性能要求,删去了50号胶(SCR50)级别及其相应的性能要求;

——第7章"取样和评价"代替了前版的第3章"取样"和第5章"合格准则",并对评价作了更严格的规定;

——增加了第8章"包装"。

本标准由中国石油和化学工业协会提出。

本标准由全国橡胶与橡胶制品标准化技术委员会天然橡胶分技术委员会归口。

本标准由中国热带农业科学院农产品加工研究所负责起草,海南省农垦总局、云南省农垦总局、农业部天然橡胶质量监督检验测试中心、云南省天然橡胶及咖啡产品质量监督检验站参加起草、农业部食品质量监督检验测试中心(湛江)。

本标准主要起草人:陈成海、黄茂芳、林泽川、缪桂兰、赖广廉、周旭晖、邓维用。

本标准于1987年7月首次发布,1999年8月第一次修订。

引　言

自从 ISO 2000 第一次规定了天然生胶的规格要求以来，又出现了一些不同级别的生胶；在生胶的供应方面，特别是恒黏(CV)胶又有了重要的进展。因此，与其继续不断地去严格规定那些有限的橡胶级别(这样做还有可能限制了橡胶的进一步发展)，还不如公开地对有关各方(如生产方、供应方和买方)在技术分级橡胶的规格要求方面提供指导和协助，而不是对现有的 TSR 再加上可能是不适当的限制。

本标准对有较严格规定的橡胶作出了一些更确切的规格。在某些特定的情况下，对这些规格可能需要作一些说明。

天然生胶　技术分级橡胶（TSR）规格导则

1　范围

本标准提供了天然生胶　技术分级橡胶(TSR)的规格导则,根据天然生胶种类及其性能规定了分级要求。

本标准适用于采购TSR的人员使用,并可作为制定在某种情况下可能需要更严格规定的一些要求的基础。因此,本标准还列出了一些需要有关各方都同意的准则。

2　规范性引用文件

下列文件中的条款通过本标准的引用而成为本标准的条款。凡是注日期的引用文件,其随后所有的修改单(不包括勘误的内容)或修订版均不适用于本标准,然而,鼓励根据本标准达成协议的各方研究是否可使用这些文件的最新版本。凡是不注日期的引用文件,其最新版本适用于本标准。

GB/T 1232.1　未硫化橡胶　用圆盘剪切粘度计进行测定　第1部分:门尼粘度的测定(GB/T 1232.1—2000,idt ISO 289-1:1994)

GB/T 3510　未硫化胶　塑性的测定　快速塑性计法(GB/T 3510—2006,ISO 2007:1991,IDT)

GB/T 3517　天然生胶　塑性保持率(PRI)的测定(GB/T 3517—2002,ISO 2930:1995,MOD)

GB/T 4498　橡胶　灰分的测定(GB/T 4498—1997,eqv ISO 247:1990)

GB/T 8086　天然生胶　杂质含量测定法(GB/T 8086—2008,ISO 249:1995,MOD)

GB/T 8088　天然生胶和天然胶乳　氮含量的测定(GB/T 8088—2008,ISO 1656:1996,MOD)

GB/T 14796　天然生胶　颜色指数测定法(GB/T 14796—1993,eqv ISO 4660:1991)

GB/T 15340　天然、合成生胶取样及制样方法(GB/T 15340—2008,ISO 1795:2000,IDT)

ISO 248　生橡胶　挥发分含量的测定(ISO 248:2005 Rubber,raw—Determination of volatile-matter centent)

3　术语和定义

本标准采用下列术语和定义。

3.1

技术分级橡胶　technically specified rubber

由巴西橡胶树(Herea brasiliensis)的胶乳制成的天然橡胶(一般的做法是将胶乳加工成块状胶),橡胶的性能应与标准中相应等级的性能相符。

3.2

恒黏(CV)胶　constant viscosity(CV)rubber

黏度受到控制的天然橡胶,一般的做法是在干燥过程之前或后用黏度稳定剂处理橡胶。

3.3

杂质　dirt

留在45 μm筛上的外来物质。

3.4

胶园凝胶　field-grade coagulum

胶乳在胶杯或其他合适容器中加酸凝固或自然凝固而成的天然橡胶。

3.5

胶片　sheet rubber

经过充分凝固和压片所得的橡胶。

注：胶片可以是干燥的、部分干燥或未干燥的。

3.6

全鲜胶乳　whole field latex

取自巴西橡胶树的胶乳，胶乳可能稀释，但未经分级分离。

4　原料组成

TSR 根据所用的原料，分为以下的三个主要类别：

——原料为混合的鲜胶乳，在控制的条件下用甲酸或乙酸作凝固剂凝固而成；

——原料为胶园凝胶；

——原料为胶片。

5　分级结构

TSR 的分级应根据 TSR 的性能和生产 TSR 所用的原料而定(见表 1)。

表 1　TSR 分级

原　料	特　征	级　别
全鲜胶乳	黏度有规定	CV
	浅色橡胶，有规定的颜色指数	L
	黏度或颜色没有规定	WF
胶片或凝固的混合胶乳	黏度或颜色没有规定	5
胶园凝胶和(或)胶片	黏度没有规定	10 或 20
	黏度有规定	10CV 或 20CV

6　技术要求

不同级别物理和化学性能应符合表 2 的要求。

表 2　TSR 的技术要求

性　能	5 号胶 (SCR 5)	10 号胶 (SCR 10)	20 号胶 (SCR 20)	10 号恒黏胶 (SCR 10CV)	20 号恒黏胶 (SCR 20CV)	试验方法
颜色标志，色泽	绿	褐	红	褐	红	
留在 45 μm 筛上的杂质(质量分数)/%，最大值	0.05	0.10	0.20	0.10	0.20	GB/T 8086
灰分(质量分数)/%，最大值	0.6	0.75	1.0	0.75	1.0	GB/T 4498
氮含量(质量分数)/%，最大值	0.6	0.6	0.6	0.6	0.6	GB/T 8088

表 2（续）

性　　能	5 号胶 (SCR 5)	10 号胶 (SCR 10)	20 号胶 (SCR 20)	10 号恒黏胶 (SCR 10CV)	20 号恒黏胶 (SCR 20CV)	试验方法
挥发分（质量分数）/%，最大值	0.8	0.8	0.8	0.8	0.8	ISO 248（烘箱法，105℃±5℃）
塑性初值（P_0），最小值	30	30	30	—	—	GB/T 3510
塑性保持率（*PRI*），最小值	60	50	40	50	40	GB/T 3517
拉维邦颜色指数，最大值	—	—	—	—	—	GB/T 14796
门尼黏度，*ML*（1+4）100℃	60±5（见注 1）	—	—	（见注 2）	（见注 2）	GB/T 1232.1
注 1：有关各方也可同意采用另外的黏度值。 注 2：没有规定这些级别的黏度，因为这会随着例如贮存时间和处理方式而变化，但一般是由生产方将黏度控制在 65^{+7}_{-5}。有关各方也可同意采用另外的黏度值。						

7　取样和评价

除非有关各方同意采用其他方法，否则，TSR 应按 GB/T 15340 规定的方法取样。从一批橡胶中所取的每个样品都应符合 TSR 级别的要求。

8　包装

TSR 通常应包装成标称净含量为 33.3 kg 或 35 kg（允许±0.5%）的胶包。

注：由于 30 包 33.3 kg 的胶包共重 1 t，所以这种胶包可以称是较好的包装规格。

对于未改、扩建的企业生产的胶包，每个胶包的净含量可按 40 kg±0.2 kg 执行，但自 2012 年 1 月 1 日起生产的胶包，每个胶包的净含量应按本标准的规定执行。

每个胶包上都应有识别标记，用聚乙烯薄膜包裹，薄膜的厚度宜为 30 μm～50 μm，维卡耐热度在 95℃以下；如果有关各方同意，也可采用其他的包装形式。（只要有关各方同意，特别是当包装用的薄膜需要从胶包上剥除的话，也可用厚度最高达 65 μm 厚的膜）。

ICS 83.040.10
B 72

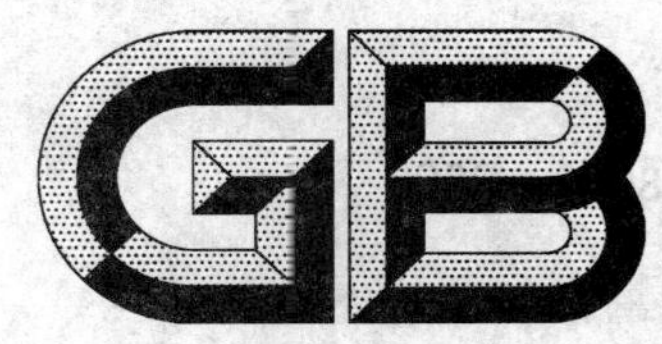

中华人民共和国国家标准

GB/T 8082—2008
代替 GB/T 8082—1999

天然生胶 标准橡胶 包装、标志、贮存和运输

Raw natural rubber—Standard rubber—Packing, marks, storage and transportion

2008-06-19 发布　　　　2008-12-01 实施

中华人民共和国国家质量监督检验检疫总局
中国国家标准化管理委员会　发布

前 言

本标准代替GB/T 8082—1999《天然生胶　标准橡胶　包装、标志、贮存和运输》。

本标准与GB/T 8082—1999相比主要差异如下：

——在第2章引用标准中用GB/T 19188《天然生胶和合成生胶　贮存导则》替代了ISO 7664：1984《天然生胶和合成生胶　贮存导则》，并重新编写了第4章的相应内容；

——对胶包的净含量和尺寸作了调整；

——对胶包的包装材料作出了具体要求；

——在标志中增加了SCR WF、SCR 10CV和SCR 20CV三个级别，删去了SCR50级别。

本标准由中华人民共和国农业部提出。

本标准由全国橡胶与橡胶制品标准化技术委员会天然橡胶分技术委员会（SAC/TC 35/SC 8）归口。

本标准负责起草单位：中国热带农业科学院农产品加工研究所。

本标准参加起草单位：海南省农垦总局、云南省农垦总局、中华人民共和国黄埔出入境检验检疫局。

本标准主要起草人：陈成海、林泽川、缪桂兰、邹思红。

本标准所代替标准的历次版本发布情况为：

——GB/T 8082—1987，GB/T 8082—1999。

天然生胶　标准橡胶
包装、标志、贮存和运输

1　范围

本标准规定了标准橡胶的包装、标志、贮存和运输。

本标准适用于我国各级别的天然生胶标准橡胶。

2　规范性引用文件

下列文件中的条款通过本标准的引用而成为本标准的条款。凡是注日期的引用文件，其随后所有的修改单(不包括勘误的内容)或修订版均不适用于本标准，然而，鼓励根据本标准达成协议的各方研究是否可使用这些文件的最新版本。凡是不注日期的引用文件，其最新版本适用于本标准。

GB/T 8081—1999　天然生胶　标准橡胶规格(eqv ISO 2000:1989)

GB/T 19188　天然生胶和合成生胶贮存指南(GB/T 19188—2003,ISO 7664:2000,IDT)

3　标准橡胶的包装和标志

3.1　胶包净含量、尺寸和包装材料

3.1.1　胶包净含量

每个胶包净含量为 33.3 kg 或 35 kg(允许±0.5%)。

3.1.2　胶包尺寸

对于净含量为 33.3 kg 的胶包，其长为 670 mm，宽为 330 mm，高为 200 mm。

对于净含量为 35 kg 的胶包，其长为 680 mm，宽为 340 mm，高为 200 mm。

注：由于每包 33.3 kg,30 包构成 1 t，故更应考虑这种胶包的尺寸。

3.1.3　包装材料

胶包应用厚度为 30 μm～50 μm、维卡耐热度小于 95℃的聚乙烯薄膜或双方协商的其他材料(双方协商的包装材料的厚度最大为 65 μm 且应特别容易从胶包上剥离的材料)和聚丙烯编织袋双层包装。

对于采用紧缩包装的进口大包包装(通常为 33.3 kg/包、30 包构成 1 t 或 35 kg/包、36 包构成 1.26 t)的托板或疏格木箱，不得传带检疫性有害生物和有毒有害物质。

3.2　标志

国产标准橡胶使用“SCR”代号(其中 S 代表“标准”，C 代表“中国”，R 代表“橡胶”，即标准中国橡胶)，使之与国际常用的代号对应。八个级别的橡胶代号分别为 SCR CV(恒粘胶)、SCR L(浅色胶)、SCR WF(全乳胶)、SCR5(5 号胶)、SCR10(10 号胶)、SCR20(20 号胶)、SCR 10CV(10 号恒粘胶)、SCR 20CV(20 号恒粘胶)。

在每个胶包外袋最大一面应标志注明：标准橡胶级别代号、净重、生产厂名或厂代号、生产日期和生产许可证编号，SCR CV、SCR L、SCR5、SCR10、SCR20 的标志颜色按 GB/T 8081—1999 中表 1 规定执行，SCR WF、SCR 10CV、SCR 20CV 的标志颜色分别为绿色、褐色和红色。如倘用每箱 1 t 有托板的包装箱，还应在箱外加涂各项标志。

4 标准橡胶的贮存和运输

4.1 贮存

按 GB/T 19188 的规定进行。

4.2 运输

运输时应用干燥和清洁车厢装运，盖好篷布，以防阳光照晒或雨水淋湿导致橡胶发霉变质。

ICS 83.060
B 72

中华人民共和国国家标准

GB/T 8086—2008
代替 GB/T 8086—1987

天然生胶　杂质含量的测定

Raw natural rubber—Determination of dirt

(ISO 249:1995,MOD)

2008-05-15 发布　　2008-11-01 实施

中华人民共和国国家质量监督检验检疫总局
中国国家标准化管理委员会　发布

前 言

本标准修改采用 ISO 249:1995《天然生胶　杂质含量的测定》(英文版)。

本标准根据 ISO 249:1995 重新起草。

本标准与 ISO 249:1995 相比主要差异如下：

——在 5.4.1 中增加了“用 10 倍放大镜检查筛网的方法”,使之达到更好的效果；

——删除了对本标准的使用没有影响的关于精密度的 7.1、7.2 和 7.3。

本标准代替 GB/T 8086—1987《天然生胶　杂质含量测定法》。

本标准与 GB/T 8086—1987 相比主要差异如下：

——将标准名称改为“天然生胶　杂质含量的测定”；

——除 2-硫醇基苯并噻唑外,增加了三种橡胶塑解剂,以供选择；

——测定时加热温度由 140℃～160℃改为 125℃～130℃,以免过热生成凝胶和炭化物。

本标准的附录 A 为资料性附录。

本标准由中国石油和化学工业协会提出。

本标准由全国橡胶与橡胶制品标准化技术委员会天然橡胶分技术委员会(SAC/TC 35/SC 8)归口。

本标准由中国热带农业科学院农产品加工研究所负责起草。

本标准主要起草人：黄茂芳、陈成海、周江、许逵。

本标准所代替标准的历次版本发布情况为：

——GB/T 8086—1987。

天然生胶　杂质含量的测定

警告——使用本标准的人员应有正规实验室工作的实践经验。本标准并未指出所有可能的安全问题。使用者有责任采取适当的安全和健康措施,并保证符合国家有关法规规定的条件。

1　范围

本标准规定了天然生胶杂质含量的测定方法。

本标准适用于天然生胶中所含杂质的测定,不适用于表面污染的杂质。

2　规范性引用文件

下列文件中的条款通过本标准的引用而成为本标准的条款。凡是注日期的引用文件,其随后所有的修改单(不包括勘误的内容)或修订版均不适用于本标准,然而,鼓励根据本标准达成协议的各方研究是否可使用这些文件的最新版本。凡是不注日期的引用文件,其最新版本适用于本标准。

GB/T 6005　试验筛　金属丝编织网、穿孔板和电成型薄板　筛孔的基本尺寸(GB/T 6005—1997,idt ISO 565:1990)

GB/T 6038　橡胶试验胶料配料、混炼和硫化设备及操作程序(GB/T 6038—2006, ISO 2392:2001,IDT)

GB/T 15340　天然、合成生胶取样及制样方法(GB/T 15340—2008,ISO 1795:2000,IDT)

ISO/TR 9272　橡胶与橡胶制品试验方法标准　精密度的确定(ISO/TR 9272:2004,rubber and rubber products—Determination of precision for test method standards)

3　试剂

所有溶剂不应有水和杂质。在分析过程中,只要有可能,都应使用已确认的分析纯试剂。

3.1　混合二甲苯:沸程 139℃～141℃。

3.2　石油溶剂:沸程 155℃～196℃,也可使用沸程相似的其他烃类溶剂。

3.3　石油醚:沸程 60℃～80℃,也可使用沸程相似的其他烃类溶剂。

3.4　甲苯

3.5　橡胶塑解剂

3.5.1　二甲苯基硫酚溶液:质量分数为 36%矿物油溶液。

3.5.2　2-硫醇基苯并噻唑。

3.5.3　2,2-二苯甲酰胺二苯基二硫化物。

3.5.4　甲苯基硫酚溶液:质量分数为 20%～40%的矿物油溶液。

3.5.5　其他可以完全溶解橡胶的塑解剂。

4　仪器

实验室常规设备以及如下的仪器、设备。

4.1　容量为 250 mL 或 500 mL 具塞的锥形烧瓶,或者容量为 250 mL 或 500 mL 的烧杯以及一个直径适中的玻璃表面皿作烧杯的盖子。

4.2　短的空气冷凝器(非强制性的)。

4.3　温度计:读数至少为 200℃。

4.4　加热器:用于加热锥形烧瓶或烧杯(4.1)及其内盛物(见 5.3.4)。推荐使用能提供表面加热均匀的加热板或红外灯。红外灯(250 W)可以排成行,锥形瓶底距灯的顶部约 20 cm。为防止局部过热,建议每个灯单独控制。也可选用砂浴或可调节的封闭电炉。

4.5 筛：由符合 GB/T 6005 规定的公称孔径为 45 μm 的耐腐蚀金属网制成，宜用不锈钢网。

4.5.1 金属网要横装在直径约 25 mm、长度超过 20 mm 的金属管末端。

4.5.2 筛的结构应避免金属网变形和意外损坏。合适的结构见图 1。

单位为毫米

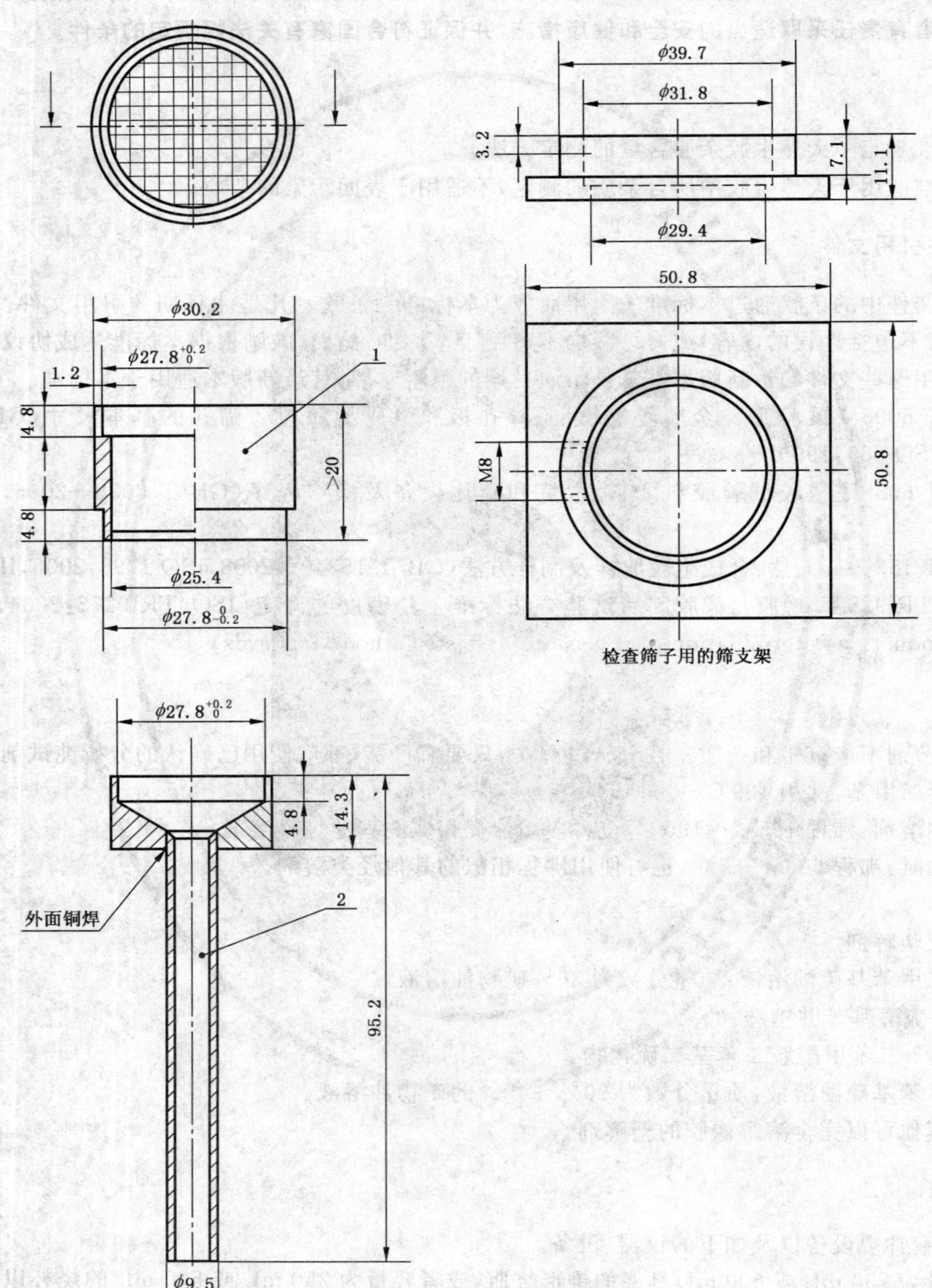

1——筛子：不锈钢筛框上筛网，顶端内边缘和下端外边缘有一条 1 mm 圆形凹槽，使筛子容易堆叠；

2——筛支架：用不锈钢或黄铜制成，外径为 300 mm，壁厚为 2 mm～3 mm，高 155 mm。也可用实验室普通的大漏斗和铁架台组成。

图 1 测定杂质适用的筛子和支架详图

4.5.3 筛子也可用尺寸合适的金属坩埚制备,即截去坩埚底部,再将筛网焊在上面。这样,在过滤时就形成一个足够大的装盛橡胶溶液的容器。

4.5.4 为防止筛网意外损坏,还可将一个粗筛网焊在 45 μm 筛网的下面。这个“保护网”不应对过滤有丝毫障碍,仅对筛网起支撑作用。

4.5.5 也可使用市场出售的过滤装置(具有 45 μm 筛网),只要它符合本标准的规定。

4.6 超声波装置,用于清洗筛子(虽是非强制性的,但最好能配备一台)。

5 分析步骤

5.1 试样的制备

5.1.1 按 GB/T 15340 的规定制备一块均匀化的天然生胶的实验室样品。从均匀化的实验室样品上切取约 30 g 橡胶,将橡胶通过实验室炼胶机冷辊压两次,炼胶机的辊距用铅条调整到 0.5 mm±0.1 mm (见 GB/T 6038)。

5.1.2 立即称取 10 g～20 g 试样(m_0),精确至 0.1 g(对于杂质含量低的“干净橡胶”,建议称取 20 g 试样;对于严重污染的橡胶,试样的用量应较少)。

5.1.3 应进行双份平行测定。

5.2 塑解剂的制备

5.2.1 若用二甲苯基硫酚(3.5.1),则每个试样使用 1 g 溶液和 150 mL～230 mL 溶剂(3.1 或 3.2)。

5.2.2 若用 2-硫醇基苯并噻唑 (3.5.2)或 2,2-二苯甲酰胺二苯基二硫化物(3.5.3),则每个试样使用 0.5 g。溶液的制备方法是将 0.5 g 固体塑解剂溶解于 200 mL 溶剂(3.1 或 3.2)中,滤去不溶物质。

5.2.3 若用甲苯基硫酚(3.5.4),则每个试样使用 1 g～1.5 g 溶液和 200 mL 溶剂(3.1 或 3.2)。

5.3 测定

5.3.1 按 5.2.1,5.2.2 或 5.2.3 将溶剂和塑解剂加入锥形烧瓶或烧杯(4.1)中。

5.3.2 将试样切成条形小块,每块重约 1 g,逐块放入盛有溶剂的烧瓶或烧杯中(5.3.1)。

5.3.3 在 125℃～130℃ 加热烧瓶或烧杯及其内盛物(见 4.4),直至获得均匀的溶液。或者将烧瓶用塞子塞住或将烧杯用盖子盖上,在室温下停放几小时,然后加热至 125℃～130℃。在加热期间也可使用一支短的空气冷凝管(4.2),以减少溶剂的挥发。同时,适当用玻璃棒搅拌,以防杂质橡胶凝块过热结块炭化。

5.3.4 偶尔用手摇动烧瓶或用玻璃棒搅动烧杯中的溶解物,橡胶溶液煮沸或过热时,会生成凝胶状物质,从而使过滤困难,引起杂质含量明显偏高。因此,应避免使用可能引起局部过热的装置和加热条件。

5.3.5 当橡胶完全溶解后(而且溶液是充分流动的),将热溶液慢慢倾倒入筛子(4.5)过滤,空筛子先经称量(m_1),精确至 0.1 mg,大部分杂质仍留在烧瓶或烧杯里。

5.3.6 用热溶剂(3.1 或 3.2)洗涤烧瓶或烧杯和留下杂质,直到橡胶完全除去而大部分杂质仍留在烧瓶或烧杯里(有效的洗涤通常需要 100 mL 热溶剂)。在洗涤操作的最后阶段 将杂质从烧瓶烧杯里冲洗入筛子内。用玻璃棒将粘在烧瓶或烧杯上的杂质弄松,使杂质能全部冲洗入筛子,然后用热溶剂沿筛壁内外冲洗两圈。

5.3.7 用下述方法之一除去不能通过筛网的任何凝胶:

a) 当热溶剂还留在筛子里时,用一支小貂毛刷子轻轻地擦刷筛网的底面。

b) 将筛子直立于盛有甲苯(3.4)的烧杯中,甲苯在烧杯中的深度约为 10 mm。用玻璃表面皿将烧杯盖上,加热微沸 1 h。

上述操作宜在通风橱里进行。

5.3.8 载有杂质的筛子应使用石油醚(3.3)洗涤两次,然后在100℃干燥30 min,或用石油溶液(3.2)洗涤两次,然后在100℃干燥1 h。

5.3.9 干燥后筛网上的杂质除了纤维物质外应是松散的、流动的。杂质应易于从筛网上取出。如果不是这样,则应按5.3.7中b)所述用煮沸甲苯的方法处理筛子。

5.3.10 如果还有橡胶凝胶残存,则这次测定应作废,并重复进行测定。

5.3.11 将筛子和筛余物置于干燥器中冷却及称量(m_2),精确至0.1 mg。

5.4 注意事项

5.4.1 在分析的每个步骤,都应小心处理筛子,每次测定后应检查筛子是否损坏。例如:用显微镜或幻灯放映机(将筛网投影在银幕上)检查,也可用10倍放大镜来检查。如果金属网出现明显变形,就应报废并换用新的金属网。

5.4.2 每次测定后,应小心地刷除松散的杂质,局部堵塞的筛网一般可放入二甲苯中煮沸以清理。但是,宜用超声波方法清理。如果筛网通过这样的处理后仍严重堵塞,而且使筛的质量增加超过1 mg,则应更换筛网。

5.4.3 筛子可贮放在温热的甲苯中以减少橡胶的堵塞。

6 结果表示

按式(1)计算杂质含量,以质量分数表示:

$$杂质含量(\%) = \frac{m_2 - m_1}{m_0} \times 100 \qquad \cdots\cdots(1)$$

式中:

m_0——试样的质量,单位为克(g);

m_1——空筛的质量,单位为克(g);

m_2——空筛和杂质的质量,单位为克(g)。

计算结果表示到0.01%。

7 精密度

用来表示重复性和再现性的精密度计算是按ISO/TR 9272的规定进行的。

均匀化样品和未均匀化样品的1型精密度结果分别列于表1和表2,其使用指南见附录A。

表1 1型精密度——均匀化样品试验

橡胶样品	平均杂质含量(质量分数)/%	实验室内的重复性		实验室间的再现性	
		r	(r)	R	(R)
A	0.11	0.018 5	16.4	0.031	27.0
B	0.16	0.038 5	24.6	0.065	40.9
合并值	0.14	0.031	22.4	0.051	37.1

r=重复性,质量分数;
(r)=重复性,平均值的相对百分数;
R=再现性,质量分数;
(R)=再现性,平均值的相对百分数。

注:只有在相关各方对测定结果产生争议需要仲裁时,才按表1的规定进行估计。

表 2　1 型精密度——未均匀化样品试验

橡胶样品	平均杂质含量（质量分数）/%	实验室内的重复性		实验室间的再现性	
		r	(r)	R	(R)
A	0.04	0.013	31.5	0.035	86.2
B	0.04	0.017	39.3	0.029	67.7
合并值	0.04	0.015	35.8	0.032	77.1
符号的定义见表 1。					

注：只有在相关各方对测定结果产生争议需要仲裁时，才按表 2 的规定进行估计。

8　试验报告

试验报告应包括以下内容：

a)　本标准号；

b)　样品标记的详细内容；

c)　双份测定的平均值；

d)　使用的溶剂和塑解剂；

e)　测定过程中注意到的任何异常现象；

f)　不包括在本标准和引用标准中的任何操作，以及被认为是可选择的任何操作；

g)　试验日期。

附　录　A
（资料性附录）
使用精密度结果的指南

A.1　使用精密度结果的一般程序如下：用符号$|X_1-X_2|$表示任意两个测量值的绝对差（即不考虑正负号）。

A.2　在最近似于所考虑“试验”数据平均值（测量参数）的平均值处，查（正在考虑的任意试验参数的）相应精密度表。该行就是给出用于判定过程相应的r、(r)、R或(R)。

A.3　有了r和(r)值，就可用下列一般重复性论点进行判定。

A.3.1　对于绝对差：在正常和正确操作的试验程序下，用标称相同材料的样品得到的两次试验平均值之差$|X_1-X_2|$，平均每20次不多于1次超过表列的重复性r。

A.3.2　对于两次试验平均值的百分差：在正常和正确操作的试验程序下，用标称相同材料的样品得到的两次测定的试验值之间的百分差$\{|X_1-X_2|/[(X_1+X_2)/2]\}\times100$，平均每20次不多于1次超过表列的重复性$(r)$。

A.4　有了R和(R)值，就可用下列一般再现性论点进行判定：

A.4.1　对于绝对差：用正常和正确操作试验程序对标称相同材料的样品在两个实验室测得的两次独立测定试验平均值之间的绝对差$|X_1-X_2|$，每20次不多于1次超过表列的再现性R。

A.4.2　对于两次试验平均值之间的百分差：用正常和正确操作试验程序对标称相同材料的样品在两个实验室测得的两次独立测定的试验平均值之间的百分差$\{|X_1-X_2|/[(X_1+X_2)/2]\}\times100$，平均每20次不多于1次超过表列的再现性$(r)$。

ICS 83.040.10
B 72

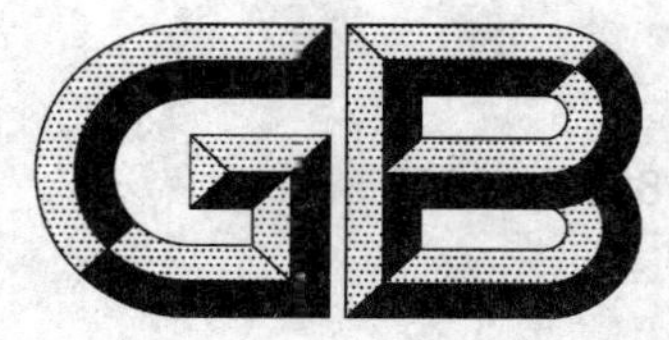

中华人民共和国国家标准

GB/T 8088—2008
代替 GB/T 8088—1999

天然生胶和天然胶乳　氮含量的测定

Rubber, raw natural and rubber latex, natural—Determination of nitrogen content

(ISO 1656:1996, MOD)

2008-05-15 发布　　2008-11-01 实施

中华人民共和国国家质量监督检验检疫总局
中国国家标准化管理委员会　发布

前言

本标准修改采用 ISO 1656:1996《天然生胶和天然胶乳——氮含量的测定》(英文版)。

本标准根据 ISO 1656:1996 重新起草。

本标准与 ISO 1656:1996 相比主要差异如下:

——将 4.1.5 和 5.1.5“氢氧化钠溶液:浓度 $c(NaOH)\approx 10$ mol/L,配制方法是称取 400 g 固体氢氧化钠溶于 600 mL 水中。”改为“氢氧化钠溶液:$c(NaOH)\approx 10$ mol/L,配制方法是称取 400 g 固体氢氧化钠溶于水中并稀释至 1 000 mL。”,使之更易操作;

——将 4.1.6 和 5.1.6“硼酸溶液:浓度 $c(H_3BO_3)\approx 0.17$ mol/L,配制方法是称取 40 g 固体硼酸溶于 1 L 水中,必要时加热,然后让溶液冷却到室温。”改为“硼酸溶液:$c(H_3BO_3)\approx 0.17$ mol/L,配制方法是称取 10 g 固体硼酸溶于水中,必要时加热,然后让溶液冷却到室温并稀释至 1 000 mL”,使之与标称浓度 0.17 mol/L 相符;

——将 4.1.3“硫酸标准滴定溶液:$c(H_2SO_4)=0.05$ mol/L。”改为“硫酸标准滴定溶液:$c(1/2H_2SO_4)=0.050\,0$ mol/L。”,5.1.3“硫酸标准滴定溶液:$c(H_2SO_4)=0.01$ mol/L。”改为“硫酸标准滴定溶液:$c(1/2H_2SO_4)=0.010\,0$ mol/L。”,使之更易操作;

——将 4.4.2.1“用吸管吸取 75 mL 水和 25 mL 硫酸标准滴定溶液”改为“用吸管吸取 50 mL 水和 50 mL 硫酸标准滴定溶液”,5.4.2.1“准确加入已知的硫酸标准滴定溶液至少 5 mL 到经吹洗过的蒸馏的接收瓶中,并加入 2 滴混合指示剂溶液和大约 5 mL 水”改为“准确加入已知的硫酸标准滴定溶液至少 10 mL 到经吹洗过的蒸馏的接收瓶中,并加入 2 滴混合指示剂溶液”,使之更易操作;

——将 4.6.1、4.6.2、5.6.1 和 5.6.2 中公式改为 $w=\frac{(V_2-V_1)\times c\times 0.014\,0}{m}\times 100$ 或 $w=\frac{(V_3-V_4)\times c\times 0.014\,0}{m}\times 100$,使之更易操作;

本标准代替 GB/T 8088—1999《天然生胶和天然胶乳氮含量的测定》。

本标准与 GB/T 8088—1999 相比主要差异如下:

——对 4.1.5、5.1.5、4.1.6、5.1.6、4.1.3、5.1.3、4.4.2.1、5.4.2.1、4.6.1、4.6.2、5.6.1、5.6.2 进行了修改,详见本标准前言“本标准与 ISO 1656:1996 的差异”。

本标准的附录 A 为资料性附录。

本标准由中国石油和化学工业协会提出。

本标准由全国橡胶与橡胶制品标准化技术委员会天然橡胶分技术委员会归口。

本标准起草单位:中国热带农业科学院农产品加工研究所,农业部食品质量监督检验测试中心(湛江)。

本标准主要起草人:杨春亮、查玉兵、杜海群、刘丽丽、黎珍连。

本标准于 1987 年 7 月首次发布,1999 年 8 月第一次修订。

天然生胶和天然胶乳　氮含量的测定

警告:使用本标准的人员应有正规实验室工作的实践经验。本标准并未指出所有可能的安全问题。使用者有责任采取适当的安全和健康措施,并保证符合国家有关法规规定的条件。

1　范围

本标准规定了用凯氏定氮法测定天然生胶和天然胶乳中氮含量的常量法和半微量法。

本标准适用于天然生胶和天然胶乳中氮含量的测定。

注:测定天然橡胶中的氮含量是为了对橡胶中的蛋白质含量作出估计。然而,天然橡胶中也存在少量非蛋白质的含氮组分,这些非蛋白质含氮组分在以天然胶乳制得的干固体的总氮含量中占有相当大的比例。

2　规范性引用文件

下列文件中的条款通过本标准的引用而成为本标准的条款。凡是注日期的引用文件,其随后所有的修改单(不包括勘误的内容)或修订版均不适用于本标准,然而,鼓励根据本标准达成协议的各方研究是否可使用这些文件的最新版本。凡是不注日期的引用文件,其最新版本适用于本标准。

GB/T 8290　天然浓缩胶乳　取样(GB/T 8290—1987,neq ISO 123:1985)

GB/T 8298　浓缩天然胶乳　总固体含量的测定(GB/T 8298—2008,ISO 124:1997,MOD)

GB/T 15340　天然、合成生胶取样及制样方法(GB/T 15340—1994,idt ISO 1795:1992)

ISO/TR 9272　橡胶与橡胶制品试验方法标准——精密度的确定(ISO/TR 9272:2004,rubber and rubber products—Determination of precision for test method stamdards)

3　原理

以硫酸钾、硫酸铜和硒粉为催化剂,用浓硫酸消化试样,使有机氮分解,转化为氨进入溶液与硫酸结合生成硫酸氢铵。然后用氢氧化钠碱化,加热蒸馏出氨。蒸馏出的氨可用下列两种方法吸收:

——用硫酸标准滴定溶液吸收,然后用碱标准溶液滴定过量的酸;

——用硼酸溶液吸收,然后用酸标准滴定溶液滴定过量的酸。

注:由于硼酸是一种弱酸,它不会影响滴定所用的指示剂。

4　常量法

4.1　试剂

除非另有说明,在分析中仅使用确认为分析纯的试剂和蒸馏水或去离子水或纯度与之相当的水。

4.1.1　催化剂混合物或催化剂溶液

4.1.1.1　催化剂混合物

制备一种由下列物质组成的粒度较细且分散均匀的混合物:30 质量份的无水硫酸钾(K_2SO_4)、4 质量份的五水合硫酸铜($CuSO_4 \cdot 5H_2O$)和 1 质量份的硒粉或 2 质量份的十水合硒酸钠($Na_2SeO_4 \cdot 10H_2O$)。在研钵中研细,充分混合均匀。

注:使用硒粉时,应避免吸入其蒸汽以及防止皮肤和衣服接触到硒粉,应在充分通风的条件下进行操作。

4.1.1.2　催化剂溶液

将 110 g 无水硫酸钾、14.7 g 五水硫酸铜以及 3.7 g 硒粉或 7.49 g 十水合硒酸钠加热溶解于 600 mL 硫酸(4.1.2)中。

4.1.2　硫酸:ρ=1.84 g/mL。

4.1.3　硫酸标准滴定溶液：$c(1/2H_2SO_4)=0.0500$ mol/L。

4.1.4　氢氧化钠标准滴定溶液：$c(NaOH)=0.1000$ mol/L。

4.1.5　氢氧化钠溶液：$c(NaOH)\approx 10$ mol/L，配制方法是称取 400 g 固体氢氧化钠溶于水中并稀释至 1 000 mL。

4.1.6　硼酸溶液：$c(H_3BO_3)\approx 0.17$ mol/L，配制方法是称取 10 g 固体硼酸溶于水中，必要时加热，然后让溶液冷却到室温并稀释至 1 000 mL。

4.1.7　混合指示剂溶液：称取 0.1 g 甲基红和 0.05 g 亚甲基蓝溶于 100 mL 95%(体积分数)乙醇中。此指示剂在存放过程中可能变质，应随用随配制。

4.2　仪器

实验室常规仪器以及备有容量为 800 mL 的消化瓶的凯氏定氮仪。

4.3　取样和试样的制备

测定生胶的氮含量时，应按 GB/T 15340 规定的方法取样和制备均匀化实验室样品，再从均匀化实验室样品中取出试样。

测定胶乳的氮含量时，应按 GB/T 8290 规定的方法取一个有代表性的经充分混合的胶乳试样(约含 2 g 总固体)，再按 GB/T 8298 规定的方法干燥至恒重。

4.4　操作步骤

4.4.1　消化

称取约 2 g 生胶或已干的胶乳，精确至 0.5 mg，剪成小块后置于消化烧瓶(4.2)中，加入约 13 g 催化剂混合物(4.1.1.1)和 60 mL 硫酸(4.1.2)，也可以加入 65 mL 的催化剂溶液(4.1.1.2)。转动烧瓶使其内盛物混匀，然后慢慢加热至沸腾，直至消化液变为清澈，再继续沸腾 1 h。让消化液冷却至室温，小心加入 200 mL 水，并转动使之混匀。

4.4.2　蒸馏、吸收和滴定

将蒸馏装置连接起来，按 4.4.2.1 或 4.4.2.2 的操作程序蒸馏、吸收及滴定释放出的氨。接收瓶的温度应保持在 30℃以下，以防止氨的损失。

4.4.2.1　硫酸标准溶液吸收

用移液管吸取 50 mL 水和 50 mL 硫酸标准滴定溶液(4.1.3)放入接收瓶中，再加 2 滴混合指示剂溶液(4.1.7)，混合后，将接收瓶置于蒸馏装置的冷凝管下，使冷凝器导出管的末端能浸没在吸收溶液液面以下。用滴定漏斗慢慢加入 150 mL 氢氧化钠溶液(4.1.5)到消化烧瓶中，用手按住消化瓶的瓶塞，转动烧瓶使消化液充分混匀，立即开始蒸馏，并在稳定的馏出速率下继续进行，直至收集到 200 mL 馏出液为止。如果指示剂颜色改变，表明吸收液已呈碱性，停止测定，应使用较多的硫酸或较少的试样重复操作。蒸馏完毕后(通常接收瓶内溶液体积约达 300 mL)，用氢氧化钠标准溶液(4.1.4)滴定，读取滴定管读数，精确到 0.02 mL。

4.4.2.2　硼酸溶液吸收

将 100 mL 硼酸溶液(4.1.6)放入蒸馏装置的接收瓶内，再加 2 滴混合指示剂溶液(4.1.7)。按 4.4.2.1 所述的操作进行蒸馏，用硫酸标准滴定溶液(4.1.3)滴定馏出液，读取滴定管读数，精确到 0.02 mL。

4.5　空白试验

在测定样品的同时，进行空白试验。

4.6　结果的表示

4.6.1　当按 4.4.2.1 规定用硫酸作吸收溶液时，试样中的氮含量以质量分数 w 计，单位以克每百克(g/100 g)表示，按式(1)计算：

$$w=\frac{(V_2-V_1)\times c\times 0.0140}{m}\times 100 \qquad \cdots\cdots(1)$$

式中：

V_1——滴定时所需氢氧化钠标准滴定溶液(4.1.4)的体积，单位为毫升(mL)；

V_2——空白试验滴定时所需氢氧化钠标准滴定溶液(4.1.4)的体积，单位为毫升(mL)；

c——氢氧化钠标准滴定溶液浓度，单位为摩尔每升(mol/L)；

0.014 0——1.0 mL 氢氧化钠[$c(NaOH)=1.000$ mol/L] 标准滴定溶液相当的氮的质量，单位为克(g)；

m——试样质量，单位为克(g)。

测定结果用平行测定的算术平均值表示，保留至小数点后两位。

4.6.2 当按 4.4.2.2 规定用硼酸作吸收溶液时，试样中的氮含量以质量分数 w 计，单位以克每百克(g/100 g)表示，按式(2)计算：

$$w=\frac{(V_3-V_4)\times c\times 0.014\,0}{m}\times 100 \qquad \cdots\cdots(2)$$

式中：

V_3——滴定时所需硫酸标准滴定溶液(4.1.3)的体积，单位为毫升(mL)；

V_4——空白试验滴定时所需硫酸标准滴定溶液(4.1.3)的体积，单位为毫升(mL)；

c——氢氧化钠标准滴定溶液浓度，单位为摩尔每升(mol/L)；

0.014 0——1.0 mL 硫酸[$c(1/2H_2SO_4)=1.000$ mol/L] 标准滴定溶液相当的氮的质量，单位为克(g)；

m——试样质量，单位为克(g)。

测定结果用平行测定的算术平均值表示，保留至小数点后两位。

5 半微量法

5.1 试剂

除非另有说明，在分析中仅使用确认为分析纯的试剂和蒸馏水或去离子水或纯度与之相当的水。

5.1.1 催化剂混合物

制备一种由下列物质组成的粒度较细且分散均匀的混合物：30 质量份的无水硫酸钾(K_2SO_4)、4 质量份的五水合硫酸铜($CuSO_4\cdot 5H_2O$)和 1 质量份的硒粉或 2 质量份的十水合硒酸钠($Na_2SeO_4\cdot 10H_2O$)。在研钵中研细，充分混合均匀。

注：使用硒粉时，应避免吸入其蒸汽以及防止皮肤和衣服接触到硒粉，应在充分通风的条件下进行操作。

5.1.2 硫酸：$\rho=1.84$ g/mL。

5.1.3 硫酸标准滴定溶液：$c(1/2H_2SO_4)=0.010\,0$ mol/L。

5.1.4 氢氧化钠溶液：$c(NaOH)\approx 10$ mol/L，配制方法是称取 400 g 固体氢氧化钠溶于水中并稀释至 1 000 mL。

5.1.5 氢氧化钠标准滴定溶液：$c(NaOH)=0.020\,0$ mol/L，不含碳酸盐。

5.1.6 硼酸溶液：$c(H_3BO_3)\approx 0.17$ mol/L，配制方法是称取 10 g 固体硼酸溶于水中，必要时加热，然后让溶液冷却到室温并稀释至 1 000 mL。

5.1.7 混合指示剂溶液：称取 0.1 g 甲基红和 0.05 g 亚甲基蓝溶于 100 mL 95%(体积分数)乙醇中。此指示剂在存放过程中可能变质，应随用随配制。

5.2 仪器

实验室常规仪器以及以下仪器设备。

5.2.1 半微量凯氏消化仪器：配有容量为 30 mL 或 10 mL 的消化烧瓶(见图 1、图 2、图 3)。

5.2.2 半微量凯氏蒸馏装置：配有冷凝管(见图 4～图 9)。

5.2.3 半微量滴定管：容量为 5 mL 或 10 mL，分度为 0.02 mL。

单位为毫米

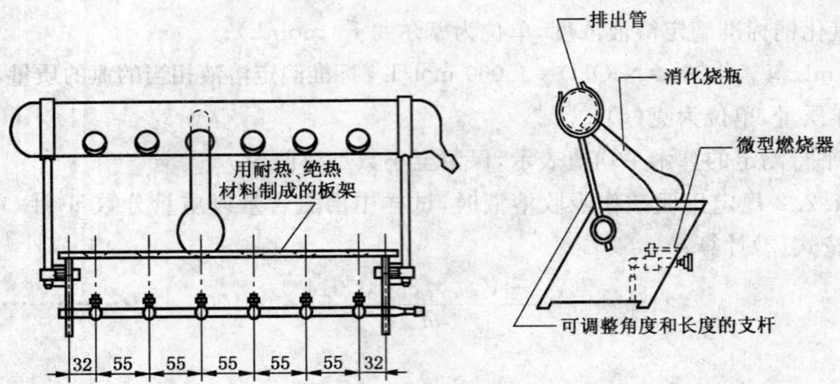

图 1 半微量法消化设备装置

单位为毫米

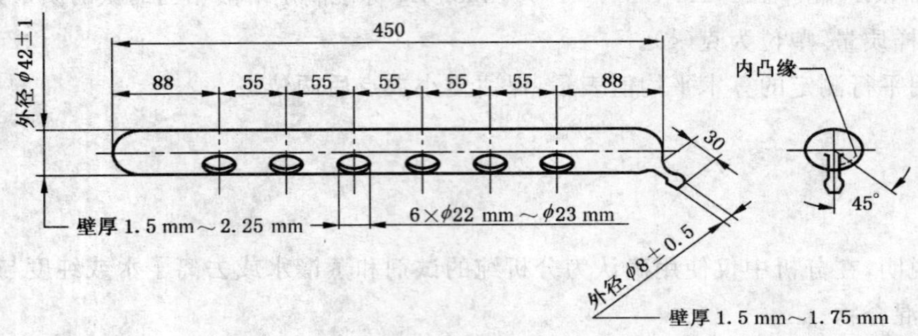

图 2 半微量法排出管

单位为毫米

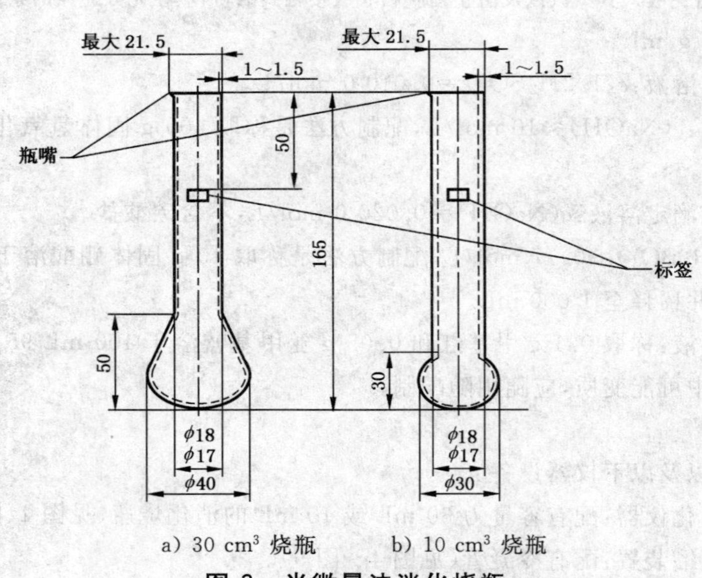

a) 30 cm³ 烧瓶　　b) 10 cm³ 烧瓶

图 3 半微量法消化烧瓶

平面图

图 4 半微量法蒸馏设备装置

单位为毫米

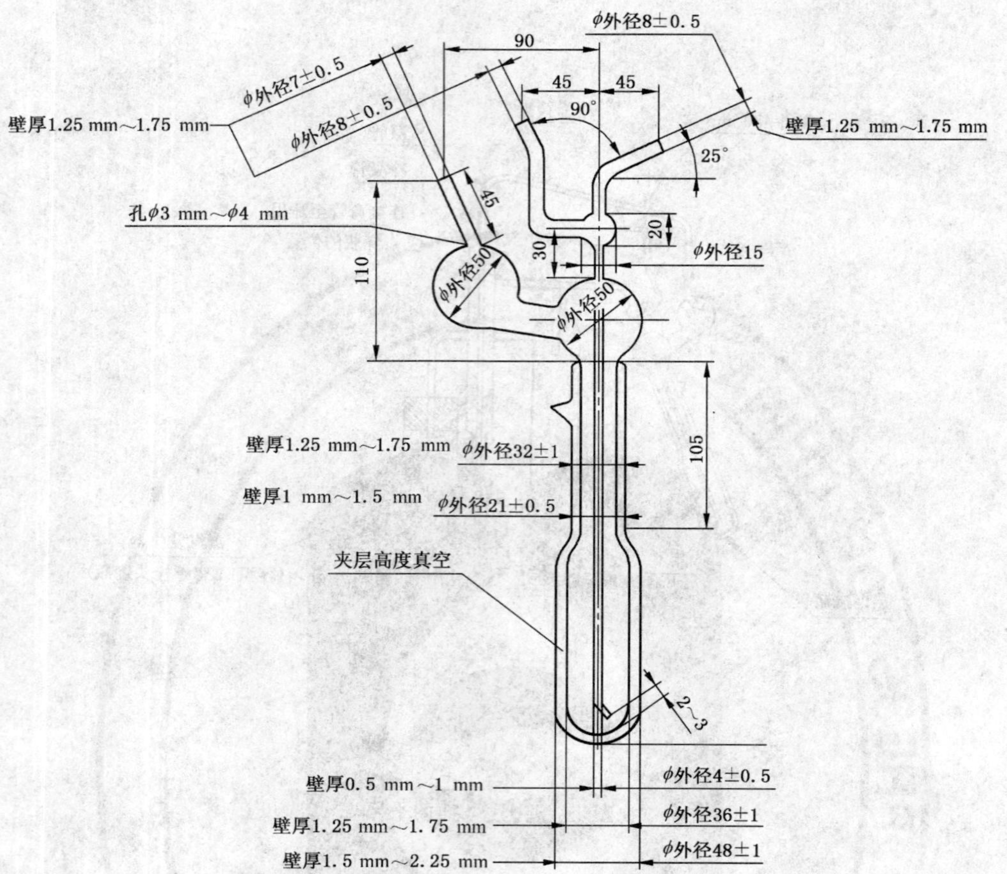

图 5　半微量法蒸馏瓶

单位为毫米

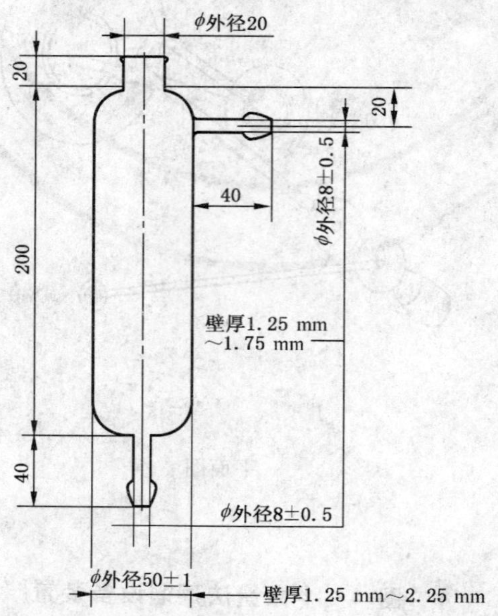

图 6　半微量收集器

单位为毫米

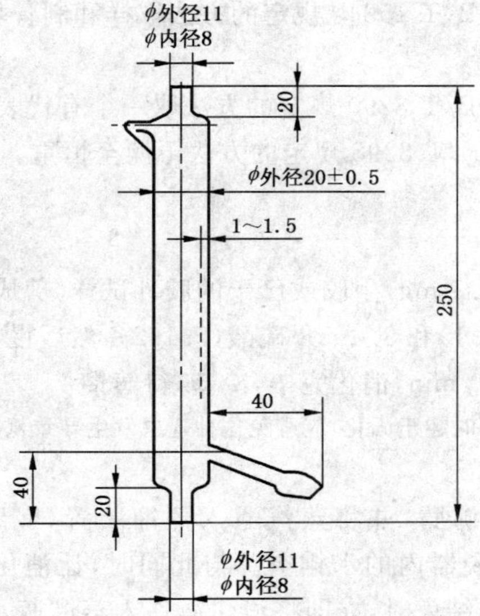

图7 半微量法冷凝器夹套

单位为毫米

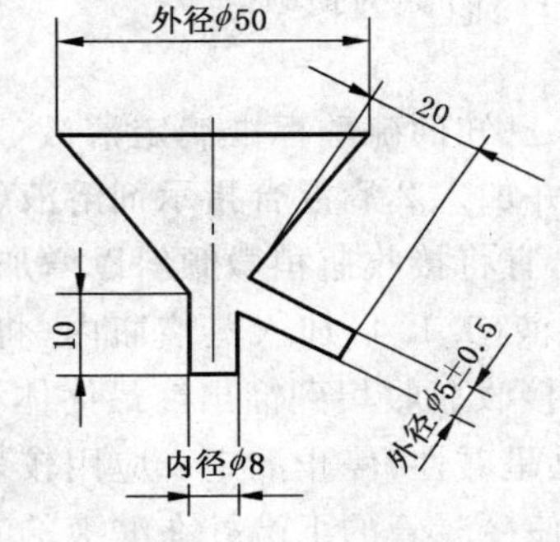

图8 半微量法解扣漏斗

单位为毫米

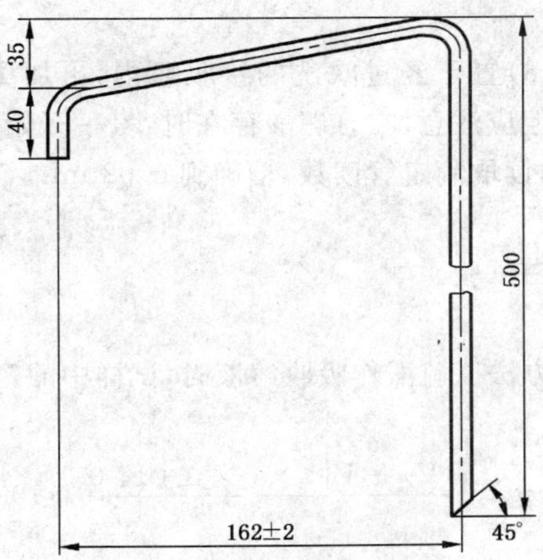

图9 半微量法冷凝器导出管

5.3 取样和试样的制备

测定生胶的氮含量时，应按 GB/T 15340 规定的方法取样和制备均匀化实验室样品，再从均匀化实验室样品中取试样。

测定胶乳的氮含量时，应按 GB/T 8290 规定的方法取一个有代表性的混匀的并经充分混匀的胶乳试样(约含 0.1 g 总固体)，再按 GB/T 8298 规定的方法干燥至恒重。

5.4 操作步骤

5.4.1 消化

称取 0.1 g ～0.2 g(精确至 0.1 mg)生胶或已干的胶乳试样，剪成小块后置于消化烧瓶(5.2.1)中，加入约 0.65 g 催化剂混合物(5.1.1)和 3.0 mL 硫酸(5.1.2)，然后慢慢加热至沸，待消化液变为清澈的绿色而不带淡黄色后，继续沸腾 30 min，消化完毕，冷却，待蒸馏。

注：消化液过度沸腾会使其在冷却时趣于固化，应避免这种现象发生导致氮的损失。

5.4.2 蒸馏、吸收和滴定

将蒸汽发生器内的水加热至沸腾，并将蒸汽通入蒸馏装置(5.2.2)和接收瓶，通蒸汽时间至少 2 min。当通蒸汽吹洗时，应把冷凝器内的水排空。与此同时，让消化瓶冷却至室温或更低的温度，将 10 mL 水加入消化瓶，当吹洗过程结束时，立即将消化液移入蒸馏瓶。为了使消化液完全移入整流瓶，应把消化烧瓶洗涤 3 次，每次用 3 mL 水，每次的洗涤水应完全倒入蒸馏瓶。

将已收集在接收瓶内的冷凝液倒掉，再按照 5.4.2.1 或 5.4.2.2 所述操作进行氨的蒸馏、吸收和滴定。

接收瓶的温度应保持在 30℃以下，以防氨的损失。

5.4.2.1 硫酸标准滴定溶液吸收

用半微量滴定管(5.2.3)准确加入已知的硫酸标准滴定溶液(5.1.3)至少 10 mL(视估计的氮含量而定)到经吹洗过的蒸馏的接收瓶中，并加入 2 滴混合指示剂溶液(5.1.7)。接收瓶位置的高低，应使冷凝器导出管的末端浸入硫酸液面以下，宜将接收瓶稍微倾斜以增加液体的深度。

用量筒量取约 15 mL 氢氧化钠溶液(5.1.4)加入蒸馏瓶内，将从蒸汽发生器发生的蒸汽通入蒸馏瓶 10 min～12 min，在这段时间内，以接收瓶收集到馏出液最终体积约为 70 mL 的蒸馏速度进行蒸馏。如果指示剂的颜色改变，表明吸收液已呈碱性，停止测定。应用较多的硫酸或较少的试样重复操作。

蒸馏到约定体积后，放低接收瓶，使冷凝管的下端处在酸液的上面，再继续蒸馏 1 min，然后用几毫升蒸馏水洗涤冷凝管的下端，洗涤液应一并收集于接收瓶中，立即用氢氧化钠标准溶液(5.1.5)滴定接收瓶内的馏出液，读取滴定管读数，精确到 0.02 mL。

5.4.2.2 硼酸溶液吸收

将约 10 mL 硼酸溶液(5.1.6)置于经过吹洗的接收瓶内，再加 2 滴混合指示剂溶液(5.1.7)，按 5.4.2.1所述的操作进行蒸馏。但应注意，在有硼酸存在时，氨一开始馏出指示剂颜色就应改变。用硫酸标准溶液(5.1.3)滴定馏出液，读取滴定管读数，精确到 0.02 mL。

5.5 空白试验

在测定样品的同时，进行空白试验。

5.6 结果的表示

5.6.1 当按 5.4.2.1 所规定的方法以硫酸作吸收溶液时，试样中的氮含量以质量分数 w 计，单位为克每百克(g/100 g)，按式(3)计算：

$$w=\frac{(V_2-V_1)\times c\times 0.014\,0}{m}\times 100 \qquad \cdots\cdots(3)$$

式中：

V_1——滴定时所需氢氧化钠标准滴定溶液(5.1.4)的体积，单位为毫升(mL)；

V_2——空白试验滴定时所需氢氧化钠标准滴定溶液(5.1.4)的体积，单位为毫升(mL)；

c——氢氧化钠标准滴定溶液浓度，单位为摩尔每升(mol/L)；

0.014 0——1.0 mL 氢氧化钠[$c(NaOH)=1.000$ mol/L] 标准滴定溶液相当的氮的质量，单位为克(g)；

m——试样质量，单位为克(g)。

测定结果用平行测定的算术平均值表示，保留至小数点后两位。

5.6.2 当按 5.4.2.2 规定用硼酸作吸收溶液时，试样中的氮含量以质量分数 w 计，单位以克每百克(g/100 g)表示，按式(2)计算：

$$w=\frac{(V_3-V_4)\times c\times 0.0140}{m}\times 100 \qquad \cdots\cdots(4)$$

式中：

V_3——滴定时所需硫酸标准滴定溶液(5.1.3)的体积，单位为毫升(mL)；

V_4——空白试验滴定时所需硫酸标准滴定溶液(5.1.3)的体积，单位为毫升(mL)；

c——氢氧化钠标准滴定溶液浓度，单位为摩尔每升(mol/L)；

0.014 0——1.0 mL 硫酸[$c(1/2H_2SO_4)=1.000$ mol/L] 标准滴定溶液相当的氮的质量，单位为克(g)；

m——试样质量，单位为克(g)。

测定结果用平行测定的算术平均值表示，保留至小数点后两位。

6 精密度

用来表示重复性和再现性的精密度计算是按 ISO/TR 9272 进行的。

均匀化样品和未均匀化样品的Ⅰ型精密度结果分别列于表 1 和表 2 中。其使用指南参见附录 A。

表 1 Ⅰ型精密度——均匀化样品试验

橡胶样品	平均氮含量(质量分数)/%	实验室内的重复性		实验室间的再现性	
		r	(r)	R	(R)
A	0.45	0.053	11.7	0.094	20.9
B	0.53	0.024	4.45	0.161	30.2
合并值	0.49	0.060	8.42	0.127	25.6

注：r——重复性，质量分数；
(r)——重复性，平均值的相对百分数；
R——再现性，质量分数；
(R)——再现性，平均值的相对百分数。

表 2 Ⅰ型精密度——未均匀化样品试验

橡胶样品	平均氮含量(质量分数)/%	实验室内的重复性		实验室间的再现性	
		r	(r)	R	(R)
A	0.36	0.021	5.83	0.189	52.7
B	0.36	0.038	10.82	0.185	51.9
合并值	0.36	0.031	8.67	0.187	52.4

注：r——重复性，质量分数；
(r)——重复性，平均值的相对百分数；
R——再现性，质量分数；
(R)——再现性，平均值的相对百分数。

7 试验报告

试验报告应包括下列内容：

a） 本标准的编号和所使用方法；

b） 样品标记的详细内容；

c） 分析结果所用的表示方法；

d） 对每一个试样所得的试验结果；

e） 在测定时注意到的任何异常现象；

f） 在本标准或本标准的引用的标准中不包括的而被认为可采用的任何操作；

g） 测试日期。

附 录 A
（资料性附录）
使用精密度结果的指南

A.1 使用精密度结果的一般程序如下：用符号 $|x_1-x_2|$ 表示任意两个测量值的绝对值（即不考虑正负号）。

A.2 在最近似于所考虑"试验"数据平均值（测量参数）的平均值处，查（正在考虑的任意试验参数的）相应精密度表。该行就是给出用于判定过程相应的 r、(r)、R 或 (R)。

A.3 有了 r 和 (r)，就可用下列一般重复性论点进行判定。

A.3.1 对于绝对差：在正常和正确操作的试验程序下，用标称相同材料的样品得到的两次试验平均值之差 x_1-x_2，平均每 20 次不多于 1 次超过表列的重复性 r。

A.3.2 对于两次试验平均值的百分差：在正常和正确操作的试验程序下，用标称相同材料的样品得到的两次试验值之间的百分差 $\{|x_1-x_2|/[(x_1+x_2)/2]\}\times 100$，平均每 20 次不多于 1 次超过表列的重复性 (r)。

A.4 有了 R 和 (R) 值，就可用下列一般再现性论点进行判定。

A.4.1 对于绝对差：用正常和正确操作试验程序对标称相同材料的样品在两个实验室测得的两次独立测定试验平均值之间的绝对差 $|x_1-x_2|$，每 20 次不多于 1 次超过表列的再现性 R。

A.4.2 对于两次试验平均值的百分差：用正常和正确操作试验程序对标称相同材料的样品在两个实验室测得的两次独立测定试验平均值之间的百分差 $\{|x_1-x_2|/[(x_1+x_2)/2]\}\times 100$，每 20 次不多于 1 次超过表列的再现性 R。

ICS 65.060.50
B 91

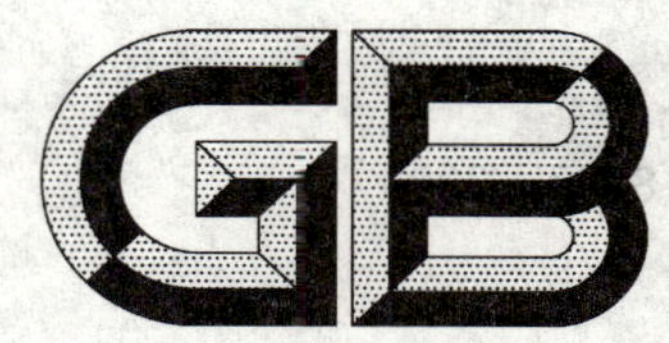

中华人民共和国国家标准

GB/T 8097—2008
代替 GB/T 8097—1996

收获机械　联合收割机　试验方法

Equipment for harvesting—Combine harvesters—Test procedure

(ISO 8210:1989,MOD)

2008-06-10 发布　　2009-01-01 实施

中华人民共和国国家质量监督检验检疫总局
中国国家标准化管理委员会　发布

前言

本标准修改采用ISO 8210:1989《收获机械　联合收割机　试验方法》(英文版)。

本标准与ISO 8210:1989相比,进行了如下修改:

——“本国际标准”一词改为“本标准”;

——删除了国际标准的前言;

——用小数点“.”代替作为小数点的逗号“,”;

——对ISO 8210:1989中引用的其他国际标准,已被采用为我国标准的用我国标准代替对应的国际标准;

——增加了半喂入联合收割机的试验测试要求和割台损失的测试方法。

本标准是对GB/T 8097—1996《收获机械　联合收割机　试验方法》的修订。与GB/T 8097—1996相比,主要内容修改如下:

——调整了标准的框架结构,对内容进行了重新编辑;

——增加了规范性引用文件的导语,重新确认引用标准的有效性;

——删除了作物条件表。

本标准自实施之日起代替GB/T 8097—1996。

本标准的附录A、附录B为规范性附录。

本标准由中国机械工业联合会提出。

本标准由全国农业机械标准化技术委员会归口。

本标准起草单位:中国农业机械化科学研究院、福田雷沃国际重工股份有限公司。

本标准主要起草人:陈戈、陈俊宝、朱金光、岳芹。

本标准所代替标准的历次版本发布情况为:

——GB/T 8097—1986、GB/T 8097—1996。

收获机械 联合收割机 试验方法

1 范围

本标准规定了联合收割机的术语和定义、技术特征、田间功能试验、生产能力试验。

本标准适用于自走式、背负式、直接收获或捡拾收获多种作物的联合收割机的田间功能试验和生产能力试验。

操作性、调整方便性和一般操纵特性的评定，应在一个收获季节内进行，而籽粒损失率和生产率测定应在规定的条件下进行。

2 规范性引用文件

下列文件中的条款通过本标准的引用而成为本标准的条款。凡是注日期的引用文件，其随后所有的修改单(不包括勘误的内容)或修订版均不适用于本标准，然而，鼓励根据本标准达成协议的各方研究是否可使用这些文件的最新版本。凡是不注日期的引用文件，其最新版本适用于本标准。

GB/T 1592—2003 农业拖拉机后置动力输出轴 1、2 和 3 型(ISO 500:1991,IDT)

GB/T 3871.2—2006 农业拖拉机 试验规程 第 2 部分:整机参数测量

GB/T 3871.5—2006 农业拖拉机 试验规程 第 5 部分:转向圆和通心圆直径(ISO 789-3:1993,IDT)

GB/T 4269.1—2000 农林拖拉机和机械、草坪和园艺动力机械 操作者操纵机构及其他显示装置用符号 第 1 部分:通用符号(idt ISO 3767-1:1991)

GB/T 4269.2—2000 农林拖拉机和机械、草坪和园艺动力机械 操作者操纵机构及其他显示装置用符号 第 2 部分:农用拖拉机和机械用符号(idt ISO 3767-2:1991)

GB/T 6979.1—2005 收获机械 联合收割机及功能部件 第 1 部分:词汇(ISO 6689-1:1997,MOD)

GB/T 6979.2—2005 收获机械 联合收割机及功能部件 第 2 部分:在词汇中定义的性能和特征评价(ISO 6689-2:1997,MOD)

GB/T 8094—2005 收获机械 联合收割机 粮箱容量及卸粮机构性能的测定(ISO 5687:1999,IDT)

GB/T 8421—2000 农业轮式拖拉机 驾驶座传递振动的试验室测量与限值(neq ISO 5007:1990)

GB/T 9480—2001 农业拖拉机和机械、草坪和园艺动力机械 使用说明书编写规则(eqv ISO 3600:1996)

GB 10395.1—2001 农林拖拉机和机械 安全技术要求 第 1 部分:总则(eqv ISO 4254-1:1989)

GB/T 14248—2008 收获机械 制动性能测定方法

GB/T 16955—1997 声学 农林拖拉机和机械操作者位置处噪声的测量 简易法(eqv ISO 5131:1996)

GB/T 20341—2006 农林拖拉机和自走式机械 操作者操纵机构 操纵力、位移量、操纵位置和方法(ISO/TS 15077:2002,IDT)

3 术语和定义

GB/T 6979.1 和 GB/T 6979.2 确定的以及下列术语和定义适用于本标准。

3.1

试验机　test machine

被试验的联合收割机。

3.2

对比机　comparison machine

选来做参考的另一台联合收割机。

3.3

试验组　test series

由若干测试行程不同喂入量试验测定的全部情况和数据所组成。

3.4

接样　catch

在测试行程中接取物料的过程。

4　一般要求

4.1　试验报告应说明试验用联合收割机抽样情况和试验前的运行时间。

4.2　联合收割机应按制造厂的使用说明书操作。任何重大违背处均应记在试验报告上,并说明原因。

4.3　应提供联合收割机收获不同作物所必须的或合适的、且市场上能买得到的附件。

4.4　应按制造厂的使用说明书安装和调整联合收割机。

5　技术特征

5.1　基本要求

联合收割机主要零件的定义、性能和特征评价应按 GB/T 6979.1 和 GB/T 6979.2 的规定来确定和验证。

5.2　速度(转速)

应在无负荷、调速器拉杆处于规定的正常工作位置时,测定自走式联合收割机任一运动部件的速度。

动力输出轴驱动的联合收割机,应在标准动力输出轴转速下测定(540 r/min±10 r/min 或 1 000 r/min±25 r/min)(见 GB/T 1592)。

行驶速度在水平硬路面上测定,测定时调速器拉杆应处于正常工作位置,将脱粒机体和割台的总传动切断。

采用行走无级变速的联合收割机,应测定各挡的最高和最低速度。没有采用无级变速的联合收割机,应测定所有各挡的速度。

5.3　重心位置

对所测试的联合收割机应标明是否带尾轮驱动和切碎装置。

注:这是用于机器的补充规定。

重心位置应在以下状态测定(见 GB/T 3871.2)。

——机器:联合收割机内无作物;

——割台:完全升起;

——拨禾轮:在最前位置;

——油箱:加满;

——粮箱:装满;

——驾驶员:在驾驶座上放置 75 kg 模拟的质量;

——卸粮台:粮袋置于联合收割机在田间正常作业时最不稳定的位置上。

5.4 粮箱

粮箱容量和卸粮时间的测定应按 GB/T 8094 的规定进行。

6 田间功能试验

试验应在一个持续时期内(如几个月或在某个地区试验一个完整的收获季节)进行,并应尽可能地包括试验地区的主要作物、作物品种和作物状态。

6.1 田间记录内容

应记录每块试验地的:

a) 大气状态;

b) 坡度和地面状况;

c) 地块的形状;

d) 割茬高度;

e) 作物:品种、状况、杂草含量和估计产量;

f) 作业时间;

g) 收获面积;

h) 油耗。

6.2 作业状况和功能

在整个试验期间,应注意观察联合收割机的作业状况,并做好记录。重点观察 5.2.1 和 6.2.4 规定的内容。

6.2.1 功能方面

试验人员应对以下项目进行观测,并做好记录:

a) 切割、收集或拣拾作物的能力;

b) 堵塞出现率;

c) 发动机功率、调速器调节和冷却系统是否满足要求;

d) 粮箱装满或装袋机构的工作情况;

e) 茎杆排出情况;

f) 整机的稳定性;

g) 调节方式是否方便合理;

h) 各机构控制是否迅速及时;

i) 卸粮机构的效率,特别是卸潮湿籽粒的效率;

j) 加油次数情况;

k) 周围环境情况对联合收割机功能的影响;

l) 在试验条件不利情况下的驱动能力。

6.2.2 舒适、方便和安全方面

6.2.2.1 记录采用 GB/T 4269.1—2000、GB/T 4269.2—2000、GB/T 20341—2006、GB 10395.1—2001 和 GB/T 14248—2008 的情况。

6.2.2.2 观察进入驾驶位置是否方便;各操纵装置是否容易操作和识别;粮箱装粮量、卸粮装置和切割器的能见度;仪表的适用性、识别难易和可见程度,座位的舒适性以及防振、防噪声、防尘和防烟等性能。

6.2.2.3 分别按 GB/T 8421—2000 和 GB/T 16955—1997 的规定测定驾驶座的振动和驾驶员工作位置的噪声。

6.2.2.4 试验报告还应包括以下内容:

a) 如安装驾驶室空调系统,应观察该系统是否合适,控制是否方便;

b) 照明设备的配备是否合适,特别是晚间工作时是否合适;

c) 回转半径(见 GB/T 3871.5—2006);

d) 联合收割机在道路上操纵和行驶时,观察是否稳定、操纵是否方便;

e) 在 6.2.2.1 中未提及,但已被注意到的危险情况。

6.2.3 调整和日常保养的方便性

试验记录中要包括以下调整、保养方便性的内容:

a) 使用说明书是否清楚易懂(见 GB/T 9480—2001);

b) 在改变作物和作物状态时调整的方便性;

c) 从田间状态改变到运输状态或改从运输状态变到田间状态是否方便;

d) 进行日常保养的方便性,如:清理空气滤清器、更换机油和机油滤清器、加润滑脂、检查各处机油油面和调节胶带张力等;

e) 检查燃油油面和加油装置;

f) 清理联合收割机和清除堵塞,特别是从一种换成另一种作物的清理;

g) 清理积石槽;

h) 安装割台的时间。

6.2.4 试验修理

在试验期间应记录所有重大故障和必要的修理。

7 生产能力试验

在特定的条件下,按以下条款的规定进行联合收割机生产能力(额定喂入量)的测定。被试联合收割机进行试验时,最好选用一台公认的最有声望的同类联合收割机进行对比,并用同样的方法同时进行试验。

7.1 作物和地表条件

应优先按 GB/T 6979.2—2005 规定的作物和条件进行生产能力(额定喂入量)试验。当试验条件与 GB/T 6979.2—2005 的要求不相符时,应在试验报告中说明原因。

试验地表应尽可能平坦,坡地试验按附录 A 的规定进行。

机器测定行进方向应保证风向不影响联合收割机工作部件的性能。

试验所用作物应生长均匀、无杂草、病害和其他作物。一般来说,试验用的作物应是直立生长的,如当地的气候条件和/或当地的具体情况与此要求有差异,这些当地有代表性的条件(如大面积倒伏或作物铺放成条),则应在试验报告中加以说明。

7.2 试验机和对比机

如果采用对比机,应复核该机的制造单位、型号、制造日期和其他有关资料。该机性能应完善,试验前至少在市场上已连续销售了一年。

试验时,试验机和对比机的状况应良好,各工作部件应充分运转。

7.3 试验机和对比机的调整

试验前,试验机与对比机应按试验作物调至最佳性能状态。试验前调整的目的在于让联合收割机在当地和类似地区有代表性的收获条件下能获得正常作业的最好性能,其含杂率在当地尚可接受。用杂质、破碎籽粒和未脱净籽粒等说明样品情况。

考虑到以下进行正常试验所需的时间,应给负责调试人员有足够的时间和适当的时机来调整机器。调试人员应负责确定联合收割机的最佳调整状态,即在满意的作物收集和切割情况下,联合收割机能获得的最高喂入量水平。

仅允许在完成一个试验系列后,对脱粒、分离或清选机构进行调整。

7.4 接样装置

应制造和使用接取联合收割机排出物的装置,应能保证:

a） 在接样过程中，接取机器全部排出物。

b） 接取排出物的各部件应是最安全的，对人没有危险。

c） 接样开始和结束都不得中断联合收割机各机构的工作和行驶。

d） 接样装置不得明显地妨碍联合收割机的正常工作（例如不得影响清选机构气流），也不应改变联合收割机正常排出物料的条件。

e） 在正常排出量的情况下，分别从联合收割机分离机构和第一清选室排出口接样。

f） 如果联合收割机有辅助清选机构，则应用各出粮口排出的籽粒之和计算籽粒生产率。

g） 接取籽粒样品后，立即在接样位置用一个容器从籽粒流中接取籽粒分析样品。籽粒应完全装满容器并密封。

7.5 接样条件和程序

7.5.1 每次接样前，联合收割机正常作业应不少于 50 m 或 20 s（取其中较长的一段距离），以保证各机构工况的稳定。

注：接样前，半喂入和割幅小于 2 m 全喂入联合收割机正常作业应不少于 20 m。

7.5.2 接样前和接样时，联合收割机应满幅作业。如作物铺放成条，则应能完整平稳地拣拾起来，保证作物流通过脱粒机构整个工作宽度。

7.5.3 每趟测试行程中，作业速度和割茬高度必须保持一致。

7.5.4 联合收割机应用不同前进速度获得不同的喂入量。在达到最大喂入量时，记录说明限制前进速度提高的各种因素，如发动机功率不足，切割、喂入或脱粒困难，割台、脱粒和分离损失太大等。

7.5.5 试验时间应选在作物状态最稳定的时候，对比试验的时间和地块位置等条件应尽可能地接近，试验环境条件的差异应做记录。

7.5.6 接取籽粒和茎杆样本的作业长度应不少于 25 m，或取样总质量不少于 50 kg。

注：半喂入联合收割机接取籽粒和茎杆样品的作业长度应不少于 15 m。

7.5.7 每个试验系列应至少由不同前进速度的 5 趟测试行程组成。

7.5.8 试验时，试验负责人如发现有功能故障、有害的异物进入机器、接样容器已满或溢出等明显的问题，则可报废所测数据。否则，将全部试验结果记入试验，同时也将对不正常情况的意见写进去。

7.5.9 每个试验系列应至少取 3 个籽粒分析样品，容积最好不少于 1 000 cm^3。

7.5.10 应按下述要求确定籽粒损伤率：

a） 在测定试验中，应在收获的籽粒已完全充满卸粮系统卸出时，于卸粮系统末端排出口取样；

b） 籽粒损伤率应按有关粮食、油料检验国家标准进行，用百分比表示。

7.5.11 每个试验系列应至少取 3 个测定茎杆含水率的样品（每个样品不少于 1 kg）。接样结束后立即从茎杆排出口取样。茎杆样品应完全装满密闭容器，分析前不得打开。用携带式测定仪测定水分时要求相同。

7.6 样品的处理

7.6.1 样品的分离和清选工作应尽可能完全机械化，以保证一致性。喂入处理的物料时应采用比较小的喂入量，以便使样品中夹带的籽粒 99%以上都能被清理下来。

7.6.2 籽粒样品成分的分析和处理，应按有关粮食、油料检验国家标准进行。

7.7 试验数据

试验报告应包括如下测定数据：

a） 接样时间（s），精确到 0.1 s；

b） 测定长度（m）；

c） 作业速度（km/h），精确到 0.1 km/h；

d） 籽粒样品重（kg），精确到 0.5 kg；

e） 分离机构样品重（kg），精确到 0.5 kg；

f) 清选机构样品重(kg),精确到0.5 kg;

g) 分离损失籽粒重(kg),精确到0.005 kg;

h) 清选损失籽粒重(kg),精确到0.005 kg;

i) 未脱粒损失籽粒重(kg),精确到0.005 kg;

j) 籽粒和茎杆样品的含水率用湿基表示,精确到百分数的整数位,并表明测定方法;

k) 按7.6.2分析样品的成分。

试验报告还应包括如下内容:

——试验负责人对上述各项规定内容的详细记录;

——试验过程中气候或其他方面的不正常变化的说明;

——对联合收割机的作业状况和试验情况的综合评论;

——不做割台损失测定时,应将观测中出现的问题的评论写进试验报告。

注:如进行割台损失的测定,按附录B的规定。

7.8 每台联合收割机每个测试行程的测定计算应包括:

a) 总喂入量、茎杆喂入量、籽粒喂入量,kg/s;

b) 测试段内的平均产量;

c) 脱粒机体损失率,精确到0.1%;

d) 作物草谷比(即进入机器内作物的非籽粒部分与籽粒部分的质量比)和每台机器一个试验系列内,各测试行程测定结果的平均值;

e) 籽粒和茎杆的含水率。

7.9 优先采用线性比例图表测试脱粒机体损失率,横坐标为总喂入量、茎杆喂入量和籽粒喂入量,纵坐标为损失率。每个测试行程的测定数据应标在图上。

每台联合收割机的额定喂入量(生产率)应是损失曲线上符合GB/T 6979.2—2005所规定损失率的那个交点处的喂入量。

8 试验报告

8.1 一般内容

试验报告应包括试验机和对比机的所有原始资料和测定数据。

a) 联合收割机的抽样与获得的途径(见4.1);

b) 实物与使用说明书内容,包括联合收割机操作事项,有不符合之处的原因;

c) 联合收割机和割台的所有详细情况;

d) 联合收割机各部件的安装调整,特别是与收割、输送作物有关的部件,包括切割高度、宽度等;

e) 试验地点;

f) 试验日期、开始和结束时间;

g) 试验前的试运转时间;

h) 作物详细情况:品种、作物条件和产量。

8.2 田间功能试验报告内容

除8.1规定的内容外,在试验报告中亦应包括以下功能试验有关的试验资料。

a) 每块收割试验地的一般情况、大气与田块条件,地块形状、作物的具体情况等(见6.1);

b) 有关试验机的作业状况及性能的情况,包括:

——功能方面(见6.2.1)

——舒适性、方便性与安全性(见6.2.2);

——调整与日常保养的方便性(见6.2.3);

——修理(见6.2.4)。

8.3 生产能力试验

除 8.1 规定的内容外,在试验报告中应包括以下与额定喂入量试验有关的试验资料。

a) 作物的选择,作物与田间条件以及与 GB/T 6979.2 规定不相符的情况(见 7.1);

b) 当地的气候情况和当地有关事项的实际情况(见 7.1);

c) 对比机的详细情况(见 7.2);

d) 任何有关作对比试验在时间、地点上的差异(见 7.5.5);

e) 试验测定数据与资料(见 7.7);

f) 试验负责人记下的不正常情况(见 7.7);

g) 试验负责人对联合收割机作业状况与试验情况的意见(见 7.7);

h) 割台损失测定(如进行)的意见(见 7.7);

i) 测定计算结果表(见 7.8);

j) 从试验结果的曲线图上确定联合收割机的生产能力(额定喂入量、生产率)。

附 录 A
（规范性附录）
坡地试验

进行坡地试验是为了研究坡地对籽粒损失和输送特性的影响。试验在大约20%(1∶5或11°)的坡地上进行。如需要,也可采用其他坡度。

经过调查确认联合收割机在稳定性和制动等方面足够安全后进行试验。由试验站(或负责人)选择1种或多种谷类作物进行试验,其中有1种作物具有良好的收获状态。

在同一作物条件下测定联合收割机的4种工作状态:

1——向右倾斜作业;

2——向左倾斜作业;

3——下坡作业;

4——上坡作业。

首先简要检查4种工作状态下联合收割机的输送特性,并记录排出茎杆和颖糠的位置和均匀性以及机体漏粮情况。经初步分析后,把详细损失测定试验减少到只做上述4种状态中的2种。

做第1种状态和第2种状态的试验时,比对的联合收割机应紧挨着或相互靠近着进行测定。如做第3种状态和第4种状态亦相同。

不必进行大范围不同前进速度的试验,但应以与平地“最佳工况”(损失率为允许值时的最大喂入量)相近的一些速度进行试验。

为保证联合收割机在进入测定区(长度)之前,各系统流程被充满、达到稳定状态,试验地长度应足已安排预备区,预备区坡度和测定区应一样,测定试验的其他方面均应与平地试验要求相同。

附 录 B
（规范性附录）
割台损失的测定

割台每平方米实际损失量测定：每点实际割幅×1 m（割幅大于 2 m 时，长度为 0.5 m）面积内拣起落粒、掉穗和漏割穗，脱粒后称其籽粒质量，换算成每平方米损失量，求出三点平均值，然后减去每平方米自然落粒。

ICS 23.100.20
J 20

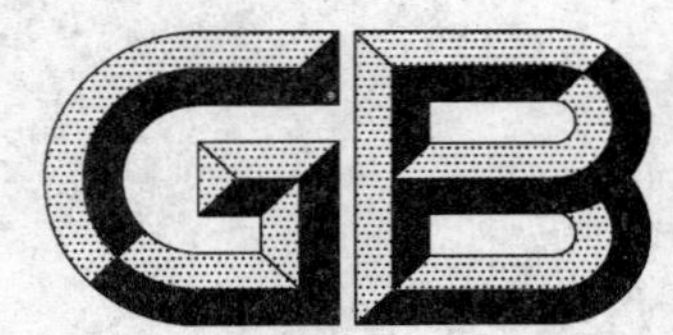

中华人民共和国国家标准

GB/T 8102—2008/ISO 6432:1985
代替 GB/T 8102—1987

缸内径 8 mm～25 mm 的单杆气缸安装尺寸

Single rod air cylinders, bores from 8 mm to 25 mm—Mounting dimensions

(ISO 6432:1985, IDT)

2008-06-25 发布　　2009-01-01 实施

中华人民共和国国家质量监督检验检疫总局
中国国家标准化管理委员会　发布

前　言

本标准等同采用ISO 6432:1985《气压传动　单杆气缸　10 bar(1 000 kPa)　缸内径8 mm～25 mm的单杆气缸安装尺寸》(英文版)。本标准与ISO 6432:1985相比,除编排格式进行一定调整外,主要有以下几点差异:

——在"规范性引用文件"中以对应的国家标准代替了国际标准。

——在图2中增加了ϕD_1孔。

——对参考文献进行了修改与补充。

本标准代替GB/T 8102—1987《缸内径8～25 mm的单杆气缸安装尺寸》。

本标准与GB/T 8102—1987相比,主要变化如下:

——原"引用标准"改为"规范性引用文件",并增加了内容;

——增加了"术语和定义";

——删除了原"表1 气缸活塞行程系列";

——删除了原"8 气缸安装尺寸标注代号"和原"表3 标准代号表";

——原"表4"(现表1)中的"基本尺寸"改为"公称值","极限偏差"改为"公差",气口螺纹EE增加了管螺纹;

——删除了原"附加说明",将"理论参照点"移至新标准图1。

本标准由中国机械工业联合会提出。

本标准由全国液压气动标准化技术委员会(SAC/TC 3)归口。

本标准起草单位:广东省肇庆方大气动有限公司、费斯托(中国)有限公司、宁波佳尔灵气动机械有限公司。

本标准主要起草人:陈定芝、林伟强、王雄耀、单军波。

本标准所代替标准的历次版本发布情况为:

——GB/T 8102—1987。

引　　言

在气压传动系统中,动力是通过闭合回路中的压缩空气来传递与控制的。

气缸是气动系统中一种元件,它是将气体能转换成机械力(能)并作直线运动的一种装置。

活塞紧固在另一活塞杆上,是施加动力的主要地方。为了能把气缸固定在机械装置上,气缸还带有某些被称为“安装件”的附件。

缸内径8 mm～25 mm的单杆气缸安装尺寸

1 范围

本标准规定了最高工作压力为1 MPa、缸内径为8 mm～25 mm单杆气缸的安装尺寸，从而达到产品互换性的要求。

2 规范性引用文件

下列文件中的条款通过本标准的引用而成为本标准的条款。凡是注日期的引用文件，其随后所有的修改单（不包括勘误的内容）或修订版均不适用于本标准，然而，鼓励根据本标准达成协议的各方研究是否可使用这些文件的最新版本。凡是不注日期的引用文件，其最新版本适用于本标准。

GB/T 196—2003 普通螺纹 基本尺寸(ISO 724:1993，MOD)

GB/T 2349 液压气动系统及元件 缸活塞行程系列

GB/T 2350 液压气动系统及元件 缸活塞杆螺纹型式和尺寸系列

GB/T 7307 55°非密封管螺纹(GB/T 7307—2001，eqv ISO 228-1:1994)

GB/T 9094 液压缸气缸安装尺寸和安装型式代号(GB/T 9094—2006，ISO 6099:2001，IDT)

GB/T 17446 流体传动系统及元件 术语(GB/T 17446—1998，idt ISO 5598:1985)

3 术语和定义

GB/T 17446所确立的术语和定义适用于本标准。

4 尺寸

按图1～图5以及对应的表1～表5的数据选择气缸制造和安装的尺寸。

注：表中的尺寸公差只有行程100 mm和100 mm以下时可选用，若行程大于100 mm的公差值由制造商与用户商定。

5 气缸公称行程

5.1 气缸公称行程按GB/T 2349的规定选取。

5.2 当气缸公称行程不大于100 mm时，其公称行程公差值为$^{+1.5}_{0}$ mm；当所选取的气缸公称行程大于100 mm时，其公称行程的公差值由制造商与用户商定。

6 气缸内径尺寸系列

气缸内径（单位为毫米）系列为：8、10、12、16、20、25。

7 安装型式及其代号

本标准包括了GB/T 9094中描述的如下几种安装型式：

MR3——前端螺纹安装；

MP3——后端固定单耳环安装；

MS3——前端脚架安装；

MF8——前端带两孔的矩形法兰安装。

8 气缸活塞杆特征

本标准适用于具有如下特征的活塞杆：

有肩或无肩的外螺纹；

活塞杆螺纹尺寸按照 GB/T 2350 选择。

9 标注说明

当制造商遵守本标准时，可在测试报告、产品样本和销售文件中作下述说明：

“可互换性气缸安装尺寸符合 GB/T 8102—2008/ISO 6432:1985《气缸内径 8 mm～25 mm 的单杆气缸安装尺寸》。”

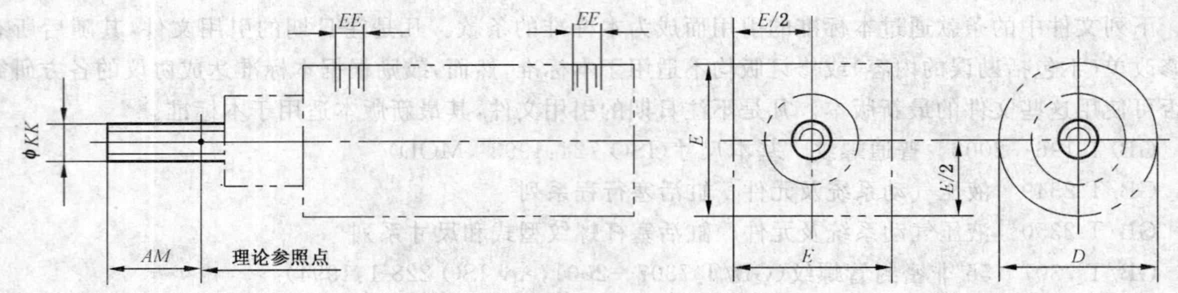

图 1　基本尺寸

表 1　基本尺寸

单位为毫米

缸内径	AM		KK	EE		E	D
	公称值	公差		普通螺纹	管螺纹	max	max
8	12	$^{0}_{-2}$	M4×0.7	M5×0.8		18	20
10	12		M4×0.7	M5×0.8		20	22
12	16		M6×1	M5×0.8		24	26
16	16		M6×1	M5×0.8		24	27
20	20		M8×1.25		G1/8	34	40
25	22		M10×1.25		G1/8	34	40

EE 螺纹按 GB/T 196、GB/T 7307 要求。

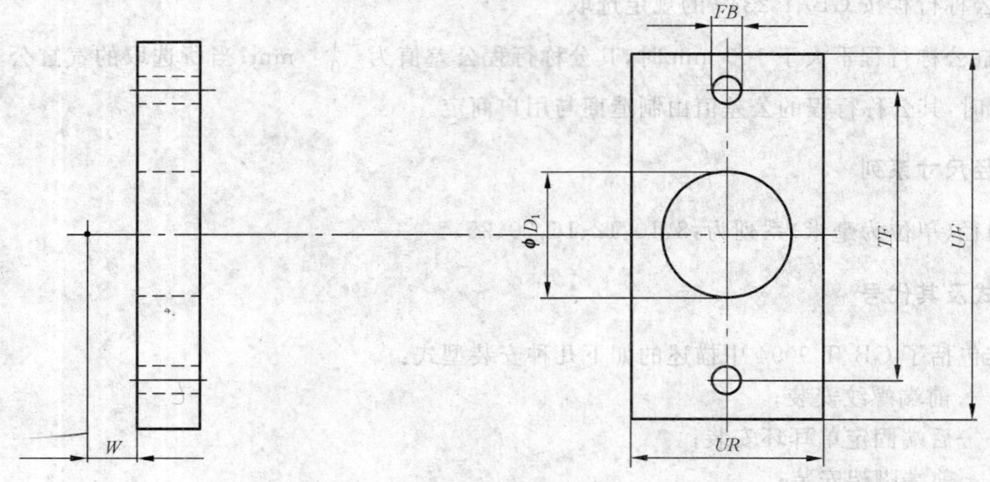

图 2　前端矩形法兰(两孔)安装简图(MF8)

表 2 前端矩形法兰(两孔)安装尺寸(MF8)

单位为毫米

缸内径	ϕD_1 H13	W ±1.4	FB H13	TF js14	UF max	UR max
8	12	13	4.5	30	45	25
10	12	13	4.5	30	53	30
12	16	18	5.5	40	55	30
16	16	18	5.5	40	55	30
20	22	19	6.6	50	70	40
25	22	23	6.6	50	70	40

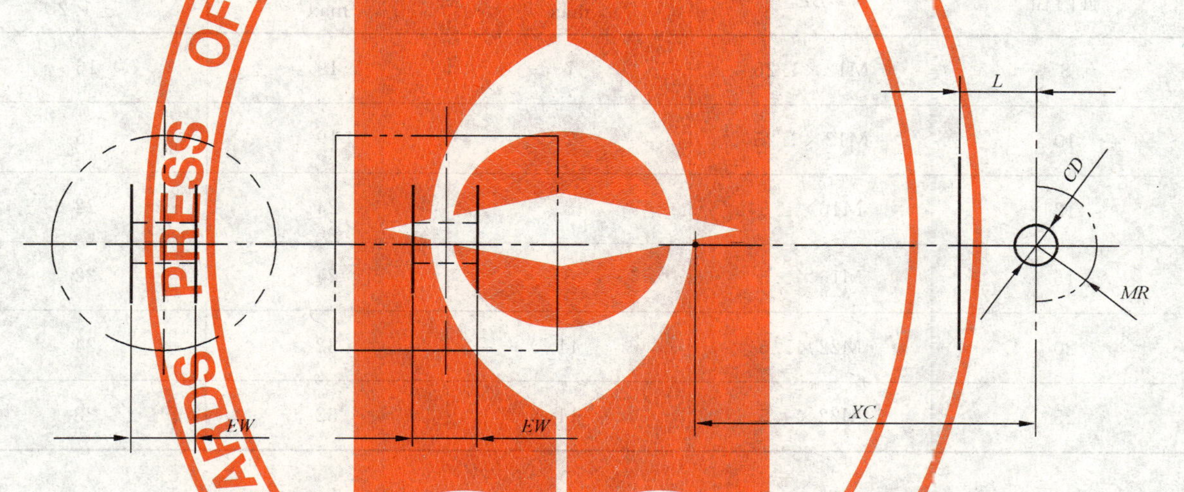

图 3 后端固定单耳环安装简图(MP3)

表 3 后端固定单耳环安装尺寸(MP3)

单位为毫米

缸内径	EW d13	XC ±1	L min	CD H9	MR max
8	8	64	6	4	18
10	8	64	6	4	18
12	12	75	9	6	22
16	12	82	9	6	22
20	16	95	12	8	25
25	16	104	12	8	25

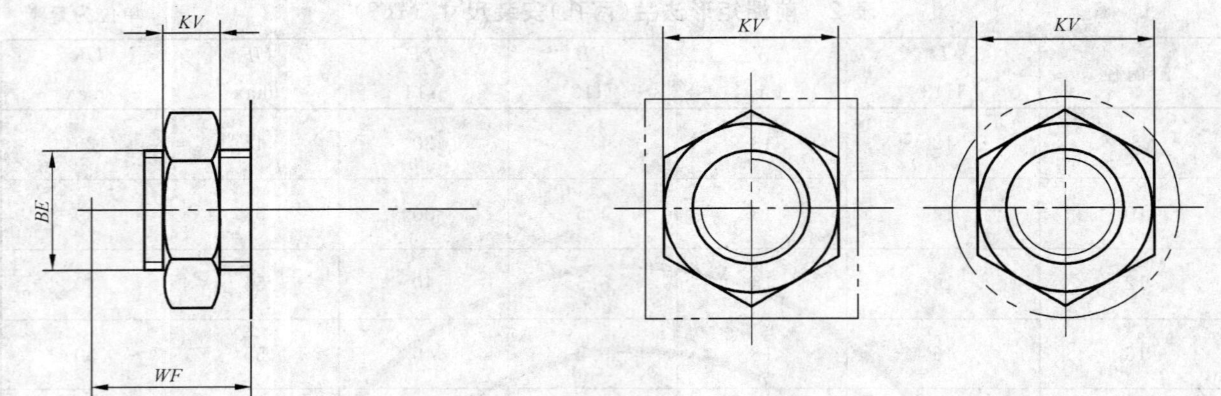

图 4 前端螺纹安装简图(MR3)

表 4 前端螺纹安装尺寸(MR3)

单位为毫米

缸内径	BE	KW max	KV max	WF ±1.2
8	M12×1.25	7	19	16
10	M12×1.25	7	19	16
12	M16×1.5	8	24	22
16	M16×1.5	8	24	22
20	M22×1.5	11	32	24
25	M22×1.5	11	32	28

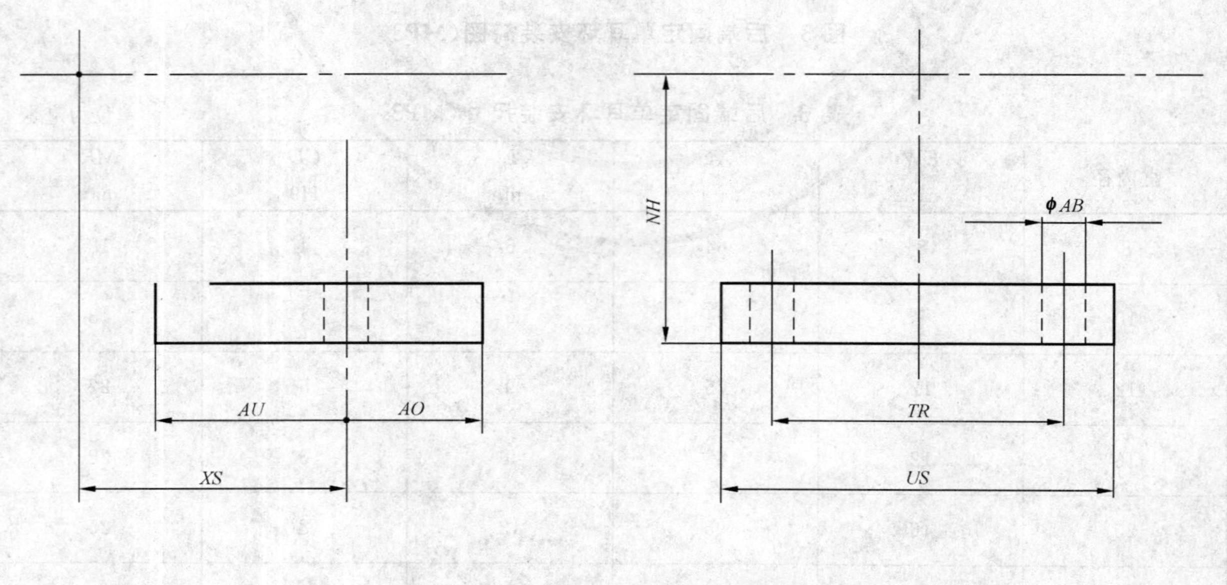

图 5 前端脚架安装简图(MS3)

表 5 前端脚架安装尺寸(MS3)

单位为毫米

缸内径	*XS* ±1.4	*AU* max	*AO* max	*NH* ±0.3	*TR* js14	*US* max	*AB* H13
8	24	14	6	16	25	35	4.5
10	24	14	6	16	25	42	4.5
12	32	16	7	20	32	47	5.5
16	32	16	7	20	32	47	5.5
20	36	20	8	25	40	55	6.6
25	40	20	8	25	40	55	6.6

参考文献

[1] GB/T 2346 流体传动系统及元件 公称压力
[2] JB/T 7377 缸内径32～250 mm整体式安装单杆气缸安装尺寸
[3] JB/T 6379 缸内径32～320 mm可拆式安装单杆气缸安装尺寸
[4] ISO 15552 气压传动 带可拆卸安装的1 000 kPa(10 bar)系列，缸内径32 mm～320 mm的气缸 基本尺寸、安装尺寸和附件尺寸

ICS 20.160.20
J 33

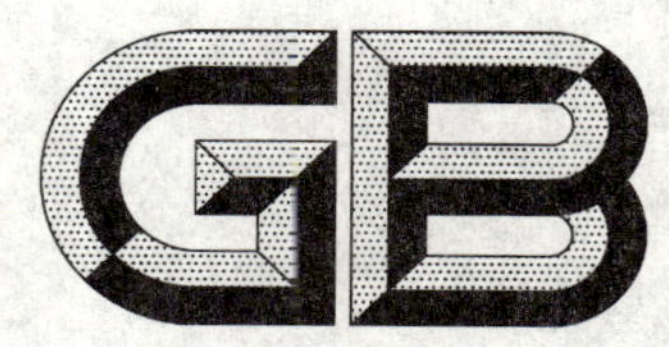

中华人民共和国国家标准

GB/T 8110—2008
代替 GB/T 8110—1995

气体保护电弧焊用碳钢、低合金钢焊丝

Welding electrodes and rods for gas shielding arc welding of carbon and low alloy steel

2008-06-26 发布　　　　2009-01-01 实施

中华人民共和国国家质量监督检验检疫总局
中国国家标准化管理委员会　发布

前言

本标准修改采用美国标准 AWS A5.18M:2005《气体保护电弧焊用碳钢焊丝和填充丝规程》和 AWS A5.28M:2005《气体保护电弧焊用低合金钢焊丝和填充丝规程》。

考虑我国气体保护电弧焊用碳钢和低合金钢焊丝的实际情况，采用 AWS A5.18M:2005 和 AWS A5.28M:2005 时做了如下技术内容修改：

——删除了规范性引用文件 A36/A36M、A285/A285M、E29 及 E350 等美国标准；

——型号编制方法中碳钢焊丝部分仍按原标准编制方法，附加扩散氢代号等级按 ISO 标准由“16、8、4 或 2”修改为“15、10 或 5”；

——焊丝化学成分中碳钢焊丝部分的 S 含量按 GB/T 3429《焊接用钢盘条》要求由“≤0.035”修改为“≤0.025”；

——熔敷金属拉伸试验要求中碳钢焊丝部分的抗拉强度和屈服强度要求仍保留原标准要求；

——增加了国际上主要标准型号对照表(表 B.1)；

——组合焊丝要求未列入本标准。

为便于使用，本标准还做了如下编辑性修改：

——标准名称改为“气体保护电弧焊用碳钢、低合金钢焊丝”；

——标准结构方面，按分类和型号、技术要求、试验方法、检验规则、包装、标志及品质证明书进行编写。

本标准是对 GB/T 8110—1995《气体保护电弧焊用碳钢、低合金钢焊丝》的修订。与 GB/T 8110—1995 相比，主要修改内容如下：

——焊丝按 AWS A5.18M:2005 和 AWS A5.28M:2005 进行分类，增加了附加扩散氢代号等级。

——取消了 ER50-5、ER69-2、ER69-3 等 3 个焊丝型号，增加了 ER49-A1、ER55-B6、ER55-B8、ER62-B9、ER62-D2、ER55-1 等 6 个焊丝型号。按 AWS 标准要求，部分型号焊丝的化学成分进行了调整。

——焊丝化学成分中碳钢焊丝部分的 S 含量按 GB/T 3429《焊接用钢盘条》要求由“≤0.035”修改为“≤0.025”。

——对于含碳量较低的低合金钢焊丝熔敷金属强度要求，按 AWS 标准要求进行了降低。

——焊丝的熔敷金属冲击试验温度，按 AWS 标准要求进行了圆整。

——力学性能试验试件中垫板厚度由 12 mm 改为≥10 mm。

——将“焊缝射线探伤应符合 GB/T 3323 中Ⅱ级规定”修改为“焊缝射线探伤应符合 GB/T 3323 附录 C 中表 C.4 的Ⅱ级规定”。

——将 ER50-X、ER49-1 型焊丝每批最大质量由“30 t”修改为“200 t”。

——将 7.3“每批焊丝中按盘(卷)、筒数任选 3%，但不少于两盘(卷)、筒，分别取样进行化学分析。”和 7.5“每批焊丝中按盘(卷)、筒数任选 1%，但不少于两盘(卷)、筒，分别取样检查镀铜层的结合力、焊丝的抗拉强度、焊丝的松弛直径和翘距。”修改为“盘(卷、桶)焊丝每批任选一盘(卷、桶)，直条焊丝每批任选一最小包装单位进行焊丝化学成分、力学性能、射线探伤、尺寸和表面质量检验”。

——增加了直径为 270 mm 和 610 mm 焊丝盘包装形式，取消了直径为 435 mm 焊丝盘包装形式。对 560 mm、610 mm 及 760 mm 焊丝盘和有支架焊丝卷的包装要求进行了相应的调整。

——对包装质量按 AWS 标准进行了相应的调整。

——取消了焊丝镀铜层结合力要求。

——取消了焊丝抗拉强度要求。

——附录A中增加了焊丝的简要说明。

——附录B说明了国际上主要标准型号的对应关系。

本标准从实施之日起，代替GB/T 8110—1995。

本标准的附录A、附录B为资料性附录。

本标准由全国焊接标准化技术委员会提出并归口。

本标准起草单位：哈尔滨焊接研究所、常州华通焊丝有限公司、天津大桥焊材集团有限公司、天津市金桥焊材集团有限公司、上海焊接器材有限公司、天津永久焊接材料有限公司、四川大西洋焊接材料股份有限公司、山东聚力焊接材料有限公司、武汉铁锚焊接材料股份有限公司。

本标准主要起草人：储继君、李振华、崔伟、王大粱、吴胜群、刘洪彬、陈义岗、乔吉春、季益好。

本标准所代替标准的历次版本发布情况为：

——GB/T 8110—1987、GB/T 8110—1995。

气体保护电弧焊用碳钢、低合金钢焊丝

1 范围

本标准规定了气体保护电弧焊用碳钢、低合金钢实心焊丝和填充丝的分类和型号、技术要求、试验方法、检验规则、包装、标志及品质证明书。

本标准适用于熔化极气体保护电弧焊、钨极气体保护电弧焊及等离子弧焊等焊接用碳钢、低合金钢实心焊丝和填充丝(以下简称焊丝)。

2 规范性引用文件

下列文件中的条款通过本标准的引用而成为本标准的条款。凡是注日期的引用文件,其随后所有的修改单(不包括勘误的内容)或修订版均不适用于本标准,然而,鼓励根据本标准达成协议的各方研究是否可使用这些文件的最新版本。凡是不注日期的引用文件,其最新版本适用于本标准。

GB/T 223(所有部分) 钢铁及合金化学分析方法

GB/T 700 碳素结构钢(GB/T 700—2006,ISO 630:1995,NEQ)

GB/T 1591 低合金高强度结构钢(GB/T 1591—1994,neq ISO 4950:1981)

GB/T 2650 焊接接头冲击试验方法(GB/T 2650—2008,ISO 9016:2001,IDT)

GB/T 2652 焊缝及熔敷金属拉伸试验方法(GB/T 2652—2008,ISO 5178:2001,IDT)

GB/T 3323—2005 金属熔化焊焊接接头射线照相

GB/T 3965 熔敷金属中扩散氢测定方法

3 分类和型号

3.1 焊丝分类

焊丝按化学成分分为碳钢、碳钼钢、铬钼钢、镍钢、锰钼钢和其他低合金钢等6类。

3.2 型号划分

焊丝型号按化学成分和采用熔化极气体保护电弧焊时熔敷金属的力学性能进行划分。

3.3 型号编制方法

焊丝型号由三部分组成。第一部分用字母“ER”表示焊丝;第二部分两位数字表示焊丝熔敷金属的最低抗拉强度;第三部分为短划“-”后的字母或数字,表示焊丝化学成分代号。焊丝的简要说明和国际上主要标准型号的对应关系见附录A和附录B。

根据供需双方协商,可在型号后附加扩散氢代号H×,其中×代表15、10或5。

本标准中完整焊丝型号示例如下:

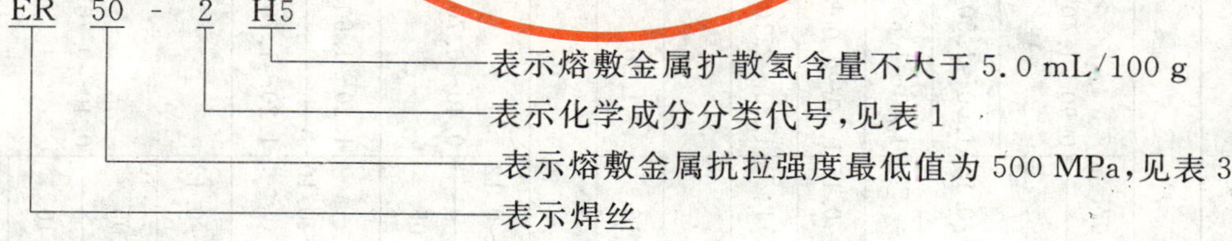

4 技术要求

4.1 焊丝化学成分

焊丝化学成分应符合表1规定。

4.2 试验项目

不同型号焊丝要求的化学分析、熔敷金属力学性能、射线探伤等试验应符合表2规定。

表 1 焊丝化学成分(质量分数)

%

<table>
<tr><th>焊丝型号</th><th>C</th><th>Mn</th><th>Si</th><th>P</th><th>S</th><th>Ni</th><th>Cr</th><th>Mo</th><th>V</th><th>Ti</th><th>Zr</th><th>Al</th><th>Cu[a]</th><th>其他元素总量</th></tr>
<tr><td colspan="15">碳 钢</td></tr>
<tr><td>ER50-2</td><td>0.07</td><td rowspan="2">0.90~1.40</td><td>0.40~0.70</td><td rowspan="5">0.025</td><td rowspan="5">0.025</td><td rowspan="5">0.15</td><td rowspan="5">0.15</td><td rowspan="5">0.15</td><td rowspan="5">0.03</td><td>0.05~0.15</td><td>0.02~0.12</td><td>0.05~0.15</td><td rowspan="6">0.50</td><td rowspan="6">—</td></tr>
<tr><td>ER50-3</td><td rowspan="3">0.06~0.15</td><td>0.45~0.75</td><td rowspan="5">—</td><td rowspan="5">—</td><td rowspan="5">—</td></tr>
<tr><td>ER50-4</td><td>1.00~1.50</td><td>0.65~0.85</td></tr>
<tr><td>ER50-6</td><td>1.40~1.85</td><td>0.80~1.15</td></tr>
<tr><td>ER50-7</td><td>0.07~0.15</td><td>1.50~2.00[b]</td><td>0.50~0.80</td></tr>
<tr><td>ER49-1</td><td>0.11</td><td>1.80~2.10</td><td>0.65~0.95</td><td>0.030</td><td>0.030</td><td>0.30</td><td>0.20</td><td>—</td><td>—</td></tr>
<tr><td colspan="15">碳 钼 钢</td></tr>
<tr><td>ER49-A1</td><td>0.12</td><td>1.30</td><td>0.30~0.70</td><td>0.025</td><td>0.025</td><td>0.20</td><td>—</td><td>0.40~0.65</td><td>—</td><td>—</td><td>—</td><td>—</td><td>0.35</td><td>0.50</td></tr>
<tr><td colspan="15">铬 钼 钢</td></tr>
<tr><td>ER55-B2</td><td>0.07~0.12</td><td rowspan="2">0.40~0.70</td><td rowspan="2">0.40~0.70</td><td rowspan="2">0.025</td><td rowspan="8">0.025</td><td rowspan="2">0.20</td><td rowspan="2">1.20~1.50</td><td rowspan="2">0.40~0.65</td><td rowspan="2">—</td><td rowspan="9">—</td><td rowspan="9">—</td><td rowspan="8">—</td><td rowspan="8">0.35</td><td rowspan="9">0.50</td></tr>
<tr><td>ER49-B2L</td><td>0.05</td></tr>
<tr><td>ER55-B2-MnV</td><td rowspan="2">0.06~0.10</td><td>1.20~1.60</td><td rowspan="2">0.60~0.90</td><td rowspan="2">0.030</td><td rowspan="2">0.25</td><td>1.00~1.30</td><td>0.50~0.70</td><td>0.20~0.40</td></tr>
<tr><td>ER55-B2-Mn</td><td>1.20~1.70</td><td>0.90~1.20</td><td>0.45~0.65</td><td rowspan="5">—</td></tr>
<tr><td>ER62-B3</td><td>0.07~0.12</td><td rowspan="4">0.40~0.70</td><td rowspan="2">0.40~0.70</td><td rowspan="4">0.025</td><td rowspan="2">0.20</td><td rowspan="2">2.30~2.70</td><td rowspan="2">0.90~1.20</td></tr>
<tr><td>ER55-B3L</td><td>0.05</td></tr>
<tr><td>ER55-B6</td><td>0.10</td><td rowspan="2">0.50</td><td>0.60</td><td rowspan="2">4.50~6.00</td><td>0.45~0.65</td></tr>
<tr><td>ER55-B8</td><td>0.10</td><td>0.50</td><td>0.80~1.20</td></tr>
<tr><td>ER62-B9[c]</td><td>0.07~0.13</td><td>1.20</td><td>0.15~0.50</td><td>0.010</td><td>0.010</td><td>0.80</td><td>8.00~10.50</td><td>0.85~1.20</td><td>0.15~0.30</td><td>0.04</td><td>0.20</td></tr>
</table>

表 1（续）

%

焊丝型号	C	Mn	Si	P	S	Ni	Cr	Mo	V	Ti	Zr	Al	Cu[a]	其他元素总量
							镍 钢							
ER55-Ni1						0.80～1.10	0.15	0.35	0.05					
ER55-Ni2	0.12	1.25	0.40～0.80	0.025	0.025	2.00～2.75	—	—	—	—	—	—	0.35	0.50
ER55-Ni3						3.00～3.75	—	—	—					
							锰 钼 钢							
ER55-D2	0.07～0.12	1.60～2.10	0.50～0.80			0.15		0.40～0.60		—				
ER62-D2				0.025	0.025		—		—		—	—	0.50	0.50
ER55-D2-Ti	0.12	1.20～1.90	0.40～0.80			—		0.20～0.50		0.20				
							其他低合金钢							
ER55-1	0.10	1.20～1.60	0.60	0.025	0.020	0.20～0.60	0.30～0.90	—	—	—	—	—	0.20～0.50	
ER69-1	0.08	1.25～1.80	0.20～0.55			1.40～2.10	0.30	0.25～0.55	0.05					0.50
ER76-1	0.09	1.40～1.80		0.010	0.010	1.90～2.60	0.50		0.04	0.10	0.10	0.10	0.25	
ER83-1	0.10		0.25～0.60			2.00～2.80	0.60	0.30～0.65	0.03					
ERXX-G							供需双方协商确定							

注：表中单值均为最大值。

[a] 如果焊丝镀铜，则焊丝中 Cu 含量和镀铜层中 Cu 含量之和不应大于 0.50%。

[b] Mn 的最大含量可以超过 2.00%，但每增加 0.05%的 Mn，最大含 C 量应降低 0.01%。

[c] Nb(Cb)：0.02%～0.10%；N：0.03%～0.07%；(Mn+Ni)≤1.50%。

4.3 熔敷金属力学性能

4.3.1 熔敷金属拉伸试验结果应符合表 3 规定。

4.3.2 熔敷金属 V 型缺口冲击试验结果应符合表 4 规定。

4.4 焊缝射线探伤

焊缝射线探伤应符合 GB/T 3323 附录 C 中表 C.4 的Ⅱ级规定。

表 2 试验项目

<table>
<tr><th rowspan="2">焊丝型号</th><th rowspan="2">焊丝化学分析</th><th rowspan="2">射线探伤</th><th colspan="2">熔敷金属力学试验</th><th rowspan="2">扩散氢试验</th><th rowspan="2">试样状态</th></tr>
<tr><th>拉伸试验</th><th>冲击试验</th></tr>
<tr><td colspan="7">碳 钢</td></tr>
<tr><td>ER50-2</td><td rowspan="6">要求</td><td rowspan="6">要求</td><td rowspan="6">要求</td><td rowspan="2">要求</td><td rowspan="6">a</td><td rowspan="6">焊态</td></tr>
<tr><td>ER50-3</td></tr>
<tr><td>ER50-4</td><td>不要求</td></tr>
<tr><td>ER50-6</td><td rowspan="3">要求</td></tr>
<tr><td>ER50-7</td></tr>
<tr><td>ER49-1</td></tr>
<tr><td colspan="7">碳 钼 钢</td></tr>
<tr><td>ER49-A1</td><td>要求</td><td>要求</td><td>要求</td><td>不要求</td><td>a</td><td>焊后热处理</td></tr>
<tr><td colspan="7">铬 钼 钢</td></tr>
<tr><td>ER55-B2</td><td rowspan="9">要求</td><td rowspan="9">要求</td><td rowspan="9">要求</td><td rowspan="2">不要求</td><td rowspan="9">a</td><td rowspan="9">焊后热处理</td></tr>
<tr><td>ER49-B2L</td></tr>
<tr><td>ER55-B2-MnV</td><td rowspan="2">要求</td></tr>
<tr><td>ER55-B2-Mn</td></tr>
<tr><td>ER62-B3</td><td rowspan="5">不要求</td></tr>
<tr><td>ER55-B3L</td></tr>
<tr><td>ER55-B6</td></tr>
<tr><td>ER55-B8</td></tr>
<tr><td>ER62-B9</td></tr>
<tr><td colspan="7">镍 钢</td></tr>
<tr><td>ER55-Ni1</td><td rowspan="3">要求</td><td rowspan="3">要求</td><td rowspan="3">要求</td><td rowspan="3">要求</td><td rowspan="3">a</td><td>焊态</td></tr>
<tr><td>ER55-Ni2</td><td rowspan="2">焊后热处理</td></tr>
<tr><td>ER55-Ni3</td></tr>
<tr><td colspan="7">锰 钼 钢</td></tr>
<tr><td>ER55-D2</td><td rowspan="3">要求</td><td rowspan="3">要求</td><td rowspan="3">要求</td><td rowspan="3">要求</td><td rowspan="3">a</td><td rowspan="3">焊态</td></tr>
<tr><td>ER62-D2</td></tr>
<tr><td>ER55-D2-Ti</td></tr>
</table>

表 2（续）

焊丝型号	焊丝化学分析	射线探伤	熔敷金属力学试验		扩散氢试验	试样状态
			拉伸试验	冲击试验		
其他低合金钢						
ER55-1	要求	不要求	要求	要求	a	焊态
ER69-1	要求	要求	要求	要求	a	焊态
ER76-1	要求	要求	要求	要求	a	焊态
ER83-1	要求	要求	要求	要求	a	焊态
ERXX-G	要求	要求	要求	a	a	a

a 供需双方协商确定。

表 3 熔敷金属拉伸试验要求

焊丝型号	保护气体[a]	抗拉强度[b] R_m/MPa	屈服强度[b] $R_{p0.2}$/MPa	伸长率 A/%	试样状态
碳钢					
ER50-2	CO_2	≥500	≥420	≥22	焊态
ER50-3	CO_2	≥500	≥420	≥22	焊态
ER50-4	CO_2	≥500	≥420	≥22	焊态
ER50-6	CO_2	≥500	≥420	≥22	焊态
ER50-7	CO_2	≥500	≥420	≥22	焊态
ER49-1	CO_2	≥490	≥372	≥20	焊态
碳钼钢					
ER49-A1	Ar+(1%～5%)O_2	≥515	≥400	≥19	焊后热处理
铬钼钢					
ER55-B2	Ar+(1%～5%)O_2	≥550	≥470	≥19	焊后热处理
ER49-B2L	Ar+(1%～5%)O_2	≥515	≥400	≥19	焊后热处理
ER55-B2-MnV	Ar+20%CO_2	≥550	≥440	≥20	焊后热处理
ER55-B2-Mn	Ar+20%CO_2	≥550	≥440	≥20	焊后热处理
ER62-B3	Ar+(1%～5%)O_2	≥620	≥540	≥17	焊后热处理
ER55-B3L	Ar+(1%～5%)O_2	≥550	≥470	≥17	焊后热处理
ER55-B6	Ar+(1%～5%)O_2	≥550	≥470	≥17	焊后热处理
ER55-B8	Ar+(1%～5%)O_2	≥550	≥470	≥17	焊后热处理
ER62-B9	Ar+5%O_2	≥620	≥410	≥16	焊后热处理
镍钢					
ER55-Ni1	Ar+(1%～5%)O_2	≥550	≥470	≥24	焊态
ER55-Ni2	Ar+(1%～5%)O_2	≥550	≥470	≥24	焊后热处理
ER55-Ni3	Ar+(1%～5%)O_2	≥550	≥470	≥24	焊后热处理

表 3（续）

焊丝型号	保护气体[a]	抗拉强度[b] R_m/MPa	屈服强度[b] $R_{p0.2}$/MPa	伸长率 A/%	试样状态
锰 钼 钢					
ER55-D2	CO_2	≥550	≥470	≥17	焊态
ER62-D2	Ar+(1%~5%)O_2	≥620	≥540	≥17	
ER55-D2-Ti	CO_2	≥550	≥470	≥17	
其他低合金钢					
ER55-1	Ar+20%CO_2	≥550	≥450	≥22	焊态
ER69-1	Ar+2%O_2	≥690	≥610	≥16	
ER76-1		≥760	≥660	≥15	
ER83-1		≥830	≥730	≥14	
ERXX-G	供需双方协商				

[a] 本标准分类时限定的保护气体类型，在实际应用中并不限制采用其他保护气体类型，但力学性能可能会产生变化。

b 对于 ER50-2、ER50-3、ER50-4、ER50-6、ER50-7 型焊丝，当伸长率超过最低值时，每增加 1%，抗拉强度和屈服强度可减少 10 MPa，但抗拉强度最低值不得小于 480 MPa，屈服强度最低值不得小于 400 MPa。

4.5 焊丝尺寸及允许偏差

焊丝尺寸及允许偏差应符合表 5 规定。直条焊丝长度为 500 mm~1 000 mm，允许偏差为±5 mm。

表 4 冲击试验要求

焊 丝 型 号	试验温度/℃	V 型缺口冲击吸收功/J	试 样 状 态
碳 钢			
ER50-2	−30	≥27	焊态
ER50-3	−20		
ER50-4	不要求		
ER50-6	−30	≥27	焊态
ER50-7			
ER49-1	室温	≥47	
碳 钼 钢			
ER49-A1	不要求		
铬钼钢			
ER55-B2	不要求		
ER49-B2L			
ER55-B2-MnV	室温	≥27	焊后热处理
ER55-B2-Mn			
ER62-B3	不要求		
ER55-B3L			

表 4（续）

焊丝型号	试验温度/℃	V型缺口冲击吸收功/J	试样状态
ER55-B6	不要求		
ER55-B8			
ER62-B9			
镍钢			
ER55-Ni1	−45	≥27	焊态
ER55-Ni2	−60		焊后热处理
ER55-Ni3	−75		
锰钼钢			
ER55-D2	−30	≥27	焊态
ER62-D2			
ER55-D2-Ti			
其他低合金钢			
ER55-1	−40	≥60	焊态
ER69-1	−50	≥68	
ER76-1			
ER83-1			
ER××-G	供需双方协商确定		

4.6 焊丝表面质量

焊丝表面应光滑，无毛刺、划痕、锈蚀、氧化皮等缺陷，也不应有其他不利于焊接操作或对焊缝金属有不良影响的杂质。镀铜焊丝的镀层应均匀牢固，不应出现起鳞与剥离。焊丝表面也可采用其他不影响焊接和力学性能的处理方法。

4.7 焊丝送丝性能

缠绕的焊丝应适于在自动和半自动焊机上连续送丝。焊丝接头处应适当加工，以保证能均匀连续送丝。

表 5 焊丝尺寸及允许偏差

单位为毫米

包装形式	焊丝直径	允许偏差
直条	1.2、1.6、2.0、2.4、2.5	+0.01 −0.04
	3.0、3.2、4.0、4.8	+0.01 −0.07
焊丝卷	0.8、0.9、1.0、1.2、1.4、1.6、2.0、2.4、2.5	+0.01 −0.04
	2.8、3.0、3.2	+0.01 −0.07
焊丝桶	0.9、1.0、1.2、1.4、1.6、2.0、2.4、2.5	+0.01 −0.04
	2.8、3.0、3.2	+0.01 −0.07

表 5（续） 单位为毫米

包装形式	焊丝直径	允许偏差
焊丝盘	0.5、0.6	+0.01 −0.03
	0.8、0.9、1.0、1.2、1.4、1.6、2.0、2.4、2.5、	+0.01 −0.04
	2.8、3.0、3.2	+0.01 −0.07
注：根据供需双方协议，可生产其他尺寸及偏差的焊丝。		

4.8 焊丝松弛直径和翘距

焊丝的松弛直径和翘距应符合表 6 规定。

表 6 焊丝松弛直径及翘距 单位为毫米

包装形式	焊丝直径	松弛直径	翘距
直径 100 mm 焊丝盘	所有	100～230	≤13
其他包装形式	≤0.8	≥300	≤25
	≥0.9	≥380	
注：对于某些大容量包装的焊丝可能经特殊处理以提供直丝输送，其松弛直径和翘距由供需双方协商确定。			

4.9 熔敷金属扩散氢含量

根据供需双方协商，如在焊丝型号后附加扩散氢代号，则应符合表 7 规定。

表 7 熔敷金属扩散氢含量

可选用的附加扩散氢代号	扩散氢含量/(mL/100 g)
H15	≤15.0
H10	≤10.0
H5	≤5.0
注：应注明所采用的测定方法。	

5 试验方法

5.1 焊丝化学成分

5.1.1 焊丝化学成分分析应在成品焊丝上取样。

5.1.2 焊丝化学成分分析可采用任何适宜的方法，仲裁试验应按 GB/T 223 进行。

5.2 焊丝尺寸及表面质量

5.2.1 焊丝尺寸检验用精度为 0.01 mm 的量具，按表 5 要求，在同一位置互相垂直方向测量，测量部位不少于两处。

5.2.2 焊丝表面质量按 4.6 要求，对焊丝任意部位进行目测检验。

5.3 焊丝松弛直径和翘距

测量缠绕在焊丝盘(卷)上焊丝的松弛直径和翘距时，按表 6 要求，从焊丝盘上截取足够长度的焊丝，不受拘束地放在平面上，测量所形成圆或圆弧的直径即为松弛直径；焊丝翘起的最高点到平面的距离即为翘距。

5.4 熔敷金属力学性能试验

5.4.1 试验用母材

5.4.1.1 熔敷金属力学性能试验用母材应符合表 8 规定。若采用其他母材，应采用试验焊丝在坡口面和垫板面焊接隔离层，隔离层的厚度加工后不小于 3 mm。在确保熔敷金属不受母材影响的情况下，也可采用其他方法。

5.4.1.2 仲裁试验时，应采用表 8 规定的母材或坡口及垫板面有隔离层的其他材料母材。

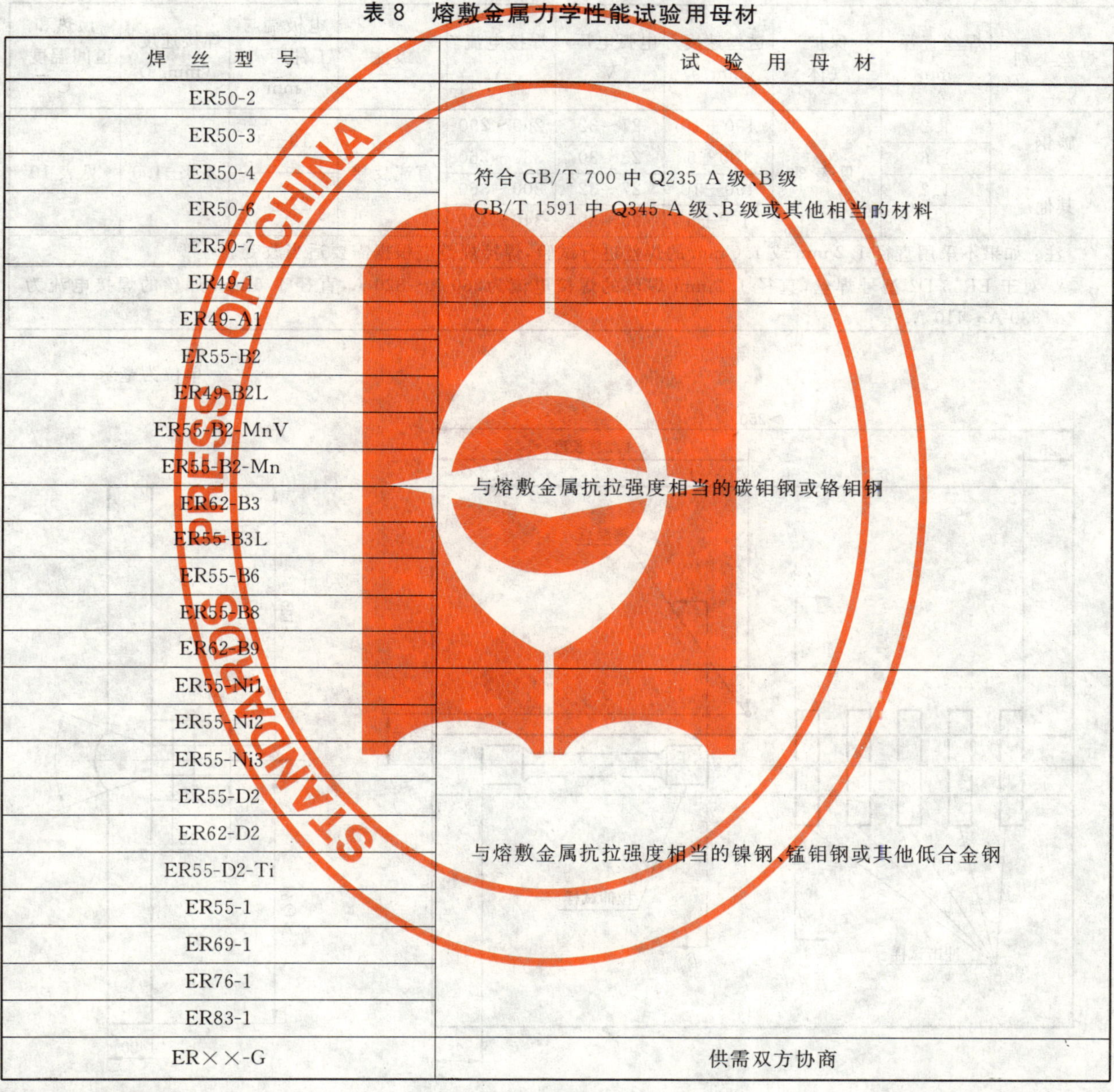

表 8 熔敷金属力学性能试验用母材

焊 丝 型 号	试 验 用 母 材
ER50-2	符合 GB/T 700 中 Q235 A 级、B 级 GB/T 1591 中 Q345 A 级、B 级或其他相当的材料
ER50-3	
ER50-4	
ER50-6	
ER50-7	
ER49-1	
ER49-A1	与熔敷金属抗拉强度相当的碳钼钢或铬钼钢
ER55-B2	
ER49-B2L	
ER55-B2-MnV	
ER55-B2-Mn	
ER62-B3	
ER55-B3L	
ER55-B6	
ER55-B8	
ER62-B9	
ER55-Ni1	与熔敷金属抗拉强度相当的镍钢、锰钼钢或其他低合金钢
ER55-Ni2	
ER55-Ni3	
ER55-D2	
ER62-D2	
ER55-D2-Ti	
ER55-1	
ER69-1	
ER76-1	
ER83-1	
ER××-G	供需双方协商

5.4.2 试件制备

5.4.2.1 熔敷金属力学性能试验采用相应直径的焊丝，直径为 1.2 mm 和 1.6 mm 的焊丝其焊接规范应符合表 9 规定。

5.4.2.2 试板尺寸和取样位置应符合图 1 规定，对于直径小于 0.9 mm 的焊丝，不推荐采用这种接头方式。

5.4.2.3 试件应按图 1 要求在平焊位置制备。试板焊前予以反变形或拘束，以防止角变形。试件焊后不允许矫正，角变形超过 5°的试件应予报废。

5.4.2.4 试板定位焊后,启焊时试板温度应加热到表10规定的预热温度,并在焊接过程中保持道间温度,试板温度超过时,应在静态大气中冷却。用表面温度计或测温笔按图1所示的测温点测量道间温度。

5.4.2.5 如果必须中断焊接,应将试板在静态大气中冷却至室温。重新焊接时,试板应加热到表10规定的道间温度。

表9 焊接规范

焊丝类别	焊丝直径/mm	保护气体	送丝速度/(mm/s)	电弧电压/V	焊接电流[a] A	极性	电极端与工件距离/mm	焊接速度/(mm/s)	预热和道间温度/℃
碳钢	1.2	见表3	190±10	27～32	260～290	直流反接	19±3	5.5±1.0	见表10
	1.6		100±5	25～30	330～360				
其他	1.2		190±10	27～32	300～360		22±3		
	1.6		100±5	25～30	340～420				
注:如果不采用直径1.2 mm或1.6 mm的焊丝进行试验,焊接规范应根据需要适当改变。									
[a] 对于ER55-D2型号焊丝,直径1.2 mm焊丝的焊接电流为260 A～320 A,直径1.6 mm焊丝的焊接电流为330 A～410 A。									

单位为毫米

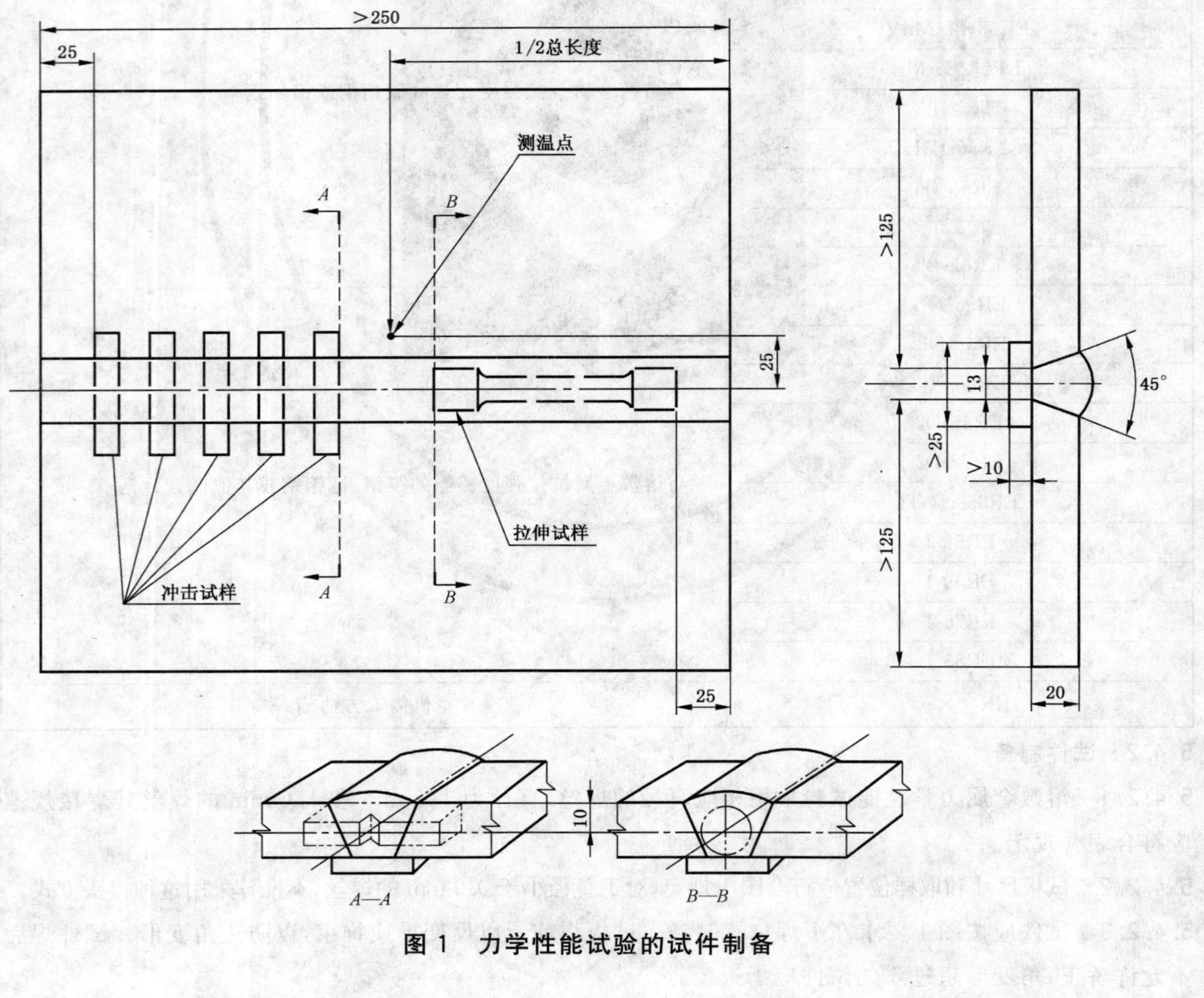

图1 力学性能试验的试件制备

表 10　预热温度、道间温度和焊后热处理温度

单位为摄氏度(℃)

<table>
<tr><th>焊丝型号</th><th>预热温度</th><th>道间温度</th><th>焊后热处理温度</th></tr>
<tr><td>ER50-2</td><td rowspan="6">室温</td><td rowspan="6">135～165</td><td rowspan="6">不需要</td></tr>
<tr><td>ER50-3</td></tr>
<tr><td>ER50-4</td></tr>
<tr><td>ER50-6</td></tr>
<tr><td>ER50-7</td></tr>
<tr><td>ER49-1</td></tr>
<tr><td>ER49-A1</td><td rowspan="5">135～165</td><td rowspan="5">135～165</td><td rowspan="3">620±15</td></tr>
<tr><td>ER55-B2</td></tr>
<tr><td>ER49-B2L</td></tr>
<tr><td>ER55-B2-MnV</td><td>730±15</td></tr>
<tr><td>ER55-B2-Mn</td><td>700±15</td></tr>
<tr><td>ER62-B3</td><td rowspan="2">185～215</td><td rowspan="2">185～215</td><td rowspan="2">690±15</td></tr>
<tr><td>ER55-B3L</td></tr>
<tr><td>ER55-B6</td><td>177～232</td><td>177～232</td><td rowspan="2">745±15</td></tr>
<tr><td>ER55-B8</td><td>205～260</td><td>205～260</td></tr>
<tr><td>ER62-B9</td><td>205～320</td><td>205～320</td><td>760±15[a]</td></tr>
<tr><td>ER55-Ni1</td><td rowspan="10">135～165</td><td rowspan="10">135～165</td><td>不需要</td></tr>
<tr><td>ER55-Ni2</td><td rowspan="2">620±15</td></tr>
<tr><td>ER55-Ni3</td></tr>
<tr><td>ER55-D2</td><td rowspan="7">不需要</td></tr>
<tr><td>ER62-D2</td></tr>
<tr><td>ER55-D2-Ti</td></tr>
<tr><td>ER55-1</td></tr>
<tr><td>ER69-1</td></tr>
<tr><td>ER76-1</td></tr>
<tr><td>ER83-1</td></tr>
<tr><td>ER××-G</td><td colspan="3">供需双方协商</td></tr>
<tr><td colspan="4">a 热处理前，允许试件在静态大气中冷却至 100 ℃以下。热处理时允许呆温 2 h。</td></tr>
</table>

5.4.3　焊后热处理

5.4.3.1　按表 10 规定，试件要求焊后热处理时，应在拉伸试样和冲击试样加工之前进行。

5.4.3.2　试件放入炉内时，炉温不得高于 320 ℃，以不大于 220 ℃/h 的速率加热到规定温度。保温 1 h 后，以不大于 200 ℃/h 的速率冷却到 320 ℃以下的任意温度，从炉中取出，在静态大气中冷却至室温。

5.4.4 熔敷金属拉伸试验

5.4.4.1 按图 2 要求从射线探伤后的试件(见图 1)上加工一个熔敷金属拉伸试样。除碳钢焊丝外，其他类别焊丝的试样，允许在拉伸试验前进行 100 ℃±5 ℃，不超过 48 h 的去氢处理。

5.4.4.2 熔敷金属拉伸试验应按 GB/T 2652 进行。

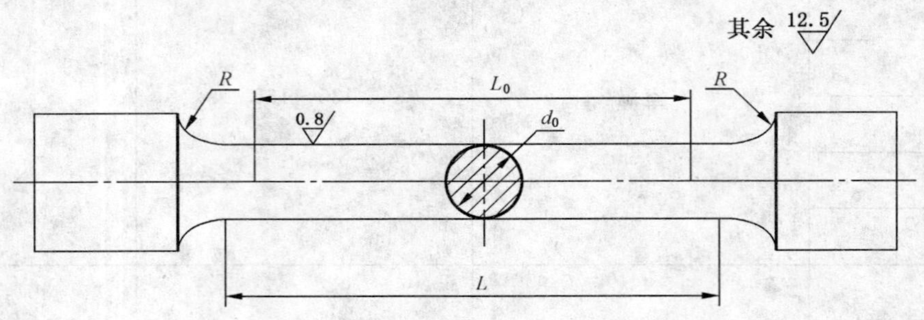

单位为毫米

试板厚度	d_0	R	L_0	L
20	10±0.2	≥3	$5d_0$	L_0+d_0
注：试样夹持端尺寸根据试验机夹具结构确定。				

图 2 熔敷金属拉伸试样

5.4.5 熔敷金属 V 型缺口冲击试验

5.4.5.1 按图 3 要求从截取熔敷金属拉伸试样的同一试件(见图 1)上加工 5 个熔敷金属 V 型缺口冲击试样。

单位为毫米

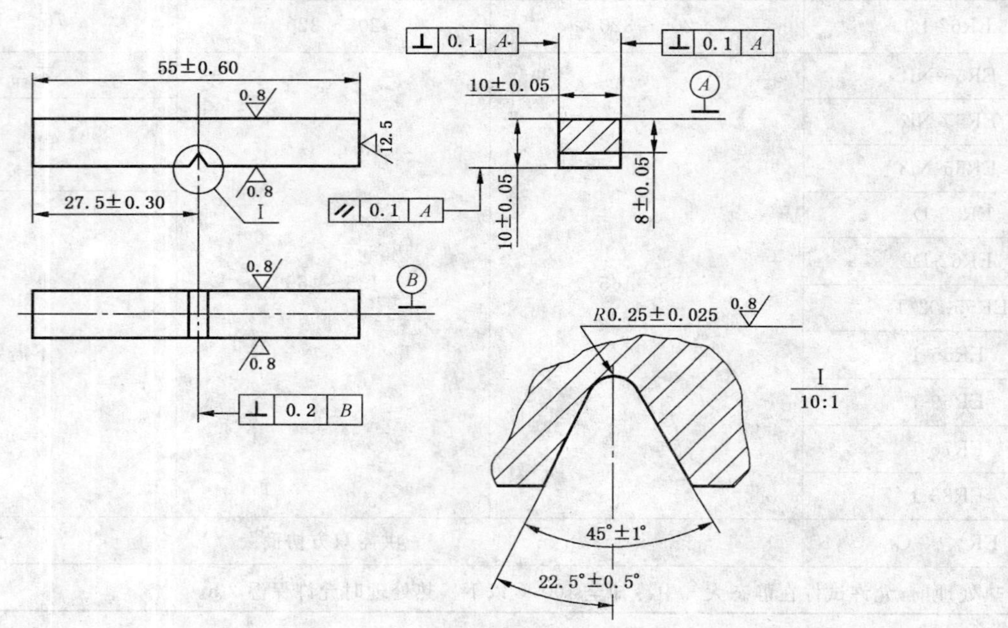

图 3 V 型缺口冲击试样

5.4.5.2 熔敷金属 V 型缺口冲击试验应按 GB/T 2650 进行。

5.4.5.3 按表 4 规定的温度，测定 5 个冲击试样的冲击吸收功。

5.4.5.4 在计算 5 个冲击吸收功的平均值时，应去掉一个最大值和一个最小值。余下的 3 个值中要有两个大于 27 J，另一个不得小于 20 J，3 个值的平均值应不小于 27 J。

对于 ER49-1 型焊丝，余下的 3 个值中要有两个大于 47 J，另一个不得小于 35 J，3 个值的平均值应不小于 47 J。

对于 ER55-1 型焊丝，余下的 3 个值中要有两个大于 60 J，另一个不得小于 47 J，3 个值的平均值应不小于 60 J。

对于 ER69-1、ER76-1 及 ER83-1 型焊丝，余下的 3 个值中要有两个大于 68 J，另一个不得小于54 J，3 个值的平均值应不小于 68 J。

5.5 射线探伤试验

5.5.1 焊缝射线探伤试验应在试件上截取拉伸试样和冲击试样之前进行，射线探伤前应去掉垫板。

5.5.2 焊缝射线探伤试验按 GB/T 3323—2005 进行。

5.5.3 在评定焊缝射线探伤底片时，试件两端 25 mm 应不予考虑。

5.6 熔敷金属扩散氢试验

根据供需双方协商，如要求熔敷金属扩散氢含量测定，按 GB/T 3965 进行。

6 检验规则

成品焊丝由制造厂质量检验部门按批检验。

6.1 批量划分

每批焊丝应由同一炉号、同一形状、同一尺寸、同一交货状态的焊丝组成。每批焊丝的最大质量应符合表 11 规定。

表 11 每批焊丝最大质量要求

焊丝型号	每批最大质量/t
ER50-X、ER49-1	200
其他型号	30

6.2 取样方法

盘(卷、桶)焊丝每批任选一盘(卷、桶)，直条焊丝任选一最小包装单位，进行焊丝化学成分、熔敷金属力学性能、射线探伤、尺寸和表面质量等检验。

6.3 验收

6.3.1 每批焊丝化学成分应符合表 1 规定。

6.3.2 每批焊丝试验项目应符合表 2 规定。

6.3.3 每批焊丝熔敷金属力学性能试验结果应符合 4.3 的规定。

6.3.4 每批焊丝焊缝射线探伤结果应符合 4.4 的规定。

6.3.5 每批焊丝也可按供需双方协商的验收项目进行验收。

6.4 复验

任何一项检验不合格时，该项检验应加倍复验。对于化学分析，仅复验那些不满足要求的元素。当复验拉伸试验时，抗拉强度、屈服强度及伸长率同时作为复验项目。其试样可在原试件上截取，也可在新焊制的试件上截取。加倍复验结果均应符合该项检验的规定。

7 包装、标志和品质证明书

7.1 包装

焊丝应采用适当的内外包装，以防止在运输和存放过程中损坏。

7.2 包装质量

每种包装形式的净质量应符合表 12 规定。

表 12 焊丝包装质量

<table>
<tr><th colspan="2">包 装 形 式</th><th>尺 寸/mm</th><th>净 质 量/kg</th></tr>
<tr><td colspan="2">直条</td><td>—</td><td>1、2、5、10、20</td></tr>
<tr><td colspan="2">无支架焊丝卷</td><td colspan="2">供需双方协商确定</td></tr>
<tr><td rowspan="2">有支架焊丝卷</td><td rowspan="2">内径</td><td>170</td><td>6</td></tr>
<tr><td>300</td><td>10、15、20、25、30</td></tr>
<tr><td rowspan="7">焊丝盘</td><td rowspan="7">外径</td><td>100</td><td>0.5、0.7、1.0</td></tr>
<tr><td>200</td><td>4.5、5.0、5.5、7</td></tr>
<tr><td>270、300</td><td>10、15、20</td></tr>
<tr><td>350</td><td>20、25</td></tr>
<tr><td>560</td><td>100</td></tr>
<tr><td>610</td><td>150</td></tr>
<tr><td>760</td><td>250、350、450</td></tr>
<tr><td rowspan="3">焊丝桶</td><td rowspan="3">外径</td><td>400</td><td rowspan="2">供需双方协商确定</td></tr>
<tr><td>500</td></tr>
<tr><td>600</td><td>150、300</td></tr>
<tr><td colspan="4">有支架焊丝卷的标准尺寸和净质量</td></tr>
<tr><td colspan="2">焊丝净质量/kg</td><td>芯轴内径/mm</td><td>绕至最大宽度/mm</td></tr>
<tr><td colspan="2">6</td><td>170±3</td><td>75</td></tr>
<tr><td colspan="2">10、15</td><td>300±3</td><td>65 或 120</td></tr>
<tr><td colspan="2">20、25、30</td><td>300±3</td><td>120</td></tr>
<tr><td colspan="4">注：根据供需双方协议，可包装其他净质量的焊丝。</td></tr>
</table>

7.3 包装形式

7.3.1 焊丝可采用直条、有(无)支架焊丝卷、焊丝盘和焊丝桶包装。

7.3.2 焊丝盘和焊丝桶的设计和制造，应能防止在正常的搬运和使用中变形，并应清洁和干燥，以保持焊丝的清洁，焊丝盘的尺寸见图 4。焊丝桶的外径为 400 mm、500 mm 和 600 mm。

7.3.3 有支架焊丝卷衬圈的设计和制造，应能防止在正常的搬运和使用中变形，并应清洁和干燥，以保持焊丝的清洁。焊丝卷的内径为 170 mm 和 300 mm。

7.3.4 根据供需双方协议，允许采用其他包装形式。

7.4 焊丝缠绕

每个焊丝盘、焊丝卷和焊丝桶上的焊丝应为连续焊丝，焊丝不应有扭结、折弯、搭接或嵌接等缺陷。焊丝缠绕的外端应牢固，明显易找。成盘焊丝的最外层与焊丝盘外缘的距离至少 3 mm 以上。

7.5 标志

每件焊丝的内外包装至少应标记下列内容：

——标准号、焊丝型号及焊丝牌号；

——制造厂名及商标；

——规格及净质量；

——批号及生产日期。

7.6 品质证明书

制造厂应对每批焊丝，根据实际检验结果出具品质证明书。当用户提出要求时，制造厂应提供检验报告的副本。

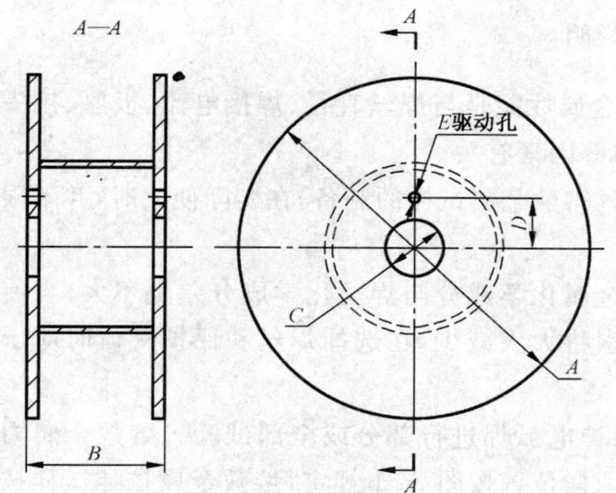

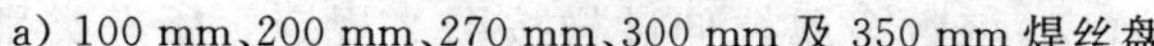

a) 100 mm、200 mm、270 mm、300 mm 及 350 mm 焊丝盘

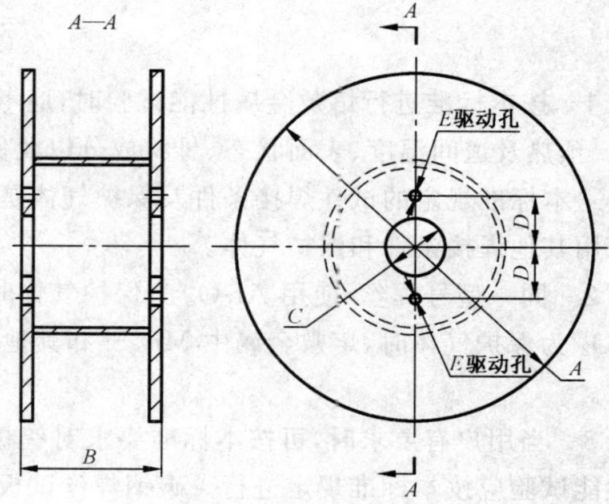

b) 560 mm、610 mm 及 760 mm 焊丝盘

单位为毫米

	焊丝盘直径	100	200	270	300	350	560	610	760
A	直径及允许偏差	100^{+2}_{0}	200^{+3}_{0}	270^{+5}_{0}	300^{+5}_{0}	350^{+5}_{0}	560^{0}_{-10}	610^{0}_{-10}	760^{0}_{-10}
B	幅宽及允许偏差	45^{0}_{-2}	55^{0}_{-3}	100^{0}_{-3}	100^{0}_{-3}	100^{0}_{-3}	305^{0}_{-10}	345^{0}_{-10}	345^{0}_{-10}
C	法兰内径及允许偏差	16^{+1}_{0}	$50.5^{+2.5}_{0}$	$50.5^{+2.5}_{0}$	$50.5^{+2.5}_{0}$	$50.5^{+2.5}_{0}$	$35^{+1.5}_{-1.5}$	$35^{+1.5}_{-1.5}$	$35^{+1.5}_{-1.5}$
D	驱动孔轴间距及允许偏差	—	$44.5^{+0.5}_{-0.5}$	$44.5^{+0.5}_{-0.5}$	$44.5^{+0.5}_{-0.5}$	$44.5^{+0.5}_{-0.5}$	$63.5^{+1.5}_{-1.5}$	$63.5^{+1.5}_{-1.5}$	$63.5^{+1.5}_{-1.5}$
E	驱动孔直径及允许偏差	—	10^{+1}_{0}	10^{+1}_{0}	10^{+1}_{0}	10^{+1}_{0}	$16.7^{+0.7}_{-0.7}$	$16.7^{+0.7}_{-0.7}$	$16.7^{+0.7}_{-0.7}$

注 1：焊丝盘膨胀或芯轴与法兰对不准时，芯轴内径应以大于 *C* 来确定。

注 2：芯轴外径应以能使焊丝顺利送进来确定。

图 4　焊丝盘尺寸

附 录 A
（资料性附录）
标准简要说明

A.1 按本标准进行熔敷金属性能试验时，应考虑熔敷金属性能是与焊丝直径、焊接电流、板厚、接头形式、预热及道间温度、表面状态、母材成分以及保护气体等因素有关。

本标准规定的试件焊接条件及保护气体是用于焊丝熔敷金属试样的制备，在实际使用时，并不限制采用其他焊接条件和保护气体。

A.2 同一型号焊丝，使用 Ar-O_2 为保护气体时，熔敷金属化学成分与焊丝化学成分差别不大，当使用 CO_2 为保护气体时，熔敷金属中 Mn、Si 和其他脱氧元素将大大减少，在选择焊丝和保护气体时应予注意。

A.3 当用户有要求时，可按本标准要求对钨极气体保护电弧焊进行部分或全部试验。熔敷金属力学性能试验应按本标准规定进行。碳钢焊丝试板尺寸及取样位置按图 A.1 规定，熔敷金属拉伸试样按图 A.2 规定。其他类别焊丝试板尺寸及取样位置按图 1 规定，熔敷金属拉伸试样按图 2 规定。所有类别焊丝的 V 型缺口冲击试样按图 3 规定，试件按表 A.1 规定的焊接规范进行。

单位为毫米

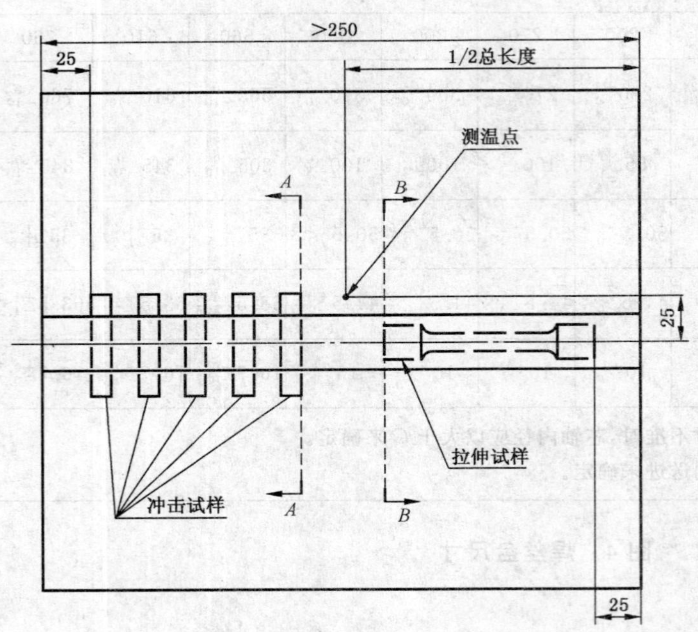

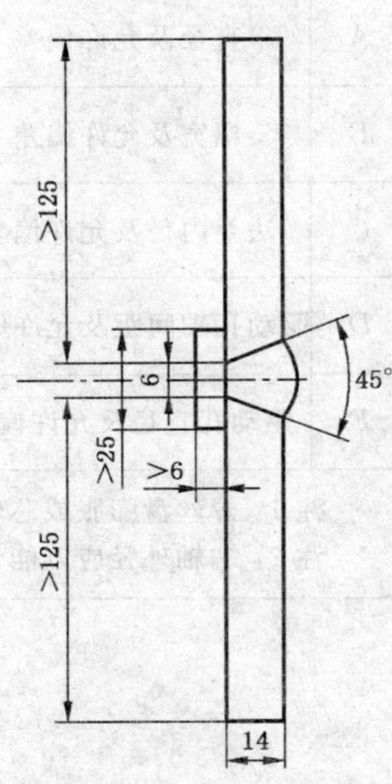

a) 试样位置及试样尺寸

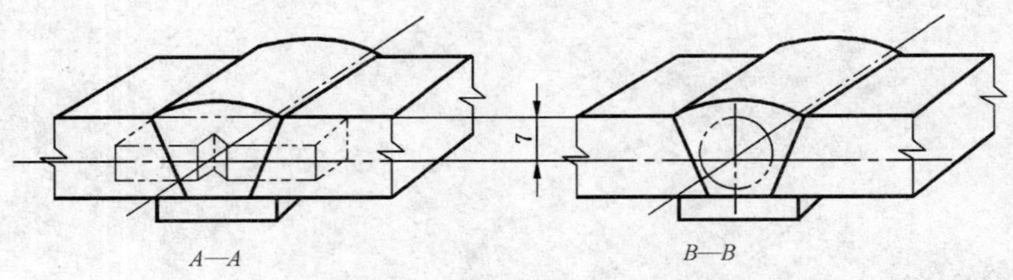

b) 冲击试样位置 c) 拉伸试样位置

图 A.1 碳钢焊丝试件尺寸及取样位置

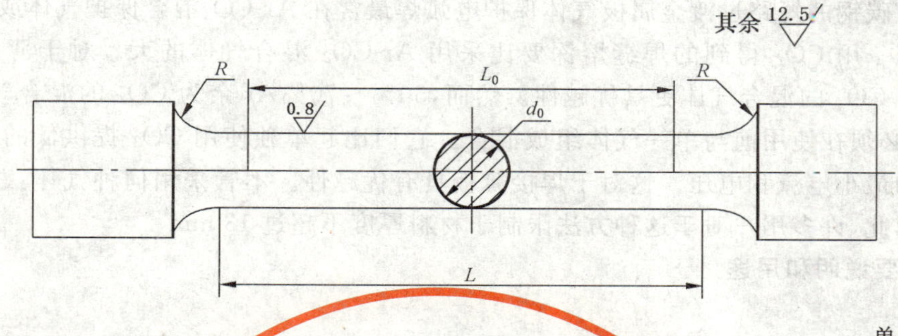

单位为毫米

试板厚度	d_0	R	L_0	L
14	6±0.1	≥3	$5d_0$	L_0+d_0
注：试样夹持端尺寸根据试验机夹具结构确定。				

图 A.2　碳钢焊丝熔敷金属拉伸试样

表 A.1　钨极气体保护电弧焊焊接规范

焊丝直径/mm	保护气体	焊接速度/(mm/s)	电弧电压/V	焊接电流/A	极性	预热和道间温度/℃
2.4、2.5	Ar	2.0±0.4	13～16	220～250	直流正接	见表 10
3.2			16～19	250～280		

A.4　熔滴过渡形式

气体保护电弧焊熔滴过渡形式可分为喷射过渡、粗滴过渡和短路过渡三种形式。

A.4.1　喷射过渡

A.4.1.1　碳钢的喷射过渡模式通常在 Ar 加小于 5% O_2 或加小于 15%的 CO_2 混合保护气体时获得。这些混合保护气体特性是平稳的等离子弧，通过它每秒钟有数百个很细小的熔滴向焊缝熔池过渡。

A.4.1.2　在 Ar-O_2 或 Ar-CO_2 保护气体中的喷射过渡，主要与电流密度、极性和焊丝的电阻热有关。当电流超过临界值(每种焊丝规格不同)时，会突然发生高的熔滴形成速率(约 250 滴/s)。低于此电流值，金属一般以大于焊丝直径的粗熔滴过渡，速率为 10 滴/s～20 滴/s(颗粒过渡)。电流临界值通常取决于焊丝的化学成分。对于直径 1.6 mm 的碳钢焊丝，一般电流临界值为 270 A(直流反极性)。对于这种类型的焊接，由于产生的电弧不稳定，不推荐采用交流焊接。

A.4.1.3　脉冲喷射。脉冲喷射焊接中的金属过渡与上面所述喷射过渡相似，但它在较低的平均电流时发生。采用介于金属以喷射模式快速过渡的大电流和不发生过渡的小电流之间的焊接电流快速脉冲，有可能得到较低的平均电流。在脉冲频率 60 Hz～120 Hz 的典型速率下低电流的电弧形成熔滴，然后高电流的脉冲将其“挤出”。这种类型允许进行全位置焊接。

A.4.2　粗滴过渡

以 100%CO_2 为保护气体为特征的过渡模式就是粗滴过渡。粗滴过渡的一般采用低的电弧电压以减少飞溅。这样可缩短弧长，可埋藏电弧，导致大的熔深和更好地让飞溅进入到熔池中去。对于这种过渡类型，直径为 1.2 mm～1.6 mm 的焊丝通常使用的电流范围为 275 A～400 A(直流反接)。取决于焊丝规格、电流、极性和电弧电压，熔滴(颗粒)的过渡速度范围为 20 滴/s～70 滴/s。

A.4.3　短路过渡

这种过渡模式采用小直径焊丝(0.8 mm～1.2 mm)获得，采用低电弧电压和电流，以及专为短路过渡设计的电源。焊丝与焊缝金属的短路速率通常为 50 次/s～200 次/s。金属每短路一次便过渡一次，但不穿过电弧。碳钢的短路过渡金属极气体保护电弧焊最常在 Ar-CO_2混合保护气体或单独用 CO_2 为保护气体下进行。用 CO_2 得到的焊缝熔深要比采用 Ar-CO_2 混合气体的大。对于薄的材料，50%～80%的 Ar，余为 CO_2 的混合气体更具优越性。然而，50%～70%Ar 余为 CO_2 的混合气体在气体状态下是不稳定的，必须在使用前与单一气体组成混合。它们比起单独使用 CO_2 提供低的熔深、较高的短路速率和较低的最小电流和电压。这对于焊接薄板具有优越性。不管采用何种气体，总的线能量限制熔化和熔深。因此，许多用户对于这种方法限制于材料厚度不超过 13 mm。

A.5 焊丝的简要说明和用途

A.5.1 ER50-2

ER50-2 焊丝主要用于镇静钢、半镇静钢和沸腾钢的单道焊，也可用于某些多道焊的场合。由于添加了脱氧剂，这种填充金属能够用来焊接表面有锈和污物的钢材，但可能损害焊缝质量，它取决于表面条件。ER50-2 填充金属广泛地用于用 GTAW 方法生产的高质量和高韧性焊缝。这些填充金属亦很好地适用于在单面焊接，而不需要在接头反面采用根部气体保护。这些钢的典型标准为 ASTM A36、A285-C、A515-55 和 A516-70，它们的 UNS 号分别为 K02600、K02801、K02001 和 K02700。

A.5.2 ER50-3

ER50-3 焊丝适用于焊接单道和多道焊缝。典型的母材标准通常与 ER50-2 类别适用的一样。ER50-3 焊丝是使用广泛的 GMAW 焊丝。

A.5.3 ER50-4

ER50-4 焊丝适用于焊接其条件要求比 ER50-3 焊丝填充金属能提供更多脱氧能力的钢种。典型的母材标准通常与 ER50-2 类别适用的一样。本类别不要求冲击试验。

A.5.4 ER50-6

ER50-6 焊丝适用于单道焊，又适用于多道焊。它们特别适合于期望有平滑焊道的金属薄板和有中等数量铁锈或热轧氧化皮的型钢和钢板。在进行 CO_2 气体保护或 Ar＋O_2 或 Ar＋CO_2 混合气体保护焊接时，这些焊丝允许较高的电流范围。然而，当采用二元和三元混合保护气体时，这些焊丝要求比上述焊丝有较高的氧化性。典型的母材标准通常与 ER50-2 类别适用的一样。

A.5.5 ER50-7

ER50-7 焊丝适用于单道焊和多道焊。与 ER50-3 焊丝填充金属相比，它们可以在较高的速度下焊接。与那些填充金属相比，它们还提供某些较好的润湿作用和焊道成形。在进行 CO_2 保护气体或Ar＋O_2 混合气体或 Ar＋CO_2 混合气体焊接时，这些焊丝允许采用较高的电流范围。然而，当采用二元或三元混合气体时，这些焊丝要求像上面所述的焊丝有较高的氧化性（更多的 CO_2 或 O_2）。典型的母材标准通常与 ER50-2 类别适用的一样。

A.5.6 ER49-1

ER49-1 焊丝适用于单道焊和多道焊，具有良好的抗气孔性能，用以焊接低碳钢和某些低合金钢。

A.5.7 ER49-A1(1/2Mo)

ER49-A1 焊丝的填充金属，除了加有 0.5%Mo 外，与碳钢焊丝填充金属相似。添加钼提高焊缝金属的强度，特别是高温下的强度，使抗腐蚀性能有所提高。然而，它降低焊缝金属的韧性。典型的应用包括焊接 C-Mo 钢母材。

A.5.8 ER55-B2(1-1/4Cr-1/2Mo)

ER55-B2 焊丝的填充金属用于焊接在高温和腐蚀情况下使用的 1/2Cr-1/2Mo、1Cr-1/2Mo 和 1-1/4Cr-1/2Mo 钢。它们也用来连接 Cr-Mo 钢与碳钢的异种钢接头。可使用气体保护电弧焊的所有过渡形式。控制预热，层间温度和焊后热处理对避免裂纹是非常关键的。焊丝在焊后热处理状态下进行试验。

A.5.9 ER49-B2L(1-1/4Cr-1/2Mo)

ER49-B2L 焊丝的填充金属，除了低的含碳量（≤0.05%）及由此带来较低的强度水平外，与

ER55-B2焊丝的填充金属是一样的。同时硬度也有所降低，并在某些条件下改善抗腐蚀性能。这种合金具有较好的抗裂性，较适合于在焊态下，或当严格的焊后热处理作业可能产生问题时使用的焊缝。

A.5.10 ER62-B3(2-1/4**Cr**-1**Mo**)

ER62-B3 焊丝的填充金属用于焊接高温、高压管子和压力容器用 2-1/4Cr-1Mo。它们也可用来连接 Cr-Mo 钢与碳钢的结合。通过控制预热、层间温度和焊后热处理对避免裂纹非常重要。这些焊丝是在焊后热处理状态下进行分类的。当它们在焊态下使用，由于强度较高，应谨慎使用。

A.5.11 ER55-B3L(2-1/4**Cr**-1**Mo**)

ER55-B3L 焊丝的填充金属除了低碳含量(≤0.05%)和强度较低外，与 ER62-B3 类别是一样的。这些合金具有较好的抗裂性而适合于焊态下使用的焊缝。

A.5.12 ER55-Nil(1.0**Ni**)

ER55-Nil 焊丝用于焊接在－45 ℃低温下要求好的韧性的低合金高强度钢。

A.5.13 ER55-Ni2(2-1/4**Ni**)

ER55-Ni2 焊丝用于焊接 2.5Ni 钢和在－60 ℃低温下要求良好韧性的材料。

A.5.14 ER55-Ni3(3-1/4Ni)

ER55-Ni3 通常用于焊接低温运行的 3.5Ni 钢。

A.5.15 ER55-D2、ER62-D2(1/2Mo)

ER55-D2 和 ER62-D2 之间的不同点在于保护气体不同和力学性能要求不同。这些类别的填充金属含有钼提高了强度和当采用 CO_2 作为保护气体焊接时，提供高效的脱氧剂来控制气孔。在常用的和难焊的碳钢与低合金钢中，它们可提供射线探伤高质量的焊缝及极好的焊缝成形。采用短路和脉冲弧焊方法时，它们显示出极好的多种位置的焊接特性。焊缝致密性与强度的结合使得这些类别的填充金属适合于碳钢与低合金高强度钢在焊态和焊后热处理状态的单道焊和多道焊。

A.5.16 ER55-1

ER55-1 是耐大气腐蚀用焊丝，由于添加了 Cu、Cr、Ni 等合金元素，焊缝金属具有良好的耐大气腐蚀性能，主要用于铁路货车用 Q450NQR1 等钢的焊接。

A.5.17 ER69-1、ER76-1 和 ER83-1

这些填充金属通常应用于高强度和高韧性材料。这些填充金属同样用于要求抗拉强度超过 690 MPa和在－50 ℃低温下具有高韧性结构钢的焊接。采用的线能量大小不同，这些类别的焊丝的焊缝熔敷金属的力学性能会发生变化。

A.5.18 ER55-B6(5**Cr**-1/2**Mo**)

ER55-B6 焊丝含有 4.5%～6.0%铬和约 0.5%钼。本类别填充金属用于焊接相似成分的母材，通常为管子或管道。该合金是一种空气淬硬的材料，因此，当用这种填充金属进行焊接时要求预热和焊后热处理。

A.5.19 ER55-B8(9**Cr**-1**Mo**)

ER55-B8 焊丝含有 8.0%～10.5%铬和约 1.0%钼。本类别填充金属用于焊接相似成分的母材，通常为管子或管道。该合金是一种空气淬硬的材料，因此，当用这种填充金属进行焊接时要求预热和焊后热处理。

A.5.20 ER62-B9[9**Cr**-1**Mo**-0.2**V**-0.07**Nb**(**Cb**)]

ER62-B9 是 9Cr-1Mo 焊丝的改型，其中加入铌(钶)和钒，可提高在高温下的强度、韧性、疲劳寿命、抗氧化性和耐腐蚀性能。由于该合金具有较高的高温性能，所以目前用不锈钢和铁素体钢制造的部件可以用单一合金制造。可消除异种钢焊缝所带来的问题。除了本标准的分类要求外，应确定冲击韧性或高温蠕变强度性能。由于碳和铌(钶)不同含量的影响，规定值和试验要求必须由供需双方协商确定。

本合金的热处理是非常关键的，必须严格控制。显微组织完全转变为马氏体的温度相对较低，因此，在完成焊接和进行焊后热处理之前，推荐使焊件冷却到至少 93 ℃，使其尽可能多地转变成马氏体。允许的最高焊后热处理温度也是很关健的。因为蠕变温度的下限 Ac_1 也相对较低。为有助于进行合适的焊后热处理，提出了限制(Mn＋Ni)的含量(见表 1 注 c)。Mn 和 Ni 的组合趋向于降低 Ac_1 温度，当焊后热处理温度接近 Ac_1，可能引起微观组织的部分转变。通过限制 Mn＋Ni，焊后热处理温度将此 Ac_1 足够低，以避免部分转变的发生。

A.5.21　ER××-G

ER××-G 焊丝是不包括在前面类别中的那些填充金属。对它们仅规定了某些力学性能要求。焊丝用于单道焊和多道焊。关于这些类别的成分、性能和其他特性由供需双方协商确定。

附 录 B
（资料性附录）
焊丝型号对照

表 B.1 焊丝型号对照表

序号	类别	焊丝型号	AWS A5.18/A5.18M:2005 AWS A5.28/A5.28M:2005	GB/T 8110—1995	ISO 14341-B:2002
1	碳钢	ER50-2	ER48S-2	ER50-2	G2
2		ER50-3	ER48S-3	ER50-3	G3
3		ER50-4	ER48S-4	ER50-4	G4
4		ER50-6	ER48S-6	ER50-6	G6
5		ER50-7	ER48S-7	ER50-7	G7
6		ER49-1	—	ER49-1	—
7		—	—	ER50-5	—
8	碳钼钢	ER49-A1	ER49S-A1	—	G1M3
9	铬钼钢	ER55-B2	ER55S-B2	ER55-B2	—
10		ER49-B2L	ER49S-B2L	ER55-B2L	—
11		ER55-B2-MnV	—	ER55-B2-MnV	—
12		ER55-B2-Mn	—	ER55-B2-Mn	—
13		ER62-B3	ER62S-B3	ER62-B3	—
14		ER55-B3L	ER55S-B3L	ER62-B3L	—
15		ER55-B6	ER55S-B6	—	—
16		ER55-B8	ER55S-B8	—	—
17		ER62-B9	ER62S-B9	—	—
18	镍钢	ER55-Ni1	ER55S-Ni1	ER55-C1	GN2
19		ER55-Ni2	ER55S-Ni2	ER55-C2	GN5
20		ER55-Ni3	ER55S-Ni3	ER55-C3	GN71
21	锰钼钢	ER55-D2	ER55S-D2	ER55-D2	—
22		ER62-D2	ER62S-D2	—	—
23		ER55-D2-Ti	—	ER55-D2-Ti	—
24	其他低合金钢	ER55-1	—	—	—
25		ER69-1	ER69S-1	ER69-1	—
26		ER76-1	ER76S-1	ER76-1	—
27		ER83-1	ER83S-1	ER83-1	—
28		ER××-G	ER48S-G	ER××-G	—
29		—	—	ER69-2	—
30		—	—	ER69-3	—

ICS 27.040
K 54

中华人民共和国国家标准

GB/T 8117.1—2008/IEC 60953-1:1990
代替 GB/T 8117—1987

汽轮机热力性能验收试验规程 第1部分:方法A——大型凝汽式汽轮机高准确度试验

Rules for steam turbine thermal acceptance tests—Part 1:Method A—High accuracy for large condensing steam turbines

(IEC 60953-1:1990,IDT)

2008-07-02 发布　　2009-04-01 实施

中华人民共和国国家质量监督检验检疫总局
中国国家标准化管理委员会　发布

前 言

标准 GB/T 8117《汽轮机热力性能验收试验规程》分为若干部分，其中：

——第 1 部分：方法 A——大型凝汽式汽轮机高准确度试验；

——第 2 部分：方法 B——各种类型和容量的汽轮机宽准确度试验；

——第 3 部分：方法 C——改造汽轮机的热力性能验证试验。

本部分为 GB/T 8117 的第 1 部分。

本部分等同采用 IEC 60953-1:1990《汽轮机热力性能验收试验 第 1 部分：方法 A——大型凝汽式汽轮机高准确度试验》(英文版)。

在本部分起草过程中，指出了 IEC 60953-1:1990 原文中的几个错误，得到 IEC 技术委员会的答复，做了以下相应的修改：

a) IEC 60953-1 原文表 1 的注 5 中，"3 kPa"改为"0.3 kPa"；

b) IEC 60953-1 原文图 3a)和图 3b)中，图形符号"注入示踪剂"和"取水样"注反；

c) IEC 60953-1 原文图 4 中，图形符号"轴封注水出口温度"和"轴封注水出口流量"注反；

d) IEC 60953-1 原文图 B.2 中，喉部雷诺数符号"R_d"改为"Re_d"；

e) IEC 60953-1 原文图 B.4 中，"0.25 mm"改为"0.025 mm"。

为便于使用，本部分作了下列编辑性修改：

a) 删除 IEC 60953-1 原文的"前言"和"序言"；

b) 新增加"规范性引用文件"一章，并对 IEC 60953-1 的章节重新排序；

c) 对 IEC 60953-1 原文中的表重新进行排序；

d) 对 IEC 60953-1 原文图中的部分内容进行重新编译；

e) 对 IEC 60953-1 原文正文中的脚注重新进行排序。

本部分代替 GB/T 8117—1987《电站汽轮机热力性能验收试验规程》。

新修订的 GB/T 8117 系列标准与 GB/T 8117—1987 相比，在适用范围、结构、内容及要求等方面有很大的变化。前者根据 IEC 60953 对应地分为若干部分，用不同的方法实施汽轮机热力性能验收试验和评估汽轮机热力性能，且各部分可单独使用，更加适用于不同的机组和不同的验收试验要求的需要。GB/T 8117—1987 则是比较简单的通用试验标准。

本部分主要适用于大型凝汽式汽轮机高准确度热力性能验收试验，试验的要求更严格，仪表校验要求高，测量不确定度高，测量结果可直接与标准值比较，并考虑了湿蒸气焓的测量和核电站放射安全等问题。

本部分的附录 A、附录 B、附录 C 均为规范性附录。

本部分由中国电力企业联合会提出。

本部分由全国汽轮机标准化技术委员会(SAC/TC 172)归口。

本部分负责起草单位：西安热工研究院有限公司、上海发电设备成套设计研究院。

本部分起草人：施延洲、刘晨、刘向民、张华民、赵毅、胡先约、杨寿敏、程钧培、刘志江、郭建林、安敏善、叶奋、周良茂、朱立彤。

本部分的代替标准的历次发布情况为：

——GB/T 8117—1987。

引　言

随着测试技术的迅速发展和汽轮机容量的增大，有必要对有关验收试验标准 GB/T 8117—1987 进行修订。

为满足我国电力工业发展和国际贸易的需要，所以整个标准将对应 IEC 60953 分为若干部分，用若干不同的方法实施汽轮机热力性能验收试验和评估汽轮机热力性能，且各部分可单独使用。

本部分适用于大型凝汽式汽轮机高准确度热力性能验收试验。

1)　有关不确定度的基本原理与数据

标准的第 1 部分(方法 A)适用于获得高准确度的汽轮机性能水平的试验，其测量不确定度为最小，试验过程中的运行条件要严格遵守，并强制执行。

方法 A 是采用校验过的最准确的专用仪表并使用现有最好的测试方法。试验结果的不确定度相当小，并在试验结果与保证值进行比较时不必考虑。对于火电机组，该不确定度不大于 0.3%；对于核电机组，则不大于 0.4%。

试验的准备和实施所需的仪表及人工费用，对于大容量机组或首台机组，在经济上一般还是合算的。

标准的第 2 部分(方法 B)适用于各种类型和容量的汽轮机，有适当测量不确定度的性能验收试验。试验仪表和测量方法应遵循本标准的规定，主要采用标准仪表及标准的试验方法，也可完全采用经校验的高准确度仪表。试验结果的测量不确定度按本标准提供的计算方法确定。除非合同中另有规定，通常在试验结果与保证值进行比较时考虑试验结果的测量不确定度，因而验收试验的总费用与待测定的保证值的经济价值有关。

在方法 B 中，对试验过程中的运行条件的规定较为灵活，并且当这些规定不能满足时，还推荐了一些处理办法。

试验如采用了符合标准的仪表及方法，对于大型凝汽式火电机组，试验结果的测量不确定度通常在 0.9%～1.2% 之间；对核电机组在 1.1%～1.4% 之间；对背压式、抽汽式和小容量凝汽式机组，在 1.5%～2.5%之间。通过提高仪表准确度，主要是通过增设主流量测点和校验主流量测量装置，可进一步减小测量结果的不确定度。

2)　方法 A 与方法 B 之间的主要差别

在方法 A 中，有关说明指导试验人员进行试验的准备、实施以及测量技术等方面的内容比方法 B 更为详细。在方法 B 中，将此类的细节处理较多地留给了试验人员自行判断和决定，因而要求试验人员具有足够的经验和专长。

3)　指导性原则

在方法 A 中，对试验准备和试验条件的要求，尤其如试验的持续时间、试验工况的偏离和稳定性以及双重测点值之间所允许的差别等方面都更严格。

试验最好在开始投运后 8 周内进行。目的在于把汽轮机性能的劣化及汽轮机发生损伤的风险降低到最小程度。

在此期限内宜进行(包括焓降试验在内)一些预备性试验，以监视汽轮机高压缸和中压缸性能的变化。然而这些试验不能得到低压缸的性能，因而应尽早进行验收试验。

在任何情况下，当使用方法 A 时，如果焓降试验表明高压缸或中压缸的性能下降，或者由于电厂条件要求将预备性试验推迟到首次启动 4 个月之后进行，则验收试验宜延期进行。

当使用方法 A 时，不允许将试验热耗率按启动焓降效率试验的结果进行修正或进行老化修正。

如果试验不得不延期，方法 A 建议试验在首次大修后进行，并推荐了在试验前确定汽轮机大体状况的几种方法。

4） 测量仪表和测量方法

a） 电功率测量

除了在两种方法中要求的电功率测量条件相似之外，方法 A 还要求在每完成一次试验之后，用对比测量法校核仪表，两者之间的允差不大于 0.15％。

b） 流量测量

方法 A 要求用校验过的节流装置来测量主流量。其中推荐使用喉部取压喷嘴，这里提供了设计与使用方面的详细说明。

校验这些装置，应连同其上、下游管段及整流器一道进行，并且提供了需由流出系数校验值外推的方法。

在方法 B 中，通常使用标准节流装置测量流量。对需要降低总的测量不确定度的场合，建议对标准节流装置进行校验。为了降低测量不确定度，建议对主流量测量采用双重或多重测点。在标准中还介绍了一种检查其测量一致性的方法。

c） 压力测量

方法 A 与方法 B 对压力测量的要求和建议基本上相同，仅对凝汽式汽轮机排汽压力的测量方法有些不同。

d） 温度测量

在两种方法中，温度测量的要求基本相同。然而方法 A 在技术细节上更为严格，要求如下：

——试验前、后需校验；

——主要温度双重测量值的最大偏差为 0.5 K；

——带连续导线的热电偶；

——所要求的总准确度。

e） 蒸汽品质测量

方法 A 与方法 B 完全相同。

5） 试验结果的计算

在方法 A 与方法 B 中所阐述的数据整理和试验结果的计算方法相同，但在方法 A 中，定量分析要求更为严格。

为避免由于未满足某些要求而使试验作废，方法 B 提供了一些处理此类情况的建议。

另外，方法 B 还提供了测量变量和试验结果不确定度的详细计算方法。

方法 B 还为在规定试验期限之后和不经事先检查而进行试验及评价推荐了一些其他方法。

6） 试验结果的修正及与保证值的比较

方法 A 和方法 B 都提供了把试验结果修正到保证工况的方法。

方法 A 提出将试验结果与保证值进行比较时，不考虑试验结果的测量不确定度。

方法 B 提供了范围较宽的修正办法。此外，在与保证值比较时考虑试验结果的测量不确定度。

7） 使用建议

因为在电厂设计阶段就要考虑要采用的验收试验方法，因而，宜尽早确定采用何种方法，并最好在汽轮机订货合同中予以确定。

方法 B 能适用于各种类型和容量的汽轮机验收试验。宜尽早确定所要求的测量不确定度，以便在电厂设计中采取必要的措施。

如果保证范围是整个电厂或其大部分设备，则在验收试验中可根据该保证值的定义，使用任何一种方法中的相关内容。

汽轮机热力性能验收试验规程
第1部分:方法A——大型凝汽式汽轮机高准确度试验

1 范围和目的

1.1 范围

GB/T 8117 的本部分主要适用于驱动发电机的凝汽式汽轮机高准确度的热力性能验收试验,某些条款也适用于非发电用途的汽轮机。

本部分提供了过热蒸汽或饱和蒸汽轮机的试验方法。其中包括确定湿蒸汽比焓所需的测量及方法,并叙述了在核电厂中考虑到放射性安全条例情况下,进行试验所需要的预防措施。

本部分的部分内容也适用于背压式汽轮机、抽汽式汽轮机及混压式汽轮机的热力性能试验。对于具体情况,只需应用本标准的相关条款。

本部分规定了验收试验的准备、实施、评估的统一规则,同时也包含进行验收试验条件的细节。

如有本部分未涉及的任何复杂或特殊情况,则制造商和买方应在合同签订之前达成适当的协议。

1.2 目的

本部分所叙述的汽轮机和汽轮机组热力验收试验,其目的是验证制造商所提供的以下保证值:

a) 汽轮机组的热效率或热耗率;

b) 汽轮机的热力学效率或汽耗率或规定蒸汽流量下的输出功率;

c) 主蒸汽通流能力和(或)最大输出功率。

保证值及其条款应表达完整而且无矛盾(见3.4)。验收试验还可包括按保证条件进行修正所需的一些测量,并检查试验结果。

1.3 合同中应考虑的事项

本部分的某些事项要在早期就予以考虑,这些事项将在下列条款中论及:

条款

1.1(第5段)

1.2(第2段)

4.1(第3段和第4段)

4.3.3(第1段)

7.6

7.8

2 规范性引用文件

下列文件中的条款通过 GB/T 8117 的本部分的引用而成为本部分的条款。凡是注日期的引用文件,其随后所有的修改单(不包括勘误的内容)或修订版均不适用于本部分,然而,鼓励根据本部分达成协议的各方研究是否可使用这些文件的最新版本。凡是不注日期的引用文件,其最新版本适用于本部分。

GB/T 755.2 旋转电机(牵引电机除外)确定损耗和效率的试验方法(GB/T 755.2—2003,IEC 60034-2:1972,IDT)

GB/T 2624 用安装在圆形截面管道中的差压装置测量满管流体流量(GB/T 2624.1～2624.4—2006,ISO 5167-1～5167-4:2003,IDT)

GB 3102.3—1993 力学的量和单位(eqv ISO 31-3:1992)

3 单位、符号、术语和定义

3.1 通则

国际单位制(SI)适用于本标准,因而避免了所有换算系数。

在3.2的表1中列出了所有有关量的法定计量单位,同时也提供了热耗率采用W/W以外的一些单位时的换算系数,在3.3的表2和表3中列出了所有有关量的下标、上标和定义。

3.2 符号和单位

下列符号、定义及单位适用于本标准。

表1 量的符号、定义和单位

量	符号	单位	十进倍数或分数单位的示例	其他ISO单位
功率	P	W	kW	
质量流量	$\dot{m}$	kg/s		
绝对压力	p_{abs}	Pa	kPa	bar[1)]
表压力	p_e	Pa	kPa	bar[1)]
环境压力(大气压)	p_{amb}	Pa	kPa	bar[1)],mbar
压差	Δp	Pa	kPa	
热力学温度	T,Θ	K		
摄氏温度	t,θ			℃
温差	Δt	K		
垂直距离	H	m	mm	
比焓	h	J/kg	kJ/kg	
比焓降	Δh	J/kg	kJ/kg	
比热	c	J/(kg·K)	kJ/(kg·K)	
蒸汽干度(即饱和蒸汽的质量干度)	x	kg/kg	g/g	
转速	n	s^{-1}		min^{-1}
速度	v	m/s		
密度	ρ	kg/m^3		
比容	υ	m^3/kg		
直径	D	m	mm	
重力加速度	g	m/s^2		
热效率	η_t	W/W	kW/kW	
热力学效率	η_{td}	W/W	kW/kW	
热耗率	HR	W/W	kW/kW	kJ/(kW·s),kJ/(kW·h)
汽耗率	SR	kg/(W·s),kg/J	kg/(kW·s),kg/kJ	kg/(kW·h)

表 1（续）

量	符号	单位	十进倍数或分数单位的示例	其他 ISO 单位
热流量	$\dot{Q}$	J/s	kJ/s	
汽蚀系数		1		
浓度	C	按示踪剂的性质		
按 7.6 a)定义的修正系数	F	1		
按 7.6 b)定义的修正系数	F^*	1		
等熵指数	κ	—		
流出系数	C_d	—		
流量系数	α	—		
1) CIPM 和 ISO 允许暂时使用于流体测量的单位。				

热耗率和热效率之间的关系：

热耗率单位	关系式
W/W，kW/kW，kJ/(kW · s)	$HR=\frac{1}{\eta_t}$
kJ/(kW · h)	$HR=\frac{3\ 600}{\eta_t}$
kJ/(MW · s)	$HR=\frac{1\ 000}{\eta_t}$
kcal/(kW · h)	$HR=\frac{859.845}{\eta_t}$
BTU/(kW · h)	$HR=\frac{3\ 412.14}{\eta_t}$

3.3 下标、上标和定义

表 2 量的下标和定义

量	下标	位置或定义
功率	b a g c i mech	在发电机端处 非汽轮机驱动的辅机耗功(见 5.2.3)(也见 GB/T 755.2) 净输出功率：$P_g=P_b-P_a$ 在汽轮机联轴器处的功率，如辅机由外部驱动，还要扣除辅机的耗功(见 5.2.3) 汽轮机内部 泵及其驱动装置的机械损失
新蒸汽流量和输出功率	max	调节阀全开时的值
蒸汽参数和流量	1 2 3 4	紧靠包括汽轮机合同中高压缸主汽阀和蒸汽滤网(如果有)之前 在汽轮机高压缸排汽口去再热器处 紧靠中压缸再热汽阀前 汽轮机至凝汽器排汽口处

表 2（续）

量	下标	位置或定义
凝结水和给水的参数及流量	5	在凝汽器出口处
	6	在凝结水泵入口处
	7	在凝结水泵出口处
	8	见图 1a)
	9	在锅炉给水泵入口处
	10	在锅炉给水泵出口处
	11	在最后一级给水加热器出口处
	b	在流经凝结水泵及合同中包含的任何冷却器（油、发电机、气体/空气）之后
	d	在疏水冷却器出口处
	a	在射汽抽气器冷却器出口处
	is	指送至过热器用以调节新蒸汽温度的部分给水
	ir	指送至再热器用以调节再热蒸汽温度的部分给水
补充水参数和流量	m	紧靠凝结水系统或蒸发器入口法兰处的测量值
密封汽参数和流量	g	由一独立汽源供至汽封的蒸汽
	gl	包括在新蒸汽流量中并回到系统中的那部分汽封和阀杆漏汽
	q	在进汽端或再热器前引出系统外用的汽封和阀杆漏汽，其质量和热量均不再返回汽轮机热力系统
	qy	类似 q 项，但漏汽点位于再热器后一处或几处
主蒸汽流量和浓度	M	反应堆出口处的主蒸汽流量
质量流量和浓度	F	指反应堆的给水
	core	指流过反应堆堆芯的介质
	cond	指凝结了的蒸汽
	inj	指注入的示踪剂溶液
	E	压水堆堆芯入口处
	R	自汽水分离器来的再循环水
凝汽器冷却水	w	
	wi	凝汽器入口处
	wo	凝汽器出口处
	wio	凝汽器进、出口之间的平均值
效率	t	热的
	td	热力学的
焓降	s	指等熵焓降
速度	throat	在测量流量喷嘴的喉部
静压	sat	水在相应温度下的饱和压力

表 2（续）

量	下标	位置或定义
浓度	wat L B inj 0	在水相中 在沸水堆泵循环回路中 在压水堆排污水中 注入的示踪剂的 在示踪剂注入前的注入点处
试验结果和保证值	g c m	保证的 修正后的 测量的
修正系数 F 或 F^*	tot 1、2、3 η P	所有单项修正系数的乘积 单项修正系数的编号 对效率修正 对输出功率修正
通用	i,j	计数用的下标

表 3　量的上标和定义

量	上标	定　义
效率	′	计算机算出效率的基准值
通用	—	平均值

3.4　保证值和试验结果的定义

通常采用几个在技术上专用的量，来定量描述一台汽轮机或汽轮机组的热力学性能。保证值就是以这些量来表示，因而应据此来评价试验结果。

这些量的一般定义总是十分明确，但在每一种情况下，其具体细节上可能有所不同，应予以充分考虑(参见 1.2)。

3.4.1　热效率

对于一台具有给水回热系统的电站汽轮机而言，热效率是重要的性能指标。其定义为输出功率与外界输入该循环系统的热量之比。

$$\eta_t = \frac{P}{\sum(\dot{m}_j \Delta h_j)} \qquad \cdots\cdots(1)$$

式中：

$\dot{m}_j$——被外界加热的质量流量；

Δh_j——最终得到的焓升。

对于每一具体机组都要规定一个包括终端参数在内的保证热力循环，作为保证值定义与试验评估的基础。该热力循环宜尽可能地简单，并且尽量接近试验时的实际热力循环(参见 4.4.4)。

对于按照图 1a)所示的一台具有一次再热和给水回热汽轮机组，其热效率具体定义为：

$$\eta_t = \frac{P_b(或 P_g 或 P_c)^{1)}}{\dot{m}_1(h_1 - h_{11}) + \dot{m}_3(h_3 - h_2)} \quad \cdots\cdots(2)$$

在试验评估时，任何进出循环系统的额外热量和质量流量，如补给水流量 $\dot{m}_m$、减温喷水流量 $\dot{m}_{ir}$ 或 $\dot{m}_{is}$ 或者空气预热器所用的额外抽汽量，都要通过对试验结果的适当修正予以考虑(见第 7 章)。本定义中未包括的各种泄漏损失应按 6.2.3.4 处理。

在试验循环系统中，由于技术原因而存在的重要热量和质量流量，如减温喷水、反应堆排污等，为了保持较小的修正总量，可以合理的在保证值定义中加入一些附加项。

然而这就改变了所定义的热力学特性，而使最终得到的热效率值与用公式(2)计算出的结果不可直接比较。因为在试验过程中这些额外流量不大可能与修改后的保证值定义中的值完全一致，因此，用这种方法也就不能完全避免修正过程。

在本标准中要描述汽轮机循环系统中所有可能的变化是不现实的，因此，当试验循环系统与保证定义间存在复杂差异时，建议使用 7.6.1 所述的修正方法。

3.4.2 热耗率

习惯并沿用至今的热耗率，与本标准中所用的热效率具有相同的意义。

用国际单位制(SI)表示为：

$$HR = \frac{1}{\eta_t} \quad \cdots\cdots(3)$$

这样计算出的热耗率单位是 kW/kW，即 kJ/(kW·s)。

用其他单位表示的热耗率，只要通过适当的换算系数，即可很容易的换算成热效率值(见 3.2)。

3.4.3 热力学效率

对于全部蒸汽在同一初参数下进入，且全部蒸汽又在一较低压力下排出的一台汽轮机(无给水回热或无再热的凝汽式汽轮机或背压式汽轮机)而言，热力学效率是最合适的指标。其定义为输出功率与等熵做功能力(新蒸汽流量与新蒸汽参数和排汽压力之间等熵焓降的乘积)之比：

$$\eta_{td} = \frac{P}{\dot{m}\Delta h_s} \quad \cdots\cdots(4)$$

热力学效率的数值不取决于新蒸汽和排汽参数，而只表示膨胀效率。

对于一台按图 1b)所示的无给水加热的纯凝汽式汽轮机，其热力学效率的定义表达式则是：

$$\eta_{td} = \frac{P_b(或 P_g 或 P_c)^{2)}}{\dot{m}_1 \Delta h_{s1,4}} \quad \cdots\cdots(5)$$

式中：

$\Delta h_{s1,4}$——点 1 处新蒸汽参数和点 4 处压力之间的等熵焓降。

3.4.4 汽耗率

习惯并沿用至今的汽耗率，作为 3.4.3 所描述汽轮机的另一个性能指标。其定义为新蒸汽流量与输出功率之比，用国际单位制(SI)表达时，与热力学效率有如下关系：

$$SR = \frac{\dot{m}}{P} = \frac{1}{\eta_{td}\Delta h_s} \quad \cdots\cdots(6)$$

用其他单位表示的汽耗率，只要确定了相应的 Δh_s 值后，选用适当的转换系数，即可换算成热力学效率(见 3.2)。

因为汽耗率数值取决于新蒸汽参数和排汽参数，额定参数不同的汽轮机之间汽耗率没有可比性，因此，本标准使用的是热力学效率。

---

1) 视合同中的规定。

2) 视合同中的规定。

3.4.5 主蒸汽通流能力

在规定蒸汽参数(通常蒸汽参数由其他保证值的定义来规定)下,所有调节阀全开时的最大主蒸汽流量即作为汽轮机的通流能力的量度。

3.4.6 最大输出功率

对于一个特定的保证热力循环,也可以对汽轮机在最大主蒸汽流量时的输出功率作出保证。该热力循环与保证热效率时的热力循环可以有一定程度的差异。

4 总则

4.1 试验的预规划

按本标准进行试验的各方,在电厂设计阶段应对试验方法、保证值的解释、测点与测量装置的数量、位置与布置,以及阀门与管道布置等达成协议。这对核电站汽轮机尤其重要,一旦核电站投运后,再进行改动往往是不现实的,且未必总能接近测点。建议对一些最重要的测量,要为测量设备提供一些专用的连接设施,如法兰和温度计套管等,以使验收试验能在不影响仪表正常运行的情况下进行。

选用仪表的原则是:要能够确定功率和进出合同中规定的"系统"热量以及"系统"的边界条件。

为了满足本标准对测量准确度的要求,要进行必要的试验前准备工作和采取必要的措施。

下面列举一些在电厂设计阶段宜达成协议的典型项目:

a) 作为试验计算基础的流量测量装置的位置及其管道布置;

b) 为了保证无不明泄漏流量进出试验循环系统或旁路系统中的任何部件,确定所需阀门的数量及其位置。在核电厂中,可能存在某些不能关断的补给水管路或者应急阀门,对此要进行考虑;

c) 为了保证正确测量,对关键测点上所需温度套管和压力接头的数量和位置的要求;

d) 为了保证正确测量,对关键测点上所需双重仪表接头的数量及位置的要求;

e) 为了避免试验复杂化和引入误差,对泄漏量的处理办法;

f) 测量泵轴封泄漏量的方法;

g) 确定蒸汽品质的方法,包括所需的取样技术,在5.7中提供了推荐方法。

如果在验收试验中要使用电站仪用互感器,则应适当选择其技术规范、安装、精度等级和校验等(见5.2.7)。

4.2 试验准备阶段的协议与安排

a) 参与试验各方在试验前应就如下事项达成协议:试验程序、试验的具体目的、测量方法以及在限定必要修正量下的运行方式、根据合同中的规定工况的修正试验结果的方法和与保证值进行比较的方法。

b) 应就待测变量、测量仪表及其供应者、指示仪表的位置及所需的运行、记录人员等达成协议。

c) 应就获得对比测量的方法达成协议(见4.5)。

d) 应就稳定蒸汽参数和输出功率的方法之类的事项达成协议。

e) 凡在使用中易坏或易损的仪表,应储备经严格校验过的备用仪表,以便随时立即投入使用。在试验过程中,仪表的此类更换都应在观测者的记录纸上清楚地注明。

仪表的安装位置及布置应使记录者能方便地精确读出数值,仪表的校验环境宜尽可能地接近试验过程的工作环境,将仪表置于可控制的环境中即可达到此目的。

f) 过热度小于15 K的蒸汽焓值或蒸汽品质的确定方法,只有试验各方对所用方法商定后方可实施。所达成的协议、确定的方法以及将该焓值或品质值应用于试验结果的方法,均应在试验报告中详细叙述。

任何蒸汽品质的蒸汽流量均可确定,只要将其全部凝结,并测量其凝结水量。

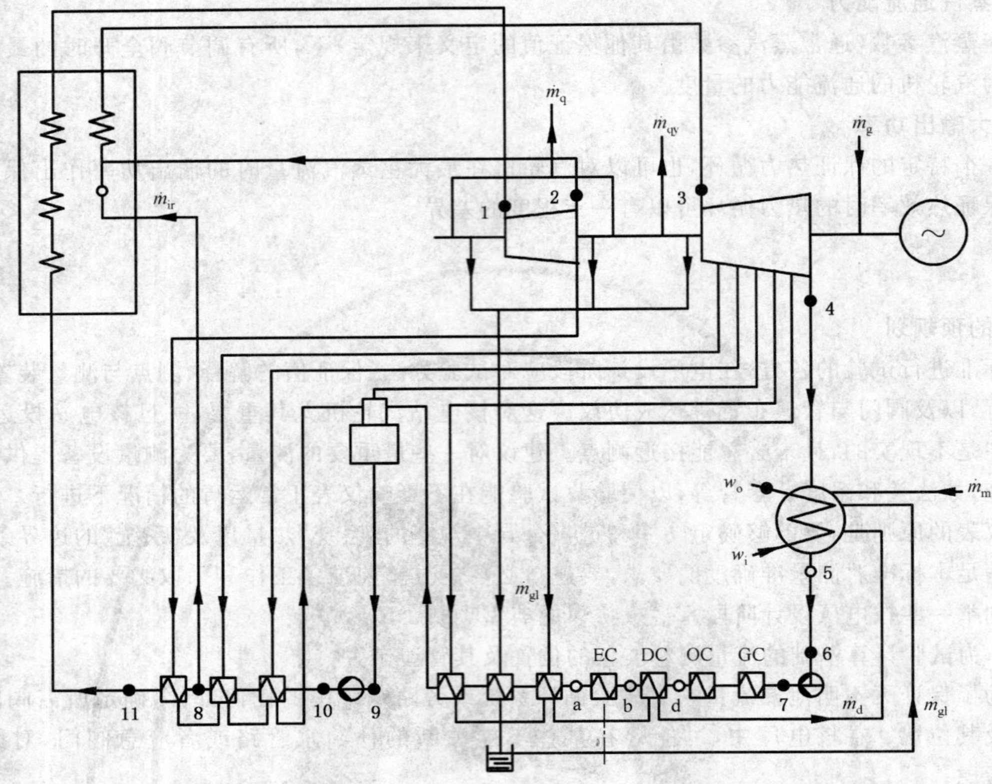

EC——射汽抽气器凝汽器；

DC——疏水冷却器；

OC——冷油器；

GC——发电机气体冷却器。

注：对于其他型式的汽轮机，在相同位置点的编号保持不变，例如，9 总是给水泵入口处，8 可以是 6 至 11 点的某处。

a）再热回热凝汽式汽轮机

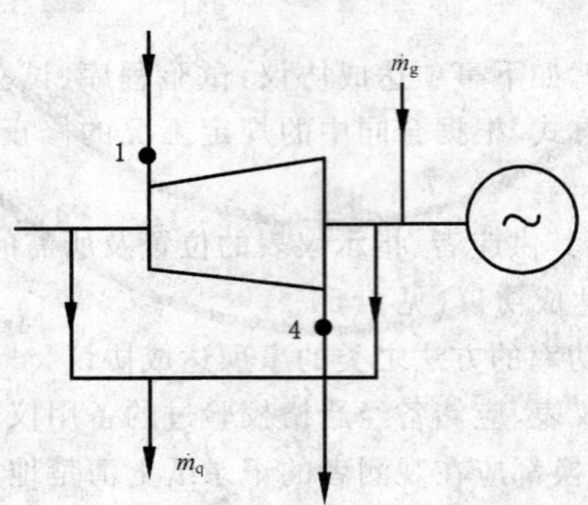

b）无给水加热的纯凝汽式或背压式汽轮机

图 1 符号与下标的注释图

g) 应就仪表的校验方法及由谁在何时校验达成协议。

h) 对按本标准进行试验的任何必需的测量，如果试验各方在试验前达成书面协议，在本标准规定之外的其他测量方法也可使用。凡与本标准规定的方法有任何差异，都应在试验报告中陈述清楚。如无书面协议，则应遵循本标准。

i) 一位独立于各方的专家可作为参与所有协议的一方。

j) 应就运行和记录所需的最少人数达成协议。

4.3 试验计划

4.3.1 验收试验的时间

除非合同中另有规定，现场验收试验宜尽可能按计划在机组首次并网后的8周[3)]内完成，或者在停机检查并消除一切影响机组热力性能的缺陷以后立刻进行。除非另有书面协议，否则验收试验应在合同规定的保证期内进行。

4.3.2 验收试验的指挥

试验之前，各方应对验收试验指挥的职责明确授权，最好是授权给某一个人。该人负责验收试验的正确实施和评价，并在观测准确度、运行工况或运行方式等发生争议时充当仲裁人。该人有权并有责任获得所有必要的详细资料。

买方和制造商授权的代表可一直在试验现场，以核实试验是否按照本标准和试验前所达成的协议进行。

合同中不担任验收试验指挥的一方，也应有机会在试验前及时得到资料。

4.3.3 验收试验的费用

合同中应规定由谁承担验收试验及任何重复验收试验的费用(参见4.5、4.7和4.9)。

4.4 试验的准备

4.4.1 机组状况

在进行验收试验之前，确认汽轮机和被驱动机械，还有凝汽器和给水加热器(如在保证值之列)，都处于良好状况。还要确认凝汽器、给水加热器、管道和阀门的泄漏均已消除。

验收试验之前，供方应有机会检查机组状况，必要时也可由供方自行进行测量。这时发现的任何缺陷，均应予以消除。

虽然本标准是针对汽轮发电机组的性能测试而言，但也要求作为汽轮发电机组合同的一部分而提供的其他设备，在汽轮发电机组试验过程中，应处于完全正常的运行状态并符合正常商业运行要求。如果这些设备是在性能保证合同签定之后的附加订货合同，或者是参与试验各方已商定的在试验过程中停运设备(采取特殊措施)，则该要求就不适用，并应在试验报告中有详细说明，例如，作为汽轮发电机组供货合同的一部分的启动用管道和阀门，它们在启动过程中允许蒸汽旁路部分或全部汽轮机级段以调节温度。

4.4.2 汽轮机的状况

汽轮机的状况一般可通过开缸检查其内部通流部分，或按照4.5中所述的对比测量来确定。

如果对比测量中发现有大的无法解释的差异，则可考虑打开整台汽轮机或某一个汽缸来确定缺陷的所在。

4.4.3 凝汽器状况

如果保证值包括凝汽器的性能，而且是以冷却水流量和温度为条件时，则凝汽器应是清洁，而且系统经检测具有良好的气密性。有关各方应就此类事项达成协议。

---

3) 本意是，在这段时间里，要将汽轮机性能的劣化和遭受损坏的风险减至最小。为监视汽轮机高压缸和中压缸的性能，在此阶段宜进行焓降试验或预备性试验。然而这些试验均不能给出低压缸的性能，因此，有必要尽早地进行验收试验。

任何情况下，如果焓降试验显示出高压缸或中压缸性能有过大的劣化，或因电厂条件使试验推迟到初次启动的4个月后，那么验收试验宜推迟进行。

将热耗率试验结果按启动焓降试验的效率进行修正或进行老化修正是不允许的。

凝汽器的状况应通过打开水室或测量端差来检查,在有结垢[4]的情况下,应卖方要求,买方在验收试验前应予以清洗,或者试验有关各方也可商定一合适的修正方法。

4.4.4 系统的隔离

试验结果的准确度很大程度上取决于对系统的有效隔离。外界的流量宜与系统隔离,无论是系统部件还是流量测量装置的不明内部旁路泄漏,宜尽可能予以消除,以免对其测量。如果对试验期间隔离的这些流量效果有怀疑,则在试验前应做好测量这些流量的准备。

所有不用的连接应堵死,如果不能做到,则应在适当的位置把连接断开,以便在开口处进行连续观测。

在汽轮机首次投运之前,对要隔离的设备、流量以及实现隔离的方法宜取得一致意见,在试验报告中要说明系统的隔离情况。

对于严格进行隔离的验收试验的热力系统,不明泄漏量引起的储水箱工质减少量,宜不大于满负荷时大约新蒸汽流量的0.1%。继续试验之前,过量的不明泄漏应予以消除。凝汽器热井、除氧器水箱和给水加热器、锅炉汽包、汽水分离器、再热器及系统中其他任何储水处的储水量均应予以考虑(见6.2.3.4)。

4.4.4.1 设备和流量的隔离

应与汽轮机主给水循环系统隔离的设备和外部流量如下:

a) 大容量储水箱;

b) 蒸发器及其配套设备,如蒸发器的凝汽器和蒸发器的预热器;

c) 与安全运行有关的启动用旁路系统和辅助蒸汽管路;

d) 凝结水主流量测量装置旁路管;

e) 汽轮机喷水;

f) 主汽阀、再热汽阀和调节阀的疏水管;

g) 与其他机组间的连接管;

h) 除盐设备,除盐设备的隔离,并不意味着将该设备从系统中切除,而是指与其他机组间的联系都应隔离,以及影响主流量测量的再循环管等设备应予隔离,或测量其流量;

i) 用凝结水加化学剂的设备;

j) 锅炉排空;

k) 蒸汽吹灰器;

l) 加热器的凝结水管和给水管路的旁路;

m) 加热器疏水旁路;

n) 加热器壳体疏水;

o) 加热器水室排空;

p) 启动抽气器;

q) 凝汽器水室启动注水口;

r) 电厂供热用蒸汽或水;

s) 蒸汽发生器排污。

4.4.4.2 如未能隔离,应予以确定的流量

下列进出系统的外界流量,会引起流过汽轮机流量的误差,应与系统隔离或予以测量:

a) 锅炉炉门盘管冷却水流量和锅炉液态排渣口盘管冷却水流量。

b) 下列密封和汽封用冷却水流量(供水和回水):

 1) 凝结水泵;

4) 结垢:汽侧的盐、金属,冷却水侧的粘泥、尘灰、细菌、藻类等。

2) 锅炉给水泵；

3) 锅炉水泵或反应堆循环水泵；

4) 无自密封加热器疏水泵；

5) 汽动泵用的小汽轮机；

6) 核反应堆控制棒的密封。

c) 减温水。

d) 锅炉给水泵最小流量再循环管和平衡盘流量。

e) 燃油雾化和加热用蒸汽。

f) 锅炉排污。

g) 锅炉上水管。

h) 汽轮机水封流量。

i) 汽轮机冷却蒸汽的减温水。

j) 汽轮机轴封漏汽及密封系统紧急排放阀。

k) 汽轮机水封溢流。

l) 冲洗汽轮机用的汽管和水管。

m) 除轴封泄漏蒸汽以外，供至汽封调节阀的其他蒸汽。

n) 补充水，如有必要。

o) 除氧器低压运行时的备用蒸汽(例如在低负荷时切换到较高压力的抽汽)。

p) 应尽可能关闭加热器放空气阀，否则关至最小。

q) 除氧器溢流管。

r) 任何水封法兰(例如真空破坏门水封)的漏入水量。

s) 离开系统的泵用密封水泄漏。

t) 工业用自动抽汽。

u) 空气预热器用的蒸汽(如果不可能隔离)。

v) 汽和水取样设备。如果无法隔离水和蒸汽取样装置，取样流量又很大，则应予以测量。

w) 除氧器排空。

x) 反应堆堆芯喷水。

y) 汽水分离器或再热器管疏水冷却用的过冷水。

z) 湿蒸汽汽轮机的缸体和连接管道的连续疏水(如果不包括在保证值内)。

4.4.4.3 从汽轮机主给水循环系统中隔离设备的推荐方法及装置

将各种设备、外界流量与汽轮机主给水循环系统进行隔离，并对隔离效果进行检查，建议采用如下方法：

a) 双重阀，并在其间加装疏水管阀；

b) 法兰堵板；

c) 两法兰间加堵板；

d) 拆开连接短管供观察检查；

e) 观察检查排入大气的蒸汽(例如安全阀)；

f) 已知关闭后无泄漏的阀(经双方试验证实)，在试验前和试验过程中不对其进行操作；

g) 温度指示(仅在一定的条件下适用，需双方同意)；

h) 对宜与系统隔离的任何水箱的水位作准确测量；

i) 宜检查非常重要的隔离阀(例如高压和低压旁路阀)，如有必要，在试验前宜予以封闭。

4.4.5 凝汽器和给水加热器的检漏

对凝汽器和给水加热器应进行泄漏检查，并应采取措施消除任何明显的泄漏(见附录 A)。

对检查如有怀疑,试验后可复查。

4.4.6 蒸汽滤网的清洁度

如果有必要,应在试验前清理蒸汽滤网。

4.4.7 测量设备的检查

试验前应对所有的测量设备的状况及其适用性进行检查,进而确认测量仪表、安装位置及安装方式是否符合有关要求,所有这些检查结果都应记录在试验报告中。

4.5 对比测量

由于汽轮发电机组以外的各种原因,不能在4.3.1所规定的期限内进行全面的性能验收试验。在这种情况下,宜尽早在给定的压力、温度和对于湿蒸汽机组的新蒸汽品质等参数条件下,记录下列数据:

a) 汽轮机级压力;

b) 汽轮机级温度;

c) 输出功率;

d) 调节阀开度;

e) 如果是过热蒸汽,其焓降效率;

f) 威伦斯曲线,即蒸汽流量与输出功率关系曲线;

g) 轴封漏汽量等。

试验即将开始前,在以上同样工况下测取同样数据并与原来的值进行比较,确定汽轮机状况是否有任何明显的变化。

试验各方就性能劣化,应采取的措施进行协商。某些情况下,如果大修能消除影响汽轮发电机组性能上的任何缺陷,则试验宜在第一次大修后立即进行。

4.6 试验的整定

4.6.1 负荷的整定

可以给出保证值,同时按给定的调节阀开度下或规定的输出功率[5]下进行试验。在拟定计划时需知:

a) 在“阀点”上进行试验,其热力性能接近最佳;

b) “阀点”负荷和流量可能不会正好是制造商所预期的值;

c) 试验点的选择宜使制造商有机会进行说明并且买方也有机会了解性能与保证值之间的关系。

当在规定阀门开度下进行试验时,为了获得最经济的负荷值,应允许负荷在保证值的规定负荷的±5%的范围内进行调整。

当采用部分开启调节阀调整试验负荷至合适值有困难时,应允许在试验负荷上、下选两个或多个负荷点进行试验,然后用内插法求得依据本条款整定负荷下的有效试验结果。

对于全周进汽滑压运行的汽轮机,试验应在调节阀全开下进行;同样,对于节流调节的汽轮机,如果保证值的条件是调节阀全开,则试验应在调节阀全开下进行。

如果有手动调节喷嘴或旁路阀,它们也应处在保证值规定的阀位上。如果合同或技术规范中对此不明确,则合同各方应就此取得一致意见。

4.6.2 特殊的整定

不要只为试验目的而对在某个或所有的规定输出功率和运行工况下的连续运行的商业性汽轮机,进行不适当的特殊调整。但以下项目例外:调节放空气量以控制真空;使用负荷限制装置或其他类似的试验控制手段,如为防止汽水内外泄漏而关闭某些疏水阀或其他阀门对系统进行隔离。这些项目应与保证条款相一致,且运行安全和技术上可行。

5) 对于核电机组,以反应堆保证的热负荷为基础进行试验。

试验前,应将汽轮机轴封调整到正常运行状态,并采取措施对影响试验结果的进、出轴封系统的流量进行测量。

4.7 预备性试验

进行预备性试验的目的:

a) 确定汽轮机的状况是否适合做验收试验;

b) 检查所有仪表;

c) 培训试验人员熟悉试验程序。

预备性试验完成后,如果双方同意,则预备性试验可作为一次验收试验。

如果预备性试验不能满意,则应查明原因。如果必要,汽轮机应交给制造商处理,以便制造商进行检查,并确定汽轮机状况是否适合做验收试验。

4.8 验收试验

4.8.1 试验工况的稳定

所有试验开始之前应有一段温度和流量的稳定时间,其持续稳定时间由试验各方商定,因为持续的稳定时间随汽轮机尺寸、内部条件及负荷变化的幅度而异。

凡是会影响到试验结果的任何参数,应在试验开始前尽量使其接近稳定,而且在整个试验过程中保持在4.8.2所规定的允许变化的范围内。

为了保持调节阀节流程度的恒定,宜仅在开启方向上把调节阀的行程限制在选定的位置上,且调速器宜有足够的过调量以使它对电网频率的正常变化不作反应。

4.8.2 试验工况的最大偏差与波动

除非试验各方另有协议,否则,在任一试验过程中,每个变量的试验平均值与规定值间的最大允许偏差以及最大允许波动均不应超出表4中所给的限值。

即使达不到表4所列要求,一般也应在首次并网后(见4.3.1)尽早进行试验。在这种情况下,应采用修正曲线对试验结果予以修正。

4.8.3 试验的持续时间和读数频率

试验所需的持续时间取决于运行工况的稳定和试验数据的采集频率。准确地测出系统内储水器水位变化可能是一个制约因素。

建议一次验收试验的持续时间为2 h,持续时间也可根据协议缩短,但不得小于1 h。

试验期间,主流量差压测量装置一般宜每半分钟读数1次。对输出电功率,如无积算式仪表而用指示瓦特表(见5.2.6),则读数间隔不宜大于1 min。主要压力和温度读数间隔不宜大于5 min。在波动情况下,为了获得具有代表性的平均值(见5.3.5),尤其是流量计的读数,宜采用较短的读数间隔或较长的试验持续时间,能力工况试验的持续时间宜按此选定。

读数时,宜由发令钟向各观测人员发出统一读数时刻,也可根据各观测人员的手表读数,但在每一次试验前这些手表应对准同步。

表4 运行工况的最大偏差与波动

变　量	试验平均值与规定值之间的最大允许偏差	任一试验过程中,相对于平均值的最大允许快速波动(见注1)
新蒸汽压力	绝对压力的±3%(见注2)	绝对压力的±0.5%
新蒸汽和再热蒸汽温度	过热度≤25 K时:±8 K 过热度>25 K时:±15 K	±2 K ±1 K
主流量	未加限定	见5.3.5
湿蒸汽汽轮机进汽干度	±0.005	±0.001

表 4（续）

变　　量	试验平均值与规定值之间的最大允许偏差	任一试验过程中，相对于平均值的最大允许快速波动（见注 1）
排汽压力（凝汽式汽轮机）	绝对压力的±2.5%（见注 5）	±5%
给水温度	±8 K（见注 3）	—
抽汽压力	见注 4	—
功率	±5%	±0.25%
电压	±5%	—
功率因数	可在 1 和（规定值减 0.05）之间变化	—
当凝汽器也属保证范围时，		
冷却水进口温度	±5 K	±1 K
冷却水流量	±10%	—
空气进口温度（空气冷却凝汽器）	±10 K	±2 K

注 1：快速波动指其波动频率为读数频率 2 倍以上的波动。

注 2：在任何情况下，不宜超出制造厂允许的压力和温度变化范围。

注 3：可由锅炉制造厂家或合同来规定必要的限值。

注 4：抽汽压力偏离设计值几个百分点，一般对总体性能的影响可以忽略，如果由于加热器工作不正常致使抽汽量有较大的不相称的偏差时，对总体性能所造成的影响可能很严重，此时就下一步处理办法宜取得一致意见。

注 5：当排汽压力偏离规定值大于 2.5% 或 0.3 kPa 时，只要试验各方中的一方提出要求，就宜通过试验验证排汽压力的修正。

4.8.4　积算式仪表的读数

输出电功率和质量流量的平均值，也可用积算式仪表在试验开始与结束时读数的差值除以相应的时间间隔来确定。

所有的积算式测量仪表宜同时读数，有关的指示仪表也宜同时或接近同时读数。

建议在试验过程中，以相等的时间间隔同时对所有的积算式仪表进行读数，如有需要，在试验结束后，可进行试验一致性的检查，还可调整试验取值的时间范围。

如果所有运行条件保持不变，所有观测值宜在预定试验开始时刻之前的一段时间就开始记录，并在预定试验结束时刻之后再延续一段记录时间。

4.8.5　替代方法

本标准提供了实施某些试验细节的替代方法，试验报告中应说明采用了何种替代方法。

4.8.6　试验记录

每位观测人员都应如实记录自己所观测到的值。所有记录都应至少复写两份，或经双方同意，每次试验后立即进行复印。试验后，各方均应立即收到一份完整的试验记录。

4.8.7　补充测量

建议在试验过程中对汽轮机一级或几级的压力和温度进行观测。这些数据可以用来发现试验之间不一致的原因。

4.8.8　初步计算

在试验结束后应立即初步计算试验结果及修正值，以便确定测量数据的有效性。

4.8.9　试验的一致性

同一负荷点的一组试验，当将其修正到相同的运行条件下，如果试验结果之间的差别大于 0.25%，就应认为试验不一致。

如果在某一试验过程中或一系列试验结果计算过程中发现了严重不一致的现象，除非另有协议，该试验或一系列试验应全部或部分作废。

4.9 验收试验的重复

如果对验收试验结果不满意，应提供供货方机会进行改进，并由其出资重做验收试验。如果有理由怀疑试验结果，合同中任一方也可要求重做试验。

如果供货方由于其责任范围的原因，在验收试验后对机组做过修改，致使保证值可能不再在合理的范围内，买方可要求重做验收试验。

5 测量技术和测量仪表

5.1 通则

5.1.1 测量仪表

一台汽轮机的验收试验通常所需的仪表如下(典型测量布置见图2和图3)：

a) 如果单独测试汽轮机，需一台型号合适的测功计；

b) 对于汽轮发电机组，需要测量输出电功率以及如5.2.3所述励磁耗功(如果励磁机分开供电)和其他辅机耗功的测量仪表；

c) 流量测量装置；

d) 测压力或压差用的弹簧管或静重式压力表、压力计、U型管或变送器；

e) 确定温度的合适仪表；

f) 如果不是过热蒸汽，确定湿蒸汽干度的设备；

g) 确定真空或绝对压力用的水银差压计或水银柱或变送器；

h) 确定进出轴封汽或水的泄漏量方法；

i) 确定凝汽器冷却水泄漏的测量设备，必要时包括空气泄漏量的测量；

j) 大气压力计(见5.4.6)；

k) 确定水银柱、压力计、大气压力计、玻璃外露杆的温度计和在容积式测量箱(如果使用)中测量水温的温度计；

l) 如果系统允许有补充水，对其进行测量所需的压力表、温度计、水表或同等功能的仪器；

m) 用于测量加热器疏水流量的液体流量测量设备，或者按热平衡法确定疏水流量经共同商定的压力和温度测量仪表；

n) 如5.9所述，速度显示仪；

o) 有同步信号装置的标准钟，或同步校准过的钟或手表；

p) 试验期间指示和记录发电机运行参数用的仪表；

q) 如果保证值以冷却水流量和温度为基准，测量该流量的装置，如堰或文丘里管以及测量该温度用的温度计(见5.3.9)；

r) 安装在新蒸汽压力测点之后的任何汽水分离器，其排水量如果没有包括在其他流量测量中，测量该排水流量的装置，如水箱、文丘里管、喷嘴或孔板等。

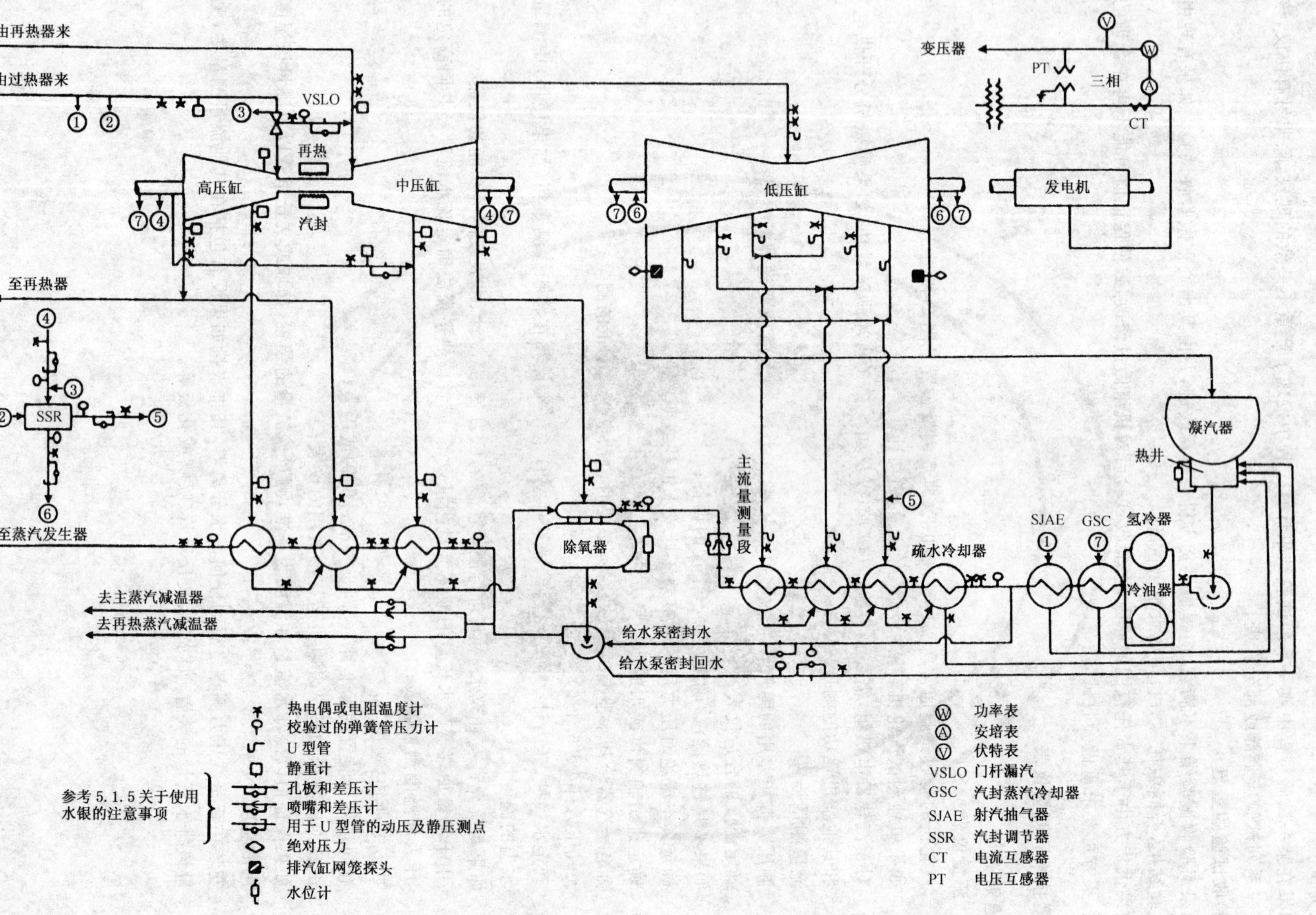

图 2 测量仪表类型和安装位置示意图(具有过热抽汽的高压给水加热器)

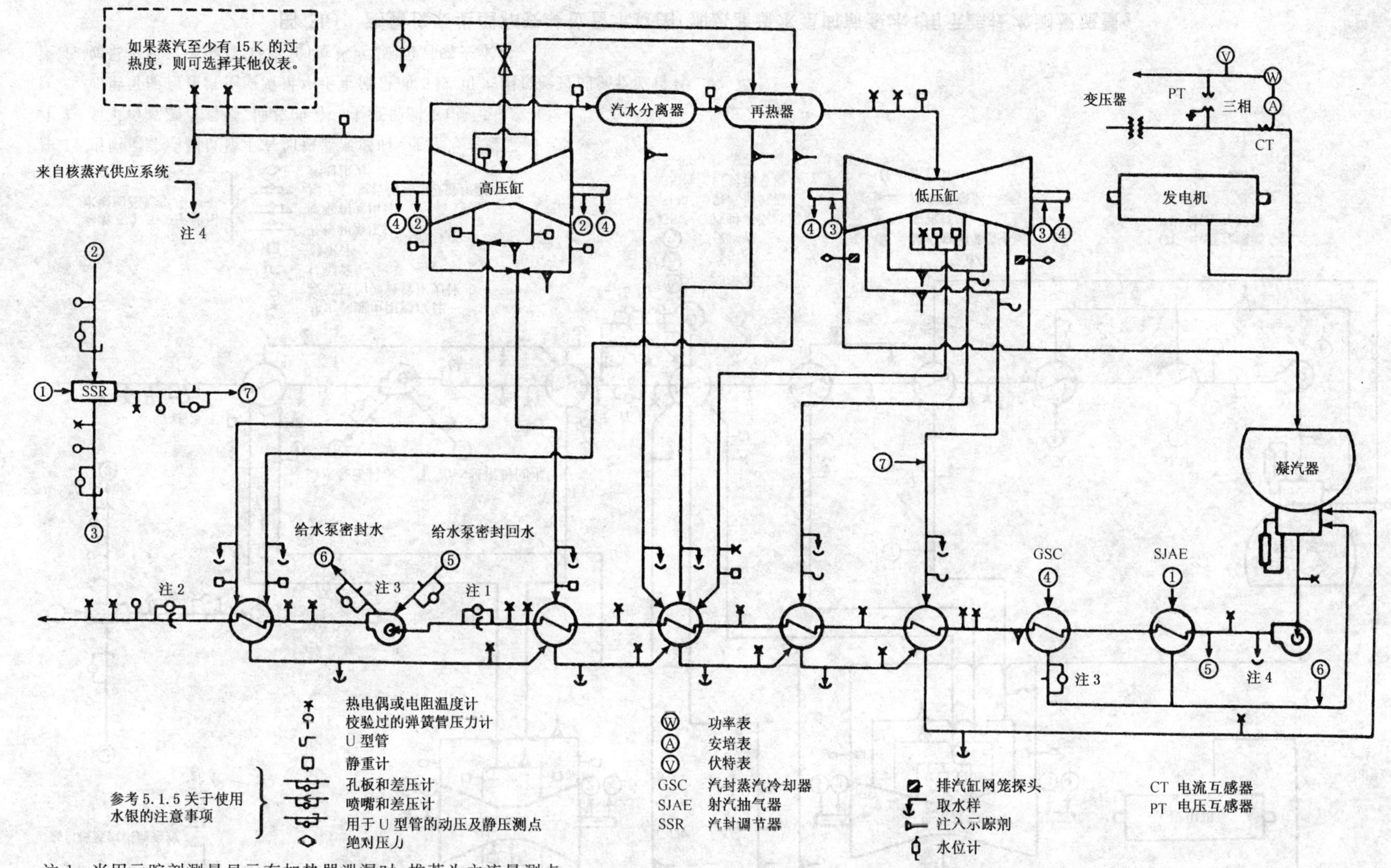

注 1：当用示踪剂测量显示有加热器泄漏时，推荐为主流量测点。

注 2：为了检查测点需要，推荐的另一主流量测点(见 5.2.2.c)。

注 3：如果可能存在汽化或流量小于主流量的 5%，可采用校验过的涡轮流量计。

注 4：如果主蒸汽至少有 15 K 的过热度，则可省略去水样。

图 3a)　测量仪表类型和安装位置示意图(加热器逐级疏水到凝汽器，用示踪技术测量流量)

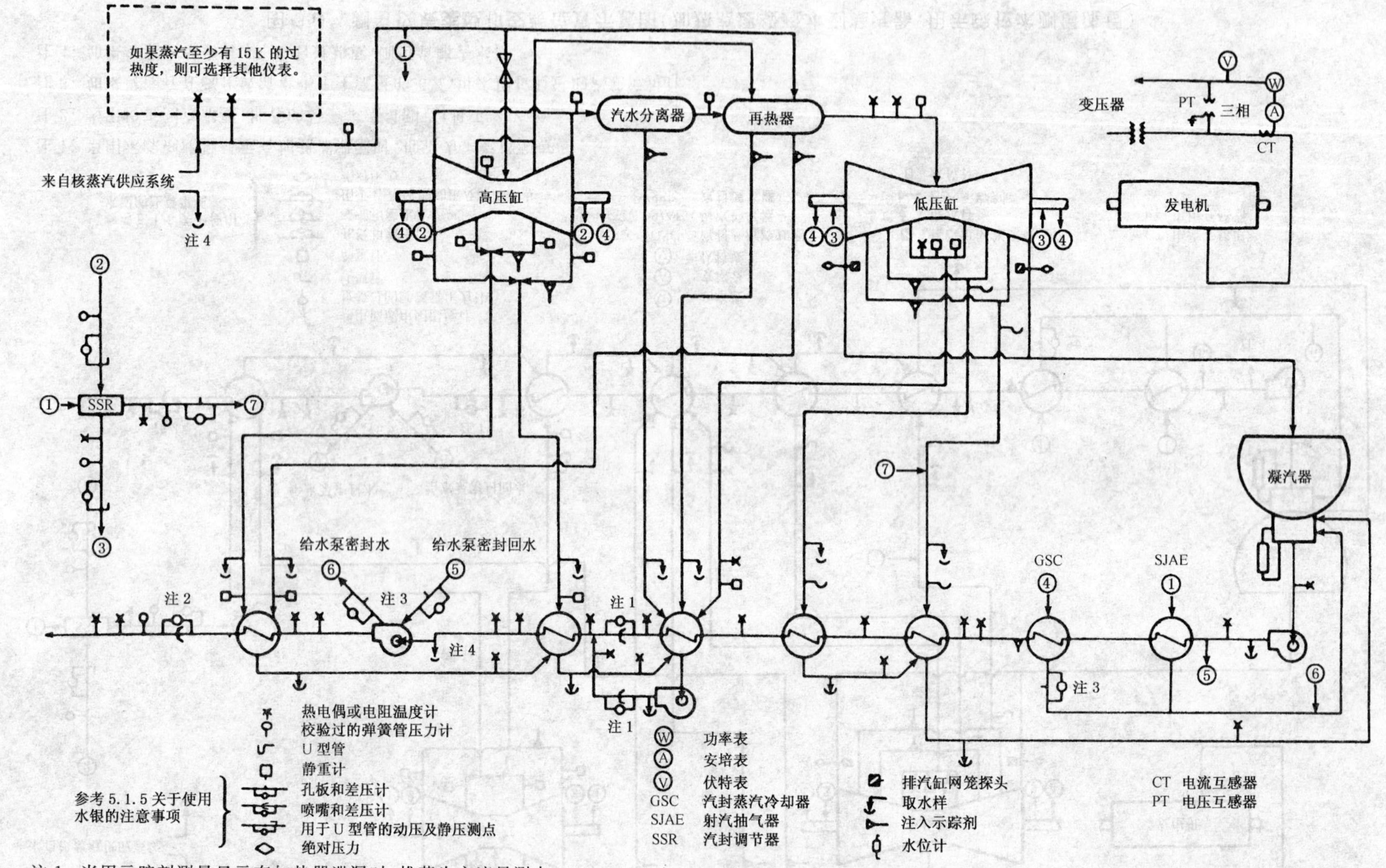

注1：当用示踪剂测量显示有加热器泄漏时，推荐为主流量测点。

注2：为了检查测点需要，推荐的另一主流量测点（见5.2.2.c）。

注3：如果可能存在汽化或流量小于主流量的5%，可采用校验过的涡轮流量计。

注4：如果主蒸汽至少有15 K的过热度，则可省略去水样。

图3b） 测量仪表类型和安装位置示意图（加热器疏水泵向前泵水，用示踪技术测量流量）

5.1.2　测量的不确定度

用于试验结果计算的各个量的测量，都有一定的测量误差。试验结果的不确定度取决于所有测量误差的综合影响。

在计算试验热效率或热力学效率所用的各测量参数中，输出电功率和主蒸汽量最为重要。输出电功率测量的某一百分比误差会给热效率或热力学效率计算带来同样百分比的误差，主蒸汽流量测量的某一百分比的误差，实际上也会带来基本一样的误差。

实测的主流量，应计及机组运行中必不可少的各种辅助流量(见5.3.1和5.3.6)，同时还有许多外界流量。这些流量应被隔离或予以测定(见4.4.4.1和4.4.4.2)，但最终总还有一些不明泄漏存在(见5.3.6.9)。

另外，算出的热效率或热力学效率的不确定度还与在7.4中所述的系统终端参数的测量误差有关，特别是新蒸汽和再热蒸汽的温度的影响。最终给水温度的测量误差也会影响到热效率或热力学效率的计算。在下例中，这些误差在确定焓值的不准确度时给予考虑。

在计算热效率或热力学效率中，为了估算或然误差，建议用由各测量误差分别导致热效率或热力学效率的计算误差的平方和的平方根来表示各测量误差的综合影响。下面的例子说明主要测量误差所导致计算结果的随机误差，只有在完全满足本标准要求并且在良好的机组状况和运行条件下才能够达到该值。

由以下各测量误差引入到热效率的误差为：

电功率	±0.1%
流量测量：	
主流量	±0.2%
辅助流量	±0.1%
不明泄漏量	±0.1%
流量测量的综合误差	±0.25%
焓差的确定	±0.1%
热效率的综合随机误差	±0.3%

5.1.3　仪表的校验

仪表应在试验前校验。在试验之后，这些仪表应按下文规定或双方的协议进行复校。凡经公认的权威机构签发并且在试验期间有效的校验证书，均可接受。

5.1.4　替代仪表

经试验有关各方同意，如果能证明使用这些仪表系统能达到本标准所要求的准确度，一些先进的仪表系统，如采用电子装置或质量流量技术，可用来替代本标准中强制性的仪表。

5.1.5　仪用水银

水银及其化合物可能会与部件的材料起化学反应而引起环境问题。如果水银泄漏，很低的水银蒸发压力使水银蒸发，就会严重危害人员健康。应特别注意并严格遵守所有有关使用水银的规定。如果使用水银，宜采取下列预防措施：

a)　除非正式进行试验，仪表阀门保持关闭；

b)　在仪表传压管上安装快关电磁阀，以便在系统异常时自动关闭；

c)　采用双重水银收集器；

d)　在核电厂，将主流量测量元件置于远离供汽系统的给水系统低温区。

5.2　功率测量

5.2.1　汽轮机机械输出功率的确定

汽轮机机械输出功率可通过以下四种方法之一来确定：

a） 测量发电机端处输出功率(见 5.2.4)，以及发电机的各种损失。

b） 测量扭矩和转速。

只要在安装和使用中仔细确保其准确度，吸收式或扭矩式测功器都允许采用，包括电的或涡流测功器，它们的输入功率是通过静子的反作用来测定。

如果汽轮机辅助耗功，如调速器和润滑油泵等是由外部能源供给，则为了确定汽轮机在联轴器处的净输出功率，应从汽轮机联轴器处功率减去辅助耗功。

c） 建立汽轮机的能量平衡。

围绕汽轮机划定能量平衡边界，用进出该边界所有能量流的代数和求出输出功率[6)]。

d） 建立被驱动机械(如压缩机、泵)的能量平衡。

围绕被驱动机械划定能量平衡边界，用进出该边界所有能量流的代数和求出输出功率[6)]。

5.2.2 锅炉给水泵功率的测量

按保证值定义，对试验结果进行全面计算和修正，通常需要测量锅炉给水泵耗功，其值相当于给水的焓升[7)]。如果给水泵由汽轮机主轴直接驱动，或者由主汽轮机抽汽供汽的小汽轮机驱动，则可能还要加上液力联轴器和变速箱的耗功。

不用测功计时：

a） 如果泵由电动机驱动时，则泵消耗的功率可由考虑电动机效率后的电动耗功和液力联轴器与变速箱的耗功测量值求得。

b） 如果直接由汽轮机主轴驱动，则宜测量泵、液力联轴器及变速箱的耗功。

c） 如果泵由辅助汽轮机驱动，则可通过测量蒸汽流量并使用厂家提供的额定数据，求得其总耗功，也可如 b) 所述，进行实测。

下面是一个锅炉给水泵由汽轮机主轴通过液力联轴器和变速箱来驱动的例子(见图 4)，说明如何能够直接测量泵、液力联轴器和变速箱的耗功。

动力传送及润滑油均在换热器中以水为工质进行冷却。不同于上述布置形式引起的任何变化均要在试验前商定。例子中只有一台泵，但对运行中的每台泵所需的测量项目都是相同的。有些情况下，无法测出通过单个泵的流量或进出每一个泵的注水流量，这时，各个泵单独消耗的功率就无法精确测出，但试验只需得到运行中的锅炉给水泵的总耗功。

泵功最好由通过给水的焓升乘以质量流量来确定：

$$P = (\dot{m}_{10}h_{10} - \dot{m}_{g}h_{g}) + (\dot{m}_{go}h_{go} - \dot{m}_{gi}h_{gi}) \quad \cdots\cdots (7a)$$

轴承、传动装置和液力联轴器耗功，由冷油器冷却水获得的热量来确定：

$$P_{mech} = \dot{m}_{oi}(h_{oo} - h_{oi}) \quad \cdots\cdots (7b)$$

符号的意义见图 4。

焓值可按压力和温度从当前的水蒸汽性质表中查出。

因为泵前后温升很小，温度测量需要很高的准确度。在缺乏精确测量手段时，可用制造商提供的泵效率，结合实测的质量流量和扬程来确定泵功，但制造商提供的数据需是以整个负荷变化范围内的试验为基础，否则这些数据就值得怀疑。

密封水流量和(或)注水流量，在确定质量流量时要予以考虑，辐射热损失通常忽略不计。

6） 微小的能流，如通过传导和辐射散失到环境中去的热能，在多数情况下，可用足够的准确度估算而不必测量。

7） 多数情况下，泵的机械损失和散热损失可忽略不计。

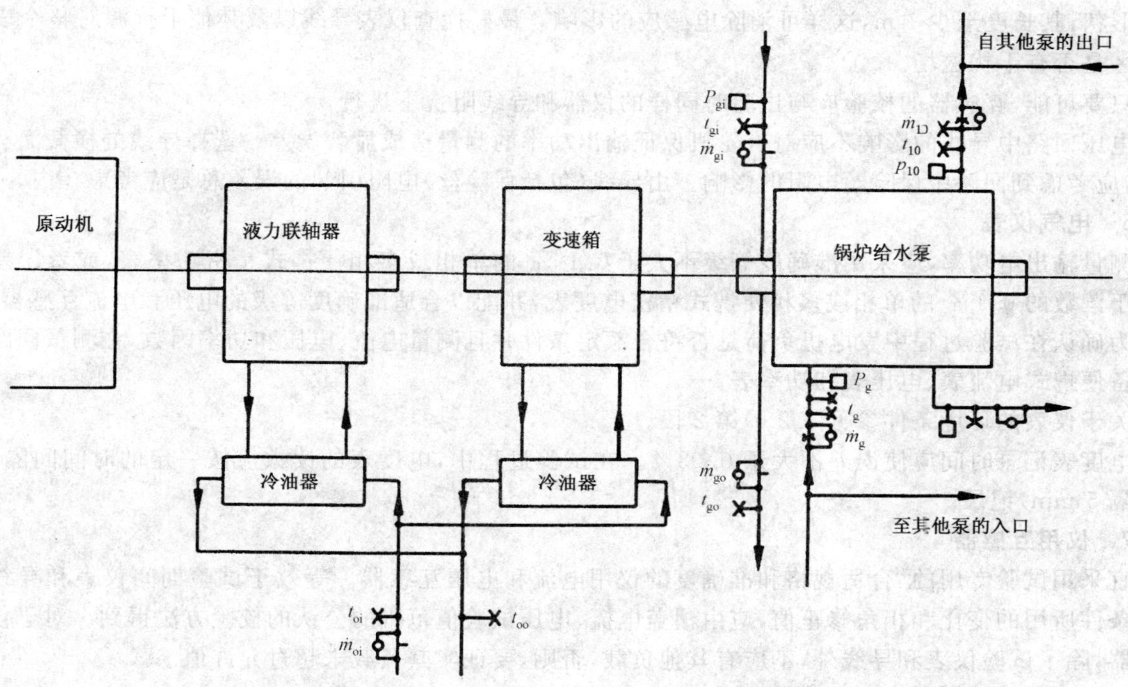

gi——轴封注水入口；

go——轴封注水出口；

oi——冷油器水入口；

oo——冷油器水出口。

图 4　锅炉给水泵功率测量典型仪表布置

5.2.3　汽轮发电机组电功率的确定

汽轮发电机组的净功率由下式表示：

$$P_g = P_b - P_a \qquad (8)$$

当汽轮发电机组的辅机由电动机驱动时，P_a 为该电动机的耗功。上式适用于驱动电动机功率是来自发电机端测点 P_b 的下游，或者驱动电动机功率是由另一独立的外部电源提供的场合[8)]。

当汽轮发电机组辅机耗功是由其他方式驱动时，如由原动机驱动的泵或励磁机，P_a 为该联轴器处的输入功率。

如果励磁机功率来自发电机端 P_b 测点的下游处或来自其他电源，则 P_a 为励磁设备的输入功率。

当汽轮发电机组、凝汽设备和给水加热装置作为整体来保证时，凝汽器和给水加热系统的辅机耗功应按合同的条款处理。

5.2.4　电功率的测量

对于中线直接接地（地面）或四线制的三相发电机，机组功率应采用三功率表法测量。

对于中线通过电阻、电抗或变压器加电阻接地（地面）的三相发电机，机组功率可采用两功率表法，但最好是用三功率表法测量。任何情况下均可用电度表取代功率表。

电功率尽可能用双重表测量，包括双重的电压和电流互感器，这有利于提高测量准确度。

5.2.5　电气仪表的连接

仪用互感器应接在尽可能靠近发电机出线端子上，而且处在电能进、出发电机回路的任何外部连接的发电机侧。

仪表引线的布置不应产生电感应或其他类似原因而影响表计读数。把从仪表接出的各组导线编成

8)　这里不涉及 IEC 34-2。

辫子形状,其长度至少1 m,这样可消除电感应的影响。最好检查仪表导线以及其他干扰源对整个表计布置区是否有干扰磁场。

只要可能,互感器的校验应与试验时同样的仪器和导线阻抗下进行。

电压回路中导线的影响不应对汽轮机保证输出功率的测量造成显著误差。选择导线的横截面和长度时,应考虑到回路中保险丝电阻的影响。由导线(包括保险丝)电阻引起的误差总是应考虑在内。

5.2.6 电气仪表

测量输出电功率,应采用准确度等级不大于0.1 % 的单相或多相便携式精密功率表,或者误差不得大于读数的0.1% 的单相或多相便携式精密电度表,并配以合适准确度等级的电压和电流互感器。

为确认在试验过程中发电机负荷是否符合额定条件并且测量电流、电压和功率因数,在测量回路中应配备便携式电流表、电压表和功率表。

关于仪表的环境条件参见4.2 e)第2段。

电度表记录时间应使误差不大于0.03%。在试验过程中,电度表的读数应按一定的时间间隔(至少每隔5 min)记录。

5.2.7 仪用互感器

宜采用试验专用的、合适规格和准确度的仪用电流和电压互感器。等效于试验期间仪表和导线的负载条件所用的变比和相角修正值,应由覆盖电流、电压试验值范围的公认的校验方法得到。对于仪用互感器,除了试验仪表和导线外,不应有其他负载,否则,要证实其负载未超过允许值。

5.2.8 仪表和互感器的对比性测量及复校

当各相使用单只仪表测量电功率输出时,在每次试验之后,都应立即在现场用标准表对所有的功率表和(或)电度表逐个进行复校。其他仪表,如有任一方要求,应做类似的对比性复校。

遵照5.1.3所述,如果试验后在对功率表或电度表的复校中发现,任何一点的修正值大于规定值(在最准确的情况下为功率表全量程或电度表读数的0.15%),则应立即在该点上再复校一次或多次,直至各修正量间的差别小于功率表全量程或电度表读数的0.1%。取这些复核结果的平均值作为有问题点的修正值。如果过大的差别(大于功率表全量程或电度表读数的0.15%)仍然存在,则应把新测得的校验值作为正确值,且应调查该点可能引入误差的所有试验过程。

对于各相有双重或多重仪表测量电功率的情况下,对不同的仪表测量值要进行比较,最终计算时要用各仪表读数的平均值,如果相互间的差别仍大于0.15%,则应对仪表进行如上所述的对比性测量。

电流、电压互感器无需进行复校或复查,除非对其功能的可靠性有很大的疑问。互感器的校验,最好在现场进行,且不宜拆线,因为这样可以发现偏差存在的原因,如导线的接触电阻、接头的松动等。

5.3 流量测量

5.3.1 待测流量的确定

验收试验时待测的流量可分为两类:

主流量:它与输出功率有直接关系,而且应有高准确度的测量。通常通过测量水的流量才能达到所需的准确度。为验证主流量的测量准确度,以及查找内漏和系统内尚未发现的缺陷,宜至少在两个不同地点同时进行测量并比较结果(见5.3.3)。

辅助流量:它是机组运行所必需的,并且为确定汽轮机新蒸汽和再热蒸汽流量,对主流量测量值进行修正时应予以考虑的流量。

5.3.2 主流量(水)的测量

主流量可用下述方法测量:

a) 根据试验双方的协定,利用校验过的喷嘴或孔板测量(见5.3.2.1和5.3.3);

b) 使用量箱和合适的磅秤直接称重;

c) 用校验过的容积量箱。

对于现代电站的大型机组试验,用称重量箱或容积量箱测量流量是不现实或不经济的,常用的确定流量方法是采用节流装置。

5.3.2.1 **测量主流量(水)的节流装置**

如果校验过的节流装置表明其重复性和准确度均可满足试验双方的要求,则应采用该装置来测量流量。

可从下列推荐的装置中选取:

a) 尖锐边缘孔板(参见 GB/T 2624);

b) 管壁取压喷嘴(参见 GB/T 2624);

c) 椭圆喉部取压喷嘴。该装置未包括在 GB/T 2624 中,但现已被确认为一种精密装置,详细内容见附录 B。

直径比(d/D)的范围建议如下:

喷嘴:0.25～0.50

孔板:0.30～0.65

当水流过孔板和喷嘴时,其压力应保持大于所测温度对应的饱和压力 250 kPa,或者其温度应保持小于所测的最低绝对压力对应的饱和温度 15 K。

应满足 5.3.2.2 所述要求。

5.3.2.2 **测量水流量节流装置的校验**

当每一台节流装置校验时,最好是在雷诺数范围与汽轮机试验中所遇到的相同流动条件下进行。但事实上,现有实验室设备还无法达到在大型汽轮机流动条件下那样大的雷诺数。因而问题在于如何将从现有最大规模实验室试验所测得的流出系数进行最好的外推。其外推值与校验时所能达到的最大雷诺数相对应的流出系数之间的差别不应大于 0.25%。

校验时应连同试验中用的流量测量上、下游管段和整流装置(如果有)一道进行。

校验过程中,应证明节流装置在有关流量范围内选定的校验点上,重复性偏差小于±0.1%。

a) 尖锐边缘孔板

对于尖锐边缘孔板来说,流出系数 C_d 在 0.6 左右,且随着雷诺数的增加而平缓地减小。流量系数 α 值由 GB/T 2624 给出,是上游雷诺数 Re、截面比(孔板/管道)的平方及确定流出系数 C_d 值的取压位置的函数。

作 C_d 随$[10^6/Re]^{0.75}$(对于尖锐边缘孔板)和$[10^6/Re]^{0.5}$(对于喷嘴)的变化曲线时,可得一条直线。该直线的斜率和位置应满足:试验条件下在该直线查得的 C_d 值与在参考曲线上查得的相应值,两者间的差别不大于±0.25%。

b) 管壁取压喷嘴

参考曲线宜由 GB/T 2624 所给出的数据作出,且校验结果与参考曲线之间的差别不宜大于±0.25 %的范围。超出校验范围的部分允许外推,但需遵循喉部取压喷嘴中类似的限制条款。

c) 喉部取压喷嘴

参见附录 B。

5.3.2.3 **主流量测量装置的检查**

应证实整个试验期间,一次元件及其管段均处于洁净无损状态。这应通过试验前后立即检查验证。

5.3.3 **节流装置的安装和位置**

孔板或喷嘴前、后所需的最短直管长度,受上、下游管道布置的影响,详见所引用的 ISO 标准。对于喉部取压喷嘴,如附录 C 所述,上游需装一整流器。

特殊情况下,如果使用其他节流装置,应考虑使用整流器。整流器使用不当,也会引入误差(见附录 C)。

对任何测量元件的校验,应连上、下游的整个的直管段和整流器一起进行。

最好将一台主流量测量装置布置在系统中温度小于 423 K 的地方,使导致测量元件变形的温度效应降到最低限度。另外，较高水温会使雷诺数上升，有时就需要对流出系数曲线外推的更多一些。为了保持流量测量装置的原有特性，最好采取如下措施：

——流量测量装置应由抗腐蚀材料制成；

——当测量装置处在高温管线时，应采取特殊的预防措施以防止变形(测量装置和管道用同一材料制成或布置成使其能够自由膨胀)。

当流量测量装置在垂直管道上时，应对两个取压点的高度差和流过节流装置的水与传压管中的水的密度差进行修正。

为了最大限度减小获得稳定流动的难度，流量测量装置不宜安装在泵的出口。在选择流量测量装置位置时，宜利用系统中现有的热交换器及长管道的阻尼作用。流量测量装置的安装位置宜选择在能避开再循环和旁路流量影响处。如果该要求无法实现，则应有足够准确度来测量外部流量，使其引起的主流量测量误差约在 0.1%以内。

图 3 表示了在加热器逐级疏水至凝汽器的湿蒸汽汽轮机典型的系统流量测点的布置。主流量测点位于低压加热器入口和高压加热器出口管道上，用以检查是否出现泄漏。如果两测量值之间的差别大于 0.1%，则宜对系统的隔离情况进行复查，并宜对流量校验曲线进行审查以及对加热器出现泄漏的可能性要予以考虑。如果该偏差继续存在，而且表明不可能存在给水加热器的泄漏，则宜将凝结水测量作为唯一主流量测量值，因为其温度范围更合适。给水流量宜由凝结水测量值求出。如果该偏差表明加热器有泄漏，则给水流量的测量值宜作为主流量值。如果加热器泄漏由放射性示踪技术确定，则无需设置双重流量测点。只要其准确度与双重流量测点的准确度相当，其他示踪办法也可使用。

如果给水系统中有除氧器，则建议测量进入除氧器前的凝结水量。这样可以消除任何加热器泄漏通过流量测量装置再循环的可能。如果系统中无除氧器，则建议在低压加热器后且锅炉给水泵前测量流量。如果高压加热器疏水在流量测量元件上游汇入主凝结水，则有必要测量高压加热器总的疏水流量，并用加热器热平衡法算出抽汽量，以确定高压加热器的泄漏量。

对湿蒸汽汽轮机，当加热器疏水泵向前泵水时，则也需要双重流量测点，以便确定加热器中是否有泄漏发生。低压流量测量装置的位置取决于循环系统的布置。加热器泄漏也可用示踪剂法测量。

5.3.4 差压的测量

差压测量需要特别仔细，至少应用两套独立的差压测量装置来测量主流量，并且差压测量装置的安装，应注意下列事项：

a) 取压口和差压计间的传压管内径应不小于 6 mm，以尽量减少管内的阻尼。传压管应从流量测量装置处水平引出 1 m，然后连续向下倾斜无起伏地直至差压计。传压管的严密性应采用压力试验来证明。

b) 流量测量装置与差压计间的传压管长度不宜大于 7.5 m，且不宜保温。

c) 布置传压管时，应注意确保连接一次元件和各差压计的两根管子中流体温度的差别不大于 2 K，建议将传压管捆绑在一起使外部对其传热影响为最小。

d) 差压计的传压管在与表计连接之前，应最好进行冲洗。连接件包括阀、三通接头和排放阀，如图 5 所示。它们应能在试验过程中随时切断的传压管以及排气。宜给予足够的时间使两根传压管中的水温达到平衡状态。

e) 为了减少在读数时水银柱波动，在每根管子靠近一次元件处可装有零位移电磁阀，如图 5 所示。这些电磁阀按规定的读数时间间隔关闭与水银柱的位置无关。如果不会引入读数误差，其他能读出瞬时值的方法也可使用。如果使用变送器，则不宜使用电磁阀。

f) 差压计的安装高度宜低于一次元件。如果该要求无法满足，则应采取特别的预防措施，确保系统充分排气，在差压计的上方应有合适的排气罐，其上要有排气阀。同时，在一次元件和差压计间应有隔温水封(管子绕环)。

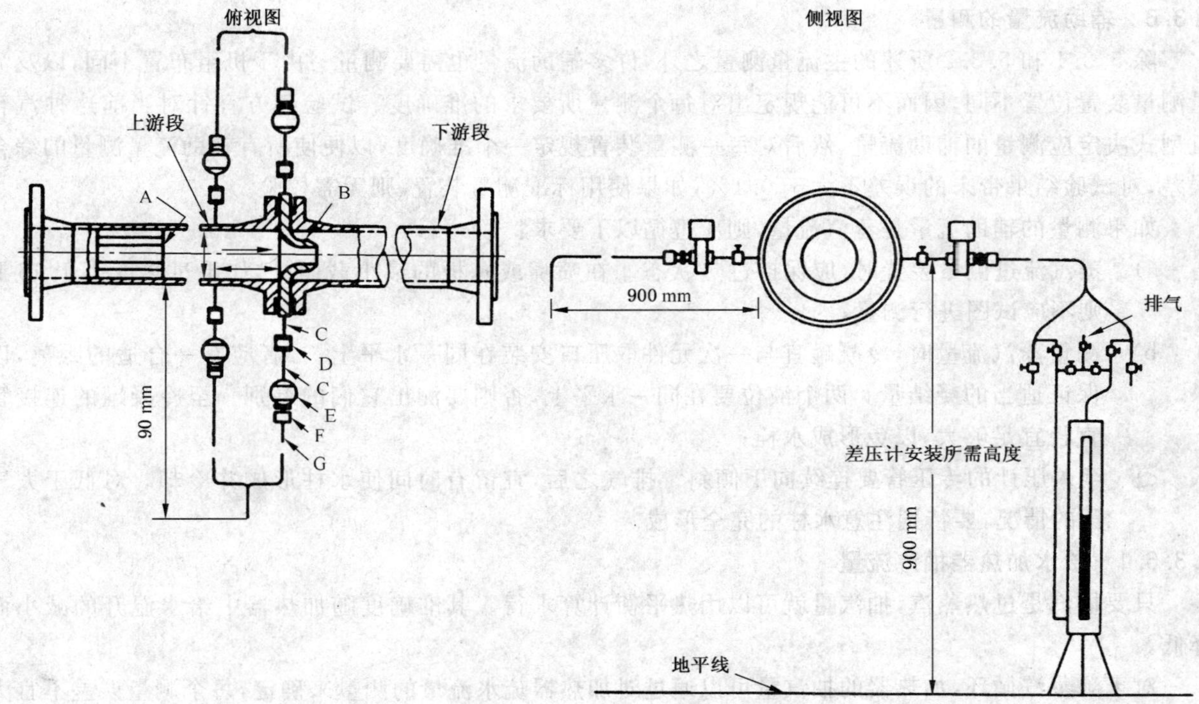

A——整流器；

B——校验过的测量喷嘴；

C——ϕ12，粗管连接头；

D——ϕ12，闸阀；

E——电磁阀(用变送器时不需要)；

F——ϕ12，管接头；

G——ϕ12，管道。

图5 流量测量段与差压计间的连接

g) 每次试验前后，均应证实差压计的零读数小于试验过程中差压读数的0.1%。试验过程中任何时候，由两处取压点上的两台差压计的平均读数在进行了修正之后，其差别不应大于0.2%。

h) 差压计宜为1.2 mm或更大内径的精密型表，宜配有防视差的读数器或其他合适的助读工具，使读数精确至0.25 mm以内，水银应是仪用级的，不挥发残渣含量小于百万分之一。在注入水银前，对差压计应进行认真的清洗。

i) 如果使用压力变送器，差压计的注意事项a)到g)也同样适用。另外，试验前后对其均要进行校验，每次校验都应包括升压和降压两个过程。用校验的平均值来修正试验数据。变送器长期稳定性应仔细记录。所选择的主流量测量装置差压变送器，其误差不宜大于满量程时的0.005%加上读数的0.01%的值，石英波登管式变送器能满足这一要求。

5.3.5 水流量的波动

只有当流量稳定或随时间略有变化时才应对其进行测量。对于超出读数频率一半以上的高频波动，最大允许波幅的平均值为满负荷时读数的1%，对于低频波动为5%。在试验前应通过仔细地调整流量和液位控制或通过在脉动源和测量元件间旁路上采用加装容积(例如泵的旁路)和阻尼(例如在泵的出口处节流)等综合手段来抑制流量的波动。差压计上的阻尼件不能消除脉动引起的误差，因而不应使用。如果在采取了所有的限制措施之后，脉动仍超出以上给出值，在试验开始之前，试验双方需要取得一致意见。

5.3.6 辅助流量的测量

除5.3.1和5.3.2所述的主流量测量之外，许多辅助流量也需要测量。由于机组布置不同，以及流量测量装置位置不同，因而不可能规定出对每个测量所要求的准确度。试验各方宜针对当前这种汽轮机型式决定应测量的辅助流量，然后对每一测量装置规定一个准确度，以便使所有辅助流量测量的综合误差，对试验结果带来的误差不大于0.1%，如果使用标准测量装置，则无需校验。

如果测量的辅助流量是蒸汽流量，则应遵循以下要求：

a) 蒸汽流过测量装置时，应保持过热状态。在喷嘴或孔板的最小截面处，如果过热度小于15 K则不应试图进行测量；

b) 测量蒸汽流量时，冷凝罐宜与一次元件取压口安装在同一水平上，二者应有一合适的距离，以保证适当的凝结量。两个液位要在同一水平上，否则要测出它们的差别。至冷凝罐的连接管直径宜足够大，以免形成水栓；

c) 至差压计的传压管要连续向下倾斜。排气之后，宜留有时间使水柱形成并冷却。对低于大气压的情况，要特别注意水柱的完全形成。

5.3.6.1 给水加热器抽汽流量

只要抽汽是过热蒸汽，抽汽量就可以用热平衡计算求得。其准确度随加热器中给水温升的减小而降低。

对于湿蒸汽循环，加热器的抽汽量可以通过对加热器疏水流量的测量来确定，每个测量误差不宜大于抽汽流量的0.5%。

这一要求可以通过使用校验过的流量测量装置来达到。加热器的疏水流量可以用节流装置来测量，然而对最低一级加热器的可用压降很小，这种情况下，宜使用满足准确度要求的文丘里管或其他压力损失低的一次元件。最好用变送器测量喷嘴、孔板或文丘里管的压降，变送器和一次元件间的连接管应尽可能地短，以便最大限度地减少不稳定流动的阻尼误差，同时应注意消除连接管中的气泡。当变送器安装在高辐射区时，要求将变送器的传压管一直铺设到无污染区，并配有合适的遥控阀门，以便试验期间对变送器进行现场校验，如图6所示。校验的基准宜采用二级标准，误差不大于0.25 %。加热器疏水流量通常很不稳定，为了减小由此引入的误差，变送器的输出宜至少每20 s读1次。用以确定每个测量系统流量的值宜根据各读数平方根的平均值来计算。喷嘴或者由文丘里管、变送器和采集装置组成的整个系统的不确定度，在满负荷时为0.25%，半负荷时为0.5%。为了达到和保持所期望的准确度，变送器宜安装在具有防震且有温度控制的罩壳里，并在试验期间进行现场校验。

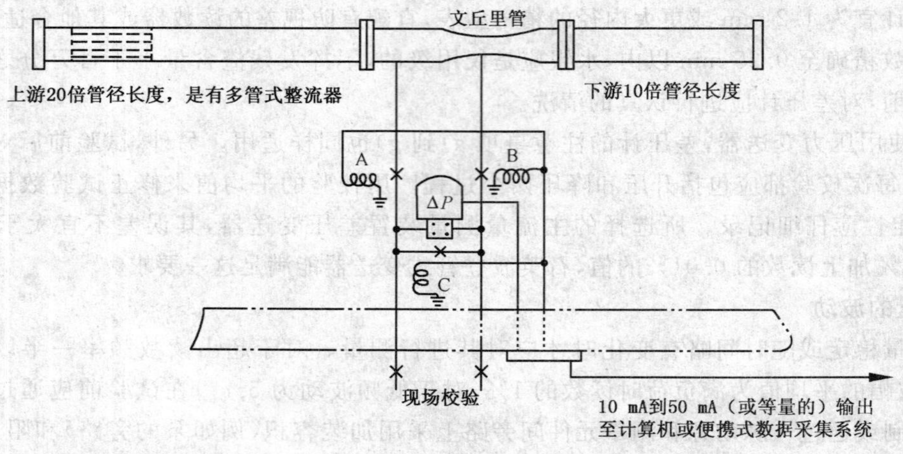

A,B,C——校验用遥控电磁阀。

图6 测量疏水加热器流量的试验布置图

为了避免汽蚀，在确定一次元件尺寸时最好兼顾雷诺数、压损、直径比以及偏差值，而不使临界汽蚀系数小于0.2。

$$K=\frac{P_{\text{throat}}-P_{\text{sat}}}{\frac{\rho}{2}W_{\text{throat}}^{2}} \qquad (9)$$

用环形密封圈或增加环形密封环的长度以提高表计压头的办法，使临界汽蚀系数大于0.2，可缓解汽蚀问题。

如果加热器疏水为过冷水，则也会减少汽蚀问题。如果已用示踪法(见5.7.2)确定了湿蒸汽的抽汽焓，则湿蒸汽的抽汽流量可通过加热器的热平衡来计算确定。

5.3.6.2　高压加热器疏水

当主流量测量装置位于除氧器出口处时，除非对高压加热器已作过泄漏检查，否则高压加热器的疏水流量宜用±1%准确度的装置来进行测量。该流量计宜安装在最低压力满足5.3.6.1中要求的位置处。

5.3.6.3　汽水分离器和再热器的疏水

由于实际的压头小于避免汽蚀的要求，以及机组设计和运行的原因，而不能安装流量测量装置。在这种情况下，可采用示踪技术进行流量测量，其准确度要求应达到在与保证值进行比较时对热耗率的影响不大于0.1%。

5.3.6.4　锅炉给水泵汽轮机的供汽

如果锅炉给水泵汽轮机有独立的凝汽器，则其汽耗量最好通过测量其凝结水流量来确定。

在再热循环中，如果给水泵汽轮机供汽来自主汽轮机的再热器上游某一点抽汽，为了能确定流过再热器的流量，应测量该供汽量。为了检查和复校，测量孔板或喷嘴应可拆卸。

宜采用两组相互独立的差压计或变送器测量其差压值，除非试验前的检查表明两者读数之间的一致性很好。

5.3.6.5　汽轮机轴封泄漏

对于一台再热凝汽式机组，如果蒸汽从高压轴封漏出，不再经过再热器但却在再热器后某处回到了系统，则应尽量用节流装置对该蒸汽流量单独测量，因为在确定再热器供热量时要计及这些流量。

任何轴封蒸汽，不管是针对内部压力还是针对外部压力而设计的，只要有泄漏至大气或汽轮机系统以外的地方，除非经协商将其忽略，否则该流量均应予以测量。最好将其引至一单独的凝汽器并以凝结水方式予以测定。

5.3.6.6　减温喷水流量

当用于调节再热蒸汽温度的减温喷水取自给水回热系统时，应测量该流量。如果新蒸汽温度也用同样的方法调节，则应测量过热减温喷水量，除非该减温水取自最后一级加热器和最终给水流量测量装置下游的某处。

5.3.6.7　锅炉给水泵轴封的密封水量和平衡水流量

为了密封或冷却而供至给水泵轴封的水量，以及返回到系统不同部位的泄漏水量都应予以考虑。这些量可直接增加或减少主流量测量值。锅炉给水泵处所需流量测量的数目取决于主流量测量装置的位置。宜使用校验过的或标准的测量装置，且在试验时应确认其状态良好。

5.3.6.8　储水量的变化

在估算流经系统的凝结水或给水流量时，应考虑到实际试验系统中储水量的变化。

此类储水量的变化，包括凝汽器热井、锅炉汽包、除氧器水箱、给水加热器筒体以及不能与系统隔离的储水箱或疏水箱中储水量的变化。

所有储水容器中的水位变化，宜由紧靠在永久性安装的玻璃水位计上刚性固定临时标尺来测量，或者用变送器连接到试验数据采集系统来测量。

如果容器中的水温与环境温度相差较大(如除氧器储水箱),且采用外露式玻璃水位计,则在将水位变化换算成容器中的质量变化时,宜使用玻璃水位计中水的密度。

与热水容器相连的玻璃水位计,在读数前约半小时内不宜排污,以免因水柱温度变化造成水位变化指示失真。

因为在水位变化测量中时间是一个关键因素,所以试验读数应尽量与试验开始及试验结束的信号同步。

5.3.6.9 泄漏量的确定

泵的内部泄漏、轴封、阀杆泄漏、汽轮机的内部泄漏以及其他泄漏,当无法测量这些泄漏量时,需要用其设计值计算。

5.3.7 特殊的辅助流量

其他一些难得出现或无需测量的辅助流量,具体包括以下各项。

5.3.7.1 抽气器用汽量

射汽抽气器的蒸汽量可由实测的供汽压力和温度以及已知的喷嘴横截面积来计算。当供汽为湿蒸汽时,最好用制造商提供的设计流量。

由抽气设备从凝汽器中抽出的蒸汽量一般可忽略不计。如果要测量,测量方法应由试验各方商定。

5.3.7.2 补给水流量

供至凝结水系统中的补给水流量,应利用喷嘴、孔板或文丘里管以及校验过的水表或容积量箱予以测量。

5.3.7.3 水封

密封水是用于液力轴封或大气排放阀及凝结水泵的轴封等处。因密封需要而要保证一定量的密封水流量时,应测量该流量并要留有一定的裕量。

对于返回到凝结水系统的密封回水,包括湿空气泵的密封,可选择由凝结水流量测点以前的凝结水来密封,并让任何密封回水也返回同一点。这样,则无需对该泄漏量进行测量。但应确保密封系统中无储水量变化及密封水不可能漏到凝结水系统以外的地方。如果凝结水密封外漏不可避免,则应测量其外漏量,并加入凝结水流量中。

5.3.7.4 辅助蒸汽排汽

在正常情况下,排入凝汽器的任何辅助蒸汽排汽,在试验过程中应改排别处或者予以测量。在确定安装测量装置的最佳位置时,宜特别注意其净压头损失和在喉部出现“闪蒸”的可能。

5.3.8 水和蒸汽的密度

计算水的质量流量所需的密度是由准确测量的温度和较为近似的压力计算得出。温度应由精密校验过的仪表测量。如果使用额外的仪表时,它宜安装在一次元件下游至少 10 倍管径处。如果在两级加热器间无外界流量进入,也可采用上一级加热器的出水温度和下一级加热器的进水温度的平均值。为了确保加热器出水温度充分混合,要在加热器下游至少 10 倍管径处测量温度。

计算蒸汽质量流量所需的密度是根据精密压力表测得的压力和用精密仪表或电阻测得的温度而计算得出。确定密度用的基准面要根据流量测量装置的校验方法或标准而定。

5.3.9 凝汽器冷却水流量的确定

当凝汽器的性能包括在汽轮发电机组性能保证值中时,一般才需要确定凝汽器冷却水流量。

在很多场合,由于技术上的困难,直接测量是不可能的或不现实的,因此可通过热平衡计算方便地给予确定。

如果测量是可行的,凝汽器冷却水量可用下列方法之一获得:

a) 管路中安装标准喷嘴或孔板。

b) 管路中安装文丘里管或其他类似设备。

c) 流速表。

d) 皮托管，如果经协商，其差压值能满足所需的准确度。

e) 堰槽法。

尚有一些安装简便的测量方法，但使用它们时需要有足够的专业知识和细心：

f) 使用化学药品或放射性示踪剂的稀释法。

g) 超声波技术。

5.4 压力测量(不包括凝汽式汽轮机的排汽压力)

5.4.1 待测压力

新蒸汽压力测点应位于汽轮机主汽阀前，并尽量靠近主汽阀的蒸汽管道上，如果按汽轮机合同，蒸汽滤网是由制造商供货，则新蒸汽压力应在蒸汽滤网上游的蒸汽管道上测量。如果蒸汽滤网不按汽轮机合同供货，除非合同或技术规范中另有说明，新蒸汽压力要在该滤网的下游管道上测量。

蒸汽滤网应证实是洁净的。如果试验的任一方对其清洁度有怀疑，则试验前应检查，如有必要，还应进行清理。

主汽轮机的高压缸、中压缸和低压缸的进汽压力，锅炉给水泵汽轮机(如果作为给水回热系统整体)的进、排汽压力和抽汽管两端的压力；还有凝结水和给水系统所有泵的进、出口压力均需测量。

取压孔应尽可能布置在远离任何扰动的直管段上。

汽轮机试验过程中所测的压力应是静压。

5.4.2 仪表

应使用静重式压力计、试验用弹簧管压力表或水银压力计。所有这些仪表都可用合适量程和准确度相当的变送器来代替(见5.4.2.5)。

压力显示的波动不应采用关小仪表阀或商用的仪表阻尼器来减弱，但可使用容积腔室来减弱。

5.4.2.1 大于250 kPa(2.5 bar)压力的测量

对于高出液体压力计测量范围，即当压力大于250 kPa时，如果要用水银压力计测量，则建议用静重式压力计测量。试验期间，应检查活塞旋转的灵活性。

5.4.2.2 小于250 kPa(2.5 bar)又大于大气压的压力的测量

对于任何小于250 kPa又大于大气压的压力，可用静重式压力计、弹簧管压力表或最好用水银压力计来测量。

如果用水银压力计测量小于250 kPa又大于大气压的压力，则5.4.2.3所述的注意事项也同样适用。

5.4.2.3 小于大气压的压力测量

小于大气压的压力测量应用水银压力计(见5.1.5)。

水银压力计的玻璃管应是高级无铅玻璃，在其读数区，其内径最好不小于10 mm。

凡需要高准确度测量较小的差压时，最好用硅油代替水银作为压力计的液体。

5.4.2.4 压力计的液体

所用的液体应适合于具体用途，且密度为已知。

压力计所用水银，应纯净无任何外来杂质。纯净的水银在温度为273 K时的密度为13 660 kg/m^3。

对于其准确度会影响到试验结果的重要低压测点读数，如果对压力计中水银的纯净度有杯疑，则应采用纯净的蒸馏水银取代。水银的净化具有相当的技术难度，无经验人员不宜进行此项操作。

5.4.2.5 变送器

如果对变送器的用法和注意事项已有透彻的理解，而且维护和安装得当，则用变送器有可能准确地测量压力。宜认识到，变送器通常比静重式压力计或液体压力计更精密，在使用中也宜相应对待。无论任何变送器，试验前后均需对其进行校验。

变送器宜安装在无振动、无脏物且无较大环境温度变化(如室外)的地方。

如果变送器对环境温度变化很敏感，则在读数前应留有足够的时间(如对石英波登管式变送器约为

2 h)使其稳定。每次试验前、后均应读取零位读数各一次。

5.4.3 取压孔和传压管

取压孔宜与管道内壁垂直。内孔口边缘应是尖锐直角且无毛刺，在至少2倍孔径长度内，孔应笔直且孔径不变。该孔和仪表间的连接管应无垢、腐蚀物等障碍物。

5.4.3.1 对于大于 250 kPa(2.5 bar)的压力

以上5.4.3所述的取压口，孔径应在6 mm～12 mm之间。传压管内径不应小于6 mm且不加保温的金属管以便促使蒸汽冷凝。在安装表计之前，通过仪表阀排净管中的空气。如果不方便，则应尽量在靠近仪表处专门设一排气阀。排气之后，应让传压管冷却以便在打开仪表阀之前形成水柱。

对其读数会影响到试验结果的压力表，其安装位置应使水柱修正为零或达到可忽略不计的程度；如果不方便安装，则仪表可装在高于或最好低于取压口的地方。无论如何，传压管都应尽可能地短，并采取措施，确保其中完全充满水。

当表计装在高于蒸汽管处，传压管应敷设成一虹吸管或绕环管式以形成一储水容积，这样在打开仪表阀时可保护仪表免受热蒸汽的冲击。

5.4.3.2 对于小于 250 kPa(2.5 bar)又大于大气压的压力

如果用静重式压力计或弹簧管压力表，则应装在取压口下方。在紧靠蒸汽管处要装一未保温的凝汽罐，并使其溢流入蒸汽管，以保持罐中水位恒定，水柱修正按5.4.7.1所述进行。注意事项应按5.4.2.1和5.4.3.1所述进行。

如果用水银压力计(见5.1.5)，则在取压口上方应安装一未加保温的凝汽罐，并用内径不小于12 mm的保温管连接测点和凝汽罐，该连接管应连续向下倾斜，无绕环、积水，以便凝结水返回，凝汽罐与位于其下方的水银压力计之间，用内径不小于6 mm的无保温传压管连接。

水柱的修正(应减去)与5.4.7.1同。

5.4.3.3 对于小于大气压的压力

水银压力计应位于取压口的上方，且应采取措施确保传压管内完全无水。

在5.4.3中提到的取压孔直径应为12 mm。传压管内径不应小于6 mm。且采用厚壁的胶皮管较为合适，因为可以减小管内的凝结水量。从压力计至取压口，传压管应连续向下倾斜以确保自由疏水。在传压管的压力计端，应装有三通接头，以便放入吹扫空气消除所有可能附着在传压管内壁上的水分。放入吹扫空气的阀门在关闭状态下应绝对严密。只有在传压管斜率不太大的情况下才需要频繁地吹扫。如果存在水银压力计打破的危险，而水银就有可能被吸入蒸汽管道，则可在传压管的压力计端装一水银收集罐。在传压管的压力计侧无需安装仪表阀，但蒸汽管的取压口应装有一次阀门。

5.4.4 截止阀

每个压力取压处都宜装一合适的截止阀。对于高压测点，在传压管的压力表侧还宜安装二次阀。

5.4.5 压力测量装置的校验

弹簧压力表和变送器，试验前、后均应在与试验中工作温度基本相同的温度下用精密静重式测试仪校验。

使用前，静重式压力计的准确度应以精密静重测试仪作基准对其进行检查。

变送器所需的准确度，宜通过计算压力测量误差对热耗率的影响程度来确定。

5.4.6 大气压力

以水银压力计或水银柱为基准的大气压力，如果可行，应使用玻璃管水银大气压力计确定。大气压力计宜与水银压力计布置同一个房间里，并尽可能处在同一高度上。如果无此类仪表，大气压力可通过以下两种方法或其中之一确定：

a) 取试验时当地公认的气象局的读数，并用气象局和汽轮机车间的高度差作修正；

b) 用空盒大气压力计或其他类型的大气压力计，假定其准确度和适用性均已经过公认的授权机构认可。

大气压力计应是经过公认的国家授权机构认证的玻璃管水银大气压力计或具有同等准确度的其他类型大气压力计。其玻璃管内径不应小于 6 mm。

如果试验任一方有理由对将要用的大气压计准确度产生怀疑,经双方同意,则可将该大气压力计与当地公认的气象局或同等机构的表计进行对照。否则,该大气压力计应在权威试验室用双方同意的方法进行检验。

5.4.7 读数的修正

宜求出试验期间的读数的平均值,然后进行如下修正。

所有传压管中有水柱的压力测量装置,当表计位于取压口之上时,应加上与水柱相当的压力值,当表计位于取压口之下,则应减去与水柱相当的压力值。

凡校验的压力测量装置应进行校验修正。

用液体压力计和玻璃管水银大气压力计测得的绝对压力,应按 GB 3102.3 并考虑下列项目进行计算:

a) 读数的平均值;
b) 标尺长度的温度修正;
c) 单管压力计的毛细管作用修正,除非管径不小于 12 mm;
d) 液体的密度(当考虑另一管的液体时);
e) 当地的重力加速度,以便将读数修正到当地的重力加速度国际标准值 9.806 65 m/s^2;
f) 仅对液体压力计,作大气压力修正;
g) 在考虑液体密度的情况下,取压点与仪表间的海拔高度差和重力差。

5.4.7.1 水柱的修正

为了获得取压口处正确的压力值,蒸汽管道取压口与表计中心线之间水柱的当量压力值应予以考虑。当表计处在取压口之上时,应将水柱的当量压力值加到表计读数中去;当表计处在取压口之下时,水柱的当量压力值应从表计读数中减去:

$$\Delta p = H\rho g \tag{10}$$

式中:

H——取压点与压力表计中心线之间的垂直距离;
ρ——水在环境温度下的密度;
g——当地重力加速度。

5.4.7.2 大气压力计读数的修正

首先应将水银柱读数修正到 273 K 时的值,可有适当允差。对于米制单位,基准温度通常为 273 K。

第二步:应对毛细管作用使水银柱下降予以修正。玻璃管水银大气压力计的标尺定位时,可能已对此作过修正,在此情况下就不必再作毛细管作用的修正。

第三步:如果有海拔高度差,需对大气压力计与该海拔高度基准下的任何水银压力计之间的差别进行修正。

第四步:应对试验地点的重力进行修正。各种修正系数值可从一些公认的标准图表查到,例如国际气象组织的图表、国家气象局的图表以及 Smithsonian 图表等。

5.5 凝汽式汽轮机排汽压力的测量

5.5.1 通则

试验仪器宜给出各个低压缸排汽的平均静压力。通常宜采用多组相互独立的压力感应孔组成,最好是单独连接或利用合适的切换装置依次连接。

下面的规定适用于所有凝汽器布置型式场合,但宜认识到悬挂式凝汽器较侧装式(尤其是整体式)更容易满足这些规定。如果发现根本无法满足下列条款,有关各方宜尽量参照这些条款的精神共同商定一些可以替代的测量方法。

5.5.2 测量平面

除非合同中另有规定，应以凝汽器入口处作为汽轮机和凝汽器两者共同的测量平面。现代凝汽器有横向悬挂式、轴向悬挂式、分体侧装式和整体侧装式四种通用型式。第一种型式凝汽器，其入口一般就是汽轮机的排汽法兰；其余三种型式凝汽器，要确定凝汽器的入口较为困难。在这种情况下，凝汽器入口宜定在尽可能接近凝汽器管束的一个或几个平面上。

5.5.3 取压孔

如果压力分布未知，则排汽静压力应在排汽法兰处或接近法兰的任一侧进行测量，每 1.5 m^2 排汽通道截面不少于 1 个测点。为了限制测点数目，可选用能证明准确度的特定位置。但任何情况下，每个排汽口测点数目不得少于 2 个，也无需超过 8 个。所需的压力值是所有测点的平均值。同一时刻的读数，其相互的偏差如果大于 0.3 kPa，就应查明原因。

对于多排汽口汽轮机，试验测量系统宜给出每一低压缸排汽在凝汽器入口处的平均静压力。

对于表计无需超过 4 个的小型排汽通道，如果沿汽流方向的壁面是直的，而汽流可能是均匀的，则可在壁面取压。如果所需的表计超过 4 个，则其余的取压口最好伸进通道的内部，在这种情况下取压口应加导流板，使蒸汽垂直流过取压口。如果排汽通道里有横穿蒸汽空间的加强肋和支柱，则传压管在穿过它们时应与取压孔表面齐平，且与加强肋表面垂直。传压管的取压口应分布在整个排汽通道截面上，以便尽可能地将取压口设在各等分面积的中心。

穿过排汽通道壁或蒸汽空间的加强肋的传压管，应垂直于壁面且开口端与壁面齐平，开口端的孔径不应小于 12 mm，孔口均匀倒圆且其半径不大于 0.8 mm。孔的另一端可以是适合传压管连接的任何尺寸。排汽通道壁面上或横穿蒸汽空间的加强肋上的取压孔，每个都应配一至少 300 mm×300 mm 的导流板，其中心和压力孔相对，并弯成与壁面曲率一致的形状，与取压孔的距离为 5 cm～7 cm。

如果试验各方同意，可用如图 7 及图 8 所示的特殊探针和网笼，或已经证实准确度的等效设施来取代与壁面齐平的取压孔，但要在试验报告中详述。

单位为毫米

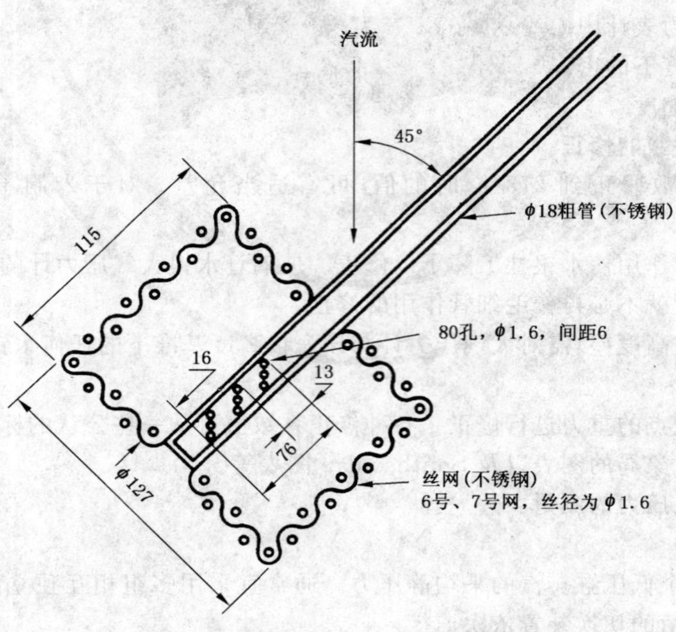

图 7 网笼探头

单位为毫米

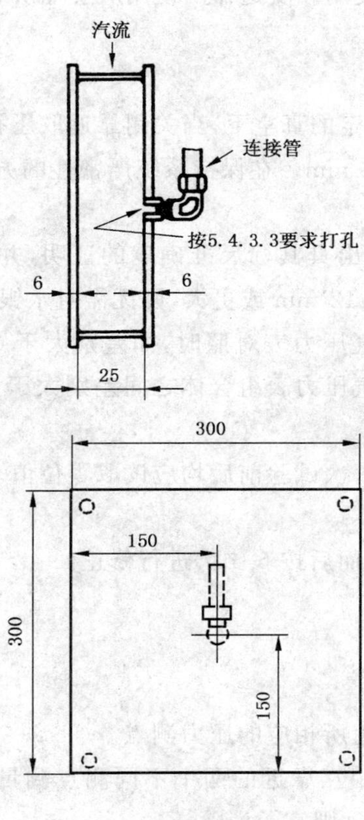

图 8　导流板

5.5.4　均压管

平衡压力用的均压管不宜使用。

5.5.5　传压管

在排汽通道上敷设传压管时应特别小心。每台水银压力计或液柱应尽可能安装在靠近排汽通道或排汽缸上相应的取压口处，但该处应无过大振动，且记录者可以方便准确地读数。

试验表计的位置宜高于取压孔，这样，测量系统中疏水就可以自流至凝汽器。否则，应作出特殊布置保证疏水畅通。如果难以设置疏水自流系统，则试验各方宜商定一种充分疏水方法，或者用空气或氮气吹扫系统的方法。低压传压管的其他要求见5.4.3。

5.5.6　仪表

对低压测量应采取一切预先措施。压力计液柱应配备0.5 mm分度的标尺，或不大于2.5 mm分度且配游标的标尺，以上两种情况下，水银柱的读数准确度都可以达到0.25 mm。试验之前，对压力计或液柱的标尺应进行校验，以便在以标准作参照时，其读数能精确到0.25 mm以内。

应采取措施使压力计通大气的一端不受当地大气环境的影响，因该大气环境与大气压力计所处的环境会有所区别。通风或排气都会给大气压力造成能够测得到的差别。必要时将压力计的大气压力侧用管子引到户外。

宜采取措施确保压力计的两根水银柱处在相同的温度下，并确保压力计液柱或大气压力中水银的温度与测量水银柱温度的温度计所受到的温度相同。

除了影响试验结果准确度的低压测量宜按上述措施之外，还应注意，在每台仪表以及相应的温度计安装就绪并进入准备读数状态后，应处在试验时的工作温度下2 h以上，试验方可开始。

每次观测时缓慢接通压力计或液拄，可提高其灵敏度。压力计或液柱式玻璃管，应在彻底清洗之后方可注入水银。可进一步用乙醇和乙醚冲洗管子，并加热使其干躁。

具有同等准确度的变送器也可使用。变送器的使用应遵照所有上述适用的措施以及与该仪器有关的注意事项。

5.5.7 测量系统的严密性

宜检查测量系统的严密性，在规定的真空下，当关闭靠近取压孔的阀门时，如果使用水银，水银柱读数的下降速度在 5 min 内不宜大于 6 mm。在保持系统严密性的方面，橡皮隔膜阀比旋塞更有效。

5.5.8 校验

液柱型真空表计，如果使用者能出具其标尺准确度的证明，并能证实其液体的纯度或密度满足要求，则无需校验。如果玻璃管内径为 12 mm 或更大，则无需对水银弯液面毛细现象的影响进行修正。

当用绝对压力表与水银柱和大气压力表对照时，如差别大于 0.25 mm，就要查明原因并应消除差别。如果绝对压力表与水银柱及大气压力表组合体之间差别大于上述极限，则不应假定误差出自绝对压力表方面，应对全部表计进行检查。

变送器在试验前后均应校验。每次试验前后均应读取零位值。

5.5.9 读数的修正

宜先求试验期间读数的平均值，而后按 5.4.7 进行修正。

液柱读数宜按 5.4.7 进行修正。

5.6 温度的测量

5.6.1 温度测点

温度测点应尽可能靠近确定焓值所相应的压力测点。

对试验结果有影响的温度应在相互靠近的两个不同测点测量，取二者的平均值作为工质的温度。如果两个读数之间的偏差大于 0.5 K，则宜予消除。

如果怀疑某一管内流束的温度分布不均匀，而其加权平均值对试验结果有影响，则应用测温器沿管径查明温度分布，同时各方应就取得平均值的办法达成一致意见。

5.6.2 仪表

对于较高的温度，宜选用如下仪表：

a) 校验过的电阻温度计，加上校验过的准确度等级为 0.03 % 的精密电桥或校验过的数字电压表；

b) 校验过的高等级的热电偶和精密电桥或数字电压表。对于高准确度的测量，建议使用连续的补偿导线到冷端。

热电偶和电阻温度计及其电位计、电桥、电流表或数字电压表，均应在试验前后进行校验。

如果同一温度测点上的双重测量值完全一样，仪表则无需复校。所有这些设备应小心操作和精心维护，并应定期检查其一致性和稳定性。

对于小于 373 K，且测量地点便于读数的温度测点，建议用玻璃杆水银温度计测量。

对试验结果有影响的温度测量，所用的玻璃杆水银温度计应是硬杆精密型，并具有满足测量要求的蚀刻分度。商业的或工业的带金属套的温度计不应使用。

5.6.3 主要温度测量

主要温度是指那些直接影响到验收试验结果的温度，如新蒸汽温度、热再热蒸汽温度、冷再热蒸汽温度、最终给水温度及冷却水温度（见 5.6.5）。

如果给水加热系统不包括在汽轮机合同中，以及按照主流量的确定方法进行试验，则其他一些温度如给水泵进出水温度、除氧器凝结水进口温度也可能成为主要温度。

如果与主要温度相关的流体是由多根管子输送的，除非试验各方均同意可对某些流量取加权平均值之外，则每一主要温度值都宜是各个测量值的算术平均值。

每根管子宜有两个温度计套管，以便用相互独立的双重测点来测量温度。除非试验各方另有协议，否则每根管子的温度宜取二者的算术平均值。

最终给水温度宜在加热器旁路交汇点下游足够远处，以确保给水充分混合。

5.6.4 给水加热系统的温度测量(包括抽汽)

除主要温度以外，给水加热系统温度的测量无需设置双重测点。但为了进行热平衡计算，宜测量每台加热器进、出口温度。

多数情况下，一级加热器的进水温度可能与前一级加热器[9]的出水温度相同，在这种情况下，一个温度测量值就满足两台加热器需要。如果同时测量进水温度和前一级加热器的出水温度，则宜取二者的平均值以消除热平衡中的不一致。如果在两测点间有汇合点，则在汇合点的上、下游均宜进行测量。

蒸汽温度宜在抽汽管两端测量，即抽汽逆止阀上游靠近汽轮机接口处和靠近加热器进口接口处。

如果抽汽管中有混合现象，混合后的温度宜在距交汇点足够远处测量，以便工质充分混合。

温度套管宜布置在能保证充分混合并且出现分层现象可能性极小的地方。

5.6.5 凝汽器冷却水温度的测量

通常该温度仅在凝汽器性能也包括在汽轮发电机组性能保证之中时才需要测量。

a) 进口温度

进口温度通常沿管截面均匀分布。除了有理由怀疑有流动分层现象之外，每个进水管测量一个温度即可。可采用温度计套管，或一连续取样水流经一装有直接接触式温度计的腔室。如果任何一方怀疑有分层现象，则应采用下述一种或两种方法测量出口温度。

b) 出口温度

冷却水的出口水室有温度分层现象，为了使其充分混合，测点宜布置在下游几倍于管径远处。宜在每一凝汽器出水口至少在两个直径方向上装有温度取样测针。测针或为多孔的取样管，使水经其流入混合室，或者采用热电偶堆，直接得出该处平均温度。管截面的每 0.2 m^2 不应少于一个取样孔或热电偶。取样孔或热电偶宜位于等分管截面的中心。

5.6.6 温度测量装置的准确度

测温设备具有的准确度应使单个最大误差对最终试验结果影响不大于 0.05%。

5.6.7 温度计套管

温度计套管的材料应与所测量的温度相适应。套管壁应尽可能的薄，应力应在安全范围内，内径应尽可能的小。重要的是套管应清洁，无腐蚀或氧化现象。高温或主要温度的套管应有鳍状外表面以利强化传热。在高温高压情况下，把温度套管焊在管子上为宜。

温度计套管内最好应干燥，尤其是高温测点，应采用适当材料精心覆盖和密封，以减小空气对流或热损失。

如果要测定给水泵的温升，则进、出口温度套管的型式和材料应相同。出口管上的套管应安装在下游足够远处，以保证水流充分混合。

5.6.8 温度测量中的注意事项

温度测量时应注意下列事项：

a) 除来自被测介质之外，通过传导或辐射方式传出或传入测温元件的热量应减至最小；

b) 套管插入点周围和套管外露部分及其支撑件应绝热；

c) 对于内径小于 75 mm 的管子，温度计应布置在弯头或三通轴向插入。如无弯头或三通，应据此修改管路；对于内径不小于 75 mm 的管子，感温元件应位于截面中心和半径为 25 mm 的点之间；对于大型管子和专门的多测点装置，套管的插入深度无需大于 150 mm；

9) 为了确保充分的混合，温度取自加热器出口下游管道上至少 10 倍管径处。

d) 测量流体的温度时，感温部件不应位于流动死区中；

e) 读数时，玻璃杆水银温度计不应从温度套管中拔出，只能拔到可以看清水银顶端为止。其他类型的仪表读数时不应移动；

f) 任何整套的测温装置，至少在试验前 2 h 就应处于试验温度条件中，进入完全工作状态。

5.7 蒸汽品质的测量

5.7.1 通则

在某些类型反应堆的核电厂，汽轮机的供汽是处于饱和温度状态，并可能含有少量水分，因此为确定新蒸汽的焓值，要先确定其水分的含量。

当蒸汽在汽轮机中进行部分膨胀之后，可能还要确定其含水量，例如从某一点抽取蒸汽供给加热器或汽水分离再热器。在能将抽汽凝结并测其凝结水量的场合，蒸汽的焓值可由热平衡计算确定。

确定蒸汽水分含量的常用的方法有：

——节流热量计；

——电加热热量计。

前者只有当蒸汽的品质和压力是在热量计中产生可测出的过热度的条件下才适用；后者不受此限制。然而，两种方法都可能得出错误结果，因为工质可能不均匀，难以对局部汽、水混合物获得正确取样。也不能确定进入热量计的蒸汽是否代表主蒸汽流。

近来利用放射性或非放射性示踪剂的更精密方法已被采纳和使用。

5.7.2 示踪技术

采用稀释法的示踪技术是确定汽—水两相流中水相或湿度的一个精确方法。稀释法的基础是对水样中示踪剂浓度的测量。稀释可通过两种途径实现，适用于确定主蒸汽焓和抽汽焓。

凝结法：假定蒸汽所带的水分中的示踪剂浓度与锅炉水中的相同。将蒸汽冷凝，分别测出其质量流量以及锅炉水和凝结水中示踪剂浓度后，通过质量平衡计算即可求出蒸汽从锅炉带出的水分含量。

恒量注入法：将一已知浓度的示踪剂溶液以一已知的流率注入蒸汽流。经充分混合之后，取出水样并测其示踪剂浓度。通过平衡计算，即可求出注入点上游蒸汽中水分的含量。应注意保证混合均匀且取水样时不能附带有蒸汽。

经商定，也可使用上述方法以外的其他方法。

5.7.3 凝结法

溶解在湿蒸汽水相中浓度为 C_{wat} 的示踪剂，被蒸汽凝结水稀释，当蒸汽完全凝结之后，凝结水中的示踪剂浓度为 C_{cond}，这两个浓度间关系如下：

$$C_{wat} \cdot \dot{m} = C_{cond} \cdot \dot{m}_{cond} \quad \cdots\cdots (11)$$

式中：

$\dot{m}$——湿蒸汽携带水的质量流量；

$\dot{m}_{cond}$——湿蒸汽凝结成水的质量流量。

从试验中测得凝结前后示踪剂的浓度，蒸汽含水分量（湿度）可用下面比率表达：

$$1-x=\frac{\dot{m}}{\dot{m}_{cond}}=\frac{C_{cond}}{C_{wat}} \quad \cdots\cdots (12)$$

从而，蒸汽的品质可由下式确定：

$$x=1-\frac{C_{cond}}{C_{wat}} \quad \cdots\cdots (13)$$

主蒸汽品质可由蒸汽发生器出口的蒸汽品质和压力，以及主蒸汽压力计算得出。

蒸汽发生器出口蒸汽湿度是由携带出来的水分所致。因而存在于蒸汽发生器水中的示踪剂，也可以在蒸汽中测出。

在无再热循环系统中，示踪剂最终要被稀释再流回蒸汽发生器的总流量中，用凝结法，可由公式(13)求出蒸汽发生器出口处的水分含量。

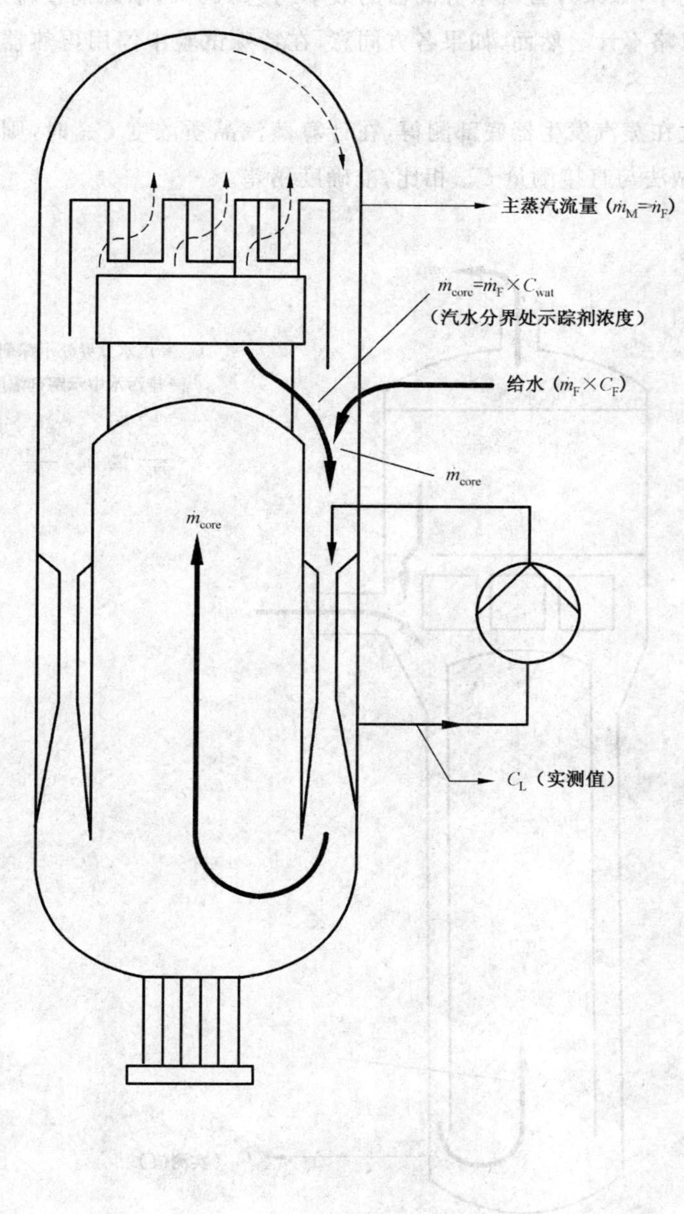

$$\dot{m}_M = \dot{m}_F$$

$$C_{wat}(\dot{m}_{core} - \dot{m}_F) + \dot{m}_F C_F = \dot{m}_{core} C_L \qquad \cdots\cdots(14)$$

$$C_{wat} = \frac{\dot{m}_{core} C_L - \dot{m}_F C_F}{\dot{m}_{core} - \dot{m}_F} \qquad \cdots\cdots(15)$$

$$C_F \ll C_L, \text{和 } \dot{m}_F \ll \dot{m}_{core}$$

$$C_{wat} = C_L \frac{\dot{m}_{core}}{\dot{m}_{core} - \dot{m}_F} = \frac{C_L}{1-R} \qquad \cdots\cdots(16)$$

式中，$R=\frac{\dot{m}_F}{\dot{m}_{core}}=\frac{\dot{m}_M}{\dot{m}_{core}}$

图 9　沸水堆主蒸汽品质的计算

在再热循环系统中，如果外置汽水分离器的效率约达100%，示踪剂在再热器中的沉积引起主蒸汽湿度测量的误差可忽略不计。然而，如果各方同意，在特殊试验中停用再热器，有可能测量出蒸汽发生器的水分携带量。

如果示踪剂浓度在蒸汽发生器底部测得，在计算蒸汽品质浓度 C_{wat} 时，则要计入系数 R（见图9和图10）。因而，这种做法与直接测量 C_{wat} 相比，准确度稍差。

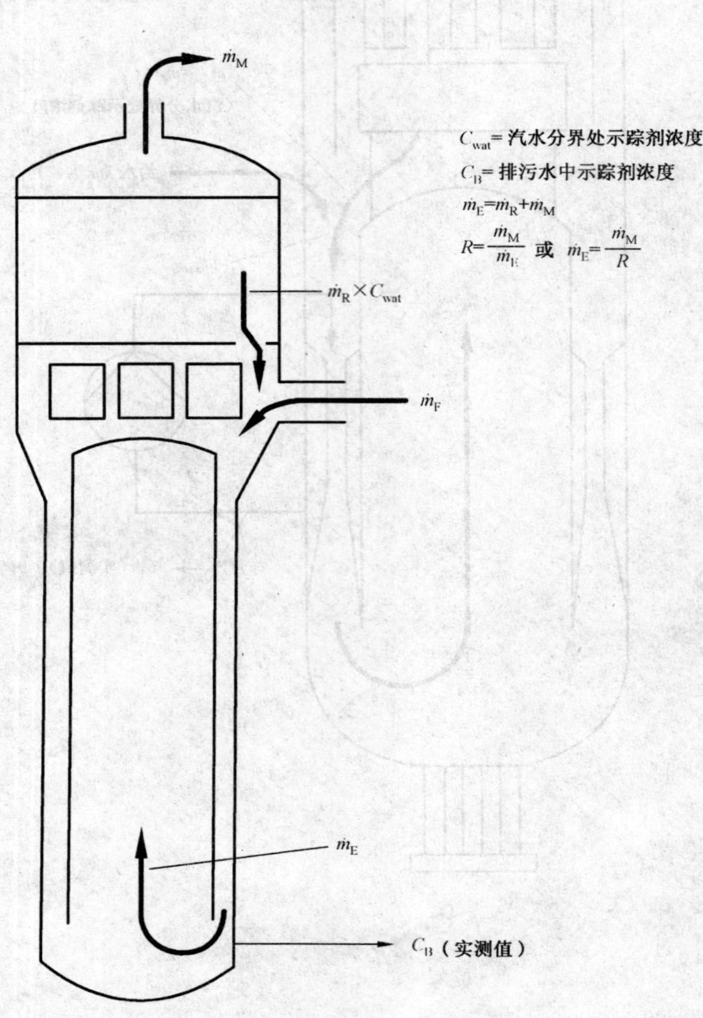

$$\dot{m}_R = \dot{m}_E - \dot{m}_M = \frac{\dot{m}_M}{R} - \dot{m}_M = (1-R)\frac{\dot{m}_M}{R} \quad \cdots\cdots\cdots\cdots(17)$$

$$C_{wat} \approx \frac{C_B \dot{m}_E}{\dot{m}_R} = \frac{C_B(\frac{\dot{m}_M}{R})}{(1-R)\frac{\dot{m}_M}{R}} = \frac{C_B}{1-R} \quad \cdots\cdots\cdots\cdots(18)$$

$$C_{wat} = \frac{C_B}{1-R} \quad \cdots\cdots\cdots\cdots(19)$$

图10 压水堆主蒸汽品质的计算

总流量中的示踪剂浓度 C_{cond} 的测定取决于给水加热器的布置。对于逐级疏水的加热器的系统，通常是凝结水泵出口流量即为总流量。对于其他系统，如试验时软化水设备被旁路，C_{cond} 即为最终给水中的示踪剂浓度。另外，也能够从示踪剂的质量流量平衡中计算出 C_{cond}，但这一计算要求测量多处的流量和浓度。在所有情况下，都应考虑诸如外界示踪剂源进入系统及示踪剂损失(软化水设备)等影响。

凝结法也可用以测量湿蒸汽的抽汽焓。如果在蒸汽流道中已含有适当的示踪剂时，该方法特别具有吸引力，但误差分析表明，仅当加热器无逐级疏水时，才能得到精确的结果。

用此方法，抽汽焓可由加热器的能量平衡和示踪剂的质量平衡计算得出。

对示踪剂质量平衡，需要知道流入或流出每一加热器壳侧流量中的示踪剂浓度。由于只是单相流，所以对示踪剂浓度测量进行加热器疏水取样极为容易。取抽汽管水样时的注意事项与注入法相同。

5.7.4 恒量注入法

把浓度为 C_{inj} 的水溶性示踪剂以一恒定的流量 $\dot{m}_{inj}$ 注入到要测定其湿度的汽—水混合物中。在注入点的下游经充分混合之后，测得水相中的浓度为 C_{wat}，质量平衡方程式如下：

$$C_0 \cdot \dot{m} + \dot{m}_{inj} \cdot C_{inj} = (\dot{m} + \dot{m}_{inj} + \Delta\dot{m}) \cdot C_{wat} \quad \cdots\cdots (20)$$

或

$$\dot{m} = \frac{\dot{m}_{inj}(C_{inj} - C_{wat}) - \Delta\dot{m}C_{wat}}{C_{wat} - C_0} \quad \cdots\cdots (21)$$

式中：

$\dot{m}$——取样点处汽—水混合物中水的质量流量；

C_0——在注入之前由于自然存在造成其在取样点处水相中示踪剂的初始浓度(背景浓度)；

$\Delta\dot{m}$——水流量的变化(因注入冷的示踪剂溶液而引起蒸汽的凝结)。

一般的，$C_{wat} \ll C_{inj}$，$C_0 \ll C_{wat}$，和 $\Delta\dot{m} \ll \dot{m}$，

因而，方程式(20)简化为：

$$\dot{m} = \dot{m}_{inj} \frac{C_{inj}}{C_{wat}} \quad \cdots\cdots (22)$$

5.7.5 用恒量注入法确定抽汽焓

如果给水加热器的抽汽管中水相流量为已知，则湿蒸汽的焓值可以由加热器的能量平衡计算求得。

用恒量注入法能测定水流量。流量和示踪剂浓度的测量以及保持一恒定的注入量是比较容易实现的。然而，注入点下游水相中示踪剂的浓度，只有在示踪剂很好混合并能够取得液相试样时才能精确求得。

5.7.5.1 注入点

为了取得有代表性示踪剂的样品，该样品应是均匀地分布在水相中，因而注入点应紧靠汽轮机抽汽口法兰处的下游，而取样点应紧靠加热器。有几个弯头的长抽汽管可使其混合充分。用喷射法注入可能有利，但并非必要。

5.7.5.2 取样点

因为取样水中如有任何蒸汽的凝结均会使结果不准确，所以在选择取样点的位置时要特别小心。在抽汽管道通常的条件和流速下，水分不会均匀分布在截面上，而是向管壁聚结。这对取水样极为有利，用简单的壁孔取样即可。同时，宜利用重力和离心力的作用，把孔设在管子底部或弯头出口外侧。图 11 表示了一组典型的注入点和取样点位置。如果抽汽管道很短，如加热器布置在凝汽器喉部，如何

取得水样可能成为问题。在这种情况下,本标准建议从加热器疏水中取样。

在把疏水泵向前泵水的系统中,用上述方法可得到与注入法同样准确度的结果,而无需任何附加仪表设备。在逐级疏水至凝汽器的回路中,为获得准确的结果,应将上游的疏水直接导入凝汽器。这就需要设计到凝汽器的旁路管来承受满负荷时逐级疏水的总流量。该旁路法宜在热耗率试验前使用。

5.7.5.3　**取样流量**

取样流量大小应调整到避免夹带蒸汽和蒸汽继而凝结的程度。最大允许取样流量可以通过分析取样中的溶氧量来确定。由于辐射作用从沸水反应堆来的蒸汽已含有 20×10^{-6} 至 30×10^{-6} 浓度的氧量,取样水流量在热耗率试验之前应予以确定。在不同的取样流量下,测得含氧量,并绘制图 12 所示的曲线。某取样流量下,开始带出蒸汽的明显标志是含氧量的陡增。用氧或其他合适的示踪剂作为指示蒸汽含量是基于氧在水相和汽相中的不同分布情况特性,因为当压力小于 3 500 kPa(35 bar)时,氧几乎完全分布在汽相中。

对于其他类型的反应堆,可选用一适当的示踪剂如氙—133。

5.7.6　**示踪剂及其使用**

为了使凝结法及恒量注入法能给出准确的结果,示踪剂应满足下列准则:

a)　对操作人员无危害;

b)　对所用材料无不良影响;

c)　可溶于水,但基本上不溶于蒸汽(用合适的示踪剂化合物时,在汽相中的浓度能达到 10^{-6});

d)　不挥发;

e)　在汽轮机循环的各种工况下保持稳定,并且不吸附于内部表面(假定水未完全蒸发);

f)　任何情况下,能与现有所有参数下的水完全均匀地混合。

现代的轻水反应堆,其设计压力和温度水平都能使一些示踪剂满足上述准则要求。对于更高的压力水平,可能较为困难。另外,与所用分析方法的灵敏度和准确度密切相关的化学污染问题要予以考虑。在某些核电站所能允许的浓度水平下,诸如电导率或重度等测量方法可能会因为灵敏度过低而达不到所需要的准确度。用示踪剂时,应注意防止环境污染。

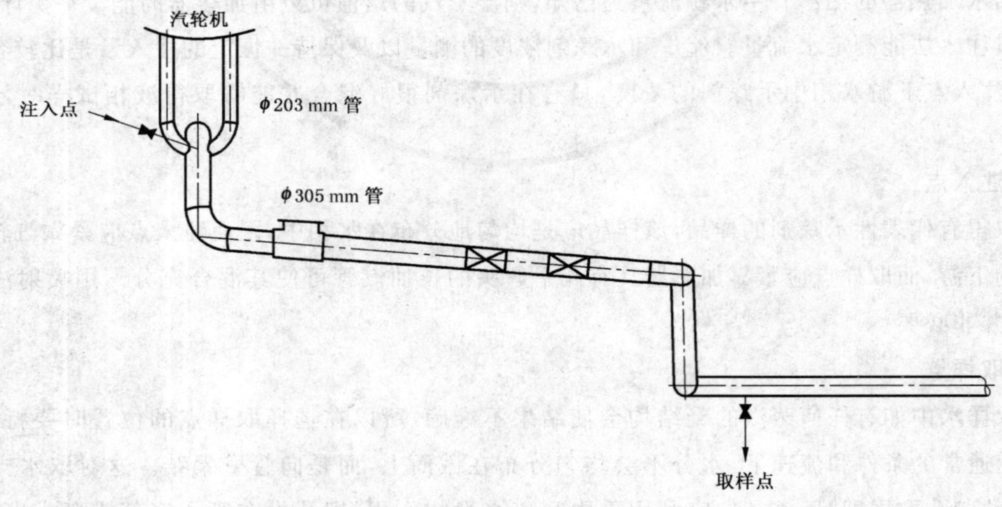

图 11　注入点和取样点的典型布置

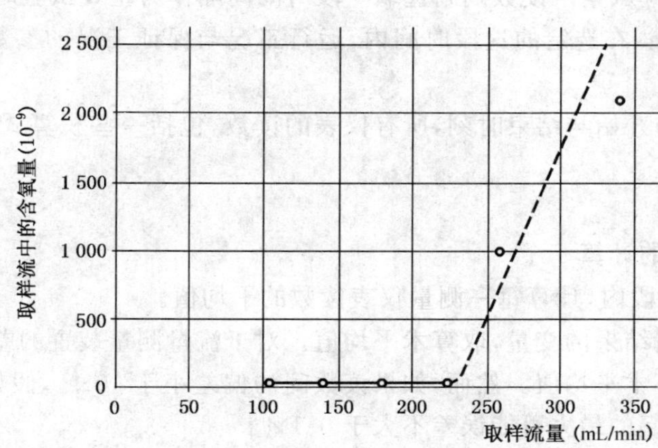

图 12　取样流中的含氧量

5.7.6.1　放射性示踪剂

放射性示踪剂特别适用于核电厂,在这里获得拥有和使用放射性物质许可证没有特殊问题。使用γ射线计数技术可准确地测定小于 10^{-9} 的示踪剂浓度。对于放射性背景浓度极低的蒸汽系统,为精确测定所需的示踪剂量很小,然而为避免长期的污染问题,示踪剂宜选择一种寿命很短的同位素。由于不可能同时测量所有的取样浓度,因此应该考虑同位素衰变对每一样品测量浓度的修正。一种能满足这些准则的示踪剂是半衰期为 15 h 的钠－24。如果用示踪技术测定主蒸汽品质、抽汽品质以及加热器泄漏量,则用三种不同的放射性示踪剂为宜。

5.7.6.2　非放射性示踪剂

许多示踪剂可以使用。钠示踪技术基于能精确和直接测定水样中钠的质量浓度。由于压水堆循环系统二次回路中用磷酸钠进行水化学控制,所以钠存在于系统中。钠示踪技术还可以保持压水堆二次回路中的无放射性状态。

a)　火焰光谱法

可用火焰分光光度计来进行钠分析,应注意防止环境中钠污染样品。对每一个取样点应做多次钠浓度测定。钠浓度也可从一连续取样水中测定。

b)　钠离子电解法

钠分析仪可用来连续监视流动样品和单独分析各个样品。

非放射性示踪技术的应用应符合反应堆系统及各有关设备金属材料安全规定。锂盐可以比钠优先使用。

5.8　时间测量

试验持续期间与观测时间可由下述办法确定:

a)　由标准钟或计时员发出的信号;

b)　由观测者各自看表,这些表在试验前同步校准。

各个积算式仪表,需要高准确度的时间测量。应采用各自的秒表或电子计时装置。应特别注意保持积算式仪表和计时装置读数同步。

5.9　转速测量

转速测量可以用计数器和时钟,闪光测速仪,测频仪(机械式或电子式)或转速表。也可用信号变送器和信号转换器。

6　试验结果的计算

6.1　计算前的准备

由试验得到的仪表读数,按 3.4 所述方法计算试验结果。

计算试验结果之前,应从整个读数期间选取一段时间间隔作为正式试验时间段,该时间段不能少于 4.8.3 所规定的时间间隔。在选定的这段时间内,运行工况与保证工况的参数偏差以及参数波动应满足 4.8.1 和 4.8.2 的规定。

在选择的试验期间的开始与结束时刻,所有仪表的读数,包括一些积算式仪表,和相应的计时读数都应有效。

6.2 结果的计算

6.2.1 仪表读数平均值的计算

在按 6.1 确定的时间段内,计算每一测量仪表读数的平均值。

以线性关系影响测量结果的变量,取算术平均值。对于流量测量装置的差压读数,理论上正确的计算方法是读数平方根的算术平均值。然而,如果读数间的偏差小于 10 %,假如不采用读数平方根的算术平均值来计算,由此引起的最大可能误差不大于 0.1%。

如果将积算式仪表的读数与指示仪表读数的平均值作比较,则要确保读数取在同一段时间内。在计算平均值时指示仪表的第一个和最后一个读数只能取半权。

6.2.2 平均值的修正和换算

由读数的平均值换算到所需单位的计算值时,要对仪表引起的所有影响进行修正,这些修正包括:

a) 仪表常数和零位修正;

b) 校验修正;

c) 仪表读数的基准值(例如大气压力,环境温度);

d) 任何附加影响(例如水柱)。

6.2.3 测量数据的检查

6.2.3.1 相容性

对测量数据如压力、温度和流量,在计算之后应做一次彻底检查,检查有无严重的错误、不符物理定律和总体不相容的现象。如果发现有重大偏差,其原因和范围又不明,则该项试验应全部或部分重做。为了澄清事实,应做适当的附加测量。对那些明显不正确的仪表读数应予以删除。经试验有关各方商定,这些数据可由其他仪表的读数代替,或用适当的计算值或估算值代替。

6.2.3.2 多重测量数据处理

当同一变量由数台相互独立的仪表测得时,应以一适当的方法求其平均值,通常是用算术平均值。

6.2.3.3 新蒸汽流量值

如果相容性符合 5.3.3 所述条件,在进一步计算中,则使用不同的主流量测量值确定的新蒸汽流量的算术平均值。否则,按 5.3.3 处理。

6.2.3.4 泄漏

在试验前,应尽可能确定泄漏并将其消除。如果任何已找出的泄漏不能消除,则其流量应测量或者估算。在主流量或辅助流量的计算中应包括这些估算量。凡引起工质损失的不明泄漏量,应估计其流量及其泄漏地点,如果需要考虑,应包括在主流量或辅助流量的计算中。

以满负荷新蒸汽流量的百分数表示的试验总的不明泄漏量不应大于 0.1%,否则,只有在试验各方同意的情况下,才能承认这次试验。

6.2.4 蒸汽和水的热力学特性

计算保证值所用的水和蒸汽的图、表应用于试验结果的计算。试验报告中应说明所用的图、表名称和版本。所用的水蒸汽表应与在 1963 年第六届蒸汽性质国际会议(ICPS)上制定的国际骨架表相一致,最好是依据 1968 年第七届 ICPS 会议上批准的 1967 年 IFC 工业用公式,或最新版本。

6.2.5 试验结果的计算

热效率和(或)热力学效率,新蒸汽通流能力和输出功率,要按保证值的定义(见 3.4)进行计算。

按照 6.1 和 6.2,每个变量应有一个确定值作为以后的计算用。

7 试验结果的修正及与保证值的比较

7.1 保证值和保证工况

热力验收试验要验证的保证值表明了汽轮机性能水平，其定义见3.4所述。

因为系统终端参数和条件及给水加热系统参数对试验结果有决定性的影响，所以所有这些都要完全、清楚地予以定义，并形成规定的保证工况。它们是保证值的一部分。多数情况下，建议将这些数据以标有相关数据的完整热平衡图的形式给出。

如果保证系统中已包括了汽和(或)水的抽出或加入，这就是一个另加规定的保证工况。

7.2 新蒸汽流量的修正

用以下公式将新蒸汽流量修正到保证工况：

$$\dot{m}_{1,\max,c}=\dot{m}_{1,\max,m}\frac{p_{1,g}}{p_{1,m}}\sqrt{\frac{p_{1,m}\nu_{1,m}}{p_{1,g}\nu_{1,g}}} \qquad (23)$$

式中：

$\dot{m}_{1,\max,m}$——试验过程中阀门全开时测量的新蒸汽流量。

如果汽轮机排汽和进汽压比不足够小，可能要用完整的计算公式：

$$\dot{m}_{1,\max,c}=\dot{m}_{1,\max,m}\frac{p_{1,g}}{p_{1,m}}\sqrt{\frac{p_{1,m}\nu_{1,m}}{p_{1,g}\nu_{1,g}}}\sqrt{\frac{1-\left(\frac{p_{2,g}}{p_{1,g}}\right)^2}{1-\left(\frac{p_{2,m}}{p_{1,m}}\right)^2}} \qquad (24)$$

压比的指数2是正确数值$\frac{1+k}{k}$的近似值。

7.3 最大输出功率的修正

将最大输出功率$P_{\max}$修正到保证工况时，所有影响新蒸汽流量、焓降及其在汽轮机不同部分的分布和汽轮机不同部分效率的运行条件都应考虑。

对所有参数的修正(尤其是新蒸汽参数、再热温度、凝汽器压力)可用适当的修正曲线进行修正。

对热力系统进行适当的复算，可实现完整的热力系统修正。

假定焓降和效率的分布相似，则有如下近似的修正方法：

$$P_{\max,c}=P_{\max,m}\cdot\frac{\dot{m}_{1,\max,c}}{\dot{m}_{1,\max,m}}\cdot\frac{\eta_{\max,c}}{\eta_{\max,m}} \qquad (25)$$

$\dot{m}_{1,\max,c}$的确定方法见7.2。效率应按保证值公式，用热效率η_t或热力学效率η_{td}表示。

7.4 热效率和热力学效率的修正

按照7.1所述，试验过程中，如果有任何运行工况偏离保证工况，则热效率或热力学效率，热耗率或汽耗率在与保证值进行比较之前要进行修正。为了保持较小的修正量，在试验过程中，运行工况应尽可能接近规定的保证工况。一些最重要的运行参数最大允许偏差见4.8.2中的规定。

偏离规定保证工况的修正可分为三类。

第1类，汽轮机本身终端运行条件偏离规定的保证工况的修正(见7.7)：

a) 新蒸汽压力；

b) 新蒸汽温度；

c) 再热蒸汽温度；

d) 新蒸汽品质；

e) 再热器压降；

f) 汽轮机排汽压力或凝汽器冷却水温度及流量；

g) 如果汽水分离器不随汽轮机供货时，汽水分离器的分离效率；

h) 转速。

第2类,主要影响给水加热系统的变量。这一类包括的修正的项目有(见7.7):

a) 给水加热器端差;

b) 抽汽管压损;

c) 系统储水量变化和补给水流量;

d) 凝结水泵和给水泵焓升;

e) 凝汽器凝结水的过冷度;

f) 锅炉减温水流量;

g) 给水加热系统配置的不同(例如加热器解列)。

第3类有关发电机运行条件修正,这些与机组的其余部分是独立的,且容易确定。但是,如果发电机损失的那部分热量传递给了给水系统,则影响会较大并且最好归入第2类来处理:

a) 发电机功率因数;

b) 电压;

c) 氢压。

7.5 修正值的定义与应用

为了便于修正,一般假定各种运行参数对试验结果的影响是相互独立的,因此根据各个运行参数的偏差分别确定它们的修正值,然后综合成总的修正量。

修正系数定义如下:

$$F=\frac{\eta_c}{\eta_m} \qquad \cdots\cdots(26)$$

式中:

η_c——按规定保证工况修正后的效率;

η_m——实测的效率。

然后根据各个修正系数 F_1、F_2、F_3… 综合成总的修正系数 F_{tot}。

$$F_{tot}=F_1\cdot F_2\cdot F_3\cdots$$

则,修正后的效率为:

$$\eta_c=\eta_m\cdot F_{tot} \qquad \cdots\cdots(27)$$

对于所有的参数,如果其修正与负荷有关,则各参数修正系数要根据每一保证负荷点来确定。

也可以对汽轮机及其热力系统进行全面的复算,将试验结果修正到规定工况。通常是考虑到汽轮机和机组各部件的特点以及试验期间的运行条件并借助于计算机程序来完成。这种方法直接给出总的修正量而不必使用单独的修正系数,并且在很大程度上考虑了不同变量之间的相互影响。

由于第2类参数的修正曲线可能不易得到,因此只有通过复算(法)作第2类参数修正也许较为方便。然后再用修正曲线完成第1类修正。

7.6 修正方法

修正方法及其必要的数值和曲线的确定,取决于与保证值比较的方法(见7.8)。

a) 如果以新蒸汽流量不变的情况下进行与保证值比较,则修正时要分别考虑每个变量对热效率或热力学效率的影响;

b) 如果在固定阀点下进行与保证值比较,则要确定每个变量对效率和输出功率的影响。

试验各方宜在试验前足够早的时间就修正和比较方法取得一致意见,以便完成必要的准备工作。制造厂家的修正曲线宜在商定的期限内提供,除非合同中另有规定,大约为试验前3个月。

推荐采用7.6.1的修正方法,尤其对具有复杂系统的汽轮机(具有其他用途抽汽、具有辅助蒸汽进入等或具有复杂的给水加热系统的汽轮机)和具有多项循环修正的汽轮机。如果有合适的计算方法,则这种修正方法应比7.6.2中的方法更精确、完整和有用。经协商,也可用其他合适的修正方法。

7.6.1 用热平衡计算进行修正

可用热平衡计算将试验系统和试验运行工况修正到保证系统和保证运行工况,也就是汽轮机试验效率可修正到规定的工况。如果需要,可就运行工况的影响进行修正。可用已修正的试验效率来计算"修正后的试验"系统,该系统可与保证系统进行比较。

也可用热平衡计算将保证系统和保证运行工况修正到试验系统和试验运行工况,汽轮机的保证效率可按照试验工况进行修正,如果需要,可就运行工况的影响进行修正。可用已修正的试验效率来计算"修正后的保证"系统,该系统可与试验系统进行比较。

对于过热蒸汽汽轮机,通常用第一种方法;对于湿蒸汽汽轮机,第二种方法更易正确实施。

在试验工况下用全面热平衡复算修正时,需要有一正确考虑试验工况对汽轮机和机组各部件性能影响的计算方法(或程序)。

如果用于计算合同保证系统的程序不能使用,则可使用下述方法:

首先,用现有程序求出保证工况热效率 η'_g,该值与保证热效率 η_g 可能略有差别,因为保证值计算和复算所用的程序和数据稍有差别。然后,用同一程序对同一类型性能的汽轮机组计算出试验工况下的热效率 η'_m。

按试验工况修正后的热效率 η_c 为:

$$\eta_c = \eta_m \frac{\eta'_g}{\eta'_m} \qquad \cdots\cdots(28)$$

用计算法修正仅限于第 2 类变量修正,第 1 类和第 3 类变量修正可利用修正曲线来修正。当使用复算法对第 2 类变量修正时,如果使第 1 类或第 3 类变量发生了改变,则仅就变化后的值与保证工况的差值用曲线进行修正。

7.6 所述的两条原则均适用于利用热平衡计算进行修正。可相应地选择与保证值比较的方法(见 7.8)。

所有必需的数据和计算方法,应在验收试验前足够早的时间提交给试验各方。

7.6.2 用制造厂提供的修正曲线修正

对 7.6 a)方法(见图 13),需给出由不同变量与效率修正系数 F_η 的修正曲线;对 7.6 b)方法(见图 13),需给出由不同变量与效率修正系数 F^*_η(该值与 7.6 a)不同)和输出功率修正系数 F^*_P 的修正曲线。

如果修正系数还与新蒸汽流量(7.6 a)方法)或输出功率(7.6 b)方法)有关,则需要提供各种不同负荷下的修正曲线,最好是保证负荷下的修正曲线。

在修正曲线上应明确注明它们是按 7.6 中何种方法准备以及适用条件。

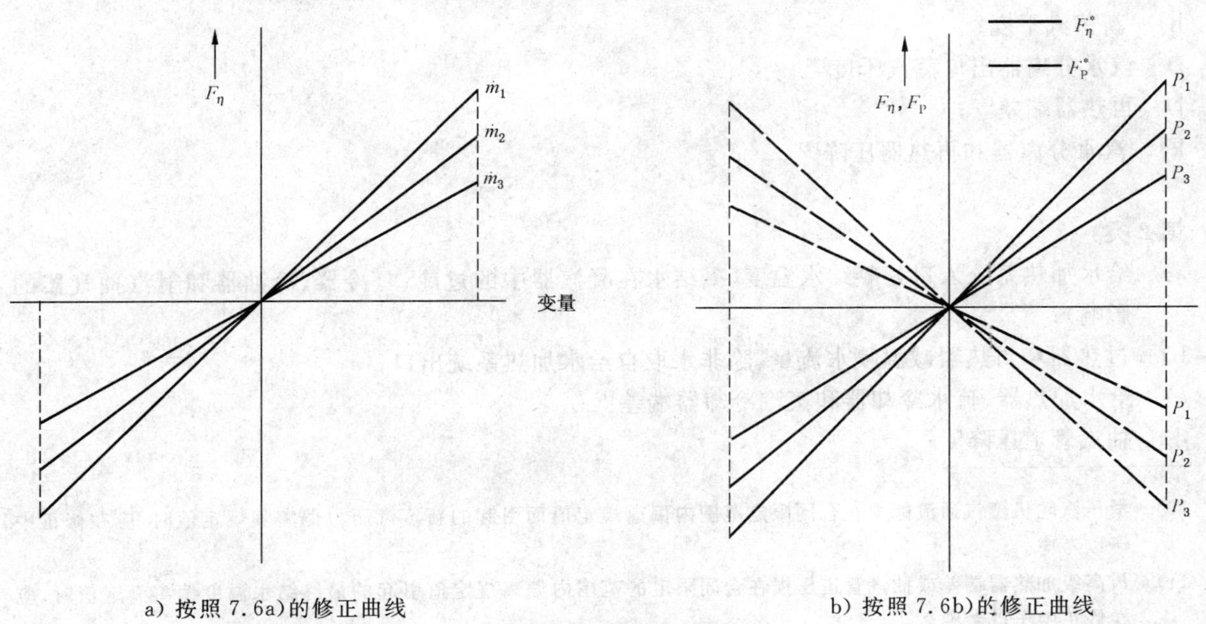

a) 按照 7.6a)的修正曲线　　b) 按照 7.6b)的修正曲线

图 13　典型的修正曲线

7.6.3 确定修正值的试验

按7.6.2所述对修正系数的计算也许达不到满意的准确度水平。这种情况下，尤其对排汽压力，建议进行专门试验来确定修正系数。

有控制地改变某一参数的同一系列的所有试验（例如放空气至凝汽器中来改变排汽压力），应在同一天，由同一批人员和同样的仪表来完成。同一系列的各个试验之间，要有足够的时间间隔，以便建立起稳定的工况。

7.7 修正中考虑的变量

试验结果的修正，仅限于与作为保证值所规定的系统边界进口和（或）出口处保证条件的偏差或者系统内部属于汽轮机供货商的责任范围之外的偏差。在个别情况下“系统”可以是：

a） 仅仅是汽轮机；

b） 汽轮机及给水系统，包括泵或不包括泵；

c） 汽轮机、给水系统和凝汽器；

d） 汽轮机、给水系统、凝汽器和/或被驱动机械。

7.7.1 带有给水回热的汽轮机

对有给水回热的汽轮机热效率或热耗率试验结果进行修正时，要考虑以下参数或工况与保证工况的偏离：

第1类：

a） 新蒸汽压力[10)]；

b） 新蒸汽温度；

c） 再热汽温度；

d） 再热器压降；

e） 排汽压力或凝汽器冷却水进口温度和流量；

f） 如需要，最终给水温度[11)]；

g） 转速。

对于湿蒸汽汽轮机附加的修正参数为：

h） 新蒸汽干度；

i） 汽水分离器出口蒸汽干度[12)]；

j） 再热器端差[12)]；

k） 汽水分离器和再热器压降[12)]。

第2类：

a） 给水加热系统入口处凝结水温度（凝结水在凝汽器中的过冷、氢冷器、冷油器和射汽抽气器的影响）；

b） 过热器和再热器减温喷水流量，除非水取自给水加热系统出口；

c） 给水加热器、疏水冷却器和蒸汽冷却器端差[11)]；

d） 抽汽管道压降[11)]；

10） 滑压汽轮机蒸汽通流能力在合同限定范围内偏离规定值而引起的新蒸汽压力偏离其规定值时，应在修正中予以考虑。

11） 最高级加热器端差或抽汽管道压损在合同限定的范围内偏离规定值引起的最终结水温度偏离额定值时，应在修正中予以考虑。

12） 仅当本设备不属于合同范围之内时。

e) 给水泵给水的焓升；

f) 给水加热系统配置的改变(例如加热器全部或部分旁路)；

g) 补充水；

h) 给水储箱的水位；

i) 射汽抽气器的蒸汽量；

j) 驱动锅炉给水泵的汽轮机的用汽量和进口蒸汽参数；

k) 任何其他热量的加入或抽取(见 7.4)；

l) 新蒸汽流量[13)]；

m) 节流位置上的调节阀的压降[14)]；

n) 任何其他与保证条件的偏离。

第 3 类：

a) 发电机功率因数；

b) 电压；

c) 发电机冷却气体的压力和纯度。

7.8 与保证值的比较

合同中写明的保证热耗和汽耗的总体允差或裕度，未包括在本标准之中。报告中的试验结果应由观测数据计算得到，并计及有关测量任何的修正。

修正后的试验结果应与合同中规定的保证值进行比较。

与保证值的比较应按照所选定的正确方法进行(见 7.6)。

如果给出了 n 个保证点，能够满足下式，则认为达到保证值(除非合同中另有说明)：

$$\sum_{i=1}^{i=n}(\eta_{c,i}-\eta_{g,i})\geqslant 0 \qquad \cdots\cdots(29)$$

如果合同中对不同保证点作过加权，则在与保证值比较时，也应合适地使用加权系数。

7.8.1 根据保证点轨迹曲线与保证值比较

如果按同一定义给定几个保证点(通常是“阀点”)，则可建立起一条保证点的轨迹曲线。

如果试验结果已经按 7.6a)修正，则轨迹曲线应作为新蒸汽量 $\dot{m}_1$ 的函数来绘制，并根据测量的新蒸汽流量 $\dot{m}_{1,m}$ 查取保证轨迹曲线上的效率值 η_g，然后将修正后的效率 η_c 与之比较(见图 14 a))。

如果试验结果已经按 7.6b)修正，则轨迹曲线应作为输出功率 P 的函数来绘制，并根据保证的输出功率 P_g 查取保证轨迹曲线上的效率值 η_g，然后将修正后的试验效率值 η_c 与之比较(见图 14 b))。

7.8.2 根据保证点的保证值比较

与单个保证值进行比较时，经 7.6a)修正后的试验结果要就实测的新蒸汽流量和保证的新蒸汽流量间的差异作进一步的修正。

如果试验结果已按 7.6b)作了修正，则只需考虑就修正后的输出功率和保证输出功率间的差别再作进一步的修正。

7.8.3 节流调节式汽轮机的保证值的比较

如果节流调节式汽轮机给出了部分负荷下的保证值，则应同时说明调节阀的节流大小。试验结果

---

13) 只有修正和保证值比较是在某保证点上，而不是在阀点轨迹曲线上进行时(见 7.8.1)，对于不同新蒸汽量的修正才是必需的。

14) 一般是在阀点(见 4.6.1)上规定保证值，试验也应在阀点上进行并充分考虑列表 4 中所列偏离保证条件的限值，所以勿需修正。如果是在节流点上规定保证点(例如全周进汽的汽轮机在部分负荷下节流调节)，则应在保证条件所规定的节流压降下进行试验，否则应予修正。

要按7.6中选定的方法对保证工况和试验工况之间的节流差别进行修正，然后再按7.8.1或7.8.2进行保证值比较。

另一种方法是将新蒸汽流量或输出功率占阀全开时的新蒸汽流量或修正后最大输出功率的百分数，查得保证点轨迹曲线上值，然后将修正后的试验值与之比较。汽轮机的新蒸汽通流能力和最大输出功率值可通过阀门全开试验很方便地予以确定。

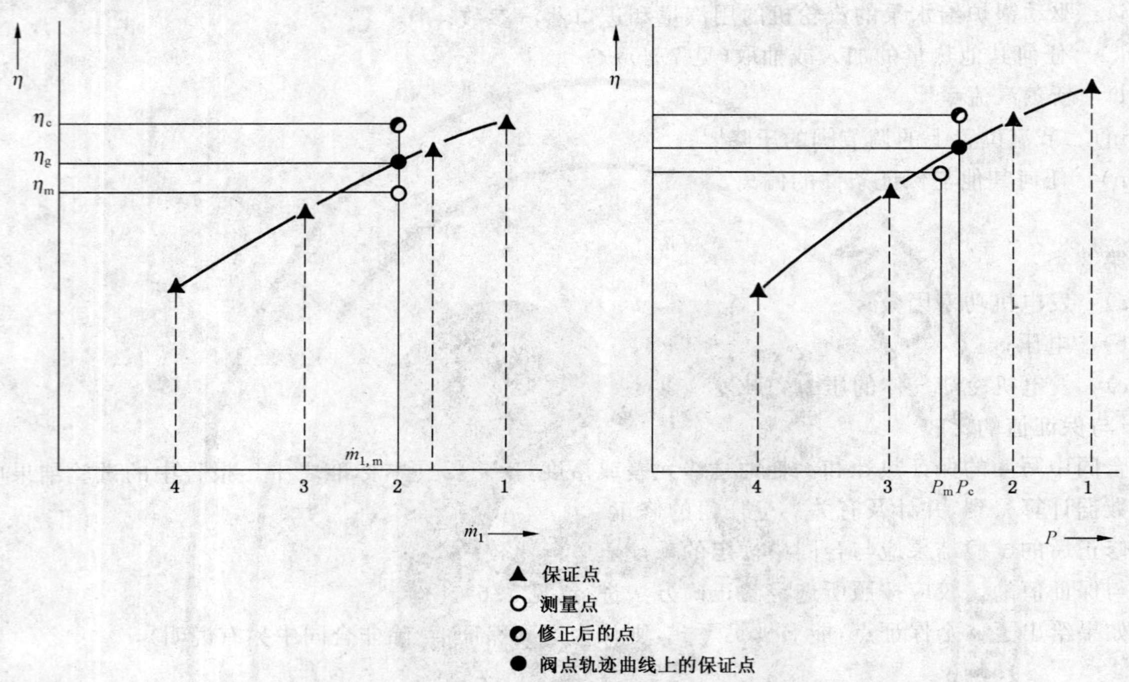

a）作为主蒸汽流量函数的轨迹曲线　　b）作为输出功率函数的轨迹曲线

图14　在保证点轨迹曲线上作保证值比较

附 录 A
(规范性附录)
给水加热器和凝汽器泄漏试验
(见 4.4.5)

A.1 给水加热器泄漏试验

当汽轮机停运时,用凝结水泵或锅炉给水泵维持加热器水侧的压力,可检查加热器的泄漏情况。热井或加热器壳侧有积水即表明存在泄漏,如果能保持正常运行时的水压,则可估算出泄漏量。但是,宜认识到泄漏量可能随加热器温度而变化。测量的泄漏量宜只视为加热器相对严密性的一个指标,而不宜作为修正主流量测量值的依据。

某些机组,只要该加热器抽汽能被彻底关闭而又无其他加热器疏水进入,就可以在汽轮机运行时检查加热器泄漏情况。

如果怀疑有泄漏,在实际运行中检查加热器泄漏的一个很实用的方法是:在任何怀疑有泄漏加热器前的凝结水管路中注入少量的水处理化学剂,检测该加热器疏水的导电率,如有泄漏,当化学剂通过时,则导电率会突然升高,

A.2 凝汽器泄漏试验

在各次汽轮机试验之前和试验刚结束后,宜对凝汽器进行水压试验,方法是将蒸汽空间充满水,水位至少超过顶排管束 20 cm,并注意是否有水漏入进、出口水室。

在汽轮机试验前后对凝汽器进行试验的另一方法是:关闭所有蒸汽和空气的进口,凝汽器和汽轮机内处于完全真空状态,冷却水泵对凝汽器管束正常供水。漏入热井的水即是凝汽器的泄漏量。在试验即将开始前和试验期间,测定汽轮机排汽的凝结水样、凝汽器热井的凝结水样以及用已知量蒸溜水稀释的冷却水水样的导电率,来检查凝汽器严密性。

此外,也可用化学法或荧光法检查泄漏。

附 录 B
(规范性附录)
喉部取压喷嘴
(见 5.3.2.1)

B.1 设计和制造

由于需要高准确度，所以对主流量的喉部取压的设计和制造提出如下要求。图 B.1 是能满足这些要求的长颈式、低直径比和喉部取压喷嘴的形状示意图。

a) 进口处的设计应使其能产生一合适的压力梯度，以使喉部的附面层很薄且不出现脱流。同时，进口处的设计应使接近喉部的流动均匀。喷嘴的圆柱部分的壁面应平行且与管子同轴(见 B.2 b))。圆柱面任何的扩张都可能引起流出系数与雷诺数关系曲线的畸变。而圆柱面轻微的收缩是允许的，但在每毫米喉部长度收缩不大于千分之一毫米。取压口处的喉部截面积要用于系数的计算。对于图 B.1 的喷嘴，在喉部取压截面处至少测量 4 个直径，其偏差值应在 $\pm 0.000\ 2d$ 的范围内。喷嘴应由已知热膨胀系数的耐腐蚀材料制成，其表面粗糙度应为 2×10^{-4} mm 或更好，不应有任何毛刺、刻痕、斑疤或波纹。

b) 取压孔的深度至少应为其直径的 2 倍。钻孔与孔表面垂直，孔口尖锐且无毛刺。下游取压孔应在喷嘴喉部开设，以减少下游的扰动对压力测量的影响。上游取压孔应仔细加工，且设置在距喷嘴进口处上游 1 个管径远处。

c) 最后判定是否满足以上要求，要看对于每对取压孔分别确定的流出系数和雷诺数的关系曲线(见图 B.2)的形状，喷嘴只能在雷诺数大于 3×10^{6} 时使用。

d) 为了获得最高的读数准确度，喷嘴喉部直径的选取。应考虑在泵可用压头和差压计量程范围后，能给出尽可能大的差压。差压计量程的选择应适应可能遇到的最大流量和允许的流量波动。不应使用喷嘴测量差压小于差压计读数误差的 1 000 倍或 150 mm 水银柱(取较大者)的流量。当要满足上述要求测量更大流量范围时，则允许使用不同喉部直径的附加喷嘴。选择这些喷嘴的尺寸应使其中一个喷嘴能对一个试验点进行测量。

B.2 流量测量管段

a) 流量喷嘴应按图 B.3 所示安装在流量测量管段中。该测量段应包含一整流器，整流器将管道横截面至少分为 50 个大致相同的通道，或者采用多孔板整流装置，每块板大约 200 个孔。为了确保来汽流线沿截面均匀分布，喷嘴上游应有 20 倍于管径的直管段。在喷嘴下游出口侧至少要有 10 倍于管径的直管段，其公称直径与上游相同，以保证喉部压力测量的可靠性。

b) 流量喷嘴与管道同轴，同轴度 0.8 mm 以内。喷嘴两侧的管道应光滑且无锈、水垢、砂眼，并且在任何截面的 4 个内径测量值差别不大于 1% 。上游管段整个进口段应按图 B.4 所示进行镗孔。

c) 与流量喷嘴相连接的管道，其内孔应与法兰面垂直。密封垫片压紧后厚度不应大于 1.6 mm，垫片不应伸入管内。

d) 为了尽可能减小喷嘴热变形，流量测量段的管子和法兰最好用与喷嘴膨胀系数相同的耐蚀材料制成。

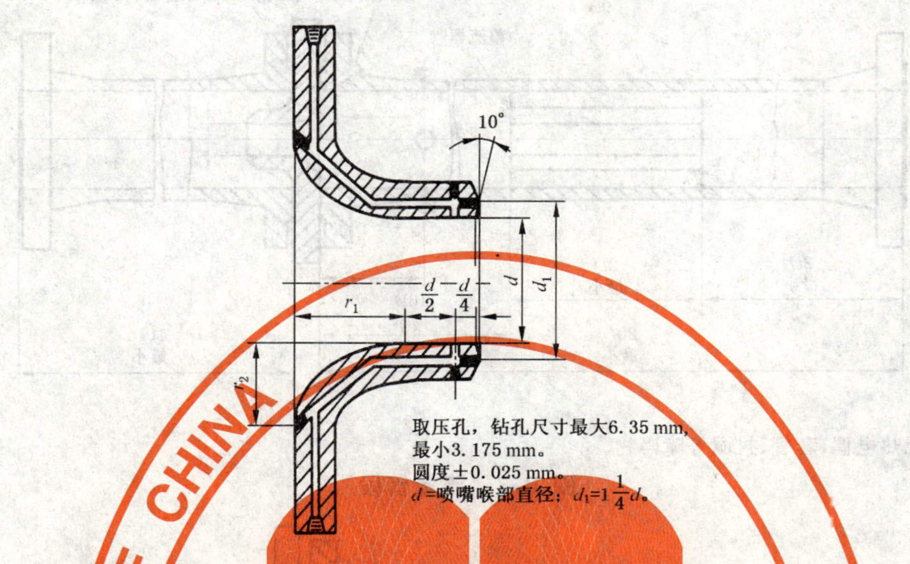

注 1：取压孔应直角尖锐无毛刺。取压孔应在喉部精镗及抛光之前钻、铰，然后用一压配柱塞塞入孔中。精镗和抛光工序应在柱塞塞入后进行。柱塞上应备有在抛光和加工完成后，将其从孔内拔出的设施。柱塞取出后，可用一锥形硬木沿边缘滚动以除去可能残留在孔边缘的小毛刺。

注 2：喷嘴喉部每毫米长度上最多允许收缩 0.001 mm，但不允许扩张。

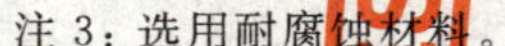

注 3：选用耐腐蚀材料。

图 B.1 喉部取压式流量喷嘴

喉部雷诺数 $\times10^6$	C_d β=0.43
0.1	0.983 4
0.2	0.990 9
0.3	0.993 9
0.4	0.995 3
0.5	0.996 1
0.6	0.996 6
0.8	0.997 0
1.0	0.997 2
2.0	0.997 0
3.0	0.997 0
4.0	0.997 2
5.0	0.997 4
6.0	0.997 8
8.0	0.998 0
10.0	0.998 3
20.0	0.999 1
30.0	0.999 4
40.0	0.999 8

注：对于β在 0.25 至 0.5 之间的其他值：$C_d=C_{d(\beta=0.43)}+0.011\ 339\beta-0.004\ 9$

图 B.2 β=0.43 时典型的喷嘴校验曲线

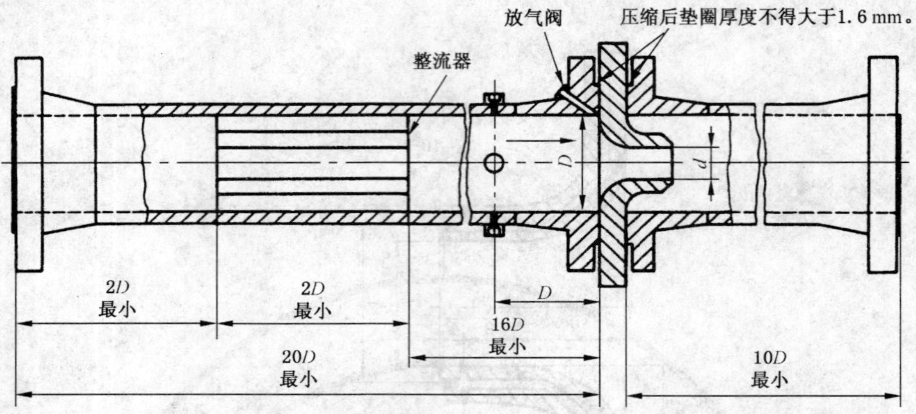

注：管内无热电偶、套管、衬圈等障碍物。

图 B.3 流量管段

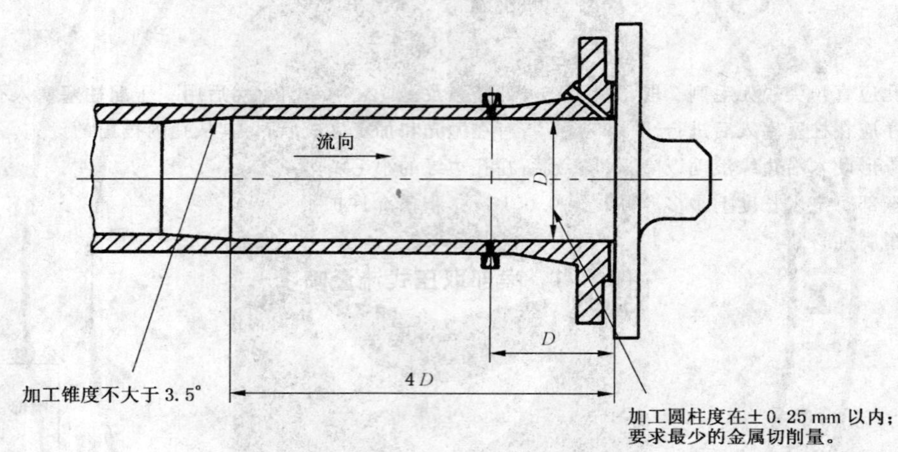

图 B.4 喷嘴上游流量管段内孔的加工

B.3 校验

a) 经验表明，流量系数的预测准确度不能达到 0.1% 以内，因此，有必要对流量测量段进行校验（见图 B.3）。校验只能由权威机构承担，且在类似于实际安装情况的条件下进行。校验台上流量测量段紧接的上、下游的管道布置最好与试验现场的类似，而且雷诺数、水温及其他流动条件也要尽可能地接近试验条件。如果流量测量段的校验结果不满足 B.3b）的要求，则应按 B.1a）要求仔细地检查喷嘴，必要时予以修正，然后复校。如果复校的结果仍与 B.3b）不符，如有可能，应采用不同的校验设备对流量测量段进行校验。

b) 应至少对两组相隔 180°的取压孔进行校验。对每一组取压孔，校验曲线（不必是每个校验点）与参考曲线的差别应不大于 0.25%，并有同样的斜率（参考曲线见图 B.2）。当试验雷诺数下不能校验时，应按 B.3c）确定校验时的雷诺数，然后平行于参考曲线外推到更高的雷诺数。外推终点处流量系数与校验时最高雷诺数下得到的校验曲线的流量系数之差不应大于0.25%。系统中主流量测量段的位置及其布置以及所用的流量测量技术是关键，将在以下各段讨论。

c) 喉部雷诺数小于 2×10^6 时，附面层由层流转为紊流。在校验时，应确定这一转换区，并在试验中避开。当喷嘴在校验设备的雷诺数范围以外使用时，只要流出系数是在高于转变区的雷诺数下确立的，就允许外推校验曲线。这条外推曲线应和图 B.2 所示曲线平行，并受到 B.3b）要求的限制。

d) 宜在临试验前安装流量测量段。在试验过程中，喷嘴表面一般会沉积一层氧化铁膜。如果这层膜极薄(小于 0.025 mm，沉积分布均匀)则对流量测量准确度的影响可以忽略。如果沉积层厚度大于该值或分布不均匀，且表面显得粗糙，则采用以下两项措施之一：

——清洁喷嘴，重新安装，重做试验，或

——重新校验流量测量段。

要注意，在重新校验前不要扰动沉积层。如果这次校验结果与试验前的校验结果差别很大，则有必要在无沉积层条件下再做另一组试验。试验结果无法调整，因为一般无法确定喷嘴上的沉积是何时形成的。

附 录 C

(规范性附录)

流量测量中整流器的使用

(见 5.3.3)

在封闭管道内流体流量的测量中使用整流器的目的是:

——消除流动中的涡流;

——整直流速分布的不规则性。

以上两条均会影响到差压式流量测量装置的流量测量。

在流量计上游如有足够长的直管段,也可消除流速的不规则分布现象。然而消除涡流需要很长的直管段,而用整流器则更经济一些。

任何整流器,除非是如下所述专门设计的,在某种程度上均会干扰自然的流速分布。

整流器与上、下游一定长度的直管段相结合最为有效。

整流器有以下三种不同的类型:

a) 一些串联布置的金属丝网或多孔板。在这种型式中,一种熟知的整流器是由 3 块相互距离为一个管径的多孔板[15]组成。其设计的目的主要是用来消除流速分布的不规则性[16]。

b) 多管或多通道(矩形)式。这种类型主要对消除流动中的旋转分量很有效,但整直流速分布的效果与管子或通道的数量有关。

c) a)型和 b)型的组合体。在这种类型中,一个熟知的例子是由一束矩形的通道组成,在其前面有一多孔板,孔径随管截面的半径而异。

这种整流器补偿了多管式整流器对流速场的干扰。但后者造价比较低廉。

a)型整流器的压损高于 b)型。

如前所述,在整流器前设置一定长度的直管段,会得到最好的效果[17]。

用节流装置进行流体流量测量中,根据现有整流器使用的资料,可推荐如下的最小距离:

——整流器上游直管段长度	2 倍管径
——整流器长度	2 倍管径
——整流器和节流装置间直管段长度	16 倍管径

整流器的选用取决于流量测量装置在管道系统中的位置。

如果流量测量段之前的管路系统垂直面上有两道弯管,则流动中会产生涡流。这种情况下,建议使用多管式整流器。如果流量测量段前有三通,则使用管束式整流器会引入误差。

15) 每个板上大约有 200 个孔。

16) 也能消除涡流。

17) 在整流器和节流装置之间要有足够长度的直管段,以形成所需的流速分布。

ICS 27.040
K 54

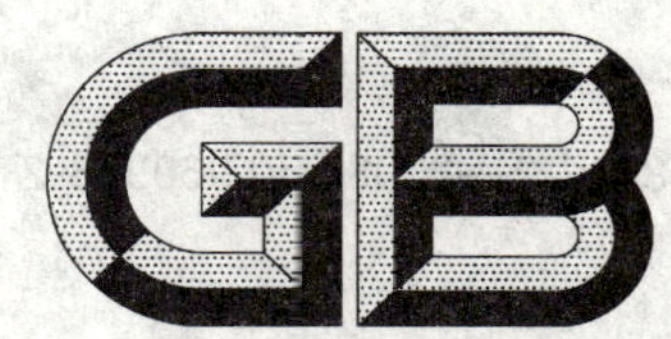

中华人民共和国国家标准

GB/T 8117.2—2008/IEC 60953-2:1990
代替 GB/T 8117—1987

汽轮机热力性能验收试验规程 第2部分:方法B——各种类型和容量的汽轮机宽准确度试验

Rules for steam turbine thermal acceptance tests—Part 2:Method B—Wide range of accuracy for various types and sizes of turbines

(IEC 60953-2:1990,IDT)

2008-07-02 发布　　　　2009-04-01 实施

中华人民共和国国家质量监督检验检疫总局
中国国家标准化管理委员会　发布

前言

标准 GB/T 8117《汽轮机热力性能验收试验规程》分为若干部分，其中：

——标准的第 1 部分：方法 A——大型凝汽式汽轮机高准确度试验；

——标准的第 2 部分：方法 B——各种类型和容量的汽轮机宽准确度试验；

——标准的第 3 部分：方法 C——改造汽轮机的热力性能验证试验。

本部分为 GB/T 8117 的第 2 部分。

本部分等同采用 IEC 60953-2:1990《汽轮机热力性能验收试验　第 2 部分：方法 B——各种类型和容量的汽轮机宽准确度试验》(英文版)。

本部分起草过程中，指出了 IEC 60953-2:1990 原文中的几个错误，得到 IEC 技术委员会的答复，做了以下相应的修改：

a) IEC 60953-2 原文表 1 中，凝汽式机组排汽压力允许变化“25%”改为“2.5%”；

b) IEC 60953-2 原文表 3 中，A 项中“t_1”改为“p_3”；

c) IEC 60953-2 原文图 B.2 中，喉部雷诺数符号“R_d”改为“Re_d”；

d) IEC 60953-2 原文图 B.4 中，“0.25 mm”改为“0.025 mm”；

e) IEC 60953-2 原文图 D.1 中，补充“高压缸”示图；

f) IEC 60953-2 原文图 D.1 中，补充“m_{v2}”示图；

g) IEC 60953-2 原文附录 E 第一段中，修正系数“E”改为“F”；

h) IEC 60953-2 原文图 E.11 中，最低一级压力符号“p_1”改为“p_i”；

i) IEC 60953-2 原文图 E.12 中，对于 p_1 大于“22.1bar”改为“221bar”；

j) IEC 60953-2 原文表 E.1 中，公式 E.11 中符号“W_{ax}”改为“W_{axg}”；

k) IEC 60953-2 原文附录 G 中，d.2 和 d.3 公式中的右大括号位置有误，已改正。

为便于使用，本部分作了下列编辑性修改：

a) 删除 IEC 60953-2 原文的“前言”和“序言”；

b) 新增加“规范性引用文件”一章，并对 IEC 60953-2 的章节重新排序；

c) 对 IEC 60953-2 原文中的表重新排序；

d) 对 IEC 60953-2 原文图中部分内容重新编译；

e) 对 IEC 60953-2 原文正文中的脚注重新排序。

本部分代替 GB/T 8117—1987《电站汽轮机热力性能验收试验规程》。

新修订的 GB/T 8117 系列标准与 GB/T 8117—1987 相比，在适用范围、结构、内容及要求等方面有很大的变化。前者根据 IEC 60953 对应地分为若干部分，用不同的方法实施汽轮机热力性能验收试验和评估汽轮机热力性能，且各部分可单独使用，更加适用于不同的机组和不同的验收试验要求的需要。GB/T 8117—1987 则是比较简单的通用试验标准。

本部分主要适用于各种类型和容量的汽轮机宽准确度热力性能验收试验，对试验结果的修正叙述比较详细，并考虑了对汽轮机性能老化的修正，以及湿蒸气焓的测量和核电站放射安全等问题。

本部分的附录 A、附录 B、附录 C、附录 D、附录 E、附录 F、附录 G 均为规范性附录。

本部分由中国电力企业联合会提出。

本部分由全国汽轮机标准化技术委员会(SAC/TC 172)归口。

本部分负责起草单位：西安热工研究院有限公司、上海发电设备成套设计研究院。

本部分起草人：施延洲、刘晨、刘向民、张华民、赵毅、胡先约、杨寿敏、程钧培、刘志江、郭建林、安敏善、叶奋、周良茂、朱立彤。

本部分代替标准的历次发布情况为：

——GB/T 8117—1987。

引　言

随着测试技术的迅速发展和汽轮机容量的增大，有必要对有关验收试验标准 GB/T 8117—1987 进行修订。

为满足我国电力工业发展和国际贸易的需要，所以整个标准将对应 IEC 60953 分为若干部分，用若干不同的方法实施汽轮机热力性能验收试验和评估汽轮机热力性能，且各部分可单独使用。

本部分适用于各种类型和容量的汽轮机宽准确度热力性能验收试验。

1）　有关不确定度的基本原理与数据

标准的第 1 部分(方法 A)适用于获得高准确度的汽轮机性能水平的试验，其测量不确定度为最小，试验过程中的运行条件要严格遵守，并强制执行。

方法 A 是采用校验过的最准确的专用仪表并使用现有最好的测试方法。试验结果的不确定度相当小，并在试验结果与保证值进行比较时不必考虑。对于火电机组，该不确定度不大于 0.3%；对于核电机组，则不大于 0.4%。

试验的准备和实施所需的仪表及人工费用，对于大容量机组或首台机组，在经济上一般还是合算的。

标准的第 2 部分(方法 B)适用于各种类型和容量的汽轮机，有适当测量不确定度的性能验收试验。试验仪表和测量方法应遵循本标准的规定，主要采用标准仪表及标准的试验方法，也可完全采用经校验的高准确度仪表。试验结果的测量不确定度按本标准提供的计算方法确定。除非合同中另有规定，通常在试验结果与保证值进行比较时需考虑试验结果的测量不确定度，因而验收试验的总费用与待测定的保证值的经济价值有关。

在方法 B 中，对试验过程中的运行条件的规定较为灵活，并且当这些规定不能满足时，还推荐了一些处理办法。

试验如采用了符合标准的仪表及方法，对于大型凝汽式火电机组，试验结果的测量不确定度通常在 0.9%～1.2% 之间；对核电机组在 1.1%～1.4% 之间；对背压式、抽汽式和小容量凝汽式机组，在 1.5%～2.5%之间。通过提高仪表准确度，主要是通过增设主流量测点和校验主流量测量装置，可进一步减小测量结果的不确定度。

2）　方法 A 与方法 B 之间的主要差别

在方法 A 中，有关说明指导试验人员进行试验的准备、实施以及测量技术等方面的内容比方法 B 更为详细。在方法 B 中，将此类的细节处理较多地留给了试验人员自行判断和决定，因而要求试验人员具有足够的经验和专长。

3）　指导性原则

在方法 A 中，对试验准备和试验条件的要求，尤其如试验的持续时间、试验工况的偏离和稳定性以及双重测点值之间所允许的差别等方面都更严格。

试验最好在开始投运后 8 周内进行。目的在于把汽轮机性能的劣化及汽轮机发生损伤的风险降低到最小程度。

在此期限内宜进行(包括焓降试验在内)一些预备性试验，以监视汽轮机高压缸和中压缸性能的变化。然而这些试验不能得到低压缸的性能，因而应尽早进行验收试验。

在任何情况下，当使用方法A时，如果焓降试验表明高压缸或中压缸的性能下降，或者由于电厂条件要求将预备性试验推迟到首次启动4个月之后进行，则验收试验宜延期进行。

当使用方法A时，不允许将试验热耗率按启动焓降效率试验的结果进行修正或进行老化修正。

如果试验不得不延期，方法A建议试验在首次大修后进行，并推荐了在试验前确定汽轮机大体状况的几种方法。

4） 测量仪表和测量方法

a） 电功率测量

除了在两种方法中要求的电功率测量条件相似之外，方法A还要求在每完成一次试验之后，用对比测量法校核仪表，两者之间的允差不大于0.15%。

b） 流量测量

方法A要求用校验过的节流装置来测量主流量。其中推荐使用喉部取压喷嘴，这里提供了设计与使用方面的详细说明。

校验这些装置，应连同其上、下游管段及整流器一道进行，并且提供了需由流出系数校验值外推的方法。

在方法B中，通常使用标准节流装置测量流量。对需要降低总的测量不确定度的场合，建议对标准节流装置进行校验。为了降低测量不确定度，建议对主流量测量采用双重或多重测点。在标准中还介绍了一种检查其测量一致性的方法。

c） 压力测量

方法A与方法B对压力测量的要求和建议基本上相同，仅对凝汽式汽轮机排汽压力的测量方法有些不同。

d） 温度测量

在两种方法中，温度测量的要求基本相同。然而方法A在技术细节上更为严格，要求如下：

——试验前、后需校验；

——主要温度双重测量值的最大偏差为0.5 K；

——带连续导线的热电偶；

——所要求的总准确度。

e） 蒸汽品质测量

方法A与方法B完全相同。

5） 试验结果的计算

在方法A与方法B中所阐述的数据整理和试验结果的计算方法相同，但在方法A中，定量分析要求更为严格。

为避免由于未满足某些要求而使试验作废，方法B提供了一些处理此类情况的建议。

另外，方法B还提供了测量变量和试验结果不确定度的详细计算方法。

方法B还为在规定试验期限之后和不经事先检查而进行试验及评价推荐了一些其他方法。

6） 试验结果的修正及与保证值的比较

方法A和方法B都提供了把试验结果修正到保证工况的方法。

方法A提出将试验结果与保证值进行比较时，不考虑试验结果的测量不确定度。

方法B提供了范围较宽的修正办法。此外，在与保证值比较时考虑试验结果的测量不确定度。

7） 使用建议

因为在电厂设计阶段就要考虑要采用的验收试验方法，因而，宜尽早确定采用何种方法，并最好在汽轮机订货合同中予以确定。

方法B能适用于各种类型和容量的汽轮机验收试验。宜尽早确定所要求的测量不确定度，以便在电厂设计中采取必要的措施。

如果保证范围是整个电厂或其大部分设备，则在验收试验中可根据该保证值的定义，使用任何一种方法中的相关内容。

汽轮机热力性能验收试验规程
第2部分:方法B——各种类型和容量的汽轮机宽准确度试验

1 范围和目的

1.1 范围

GB/T 8117的本部分适用于各种型式、容量和用途,准确度范围较宽的汽轮机热力性能验收试验,对于某个具体情况来说,只需应用本标准的相关条款。

本部分提供了过热蒸汽或饱和蒸汽轮机的试验方法。其中包括确定湿蒸汽比焓所需的测量及方法,并叙述了在核电厂中考虑到放射性安全条例情况下进行试验需要预防的措施。

本部分规定了验收试验的准备、实施、评估、与保证值的比较以及计算测量不确定度等方面统一的规则,同时也包含了进行验收试验条件的细节。

如果有本部分未涉及的任何复杂或特殊的情况,则制造商和买方应在合同签订之前达成适当的协议。

1.2 目的

本部分所叙述的汽轮机和汽轮机组热力验收试验,其目的是验证制造商所提供的以下保证值:

a) 汽轮机组的热效率或热耗率;

b) 汽轮机的热力学效率或汽耗率或规定蒸汽流量下的输出功率;

c) 主蒸汽通流能力和(或)最大输出功率。

保证值及其条款应表达完整而且无矛盾(见3.4)。验收试验也可包括按保证条件进行修正所需的一些测量,并检查试验结果。

1.3 合同中应考虑的事项

本部分的某些事项要在早期就予以考虑,这些事项将在下列条款中论及:

条款

1.1(第4段)

1.2(第2段)

4.1(第3和第4段)

4.3.3(第1段)

7.6

7.8

7.9(第1段)

2 规范性引用文件

下列文件中的条款通过GB/T 8117的本部分的引用而成为本部分的条款。凡是注日期的引用文件,其随后所有的修改单(不包括勘误的内容)或修订版均不适用于本部分,然而,鼓励根据本部分达成协议的各方研究是否可使用这些文件的最新版本。凡是不注日期的引用文件,其最新版本适用于本部分。

GB/T 755.2 旋转电机(牵引电机除外)确定损耗和效率的试验方法(GB/T 755.2—2003,IEC 60034-2:1972,IDT)

GB/T 2624 用安装在圆形截面管道中的差压装置测量满管流体流量(GB/T 2624.1～2624.4—2006,ISO 5167-1～5167-4:2003,IDT)

GB 3102.3 力学的量和单位(GB 3102.3—1993,eqv ISO 31-3:1992)

GB/T 20043 水轮机、蓄能泵和水泵水轮机水力性能现场验收试验规程(GB/T 20043—2005,IEC 60041:1991,MOD)

3 单位、符号、术语和定义

3.1 通则

国际单位制(SI)适用于本标准,因而避免了所有换算系数。

在3.2的表1中列出了所有有关量的法定计量单位,同时也提供了热耗率采用W/W以外的一些单位时的换算系数,在3.3的表2和表3中列出了所有有关量的下标、上标和定义。

3.2 符号和单位

下列符号、定义及单位适用于本标准。

表1 量的符号、定义和单位

量	符号	单位	十进倍数或分数单位的示例	其他ISO单位
功率	P	W	kW	
质量流量	$\dot{m}$	kg/s		
绝对压力	p_{abs}	Pa	kPa	bar1)
表压力	p_e	Pa	kPa	bar1)
环境压力(大气压)	p_{amb}	Pa	kPa	bar1),mbar
压差	Δp	Pa	kPa	
热力学温度	T,Θ	K		
摄氏温度	t,θ			℃
温差	Δt	K		
垂直距离	H	m	mm	
比焓	h	J/kg	kJ/kg	
饱和水比焓	h'	J/kg	kJ/kg	
饱和蒸汽比焓	h''	J/kg	kJ/kg	
比焓降	Δh	J/kg	kJ/kg	
比热	c	J/(kg·K)	kJ/(kg·K)	
蒸汽干度(即饱和蒸汽的质量干度)	x	kg/kg	g/g	
转速	n	s^{-1}		min^{-1}
速度	v	m/s		
密度	ρ	kg/m^3		
比容	υ	m^3/kg		

表 1（续）

量	符　号	单　位	十进倍数或分数单位的示例	其他 ISO 单位
直径	D	m	mm	
重力加速度	g	m/s²		
热效率	η_t	W/W	kW/kW	
热力学效率	η_{td}	W/W	kW/kW	
热耗率	HR	W/W	kW/kW	kJ/(kW·s)或 kJ/(kW·h)
汽耗率	SR	kg/(W·s)或 kg/J	kg/(kW·s)或 kg/kJ	kg/(kW·h)
热流量	$\dot{Q}$	J/s	kJ/s	
汽蚀系数		1		
浓度	C	按照示踪剂的性质		
由 7.6a)定义的修正系数	F	1		
由 7.6b)定义的修正系数	F^*	1		
等熵指数	κ	—		
流出系数	C_d	—		
流量系数	α	—		
通用变量	x[2]			
求平均值的加权系数	γ			
置信区间	V			
x 的相对测量不确定度	$\tau_x=\dfrac{V_x}{x}$			
蒸汽表的允差	R			

1) CIPM 和 ISO 允许暂时使用于流体测量的单位。
2) 随用途而定。

热耗率和热效率之间的关系：

热耗率单位	关系式
W/W，kW/kW，kJ/(kW·s)	$HR=\dfrac{1}{\eta_t}$
kJ/(kW·h)	$HR=\dfrac{3\ 600}{\eta_t}$
kJ/(MW·s)	$HR=\dfrac{1\ 000}{\eta_t}$
kcal/(kW·h)	$HR=\dfrac{859.845}{\eta_t}$
BTU/(kW·h)	$HR=\dfrac{3\ 412.14}{\eta_t}$

3.3 下标、上标及定义

表 2 量的下标和定义

量	下标	位置或定义
功率	b	在发电机端处
	a	非汽轮机驱动的辅机耗功(见 5.2.3)(也见 GB/T 755.2)
	g	净输出功率:$P_g = P_b - P_a$
	c	在汽轮机联轴器处的功率,如果辅机由外部驱动,还要扣除辅机的耗功(见 5.2.3)
	i	汽轮机内部
	mech	泵及其驱动装置的机械损失
新蒸汽流量和输出功率	max	调节阀全开时的值
蒸汽参数和流量	1	紧靠包括汽轮机合同中的高压缸新蒸汽阀和蒸汽滤网(如果有)前
	2	在汽轮机高压缸排汽口去再热器处
	3	紧靠中压缸再热汽阀前
	4	汽轮机至凝汽器排汽口处
	e	在抽汽式汽轮机的抽汽点处
凝结水和给水的参数及流量	5	在凝汽器出口处
	6	在凝结水泵入口处
	7	在凝结水泵出口处
	8	见图 1a)
	9	在锅炉给水泵入口处
	10	在锅炉给水泵出口处
	11	在最后一级给水加热器出口处
	b	在流经凝结水泵及合同中包含的任何冷却器(油、发电机、气体/空气)之后
	d	在疏水冷却器出口处
	a	在射汽抽气器冷却器出口处
	is	指送至过热器用以调节新蒸汽温度的部分给水
	ir	指送至再热器用以调节再热蒸汽温度的部分给水
补充水参数和流量	m	紧靠凝结水系统或蒸发器入口法兰处的测量值
密封汽参数和流量	g	由一独立汽源供至汽封的蒸汽
	gl	包括在新蒸汽流量中并回到系统中的那部分汽封和阀杆漏汽
	q	在进汽端或再热器前引出系统外用的汽封和阀杆漏汽,其质量和热量均不再返回汽轮机热力系统
	qy	类似 q 项,但漏汽点位于再热器后一处或几处
主蒸汽流量和浓度	M	反应堆出口处的主蒸汽流量
质量流量和浓度	F	指反应堆的给水
	core	指流过反应堆堆芯的介质
	cond	指凝结了的蒸汽
	inj	指注入的示踪剂溶液
	E	压水堆堆芯入口处
	R	自汽水分离器来的再循环水

表 2（续）

量	下标	位置或定义
凝汽器冷却水	w wi wo wio	 凝汽器入口处 凝汽器出口处 凝汽器进、出口间的平均值
效率	t td	热的 热力学的
焓降	s	指等熵焓降
速度	throat	在流量测量喷嘴的喉部
静压	sat	水在相应温度下的饱和压力
浓度	wat L B inj 0	在水相中 在沸水堆泵循环回路中 在压水堆排污水中 注入的示踪剂的 在示踪剂注入前的注点处
试验结果和保证值	g c m	保证的 修正后的 测量的
修正系数 F 或 F^*	tot 1、2、3 η P	所有单项修正系数的乘积 单项修正系数的编号 对效率修正 对输出功率修正
通用	i,j	计数用的下标

对于置信区间 V 和相对测量不确定度 τ，总是以与变量有相同符号的下标来表示该变量相对测量不确定度的置信区间。

表 3　量的上标和定义

量	上标	定　义
效率	′	计算机算出的效率参考值
通用	— ～	平均值 加权平均值

3.4　保证值和试验结果的定义

通常采用几个在技术上专用的量，来定量描述一台汽轮机或汽轮机组的热力学性能。保证值就是以这些量来表示，因而试验结果也应据此来评价。

这些量的一般定义总是十分明确，但在每一种情况下，其具体细节上可能有所不同，应予以充分考虑(参见 1.2)。

3.4.1　热效率

对于一台具有给水回热系统的电站汽轮机而言，热效率是重要的性能指标。其定义为输出功率与外界输入该循环系统的热量之比。

$$\eta_t = \frac{P}{\sum(\dot{m}_j \Delta h_j)} \qquad \cdots\cdots(1)$$

式中：

$\dot{m}_j$——被外界加热的质量流量；

Δh_j——最终得到的焓升。

对于每一具体机组都要规定一个包括终端参数在内的保证热力循环作为保证值定义与试验评估的基础。该热力循环宜尽可能地简单，并且尽量接近试验时的实际热力循环(参见4.4.4)。

对于按照图1a)所示的一台具有一次再热和给水回热汽轮机组，其热效率具体定义为：

$$\eta_t = \frac{P_b(\text{或}\ P_g\ \text{或}\ P_c)}{\dot{m}_1(h_1 - h_{11}) + \dot{m}_3(h_3 - h_2)}^{1)} \qquad \cdots\cdots(2)$$

在试验评估时，任何进出循环系统的额外热量和质量流量，如补给水流量 $\dot{m}_m$、减温喷水流量 $\dot{m}_{ir}$ 或 $\dot{m}_{is}$ 或者空气预热器用的额外抽汽量都要通过对试验结果的适当修正予以考虑(见第7章)。本定义中未包括的各种泄漏损失应按6.2.3.4处理。

在试验循环系统中，由于技术原因而存在的重要热量和质量流量，如减温喷水、反应堆排污等，为了保持较小的修正总量，可以合理的在保证值定义中加入一些附加项。

然而这就改变了所定义的热力学特性，而使最终得到的热效率值与用公式(2)计算出的结果不可直接比较。因为在试验过程中这些额外流量不大可能与修改后的保证值定义中的完全一致，因此，用这种方法也不能完全避免修正过程。

在本标准中要描述汽轮机循环系统中所有可能的变化是不现实的，因此，当试验循环系统与保证定义间存在复杂差异时，建议按照7.6.1所述的修正方法。

3.4.2 热耗率

习惯沿用至今的热耗率，与本标准中所用的热效率具有相同的意义。

用国际单位制(SI)表示为：

$$HR = \frac{1}{\eta_t} \qquad \cdots\cdots(3)$$

这样计算出的热耗率单位是kW/kW，即kJ/(kW·s)。

用其他单位表示的热耗率，只要通过适当的换算系数，即可很容易换算成热效率值(见3.2)。

3.4.3 热力学效率

对于全部蒸汽在同一初参数下进入，且全部蒸汽又在一较低压力下排出的一台汽轮机(无给水回热或再热的凝汽式汽轮机或背压式汽轮机)而言，热力学效率是最合适的指标。其定义为输出功率与等熵做功能力(新蒸汽流量与新蒸汽参数和排汽压力之间等熵焓降的乘积)之比：

$$\eta_{td} = \frac{P}{\dot{m}\,\Delta h_s} \qquad \cdots\cdots(4)$$

热力学效率的数值不取决于新蒸汽和排汽参数，而只表示膨胀效率。

对于一台按图1b)所示的无给水加热的纯凝汽式汽轮机，其热力学效率的定义表达式则是：

$$\eta_{td} = \frac{P_b(\text{或}\ P_g\ \text{或}\ P_c)^{1)}}{\dot{m}_1\,\Delta h_{s1,4}} \qquad \cdots\cdots(5)$$

式中：

$\Delta h_{s1,4}$——点1处新蒸汽参数和点4处压力之间的等熵焓降。

3.4.4 汽耗率

习惯沿用至今的汽耗率，被作为3.4.3所描述汽轮机的另一个性能指标。其定义为新蒸汽流量与输出功率之比，用国际单位制(SI)表达时，与热力学效率有如下关系：

$$SR = \frac{\dot{m}}{P} = \frac{1}{\eta_{td}\,\Delta h_s} \qquad \cdots\cdots(6)$$

---

1) 视合同中的规定。

用其他单位表示的汽耗率，只要确定了相应的 Δh_s 值后，选用适当的转换系数，即可换算成热力学效率(见 3.2)。

因为汽耗率数值取决于新蒸汽参数和排汽参数，额定参数不同的汽轮机之间汽耗率没有可比性，因此，本标准使用的是热力学效率。

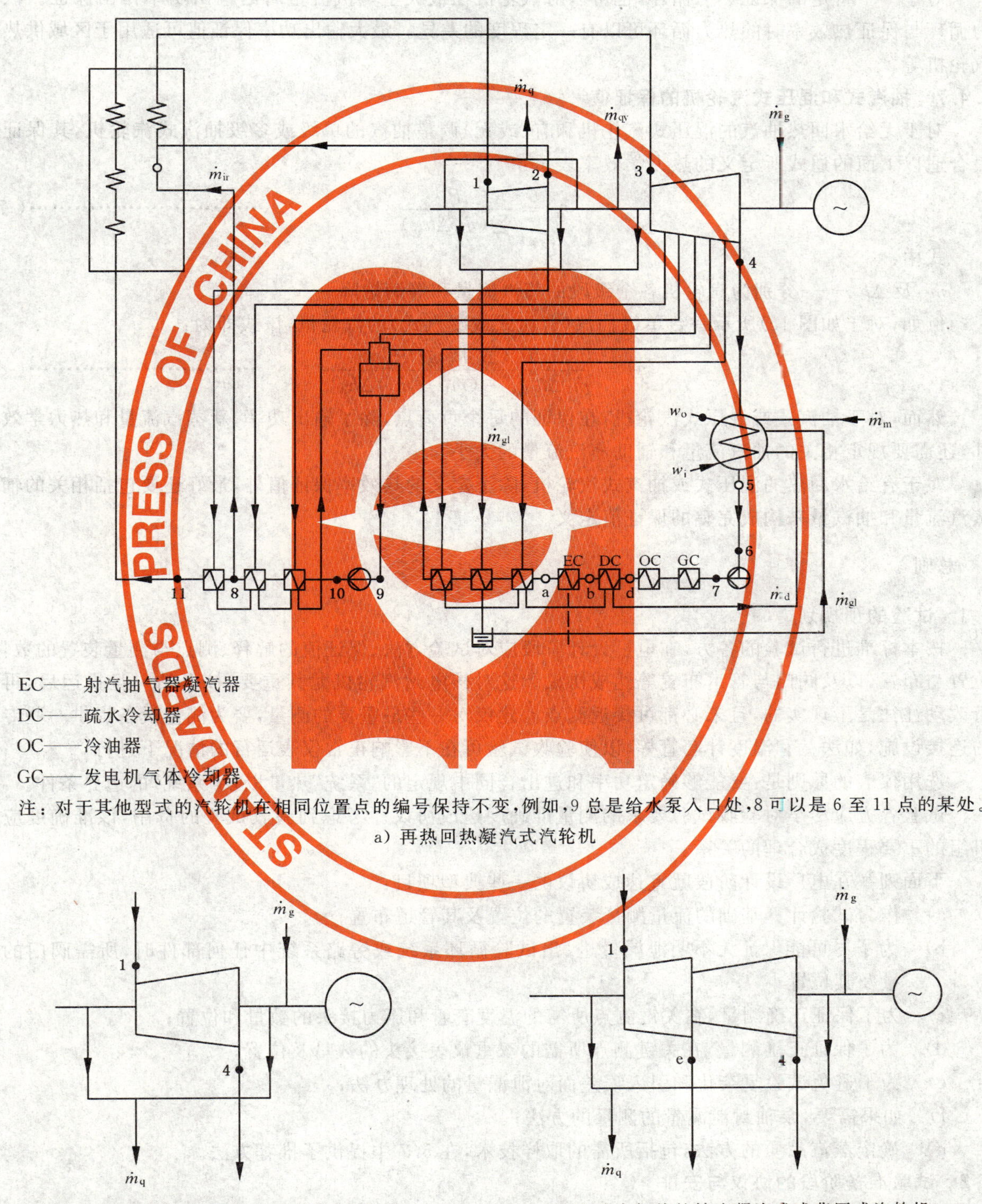

EC——射汽抽气器凝汽器

DC——疏水冷却器

OC——冷油器

GC——发电机气体冷却器

注：对于其他型式的汽轮机在相同位置点的编号保持不变，例如，9 总是给水泵入口处，8 可以是 6 至 11 点的某处。

a) 再热回热凝汽式汽轮机

b) 无给水加热的纯凝汽式或背压式汽轮机

c) 无给水加热的抽汽凝汽式或背压式汽轮机

图 1　符号与下标的注释图

3.4.5 主蒸汽通流能力

在规定蒸汽参数(通常蒸汽参数由其他保证值的定义来规定)下,所有调节阀全开时的最大主蒸汽流量即作为汽轮机的通流能力的量度。

3.4.6 最大输出功率

对于一个特定的保证热力循环,也可以对汽轮机在最大主蒸汽流量时的输出功率作出保证。该热力循环与保证热效率时的热力循环可以有一定程度的差异。最大输出功率保证值可适用于区域供热的汽轮机等。

3.4.7 抽汽式和混压式汽轮机的保证值[2)]

对于无给水回热抽汽的混压式汽轮机和有(或无)调整抽汽的单级或多级抽汽式汽轮机,其保证值最合适以下面的通式所定义的热力学效率表示:

$$\eta_{td}=\frac{P}{\sum(\dot{m}_j\Delta h_{sj})} \qquad \cdots\cdots(7)$$

式中:

$\dot{m}_j$ 及 Δh_{sj}——分别为汽轮机各个级段的蒸汽流量和等熵焓降。

例如,对于如图1c)所示一台单级抽汽(背压式或凝汽式)的汽轮机,该式即为:

$$\eta_{td}=\frac{P_b(\text{或 }P_g\text{ 或 }P_c)}{\dot{m}_1\Delta h_{s1,e}+(\dot{m}_1-\dot{m}_c)\Delta h_{se,4}} \qquad \cdots\cdots(8)$$

然而,对于抽汽式或混压式汽轮机,在保证的每个负荷点,除了输出功率、新蒸汽流量和热力学效率外,还需要规定相关的抽汽流量和辅助蒸汽流量的大小。

对于有给水回热的混压式或抽汽式汽轮机,除了定义的热效率保证值外,最好还要包括相关的辅助蒸汽流量和抽汽量来构成完整的保证值定义。

4 总则

4.1 试验的预规划

按本标准进行试验的各方,在电厂设计阶段应对试验方法、保证值的解释、测点与测量装置的数量、位置与布置,以及阀门与管道布置等达成协议。这对核电站汽轮机尤其重要,核电站一旦投运后,再进行改动往往是不现实的,且未必都可接近测点。建议对一些最重要的测量,要为测量设备提供一些专用的连接设施,如法兰和温度计套管等,以使验收试验可在不影响正常仪表运行的情况下进行。

选用仪表的原则是:要能够确定功率和进出合同中规定的"系统"热量以及"系统"的边界条件。

试验各方应尽早对验收试验要求的测量准确度达成协议。考虑到验收试验的费用,该准确度应与机组的重要程度成合理的关系。

下面列举在电厂设计阶段就宜达成协议的一些典型项目:

a) 作为试验计算基础的流量测量装置的位置及其管道布置;

b) 为了尽可能保证无不明泄漏量进、出试验循环系统或旁路系统中任何部件时,所需阀门的数量及其位置;

c) 为了保证正确测量,在关键测点所需的温度套管和压力接头的数量和位置;

d) 为了保证正确测量,在关键测点所需的双重仪表接头的数量及位置;

e) 为了避免试验复杂化和引入误差而对泄漏量的处理办法;

f) 如果需要,泵轴封泄漏量的测量的方法;

g) 确定蒸汽品质的方法,包括所需的取样技术,在5.7中提供了推荐方法。

4.2 试验准备阶段的协议与安排

a) 参与试验各方在试验前应就如下事项达成协议:试验程序、试验的具体目的、测量方法以及在

2) 混压式汽轮机,在膨胀过程中有几个不同压力等级的进汽口。

限定必要修正量下的运行方式、根据合同中规定的工况的修正试验结果的方法和与保证值进行比较的方法。

b) 应就待测变量、测量仪表及其供应者、指示仪表的位置及所需的运行、记录人员等达成协议。

c) 应就获得对比测量的方法达成协议(见4.5)。

d) 应就稳定蒸汽参数和输出功率的方法之类的事项达成协议。

e) 凡在使用中易坏或易损的仪表,宜储备经严格校验过的备用仪表,以便随时立即投入使用。在试验过程中,仪表的此类更换都应在观测者的记录纸上清楚地注明。

仪表的安装位置及布置应使记录者能方便地精确读出数值,仪表的校验环境宜尽可能地接近试验过程的工作环境,将仪表置于可控制的环境中即可达到此目的。

f) 过热度小于15 K的蒸汽焓值或蒸汽品质的确定方法,只有试验各方对所用方法商定后方可实施。所达成的协议、确定的方法以及将该焓值或品质值应用于试验结果的方法,均应在试验报告中详细叙述。

任何蒸汽品质的蒸汽流量均可确定,只要将其全部凝结,并测量其凝结水量。

g) 应就仪表的校验方法及由谁在何时校验达成协议。

h) 对按本标准进行试验的任何必需的测量,如果试验各方在试验前达成书面协议,在本标准规定之外的其他测量方法也可使用。凡与本标准规定的方法有任何差异,都应在试验报告中陈述清楚。如果没有书面协议,则应遵循本标准。

i) 某一位独立于各方的专家可作为参与所有协议的一方。

j) 应就运行和记录所需的最少人数达成协议。

4.3 试验计划

4.3.1 验收试验的时间

验收试验应在运行现场进行,或者按双方协议在制造厂的试验台上进行。现场验收试验应尽可能在第一次机组并网后的8周[3)]内完成(见4.5)。除非另有书面协议,否则验收试验应在合同规定的保证期内进行。

4.3.2 验收试验的指挥

试验之前,各方应对验收试验指挥的职责明确授权,最好是授权给某一个人。该人负责验收试验的正确实施和评价,并在就观测准确度、运行工况或运行方式等发生争议时充当仲裁人。该人有权并有责任获得所有必要的详细资料。

买方和制造商授权的代表可一直在试验现场,以核实试验是否按照本标准和试验前所达成的协议进行。

合同中不担任验收试验指挥的一方,也应有机会在试验前及时得到资料。

4.3.3 验收试验的费用

合同中应规定由谁承担验收试验及任何重复验收试验的费用(参见4.5、4.7和4.9)。

4.4 试验的准备

4.4.1 机组状况

在进行验收试验之前,确认汽轮机和被驱动机械,还有凝汽器和给水加热器(如在保证值之列),都处于良好状况。还要确认凝汽器、给水加热器、管道和阀门的泄漏均已消除。

验收试验之前,供方应有机会检查机组状况,必要时也可由供方自行进行测量。这时发现的任何缺陷,均应予以消除。

---

3) 本意是,在这段时间里,要将汽轮机性能的劣化和遭受损坏的风险减至最小。为了监视汽轮机高压缸和中压缸的性能,在此阶段要进行焓降试验或预备性试验。然而这些试验均不能给出低压缸的性能,因此,有必要尽早地进行验收试验。

虽然本标准是针对汽轮发电机组的性能测试而言,但也要求作为汽轮发电机组合同的一部分而提供的其他设备,在汽轮发电机组试验过程中,应处于完全正常的运行状态并符合正常商业运行要求。如果这些设备是在性能保证合同签定之后的附加订货合同内,或者对参与试验各方已商定的在试验过程中采取特殊措施的停运设备,则该要求就不适用,并应在试验报告中有详细说明,例如,作为汽轮发电机组供货合同的一部分的启动用管道和阀门,它们在启动过程中允许蒸汽旁路部分或全部汽轮机级段以调节温度。

4.4.2 汽轮机的状况

汽轮机的状况与老化[4](见 7.9)、局部损伤[5]及结垢[6]有关。

汽轮机的状况一般能通过开缸检查其内部通流部分,或按照 4.5 中所述的对比测量来确定。

试验前应确认无局部损伤和结垢(参见 4.4.1)。

如果对比测量中发现有大的无法解释的差异,则可考虑打开整台汽轮机或某一个汽缸来确定缺陷的所在。

4.4.3 凝汽器状况

如果保证值包括凝汽器的性能,而且是以冷却水流量和温度为条件时,则凝汽器应是清洁,而且系统经检测有良好的气密性。有关各方就此类事项应达成协议。

凝汽器的状况应通过打开水室或测量端差来检查,在有结垢[7]的情况下,应卖方要求,买方在验收试验前应予以清洗,或者试验有关各方也可商定一合适的修正方法。

4.4.4 系统的隔离

试验结果的准确度很大程度上取决于对系统的有效隔离。外界的流量宜与系统隔离,不管是系统部件还是流量测量装置的不明内部旁路泄漏,宜尽可能予以消除,以避免对其测量。如果对试验期间隔离的这些流量效果有怀疑,则在试验前应做好测量这些流量的准备。

所有不用的连接应堵死,如果不能做到,则应在适当的位置把连接断开,以便在开口处进行连续观测和测量。

在汽轮机首次投运之前,对要隔离的设备、流量以及实现隔离的方法宜取得一致意见,在试验报告中要说明系统的隔离情况。

对于严格进行隔离的验收试验的热力系统,以满负荷新蒸汽流量的百分比表示的不明泄漏量,不宜大于试验结果相对测量不确定度(以百分比表示)乘以 0.4(见 6.2.3.4)之积。凝汽器热井、除氧器和其他给水加热器、锅炉汽包、汽水分离器、再热器及系统中其他任何储水处的储水量均应予以考虑(见 6.2.3.4)。

4.4.4.1 设备和流量的隔离

如果可行,宜与汽轮机主给水循环系统隔离的设备和外部流量如下:

a) 大容量储水箱;

b) 蒸发器及其配套设备,如蒸发器的凝汽器和蒸发器的预热器;

c) 与安全运行有关的启动用旁路系统和辅助蒸汽管路;

d) 凝结水主流量测量装置旁路管;

e) 汽轮机喷水;

f) 新蒸汽阀、再热汽阀和调节阀的疏水管;

g) 与其他机组间的连接管;

h) 除盐设备,除盐设备的隔离,并不意味着将该设备从系统中切除,而是指与其他机组间的联系

---

4) 老化是指汽轮机在正确运行和停机情况下,其性能受到不良影响而劣化。

5) 局部损伤:叶片、平衡盘和轴封之间隙变化和损伤、阀杆磨损、阀门密封和阀座中的泄漏。

6) 结垢:汽侧的盐、金属,冷却水侧的粘泥、尘灰、细菌、藻类等。

都应隔离，以及影响主流量测量的再循环管等设备应予隔离，或测量其流量；

i) 用凝结水加化学剂的设备；

j) 锅炉排空；

k) 蒸汽吹灰器；

l) 加热器的凝结水管和给水管路的旁路；

m) 加热器疏水旁路；

n) 加热器壳体疏水；

o) 加热器水室排空；

p) 启动抽气器；

q) 凝汽器水室启动注水口；

r) 电厂供热用蒸汽或水；

s) 蒸汽发生器排污。

4.4.4.2 如未能隔离，应予以确定的流量

下列进出系统而引起流过汽轮机流量的测量误差的外界流量，应与系统隔离或予以测量：

a) 锅炉炉门盘管冷却水流量和锅炉液态排渣口盘管冷却水流量。

b) 下列密封和汽封用冷却水流量(供水和回水)：

  1) 凝结水泵；
  2) 锅炉给水泵；
  3) 锅炉水泵或反应堆循环水泵；
  4) 无自密封加热器疏水泵；
  5) 汽动泵用的小汽轮机；
  6) 核反应堆控制棒的密封。

c) 减温水。

d) 锅炉给水泵最小流量再循环管和平衡盘流量。

e) 燃油雾化和加热用蒸汽。

f) 锅炉排污。

g) 锅炉上水管。

h) 汽轮机水封流量。

i) 汽轮机冷却蒸汽的减温水。

j) 汽轮机轴封漏汽及密封系统紧急排放阀。

k) 汽轮机水封溢流。

l) 冲洗汽轮机用的汽管和水管。

m) 除轴封泄漏蒸汽以外，供至汽封调节阀的其他蒸汽。

n) 必要的补充水。

o) 除氧器低压运行时的备用蒸汽(例如在低负荷时切换到较高压力的抽汽)。

p) 应尽可能关闭加热器放空气阀，否则关至最小。

q) 除氧器溢流管。

r) 任何水封法兰(例如真空破坏门水封)的漏入水量。

s) 离开系统的泵用密封水泄漏。

t) 工业用的自动抽汽。

u) 空气预热器用蒸汽(如果不可能隔离)。

v) 汽和水取样设备。如果无法隔离水和蒸汽取样装置，取样流量又很大，则应予以测量。

w) 除氧器排空。

x） 反应堆堆芯喷水。

y） 汽水分离器或再热器管疏水冷却用的过冷水。

z） 湿蒸汽汽轮机的缸体和连接管道的连续疏水(如果不包括在保证值内)。

4.4.4.3 从汽轮机主给水循环系统中隔离设备的推荐方法及装置

将各种设备、外界流量与汽轮机主给水循环系统进行隔离，并对隔离效果进行检查，建议采用如下方法：

a） 双重阀，并在其间加装疏水管阀；

b） 法兰堵板；

c） 两法兰间加堵板；

d） 拆开连接短管供观察检查；

e） 观察检查排入大气的蒸汽(例如安全阀)；

f） 已知关闭后无泄漏的阀(经双方试验证实)，在试验前和试验过程中不对其进行操作；

g） 温度指示(仅在一定的条件下适用，需双方同意)；

h） 对应该与系统隔离的任何水箱水位作准确测量；

i） 应检查非常重要的隔离阀(例如高压和低压旁路阀)，如有必要，在试验前予以封闭。

4.4.5 凝汽器和给水加热器的检漏

对凝汽器和给水加热器应进行泄漏检查，并应采取措施消除任何明显的泄漏(见附录 A)。

如有怀疑，试验后可复查。

4.4.6 蒸汽滤网的清洁度

如果有必要，应在试验前清理蒸汽滤网。

4.4.7 测量设备的检查

试验前应对所有的测量设备的状况及其适用性进行检查，进而确认测量仪表、安装位置及安装方式是否符合有关要求，所有这些检查结果都应记录在试验报告中。

4.5 对比测量

对比测量中只考虑那些对确定汽轮机状况所必需的变量。为了对比，宜测量汽轮机内效率、抽汽口的压力和温度、轴封漏汽量、凝汽器端差以及在适当部位测定汽轮机转子的振动水平等。

对比测量的不确定度不宜大于验收试验的不确定度。

对比测量的类型、范围及费用应由买卖双方商定(见 4.3.3)。

验收试验的各方应参加对比测量。

基准测量应在第一次起动后立即进行，必要时可在部分负荷下进行。检查测量可在下述时间进行：

a） 验收试验前或预备性试验过程中；

b） 在清洗叶片之后；

c） 检修之前和(或)之后。

在验收试验过程中进行的测量，通常可视为最终的检查测量。

如果某个检查测量的结果表明有结垢现象，而这种结垢是可以用清洗叶片的办法来清除的，则卖方可要求买方清洗汽轮机。如果清洗后的检查测量与基准测量非常吻合，则可以进行验收试验；如果检查测量与基准测量很不吻合，则合同各方宜立即决定是消除缺陷还是进行验收试验，如果是进行验收试验，则在试验报告中应包括对比测量结果。

如果基准测量结果与保证值差异很大，则买卖双方可就补救措施进行商定。

4.6 试验的整定

4.6.1 负荷的整定

部分进汽汽轮机的验收试验应在“阀点”上进行，即调节阀处在总节流影响最小的位置上。

在“阀点”上的输出功率与规定值的偏差，要在 4.8.2 所给出的限值之内。

另外，抽汽式汽轮机低压调节阀的位置，宜尽可能通过调整抽汽流量办法使其调整到某个“阀点”上。同样，双压汽轮机的二次新汽调节阀，也尽可能通过调整二次新汽流量的办法，使其位于“阀点”上。

这些调整有可能使输出功率与规定值的偏差超出4.8所述的限值。在这种情况下，经有关各方协商同意，可按7.6.1所述，重新计算保证值。

如果输出功率或蒸汽流量由于运行条件所致发生较大波动，则允许使用某种装置来限制调节阀进一步打开，以使其保持在最佳阀点上。在试验期间各阀的相对位置，应始终不变。

对于全周进汽滑压运行的汽轮机，试验应在调节阀全开下进行；同样，对于节流调节的汽轮机，如果保证值的条件是调节阀全开，试验也应在调节阀全开下进行。

4.6.2 特殊的整定

不要只为试验目的而对在某个或所有的规定输出功率和运行工况下的连续运行的商业性汽轮机，进行不适当的特殊调整。但以下项目例外：调节放空气量以控制真空；使用负荷限制装置或其他类似的试验控制手段，如为防止汽水内外泄漏而关闭某些疏水阀或其他阀门对系统进行隔离。这些项目应与保证条款相一致，且运行安全和技术上可行。

试验前，应将汽轮机轴封调整到正常运行状态，并采取措施对影响试验结果的进、出轴封系统的流量进行测量。

4.7 预备性试验

进行预备性试验的目的：

a) 确定汽轮机的状况是否适合做验收试验；

b) 检查所有仪表；

c) 培训试验人员熟悉试验程序。

预备性试验完成后，如果双方同意，则预备性试验可作为一次验收试验。

如果预备性试验不能满意，则应查明原因。如果必要，汽轮机应交给制造商处理，以便制造商进行检查，并确定汽轮机状况是否适合做验收试验。

4.8 验收试验

4.8.1 试验工况的稳定

所有试验开始之前应有一段温度和流量的稳定时间，其持续稳定时间由试验各方商定，因为持续的稳定时间随汽轮机尺寸、内部条件及负荷变化的幅度而异。

凡是会影响到试验结果的任何参数，应在试验开始前尽量使其接近稳定，而且在整个试验过程中保持在4.8.2所规定的允许变化的范围内。

为了保持调节阀节流程度的恒定，宜仅在开启方向上把调节阀的行程限制在选定的位置上，且调速器宜有足够的过调量以使它对电网频率的正常变化不作反应。

4.8.2 试验工况的最大偏差与波动

除非试验各方另有协议，否则，在任一试验过程中，每个变量的试验平均值与规定值间的最大允许偏差以及最大允许波动均不应超出表4中所给的限值。

如果不能满足这些要求，则测量数据仅供参考，除非对运行工况偏离的影响另有协议。

4.8.3 试验的持续时间和读数频率

试验所需的持续时间取决于运行工况的稳定和试验数据的采集频率。准确地测出系统内储水器水位变化可能是一个制约因素。

建议一次验收试验的最短持续时间为1 h(见6.1)，经协商或因技术上的要求持续时间也可缩短，但不宜小于30 min。能力试验的持续时间宜由各方商定，但不宜小于15 min。

记录试验数据用的指示式测量设备应尽可能同时读数。因为测量值不是恒定的，按相等时间间隔读数时随机误差就不可避免。读数间隔应足够短，以保证这些误差对总的测量不确定度不会有显著的影响，这对于测量质量流量的差压读数和电功率读数是至关重要的。对于持续时间为1 h的试验，读数间隔为1 min可完全满足表4所给出的最大偏差的要求。用于确定热力学特性的压力和温度，读数间隔可较长一些，根据波动性质和大小在 3 min 到 5 min 之间选择。

如果要采用较长的读数间隔，则可能需要相应地延长试验的持续时间。

读数时，宜由发令钟向各观测人员发出统一读数时刻，也可根据各观测人员的手表读数，但在每一次试验前这些手表应对准同步。

表 4　运行工况的最大偏差与波动[1)]

变　量	试验平均值与规定值间的最大允许偏差
新蒸汽压力	±5%[2)]
新蒸汽温度	±15 K[2)]
干度	±0.005
抽汽压力(调节的)	±5%[2)]
排汽压力(给水回热式)	见[4)]
排汽压力(背压式汽轮机)	±5%[2)]
排汽压力(凝汽式汽轮机)	±2.5%，如果凝汽器不在保证之内
抽汽流量	±10%
再热蒸汽温度	±15 K
等熵焓降	±7%
输出功率或新蒸汽流量	±5%，按规定条件修正后
冷却水流量	±15%，如果凝汽器在保证之内
冷却水入口温度	±5 K，如果凝汽器在保证之内
最终给水温度	±10 K
转速	±2%[3)]

注 1：每次试验中，变量的最大允许波动不应大于表 4 所列允许偏差的一半，而输出功率例外，可变化±3%。

注 2：所有这些项目所引起的焓降的偏差不可大于±7%。

注 3：如果汽轮机的技术保证可允许。

注 4：抽汽压力偏离设计值较小，对总体性能的影响可以忽略。当加热器故障引起抽汽量有较大的偏差时，对总体性能可造成严重的影响，为此应就下一步处理办法取得一致意见。

4.8.4　积算式仪表的读数

输出电功率和质量流量的平均值，也可用积算式仪表在试验开始与结束时读数的差值除以相应的时间间隔来确定。

所有的积算式测量仪表宜同时读数，有关的指示仪表也宜同时或接近同时读数。

建议在试验过程中，以相等的时间间隔同时对所有的积算式仪表进行读数，如有需要，在试验结束后，可进行试验一致性的检查，还可调整试验取值的时间范围。

如果所有运行条件保持不变，所有观测值宜在预定试验开始时刻之前的一段时间就开始记录，并在预定试验结束时刻之后再延续一段记录时间。

4.8.5　替代方法

本标准提供了实施某些试验细节的替代方法，试验报告中应说明采用了何种替代方法。

4.8.6　试验记录

每位观测人员都应如实记录自己所观测到的值。所有记录至少都应复写两份，或经双方同意，每次试验后立即进行复印。试验后，各方均应立即收到一份完整的试验记录。

4.8.7　补充测量

试验过程中，如果发现某个缺陷并且能在较短时间内消除该缺陷，则试验可继续进行。在这种情况下，如有需要，应进行一些补充测量，其前提是可以足够准确地计算出有关的修正值(例如，凝汽器端差的微小变化，一台加热器切除或测量仪器故障)。

在试验的某段有限的时间内，如果在试验负荷下本应关闭的某个控制阀，因负荷波动而打开；或者，试验工况出现不允许的大波动，假如其余时间内能满足4.8.3中的要求，则事后经各方同意可删去前者时间段，否则要重做试验。

建议在试验过程中对汽轮机一级或几级的压力和温度进行观测。这些数据可以用来发现试验之间不一致的原因。

4.8.8 初步计算

在试验结束后应立即初步计算试验结果及修正值，以便确定测量数据的有效性。

4.8.9 试验的一致性

如果在某一试验过程中或一系列试验结果计算过程中出现严重的不一致现象，除非另有协议，否则该试验或一系列试验应全部或部分地作废。

4.9 验收试验的重复

如果对验收试验结果不满意，应提供供货方机会进行改进，并由其出资重做验收试验。如果有理由怀疑试验结果，合同中任一方也可要求重做试验。

如果供货方由于其责任范围的原因，在验收试验后对机组做过修改，致使保证值可能不再在合理的范围内，买方可要求重做验收试验。

5 测量技术和测量仪表

5.1 通则

5.1.1 测量仪表

凡符合下列任何一类或几类的仪表均允许在验收试验中使用：

a) 经法定主管机构校验过的测量仪表；

b) 以法定主管机构校验过的测量仪表为基准，做了对比校验的测量仪表；

c) 准确度已知的标准测量仪表；

d) 准确度已知，合同各方同意使用的其他仪表。

表5给出了验收试验可选用的各类仪表。

图2和图3为典型的机组的试验仪表及测点布置图。

如果使用变送器，则变送器应具有合适的量程，并证明具有与常规仪表同等的准确度。

测量仪表和变送器，可配备一些用于数据采集装置记录的设备。

可使用自动修正和记录测量值的数据采集装置，该装置也可用于随后的数据处理，但事先要对装置运转的可靠性和正确性进行检查或验证。

5.1.2 测量的不确定度

用于试验结果计算的各个量的测量，都有一定的测量误差。试验结果的不确定度取决于所有测量误差的综合影响。

测量仪表和测量方法的不确定度要靠充分的通用资料，或者必要时靠专门的测量来确认，特别适用于遥测装置和数据自动采集装置。

单个测量的不确定度的大小应根据其读数对试验结果的影响而合理选择。

根据一般经验，在表5中给出了各个变量的测量不确定度的期望值。

试验结果的不确定度可按照本标准第8章，由各个测量值的不确定度来计算。

5.1.3 仪表的校验

需要校验的仪表应在试验前校验。各方在试验前都应得到校验证书。试验后重校仪表应由双方商定。

5.1.4 替代仪表

经试验有关各方同意，如果能证明使用这些仪表系统达到本标准所要求的准确度，则一些先进的仪表系统，如采用电子装置或质量流量技术，可替代本标准中强制性的仪表。

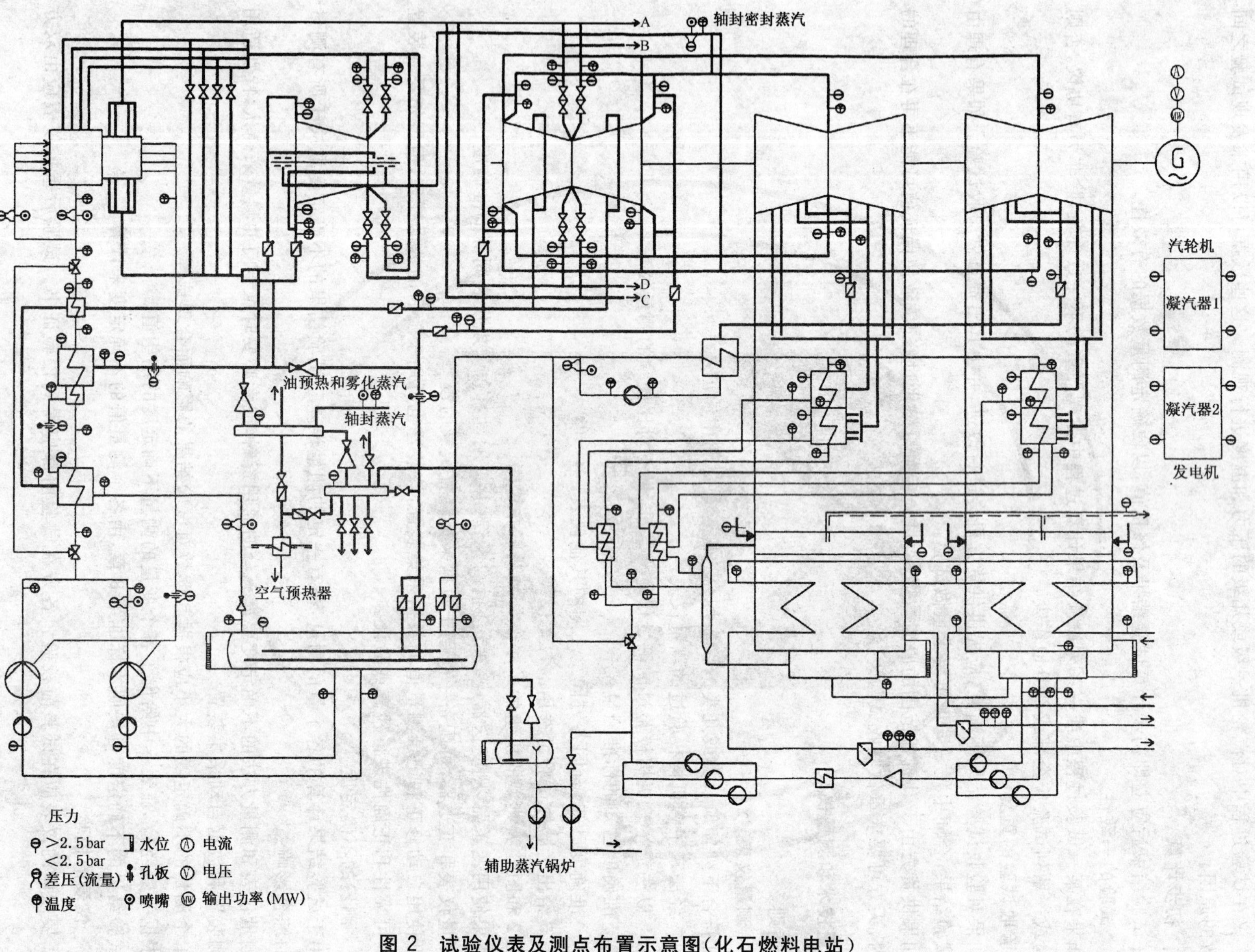

图 2 试验仪表及测点布置示意图(化石燃料电站)

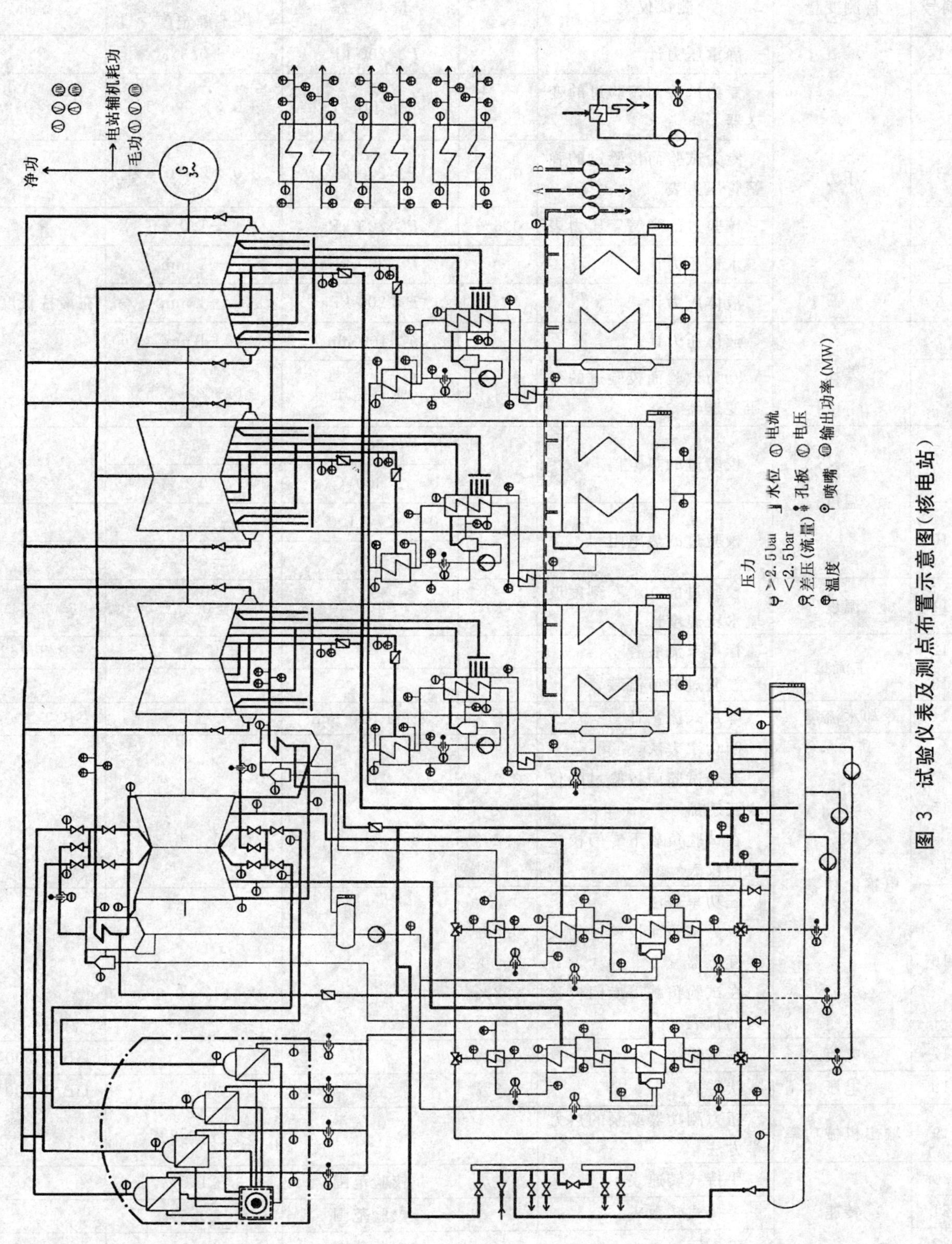

图3 试验仪表及测点布置示意图(核电站)

表 5　验收试验允许使用的仪表及其引起的平均不确定度

编号	待测变量	测试仪表	准确度等级	量　　程	平均测量不确定度	备注
1	压力	静重压力计		$P>200$ kPa	±0.3%	
2		专为试验而校验过的变送器		所有压力	±0.3%～0.5%	
3		专为试验而校验过的弹簧管压力表	0.3%	$P>200$ kPa	±0.3%～0.6%	
4		校验过的弹簧管压力表	0.6%	$P>200$ kPa	±1.0%	
5		水银压力计		$P<200$ kPa	±1 mm	在液柱长度上
6		液体压力计		$P<200$ kPa	±1 mm	
7	差压	液体压力计		$h>100$ mm	±1 mm	
8		专为试验而校验过的差压变送器		所有差压	±0.3%～0.5%	
9	温度	校验过的热电偶		$t\leqslant300$ ℃	±1℃	
				$t>300$ ℃	±0.5%	
10		校验过的热电阻		0 ℃$<t\leqslant100$ ℃	±0.2 ℃	
				$t>100$ ℃	±0.5%	
11	温度	校验过的0.1 ℃刻度玻璃水银温度计	0.1 ℃	$t<100$ ℃	±0.1 ℃	
12	主流量	标准节流装置			0.75%～1.5%[1]	GB/T 2624
13		校验过的节流装置				
14	冷却水流量	叶片式流量计		$D>1\ 000$ mm		GB/T 20043
15	电输出功率	两功率表法： 专为试验而校验过的仪表互感器 在试验负载下专门校验过的仪表	 0.2% 0.2%		0.1%～0.2%	
16		三功率表法： 专为试验而校验过的仪表互感器 在试验负载下专门校验过的仪表	 0.2% 0.2%		0.1%～0.2%	
17	电流	安培表	0.2%			GB/T 20043
18	电压	伏特表	0.2%			GB/T 20043
19	输出机械功率	扭力测功器或泵的热力学方法			大约±2%	
20	转速	手持式转速表		校验范围	±1.0%	
21		手持式转数表		校验范围	±0.5%	
22		电子转数表		校验范围	±0.1%	
23	大气压力	精密大气压力计			±2 Pa	

1) 根据表6，主流量的测量准确度对试验结果的不确定度大小起着决定性作用，而且差压测量装置也应有相应的准确度。

5.1.5 仪用水银

水银及其化合物可能会与部件的材料起化学反应而引起环境问题。如果水银泄漏，很低的水银蒸发压力使水银蒸发，就会严重危害人员健康。应极其注意并严格遵守所有有关水银使用的规定。如果使用水银，宜采取下列预防措施：

a) 除非正式进行试验，仪表阀门保持关闭；

b) 在仪表传压管上安装快关电磁阀，以便在系统异常时自动关闭；

c) 采用双重水银收集器；

d) 在核电厂，将主流量测量元件置于远离供汽系统的给水系统低温区。

5.2 功率测量

5.2.1 汽轮机输出机械功率的确定

汽轮机输出机械功率可通过以下四种方法之一来确定：

a) 测量发电机端处输出功率(见 5.2.4)，以及发电机的各种损失。

b) 测量扭矩和转速。

只要在安装和使用中小心谨慎确保其准确度，吸收式或扭矩式测功器都允许采用，这包括电的或涡流测功器，它们的输入功率是通过静子的反作用来测定。

如果汽轮机辅助耗功，如调速器和润滑油泵是由外部能源供给，为了确定汽轮机在联轴器处的净输出功率，应从汽轮机联轴器处功率减去辅助耗功。

c) 建立汽轮机的能量平衡。

围绕汽轮机划定能量平衡边界，由进出该边界所有能量流的代数和求出输出功率[7]。

d) 建立被驱动机械(例如压缩机、泵)的能量平衡。

围绕被驱动机械划定能量平衡边界，由进出该边界所有能量流的代数和求出输出功率[7]。

5.2.2 锅炉给水泵功率的测量

按保证值定义，对试验结果进行全面计算和修正，通常需要测量锅炉给水泵耗功，其值相当于给水的焓升[8]。如果给水泵由汽轮机主轴直接驱动，或者由新蒸汽轮机抽汽供汽的小汽轮机驱动，可能还要加上液力联轴器和变速箱的耗功。

如果锅炉给水泵是由辅助汽轮机驱动，辅助汽轮机由新蒸汽轮机制造商负责供货，且由新蒸汽轮机供汽；或者锅炉给水泵由新蒸汽轮机主轴直接驱动，按照保证值通常需要测量泵的耗功。其值相当于给水的焓升加机械损失，可能还要加上液力联轴器和变速器的耗功。

如果无法使用测功器(见 5.2.1)测取给水泵功率，则泵的功率最好用泵前后的焓升乘以质量流量来确定。

由于泵前、后的温升较小，温度测量需要高准确度(例如多支串联的热电偶或四线制连接的热电阻)。如果缺乏精确测量手段，则可将厂家提供的泵效率、实测的流量和扬程结合起来使用。但这些厂家提供的数据要是以整个负荷范围内的试验所得到的结果，否则，这些数据就值得怀疑。

在确定质量流量时，应充分考虑密封水流量和(或)喷水流量。

在泵轴承、液力联轴器及齿轮传动装置中，功率损失等于油冷却水带走的热量。辐射热损失一般可忽略不计。

如果多台泵组合运行时，可以不必分别测量各泵轴承、液力联轴器以及齿轮传动装置中的机械损失或冷却水流量。因为验收试验所需要的只是运行的锅炉给水泵总耗功。

由电动机驱动的给水泵的耗功可通过电动机的耗功、制造商提供的电动机效率以及轴承、液力联轴器和齿轮传动装置等耗功的测量值来确定。

---

7) 微小的能流，如通过传导和辐射散失到环境中去的热能，在多数情况下，可用足够的准确度估算而不必测量。

8) 多数情况下，泵的机械损失和散热损失可忽略不计。

如果驱动给水泵的辅助汽轮机不在新蒸汽轮机供货商的责任范围内，则仅测量抽汽的流量和参数即可满足要求。

5.2.3 汽轮发电机组电功率的确定

汽轮发电机组的净功率由下式表示：

$$P_g = P_b - P_a \qquad \cdots\cdots(9)$$

当汽轮发电机组的辅机由电动机驱动时，P_a 为该电动机的耗功。上式适用于驱动电动机功率是来自发电机端测点 P_b 的下游，或者驱动电动机功率是由另一独立外部电源提供的场合[9)]。

当汽轮发电机组辅机耗功是由其他方式驱动时，如由原动机驱动的泵或励磁机，P_a 为该联轴器处的输入功率。

如果励磁机功率来自发电机端 P_b 测点的下游处或来自其他电源，则 P_a 为励磁设备的输入功率。

当汽轮发电机组、凝汽设备和给水加热装置作为整体来保证时，凝汽器和给水加热系统的辅机耗功应按合同的条款处理。

5.2.4 电功率的测量

对于中线直接接地（地面）或四线制的三相发电机，机组功率应采用三功率表法测量。

对于中线通过电阻、电抗或变压器加电阻接地（地面）的三相发电机，机组功率可采用两功率表法，但最好是用三功率表法测量。任何情况下均可用电度表取代功率表。

电功率尽可能用双重表测量，包括双重的电压和电流互感器，这有利于提高测量准确度。

5.2.5 电气仪表的连接

仪用互感器应接在尽可能靠近发电机出线端子上，而且处在电能进、出发电机回路的任何外部连接的发电机侧。

仪表引线的布置不应产生电感应或其他类似原因而影响表计读数。把从仪表接出的各组导线编成辫子形状，其长度至少 1 m，这样可消除电感应的影响。最好检查仪表导线以及其他干扰源对整个表计布置区是否有干扰磁场。

只要可能，互感器的校验应与试验时同样的仪器和导线阻抗下进行。

因为测量的输出功率是要与保证值进行比较，所以，电压回路中导线的影响不应对输出功率测量造成显著的误差。选择导线的横截面时，应考虑到导线的长度、电压互感器以及回路中保险丝电阻的影响，由导线（包括保险丝）电阻引起的误差总是应考虑在内。

5.2.6 电气仪表

测量输出电功率，应采用单相或多相便携式精密功率表，或者单相或多相便携式精密电度表配以合适的电压和电流互感器。每台功率表或电度表的误差不应大于读数的 0.2%。

为确认在试验过程中发电机负荷是否符合额定条件并且测量电流、电压和功率因数，在测量回路中应配备便携式电流表、电压表和功率表。

关于仪表的环境条件参见 4.2e)第 2 段。

电度表记录时间应使误差不大于 0.03%。在试验过程中，电度表的读数应按一定的时间间隔（至少每隔 5 min）记录。

5.2.7 仪用互感器

宜采用试验专用的、合适规格和准确度的仪用电流和电压互感器。等效于试验期间仪表和导线的负载条件所用的变比和相角修正值，应由覆盖电流、电压试验值范围的公认的校验方法得到。对于仪用互感器，除了试验仪表和导线外，不应有其他负载，否则，要证实其负载未超过允许值。

5.3 流量测量

5.3.1 待测流量的确定

验收试验时待测的流量可分为两类：

9） 这里不涉及 IEC 34-2。

主流量：它与输出功率有直接关系，而且要有相应的准确度测量(见8.4)。为验证主流量的测量准确度，建议至少在两个不同地点同时进行测量并比较结果。

辅助流量：它是机组运行所必需的，并且为确定汽轮机新蒸汽和再热蒸汽流量，对主流量测量值进行修正时予以考虑的流量。

5.3.2 主流量(水)的测量

主流量可用下述方法测量：

a) 利用标准的或校验过的孔板或喷嘴；

b) 使用量箱和合适的磅秤直接称重；

c) 用校验过的容积量箱。

对于现代电站的大型机组试验，用称重量箱或容积量箱测量流量是不现实或不经济的，常用的确定流量方法是采用节流装置。

5.3.2.1 测量主流量(水或蒸汽)的节流装置

可用标准的或校验过的节流装置来测定流量。

可从下列推荐的装置中选取：

a) 尖锐边缘孔板(参照GB/T 2624)；

b) 管壁取压喷嘴(参照GB/T 2624)；

c) 椭圆喉部取压喷嘴。该装置未包括在GB/T 2624中，但现已被确认为一种精密装置，详细内容见附录B。

节流装置的直径比，应在充分考虑最终测量不确定度的基础上来选择。

当水流过孔板和喷嘴时，其压力应保持在至少大于所测温度对应的饱和压力250 kPa，或者其温度应保持小于所测的最低绝对压力对应的饱和温度15 K。

5.3.2.2 水流量节流装置的校验

当每一台节流装置校验时，最好在雷诺数范围与汽轮机试验中所遇到的相同流动条件下进行。但现有实验室设备还无法达到在大型汽轮机流动条件下的那样大雷诺数。因此，在确定测量不确定度时，应考虑到流出系数必要的外推，以及由此产生的实测值与外推值间的差额。

校验时应连同试验中流量测量时上下游管段和整流装置(如果有)一道进行。

校验过程中，应证明每台节流装置在有关流量范围内选定的校验点上，有足够的准确度来重现。

5.3.2.3 主流量测量装置的检查

建议在试验前、后不久，对测定主流量用的所有节流装置及其管段的状态(如粗糙度)、尺寸(如孔板直角边的尖锐度)及与规定标准总的相符程度等进行检查，并应记录检查结果。如果节流装置未经检查，则依据6.2.3.1中所述，在评价试验结果时应予以充分考虑。

在机组调试前的冲洗管道阶段之前不应安装这些节流装置，这些装置应在冲洗结束以后再安装，或者应旁路这些装置。

对于凝汽式汽轮机，最好在除氧器上游的凝结水管道上，安装至少一台主流量节流装置，并有可行的检查措施。如果合同一方有求，试验后至少检查一台节流装置。

5.3.3 节流装置的安装和位置

孔板或喷嘴上、下游所需的直管段最小长度，受到直管段前、后管道布置的影响，有关细节参见本标准所引用的ISO标准。

在可能出现旋流或者所要求的直管长度不能得到满足等特殊情况时，应考虑使用整流器。整流器的使用不当也会引起误差。如果使用整流器，而直管段长度又不够时，流量测量元件的校验应连同完整的上、下游直管段，包括整流器，一起进行。

最好将一台流量测量装置安装在系统中温度小于423 K的位置，最大限度地减小温度效应的影响，即热膨胀修正和一次元件的变形。

为了减小流量测量装置发生热变形的可能性，流量管段和法兰最好都用具有与一次元件相同热膨胀系数的耐腐蚀材料制造。

当流量测量装置在垂直管道上时，应对两个取压点的高度差和流过节流装置的水与传压管中的水的密度差进行修正。

为了最大限度减小获得稳定流动的难度，流量测量装置不宜安装在泵的出口处。宜利用系统中现有的热交换器及长管道的阻尼作用。流量测量装置的安装位置选择还宜避开再循环和旁路流量影响。如果该要求无法实现，则应有足够的准确度测量外部流量。

如果给水回热系统包括一台除氧器，建议测量进入除氧器的凝结水量。这样就消除了加热器泄漏后再次通过流量测量装置的可能。如果系统中无除氧器，则建议在低压加热器后且锅炉给水泵前测量流量。如果高压加热器疏水在流量测量装置上游汇入主凝结水流，则需要测量高压加热器的总疏水流量，并通过加热器热平衡法计算出抽汽流量，以确定高压加热器的泄漏量。

对湿蒸汽汽轮机，当加热器的疏水泵向前泵水时，可用合适的双重流量测量来确定加热器是否有泄漏。低压流量测点的位置与系统的布置有关。加热器的泄漏也可用示踪剂法测量。

5.3.4 差压的测量

差压测量需要特别仔细，可用两套独立的差压测量装置来提高主流量测量的准确度。差压测量装置的安装，应注意下列事项：

a) 取压口和差压计间的传压管内径应不小于 6 mm，有助于最大限度地减少管内的阻尼。传压管宜从流量测量装置处水平引出 1 m，然后连续向下倾斜无起伏地直至差压计。传压管的严密性应采用压力试验来证明。

b) 如果可能，流量测量装置与差压计间的传压管长度不宜大于 7.5 m，且不宜保温。

c) 在布置传压管时，应注意确保连接一次元件和各差压计的两根管子中流体的温度差可忽略不计。建议将传压管捆绑在一起，以使外部对其传热为最小。

d) 传压管在与表计连接之前，要很好地清理，最好进行冲洗。差压计的连接件应包括能在试验过程中随时切断传压管或排气所必需的设施。宜给予足够的时间使两根传压管中的水温达到平衡状态。

e) 为了减少在读数时水银柱波动，在每根管子靠近一次元件处可装有零位移电磁阀。这些电磁阀按规定的读数时间间隔关闭与水银柱的位置无关，如果不会引起读数误差，其他能读出瞬时值的方法也可使用。如果使用变送器，则不宜使用电磁阀。

f) 差压计的安装高度宜低于一次元件。如果该要求无法满足，则应采取特别的预防措施，确保系统充分排气，在差压计的上方应有合适的排气罐，其上要有排气阀。同时，在一次元件和差压计间应有隔温水封(管子绕环)。

g) 宜采用精密型差压计，并借助于防视差读数器或其他助读设施来读数。水银应是仪用级的，非挥发残渣含量小于百万分之一。在灌注水银之前，差压计应认真清洗。

h) 如果使用变送器，则试验前应校验。每次校验应包括升压、降压两个过程，应仔细记录变送器的长期稳定性。用校验的平均值来计算试验数据。

i) 测量蒸汽流量时，排气罐宜安装在与一次元件取压孔相同的标高处，排气罐间宜有一合适的距离以确保蒸汽完全凝结。内部水位应相同，否则，要确定其差值。从一次元件到水罐的连接管应有足够大的内径以免形成水栓。

与差压计连接的传压管，应安装成连续向下倾斜方式。排气之后宜有足够的时间以使水柱形成并冷却。对低于大气压的情况，要特别注意水柱的正确形成。

5.3.5 水流量的波动

只有当流量稳定或随时间略有变化时，才能对其进行测量。在试验开始前，应通过仔细调整流量和液位控制器，或者在流量测量装置与脉动源间的管路上，采用加装容积(例如泵的旁路)和阻尼(例如在泵的出口处节流)等综合手段来抑制流量的波动。差压计上的阻尼件并不能消除脉动引起的误差,因而不应使用。如果在采用所有的抑制措施后,脉动仍然过大,则在试验开始前需要双方取得一致意见。数字式读数的电调装置也可使用。

5.3.6 辅助流量的测量

除主要流量测量(见上文)外,还有许多辅助流量需要测量。由于机组布置不同和流量测量装置位置不同,因而不可能规定出每个测量所要求的准确度。试验各方宜针对当前这种汽轮机型式决定应测量的辅助流量,然后对每个测量装置规定一个准确度,以便使所有辅助流量测量的综合误差与试验结果的误差成一适当的比例。如果使用标准测量装置,则无需校验。

如果测量的辅助流量是蒸汽流量,则蒸汽在流经流量测量装置时应保持过热状态。如果在喷嘴或孔板的最小截面处的过热度小于 15 K,则不应试图进行这类测量。

5.3.6.1 给水加热器抽汽量

只要抽汽是过热蒸汽,抽汽量就可以用热平衡计算求得。其准确度随加热器中给水温升的减小而降低。

如果能达到所需的测量准确度,则也可直接用合适的节流装置测量。

湿蒸汽抽汽量可由加热器疏水流量的测量求得。可以利用符合安装要求的标准流量测量装置,或者必要时用经校验的流量测量装置来实现。

加热器的疏水流量都可用节流装置测量,但对于逐级疏水的最低一级加热器,因为可利用的压降很小,在这种情况下,宜使用具有所需准确度的文丘里管或其他压头损失较低的一次元件测量。差压最好用变送器测量。变送器与节流装置间的连接管宜尽可能短,以便最大限度地减少不稳定流动的阻尼误差,同时应注意消除连接管中的空气泡。

如果由于种种原因,变送器安装在机组运行时难以接近的位置,则需要有适合远程操作校验的手段。校验的标准宜是二级标准。

加热器疏水流量通常极不稳定,因此,宜每隔 20 s 记录一次变送器的输出。

为了避免汽蚀,在确定一次元件尺寸时最好兼顾雷诺数、压损、直径比以及偏差值,而不使临界汽蚀系数小于 0.2。

$$K=\frac{P_{\text{throat}}-P_{\text{sat}}}{\frac{\rho}{2}\cdot W_{\text{throat}}^{2}} \qquad (10)$$

用环形密封圈或增加环形密封环的长度以提高表计压头的办法,使临界汽蚀系数大于 0.2,可缓解汽蚀问题。

如果加热器疏水为过冷水,则也会减少汽蚀问题。如果已用示踪法(5.7.2)确定了湿蒸汽的抽汽焓,则湿蒸汽的抽汽流量可通过加热器的热平衡来计算确定。

5.3.6.2 高压加热器疏水

当主流量测量装置位于除氧器出口处时,除非对高压加热器已作过泄漏检查,否则高压加热器的疏水流量应采用具有足够准确度的流量装置来测量。

5.3.6.3 汽水分离器和再热器的疏水

由于可利用的压头小于避免汽蚀的要求,以及机组设计和运行等原因,而不可能安装流量测量装置。在这种情况下,示踪技术能足够准确地测量其流量,在用节流装置进行测量时,应遵循 5.3.6.1 中的建议。

5.3.6.4 锅炉给水泵汽轮机的供汽

如果锅炉给水泵汽轮机有独立的凝汽器,则其汽耗量最好通过测量其凝结水流量来确定。

在再热循环中,如果给水泵汽轮机供汽来自新蒸汽轮机的再热器上游某一点抽汽,为了能确定流过再热器的流量,应测量该供汽量。

5.3.6.5 汽轮机轴封泄漏

再热凝汽式汽轮机的轴封泄漏流量，凡未经过再热器但却又在再热器后返回到系统的，要单独确定，最好进行测量，因为在确定再热器供热量时应计及这些流量。

如果轴封汽漏入大气或漏至汽轮机系统以外的位置，则该流量宜予以测定，除非经协商将其忽略。

5.3.6.6 减温喷水流量

当用于调节再热蒸汽温度的减温喷水取自给水回热系统时，应测量该流量。如果新蒸汽温度也用同样的方法调节，则应测量过热减温喷水量，除非该减温水取自最后一级加热器和最终给水流量测量装置下游的某处。

5.3.6.7 锅炉给水泵轴封的密封水量和平衡水流量

为了密封或冷却用而供至给水泵轴封水量，以及返回到系统不同部位的泄漏水量都应予以考虑。这些量可直接增加或减少主流量测量值。锅炉给水泵处所需流量测量的数目取决于主流量测量装置的位置。应使用校验过的或标准的测量装置，且在试验时应确认其状态良好。

5.3.6.8 储水量的变化

在估算流经系统的凝结水或给水流量时，应考虑到实际试验系统中储水量的变化。

此类储水量的变化，包括凝汽器热井、锅炉汽包、除氧器水箱、给水加热器筒体以及不能与系统隔离的储水箱或疏水箱中储水量的变化。

所有储水容器中的水位变化，宜由紧靠在永久性安装的玻璃水位计上刚性固定临时标尺来测量，或者用变送器连接到试验数据采集系统来测量。

如果容器中的水温与环境温度相差较大(如除氧器储水箱)，且采用外露式玻璃水位计，则在将水位变化换算成容器中的质量变化时，宜使用玻璃水位计中水的密度。

与热水容器相连的玻璃水位计，在读数前约半小时内不宜排污，以免因水柱温度变化造成水位变化指示失真。

因为在水位变化测量中时间是一个关键因素，所以试验读数应尽量与试验开始和试验结束的信号同步。

5.3.6.9 泄漏量的确定

泵的内部泄漏、轴封、阀杆泄漏、汽轮机的内部泄漏以及其他泄漏，当无法测量这些泄漏量时，需要用其设计计算值。

5.3.7 特殊的辅助流量

其他一些难得出现或无需测量的辅助流量，具体包括以下各项。

5.3.7.1 抽气器用汽量

射汽抽气器的蒸汽量可由实测的供汽压力和温度以及已知的喷嘴横截面积来计算。当供汽为湿蒸汽时，最好用制造商提供的设计流量。

由抽气设备从凝汽器中抽出的蒸汽量一般可忽略不计。如果要测量，测量方法应由试验各方商定。

5.3.7.2 补给水流量

供至系统中的补给水流量，如果不可避免，应予以确定。

5.3.7.3 水封

密封水是用于液力轴封或大气排放阀、凝结水泵轴封等处。因密封需要而要保证一定量的密封水流量时，如果所用水流量影响试验结果，则应予以测量或估算并要留有一定的裕量。应保证密封系统中无储水量变化且密封水不可能漏到凝结水系统以外的地方。如果凝结水密封外漏不可避免，则应测量其外漏量，并加入凝结水流量中。

5.3.7.4 辅助蒸汽排汽

在正常情况下，排入凝汽器的任何辅助蒸汽排汽，在试验过程中应改排别处或者予以测定。在确定安装测量装置的最佳位置时，应特别注意其净压头损失和在喉部出现“闪蒸”的可能性。

5.3.8 水和蒸汽的密度

计算水的质量流量所需的密度是由准确测量的温度和较为近似的压力计算得出。温度应由精密校验过的仪表测量。如果使用额外的仪表时，温度测点宜安装在一次元件下游至少10倍管径处。对于主流量，如果在两级加热器间无外界流量进入，温度值也可采用上一级加热器的出水温度和下一级加热器的进水温度的平均值。为了确保加热器出水温度充分混合，要在加热器下游至少10倍管径处测量温度。

计算蒸汽质量流量所需的密度是根据精密压力表测得的压力和用精密仪表或电阻测得的温度而计算得出。确定密度用的基准面要根据流量测量装置的校验方法或标准而定。

5.3.9 凝汽器冷却水流量的确定

当凝汽器的性能包括在汽轮发电机组性能保证值中时，一般才需要确定凝汽器冷却水流量。

在很多场合，由于技术上的困难，直接测量是不可能的或不现实的，因此可通过热平衡计算方便地给予确定。

如果测量是可行的，凝汽器冷却水量可用下列方法之一获得：

a) 管路中安装标准喷嘴或孔板。

b) 管路中安装文丘里管或其他类似设备。

c) 流速表。

d) 皮托管，如果经协商，其差压值能满足所需的准确度。

e) 堰槽法。

尚有一些安装简便的测量方法，但使用它们需要有足够的专业知识和细心：

f) 使用化学药品或放射性示踪剂的稀释法。

g) 超声波技术。

5.4 压力测量(不包括凝汽式汽轮机的排汽压力)

5.4.1 待测压力

新蒸汽压力测点应位于汽轮机新蒸汽阀前，并尽量靠近新蒸汽阀的蒸汽管道上，如果按汽轮机合同，蒸汽滤网是由制造商供货，则新蒸汽压力应在蒸汽滤网上游的蒸汽管道上测量。如果蒸汽滤网不按汽轮机合同供货，除非合同或技术规范中另有说明，新蒸汽压力要在该滤网的下游管道上测量。

蒸汽滤网应证实是洁净的。如果试验的任一方对其清洁度有怀疑，则试验前应检查，如有必要，还应进行清理。

新蒸汽轮机的高压缸、中压缸和低压缸的进汽压力，锅炉给水泵汽轮机(如果作为给水回热系统整体)的进、排汽压力和抽汽管两端的压力；还有凝结水和给水系统所有泵的进、出口玉力均需测量。

取压孔应尽可能布置在远离任何扰动的直管段上。

汽轮机试验过程中所测的压力应是静压。

5.4.2 仪表

应使用静重式压力计、试验用弹簧管压力表或水银压力计。所有这些仪表都可用合适量程和准确度相当的变送器来代替(见5.4.2.5)。

压力显示的波动不应采用关小仪表阀或商用的仪表阻尼器来减弱，但可使用容积腔室来减弱。

5.4.2.1 大于250 kPa(2.5 bar)压力的测量

测量大于250 kPa的压力最好应采用静重压力计或弹簧管压力表。这些仪表应尽可能装在无振动、无灰尘及环境温度变化不太大的位置。

对于准确度要求不高的压力测量，可以用校验过的试验用弹簧管压力表。

5.4.2.2 小于250 kPa(2.5 bar)又大于大气压的压力的测量

如果压力水平允许，建议采用液体压力计。

对于单管压力计，内孔宜均匀，其内径最好不小于9 mm，以免受过大的毛细管作用影响。

5.4.2.3 小于大气压的压力测量

小于大气压的压力测量应采用水银压力计(见5.1.5)。

水银压力计的玻璃管应是高等级无铅玻璃,在其读数区,其内径最好不小于10 mm。

凡需要高准确度测量较小的差压时,最好用硅油代替水银作为压力计的液体。

5.4.2.4 压力计的液体

所用的液体应适合于具体用途,且密度为已知。

5.4.2.5 变送器

如果对变送器的用法和注意事项已有透彻了解,而且维护和安装得当,则用变送器有可能准确地测量压力。无论任何变送器,每台变送器都宜在试验前予以校验。

每台变送器都宜安装在无振动、无灰尘且环境温度变化不大的位置。

如果变送器对环境(如温度)的变化很敏感,则在读数前宜有足够的时间(如对石英式变送器约为2 h)使其稳定。每次试验前、后均应读取零位读数各一次。

5.4.3 取压孔和传压管

取压孔宜与管道内壁垂直。内孔口边缘应是尖锐直角且无毛刺,在至少2倍孔径长度内,孔应笔直且孔径不变。取压孔的内径宜从较高压力下的6 mm至较低压力下的12 mm之间选用。

为了防止在取压和压力测量装置之间的传压管中水柱不明而引入的误差,管线布置宜使传压管中全部充满水或者全部无水。

5.4.3.1 对于大于250 kPa(2.5 bar)的压力

对于大于液体压力计量程的压力,应保证传压管充满水。压力表可以处在取压孔之上,但最好是在取压孔之下,取压孔直径最好为6 mm。

5.4.3.2 对于小于250 kPa(2.5 bar)又大于大气压的压力

压力表宜位于取压孔之下。虽然可用孔径小的传压管,但容易堵塞,所以建议传压管直径不小于12 mm。

对于大于大气压但小到可以用液体压力计测量的压力,传压管可敷设成全充满水或者全无水。在该压力范围内,由于传压管中的水柱不明而引起误差的概率较大,因而在取压孔和压力测量装置之间宜加装一凝结容器。

5.4.3.3 对于小于大气压的压力

压力低于大气压的传压管宜无存水,取压孔直径最好为12 mm,压力测量装置宜处在取压口之上,且传压管宜连续向下倾斜直至取压口。

如果取压孔直径只有6 mm,则传压管(或其大部分)宜为厚壁的非金属管,以最大限度地减少凝结并减少在传压管中积水的可能性。传压管直径最好为12 mm。如果使用的是小孔径传压管,则宜提供在两次读数之间放空气吹扫设施。

5.4.4 截止阀

每个取压点处都宜装一合适的截止阀。对于高压测点,在传压管的压力表侧还宜安装二次阀。

5.4.5 压力测量装置的校验

试验用测压装置的校验准确度宜在被测压力的±0.2%以内,对于不重要的压力测点,校验准确度应在±0.5%以内。验收试验的各方在试验前的会议上,宜商定哪些压力测量的准确度标准可以更低。

在验收试验前,所有试验用的压力表和传感器(液体压力计除外)都宜使用静重式压力校验器或标准压力计进行校验。弹簧管压力表还宜在试验后立即校验。如果不能确认两次校验中哪一次更可信,则宜采用两次校验的平均值。

当使用配有数据记录仪的变送器时,宜采用将静重式压力校验器所显示的真实压力与数据记录仪的打印值进行比较的校验方法。如果数据记录仪还有输入计算机的磁带,则宜核实打印值与磁带输出是否一致。

如果用弹簧管差压表或变送器测量再热压降或抽汽管压降时，则校验时宜采用两台静重式压力校验器对差压表计施加工作压力。

如果液体压力计的使用者能提供压力计标尺的准确度和压力计中液体的纯度或密度等证据，则液体压力计无需校验。对于单管压力计，还宜提供管子内孔均匀性及管子与储液罐横截面面积等证据。

如果数据记录仪记录的试验压力计也可人工操作，则最好证实打印值与人工观测值是否相符。如果与数据记录仪联用的试验压力计不能进行人工读数，则宜把它当作变送器看待，对照已知准确度的压力计进行校验。

变送器也可用在敏感元件低压侧直接加低密度液柱，同时在敏感元件高压侧直接加高密度液柱来进行校验，这两种液柱即形成差压。此时所需的工作压力由一压力源同时加到两侧液柱上，要注意，所使用的施压介质既不与低密度液体相混合也不与高密度液体相混合，通过耐高压玻璃来观察，并读出两液柱的高度。

5.4.6 大气压力

以水银压力计或水银柱为基准的大气压力，如果可行，应使用精密大气压力计确定。大气压力计应是经过国家授权机构认证的玻璃管水银压力计，其玻璃管内径不小于 6 mm。如果空盒式或其他型式的大气压力计的准确度与适用性获得公认的授权机构认可，则也可以使用。

大气压力计宜与压力计布置在同一房间里，并尽可能处在同一高度上。

如果无大气压力计，大气压力值应根据当地公认的气象局在试验时的读数，并经气象局与汽轮机之间海拔高度差修正后确定。

5.4.7 读数的修正

宜求出试验期间的读数的平均值，然后进行如下修正：

所有传压管中有水柱的压力测量装置，当表计位于取压口之上时，应加上与水柱相当的压力值，当表计位于取压口之下，则应减去与水柱相当的压力值。

凡校验的压力测量装置应进行校验修正。

用液体压力计和玻璃管水银大气压力计测得的绝对压力，应按 GB 3102.3 并考虑下列项目进行计算：

a) 读数的平均值；

b) 标尺长度的温度修正；

c) 单管压力计的毛细管作用修正，除非管径不小于 12 mm；

d) 液体的密度（当考虑另一管的液体时）；

e) 当地的重力加速度；

f) 仅对液体压力计，作大气压力修正；

g) 在考虑液体密度的情况下，取压点与仪表间的海拔高度差和重力差。

5.4.7.1 水柱的修正

为了获得取压口处正确的压力值，蒸汽管道取压口与表计中心线之间水柱的当量压力值应予以考虑。当表计处在取压口之上时，应将水柱的当量压力值加到表计读数中去；当表十处在取压口之下时，水柱的当量压力值应从表计读数中减去：

$$\Delta p = H\rho g \qquad (11)$$

式中：

H——取压点与压力表计中心线之间的垂直距离；

ρ——水在环境温度下的密度；

g——当地重力加速度。

5.4.7.2 大气压力计读数的修正

首先应将水银柱读数修正到 273 K 时的值，可有适当允差。对于米制单位，基准温度通常为

273 K。

第二步:应对毛细管作用使水银柱下降予以修正。玻璃管水银大气压力计的标尺定位时,可能已对此作过修正,在此情况下就不必再作毛细管作用的修正。

第三步:如果有海拔高度差,需对大气压力计与该海拔高度基准下的任何水银压力计之间的海拔高度差别进行修正。

第四步:应对试验地点的重力进行修正。各种修正系数值可从一些公认的标准图表查到,例如国际气象组织的图表、国家气象局的图表以及 Smithsonian 图表等。

5.5 凝汽式汽轮机排汽压力的测量

5.5.1 通则

试验仪器宜给出各个低压缸排汽的平均静压力。通常宜采用多组相互独立的压力感应孔组成,最好是单独连接或利用合适的切换装置依次连接。

下面的规定适用于所有凝汽器布置型式场合,但宜认识到悬挂式凝汽器较侧装式(尤其是整体式)的更容易满足这些规定。如果发现根本无法满足下列条款,有关各方宜尽量参照这些条款的精神共同商定一些可以替代的测量方法。

5.5.2 测量平面

除非合同中另有规定,应以凝汽器入口处作为汽轮机和凝汽器两者共同的测量平面。现代凝汽器有横向悬挂式、轴向悬挂式、分体侧装式和整体侧装式四种通用型式。第一种型式凝汽器,其入口一般就是汽轮机的排汽法兰;其余三种型式凝汽器,要确定凝汽器的入口较为困难。在这种情况下,凝汽器入口宜定在尽可能接近凝汽器管束的一个或几个平面上。

5.5.3 取压孔

通常,静压沿排汽口的变化较大,所以,需要布置很多压力感受孔以便测出凝汽器入口处的压力平均值。如果参与试验的各方同意,可选用能证明测量准确度的特定位置,但在任何情况下每个排汽口至少为 2 个。在取压孔布置位置时,如果没有测试结果为依据,则每 1.5 m^2 宜有一个测压装置。

对于小型排汽通道,表计无需超过 4 个。如果沿汽流方向的壁面是直的,并且汽流近似于均匀分布,则可用平壁取压孔。

每个壁面取压孔的位置,宜选在尽可能不受弯管、波纹管、分流板、角撑板、撑杆或类似扰流件的影响。

孔径一般应为 10 mm 但不可小于 8 mm,并且钻孔宜垂直于内壁面。所有毛刺应予以清除,并在孔周围相当大的面积铲干净。

穿过排汽通道壁或蒸汽空间的传压管,应垂直于壁面且开口端与壁面齐平。开口端处的孔径宜为 12 mm,孔口均匀倒圆且其半径不大于 0.8 mm。

如果排汽道的几何形状使壁面测压不具有代表性,则宜采用一些内部装置,包括用导流板、网笼或类似装置的特殊取压探头。这些装置也可在难以接近壁面的场合使用。

任何内部装置都应显示出对来流方向不敏感,而且应被有关各方接受。

5.5.4 均压管

平衡压力用的均压管不宜使用。

5.5.5 传压管

在排汽通道上敷设传压管时应特别小心。每台水银压力计或液柱应尽可能安装在靠近排汽通道或排汽缸上相应的取压口处,但该处应无过大振动,且记录者可以方便准确地读数。

试验表计的位置宜高于取压孔,这样,测量系统中疏水就可以自流至凝汽器。否则,可作出特殊布置以保证疏水畅通。如果难以设置疏水自流系统,则试验各方应商定一种充分疏水的方法或者用空气或氮气吹扫系统的方法。低压传压管的其他要求见 5.4.3。

5.5.6 仪表

任何可靠测量排汽压力的仪表都可使用，包括开口式液体压力计和一台大气压力计，封闭式液体压力计(绝对压力计)或压力变送器，读数准确度宜为 35 Pa。

需要准确地确定现场的大气压力(见 5.4.6)。

5.5.7 测量系统的严密性

宜检查测量系统的严密性，在规定的真空下，当关闭靠近取压孔的阀门时，如果使用水银，水银柱读数的下降速度在 5 min 内不宜大于 6 mm。在保持系统严密性的方面，橡皮隔膜阀比旋塞更有效。

5.5.8 校验

按照 5.4.5 第 5 段中要求，如果使用者能出具压力计标尺准确度的证明，并能证实液体的纯度或密度满足要求，则液柱式真空计无需校验。如果玻璃管内径为 12 mm 或更大，则无需对水银弯液面毛细现象的影响进行修正。

如果使用压力变送器，宜在试验前、后都对照液体压力计或静重式真空校验器进行校验。

如果液柱式压力计可用数据记录仪进行记录，同时还可进行人工读取液柱高度，则 5.4.5 第 6 段中的要求在此也适用。

5.5.9 读数的修正

宜先求试验期间读数的平均值，而后按 5.4.7 进行修正。

液柱读数建议按 5.4.7 进行修正。

5.6 温度的测量

5.6.1 温度测点

温度测点应尽可能靠近确定焓值所相应的压力测点。凡是对试验结果有影响的温度测点，应采用在紧挨一起的两个不同测点处进行测量，并应取两者读数的平均值作为流体的温度值。

如果怀疑某一管内流束的温度分布不均匀，而其加权平均值对试验结果有影响，则应用测温器沿管径查明温度分布，同时各方应就取得平均值的办法达成一致意见。

5.6.2 仪表

对于较高的温度，最好选用如下仪表：

a) 校验过的热电阻温度计，连同校验过的精密电桥或数字电压表；

b) 校验的精密级热电偶和精密电桥或数字电压表。当要求高准确度测量时，建议采用连续的补偿导线到冷端。

热电偶和热电阻温度计及其电位计、电桥和检流计或数字电压表，宜在试验前校验。如果稳定性足够好，可作定期校验，否则要按 8.2.2 中所述考虑增大测量不确定度。

如果各个温度测量都经过足够的相互校核，则试验后一般无需复校。

所有这些仪器都应妥善使用和保管，对其状况定期检查。

对于小于 373 K，且测量地点便于读数的温度测点，建议使用额外的玻璃水银温度计。

对试验结果有影响的温度测量，所用的玻璃杆水银温度计应是硬杆精密型，并具有满足测量要求的蚀刻分度。商业的或工业的带金属套的温度计不应使用。

5.6.3 主要温度的测量

主要温度是指对验收试验结果有直接影响的那些温度，如新蒸汽温度、热再热蒸汽温度、冷再热蒸汽温度、最终给水温度及冷却水温度。

其他一些温度，如给水泵进、出口温度和除氧器入口凝结水温度，以及根据保证值表达式和主流量的计算，确定可能成为的主要温度测点。

如果与主要温度相关的流体是由多根管子输送，则主要温度值宜取各管温度的算术平均值，除非试验各方认为采用其流量加权法更适当。

每根管子均宜安装两个温度套管，以便用相互独立的双重仪表测量温度。除非试验各方另有协议，否则每根管子的温度宜取两个测量值的算术平均值。

最终给水温度宜在加热器旁路汇合点下游足够远处测量,以保证给水充分混合。

5.6.4 给水加热系统的温度测量(包括抽汽)

虽然对其部分或全部进行测量可能是有益的,但这些温度通常只有在给水加热成套装置(如果有)不是由汽轮机供货商提供时才需要。

除主要温度以外,给水系统各温度无需双重测点。但为了进行热平衡计算,宜测量每台加热器进、出口温度。

多数情况下,一级加热器的进水温度与前一级加热器出水温度[10]相同。在这种情况下,一个温度测量值就能满足两台加热器需要。如果同时测量进水温度和前一级加热器出水温度,则宜取两者的平均值以消除热平衡中的不一致。如果在两点间有汇合点,则在汇合点的上、下游处都宜进行测量。

蒸汽温度宜在抽汽管两端测量,即在抽汽逆止阀上游靠近汽轮机抽汽口处和靠近给水加热器入口处。

如果在抽汽管中有混合现象,混合后的温度宜在距汇合点足够远处测量,以便蒸汽充分混合。

温度套管宜布置在能保证充分混合并且出现分层现象可能性极小的位置。

5.6.5 凝汽器冷却水温度的测量

通常该温度仅在凝汽器性能也包括在汽轮发电机组性能保证值中才需要测量。

a) 进水温度

进水温度通常沿管截面是相同的,除非有理由怀疑有流动分层现象发生,否则每个进水管测量一个温度即可。可用温度计套管,或用一连续取样水流经一装有直接接触式温度计的腔室进行测量。如果任何一方怀疑有分层现象,则应采用下述测量出口温度的方法。

b) 出水温度

在冷却水的出口水室有温度分层现象发生,为使其充分混合,测点宜布置在下游几倍于管径远处。每个凝汽器出口处至少宜在两个直径方向上安装温度取样测针。测针或为多孔的取样管,使水经其流入混合室,或者采用热电偶堆,直接得出该处平均温度。管截面的每 0.2 m^2 不应少于一个取样孔或热电偶。取样孔或热电偶应位于等分管截面的中心。每个出水管上不宜少于 4 个取样孔或热电偶,其布置位置应能代表管子的截面。如果可行,可在混合后的出水管道中测量并考虑温度损失。

5.6.6 温度测量装置的准确度

测温设备具有的准确度应使单个最大误差不致影响试验所要求的准确度。

5.6.7 温度计套管

温度计套管的材料应与所测量的温度相适应。套管壁应尽可能的薄,应力应在安全范围内,内径应尽可能的小。重要的是套管应清洁,无腐蚀或氧化现象。高温或主要温度的套管可用鳍状外表面以利强化传热。在高温高压情况下,把温度套管焊在管子上为宜。

温度计套管内最好是干燥的,尤其是高温测点,应采用适当材料精心予以覆盖和密封,以减小空气对流和热损失。

如果要测定给水泵的温升,则进、出口温度套管的型式和材料应相同。出口管上的套管应安装在下游足够远处,以保证水流充分混合。

5.6.8 温度测量中的注意事项

温度测量时应注意下列事项:

a) 除来自被测介质外,通过传导或辐射方式传出或传入测温元件的热量应减至最小;

b) 套管插入点周围和套管外露部分及其支撑件应绝热;

---

10) 为了确保充分的混合,温度取自加热器出口下游至少 10 倍管径处的管道上。

c) 对于内径小于 75 mm 的管子,温度计应布置在弯头或三通处轴向插入。如无弯头或三通,应据此修改管路;对于内径不小于 75 mm 的管子,感温元件应位于截面中心和半径为 25 mm 的点之间;对于大型管子和专门的多测点装置,套管的插入深度无需大于 150 mm;

d) 测量流体的温度时,感温部件不应位于流动死区中;

e) 读数时,玻璃杆水银温度计不应从温度套管中拔出,只能拔到可以看清水银顶端为止。其他类型的仪表读数时不应移动;

f) 任何整套的测温装置,至少在试验前 2 h 就应处于试验温度条件中,进入完全工作状态。

5.7 蒸汽品质的测量

5.7.1 通则

在某些类型反应堆的核电厂,汽轮机的供汽是处于饱和温度状态,并可能含有少量水分,因此为确定新蒸汽的焓值,需要先确定其水分的含量。

当蒸汽在汽轮机中进行部分膨胀之后,可能还要确定其含水量,例如从某一点抽取蒸汽供给加热器或汽水分离再热器。在能将抽汽凝结并测其凝结水量的场合,蒸汽的焓值可由热平衡计算确定。

确定蒸汽水分含量的常用的方法有:

——节流热量计;

——电加热热量计。

前者只有在蒸汽的品质和压力是以在热量计中产生可测出的过热度的条件下才适用;后者不受此限制。然而,两种方法都可能得出错误结果,因为工质可能不均匀,难以对局部汽、水混合物获得正确取样。也不能确定进入热量计的蒸汽是否代表主蒸汽流。

近来利用放射性或非放射性示踪剂的更精密方法已被采纳和使用。

5.7.2 示踪技术

采用稀释法的示踪技术是确定汽—水两相流中水相或湿度的一个精确方法。稀释法的基础是对水样中示踪剂浓度的测量。稀释可通过两种途径实现,适用于确定主蒸汽焓和抽汽焓。

凝结法:假定蒸汽所带的水分中的示踪剂浓度与锅炉水中的相同。将蒸汽冷凝,分别测出其质量流量以及锅炉水和凝结水中示踪剂浓度后,通过质量平衡计算即可求出蒸汽从锅炉带出的水分含量。

恒量注入法:将一已知浓度的示踪剂溶液以一已知的流率注入蒸汽流。经充分混合之后,取出水样并测其示踪剂浓度。通过平衡计算,即可求出注入点上游蒸汽中水分的含量。应注意保证混合均匀且取水样时不能附带有蒸汽。

经商定,也可使用上述方法以外的其他方法。

5.7.3 凝结法

溶解在湿蒸汽水相中浓度为 C_{wat} 的示踪剂,被蒸汽凝结水稀释,当蒸汽完全凝结之后,凝结水中的示踪剂浓度为 C_{cond},则两个浓度间关系如下:

$$C_{wat} \cdot \dot{m} = C_{cond} \cdot \dot{m}_{cond} \qquad (12)$$

式中:

$\dot{m}$——湿蒸汽携带水的质量流量;

$\dot{m}_{cond}$——湿蒸汽凝结成水的质量流量。

从试验中测得凝结前后示踪剂的浓度,蒸汽含水分量(湿度)可用下面比率表达:

$$1-x=\frac{\dot{m}}{\dot{m}_{cond}}=\frac{C_{cond}}{C_{wat}} \qquad (13)$$

从而,蒸汽的品质可由下式确定:

$$x=1-\frac{C_{cond}}{C_{wat}} \qquad (14)$$

主蒸汽品质可由蒸汽发生器出口的蒸汽品质和压力,以及主蒸汽压力计算得出。

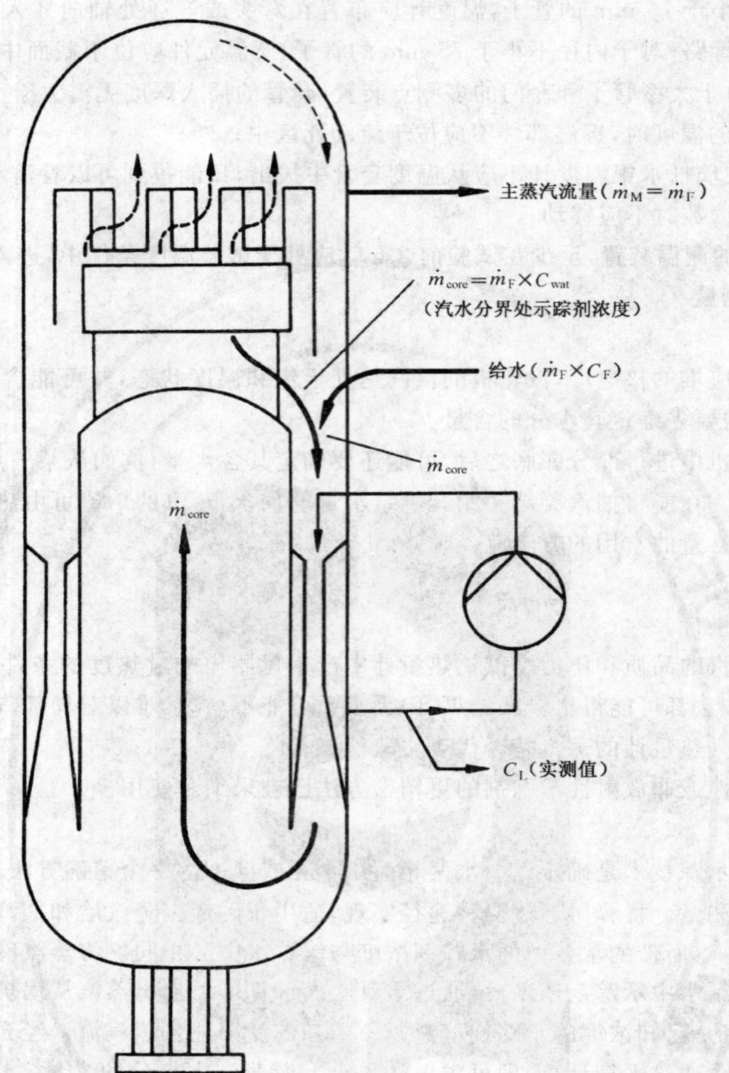

$$\dot{m}_M = \dot{m}_F$$

$$C_{wat}(\dot{m}_{core} - \dot{m}_F) + \dot{m}_F C_F = \dot{m}_{core} C_L \qquad \cdots\cdots(15)$$

$$C_{wat} = \frac{\dot{m}_{core} C_L - \dot{m}_F C_F}{\dot{m}_{core} - \dot{m}_F} \qquad \cdots\cdots(16)$$

$$C_F \ll C_L\text{，和 } \dot{m}_F \ll \dot{m}_{core}$$

$$C_{wat} = C_L \frac{\dot{m}_{core}}{\dot{m}_{core} - \dot{m}_F} = \frac{C_L}{1-R} \qquad \cdots\cdots(17)$$

式中，$R=\frac{\dot{m}_F}{\dot{m}_{core}}=\frac{\dot{m}_M}{\dot{m}_{core}}$

图 4 沸水堆主蒸汽品质的计算

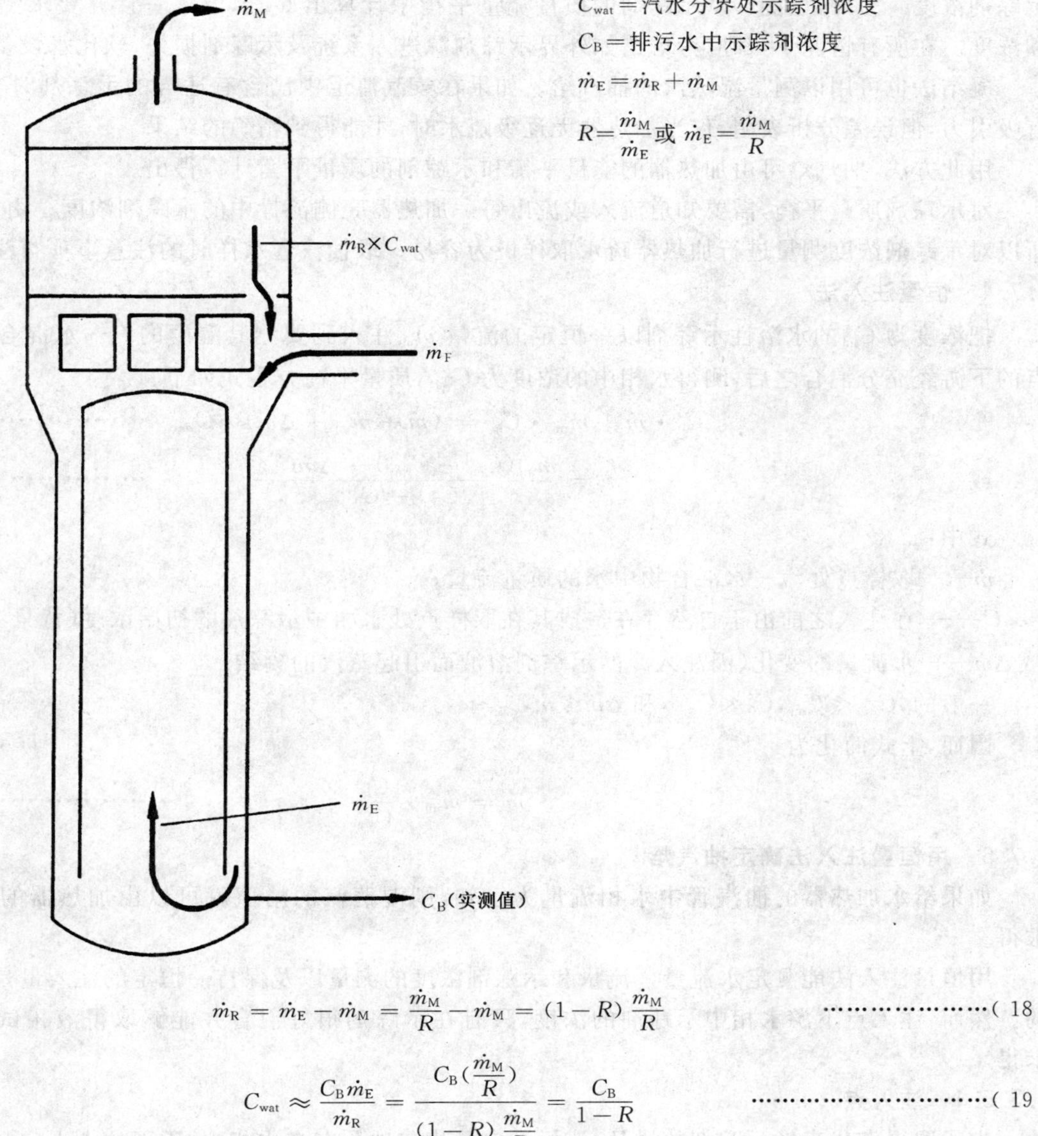

C_{wat}＝汽水分界处示踪剂浓度

C_B＝排污水中示踪剂浓度

$\dot{m}_E = \dot{m}_R + \dot{m}_M$

$R = \frac{\dot{m}_M}{\dot{m}_E}$ 或 $\dot{m}_E = \frac{\dot{m}_M}{R}$

$$\dot{m}_R = \dot{m}_E - \dot{m}_M = \frac{\dot{m}_M}{R} - \dot{m}_M = (1-R)\frac{\dot{m}_M}{R} \qquad (18)$$

$$C_{wat} \approx \frac{C_B \dot{m}_E}{\dot{m}_R} = \frac{C_B\left(\frac{\dot{m}_M}{R}\right)}{(1-R)\frac{\dot{m}_M}{R}} = \frac{C_B}{1-R} \qquad (19)$$

$$C_{wat} = \frac{C_B}{1-R} \qquad (20)$$

图 5　压水堆主蒸汽品质的计算

蒸汽发生器出口蒸汽湿度是由携带出来的水分所致。因而存在于蒸汽发生器水中的示踪剂，也可以在蒸汽中测出。

在无再热循环系统中，示踪剂最终要被稀释再流回蒸汽发生器的总流量中，用凝结法，可由公式(14)求出蒸汽发生器出口处的水分含量。

在再热循环系统中，如果外置汽水分离器的效率约达 100%，示踪剂在再热器中的沉积引起主蒸汽湿度测量的误差可忽略不计。然而，如果各方同意，在特殊试验中停用再热器，有可能测量出蒸汽发生器的水分携带量。

如果示踪剂浓度在蒸汽发生器底部测得，在计算蒸汽品质浓度 C_{wat} 时，则要计入系数 R（见图 4 和图 5）。因而，这种做法与直接测量 C_{wat} 相比，准确度稍差。

总流量中的示踪剂浓度 C_{cond} 的测定取决于给水加热器的布置。对于逐级疏水的加热器的系统，通常凝结水泵出口流量即为总流量。对于其他系统，如试验时软化水设备被旁路，C_{cond} 即为最终给水中的示踪剂浓度。另外,也能够从示踪剂的质量流量平衡中计算出 C_{cond},但这一计算要求测量多处的流量和浓度。在所有情况下,都应考虑诸如外界示踪剂源进入系统及示踪剂损失(软化水设备)等影响。

凝结法也可用以测量湿蒸汽的抽汽焓。如果在蒸汽流道中已含有适当的示踪剂时,该方法特别具有吸引力,但误差分析表明,仅当加热器无逐级疏水时,才能得到精确的结果。

用此方法,抽汽焓可由加热器的能量平衡和示踪剂的质量平衡计算得出。

对示踪剂质量平衡,需要知道流入或流出每一加热器壳侧流量中的示踪剂浓度。由于只是单相流,所以对示踪剂浓度测量进行加热器疏水取样极为容易。取抽汽管水样时的注意事项与注入法相同。

5.7.4 恒量注入法

把浓度为 C_{inj} 的水溶性示踪剂以一恒定的流量 $\dot{m}_{inj}$ 注入到要测其湿度的汽—水混合物中。在注入点的下游经充分混合之后,测得水相中的浓度为 C_{wat},质量平衡方程式如下:

$$C_0 \cdot \dot{m} + \dot{m}_{inj} \cdot C_{inj} = (\dot{m} + \dot{m}_{inj} + \Delta\dot{m}) \cdot C_{wat} \qquad \cdots\cdots(21)$$

或

$$\dot{m} = \frac{\dot{m}_{inj}(C_{inj} - C_{wat}) - \Delta\dot{m}C_{wat}}{C_{wat} - C_0} \qquad \cdots\cdots(22)$$

式中:

$\dot{m}$——取样点处汽—水混合物中水的质量流量;

C_0——在注入之前由于自然存在造成其在取样点处水相中示踪剂的初始浓度(背景浓度);

$\Delta\dot{m}$——水流量的变化(因注入冷的示踪剂溶液而引起蒸汽的凝结)。

一般的,$C_{wat} \ll C_{inj}$,$C_0 \ll C_{wat}$,和 $\Delta\dot{m} \ll \dot{m}$,

因而,上式简化为:

$$\dot{m} = \dot{m}_{inj} \cdot \frac{C_{inj}}{C_{wat}} \qquad \cdots\cdots(23)$$

5.7.5 用恒量注入法确定抽汽焓

如果给水加热器的抽汽管中水相流量为已知,则湿蒸汽的焓值就可以由加热器的能量平衡计算求得。

用恒量注入法能测定水流量。流量和示踪剂浓度的测量以及保持一恒定的注入量是比较容易实现的。然而,注入点下游水相中示踪剂的浓度,只有在示踪剂很好混合并能够取得液相试样时才能精确求得。

5.7.5.1 注入点

为了取得有代表性示踪剂的样品,该样品应是均匀地分布在水相中,因而注入点宜紧靠汽轮机抽汽口法兰处的下游,而取样点宜紧靠加热器。有几个弯头的长抽汽管可使其混合充分。用喷射法注入可能有利,但并非必要。

5.7.5.2 取样点

因为取样水中如有任何蒸汽的凝结均会使结果不准确,所以在选择取样点的位置时应特别小心。在抽汽管道通常的条件和流速下,水分不会均匀分布在截面上,而是向管壁聚结。这对取水样极为有利,用简单的壁孔取样即可。同时,宜利用重力和离心力的作用,把孔设在管子底部或弯头出口外侧。图 6 表示了一组典型的注入点和取样点位置。如果抽汽管道很短,如加热器布置在凝汽器喉部,如何取得水样可能成为问题。在这种情况下,本标准建议从加热器疏水中取样。

在把疏水泵向前泵水的系统中,用上述方法可得到与注入法同样准确度的结果,而无需任何附加仪表设备。在逐级疏水至凝汽器的回路中,为获得同样准确度的结果,应将上游的疏水直接导入凝汽器。这就需要设计到凝汽器的旁路管来承受满负荷时逐级疏水的总流量。该旁路法宜在热耗率试验前使用。

5.7.5.3 取样流量

取样流量大小应调整到避免夹带蒸汽和蒸汽继而凝结的程度。最大允许取样流量能被确定,例如通过分析取样中的溶氧量。由于辐射作用从沸水反应堆来的蒸汽已含有 20×10^{-6} 至 30×10^{-6} 浓度的氧量,取样水流量在热耗率试验之前应予以确定。在不同的取样流量下,测得含氧量,并绘制图 7 所示的曲线。某取样流量下,开始带出蒸汽的明显标志是含氧量的陡增。用氧或其他合适的示踪剂作为指示蒸汽含量是基于氧在水相和汽相中的不同分布情况特性,因为当压力小于 3 500 kPa(35bar)时,氧几乎完全分布在汽相中。

对于其他类型的反应堆,可选用一适当的示踪剂如氙-133。

5.7.6 示踪剂及其使用

为了使凝结法及恒量注入法能给出准确的结果,示踪剂应满足下列准则:

a) 对操作人员无危害;

b) 对所用材料无不良影响;

c) 可溶于水,但基本上不溶于蒸汽(用合适的示踪剂化合物时,在汽相中的浓度能达到 10^{-6});

d) 不挥发;

e) 在汽轮机循环的各种工况下保持稳定,并且不吸附于内部表面(假定水未完全蒸发);

f) 任何情况下,能与现有所有参数下的水完全均匀地混合。

现代的轻水反应堆,其设计压力和温度水平都能使一些示踪剂满足上述准则要求。对于更高的压力水平,可能较为困难。另外,与所用的分析方法的灵敏度和准确度密切相关的化学污染问题要予以考虑。在某些核电站所能允许的浓度水平下,诸如电导率或重度等测量方法可能会因为灵敏度过低而达不到所需要的准确度。用示踪剂时,应注意防止环境污染。

5.7.6.1 放射性示踪剂

放射性示踪剂特别适用于核电厂,在这里获得拥有和使用放射性物质许可证没有特殊问题。使用 γ 射线计数技术可准确地测定小于 10^{-9} 的示踪剂浓度。对于放射性背景浓度极低的蒸汽系统,为精确测定所需的示踪剂量很小,然而为避免长期的污染问题,示踪剂宜选择一种寿命很短的同位素。由于不可能同时测量所有的取样浓度,因此应该考虑同位素衰变对每一样品测量浓度的修正。一种能满足这些准则的示踪剂是半衰期为 15 h 的钠-24。如果用示踪剂技术测定主蒸汽品质、抽汽品质以及加热器泄漏量,则用三种不同的放射性示踪剂为宜。

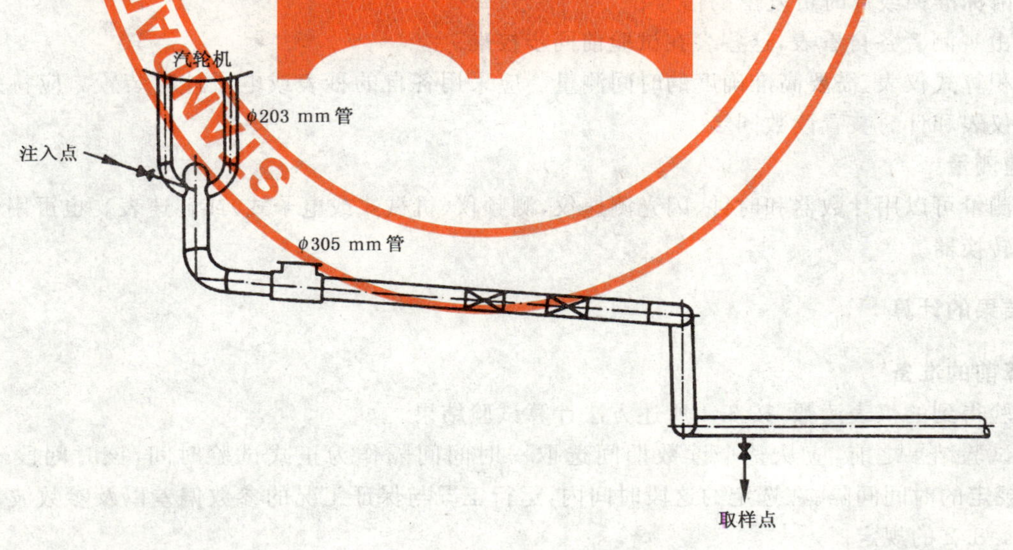

图 6 注入点和取样点的典型布置

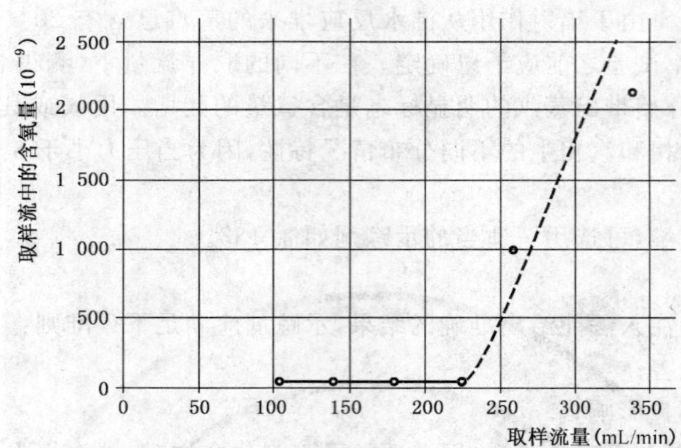

图 7 取样流中的含氧量

5.7.6.2 非放射性示踪剂

许多示踪剂可以使用。钠示踪技术基于能精确和直接测定水样中钠的质量浓度。由于压水堆循环系统二次回路中用磷酸钠进行水化学控制,所以钠存在于系统中。钠示踪技术还可以保持压水堆二次回路中的无放射性状态。

a) 火焰光谱法

可用火焰分光光度计来进行钠分析,应注意防止环境中钠污染样品。对每一个取样点应做多次钠浓度测定。钠浓度也可从一连续取样水中测定。

b) 钠离子电解法

钠分析仪用来连续监视流动样品和单独分析各个样品。

非放射性示踪剂技术的使用应符合反应堆系统及各有关设备金属材料安全规定。锂盐可以比钠优先使用。

5.8 时间测量

试验持续期间与观测时间可由下述办法确定:

a) 由标准钟或计时员发出的信号;

b) 由观测者各自看表,这些表在试验前同步校准。

各个积算式仪表,需要高准确度的时间测量。应采用各自的秒表或电子计时装置。应特别注意保持积算式仪表和计时装置读数同步。

5.9 转速测量

转速测量可以用计数器和时钟、闪光测速仪,测频仪(机械式或电子式)或转速表。也可用信号变送器和信号转换器。

6 试验结果的计算

6.1 计算前的准备

由试验得到的仪表读数,按 3.4 所述方法计算试验结果。

计算试验结果之前,应从整个读数期间选取一时间间隔作为正式试验时间,该时间段不能少于 4.8.3 所规定的时间间隔。在选定的这段时间内,运行工况与保证工况的参数偏差以及参数波动应满足 4.8.1 和 4.8.2 的规定。

在选择的试验期间的开始与结束时刻,所有仪表的读数,包括一些积算式仪表和相应的计时读数都应有效(见 6.2.1)。

如果在试验过程中遇有扰动情况,则可经双方同意,在扰动期间所有仪表的读数可按 5.4.7 中所述予以删除。应证明在扰动前后具有同样稳定的状态,剩余试验时间的总长度应满足 4.8.3 中的规定。

试验过程中如遇到某个测量仪表临时失效,所缺的数据可经协商从其他适当的仪表读数推算得到。

6.2 结果的计算

6.2.1 仪表读数平均值的计算

在按6.1确定的时间段内,计算每一测量仪表读数的平均值。

以线性关系影响测量结果的变量,取算术平均值。对于流量测量装置的差压读数,理论上正确的计算方法是读数平方根的算术平均值。然而,如果读数间的偏差小于10%,假如不采用读数平方根的算术平均值来计算,由此引起的最大可能误差小于0.1%。

如果将积算式仪表的读数与指示仪表读数的平均值作比较,则要确保读数取在同一段时间内。在计算平均值时指示仪表的第一个和最后一个读数只能取半权。

6.2.2 平均值的修正和换算

由读数的平均值换算到所需单位的计算值时,要对仪表引起的所有影响进行修正,这些修正包括:

a) 仪表常数和零位修正;

b) 校验修正;

c) 仪表读数的基准值(例如大气压力,环境温度);

d) 任何附加影响(例如水柱)。

6.2.3 测量数据的检查

6.2.3.1 相容性

对测量数据如压力、温度和流量,在计算之后应做一次彻底检查,检查有无严重的错误、不符物理定律和总体不相容的现象。如果发现有重大偏差,其原因和范围又不明,则该项试验应全部或部分重做。为了澄清事实,应做适当的附加测量。对那些明显不正确的仪表读数应予以删除。经试验有关各方商定,这些数据可由其他仪表的读数代替,或用适当的计算值或估算值代替。

6.2.3.2 多重测量数据处理

当同一变量由数台相互独立的仪表测量时,应以一适当的方法求其平均值.这种方法用加权系数γ_j来考虑各独立测量值x_j的相对可靠性。

加权平均值$\tilde{x}$即代表几个不同测量值x_j的最可能平均值。

$$\tilde{x} = \frac{\sum(x_j\gamma_j)}{\sum\gamma_j} \qquad \cdots\cdots(24)$$

每个加权系数是根据x_j的置信区间V_{x_j}(见第8章)计算得:

$$\gamma_j = \frac{1}{V_{x_j}^2} \qquad \cdots\cdots(25)$$

为了检查同一变量的几个测量值的相容性,并考虑其各自计算或估算的不确定度,以及确认使用上述办法计算平均值的合理性时,统计方法是一种有用的工具,详见附录C所述。

6.2.3.3 新蒸汽流量值

如果在试验过程中,在新蒸汽水回路中布置几个质量流量测点,通过建立质量流量平衡方程式,对于主回路中的某一特定质量流量(例如新蒸汽流量)可计算出几个流量值。

为了建立这些平衡方程式,还需测量某些辅助质量流量以及系统中储水箱的水位变化。

附录D详列了质量流量平衡的建立及结果的计算。

6.2.3.4 泄漏

在试验前,应尽可能确定泄漏并将其消除。如果有任何已确定的泄漏不能消除,其流量应予以测量或者估算。主流量或辅助流量的计算应包括这些估算量。凡引起工质损失的不明泄漏量,也应估计其流量及其泄漏地点,如果需要考虑,应包括在主流量或辅助流量的计算中。

以满负荷新蒸汽流量的百分数表示的试验总的不明泄漏量,不应大于用百分数表示的试验结果相对不确定度的0.4倍的值,否则只有在试验各方同意的情况下,才能承认这次试验。

6.2.4 蒸汽和水的热力学特性

计算保证值所用的水和蒸汽的图、表应用于试验结果的计算。试验报告中应说明所用的图、表名称和版本。所用的水蒸汽表应与在1963年第6届蒸汽性质国际会议(ICPS)上制定的国际骨架表相一致,最好是依据1968年第7届ICPS会议上批准的1967年IFC工业用公式,或最新版本。

6.2.5 试验结果的计算

热效率和(或)热力学效率,新蒸汽通流能力和输出功率,要按保证值的定义(见3.4)进行计算。

按照6.1和6.2,每个变量应有一个确定值作为以后的计算用。

测量不确定度的计算见第8章。

7 试验结果的修正及与保证值的比较

7.1 保证值和保证工况

热力验收试验要验证的保证值表明了汽轮机性能水平,其定义见3.4所述。因为系统终端参数和条件及给水加热系统参数对保证值有决定性的影响,所以所有这些都要完全、清楚地在合同文本中予以定义,并形成规定的保证工况。大多数情况下,建议将这些数据以标有相关数据的完整热平衡图的形式给出。

试验结果同样取决于这些条件与参数,因此任何与保证循环的偏离都应在试验后予以修正(见7.4)。

如果保证系统中已包括了汽和(或)水的抽出或加入,这就是一个另加规定的保证工况。

7.2 新蒸汽流量的修正

用以下公式将新蒸汽流量修正到保证工况:

$$\dot{m}_{1,\max,c} = \dot{m}_{1,\max,m} \frac{p_{1,g}}{p_{1,m}} \sqrt{\frac{p_{1,m} v_{1,m}}{p_{1,g} v_{1,g}}} \qquad \cdots\cdots(26)$$

式中:

$\dot{m}_{1,\max,m}$——试验过程中阀门全开时测量的新蒸汽流量。

如果汽轮机排汽和进汽压比不足够小,可能要用完整的计算公式:

$$\dot{m}_{1,\max,c} = \dot{m}_{1,\max,m} \frac{p_{1,g}}{p_{1,m}} \sqrt{\frac{p_{1,m} v_{1,m}}{p_{1,g} v_{1,g}}} \sqrt{\frac{1-\left(\frac{p_{2,g}}{p_{1,g}}\right)^2}{1-\left(\frac{p_{2,m}}{p_{1,m}}\right)^2}} \qquad \cdots\cdots(27)$$

压比的指数2是正确数值$\frac{1+k}{k}$的近似值。

7.3 最大输出功率的修正

将最大输出功率$P_{\max}$修正到保证工况时,所有影响新蒸汽流量、焓降及其在汽轮机不同部分的分布和汽轮机不同部分效率的运行条件都宜考虑。

对所有参数的修正(尤其是新蒸汽参数、再热温度、凝汽器压力)可用适当的修正曲线进行修正。

对热力系统进行适当的复算,可实现完整的热力系统修正。

假定焓降和效率的分布相似,则有如下近似的修正方法:

$$P_{\max,c} = P_{\max,m} \cdot \frac{\dot{m}_{1,\max,c}}{\dot{m}_{1,\max,m}} \cdot \frac{\eta_{\max,c}}{\eta_{\max,m}} \qquad \cdots\cdots(28)$$

$\dot{m}_{1,\max,c}$的确定方法见7.2。效率应按保证值公式,用热效率η_t或热力学效率η_{td}表示。

7.4 热效率和热力学效率的修正

按照7.1所述,试验过程中,如果有任何运行工况偏离保证工况,则热效率或热力学效率,热耗率或汽耗率在与保证值进行比较之前要进行修正。为了保持较小的修正量,在试验过程中,运行工况应尽可能接近规定的保证工况。一些最重要的运行参数最大允许偏差见4.8.2中的规定。

偏离规定保证工况的修正可分为三类。

第1类,汽轮机本身终端运行条件偏离规定保证工况的修正(参见7.7):

a) 新蒸汽压力;

b) 新蒸汽温度;

c) 再热蒸汽温度;

d) 新蒸汽品质;

e) 再热器压降;

f) 汽轮机排汽压力或凝汽器冷却水温度及流量;

g) 如果汽水分离器不随汽轮机供货时,汽水分离器的分离效率;

h) 转速。

第2类,主要影响给水加热系统的变量。这一类包括的修正的项目有(参见7.7):

a) 给水加热器端差;

b) 抽汽管压损;

c) 系统储水量变化和补给水流量;

d) 凝结水泵和给水泵焓升;

e) 凝汽器凝结水的过冷度;

f) 锅炉减温水流量;

g) 给水加热系统配置的不同(例如加热器解列)。

第3类,有关发电机运行条件修正,这些与机组的其余部分是独立的,且容易确定。但是,如果发电机损失的那部分热量传递给了给水系统,则影响会较大并且最好归入第2类来处理:

a) 发电机功率因数;

b) 电压;

c) 氢压。

7.5 修正值的定义与应用

为了便于修正,一般假定各种运行参数对试验结果的影响是相互独立的,因此根据各个运行参数的偏差分别确定它们的修正值,然后综合成总的修正量。

修正系数定义如下:

$$F = \frac{\eta_c}{\eta_m} \qquad \cdots\cdots(29)$$

式中:

η_c——按规定保证工况修正后的效率;

η_m——实测的效率。

然后根据各个修正系数 F_1、F_2、F_3…综合成总的修正系数 F_{tot}。

$$F_{tot} = F_1 \cdot F_2 \cdot F_3 \cdots$$

那么,修正后的效率为:

$$\eta_c = \eta_m \cdot F_{tot} \qquad \cdots\cdots(30)$$

对于所有的参数,如果其修正与负荷有关,则各参数修正系数要根据每一保证负荷点来确定。

也可以对汽轮机及其热力系统进行全面的复算,将试验结果修正到规定工况。通常是考虑到汽轮机和机组各部件的特点以及试验期间的运行条件并借助于计算机程序来完成。这种方法直接给出总的修正量而不必使用单独的修正系数,并且在很大程度上考虑了不同变量之间的相互影响。

由于第2类参数的修正曲线可能不易得到,因此只有通过复算(法)作第2类参数修正也许较为方便。然后再用修正曲线完成第1类修正。

7.6 修正方法

修正方法及其必要的数值和曲线的确定,取决于与保证值的比较方法(见7.8)。

a) 如果以新蒸汽流量不变的情况下进行与保证值比较,则修正时要分别考虑每个变量对热效率或热力学效率的影响;

b) 如果在固定阀点下进行与保证值比较,则要确定每个变量对效率和输出功率的影响。

试验各方宜在试验前足够早的时间就修正和比较方法取得一致意见,以便完成必要的准备工作。制造厂家的修正曲线宜在商定的期限内提供,除非合同中另有规定,一般为试验前3个月。

推荐采用7.6.1的修正方法,尤其对复杂系统的汽轮机(具有其他用途抽汽、具有辅助蒸汽进入等或具有复杂的给水加热系统的汽轮机)和具有多项循环修正的汽轮机。如果有合适的计算方法,则这种修正方法应比7.6.2中的方法更准确、完整和有用。经协商,也可用其他合适的修正方法。

7.6.1 用热平衡计算进行修正

可用热平衡计算将试验系统和试验运行工况修正到保证系统和保证运行工况,也就是汽轮机试验效率可修正到规定的工况。如果需要,可就运行工况的影响进行修正,可用已修正的试验效率来计算"修正后的试验"系统,该系统能与保证系统进行比较。

也可用热平衡计算将保证系统和保证运行工况修正到试验系统和试验运行工况,汽轮机的保证效率可按照试验工况进行修正,如果需要,可就运行工况的影响进行修正,可用已修正的试验效率来计算"修正后的保证"系统,该系统能与试验系统进行比较。

对于过热蒸汽汽轮机,通常用第一种方法;对于湿蒸汽汽轮机,用第二种方法更易正确实施。

在试验工况下用全面热平衡复算修正时,需要有一正确考虑试验工况对汽轮机和机组各部件性能影响的计算方法(或程序)。

如果用于计算合同保证系统的程序不能使用,则可使用下述方法:

首先,用现有程序求出保证工况热效率 η'_g,该值与保证热效率 η_g 可能略有差别,因为保证值计算和复算所用的程序和数据稍有差别。然后,用同一程序对同一类型性能的汽轮机组计算出试验工况下的热效率 η'_m。

按试验工况修正后的热效率 η'_c 为:

$$\eta_c = \eta_m \frac{\eta'_g}{\eta'_m} \qquad (31)$$

用计算修正仅限于第2类变量修正,第1类和第3类变量修正可利用修正曲线来修正。当使用复算法对第2类变量修正时,如果使第1类或第3类变量发生了改变,则仅就变化后的值与保证工况的差值用曲线进行修正。

7.6所述的两条原则均适用于利用热平衡计算进行修正。可相应地选择与保证值的比较方法(见7.8)。

所有必需的数据和计算方法,应在验收试验前足够早的时间提交给试验各方。

7.6.2 用制造厂提供的修正曲线修正

对7.6a)方法(见图8),给出由不同变量与效率修正系数 F_η 的修正曲线;对7.6b)方法(见图8),需给出由不同变量与效率修正系数 F^*_η(该值与7.6a)不同)和功率修正系数 F^*_P 的修正曲线。

如果修正系数还与新蒸汽流量(7.6a)中的方法)或输出功率(7.6b)中的方法)有关,则需要提供各种不同负荷下的修正曲线,最好是保证负荷下的修正曲线。

在修正曲线上应明确注明它们是按7.6中何种方法准备以及适用条件。

7.6.3 确定修正值的试验

按7.6.2所述对修正系数的计算也许达不到满意的准确度水平。这种情况下,尤其对排汽压力,建议进行专门试验来确定修正系数。

有控制地改变某一参数的同一系列的所有试验(例如放空气至凝汽器中来改变排汽压力),应在同一天,由同一批人员和同样的仪表来完成。同一系列的各个试验之间,应有足够的时间间隔,以便建立起稳定的工况。

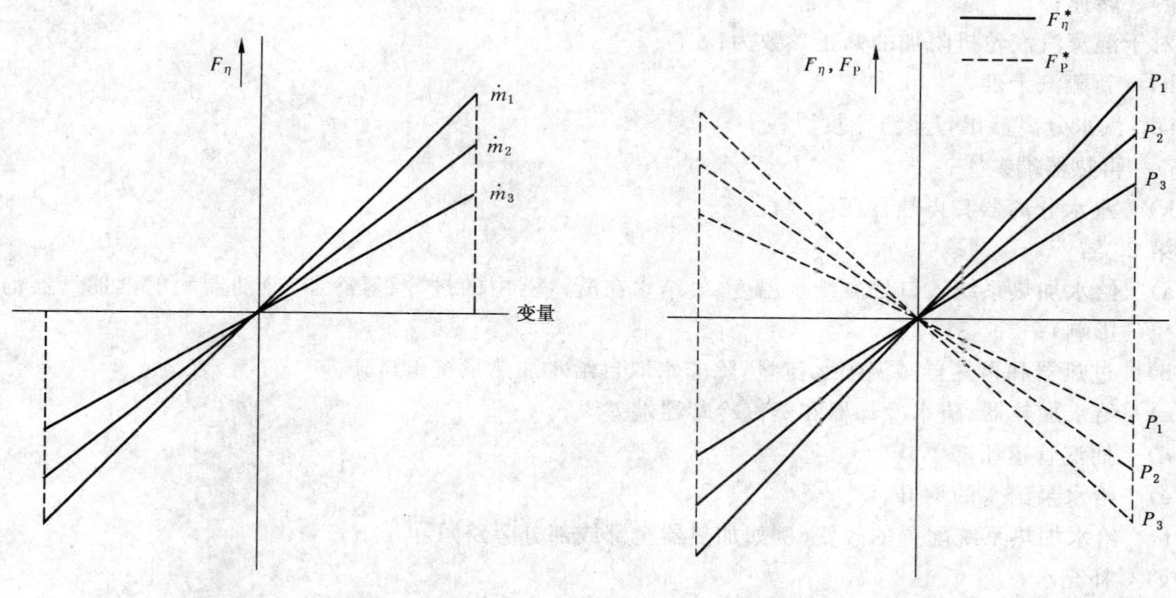

a) 按照7.6a)的修正曲线　　　　b) 按照7.6b)的修正曲线

图8　典型的修正曲线

7.6.4　用通用修正曲线进行修正

如果无其他方法可供使用,经协商同意,可使用附录E中的典型通用修正曲线,进行较重要变量对热效率试验结果的修正。该修正方法具有足够的准确度,适用于宽容量范围的凝汽式汽轮机试验,并且只能依据7.6a)中所述来使用。

7.7　修正中考虑的变量

试验结果的修正,仅限于与作为保证值所规定的系统边界进口和出口处保证条件的偏差或者系统内部属于汽轮机供货商的责任范围之外的偏差。在个别情况下"系统"可以是:

a)　仅仅是汽轮机;

b)　汽轮机及给水系统,包括泵或不包括泵;

c)　汽轮机、给水系统和凝汽器;

d)　汽轮机、给水系统、凝汽器或被驱动机械。

7.7.1　带有给水回热的汽轮机

对有给水回热的汽轮机热效率或热耗率试验结果进行修正时,要考虑以下参数或工况与保证工况的偏离:

第1类:

a)　新蒸汽压力[11];

b)　新蒸汽温度;

c)　再热汽温度;

d)　再热器压降;

e)　排汽压力或凝汽器冷却水进口温度和流量;

f)　如需要,最终给水温度[12];

11)　滑压汽轮机蒸汽通流能力在合同限定范围内偏离规定值所引起的新蒸汽玉力偏离其规定值时,应在修正中予以考虑。

12)　最高级加热器端差或抽汽管道压损在合同限定的范围内偏离规定值引起的最终结水温度偏离额定值时,应在修正中予以考虑。

g) 转速；

对于湿蒸汽汽轮机附加的修正参数为：

h) 新蒸汽干度；

i) 汽水分离器出口蒸汽干度[13)]；

j) 再热器端差[13)]；

k) 汽水分离器和再热器压降[13)]。

第2类：

a) 给水加热系统入口处凝结水温度(凝结水在凝汽器中的过冷、氢冷器、冷油器和射汽抽气器的影响)；

b) 过热器和再热器减温喷水流量，除非水取自给水加热系统出口；

c) 给水加热器、疏水冷却器和蒸汽冷却器端差[14)]；

d) 抽汽管道压降[14)]；

e) 给水泵给水的焓升；

f) 给水加热系统配置的改变(例如加热器全部或部分旁路)；

g) 补充水；

h) 给水储箱的水位；

i) 射汽抽气器的蒸汽量；

j) 驱动锅炉给水泵的汽轮机用汽量和进口蒸汽参数；

k) 任何其他热量的加入或流失(见6.4)；

l) 新蒸汽流量[15)]；

m) 节流位置上的调节阀的压降[14)]；

n) 任何其他与保证条件的偏离。

第3类：

a) 发电机功率因数；

b) 电压；

c) 发电机冷却气体的压力和纯度。

7.7.2 经部分膨胀后无蒸汽进、出的汽轮机

对部分膨胀后无级间供汽或抽汽的汽轮机的热效率或汽耗率试验结果进行修正时，要考虑下列变量与保证工况偏离：

第1类：

a) 新蒸汽压力；

b) 新蒸汽温度；

c) 排汽压力或凝汽器冷却水进口温度和流量；

d) 转速。

第2类：

a) 新蒸汽流量[16)]；

---

13) 仅当本设备不属于合同范围之内时。

14) 最高级加热器端差或抽汽管道压损在合同限定的范围内偏离规定值引起的最终结水温度偏离额定值时，应在修正中予以考虑。

15) 滑压汽轮机蒸汽通流能力在合同限定范围内偏离规定值所引起的新蒸汽压力偏离其规定值时，应在修正中予以考虑。

16) 只有修正和保证值比较是在保证点上，而不是在阀点轨迹曲线上进行时(见7.8.1)，对于不同新蒸汽量的修正才是必需的。

b) 在节流位置上的调节阀压降[17]。

第3类：

a) 发电机功率因数；

b) 电压；

c) 发电机冷却气体的压力和纯度。

7.7.3 抽汽用于给水回热系统以外用途的汽轮机(抽汽式汽轮机)

在对热效率或汽耗率试验结果进行修正时，除了考虑7.7.2中所指出之外，也要考虑下列变量与保证工况的偏离：

——抽汽压力；

——抽汽流量[18]；

——在节流位置上的抽汽调节阀的压降[19]；

——任何其他与保证工况的偏差。

如果汽轮机还带有给水加热系统，则应按7.8.1中所述进行相应的修正。

7.7.4 其他型式的汽轮机

在上述条款中未规定的各种单级或多级抽汽式汽轮机以及带有辅助新蒸汽的汽轮机。

因为可能要修正的变量很多，不能详细列出。然而，许多比较重要的变量已在7.8.1到7.8.3中列出，其他一些相关的变量应按具体情况而定。

7.8 与保证值的比较

修正的试验结果与合同中规定的保证值的比较，应与所选用的修正方法(见7.6)相一致。

考虑到试验结果的测量不确定度，如果满足

$$\eta_c + \tau_\eta \cdot \eta_m \geqslant \eta_g \qquad (32)$$

则可认为达到保证值，除非合同另有规定(参见8.5)。

当给定了几个保证点时，如果满足

$$\sum_{i=1}^{n} (\eta_{ci} + \tau_{\eta i} \cdot \eta_{mi} - \eta_{gi}) \geqslant 0 \qquad (33)$$

则可认为达到保证值，除非合同中另有规定。

如果合同中不同保证点是经过加权计算的，则在保证值比较中也应相应地采用加权系数。

7.8.1 根据保证点轨迹曲线与保证值比较

如果按同一定义给定几个保证点(通常是"阀点")，则可建立起一条保证点的轨迹曲线。

如果试验结果已经按7.6a)修正过，则轨迹曲线应作为新蒸汽量 $\dot{m}_1$ 的函数来绘制，并根据测量的新蒸汽流量 $\dot{m}_{1,m}$ 查取保证轨迹曲线上的效率值 η_g，然后将修正后的效率 η_c 与之比较(见图9a))。

如果试验结果已经按7.6b)修正过，则轨迹曲线应作为输出功率 P 的函数来绘制，并根据保证的输出功率 P_g 查取保证轨迹曲线上的效率值 η_g，然后将修正后的试验效率值 η_c 与之比较(见图9b))。

---

17) 一般是在阀点(见4.6.1)上规定保证值，试验也应在阀点上进行并充分考虑表4中所列偏离保证条件的限值，因此无需修正。如果是在节流点上规定保证点(例如全周进汽的汽轮机在部分负荷下节流调节)，则应在保证条件所规定的节流压降下进行试验，否则应予修正。

18) 滑压汽轮机蒸汽通流能力在合同限定范围内偏离规定值所引起的新蒸汽压力偏离其规定值时，应在修正中予以考虑。

19) 只有修正和保证值比较是在某保证点上，而不是在阀点轨迹曲线上进行时(见7.8)，对于不同抽汽量的修正才是必需的。

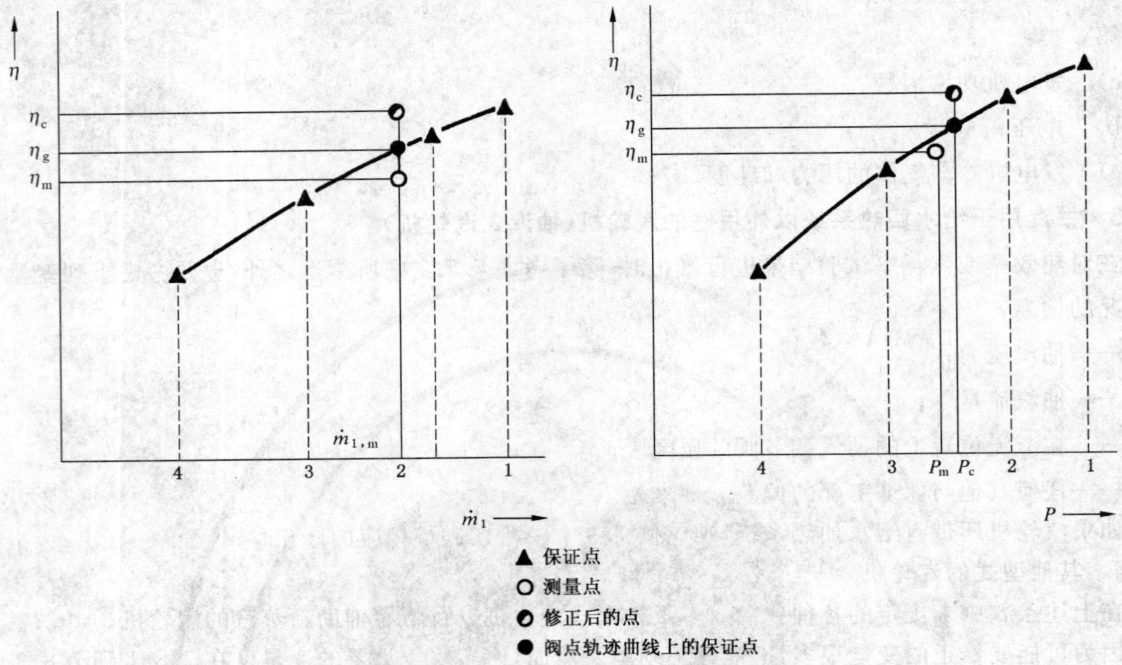

a) 作为主蒸汽流量函数的轨迹曲线　　b) 作为输出功率函数的轨迹曲线

图 9　在保证点轨迹曲线上作保证值比较

7.8.2　根据保证点的保证值比较

与单个保证值进行比较时，经 7.6a)修正后的试验结果要就实测的新蒸汽流量和保证的新蒸汽流量间的差异作进一步的修正。

如果试验结果已按 7.6b)作了修正，则只需考虑修正后的输出功率和保证输出功率之间的差别再作进一步的修正。

7.8.3　节流调节式汽轮机的保证值的比较

如果节流调节式汽轮机给出了部分负荷下的保证值，则应同时说明调节阀的节流大小。试验结果要按 7.6 中选定的方法对保证工况和试验工况之间的节流差别进行修正，然后再按 7.8.1 或 7.8.2 进行保证值比较。

另一种方法是将新蒸汽流量或功率占阀全开时的新蒸汽流量或修正后最大输出功率功率的百分数，查得保证点轨迹曲线上值，然后将修正后的试验值与之比较。汽轮机的新蒸汽通流能力和最大输出功率值可通过阀门全开试验很方便地予以确定。

7.8.4　抽汽式汽轮机的保证值比较

对于抽汽式汽轮机，如果保证了一个抽汽工况图或由各项保证值构成的抽汽工况图，则可以采用 6.6a)的办法。对于所测抽汽管道上的抽汽流量，由抽汽特性曲线用内插法求得，并作为保证点轨迹曲线使用，然后在新蒸汽流量和抽汽流量保持恒定的条件下，将修正后的值与保证值进行比较。

7.9　汽轮机性能的劣化(老化)

试验应在第一次启动(见 4.3.1)或检修(当机组内可能影响性能的任何缺陷都已消除)之后应尽快进行。如果这些条件不能满足，并且也无法按 4.5 对汽轮机状况作对比测量，则无法确定实际的整体老化程度。

如果有理由确定机组没有部分损伤或结垢，则试验各方可商定一个由于老化引起的性能的劣化平均值(见 4.4.2)，并在试验结果与保证值比较时予以考虑。如果没有专门协议，对燃用化石燃料机组，由于老化引起的性能劣化的平均修正量采用下表规定指导执行。

表 6 由于老化引起的性能劣化的平均修正量

汽轮机额定功率 P	从首次并网到试验时的时间间隔[1]		
	2 个月至 12 个月	12 个月至 24 个月	备注
≤150 MW	0.1	0.06	每月百分数
>150 MW	$0.1\sqrt{\frac{150}{P}}$ [2]	$0.06\sqrt{\frac{150}{P}}$ [2]	每月百分数
1) 汽轮机开缸的时段不计在内。 2) P 的单位为 MW。			

8 测量不确定度

8.1 通则

用于试验结果计算的每个测量值都有一定程度的误差。误差大小取决于测量仪表的准确度与测试条件。试验结果不确定度取决于所有测量误差的综合影响。

附录 F 提供了测量不确定度的一个简要的统计学定义以及在热力验收试验的特殊条件下统计学的正确使用说明。

按照附录 F,一个变量的测量不确定度可认为是总的测量误差统计概率 $P=95\%$ 的置信区间。对于各单个测量值,这些置信区间不能从验收试验读数来确定。

可用以下办法确定置信区间:

a) 由测量部分及标准;

b) 由仪表(例如弹簧管压力表,电功率表)制造厂标明的准确度等级(误差范围);

c) 由测量仪表(例如信号变送器)的校验准确度,如校验证书中说明的;

d) 由不可避免的安装误差的影响;

e) 利用通常测试经验(例如,用 U 形管差压测量)。

使用校验过的仪表测量值,其读数平均值虽经由仪表校验偏差的修正,仍会受到测量时与校验条件不同所引起的误差影响。这些误差也与每个仪表准确度等级有关。如果需要,还宜按一般误差传递规律考虑在 0 和 100%之间的仪表准确度等级,对这一部分误差进行修正,以确定总的不确定度。

对于多个测量值(见 6.2.3.2)的情况,同一变量 x 的多个独立测量值 x_j,它们加权平均值 $\bar{x}$ 的测量不确定度 V_x 近似为:

$$V_x = \pm \frac{1}{\sqrt{\sum(1/V_{x_j})^2}} \quad \cdots\cdots(34)$$

单个变量及结果的不确定度确定办法在下节中给出。

在第 5 章,表 5 中提供了测量不确定度的经验数据。

8.2 汽水特性测量不确定度的确定

8.2.1 压力

用静重压力计,弹簧管式压力表及变送器测量压力,其测量不确定度由仪表的准确度等级及校验的极限误差来确定。用液柱式压力计测量压力,其测量不确定度主要取决于液柱的波动,弯液面的形状和读取液柱高度的手段的正确性。

测量准确度也受到取压点设计和位置以及环境温度与振动的影响。

8.2.2 温度

用玻璃管液柱式温度计测量时,校验的极限误差应认为是计量元件的测量不确定度。用热电偶或热电阻温度计测量温度时,其测量不确定度由电动势曲线或测量电阻的极限误差(两者都可通过校验限定)和测量仪表(电位差计,数字式电压表等)的准确度等级来确定。

测量元件不正确的安装、液柱式温度计液柱的修正误差、不正确冷端温度、不同的端点温度以及温度分布不均匀或流场扰动引起的误差都会显著地增加温度测量的不确定度。

8.2.3 焓和焓差

焓通常由压力与温度的仪表读数确定。因此这些量的不确定度就包括在焓的不确定度之中。还应当考虑蒸汽表中焓的允差 R_h。焓的不确定度为：

a) 过热蒸汽

$$V_h=\pm\sqrt{\left(\frac{\delta h}{\delta T}V_T\right)^2+\left(\frac{\delta h}{\delta P}V_P\right)^2+R_h^2} \quad\cdots\cdots(35)$$

b) 湿蒸汽

$$V_h=\pm\sqrt{\left[(1-x)\frac{\delta h'}{\delta P_{\text{sat}}}+x\frac{\delta h''}{\delta P_{\text{sat}}}\right]^2\cdot V_{P_{\text{sat}}}^2+(h''-h')\cdot V_x^2+R_{h'}^2+R_{h''}^2} \quad\cdots\cdots(36)$$

可用 t_{sat} 代替 P_{sat}。

在确定焓差的不确定度时，蒸汽表的允差不是完全一样计入，应区分三种情况：

a) 带有相变的等压加热过程，例如在蒸汽发生器中焓值 h_i 与 h_j 之间的焓差不确定度。

$$V_{\Delta h}=\pm\sqrt{V_{h_i}^2+V_{h_j}^2} \quad\cdots\cdots(37)$$

式中：V_{h_i} 及 V_{h_j} 按(35)式计算。

b) 不带有相变等压加热过程，例如在再热过程中焓值 h_i 与 h_j 之间的焓差不确定度。

$$V_{\Delta h}=\pm\sqrt{V_{h_i}^2+V_{h_j}^2+\left[\left(\frac{R_{h_i}}{h_i}\right)^2+\left(\frac{R_{h_j}}{h_j}\right)^2\right](h_i-h_j)^2} \quad\cdots\cdots(38)$$

式中：R_{h_i} 及 R_{h_j} 为 h_i 与 h_j 的蒸汽表允差。这里，不确定度 V_{h_i} 和 V_{h_j} 计算时不计入蒸汽表允差，即在式(35)中令 $R_h=0$。

c) 汽轮机中的等熵膨胀过程(焓降)

$$V_{\Delta h}=\pm\sqrt{V_{h_i}^2+V_{h_j}^2+(h_i-h_j)^2A_{(s)}^2} \quad\cdots\cdots(39)$$

不确定度 V_{h_i} 和 V_{h_j} 计算应按情况 b)一样令 $R_h=0$，由公式(35)求得。为确定 V_{h_i}，令 $V_{t_i}=0$。

图 10 中给出了作为熵 s 函数的修正系数 $A_{(s)}$ 值。

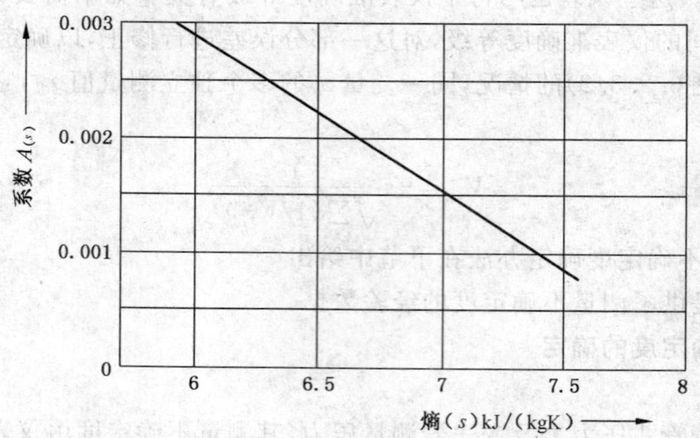

图 10 蒸汽表允差的修正系数

8.3 输出功率测量不确定度的计算

8.3.1 电气测量

根据误差传递规律，电功率测量值的不确定度，通常按互感器、功率表、串联电阻等单个仪表测量不确定度的几何和来计算。

当有可检测的系统误差的曲线或表格(来自测量装备任何部分的校验结果)时，应用它们对电功率测量进行修正(见 5.2.6 和 5.2.7)。在确定电功率测量不确定度时，应按证书说明确定每个量误差极限值(参见8.1)。

如果缺乏可检测的系统误差的详细资料,总功率的不确定度的计算应根据测量设备各个部分测量的准确等级进行。

在这种情况下,重要的是注意互感器的准确度等级与电流值和电压值有关。

电功率表的准确度等级应与实际读数刻度有关。

实践经验表明,在并列各相上的相同互感器的变压比和相位误差并非完全独立的。这也存在于互感器校验过程中。因此,在多相测量中(两功率表法或三功率表法),各相误差的和只是部分算术累积。

在附录G详细说明了几何误差与算术误差的区分以及它们的求和的方法。其中包括了分别使用功率表及电度表进行两相及三相功率测量时,计算测量不确定度的一些公式。

8.3.2 机械测量

根据误差传递规律,机械量测量的不确定度由转速与转矩的测量不确定度确定。转矩测量不确定度应根据测量方法及校验极限误差来确定。

8.3.3 由于负荷不稳定引起的附加不确定度修正量

如果在试验过程中输出功率在平均值上下波动量超过±5%(见4.8),通过协商,可使用一个不确定度附加修正量,对附加测量误差进行修正则可避免试验作废。附加误差的大小取决于波动的幅度,可按下面方法确定。

对每个输出功率读数偏离平均值的绝对量进行平均。

$$\tau_{\Delta P}=\frac{2(\text{绝对偏差平均值})-1}{6}(\%) \qquad \cdots\cdots(40)$$

把$\tau_{\Delta P}$与输出功率测量总不确定度进行算术相加,只有在绝对偏差平均值大于0.5%的情况下,才应用修正量$\tau_{\Delta P}$。

8.4 质量流量测量不确定度的确定

8.4.1 质量流量的测量不确定度

测量不确定度取决于读数波动,液柱凸面形状游标指示器和其他辅助水银柱面读数仪的测量准确度。

如果不能直接观测到液柱(由于密封液体中污物,微滴粘附或外部磁场对电磁仪器的影响),还会出现一些不可检出的系统误差。

在试验过程中由于一些存储容器液面的变化,压差测量仪表的读数可能发生缓慢但幅度很大的波动,在确定差压测量值的不确定度时,不应考虑这类缓慢的波动。

对锐边孔板或壁面取压的喷嘴,其质量流量的不确定度按GB/T 2624确定。如果节流装置经过了校验,则膨胀系数的不确定度能根据校验条件来估算。

8.4.2 主流量多重测量的测量不确定度

如果主流量是经过多重测量或者利用质量流量平衡(见6.2.3.3)获得的,则要对其相容性(见6.2.3.1)进行检查。在不相容的情况下,对所有节流装置(见5.3.2.3)的状况及尺寸进行检查。利用所有处于良好状态下的节流装置的差压测量值计算其加权平均值,然后都用这个平均值检查所有无法检查的节流装置的测量值的相容性(见6.2.3.1)。

对于一个不相容值,或者在以后计算中剔除,或者增加其不确定度值直到满足相容要求。作出决定时要充分考虑循环系统的情况以及节流装置有缺陷的可能。

由于同一基本原因(由于磨损造成孔板边缘不尖锐,以及管道冲洗或化学清洗等引起的损伤)导致几个无法检查的节流装置的误差可能性,宜在估算中予以充分考虑。

如果经过检查状态良好的节流装置的测量值不相容,而且它们的不确定度计算正确。不可能按6.2.3.2进行多重测量值的估算。不相容的原因要进一步调查。

主流量根据其相容的测量值按6.2.3.2进行计算,其不确定度根据8.1确定。

8.4.3 系统不完善引起的不确定度修正量

汽水循环系统状况有缺陷时(不明辅助流量,系统隔离不完善等等),一个附加的不确定度修正量以算术相加到主流量的测量不确定度上或平均主流量的平均不确定度上(见 8.4.2),其值等于参与计算新蒸汽流量(见 6.2.3.4)的总不明泄漏量部分的 50%。

8.5 试验结果测量不确定度的计算

8.5.1 通则

试验结果的测量不确定度是根据附录 F,对各个测量值的不确定度,利用误差传递规律,并考虑到各变量和它们的不确定度的最终相互关系来计算。

8.5.2 热效率的测量不确定度

非再热凝汽式汽轮机组的热效率 η_t,定义参见 3.4。

其相对测量不确定度为:

$$\tau_{\eta t}=\pm\sqrt{\tau_{\dot{m}_1}^2+\tau_{\Delta h_{11,1}}+\tau_P^2} \quad \cdots\cdots(41)$$

一次再热凝汽式汽轮机组的热效率,定义见 3.4。

通常,再热器质量流量 $\dot{m}_3$ 并不单独测量,而是通过辅助质量流量从修正后的新蒸汽质量流量中计算得出。在这种情况下,计算测量不确定度之前,应将上述计算关系用于热效率计算方程。

对附录 D 的例子,再热器的质量流量用下式确定:

$$\dot{m}_3=\widetilde{\dot{m}}_1-\dot{m}_{A5}-\dot{m}_{p1}-\dot{m}_{p2}-0.5\dot{m}_{v3}=\widetilde{\dot{m}}_1-\sum\dot{m}_j \quad \cdots\cdots(42)$$

代入式(2)得热效率:

$$\eta_t=\frac{P}{\widetilde{\dot{m}}_1\cdot(\Delta h_{11,1}+\Delta h_{2,3})-\Delta h_{2,3}\cdot\sum\dot{m}_j} \quad \cdots\cdots(43)$$

为简化计算,如果按 6.2.3.3 忽略其余次要的影响,则相应的热效率测量不确定度为:

$$\tau_{\eta t}=\pm\sqrt{A+B+C+\tau_P^2} \quad \cdots\cdots(44)$$

式中:

$$A=\left(\frac{\widetilde{\dot{m}}_1\cdot\Delta h_{11,1}}{Q_{tot}}\right)^2(\tau_{\widetilde{\dot{m}}_1}^2+\tau_{\Delta h_{11,1}}^2)$$

$$B=\left(\frac{\widetilde{\dot{m}}_1\cdot\Delta h_{2,3}}{Q_{tot}}\right)^2(\tau_{\widetilde{\dot{m}}_1}^2+\tau_{\Delta h_{2,3}}^2)$$

$$C=\sum_j\left[\left(\frac{\dot{m}_j\cdot\Delta h_{2,3}}{Q_{tot}}\right)^2(\tau_{\dot{m}_j}^2+\tau_{\Delta h_{2,3}}^2)\right]$$

Q_{tot}是总热流量,$\dot{m}_j$ 是按式(42)求得的辅助质量流量。

8.5.3 热力学效率的测量不确定度

在 3.4 中,定义了汽轮机的热力学效率。在最简单的情况下,相对测量不确定度为:

$$\tau_{\eta td}=\pm\sqrt{\tau_{\dot{m}_1}^2+\tau_{\Delta h_s}^2+\tau_P^2} \quad \cdots\cdots(45)$$

8.5.4 修正值的不确定度

在确定修正后的试验结果测量不确定度时,应承认利用制造商的修正曲线在修正允许的范围内修正是正确的。

如果需要在超出 4.8.2 和 7.4 所规定的允许范围下进行修正,则可由试验各方商定一个附加不确定度以免试验作废(例如变量超出允许修正范围所引起的附加修正量的三分之一),或者对规定的循环,重新计算其修正量。

修正后变量(压力、温度等)的不确定度,会引起的修正量的不确定度,在许多情况下,这个量很小,在确定试验结果不确定度时,可忽略不计。

8.5.5 试验结果测量不确定度的指导值

确定大型和复杂的设备试验结果的测量不确定度，通常需要大量计算工作，在大多数情况下，只能在简化假设的基础上进行。

如果试验各方同意，而且从试验结果可清楚看出满足合同的要求，则允许免去详细计算试验结果的不确定度。如果对试验结果不确定度取用了一个可靠的估计值后，试验结果仍能满足保证值，则满足了合同的要求。

表7中列出了各种类型汽轮机试验结果不确定度的指导值。

根据一般经验，这些指导值就是按表7各项要求进行的正确验收试验的测量不确定度的量值指标。

表7 试验结果不确定度指导值

序号	汽轮机类型	试验结果	变量及其仪表准确度要求	试验结果的相对的测量不确定度[1]
A	背压式汽轮机	η_{td}	P_1、P_3、P_4 参照表5中1、2、3、5项。 P_b 参照表5中15、16项。 $\dot{m}_1$ 参照表5中12、13项	Δh_s>400 kJ/kg时， ±(1.5%～2.0%)
B	背压抽汽式汽轮机	η_{td}	同本表A项。 但 P_e 参照表5中2、3项， $\dot{m}_2$ 参照表5中12项	Δh_s>400 kJ/kg时， ±(1.7%～2.5%)
C	凝汽式汽轮机	η_{td}	同本表A项。 但 $\dot{m}_1$ 从 $\dot{m}_5$ 导出， t_{wi} 及 t_{wo} 参照表5中10及11项	±(1.0%～1.7%)
D	凝汽抽汽式汽轮机	η_{td}	同本表B项及表C项。	±(1.3%～2.0%)
E	再热凝汽式汽轮机	η_t	P_1、P_3、P_4 参照表5中1、2、3及5、6项。 t_1、t_3、t_{11}、t_5 参照表5中9、10及11项。 t_{wi}、t_{wo} 等参照表5中10、11项。 P_b 参照表5中15、16项。 $\dot{m}_1$、$\dot{m}_3$ 用检查过的节流装置测量值计算(最好布置在系统水区)参照表5中12项	±(0.9%～1.2%)
F	新蒸汽为饱和蒸汽的凝汽式汽轮机	η_t	P_1 参照表5中1、2、3项。 h_1 按专用方法得出的焓。 P_b 参照表5中15、16项，所有其他测量值按本表E项	±(1.1%～1.6%)

1) 通过提高测量主流量的准确度，这些数值可大幅度减小。

附 录 A
（规范性附录）
给水加热器和凝汽器泄漏试验

A.1 给水加热器泄漏试验

当汽轮机停运时，用凝结水泵或锅炉给水泵维持加热器水侧的压力，可检查加热器的泄漏情况。热井或加热器壳侧有积水即表明存在泄漏，如果能保持正常运行时的水压，则可估算出泄漏量。但是，宜认识到泄漏量可能随加热器温度而变化。测量的泄漏量宜只视为加热器相对严密性的一个指标，而不宜作为修正主流量测量值的依据。

某些机组，只要该加热器抽汽能被彻底关闭而又无其他加热器疏水进入，就可以在汽轮机运行时检查加热器泄漏情况。

如果怀疑有泄漏，在实际运行中检查加热器泄漏的一个很实用的方法是：在任何怀疑有泄漏加热器前的凝结水管路中注入少量的水处理化学剂，检测该加热器疏水的导电率，如有泄漏，当化学剂通过时，则导电率会突然升高。

A.2 凝汽器泄漏试验

在各次汽轮机试验之前和试验刚结束后，宜对凝汽器进行水压试验，方法是将蒸汽空间充满水，水位至少超过顶排管束 20cm，并注意是否有水漏入进、出口水室。

在汽轮机试验前后对凝汽器进行试验的另一方法是：关闭所有蒸汽和空气的进口，凝汽器和汽轮机内处于完全真空状态，冷却水泵对凝汽器管束正常供水。漏入热井的水即是凝汽器的泄漏量。在试验即将开始前和试验期间，测定汽轮机排汽的凝结水样、凝汽器热井的凝结水样以及用已知量蒸溜水稀释的冷却水水样的导电率，来检查凝汽器严密性。

此外，也可用化学法或荧光法检查泄漏。

附 录 B
（规范性附录）
喉部取压喷嘴

B.1 设计和制造

由于需要高准确度，所以对主流量的喉部取压的设计和制造提出如下要求。图 B.1 是能满足这些要求的长颈式、低直径比和喉部取压喷嘴的形状示意图。

a) 进口处的设计应使其能产生一合适的压力梯度，以使喉部的附面层很薄且不出现脱流。同时，进口处的设计应使接近喉部的流动均匀。喷嘴的圆柱部分的壁面应平行且与管子同轴（见 B.2b)）。圆柱面任何的扩张都可能引起流出系数与雷诺数关系曲线的畸变。而圆柱面轻微的收缩是允许的，但在每毫米喉部长度收缩不大于千分之一毫米。取压口处的喉部截面积要用于系数的计算。对于图 B.1 的喷嘴，在喉部取压截面处至少测量 4 个直径，其偏差值应在 ±0.000 2d 的范围内。喷嘴应由已知热膨胀系数的耐腐蚀材料制成，其表面粗糙度应为 2×10^{-4} mm 或更好，不应有任何毛刺、刻痕、斑疤或波纹。

b) 取压孔的深度至少应为其直径的 2 倍。钻孔与孔表面垂直，孔口尖锐且无毛刺。下游取压孔应在喷嘴喉部开设，以减少下游的扰动对压力测量的影响。上游取压孔应仔细加工，且设置在距喷嘴进口处上游 1 个管径远处。

c) 最后判定是否满足以上要求，要看对于每对取压孔分别确定的流出系数和雷诺数的关系曲线（见图 B.2）的形状，喷嘴只能在雷诺数大于 3×10^{6} 时使用。

d) 为了获得最高的读数准确度，喷嘴喉部直径的选取。应考虑在泵可用压头和差压计量程范围后，能给出尽可能大的差压。差压计量程的选择应适应可能遇到的最大流量和允许的流量波动。不应使用喷嘴测量差压小于差压计读数误差的 1 000 倍或 150 mm 水银柱（取较大者）的流量。当要满足上述要求测量更大流量范围时，则允许使用不同喉部直径的附加喷嘴。选择这些喷嘴的尺寸应使其中一个喷嘴能对一个试验点进行测量。

B.2 流量测量管段

a) 流量喷嘴应按图 B.3 所示安装在流量测量管段中。该测量段应包含一整流器，整流器将管道横截面至少分为 50 个大致相同的通道，或者采用多孔板整流装置，每块板大约 200 个孔。为了确保来汽流速分布足够均匀，喷嘴上游应有 20 倍于管径的直管段。在喷嘴下游出口侧至少要有 10 倍于管径的直管段，其公称直径与上游相同，以保证喉部压力测量的可靠性。

b) 流量喷嘴与管道同轴，同轴度 0.8 mm 以内。喷嘴两侧的管道应光滑且无锈、水垢、砂眼，并且在任何截面的 4 个内径测量值差别不大于 1%。上游管段整个进口段应按图 B.4 所示进行镗孔。

c) 与流量喷嘴相连接的管道，其内孔应与法兰面垂直。密封垫片压紧后厚度不应大于 1.6 mm，垫片不应伸入管内。

d) 为了尽可能减小喷嘴热变形，流量测量段的管子和法兰最好用与喷嘴膨胀系数相同的耐蚀材料制成。

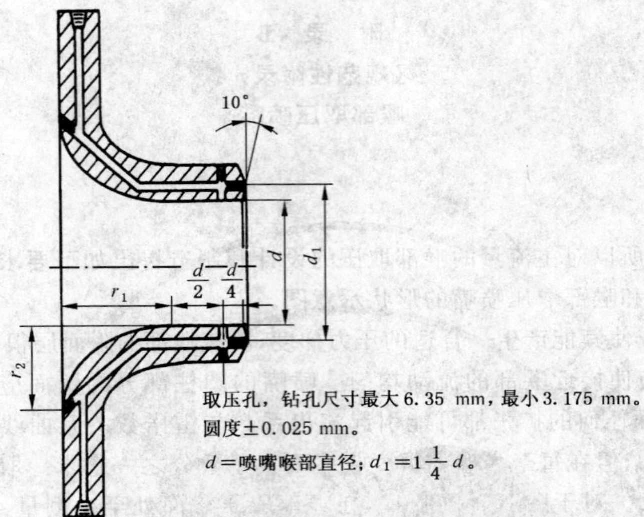

取压孔应直角尖锐无毛刺。取压孔应在喉部精镗及抛光之前钻、铰，然后用一压配柱塞塞入孔中。精镗和抛光工序应在柱塞塞入后进行。柱塞上应备有在抛光和加工完成后，将其从孔内拔出的设施。柱塞取出后，可用一锥形硬木沿边缘滚动以除去可能残留在孔边缘的小毛刺。

喷嘴喉部每毫米长度上最多允许收缩 0.001 mm，但不允许扩张。

选用耐腐蚀材料。

图 B.1　喉部取压式流量喷嘴

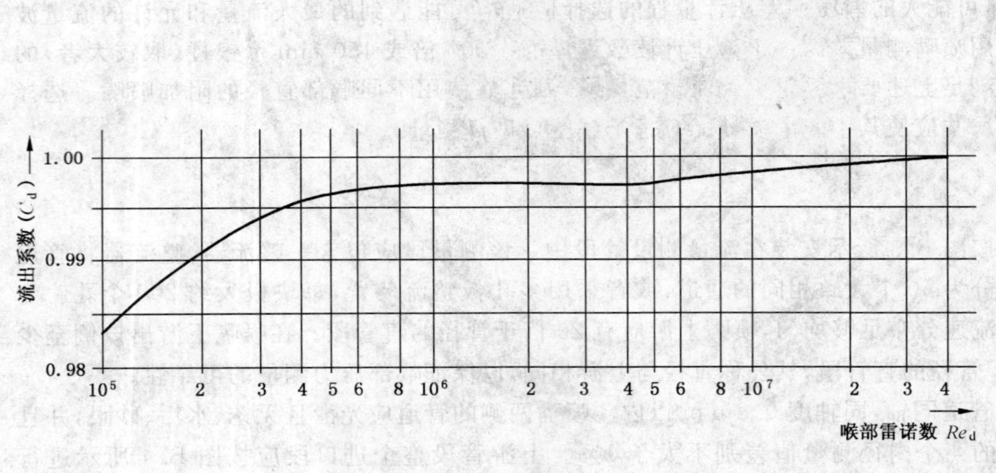

喉部雷诺数 $\times 10^{-6}$	C_d $\beta=0.43$
0.1	0.983 4
0.2	0.990 9
0.3	0.993 9
0.4	0.995 3
0.5	0.996 1
0.6	0.996 6
0.8	0.997 0
1.0	0.997 2
2.0	0.997 0
3.0	0.997 0
4.0	0.997 2
5.0	0.997 4
6.0	0.997 8
8.0	0.998 0
10.0	0.998 3
20.0	0.999 1
30.0	0.999 4
40.0	0.999 8

对于 β 在 0.25 至 0.5 之间的其他值：$C_d = C_{d(\beta=0.43)} + 0.011\,339\beta - 0.004\,9$

图 B.2　β=0.43 时典型的喷嘴校验曲线

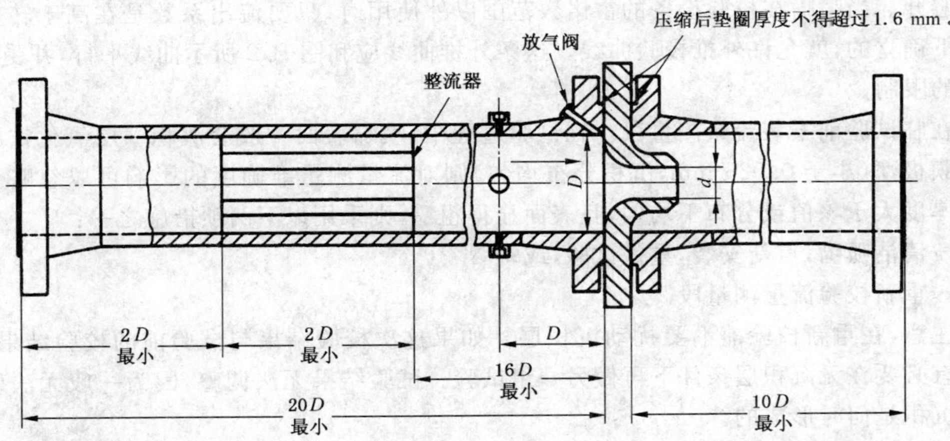

管内无热电偶、套管、衬圈等障碍物。

图 B.3 流量管段

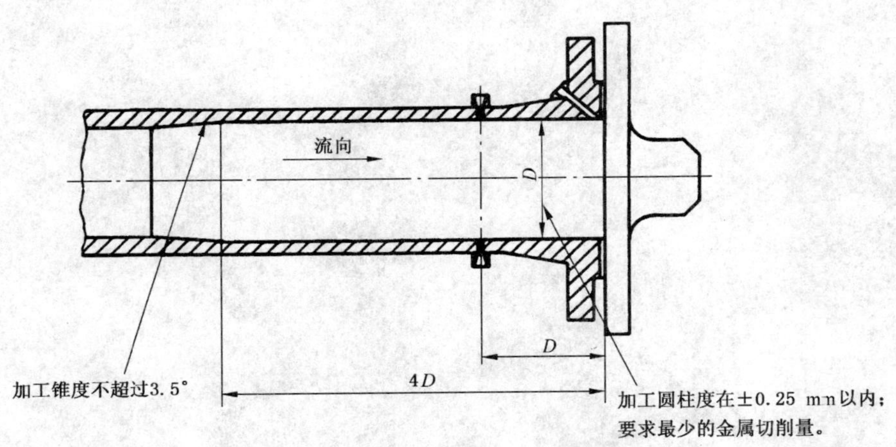

图 B.4 喷嘴上游流量管段内孔的加工

B.3 校验

a) 经验表明，流量系数的预测准确度不能达到 0.1% 以内，因此，有必要对流量测量段进行校验（见图 B.3）。校验只能由权威机构承担，且在类似于实际安装情况的条件下进行。校验台上流量测量段紧接的上、下游的管道布置最好与试验现场的类似，而且雷诺数、水温及其他流动条件也要尽可能地接近试验条件。如果流量测量段的校验结果不满足 B.3b)的要求，则应按 B.1a)要求仔细地检查喷嘴，必要时予以修正，然后复校。如果复校的结果仍与 B.3b)不符，如有可能，应采用不同的校验设备对流量测量段进行校验。

b) 应至少对两组相隔 180°的取压孔进行校验。对每一组取压孔，校验曲线（不必是每个校验点）与参考曲线的差别应不大于 0.25%，并有同样的斜率（参考曲线见图 B.2）。当试验雷诺数下不能校验时，应按 B.3c)确定校验时的雷诺数，然后平行于参考曲线外推到更高的雷诺数。外推终点处流量系数与校验时最高雷诺数下得到的校验曲线的流量系数之差不应大于 0.25%。系统中主流量测量段的位置及其布置以及所用的流量测量技术是关键，将在以下各段讨论。

c) 喉部雷诺数小于 2×10^6 时，附面层由层流转为紊流。在校验时，应确定这一转换区，并在试验中避开。当喷嘴在校验设备的雷诺数范围以外使用时，只要流出系数是在高于转变区的雷诺数下确立的，就允许外推校验曲线。这条外推曲线应和图 B.2 所示曲线平行，并受到 B.3b）要求的限制。

d) 宜在临试验前安装流量测量段。在试验过程中，喷嘴表面一般会沉积一层氧化铁膜。如果这层膜极薄（小于 0.025 mm，沉积分布均匀）则对流量测量准确度的影响可以忽略。如果沉积层厚度大于该值或分布不均匀，且表面显得粗糙，则采用以下两项措施之一：
——清洁喷嘴，重新安装，重做试验，或；
——重新校验流量测量段。
要注意，在重新校验前不要扰动沉积层。如果这次校验结果与试验前的校验结果差别很大，则有必要在无沉积层条件下再做另一组试验。试验结果无法调整，因为一般无法确定喷嘴上的沉积是何时形成的。

附 录 C
（规范性附录）
多重测量值的数据处理，相容性

如果对同一变量的几个独立数值已经测量或确定（见 6.2.3.3），并且它们的不确定度已经计算出，则有一个很好的方法用于检查每个数值是否与这个变量加权平均值（见 6.2.3.2）及其不确定度（见 8.1）相容。假定每个独立数值的不确定度已正确确定，并且每个独立数值与真值的差值是随机的。

令：

x_i＝各独立数值

$V_{x_i}=x_i$ 的不确定度

$\tilde{x}$＝所有独立数值的加权平均值（见 6.2.3.2）

$V_{\tilde{x}}=\tilde{x}$ 的不确定度（见 8.1）

相容准则：

$$\varepsilon_i = 1-\frac{(x_i-\tilde{x})^2}{V_{x_i}^2-V_{\tilde{x}}^2}$$

求出每一个独立数值 x_i 的 ε_i 值。

如果 $\varepsilon_i<0$，说明可能是由于某一系统误差的原因，使独立数值与真值的差别超出了可接受的范围。这是警告信号，应检查 x_i 值及其不确定度 V_{x_i}，是否含有尚未发现的系统误差。

ε_i 越小，存在这样误差的概率就越大。

如果发生某值不相容的情况，并且具体检查测量装置又不现实或者有证据说明系统误差确实存在，则该值不应再纳入进一步的计算中。

如果对于所有独立的值均满足 $\varepsilon_i\geqslant 0$，则可假设测量值 x_i 及其不确定度 V_{x_i} 在统计角度上是相容的。

附 录 D
（规范性附录）
质量流量平衡

如果在主流量回路中进行了几个主要质量流量测量，则可利用几个基本上相互独立的测量值，通过质量流量平衡确定系统某一特定的主要质量流量（例如新蒸汽流量）。在这些平衡式中，当发现有共同质量流量时，则这些流量平衡式就不是完全独立的。在确定主流量平均值及其不确定度时，这一点应加以考虑。

为建立质量流量平衡方程式，还需要进一步测定某些辅助质量流量以及循环系统中水箱和其他储水容器中的水位变化。

系统的不明泄漏损失确定：

——所有储水量变化 ΔI，除以试验持续时间 z；

——测量的泄漏损失量和；

——补给水量（如果有）。

按一般常规及具体情况，把该损失分配到机组的不同部位，并在质量流量平衡计算中作相应考虑。

不属于损失的水位变化当量流量都应作为质量流量加到相应的质量流量值中。

图 D.1 表示一次再热汽轮机组的系统示意图。只要测量了 4 个辅助质量流量和 2 个水箱水位变化量就测量了 4 个主要质量流量。

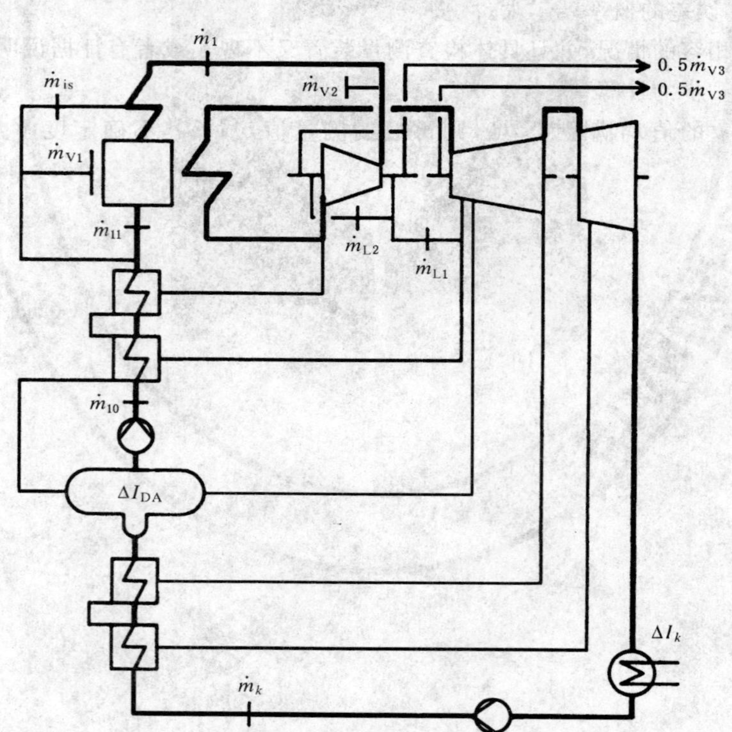

图 D.1 具有一次再热和 5 级给水回热的汽轮机组热力循环图

新蒸汽的质量流量可由下面 4 个质量流量平衡式来计算：

a） $\dot{m}_{1,\mathrm{I}}=\dot{m}_1-\dot{m}_{V2}$

b） $\dot{m}_{1,\mathrm{II}}=\dot{m}_k\pm\dot{m}_{\Delta I_{DA}}+\dot{m}_{H5}+\dot{m}_{H4}+\dot{m}_{H3}-\dot{m}_{V2}-\dot{m}_{V1}$

c） $\dot{m}_{1,\mathrm{III}}=\dot{m}_{10}-\dot{m}_{V2}-\dot{m}_{V1}$

d) $\dot{m}_{1,\text{IV}}=\dot{m}_{11}+\dot{m}_{\text{is}}-\dot{m}_{\text{V2}}-\dot{m}_{\text{V1}}$

$\dot{m}_{\text{V1}}$至$\dot{m}_{\text{V3}}$按常规分配，且在验收试验持续时间z内，

$$\sum_i m_{\text{V}i}=\frac{\Delta I}{z}。$$

由质量流量平衡确定的各$\dot{m}_j$值及其测量不确定度$V_{\dot{m}_j}$都应检查其相容性(见6.2.3.2)。

利用相容各值按式(24)确定加权平均值$\widetilde{m}_1$。

进一步计算所需要的各个质量流量(例如$\dot{m}_k$或$\dot{m}_3$)，可由新蒸汽流量的平均值$\dot{m}_1$和各辅助流量测量值或计算值计算得到。

如果用于计算的某个质量流量方程式导出在质量流量平衡计算中不相容的新蒸汽流量值，则应对所用质量流量测量值进行检查。

对每一个质量流量平衡式可计算出一个偏差值$\dot{m}_n$。

$$\dot{m}_n=\widetilde{m}_1-\dot{m}_{1,n}$$

如果质量流量平衡值$\dot{m}_{1,n}$的不确定度为V_n，质量流量$\dot{m}_j$的不确定度为V_j，则可计算出质量流量修正量：

$$\dot{m}_{\text{B},j,n}=\frac{\dot{m}_n V_j^2}{V_n^2}$$

修正后的质量流量为：$\dot{m}_{j,\text{corr}}=\dot{m}_j\pm\dot{m}_{\text{B},j,n}$

几个平衡方程的质量流量修正值$\dot{m}_{\text{B},j}$之间会有偏差，但很小，可取其算术平均值。

附 录 E
（规范性附录）
将试验结果修正到保证条件的典型通用修正曲线

E.1 通则

图 E.1～图 E.17 修正曲线用于在试验过程中因运行参数偏离规定值而对热效率值影响的修正计算，它们按照 7.5 中的定义给出修正系数 F，只可用于按 7.6a)的修正方法。

这些曲线是为单点保证值而准备的，因此也包括主蒸汽流量偏离保证值时的计算（图 E.1～图 E.3）。如果保证值及参数作为主蒸汽流量的函数给出（效率或热耗率曲线），则把测量的主蒸汽流量看作是保证的，这样可省略主蒸汽流量的修正曲线（图 E.1～图 E.3）。

在有些情况下，曲线应用与否，还取决于有关参数是否也属于保证条件。

在 4.8.2（表 4）所规定的允许范围内，各修正曲线可用来修正运行参数等偏差的影响，但不可外推。修正曲线适用于常用参数范围内的功率大于 30 MW 的常规电厂和核电厂的凝汽式汽轮机。

各参数修正值的不确定度是对概率 $P=95\%$ 而言的，它们相互独立，试验结果总不确定度可通过相应的计算求得。

为编制程序用，图 E.1～图 E.17 的修正曲线的有关数学表达式列于表 E.1。

$\eta_{t \cdot c} = \eta_{t \cdot m} \cdot F$

$F = 1 + K\left(\frac{T_v}{\Delta h_s}\right)_g$

T_v＝排汽压力对应的绝对饱和温度(K)

Δh_s＝主蒸汽入口状态点至排汽压力的等熵焓降(kJ/kg)

$\overline{m}_A = \frac{\text{测量的主蒸汽流量}}{\text{保证的主蒸汽流量}}$

$K = K'$对于再热和/或有外置汽水分离

$K = 0.83K'$对于无再热和无外置汽水分离

适用于：主蒸汽为过热蒸汽或湿蒸汽、再热或无再热、给水回热凝汽式汽轮机，主蒸汽焓值恒定，输出功率$P > 0.2 \times$最大输出功率P_{max}。

计算不确定度：$\Delta F = \pm 0.15|F-1|$。

图 E.1　主蒸汽流量对进汽室压力影响的修正曲线

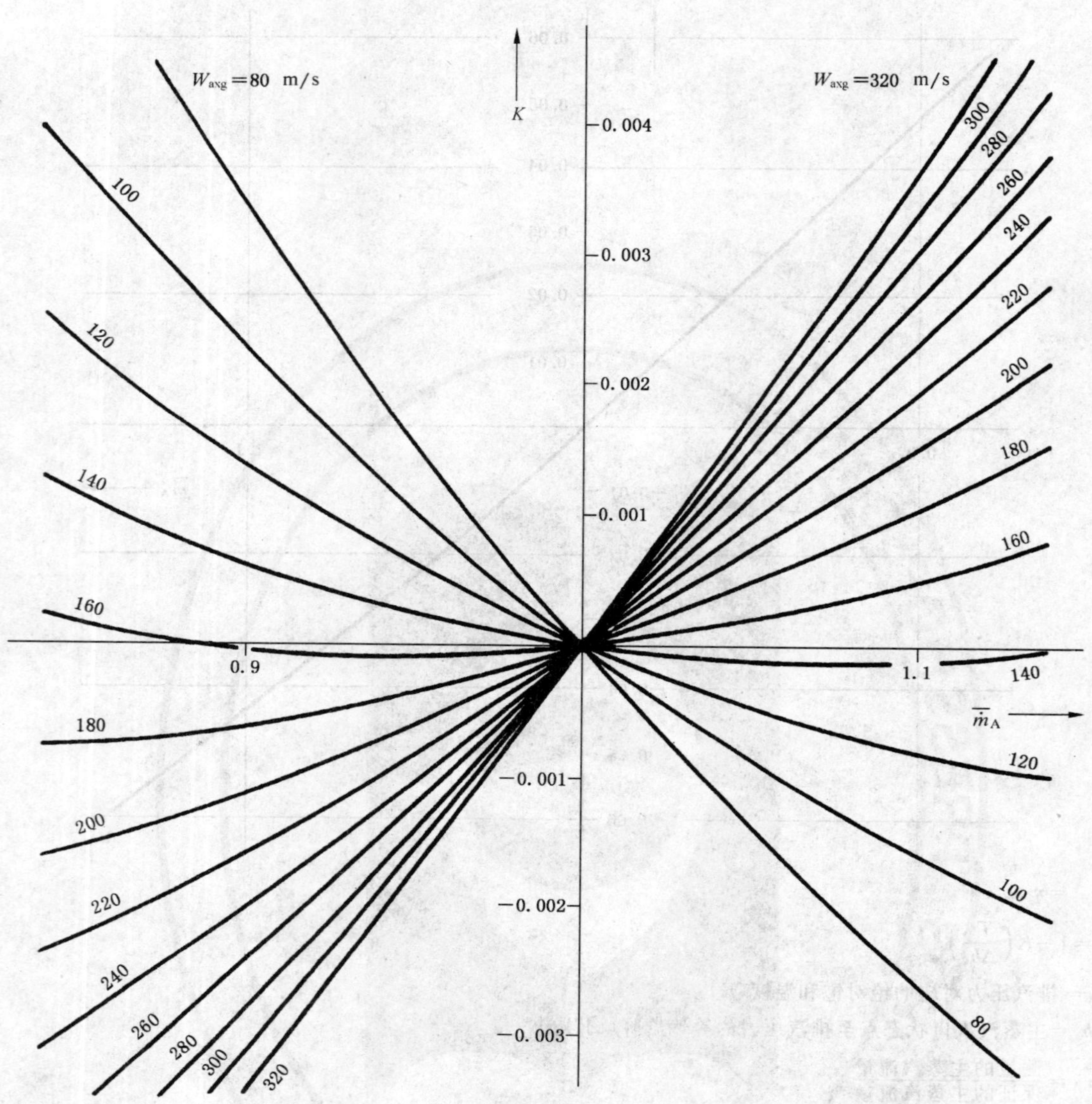

$$\eta_{t \cdot c}=\eta_{t \cdot m} \cdot F$$

$$F=1+K\left(\frac{m_v}{\dot{m}_v+\dot{m}_s}\right)_g\left(\frac{1}{\eta_{t \cdot g}}-1\right)$$

$\dot{m}_v$=新蒸汽轮机的排汽流量(kg/s)

$\dot{m}_s$=驱动给水泵汽轮机的排汽流量(kg/s)

$\overline{\dot{m}}_A=\frac{\text{测量的主蒸汽流量}}{\text{保证的主蒸汽流量}}$

W_{axg}=保证的出口轴向速度(m/s)

u=末级叶轮的(节圆处)圆周速度(kg/s)

适用于:主蒸汽为过热蒸汽或湿蒸汽、再热或无再热、给水回热凝汽式汽轮机,排汽压力小于 0.3 bar,200 m/s≤u≤450 m/s,输出功率 P>0.2×最大输出功率 P_{max}。

计算不确定度:$\Delta F=\pm 0.2|F-1|$。

图 E.2 主蒸汽流量对排汽损失影响的修正曲线

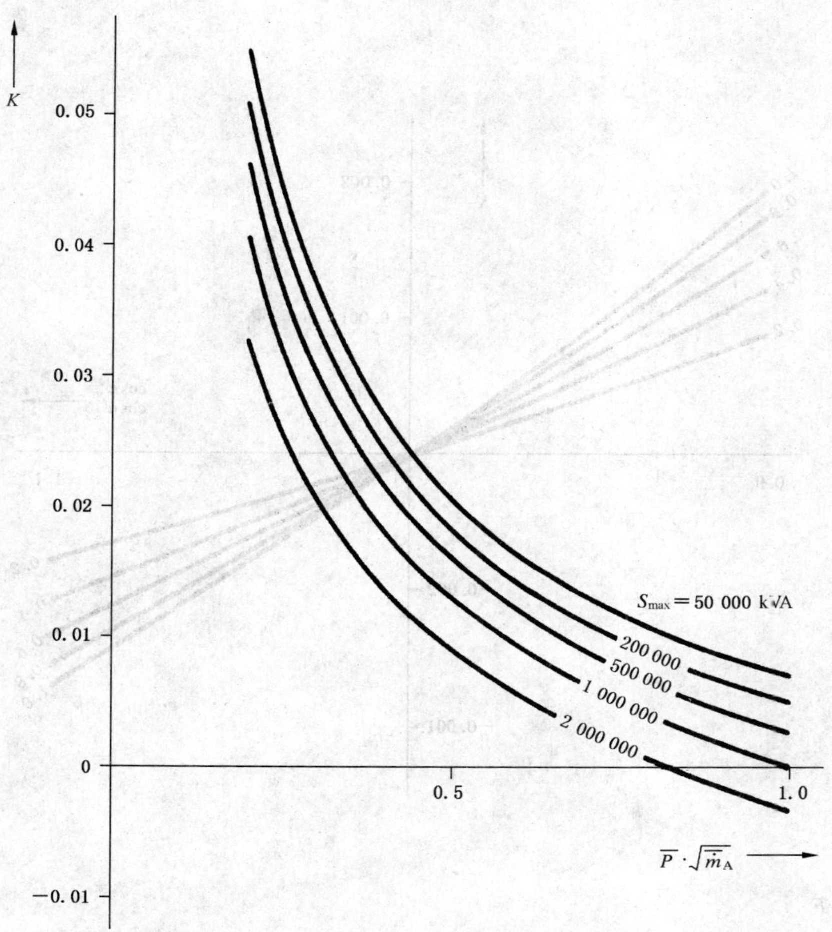

$\eta_{t\cdot c}=\eta_{t\cdot m}\cdot F$

$F=1-K(\overline{\dot{m}}_A-1)$

$\overline{\dot{m}}_A=\dfrac{\text{测量的主蒸汽流量}}{\text{保证的主蒸汽流量}}$

$\overline{P}=\dfrac{\text{保证的发电机输出功率}}{\text{最大的发电机输出功率}}$

S_{max}＝发电机最大视在功率(kVA)

适用于：两极和四极发电机，冷却系统满足 $S_{max}>30\ 000$ kVA 时的要求。

计算不确定度：$\Delta F=\pm(|0.3K|+0.003)\cdot|\dot{m}_A-1|$。

图 E.3 主蒸汽流量对机械效率和发电机效率影响的修正曲线

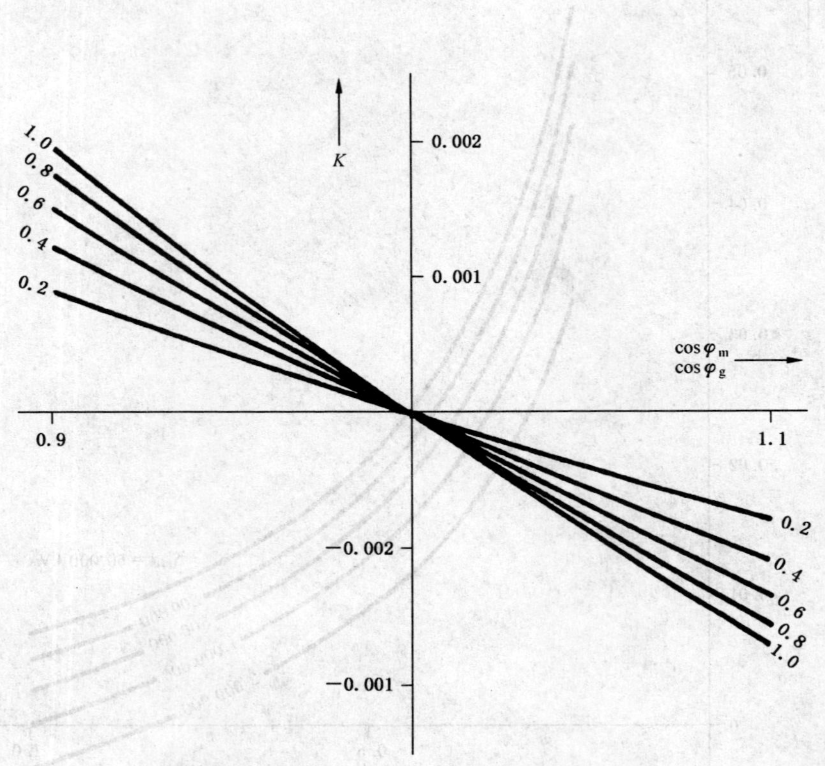

$\eta_{t \cdot c} = \eta_{t \cdot m} \cdot F$

$F = 1 + K$

cosφ=功率因数

S=发电机视在功率(kVA)

S_{max}=发电机最大视在功率(kVA)

$\bar{S} = \left(\frac{S}{S_{max}}\right)_g$

适用于:$S_{max} > 30\ 000$ kVA,$0.7 \leqslant \cos\varphi \leqslant 1.0$,有功功率=常数。

计算不确定度:$\Delta F = \pm 0.4|F-1|$。

图 E.4 功率因数修正曲线

$\eta_{t\cdot c}=\eta_{t\cdot m}\cdot F$

$F=1+K\left(\frac{T_v}{\Delta h_s}\right)_g$

T_v＝排汽压力对应的绝对饱和温度(K)

Δh_s＝主蒸汽入口状态点至排汽压力的等熵焓降(kJ/kg)

滑压运行时：$K=K'$再热和/或有外置汽水分离，

$K=0.83K'$其他所有情况。

定压运行时：

节流调节：$K=0.11K'$主蒸汽或再热蒸汽，

$K=0$其他所有情况；

喷嘴调节：$K=0.11+0.89K(v)$主蒸汽或再热蒸汽，

$K=0.83K(v)$无再热和无外置汽水分离，

$K=K(v)$其他所有情况。

$\bar{\dot{m}}_A=\frac{\text{测量的主蒸汽流量}}{\text{保证的主蒸汽流量}}$

$\bar{p}_A=\frac{\text{测量的主蒸汽压力}}{\text{保证的主蒸汽压力}}$

$v=v_0^{\mu}$

$\mu=\frac{18(h_{Ag}-1\,925)}{u^2}$单列调节级

p_R＝调节级后腔室压力(bar)

h_A＝主蒸汽焓(kJ/kg)

$v_0=\left(\frac{p_R}{p_A}\right)_g$

$\mu=\frac{8(h_{Ag}-1\,925)}{u^2}$复速调节级

p_A＝主蒸汽压力(bar)

u＝调节级节圆处直径轮圆速度(m/s)

适用于：主蒸汽为过热蒸汽或湿蒸汽、再热或无再热、给水回热凝汽式汽轮机，$v\cdot\bar{\dot{m}}_A/\bar{p}_A<0.91$，

输出功率$P>0.2\times$最大输出功率P_{max}。

计算不确定度：$\Delta F=\pm\left(0.15|F-1|+0.002\left|\frac{\bar{p}_A}{\bar{\dot{m}}_A}-1\right|\right)$。

本修正允许在商定的阀点上的通流能力的偏差(流量偏差见图E.1)。

图E.5　主蒸汽压力修正曲线

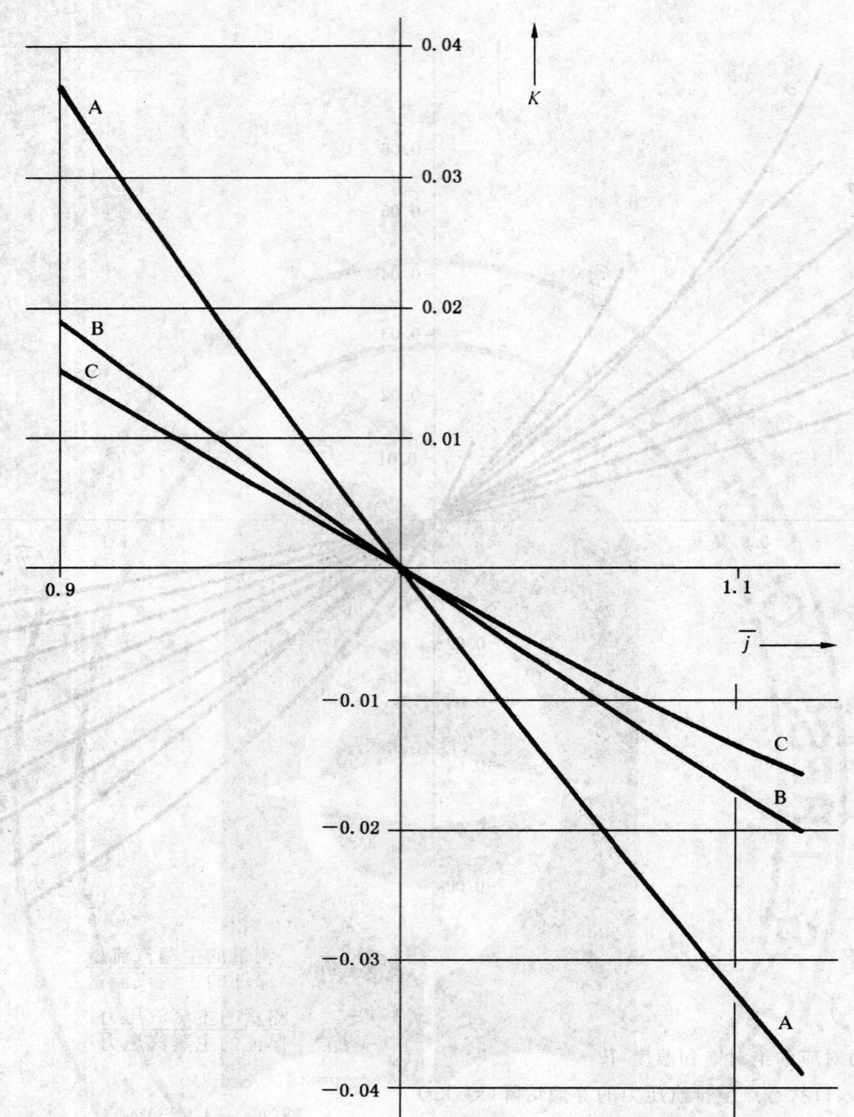

$\eta_{t \cdot c} = \eta_{t \cdot m} \cdot F$

$F = 1 + K$

$\bar{j} = \dfrac{h_m - 1\ 925}{h_g - 1\ 925}$

h= 比焓(kJ/kg)

曲线 A:无再热常规汽轮机主蒸汽。

曲线 B:具有外置汽水分离,无再热汽轮机的饱和(或接近饱和)主蒸汽。

曲线 C:具有一次再热常规汽轮机的主蒸汽与再热蒸汽,具有外置汽水分离及再热汽轮机的饱和(或接近饱和)主蒸汽。

适用于:带给水回热凝汽式汽轮机,输出功率 $P > 0.2 \times$ 最大输出功率 P_{max}。

计算不确定度:$\Delta F = \pm (0.15|F-1| + 0.002|\bar{j}-1|)$。

图 E.6 蒸汽焓修正曲线

$\eta_{t,c}=\eta_{t,m}\cdot F$

$F=1+K$

$K=0.21(x_g-x_m)$

x=蒸汽品质，即汽水分离器后湿蒸汽中的质量干度。

适用于：主蒸汽为湿蒸汽（或接近湿蒸汽）的回热、再热或无再热的凝汽式汽轮机。

计算不确定度：$\Delta F=\pm 0.2|F-1|$。

图 E.7　外置式汽水分离器最终湿度修正曲线（略）

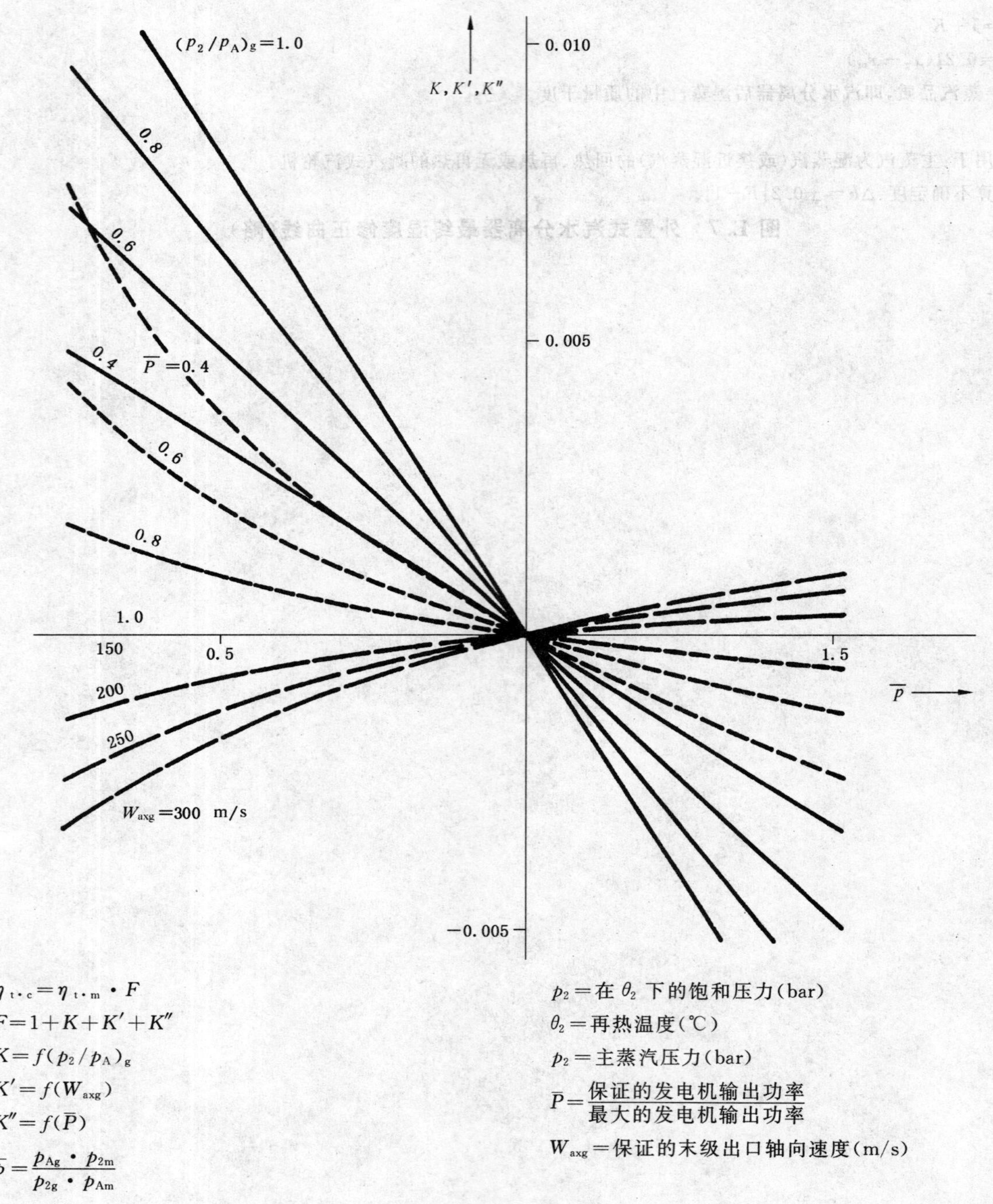

$\eta_{t \cdot c}=\eta_{t \cdot m} \cdot F$

$F=1+K+K'+K''$

$K=f(p_2/p_A)_g$

$K'=f(W_{axg})$

$K''=f(\overline{P})$

$\bar{p}=\dfrac{p_{Ag} \cdot p_{2m}}{p_{2g} \cdot p_{Am}}$

p_2＝在 θ_2 下的饱和压力(bar)

θ_2＝再热温度(℃)

p_2＝主蒸汽压力(bar)

$\overline{P}=\dfrac{\text{保证的发电机输出功率}}{\text{最大的发电机输出功率}}$

W_{axg}＝保证的末级出口轴向速度(m/s)

适用于:主蒸汽为湿蒸汽或微过热蒸汽,最终再热是用主蒸汽的给水回热凝汽式汽轮机,

输出功率 $P>0.2\times$ 最大输出功率 P_{max}。

计算不确定度:$F=\pm 0.2\sqrt{K^2+K'^2+K''^2}$。

用于以主蒸汽/蒸汽再热器级,修正中包括主蒸汽侧的压损,见 $\bar{p}$ 的定义。

图 E.8 再热器端差修正曲线

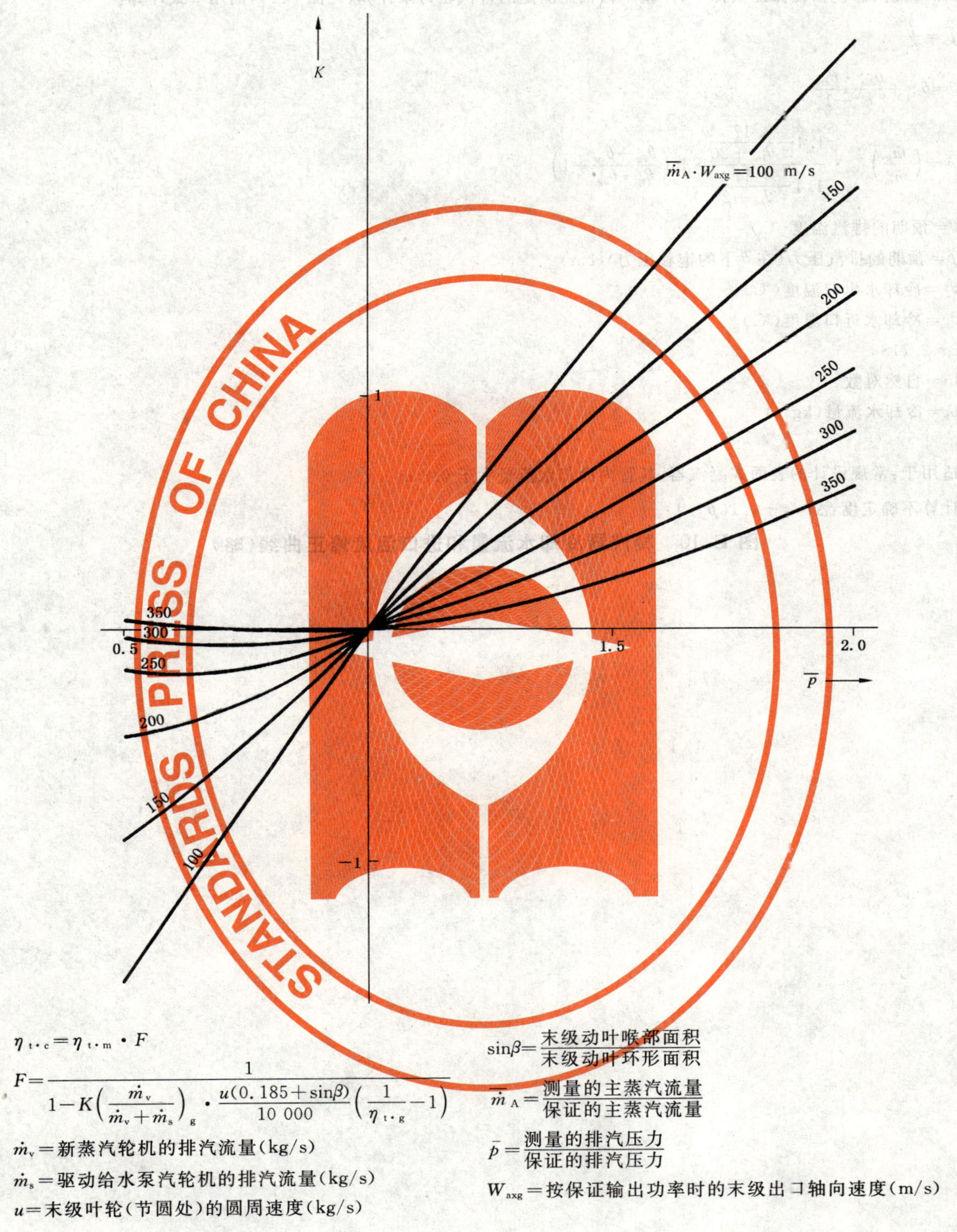

$\eta_{t\cdot c}=\eta_{t\cdot m}\cdot F$

$$F=\frac{1}{1-K\left(\frac{\dot{m}_v}{\dot{m}_v+\dot{m}_s}\right)_g\cdot\frac{u(0.185+\sin\beta)}{10\ 000}\left(\frac{1}{\eta_{t\cdot g}}-1\right)}$$

$\dot{m}_v$=新蒸汽轮机的排汽流量(kg/s)

$\dot{m}_s$=驱动给水泵汽轮机的排汽流量(kg/s)

u=末级叶轮(节圆处)的圆周速度(kg/s)

$$\sin\beta=\frac{末级动叶喉部面积}{末级动叶环形面积}$$

$$\overline{m}_A=\frac{测量的主蒸汽流量}{保证的主蒸汽流量}$$

$$\bar{p}=\frac{测量的排汽压力}{保证的排汽压力}$$

W_{axg}=按保证输出功率时的末级出口轴向速度(m/s)

适用于:主蒸汽为过热蒸汽或湿蒸汽、再热或无再热、给水回热凝汽式汽轮机,排汽压力小于0.3 bar,

200 m/s$\leqslant u \leqslant$450 m/s,输出功率 $P>0.2\times$最大输出功率 P_{max}。

计算不确定度:$\Delta F=\pm(0.15|F-1|+0.002|\bar{p}-1|)$。

如果凝汽器包括在保证条件中,$\bar{p}$ 就不再根据测定的排汽压力来计算,而是由测定的冷却水流量及冷却水温度推算的排汽压力来计算(见图 E.10)。

图 E.9 排汽压力修正曲线

如果凝汽器包括在保证条件中，$\bar{p}$ 就不再根据测定的排汽压力来计算(见图 E.9)，而用下式计算：

$$\bar{p}=\frac{p}{p_g}$$

$$\theta=\theta_{2m}+\frac{\theta_{2m}\cdot\theta_{1m}}{e^A-1}$$

$$A=\left(\frac{\dot{m}_g}{\dot{m}_m}\right)^{0.5}\cdot\frac{1.4-\dfrac{17}{\theta_{1m}+20}}{1.4-\dfrac{17}{\theta_{1g}+20}}\cdot\ln\left(\frac{\theta_{2g}-\theta_{1g}}{\theta_g-\theta_{2g}}+1\right)$$

θ= 预期的排汽温度(℃)

p= 预期的排汽压力(在 θ 下的饱和压力)(bar)

θ_2= 冷却水出口温度(℃)

θ_1= 冷却水近口温度(℃)

e=2.718

ln= 自然对数

$\dot{m}$= 冷却水流量(kg/s)

适用于：常规设计的表面式凝汽器，其管内冷却水流量大于 0.8 m/s。

计算不确定度：$\Delta\bar{p}=\pm0.1(\bar{p}-1)$。

图 E.10 凝汽器冷却水流量和进口温度修正曲线(略)

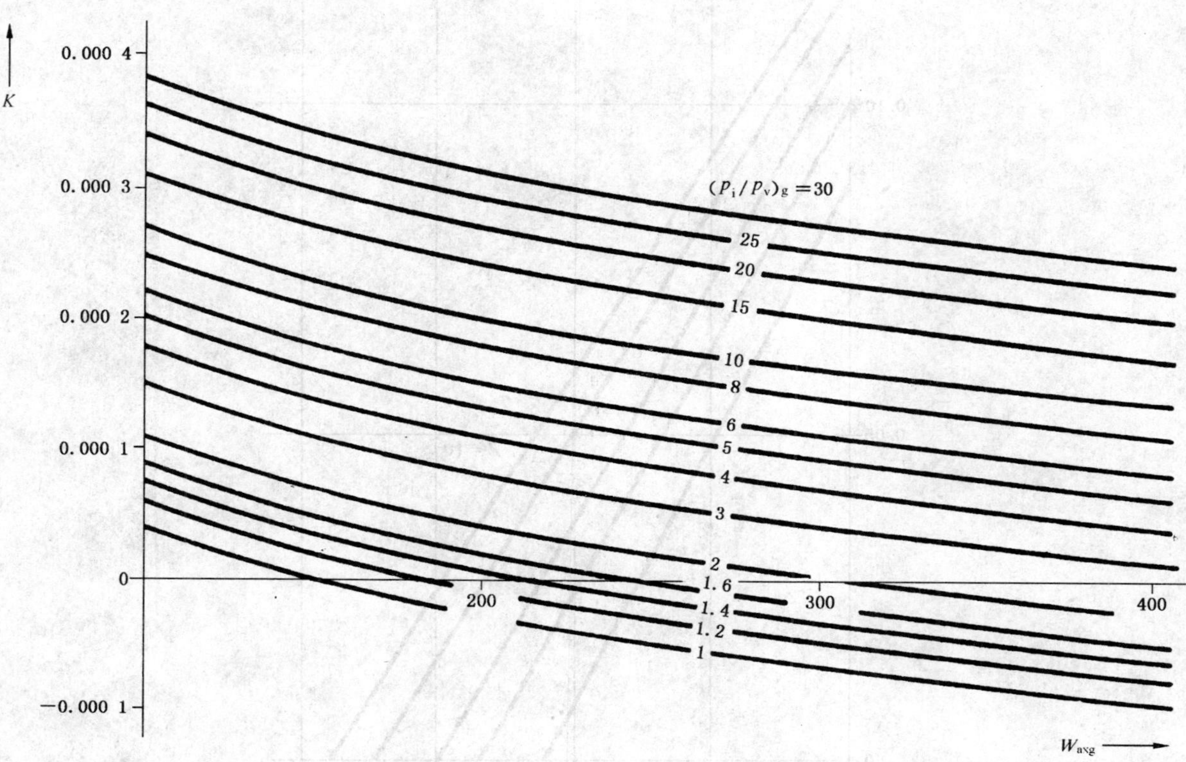

$\eta_{t\cdot c}=\eta_{t\cdot m}\cdot F$

$F=1+K\left(\frac{1}{\eta_{t\cdot g}}-1\right)[(\theta_v-\theta_w)_m-(\theta_v-\theta_w)_g]$

p_v＝排汽压力(bar)

θ_v＝排汽压力下的饱和温度(℃)

θ_w＝最低一级加热器前的凝结水温度(℃)

p_i＝最低一级压力(bar)

W_{axg}＝保证的末级轴向速度(m/s)

适用于：主蒸汽为过热蒸汽或湿蒸汽、再热或无再热、给水回热凝汽式汽轮机，排汽压力小于 0.3 bar，

输出功率 $P>0.2\times$ 最大输出功率 P_{max}。

计算不确定度：$\Delta F=\pm 0.000\ 04\cdot|(\theta_v-\theta_w)_m-(\theta_v-\theta_w)_g|$。

图 E.11 主凝结水过冷度修正曲线

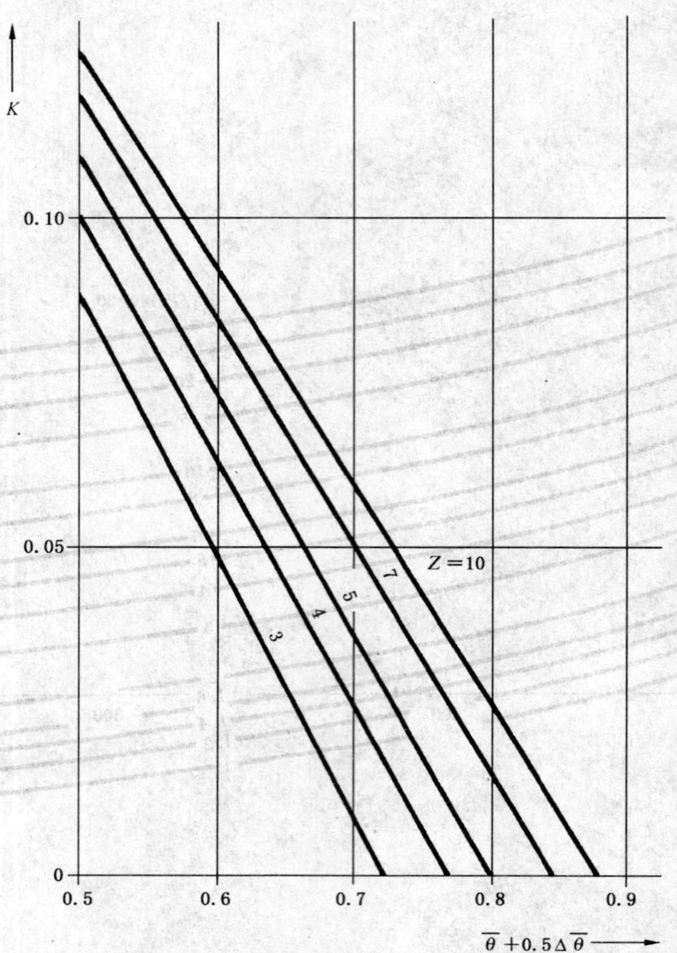

$\eta_{t\cdot c}=\eta_{t\cdot m}\cdot F$

$F=1-K\Delta\bar{\theta}$

$\Delta\bar{\theta}=\dfrac{\theta_{Em}-\theta_{Eg}}{\theta'_{Ag}-\theta_{Wg}}$

$\bar{\theta}=\dfrac{\theta_{Eg}-\theta_{Wg}}{\theta'_{Ag}-\theta_{Wg}}$

θ_E＝最终给水温度(℃)

θ'_A＝主蒸汽压力下的饱和温度(℃)，当 $p_1>221$ bar 时，$\theta'_A=374$℃

θ_w＝凝汽器出口凝结水温度(℃)

Z＝给水加热器数目

适用于：主蒸汽为过热蒸汽或湿蒸汽、再热或无再热、给水回热($\theta_E>170$ ℃，$Z>2$)的凝汽式汽轮机，
输出功率 $P>0.2\times$最大输出功率 P_{max}，$|\Delta\bar{\theta}|<0.05$。

计算不确定度：$\Delta F=\pm0.1(K+0.1)\Delta\bar{\theta}$。

注：对包括最高一级加热器在内的各加热器端差和抽汽压损的偏差将另作修正。

图 E.12 最终给水温度修正曲线

$\eta_{t\cdot c}=\eta_{t\cdot m}\cdot F$

$F=1-(K+\Delta K)(\overline{\dot{m}}_m-\overline{\dot{m}}_g)$

$\overline{p}=\hat{p}$，滑压运行时的主蒸汽压力(bar)

$\overline{p}=\hat{p}[1-(\overline{P}-1)^2+0.12(\overline{P}-1)]$，定压、喷嘴调节时的主蒸汽压力(bar)

$\overline{p}=\hat{p}\cdot\overline{P}$，节流调节时的主蒸汽压力(bar)

$\hat{p}=\dfrac{\text{主蒸汽压力}}{\text{高压缸排汽压力}}$

$\overline{P}=\dfrac{\text{保证的发电机输出功率}}{\text{最大的发电机输出功率}}$

$\Delta K=0$，再热减温水取自给水泵

$\Delta K=0.02$，再热减温水取自最高一级加热器后

$\overline{\dot{m}}=\dfrac{\text{减温水流量}}{\text{主蒸汽流量}}$

W_{axg}＝保证的末级出口轴向速度(m/s)

适用于：具有一次再热、给水回热的凝汽式汽轮机，主蒸汽及再热蒸汽温度均大于470℃，

输出功率 $P>0.2\times$最大输出功率 P_{max}，再热压力不变或滑压。

计算不确定度：$F=\pm0.15|F-1|$。

图 E.13 再热器减温水修正曲线

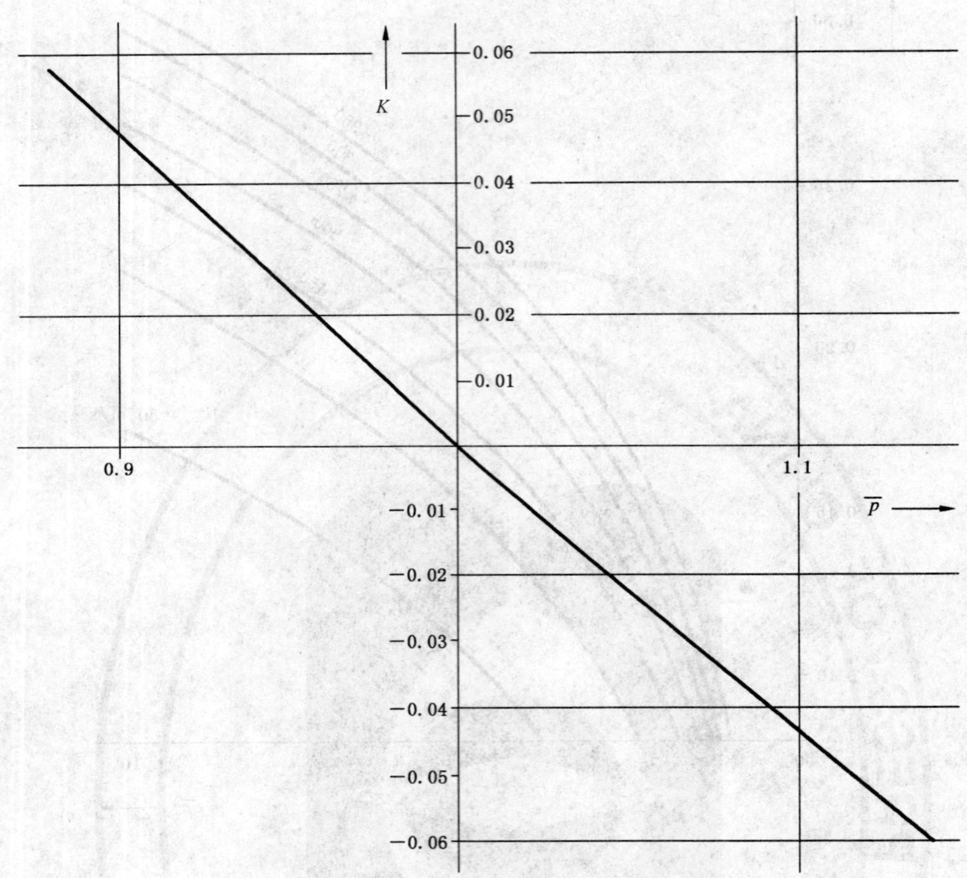

$\eta_{t\cdot c}=\eta_{t\cdot m}\cdot F$

$F=1+K\left(\frac{T_v}{\Delta h_s}\right)_g\cdot\overline{\dot{m}}_g$

T_v=排汽压力对应的绝对饱和温度(K)

Δh_s=主蒸汽入口状态点至排汽压力的等熵焓降(kJ/kg)

$\overline{p}=\frac{p_{1g}\cdot p_{2m}}{p_{2g}\cdot p_{1m}}$

p_1=高压侧压力(bar)

p_2=低压侧压力(bar)

$\overline{\dot{m}}=\frac{\text{有关蒸汽流量}}{\text{主蒸汽流量}}$

适用于:主蒸汽为过热蒸汽或湿蒸汽、再热或无再热、给水回热凝汽式汽轮机,输出功率 $P>0.2\times$最大输出功率 P_{max}。

计算不确定度:$\Delta F=\pm0.15|F-1|$。

用于蒸汽管道、汽水分离器、再热器、抽汽管道等。对于以主蒸汽/蒸汽的再热器的主蒸汽侧的压损,见图 E.8。

图 E.14 压力损失修正曲线

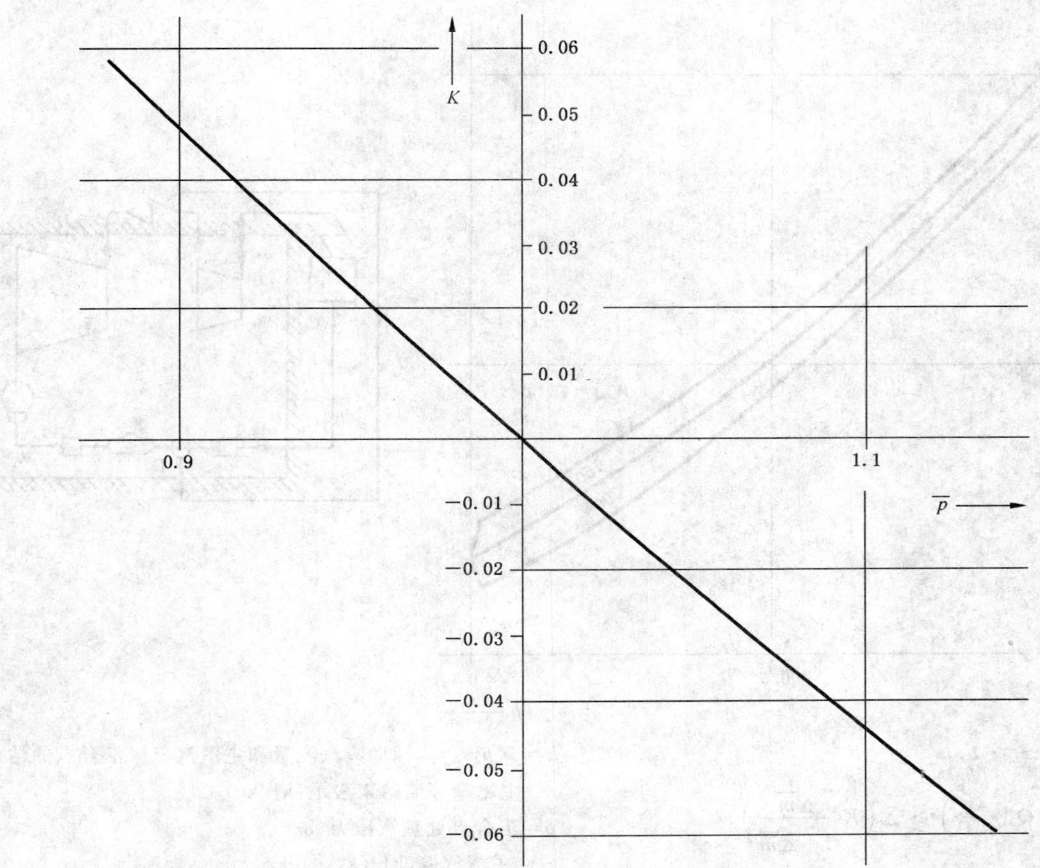

$\eta_{t \cdot c} = \eta_{t \cdot m} \cdot F$

$F = 1 + K\left(\frac{T_v}{\Delta h_s}\right)_g \cdot \bar{\dot{m}}_g$

T_v = 排汽压力对应的绝对饱和温度(K)

Δh_s = 主蒸汽入口状态点至排汽压力的等熵焓降(kJ/kg)

$\bar{p} = \frac{p_{1g} \cdot p_{2m}}{p_{2g} \cdot p_{1m}}$

p_1 = 加热蒸汽压力(bar)

p_2 = 在 θ_2 下的饱和压力(bar)

θ_2 = 被加热流体的出口温度(℃)

$\bar{\dot{m}} = \frac{加热蒸汽流量}{主蒸汽流量}$

适用于:主蒸汽为过热蒸汽或湿蒸汽、再热或无再热、给水回热凝汽式汽轮机,输出功率 $P > 0.2 \times$ 最大输出功率 P_{max}。

计算不确定度:$\Delta F = \pm 0.2|F-1|$。

用于加热器和以抽汽/蒸汽的再热器级。

图 E.15 端差修正曲线

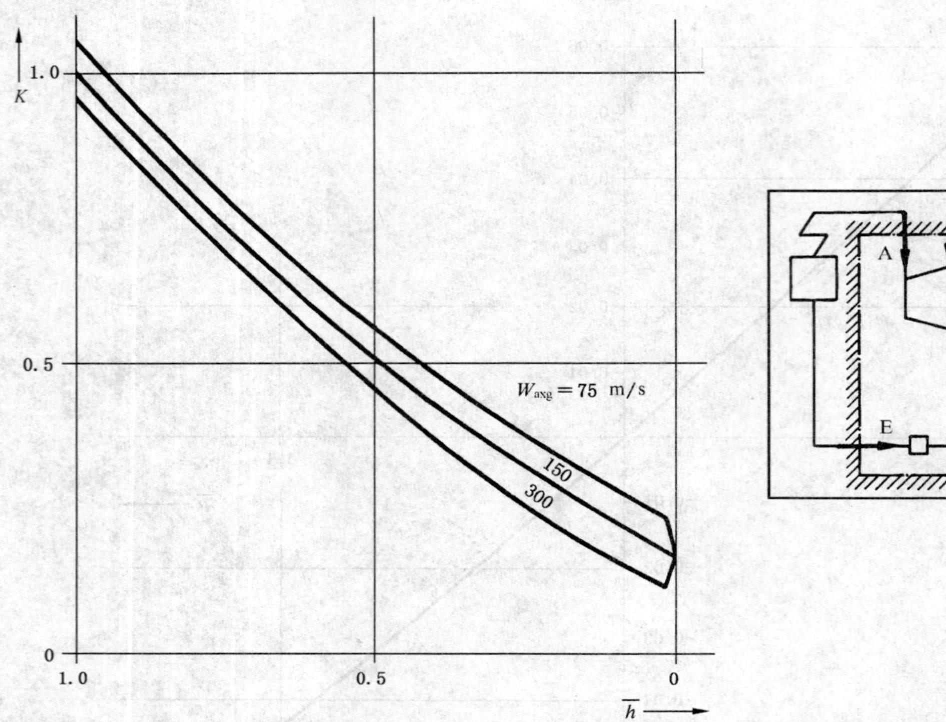

$\eta_{t\cdot c}=\eta_{t\cdot m}\cdot F$

$F=1-\left(Q_A\cdot\frac{\eta_t}{P}\right)_g\cdot\sum\left(K\frac{\Delta\overline{\dot{m}}}{1+\Delta\overline{\dot{m}}}\right)$

$Q_A=\dot{m}_A\cdot h_A$(kW)

$\dot{m}_A$＝主蒸汽流量，不包括如有供给蒸汽/蒸汽再热器所需的主蒸汽流量(kg/s)

h_A＝主蒸汽焓(kJ/kg)

P＝发电机输出功率(kW)

$\Delta\overline{\dot{m}}=\left(\frac{\dot{m}}{\dot{m}_A}\right)_m-\left(\frac{\dot{m}}{\dot{m}_A}\right)_g$

$\dot{m}$＝辅助蒸汽流量(kg/s)

$h=f(p,s_A)_g$，辅助蒸汽流量和主蒸汽流量汇合点的焓值，以主流量等熵焓来表示(kJ/kg)

p＝汇合点处蒸汽压力(bar)

s_A＝主蒸汽熵(kJ/(kg·K))

$\bar{h}=\left(\frac{h-h_V}{h_A-h_V}\right)_g$

$h_V=f(p_V,s_A)$(kJ/kg)

p_V＝排汽压力(bar)

$K=1.15K'$，对于再热式汽轮机，仅限于再热后的膨胀区内

$K=K'$，其他所有情况

W_{axg}＝保证的末级出口轴向速度(m/s)

定义：辅助流量时通过阴影区系统(见图)，但又不是进出系统的主要能源(如锅炉、反应堆)的质量流量，因此 $\dot{m}_A$、$\dot{m}_B$、$\dot{m}_C$、$\dot{m}_D$、$\dot{m}_E$ 等都不属于辅助流量。这些辅助流量主要是一些泄漏流量，供给系统以外用及驱动给水泵用的抽汽流量，只要其输出功率不包括在 P 中的都属辅助流量。

注：在流量平衡方程式中，进入隔离系统的质量流量为"＋"，离开隔离系统的质量流量为"－"。对于利用主蒸汽进行再热时，则进入高压汽轮机的热流量为 Q_A，进入再热器的主蒸汽流量为(Q_B+Q_C)。

适用于：主蒸汽为过热蒸汽或湿蒸汽、再热或者无再热、给水回热凝汽式汽轮机，输出功率 $P>0.2\times$最大输出功率 P_{max}，$\dot{m}_B+\dot{m}_C+\dot{m}_D=0$。

计算不确定度：$\Delta F=\pm0.2|F-1|$。

图 E.16　辅助蒸汽流量修正曲线

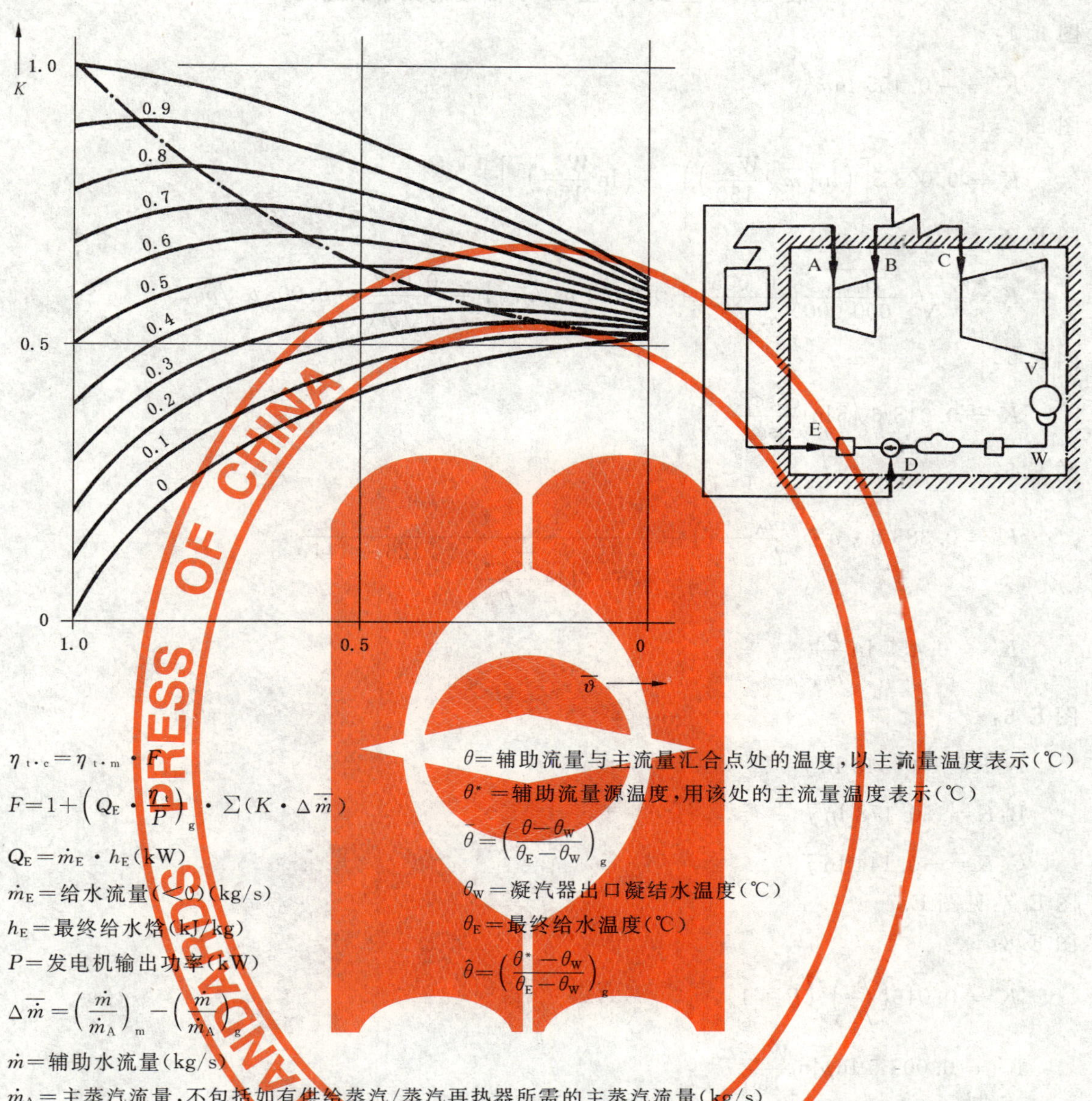

$\eta_{t\cdot c}=\eta_{t\cdot m}\cdot F$

$F=1+\left(Q_E\cdot\frac{\eta}{P}\right)_g\cdot\sum(K\cdot\Delta\overline{\dot{m}})$

$Q_E=\dot{m}_E\cdot h_E$(kW)

$\dot{m}_E$＝给水流量(＜0)(kg/s)

h_E＝最终给水焓(kJ/kg)

P＝发电机输出功率(kW)

$\Delta\overline{\dot{m}}=\left(\frac{\dot{m}}{\dot{m}_A}\right)_m-\left(\frac{\dot{m}}{\dot{m}_A}\right)_g$

$\dot{m}$＝辅助水流量(kg/s)

$\dot{m}_A$＝主蒸汽流量，不包括如有供给蒸汽/蒸汽再热器所需的主蒸汽流量(kg/s)

θ＝辅助流量与主流量汇合点处的温度，以主流量温度表示(℃)

θ^*＝辅助流量源温度，用该处的主流量温度表示(℃)

$\bar{\theta}=\left(\frac{\theta-\theta_W}{\theta_E-\theta_W}\right)_g$

θ_W＝凝汽器出口凝结水温度(℃)

θ_E＝最终给水温度(℃)

$\hat{\theta}=\left(\frac{\theta^*-\theta_W}{\theta_E-\theta_W}\right)_g$

定义：图 E.16 中定义了辅助流量。这些辅助流量是特指那些泄漏流量，供应到循环系统以外的流量，补给水流量及水位变化量。

注：在流量平衡方程式中，进入隔离系统的质量流量为“＋”，离开隔离系统的质量流量为“－”。对于加热器全部旁路或部分旁路时，可用温度相同且流量相等的两股辅助水流量分别进入和离开两个不同温度的主流量来模拟；对于给水泵焓升的修正是可以将给水流量作为以不同的 $\hat{\theta}$ 但相同的 $\bar{\theta}$ 离开系统后又回到系统中的辅助流量来模拟。

适用于：主蒸汽为过热蒸汽或湿蒸汽、再热或无再热、给水回热凝汽式汽轮机，输出功率 $P>0.2\times$最大输出功率 P_{max}。

计算不确定度：$\Delta F=\pm0.2|F-1|$。

图 E.17 辅助水流量及给水泵焓升修正曲线

表 E.1　图 E.1～图 E.17 曲线的数学表达式

图 E.1:

$$K' = -0.455\ \ln\bar{\dot{m}}_{\mathrm{A}}$$

图 E.2:

$$K = 0.0235\left[\left(\ln\left(\bar{\dot{m}}_{\mathrm{A}}\frac{W_{\mathrm{axg}}}{150}\right)\right)^2 - \left(\ln\frac{W_{\mathrm{axg}}}{150}\right)^2\right]$$

图 E.3:

$$K = -\sqrt{\frac{S_{\max}}{2\ 000\ 000}}\left(\frac{0.005}{\bar{p}\ \sqrt{\dot{m}_{\mathrm{A}}}} + 0.0075\bar{p}\ \sqrt{\dot{m}_{\mathrm{A}}}\right) + \frac{0.012}{\bar{p}\ \sqrt{\dot{m}_{\mathrm{A}}}} - 0.003p\ \sqrt{\dot{m}_{\mathrm{A}}}$$

图 E.4:

$$K = 0.0186\sqrt{\bar{S}}\ln\frac{\cos\varphi_{\mathrm{g}}}{\cos\varphi_{\mathrm{m}}}$$

图 E.5:

$$K = 0.3888\cdot v\cdot\left(\frac{\bar{\dot{m}}_{\mathrm{A}}}{\bar{p}_{\mathrm{A}}} - 1\right) + \frac{1}{426 - 444\dfrac{\bar{\dot{m}}_{\mathrm{A}}\cdot v}{\bar{p}_{\mathrm{A}}}} - \frac{1}{426 - 444v}$$

$$K' = 0.455\ \ln\frac{\bar{p}_{\mathrm{A}}}{\bar{\dot{m}}_{\mathrm{A}}}$$

图 E.6:

A: $K = -0.348\ \ln\bar{j}$

B: $K = -0.178\ \ln\bar{j}$

C: $K = -0.144\ \ln\bar{j}$

图 E.7:见图 E.7

图 E.8:

$$K = 0.016\left(\frac{p_2}{p_{\mathrm{A}}}\right)_{\mathrm{g}}(\bar{P} - 1)$$

$$K' = 0.0035\ \ln\bar{p}\ln\frac{W_{\mathrm{wxg}}}{150}$$

$$K'' = 0.006\ \ln\bar{p}\ln\bar{P}$$

图 E.9:

$$K = [y_1]^2 - [y_2]^2 - 0.03\ \ln\bar{p}$$

$y'_1 = \ln\left[\left(\dfrac{380}{\bar{\dot{m}}_{\mathrm{A}}W_{\mathrm{axg}}}\right)^{1.1}\bar{p}\right]$　　当 $y'_1 > 0, y_1 = y'_1$;当 $y'_1 \leqslant 0, y_1 = 0$

$y'_2 = \ln\left[\left(\dfrac{380}{\bar{\dot{m}}_{\mathrm{A}}W_{\mathrm{axg}}}\right)^{1.1}\right]$　　当 $y'_2 > 0, y_2 = y'_2$;当 $y'_2 \leqslant 0, y_2 = 0$

图 E.10:见图 E.10

图 E.11:

$$K = 0.0001\ \ln\left(\frac{p_1}{p_{\mathrm{v}}}\times\frac{150}{W_{\mathrm{axg}}}\right)$$

图 E.12:

$$K = 0.30\left[1 - \frac{z+1}{z}(\bar{\theta} + 0.5\Delta\bar{\theta} + 0.03)\right]$$

图 E.13：

$$K = 0.02 + 0.1\ \ln\bar{p} + 0.067\ \ln\frac{W_{axg}}{150}$$

图 E.14：

$$K = -0.455\ \ln\bar{p}$$

图 E.15：

$$K = -0.455\ \ln\bar{p}$$

图 E.16：

$$K' = -0.16 + 1.16\bar{h} + 0.32(\bar{h} - 1)^2 - \left(0.058\ln\frac{W_{axg}}{150}\right)(1.5 - 0.5\bar{h})$$

图 E.17：

$$K = (1 - (1 - \hat{\theta})^{0.95})(1 - 0.38(1 - \bar{\theta})^{1.8}) + (1 - \hat{\theta})^{0.95}[(1 - \bar{\theta})^{0.75} - 0.5(1 - \bar{\theta})^{1.5}] + \left(\frac{0.0001}{(\bar{\theta} - \hat{\theta})^2 + 0.01} - \frac{0.0001}{1.01}\right)(1 - \hat{\theta})^{0.3}$$

附 录 F
(规范性附录)
验收试验中测量不确定度与误差传递的简明统计学阐述

因为有不可避免的测量误差,因此只能以有限的准确度测量一个物理量。

$$误差=测量值-真实值$$

在实际中,更常用相对误差概念:

$$相对误差=\frac{误差}{真值}\approx\frac{误差}{测量值}$$

如果误差是随机分布,则对一个常量(长度、质量)通过重复测量并计算算术平均值,提高其测量的准确度。每个测量值与平均值偏离服从高斯分布规律(不考虑系统误差)。利用高斯曲线的标准偏差可计算出每个测量值 x_i 误差的置信区间 V_{x_i}。

当 $P\approx95\%$ 时,$V_{x_i}=\pm2\delta$,测量值 x_i 分布在 $x\pm2\delta$ 范围内的统计概率为 95%,式中 x 为真值。

V_{x_i} 是测量值 x_i 误差的置信区间。

测量值 x_i 与其未知的真值 x 的偏差,当概率为 95% 时,不大于 $\pm V_{x_i}$。

在下面统计学概率 95%时的置信区间 V_x,即称为测量不确定度。相对测量不确定度定义为:

$$\tau_x=\frac{V_x}{x}\sim\frac{V_x}{x_i}$$

为了直接应用测量误差的统计学理论,如前所述,需对具有统计学上随机分布规律的一个物理常量进行大量测量,但这个条件对热力验收试验不能得到满足。

为了说明热力验收试验过程中,各个测量值的可能不确定度和应用误差传递定律确定由各测量值计算结果的不确定度,扼要阐述如下:

在热力验收试验中,各测量的值随时间变化时,在试验周期过程固定的时间间隔内多次读取读数,并计算其算术平均值。这个平均值中包含着三种不同类别的独立误差:

a) 随机读数误差,其置信区间为 V_A[20];

b) 累积误差,其置信区间为 V_I;

c) 不可检出的测量装置系统误差[21],其置信区间为 V_S 或其准确度等级为 G[22]。

平均读数 $\bar{x}$ 的置信区间(测量不确定度)为:

$$V_{\bar{x}}=\pm\sqrt{V_A^2+V_I^2+V_S^2}$$ [23]

按正常的验收试验作法,读取读数的次数多得足以使 V_A 及 V_I 可忽略不计。这时,V_S 或 G 对测量不确定度则起主要作用。

按统计学理论,具有误差置信区间 $V_{\bar{x}}$ 的测量平均值 $\bar{x}$,可作为单独测量值。对于随时间变化的变量,不可能由一个或相同的测量装置的一系列测量值,用统计学办法来确定其置信区间 V_S,而要对不同类别的测量值采用不同的方法来确定。这些方法一概应基于统计学概率 $P\approx95\%$。

例如质量流量,热效率等结果都是由测量变量值、物理特性量和各种系数计算确定的。试验结果 y

---

20) 一个读数系统误差相当于一个测量设备不可检出的或未检到的系统误差,应按下面 23)处理。

21) 在同一个或同一组验收试验测量中,不可检出的系统误差大体是不变的,但在采用同一测量设备的数个试验中,则假定其系统误差是随机分布的,这时可使用概率论方程处理。

22) 对某些类型的仪表,制造厂标明了准确度等级 G,该准确度就是概率为 $P=100\%$ 的误差置信区间,使用时要严格遵守 G 的基准,一般为满刻度值,以及运行参数的极限值。

23) 在相同概率 P 下,相互独立的各个置信区间值(测量不确定度)能按误差传播定律(平方根规则)进行叠加。

通常是用下列数据来求得：

n_x 个测量变量值 x_j；

n_b 个物理特性量 b_1；

n_c 个系数 c_m；

$y=F(x_j,b_1,c_m)$。

V_b 及 V_c 分别是对应概率 $P=95\%$时，由于不可检出的系统误差引起的物理特性量和各种系数的误差置信区间。

如果所有测量值，各物理特性量和系数以及它们的误差置信区间（测量不确定度）都是在同一概率 P（例如 95%）下确定的，并且它们相互独立，则各置信误差区间能按误差传递定律（平方根规则）叠加，用这方法确定的试验结果的测量不确定度 V_y 也具有相同概率。试验结果的不确定度：

$$V_y=\pm\sqrt{\sum_{j=1}^{n_x}\left(\frac{\partial_y}{\partial_{x_j}}V_{x_j}\right)^2+\sum_{l=1}^{n_b}\left(\frac{\partial_y}{\partial_{b_1}}V_{b_1}\right)^2+\sum_{m=1}^{n_c}\left(\frac{\partial_y}{\partial_{c_m}}V_{c_m}\right)^2}$$

式中：V_{x_j}——单个测量变量 x_j 的测量不确定度。

在本附录中使用的是由概率论导出的计算方法，假定计算中所用的各值从统计学上看相互都是绝对独立的。

但在多数情况下，物理特性量和系数取决于测量变量。在这种情况下，测量变量与物理特性量及系数之间是自然相关的。

$$b_1=F_b(x_j)$$

$$c_m=F_c(x_j)$$

所以在使用误差传递定律之前，应将相关变量关系代入 y 方程中。

在许多情况下，各测量值的测量不确定度并非独立于测量值本身，或者是各同步测量的或用同一套仪器测量的不确定度值之间有依存关系。如上所述，误差传递定律在此就不适用了，或者要以不同方式应用。

以下给出常见的相关情况的处理指导。

鉴于所涉及的因素很多，因此把用于流量测量的所有节流装置以及温度计或热电偶的测量不确定度视为相互独立的。由于存在校验误差，在同一试验台上校验的各仪表（例如与试验段一起进行校验的孔板和喷嘴以及温度计、热电偶）的测量应认为是相关的。

工作在相同条件下，同一尺寸的节流装置（例如在几个平行管道中测定新蒸汽流量）被认为是绝对相关的。

关于仪用互感器测量不确定度的相关关系见 8.3.1。对试验的评定，如果所考虑的评定简化不致明显影响测量结果，尤其是测量不确定度，则推荐假定各变量独立所引起的偏差宜不计。

如果校验误差极限与其他的测量不确定度相比是很小的，则在同一试验台上校验的仪表间相关性一般是可以忽略的。这也适用于所有温度测量中使用的同一精密电位计。

如果要在计算试验结果的测量不确定度中正确考虑所有的相关性，通常就会使计算过程极度复杂化，并在多数情况下是不现实的。如果所考虑的计算简化不致引起对测量结果及其不确定度的显著修正，则推荐接受由及其测量值及其不确定度独立原则所引起的偏差。

附　录　G
（规范性附录）
输出功率测量不确定度的计算——电气测量

G.1　引言

通常单个测量不确定度的几何叠加的误差传递定律也适用于多相功率测量中(两功率表法或三功率表法)。实际试验表明各相中互感器的变压比的误差以及相位角的误差并不完全是相互独立的。互感器校验时也是如此。

因此,要将误差的和分为一个几何部分和一个代数部分。

当总电功率是由各单相测量的电功率之和来确定时,其总的测量不确定度要按以下测量不确定度来考虑:

a)　电功率表及电度表

各相电功率表或电度表产生的测量不确定度,其和是以几何叠加。

b)　电压互感器的变比误差

各相间电压互感器变比误差产生的测量不确定度,其和是以算术相加。

c)　电压互感器的相角误差

由电压互感器相角误差产生的测量不确定度,其和是以算术相加。

d)　电流互感器的变比误差

各相中电流互感器变比误差产生的测量不确定度,其和是以算术相加。

e)　电流互感器相角误差

电流互感器相角误差产生的测量不确定度,其和是以算术相加。

f)　总的误差

总电功率的测量不确定度由 a)、b)、c)、d)及 e)中提到各个测量不确定度几何叠加求得。

注 1:在 c)或 e)中提到的和,有时要以几何叠加。按本附录的思路这样做是不正确的,第一段中的陈述对相角误差也适用。

注 2:在公式中引入了温度对功率表或电度表产生的不确定度。该温度系数应由电功表或电度表的制造厂提供。如果温度对功率表的影响作为温度的函数已确切知道,并在计算功率测量值时已修正,则在测量不确定度公式中可以不计其对测量不确定度的影响。

G.2　计算公式

对三相四线制回路(用三功率表法)和三相三线制回路(两功率表法或 Aron 法)测量所使用电功率表,单相电度表及三相电度表在下列情况下的不确定度给出了计算公式:

a)　校验过的互感器和电功率表或电度表;

b)　校验过的互感器和末校验的、但规定有准确度等级的电功率表和电度表;

c)　末校验的但规定有准确度等级的互感器和校验过的电功率表或电度表;

d)　未校验过的规定有准确度等级的互感器和电功率表或电度表。

下列各公式中含有 r_w 和 r_{wh} 各项可予忽略,使用符号如下:

c_u＝电压互感器变比校验误差(%)

c_i＝电流互感器变比校验误差(%)

$\delta_{\varphi u}$＝电压互感器相角校验误差(mrad)

$\delta_{\varphi i}$＝电流互感器相角校验误差(mrad)

c_w＝功率表校验误差，用仪表刻度表示

c_{wh}＝电度表的校验误差（%）

r_w＝电功率表读数误差，用仪表刻度表示

r_{wh}＝电度表读数误差（%）

G_u＝电压互感器的准确度等级（%）

G_i＝电流互感器的准确度等级（%）

G_w＝电功率表的准确度等级用满量程的%表示

G_{wh}＝电度表的准确度等级（%）

$D_{\varphi u}$＝电压互感相角准确度等级（mrad）

$D_{\varphi i}$＝电流互感器相角准确度等级（mrad）

α_E＝电功率表的满量程值

α_1,α_2＝电功率表或电度表的实际读数（两电功率表法/或电度表法）

$\bar{\alpha}$＝电功率表读数的平均值（三电功率表法）

t＝温度（℃）

λ＝电功率表或电度表的温度系数，以准确度%/K 表示

V_p＝测量不确定度的置信区间

$$K=\frac{\alpha_2}{\alpha_1+\alpha_2}$$

Ⅰ——三相四线制回路

情况 a：

a.1　单相电功率表

$$V_p^2=(c_i)^2+(c_u)^2+\frac{\left(\frac{c_w}{\alpha}\cdot 100\right)^2+\left(\frac{r_w}{\alpha}\cdot 100\right)^2}{3}+\frac{1}{3}\{\lambda\cdot(t-23)\}^2+\{(\delta_{\varphi i})^2+(\delta_{\varphi u})^2\}\times 10^{-2}\tan^2\varphi$$

a.2　单相电度表

$$V_p^2=(c_i)^2+(c_u)^2+\frac{(c_{wh})^2+(r_{wh})^2}{3}+\frac{1}{3}\lambda^2\cdot(t-23)^2+\{(\delta_{\varphi i})^2+(\delta_{\varphi u})^2\}\times 10^{-2}\tan^2\varphi$$

a.3　三相电度表

$$V_p^2=(c_i)^2+(c_u)^2+(c_{wh})^2+(r_{wh})^2+\lambda^2\cdot(t-23)^2+\{(\delta_{\varphi i})^2+(\delta_{\varphi u})^2\}\times 10^{-2}\tan^2\varphi$$

情况 b：

b.1　单相电功率表

$$V_p^2=(c_i)^2+(c_u)^2+\frac{G_w^2\left(\frac{\alpha_E}{\bar{\alpha}}\right)^2+\{\lambda\cdot(t-23)\}^2+\left(\frac{r_w}{\alpha}\cdot 100\right)^2}{3}+\{(\delta_{\varphi i})^2+(\delta_{\varphi u})^2\}\times 10^{-2}\tan^2\varphi$$

b.2　单相电度表

$$V_p^2=(c_i)^2+(c_u)^2+\frac{(G_{wh})^2+\lambda^2\cdot(t-23)^2+(r_{wh})^2}{3}+\{(\delta_{\varphi i})^2+(\delta_{\varphi u})^2\}\times 10^{-2}\tan^2\varphi$$

b.3　三相电度表

$$V_p^2=(c_i)^2+(c_u)^2+(G_{wh})^2+\lambda^2\cdot(t-23)^2+(r_{wh})^2+\{(\delta_{\varphi i})^2+(\delta_{\varphi u})^2\}\times 10^{-2}\tan^2\varphi$$

通常，互感器的校验误差数 c 和 δ 以及电功率或电度表的误差 r_w 和 r_{wh} 与电功率表或电度表的准确度等级相比可忽略不计。这样上述公式可简化为：

——对单相电功率表：　$V_p^2=\frac{1}{3}\left\{G_w^2\left(\frac{\alpha_E}{\bar{\alpha}}\right)^2+\lambda^2(t-23)^2\right\}$

——对单相电度表：　$V_p^2=\frac{1}{3}\{G_{wh}^2+\lambda^2(t-23)^2\}$

——对三相电度表：　$V_p^2 = G_{wh}^2 + \lambda^2(t-23)^2$

情况 c:

c.1　单相电功率表

$$V_p^2 = (G_i)^2 + (G_u)^2 + \frac{\left(\frac{c_w}{\bar{\alpha}}100\right)^2 + \left(\frac{r_w}{\bar{\alpha}}100\right)^2}{3} + \frac{1}{3}\lambda^2(t-23)^2 + \{(D_{\varphi i})^2 + (D_{\varphi u})^2\} \times 10^{-2}\tan^2\varphi$$

c.2　单相电度表

$$V_p^2 = (G_i)^2 + (G_u)^2 + \frac{(c_{wh})^2 + (r_{wh})^2}{3} + \frac{1}{3}\lambda^2(t-23)^2 + \{(D_{\varphi i})^2 + (D_{\varphi u})^2\} \times 10^{-2}\tan^2\varphi$$

c.3　三相电度表

$$V_p^2 = (G_i)^2 + (G_u)^2 + (c_{wh})^2 + (r_{wh})^2 + \lambda^2(t-23)^2 + \{(D_{\varphi i})^2 + (D_{\varphi u})^2\} \times 10^{-2}\tan^2\varphi$$

在总电功率准确度计算公式中，实际上使用的每相电感器的准确度等级值由该相各绝对不确定度的算术相加而定（$G_i = G_{i1} = G_{i2} = G_{i3}$；对 G_u、D_i 和 D_u 也同样适用）。

忽略电功率表校验误差 c 和读数误差 r，可导出分别适用 c.1、c.2 和 c.3 各情况的测量不确定度简化公式：

对单相电功率表：

$$V_p^2 = G_i^2 + G_u^2 + \{(D_{\varphi i})^2 + (D_{\varphi u})^2\} \cdot 10^{-2}\tan^2\varphi + \frac{1}{3}\lambda^2(t-23)^2$$

对单相电度表：

$$V_p^2 = G_i^2 + G_u^2 + \{(D_{\varphi i})^2 + (D_{\varphi u})^2\} \cdot 10^{-2}\tan^2\varphi + \frac{1}{3}\lambda^2(t-23)^2$$

对三相电功率表：

$$V_p^2 = G_i^2 + G_u^2 + \{(D_{\varphi i})^2 + (D_{\varphi u})^2\} \cdot 10^{-2}\tan^2\varphi + \lambda^2(t-23)^2$$

情况 d:

d.1　单相电功率表

$$V_p^2 = (G_i)^2 + (G_u)^2 + \frac{G_w^2\left(\frac{\alpha_E}{\bar{\alpha}}\right)^2 + \lambda(t-23)^2 + \left(\frac{r_w}{\bar{\alpha}}100\right)^2}{3} + \{(D_{\varphi i})^2 + (D_{\varphi u})^2\} \times 10^{-2}\tan^2\varphi$$

d.2　单相电度表

$$V_p^2 = (G_i)^2 + (G_u)^2 + \frac{(G_{wh})^2 + \lambda^2(t-23)^2 + (r_{wh})^2}{3} + \{(D_{\varphi i})^2 + (D_{\varphi u})^2\} \times 10^{-2}\tan^2\varphi$$

d.3　三相电度表

$$V_p^2 = (G_i)^2 + (G_u)^2 + (G_{wh})^2 + \lambda^2(t-23)^2 + (r_{wh})^2 + \{(D_{\varphi i})^2 + (D_{\varphi u})^2\} \times 10^{-2}\tan^2\varphi$$

在以上各式中，读数误差 r_w 和 r_{wh} 与准确度等级相比可忽略。

Ⅱ——三相三线制回路

假设电压互感器以开口 V 形连接。

如果使用相同准确度等级的未校验的电压互感器或使用经同一标准电压互感器和校验电桥校验的电压互感器，则分别适用于情况 d.1、d.2 和 d.3 的计算公式，这些公式也可适用于电压互感器 Y 形联接，DZo 形联接或 DY11 形联接的情况。否则若在三相三线制回路中，电压互感器采用 Y 形联接时，其误差应按下列各式来计算。

1)　校验过的电压互感器的情况

$$(c_u)_{RS} \approx \frac{1}{2}\{(c_u)_R + (c_u)_S\} + 2.9 \times 10^{-2} \times \{(\delta_{\varphi u})_R - (\delta_{\varphi u})_S\}$$

$$(\delta_{\varphi u})_{RS} \approx \frac{1}{2}\{(\delta_{\varphi u})_R - (\delta_{\varphi u})_S\} - 2.9 \times \{(c_u)_R - (c_u)_S\}$$

和

$$(c_u)_{TS} \approx \frac{1}{2}\{(c_u)_T + (c_u)_S\} - 2.9 \times 10^{-2} \times \{(\delta_{\varphi u})_T - (\delta_{\varphi u})_S\}$$

$$(\delta_{\varphi u})_{TS} \approx \frac{1}{2}\{(\delta_{\varphi u})_T - (\delta_{\varphi u})_S\} + 2.9 \times \{(c_u)_T - (c_u)_S\}$$

2） 未校验过的电压互感器的情况

$$(G_u)_{RS} \approx \frac{1}{2}\{(G_u)_R + (c_u)_S\} + 2.9 \times 10^{-2} \times \{(D_{\varphi u})_R - (D_{\varphi u})_S\}$$

$$(D_{\varphi u})_{RS} \approx \frac{1}{2}\{(D_{\varphi u})_R - (D_{\varphi u})_S\} - 2.9 \times \{(G_u)_R - (G_u)_S\}$$

和

$$(G_u)_{TS} \approx \frac{1}{2}\{(G_u)_T + (G_u)_S\} - 2.9 \times 10^{-2} \times \{(D_{\varphi u})_T - (D_{\varphi u})_S\}$$

$$(D_{\varphi u})_{TS} \approx \frac{1}{2}\{(D_{\varphi u})_T - (D_{\varphi u})_S\} + 2.9 \times \{(G_u)_T - (G_u)_S\}$$

应注意加在互感器上的电压是否都对称。

情况 a：

a.1 单相电功率表

$$V_p^2 = (c_i)^2 + (c_u)^2 + \left\{\left(\frac{c_W}{\alpha_1}\cdot 100\right)^2 + \left(\frac{r_W}{\alpha_1}\cdot 100\right)^2\right\}(1-K)^2 + \left\{\left(\frac{c_W}{\alpha_2}100\right)^2 + \left(\frac{r_W}{\alpha_2}100\right)^2\right\}K^2 + \lambda^2(t-23)\}^2\{(1-K)^2 + K^2\} + 3 \times 10^{-2} \times (1-2K)^2\{(\delta_{\varphi i})^2 + (\delta_{\varphi u})^2\}$$

式中：$K = \frac{\alpha_2}{\alpha_1 + \alpha_2}$

a.2 单相电度表

$$V_p^2 = (c_i)^2 + (c_u)^2 + \{(c_{wh})^2 + (r_{wh})^2 + \lambda^2(t-23)^2\}\{(1-K)^2 + K^2\} + 3 \times 10^{-2} \times (1-2K)^2\{(\delta_{\varphi i})^2 + (\delta_{\varphi u})^2\}$$

a.3 三相电度表

$$V_p^2 = (c_i)^2 + (c_u)^2 + (c_{wh})^2 + (r_{wh})^2 + \lambda^2(t-23)^2 + 3 \times 10^{-2} \times (1-2K)^2\{(\delta_{\varphi i})^2 + (\delta_{\varphi u})^2\}$$

情况 b：

b.1 单相电功率表

$$V_p^2 = (c_i)^2 + (c_u)^2 + (1-K)^2\left\{G_w^2\left(\frac{\alpha_E}{\alpha_2}\right)^2 + \lambda^2(t-23)^2\right\} + K^2\left\{(G_w)^2 + \left(\frac{\alpha_E}{\alpha_2}\right)^2 + \lambda^2(t-23)^2\right\} + \left(\frac{r_w}{\alpha_1}100\right)^2(1-K)^2 - \left(\frac{r_w}{\alpha_2}100\right)^2K^2 + 3 \times 10^{-2} \times (1-2K)^2\{(\delta_{\varphi i})^2 + (\delta_{\varphi u})^2\}$$

b.2 单相电度表

$$V_p^2 = (c_i)^2 + (c_u)^2 + \{(G_{wh})^2 + \lambda^2(t-23)^2\}\{(1-K)^2 + K^2\} + (r_{wh})^2\{(1-K)^2 + K^2\} + 3 \times 10^{-2} \times (1-2K)^2\{(\delta_{\varphi i})^2 + (\delta_{\varphi u})^2\}$$

b.3 三相电度表

$$V_p^2 = (c_i)^2 + (c_u)^2 + (G_{wh})^2 + \lambda^2(t-23)^2 + (r_{wh})^2 + 3 \times 10^{-2} \times (1-2K)^2\{(\delta_{\varphi i})^2 + (\delta_{\varphi u})^2\}$$

通常，互感器的校验误差数 c 和 δ[24] 以及电功率或电度表的误差 r_w 和 r_{wh} 与电功率表或电度表的准确度等级相比可忽略不计。

24） 通常指功率因数。

这样分别适用于情况 b.1、b.2 和 b.3 的各计算公式可简化为：

——对单相电功率表：

$$V_p^2 = G_w^2\left\{(1-K)^2\left(\frac{\alpha_E}{\alpha_2}\right)^2 + K^2\left(\frac{\alpha_E}{\alpha_2}\right)^2\right\} + \{(1-K)^2 + K^2\}\lambda^2(t-23)^2$$

——对单相电度表：

$$V_p^2 = \{(G_{wh})^2 + \lambda^2(t-23)^2\}\{(1-K)^2 + K^2\}$$

——对三相电度表：

$$V_p^2 = (G_{wh})^2 + \lambda^2(t-23)^2$$

情况 c：

c.1　单相电功率表

$$V_p^2 = G_i{}^2 + G_u{}^2 + \left\{\left(\frac{c_w}{\alpha_1}100\right)^2 + \left(\frac{r_w}{\alpha_1}100\right)^2\right\}(1-K)^2 + \left\{\left(\frac{c_w}{\alpha_2}\cdot 100\right)^2 + \left(\frac{r_w}{\alpha_2}\cdot 100\right)^2\right\}K^2 +$$
$$\lambda^2(t-23)^2\{(1-K)^2 + K^2\} + 3\times 10^{-2}\times(1-2K)^2\{(D_{\varphi i})^2 + (D_{\varphi u})^2\}$$

c.2　单相电度表

$$V_p^2 = G_i^2 + G_u^2 + (c_{wh})^2 + (r_{wh})^2 + \lambda^2(t-23)^2\{(1-K)^2 + K^2\} +$$
$$3\times 10^{-2}\times(1-2K)^2\{(D_{\varphi i})^2 + (D_{\varphi u})^2\}\times 10^{-2}\tan^2\varphi$$

c.3　三相电度表

$$V_p^2 = (G_i)^2 + (G_u)^2 + (c_{wh})^2 + (r_{wh})^2 + \lambda^2(t-23)^2 + 3\times 10^{-2}\times(1-2K)^2\{(D_{\varphi i})^2 + (D_{\varphi u})^2\}$$

忽略电功率表校验误差和读数误差，对用于 c.1、c.2 和 c.3 情况的各计算公式可简化为：

——对单相电功率表：

$$V_p^2 = G_i^2 + G_u^2 + \lambda^2(t-23)^2\{(1-K)^2 + K^2\} + 3\times 10^{-2}\times(1-2K)^2\{(D_{\varphi i})^2 + (D_{\varphi u})^2\}$$

——对单相电度表：

$$V_p^2 = G_i^2 + G_u^2 + \{\lambda^2(t-23)\}^2\{(1-K)^2 + K^2\} + 3\times 10^{-2}\times(1-2K)^2\{(D_{\varphi i})^2 + (D_{\varphi u})^2\}$$

——对三相电功率表：

$$V_p^2 = G_i^2 + G_u^2 + \lambda^2(t-23)\}^2 + 3\times 10^{-2}\times(1-2K)^2\{(D_{\varphi i})^2 + (D_{\varphi u})^2\}$$

情况 d：

d.1　单相电功率表

$$V_p^2 = G_i^2 + G_u^2 + (1-K)^2\left\{(G_w)^2\left(\frac{\alpha_E}{\alpha_1}\right)^2 + \lambda^2(t-23)^2\right\} +$$
$$K^2\left\{(G_w)^2\left(\frac{\alpha_E}{\alpha_2}\right)^2 + \lambda^2(t-23)^2\right\} + \left(\frac{r_w}{\alpha_1}100\right)^2(1-K)^2 + \left(\frac{r_w}{\alpha_2}100\right)^2K^2 +$$
$$3\times 10^{-2}\times(1-2K)^2\{(D_{\varphi i})^2 + (D_{\varphi u})^2\}$$

d.2　单相电度表

$$V_p^2 = G_i^2 + G_u^2 + \{(G_{wh})^2 + \lambda^2(t-23)^2\}\{(1-K)^2 + K^2\} + (r_{wh})^2\{(1-K)^2 + K^2\} +$$
$$3\times 10^{-2}\times(1-2K)^2\{(D_{\varphi i})^2 + (D_{\varphi u})^2\}$$

d.3　三相电度表

$$V_p^2 = G_i^2 + G_u^2 + (G_{wh})^2 + \lambda^2(t-23)^2 + (r_{wh})^2 + 3\times 10^{-2}\times(1-2K)^2\{(D_{\varphi i})^2 + (D_{\varphi u})^2\}$$

在这些公式中 r_w 和 r_{wh} 忽略不计。

ICS 29.160.30
K 24

中华人民共和国国家标准

GB/T 8128—2008
代替 GB/T 8128—1987

单相串励电动机试验方法

Test procedures for single-phase series motors

2008-06-13 发布　　2009-03-01 实施

中华人民共和国国家质量监督检验检疫总局
中国国家标准化管理委员会　发布

前言

本标准代替 GB/T 8128—1987。

本标准与原 GB/T 8128—1987 相比,主要内容的变化有:

——增加了"2 规范性引用文件"一章。

——在"4.1 试验电源",依据 GB 755 和 IEEE Std114 将"波形正弦性畸变率"改为"谐波电压因数(HVF)",将该条的三个值 5%、2.5%、±1%分别改为 2%、1.5%、±0.5%;并增加了"在测量效率时,其频率的差值应在±0.1%的范围内"的规定。

——在"4.2 测量仪器"中增加了"4.2.1 概述"的内容。

——在 6.1 中增加了"埋置检温计法测量"的有关内容。

——在 8.5.2 中增加了在试验过程中,跳闸电流的有关规定;删去了"对大批量连续生产的电动机进行出厂检验时,允许用规定的试验电压值的 120%历时 1 s 来代替"的规定。

——在"8.14 换向检查"中增加了"8.14.3 火花等级的确定"的内容。

——取消了原附录 A(泄漏电流测量电路)的内容,而用图 6 来取代;图 6 来源于 GB/T 12113—2003。

本标准由中国电器工业协会提出。

本标准由全国旋转电机标准化技术委员会小功率电机标准化分技术委员会(TC 26/SC 1)归口。

本标准起草单位:中国电器科学研究院、卧龙电气集团股份有限公司、上海出入境检验检疫局、广东威灵电机制造有限公司、横店集团联宜电机有限公司、广州擎天实业有限公司、中国电子科技集团公司第 21 所。

本标准主要起草人:杨昭特、严伟灿、傅培刚、肖战龙、吴展、黄海燕、罗军波、何湘吉、龚春雨。

本标准所代替标准的历次版本发布情况为:

——GB/T 8128—1987。

单相串励电动机试验方法

1 范围

本标准规定了单相串励电动机的试验项目、试验设备及试验方法。

本标准适用于单相串励电动机。

2 规范性引用文件

下列文件中的条款通过本标准的引用而成为本标准的条款。凡是注日期的引用文件，其随后所有的修改单(不包括勘误的内容)或修订版均不适用于本标准，然而，鼓励根据本标准达成协议的各方研究是否可使用这些文件的最新版本。凡是不注日期的引用文件，其最新版本适用于本标准。

GB/T 2423.3—2006 电工电子产品环境试验 第2部分:试验方法试验 Cab:恒定湿热试验(IEC 60068-2-78:2001,IDT)

GB 3883.1—2005 手持式电动工具的安全 第1部分:通用要求(IEC 60745-1:2003,IDT)

GB 4343.1—2003 电磁兼容 家用电器、电动工具和类似器具的要求 第1部分:发射(CISPR 14-1:2000,IDT)

GB/T 4942.1—2006 旋转电机整体结构的防护等级(IP代码) 分级(IEC 60034-5:2000,IDT)

GB /T 5171—2002 小功率电动机通用技术条件

GB/T 10069.1—2006 旋转电机噪声测定方法及限值 第1部分:旋转电机噪声测定方法(ISO 1680-1:1999,MOD)

GB/T 12113—2003 接触电流和保护导体电流的测量方法(IEC 60990:1999,IDT)

GB/T 12665—1990 电机在一般环境条件下使用的湿热试验要求

JB/T 8157—1999 小功率单相串励电动机通用技术条件

JB/T 9615.1—2000 交流低压电机散嵌绕组匝间绝缘 试验方法

JB/T 9615.2—2000 交流低压电机散嵌绕组匝间绝缘 试验限值

JB/T 10490—2004 小功率电动机机械振动 振动测量方法、评定及限值

3 试验项目

单相串励电动机的型式检验及出厂检验的试验项目，应按照 GB/T 5171—2002、JB/T 8157—1999及各类单相串励电动机产品标准的规定。

凡本标准中未规定的检验项目、试验方法和要求，应在各类单相串励电动机(以下简称电动机)的产品标准中作出补充规定。

4 试验设备

4.1 试验电源

试验期间，试验电源电压的谐波电压因数(HVF)应不超过2%，进行温升试验时应不超过1.5%。

试验电源的频率与额定频率之差，应在额定频率的±0.5%范围内。在测量效率时，其频率的差值应在±0.1%的范围内。

4.2 测量仪器

4.2.1 概述

无论是机械式仪器还是电子式仪器，影响测量精度的主要因数有：

a) 仪器的量程、使用条件和校准；

b) 信号源负载；

c) 引接线的校准。

因为仪器精度通常表现为满刻度的百分比，因此仪表的量程选取应在满足所测范围下尽可能的低。

电子仪器的使用越来越广泛，并且与非电子式仪器相比，具有更高的输入阻抗，高输入阻抗可以降低仪器本身导致的损耗，但是高输入阻抗仪器对干扰更为敏感。

常见的干扰源有：

a) 电源系统对信号线的感应或静电耦合；

b) 通常的阻抗耦合或接地回路；

c) 不适当的共模干扰；

d) 电源线的传导干扰。

应根据实际经验，采取减少干扰的措施。

4.2.2 测量仪器的选取

试验时应采用不低于0.5级准确度等级的电气测量仪器（兆欧表除外），互感器的准确度等级应不低于0.2级，电量变送器的准确度应不低于0.5%（出厂检验时应不低于1%），数字测速仪的准确度应不低于0.1%±1个字，测功机及转矩测量仪的准确度等级应不低于1.0级，温度测量仪的误差应在1℃以内，测力计的准确度等级应不低于1.0级，砝码的精度应不低于5等，电阻测量仪的准确度应不低于0.2级。

选择仪器时，应使测量值位于仪器的20%～95%测量范围以内。对小容量的电动机，应选用仪器的损耗不足以影响测量准确度的电流表及瓦特表。

除堵转试验外不允许采用互感器。

在与被试电动机同样的转速下，测功机的容量不宜超过被试电动机容量的三倍。转矩测量仪的标称转矩也不宜超过被试电动机额定转矩的三倍（除堵转试验外）；若测功机或转矩测量仪的准确度等级高于1.0级，则容量比值可相应放宽。

4.3 测量线路

电动机试验时应采用图1所示的测量线路。先用切换开关K将电压表V接至电动机端，将电压调至所需数值并读取，然后在稳定电压情况下将开关K切换，将电压表V接至电源端，保持此电源端电压不变，再读取其他仪器的数值。

在读取其他仪器的数值时，电压表不允许接至电动机端，以免造成测量误差。

在额定负载下，若电源端电压与电动机端电压相差小于0.5%额定电压时，被试电动机的输入功率可不进行修正；若电源端电压与电动机端电压相差大于0.5%，且小于1%额定电压时，则需对其输入功率P进行修正。电动机的实际输入功率P_1按下式确定：

$$P_1 = P - I^2R \quad \cdots\cdots(1)$$

式中：

P——瓦特表测得的输入功率，单位为瓦（W）；

I——电流表测得的输入电流，单位为安（A）；

R——测量电路中，电流表及瓦特表的电流线圈以及瓦特表至电动机端连接导线的总电阻，单位为欧（Ω）。

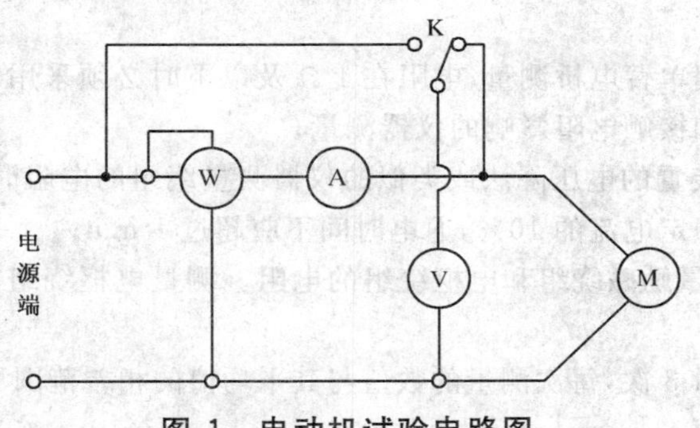

图 1 电动机试验电路图

4.4 试验前的准备

4.4.1 在试验前，首先应检查电动机的装配质量，固紧用螺钉螺栓及螺母是否旋紧，换向器及电刷构件是否良好，转子转动是否灵活，轴承润滑是否正常，出线端标志是否正确。

4.4.2 出厂检验线路和设备应能满足试验的要求，连接是否正确与良好。

4.4.3 然后使电动机在低电压、低于额定转速下空载试运转，检查电动机的旋转方向，电刷接触应良好，换向无异常，电动机运转应平稳、轻快、无阻滞现象，轴承声应均匀，无有害杂声。

4.5 测量要求

a) 采用互感器时，接入副边回路的仪表总阻抗(包括连接导线)应不超过互感器的额定阻抗值；

b) 试验时，各仪器读数应同时读取；

c) 绘制特性曲线时，各点读数应均匀测取；

d) 对 180 W 及以下电动机的功率测量数值，必须对仪器损耗及误差进行修王。对其他功率的电动机，如需获得准确的功率测量数值，也可进行修正。

5 测试

5.1 绝缘电阻的测定

5.1.1 测定时电动机的状态

测量电动机绕组的绝缘电阻时，可在实际冷态下或热态下进行。

5.1.2 兆欧表的选用

根据电动机的额定电压，按表 1 选用兆欧表。

表 1　　单位为伏特

电动机额定电压	兆欧表电压值
36 及以下	250
＞36～500	500

也可选用等效的数字兆欧表测量。

5.1.3 测量部位

应测量带电部分对机壳和可触及的金属构件之间的绝缘电阻。

5.2 绕组直流电阻的测定

5.2.1 测量时电动机的状态

测量绕组的直流电阻，应在电动机静止，并在实际冷状态下进行。

应将电动机在室内放置一段时间，同时用温度计或热电偶测量绕组的温度，所测得的绕组温度与周围空气温度之差应不超过 2 K，则所测温度为实际冷状态下的温度。当绕组温度不可能直接测量时，在测量绕组直流电阻前，电动机应在空气中静置不少于 5 h，此时周围空气的温度即可作为电动机绕组的温度。

5.2.2 测量方法

a) 绕组的直流电阻用单臂电桥测量,电阻在 1 Ω 及以下时必须采用双臂电桥或同等准确度并能消除测量用导线和接触电阻影响的仪器测量;

b) 当采用自动检测装置的电压降法或类似的仪器测量绕组的电阻时,通过被测绕组的试验电流不应大于电动机额定电流的 10%,通电时间不应超过 1 min;

c) 测量时,应分别测量励磁绕组和电枢绕组的电阻。测量电枢绕组电阻时,电刷应提起,在换向器上直接测量。

同一绕组的电阻应测量 3 次,每次测量的数值与其平均值的相差范围不得大于±1%。电阻的实际值应采用 3 次测量的平均值。

5.3 堵转试验

堵转试验在电动机接近实际冷状态下进行,试验前应核对电动机的旋转方向,试验时应将转子堵住。

堵转时电流和转矩的测定按下列方法之一进行:

a) 试验时,电动机被制动,再对电动机绕组施加额定频率、额定电压,在转子一个槽距 2π/z(z 为转子槽数)内五个等分位置上分别测定,每点应同时测取电流、电压和转矩,每点读数时,通电持续时间应不超过 5 s,以免绕组过热,且保持电动机有同样的温度;

b) 试验时,先将被制动转子的电动机施加不大于 50%的额定电压,在大于一个转子槽距 2π/z 的范围内,顺电机旋转方向连续移动定子位置,找出最小转矩点及最大电流点,立即将电动机从线路上断开,并固定此最小转矩点及最大电流点的定子位置,再将被制动的电动机施加额定频率、额定电压,读取转矩值和电流值。通电持续时间应不超过 5 s。

堵转电流取测定结果的最大值,堵转转矩取最小值。

出厂检验时,可在额定频率和接近额定电压下测取一点。在测定堵转电流时,试验电压与额定电压的偏差不大于 5%,测得的结果按式(2)换算。在测定堵转转矩时,试验电压与额定电压的偏差在 0%~5%时,测得的结果可不换算。

$$I_{kn} = I_k U_n / U_k \tag{2}$$

式中:

I_{kn}——试验电压为额定电压 U_n 时的堵转电流,单位为安(A);

I_k——试验电压为 U_k 时测得的堵转电流,单位为安(A);

U_n——额定电压,单位为伏(V);

U_k——测定时施加的试验电压,单位为伏(V)。

6 效率、功率因数测定

6.1 工作特性曲线的测取

工作特性曲线是电动机在额定电压和额定频率下,输入功率 P_1、电流 I_1、效率 η、功率因数 $\cos\varphi$、转速 n 与输出功率 P_2 的关系曲线。

工作特性曲线应在温升试验后或热态下测取。从 1.25 倍~0.25 倍额定功率范围内测取数点,总数不小于 5 点,试验应从最大负载点开始,每点应读取下列数值:

电压、电流、输入功率、转速、转矩。

电动机的额定效率和额定功率因数值,应在电动机为额定负载输出时测取。

6.2 效率的测定

效率测定采取直接法。无特殊规定时,被试电动机的输入功率、输出功率应在热稳定状态下测取。

6.2.1 电动机转速的测定

电动机转速的测量可用下列仪器、方法。

a) 非接触式(半导体或光电传感器的)数字测速计;

b) 频率计或脉冲计数器法;

c) 闪光测速法。

6.2.2 电动机输出转矩的测定

6.2.2.1 电动机轴上的输出转矩可用下列方法之一测定:

a) 测功机法;

b) 转矩测量仪法;

c) 绳索滑轮法(简称绳轮法)。

6.2.2.2 测功机或转矩测量仪法

测功机对被试电动机提供负载。测功机用弹性联轴器与被试电动机良好联接,应避免因联接不好而产生的偏扭附加力矩。

若测功机被配以秤,包括砝码及杠杆式转矩测量机构来测被试电动机的转矩时,则电动机的转矩为秤的读数(测功机提供的制动力或减速力)和杠杆臂长的乘积。即:

$$T = F \cdot L \qquad \cdots\cdots(3)$$

式中:

T——转矩,单位为牛米(N·m);

F——秤上的读数(测功机提供的制动力或减速力),单位为牛(N);

L——杠杆臂长,单位为米(m)。

若测功机(或转矩测量仪或数据检测系统等)是选用转矩传感器来测定被试电动机的转矩时,对转矩传感器的选用应考虑如下几点:

a) 合理选用传感器的规格及其转速适用范围;

b) 传感器的时间常数与特定的输出器件(如转矩显示器、记录仪、绘图器等)应相适应;

c) 传感器的内部损耗应不影响被测结果的准确性;

d) 注意环境温度对传感器的影响。

在测量安装时,被试电动机、传感器、负载应安装在同一个稳固的基础上,必须避免各部件发生振动引起附加力矩;

联轴器重量应尽量轻,优先采用挠性联轴器(如尼龙联轴器),以减少附加力矩的影响。

6.2.2.3 绳轮法

本方法仅适用于出厂检验及适用于较低转速、较小容量的被试电动机,建议被试电动机的转速不大于6 000 r/min、容量不大于180 W。

测试装置如图2,将从测力计吊下来的一根小绳索绕在被试电动机轴伸上的滑轮上,滑轮与轴伸应紧固,在绳索的自由端吊以砝码。被试电动机的输出转矩为砝码和测力计的合力与滑轮半径和绳索半径之和的乘积,即:

$$T = (G - F)\, r \qquad \cdots\cdots(4)$$

式中:

T——被试电动机轴上输出的转矩,单位为牛米(N·m);

F——测力计读数,单位为牛(N);

G——砝码及其容器的重量,单位为牛(N);

r——滑轮半径和绳索半径之和,单位为米(m)。

采用本方法尽可能满足下列条件:

a) 滑轮与测力计必须垂直联接,以免绳索倾斜产生分力引起误差;

b) 绳索直径与滑轮直径之比应尽量小;

c) 滑轮槽应足够宽,尽可能只用单层绳匝即可产生所需转矩。

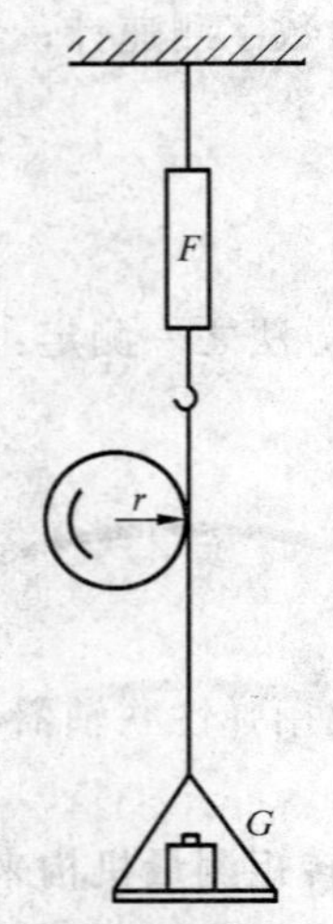

图 2 绳轮法测试装置图

6.2.2.4 电动机输出转矩的修正

若测功机本身存在风摩转矩，用测功机测定电动机转矩时，应将所测得的转矩值按式(5)进行校正。

$$T = T' + T_f \qquad (5)$$

式中：

T——被试电动机轴上实际转矩，单位为牛米(N·m)；

T'——试验时测功机测得的被试电动机轴上转矩，单位为牛米(N·m)；

T_f——测功机风摩转矩，单位为牛米(N·m)。

测功机的风摩转矩值(T_f)应预先测定：可测定 T_f 值随转速变化的关系作 $T_f = f(n)$ 的曲线，在试验时便直接从曲线中查出相应转速的 T_f 值。

6.2.3 效率的求取

测定效率时，电动机的输入功率 P_1 用电气仪器测量，而输出功率 P_2 按测取的电动机轴上的输出转矩及转速按式(6)计算。

$$P_2 = T \cdot n / 9.55 \qquad (6)$$

式中：

P_2——电动机的输出功率，单位为瓦(W)；

T——电动机轴上的实际输出转矩，单位为牛米(N·m)；

n——测定电动机轴上实际输出转矩时电动机的转速，单位为转每分钟(r/min)。

电动机的效率按式(7)计算。

$$\eta = (P_2/P_1) \times 100\% \qquad (7)$$

式中：

η——电动机的效率，%；

P_1——效率测定时电动机的输入功率，单位为瓦(W)；

P_2——效率测定时电动机的输出功率，单位为瓦(W)。

6.3 功率因数的求取

电动机的功率因数($\cos\varphi$)按公式(8)求取。

$$\cos\varphi = P_1/U_1 I_1 \qquad (8)$$

式中：

P_1——电动机输入功率，单位为瓦(W)；

U_1——电动机端电压，单位为伏(V)；

I_1——电动机输入电流，单位为安(A)。

7 温升试验

7.1 测量温度的方法

试验时，可用温度计法、电阻法及埋置检温计法测量。

测量电动机励磁绕组和电枢绕组温度用电阻法，如电动机绕组装有埋置检温计的，可应用埋置检温计法。测量电动机其他部分的温度用温度计法。在测量电动机冷热态温度时应使用同一仪器，温度计、仪器的温度应与测定电动机的环境温度相一致。

7.1.1 温度计法

温度计包括膨胀式温度计(例如水银、酒精温度计)、半导体温度计、非埋置的热电偶、电阻温度计或非接触式红外测温仪。测量时，温度计应紧贴在可接近的被测表面的最热点上，并用绝热材料覆盖好温度计的测温部分，以免受周围冷却介质的影响。有交变磁场的地方，不能采用水银温度计。

7.1.2 电阻法

用电阻法测取绕组的温度是绕组的平均温度。用此方法时，冷热态的电阻必须在相同的出线端上测量。铜线绕组的平均温升 $\Delta\theta$ (K)按式(9)计算：

$$\Delta\theta = (R_2 - R_1) \times (K + \theta_1)/R_1 + \theta_1 - \theta_2 \quad \cdots\cdots(9)$$

式中：

R_2——试验结束时的绕组电阻，单位为欧(Ω)；

R_1——试验开始实际冷态时的绕组电阻，单位为欧(Ω)；

θ_2——试验结束时的冷却空气的温度，单位为摄氏度(℃)；

θ_1——试验开始时的绕组温度，单位为摄氏度(℃)；

K——常数，对铜绕组为234.5；对铝绕组除另有规定外，采用225。

7.1.3 埋置检温计法

本方法是用装在电机内的热电偶或电阻式温度计测量温度。

专门设计的仪表应与电阻式温度计一起使用，以防止在测量时因电阻式温度计的发热而引入显著的误差或损伤仪表。许多普通的电阻式测量期间可能不适用，因为在测量时可能有相当大的电流流过电阻元件。

7.2 温升试验时冷却空气温度的测定

7.2.1 对采用周围空气冷却的电动机，可用几只温度计分布在冷却空气进入电动机的途径中进行测量。温度计应安置在距电动机 1 m～2 m 处，其感温部分应与电动机中心高度在同一水平面上，并避免外来辐射热及气流的影响。取温度计读数的平均值作为冷却空气温度。

7.2.2 对连续定额和断续周期工作制定额的电动机，试验结束时冷却空气的温度应取整个试验过程最后的1/4时间内，按相等的时间间隔测得的几个温度计读数的平均值。

7.2.3 对短时定额的电动机，试验结束时的冷却空气的温度，若定额为30 min及以下，取试验开始与结束时温度计读数的平均值；若定额为30 min以上90 min以下，取其1/2试验时间与结束时温度计读数的平均值。

7.3 电动机绕组及其他各部分温度的测定

7.3.1 励磁绕组温度的测定：用电阻法测量。

7.3.2 电枢绕组温度的测定：用电阻法测量，测量冷态、热态电阻时必须保证在换向器上选择同一位置。在温升试验时，允许测量的电阻不是电枢绕组的全电阻。

7.3.3 换向器温度的测定：用温度计测量。优先采用热时间常数较小的针触式热电偶温度计。可先将温度计预热至接近预期温度，在电动机停止后立即测量。

7.3.4 轴承温度的测定：用温度计测量。

滑动轴承的温度，应在接近轴承接触面处测定；

滚动轴承的温度，应在轴承外圈上测定；如不可能时，则在轴承座上测定。

7.4 电动机停机后测得温度值的修正

电动机停机后，如在 15 s 内测得绕组电阻或温度时，允许直接作为测量值的数据。如超过 15 s 内测得，则应采用 7.4.1 的外推法修正到 15 s 处的数据。

如在切离电源后，电动机某些部分的温度继续上升，则应取测得的最高温度数值作为相应于断电瞬间的温度。

7.4.1 外推法

电动机切离电源后，应立即测取电阻 R 或温度 θ_1 与其对应的时间 t，测取点数应不少于 5 点，在坐标纸上绘制电阻 R 或温度 θ 对应于时间 t 的曲线，即 $R=f(t)$ 或 $\theta=f(t)$ 曲线，如图 3 所示，延长该曲线，在 15 s 处读取电阻值或温度值。

采用外推法时，从切离电源至测得电阻或温度的第一点读数的时间应不超过 30 s。

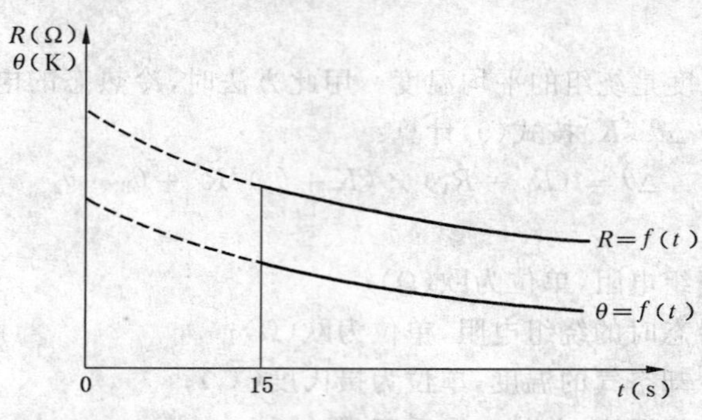

图 3 电阻(温度)-时间曲线

7.5 温升试验方法

采用直接负载法，即在额定电压、额定频率、额定负载下进行电动机的温升试验。试验用支架及散热板按 GB/T 5171—2002 或各类单相串励电动机标准规定。

注：额定负载，是指电动机在额定转速下按额定输出功率计算得的转矩。在试验过程中应保持电动机在该转矩下运行。若电动机的实际转速偏离额定转速且处于负的容差范围内时，允许调整该转矩进行试验，此时电动机应满足额定输出功率的要求。

7.5.1 连续定额(S1 工作制)电动机

试验时，被试电动机应保持额定负载直到电动机各部分温升达到热稳定状态时为止。

试验过程中，至少每半小时记录被试电动机的试验数据，如电压、电流、转矩、转速和输入功率以及定子和冷却空气的温度。

如限于条件，可按保持额定电流(铭牌数据)的方法进行温升试验，此时额定功率时的绕组温升值 $\Delta\theta$ 按式(10)计算：

$$\Delta\theta=(I_n/I_t)^2\times\Delta\theta_t \quad \cdots\cdots(10)$$

式中：

I_n——额定功率时的电流，单位为安(A)；

I_t——温升试验时采用的电流(铭牌电流)，单位为安(A)；

$\Delta\theta_t$——对应于试验电流 I_t 时的温升，单位为开(K)。

试验时，应保证 $(I_n-I_t)/I_n$ 在 ±5% 以内。

对有几种额定数据的电动机的温升试验，应在能产生最高温升的额定数据下进行，若不能预先确定时，则试验应在每种额定数据下逐一进行。

7.5.2 短时定额(S2 工作制)电动机

试验应从实际冷状态下开始，试验的持续时间按定额的规定。试验时按照工作时间长短，每隔一定的时间记录一次试验数据，其他试验要求同 7.5.1 规定。

7.5.3　断续周期工作制定额(S3 工作制)电动机

如无其他规定，试验测定每个工作周期应为 10 min，直到电动机各部分温度达到热稳定状态为止，温升的测定应在最后一个工作周期中负载时间的一半终了时进行。为了缩短试验时间，试验开始时负载可适当地持续一段时间。

其他试验要求同 7.5.1 规定。

8　其他

8.1　额定负载试验

电动机额定负载试验的目的是：在出厂检验中，检验电动机在额定负载工作时的转速、效率、功率因数以及电动机的换向。

试验时，用能直接读出转矩数值的测量装置，如测功机、转矩测量仪、校正过的直流电动机等把电动机负载直接调节到额定负载进行试验。

在试验中可缩短运转时间，但对所测结果应考虑温度的影响。

8.2　过电流试验

试验时，电动机在额定电压、额定频率及热状态下运转。若被试电动机的标准无特殊规定时，电动机应在 1.5 倍额定电流下运转 1 min。

过电流用增加负载转矩的方法进行。

8.3　过转矩试验

被试电动机的标准若无其他特殊规定，试验时电动机应在额定电压、额定频率及热状态下，在输出转矩为 1.5 倍额定转矩下运转 15 s。

8.4　超速试验

若被试电动机的标准无特殊规定，试验时电动机应在 1.1 倍额定电压下，空载连续运转 2 min。超速试验时，应采取安全防护措施。

8.5　耐电压试验

8.5.1　试验要求

耐电压试验在电动机静止的状态下进行，试验前应先测量绕组的绝缘电阻。如需进行堵转、超速、过电流、过转矩试验时，本项试验应在这些试验后进行，如需要进行温升试验，则还应在温升试验后进行。

试验时，试验电压施于绕组与机壳之间，电动机两出线端接于试验电源的一极，另一极则接在机壳上，整机进行试验。

试验变压器应有足够的容量，变压器容量应不小于 0.5 kVA。

试验前，应采取切实安全防护措施。

8.5.2　试验电压和时间

试验电压的频率为 50 Hz，波形尽可能为正弦波形，试验电压的数值按被试电动机标准的规定。试验过程中，跳闸电流应不大于 10 mA。湿热试验后，其跳闸电流应不大于 30 mA。

试验应由不超过试验电压全值的一半开始，逐渐地增加至全值，电压由半值增加至全值的时间应不小于 10 s。全值电压试验应维持 1 min，然后迅速地降到全值的一半以下再断开电源。试验电压用试棒施加。

8.6　噪声的测定

电动机的噪声按 GB/T 10069.1—2006 的有关规定进行。

测定时，被试电动机应在额定频率、额定转速的空载稳定运行状态下进行。

8.7　振动的测定

电动机的振动按 JB/T 10490—2004 的有关规定进行。

测定时，被试电动机应在额定频率、额定转速的空载稳定运行状态下进行。

8.8 泄漏电流的测定

8.8.1 被试电动机标准若无特殊规定，测定泄漏电流时被试电动机应处于热态，在额定频率、1.06 倍额定电压、规定负载或空载运行下测定。测定的时间应不大于 5 s。

测定时，应采用隔离变压器供电，否则被试电动机应与地有良好绝缘。

若被试电动机装有电容器，则应断开电动机的一端电源接线(图 4 或图 5 中 a 点或 b 点)，此时电动机处于静止状态，重复进行测定。取运行及静止状态下测得的读数的最大值作为电动机的泄漏电流值。

8.8.1.1 测定的部位

应在下列部位进行测定：

a) 在电源的任一极与易触及的金属部件或紧贴在绝缘材料表面的金属箔之间进行。金属箔面积不超过 20 cm×10 cm，应贴附在易于接触的部位。

b) 对具有双重绝缘的电动机，在电源的一极与仅以基本绝缘和带电部件隔开的金属部件之间进行。

8.8.1.2 泄漏电流的测试电路图

对仅有基本绝缘的电动机按图 4 进行测试，对有双重绝缘或加强绝缘的电动机按图 5 进行测试。将选择开关 S 拨向 a、b 方向分别测量，取读数的较大值为电动机的泄漏电流值。

图 4 与图 5 中的测量装置 C 应满足图 6 测量网络的要求。

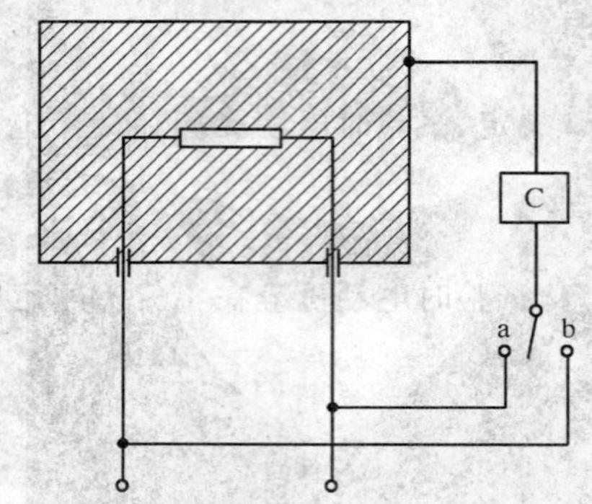

C——图 6 的测量网络(GB/T 12113—2003 中的图 4 电路)。

图 4 仅有基本绝缘的电动机泄漏电流的测量电路

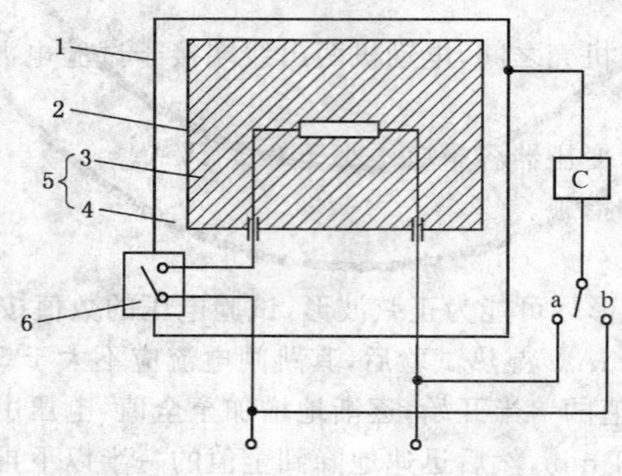

1——易触及部件；
2——不易触及金属部件；
3——基本绝缘；
4——附加绝缘；
5——双重绝缘；
6——加强绝缘；
C——图 6 的测量网络(GB/T 12113—2003 中的图 4 电路)。

图 5 双重绝缘的电动机泄漏电流的测量电路

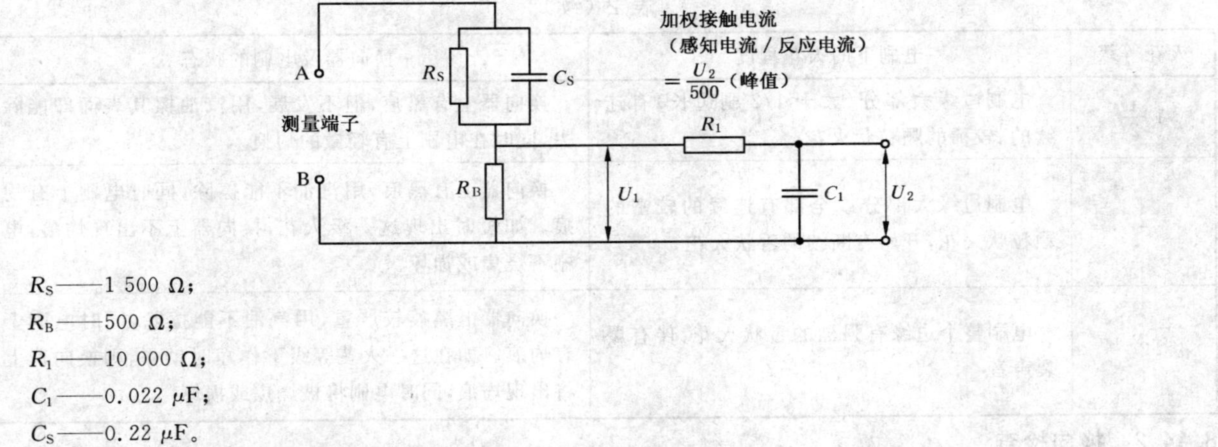

R_S——1 500 Ω;

R_B——500 Ω;

R_1——10 000 Ω;

C_1——0.022 μF;

C_S——0.22 μF。

图6 泄漏电流(感知电流或反应电流)的测量网络

8.8.2 供电动工具用的电动机的泄漏电流的测定,按GB 3883.1—2005有关规定进行。

8.9 工作期限试验

若无其他特殊规定,被试电动机应在额定电压、额定频率和额定负载下连续进行。

允许被试电动机保持额定电流(偏差±10%)、额定转速在容差范围内来代替额定负载。

试验的持续时间及在试验过程中是否允许对换向器、电刷等部件进行清理及更换电刷,按该电动机产品标准中的规定进行。

建议试验中使用下列设备和方法:

a) 规定的工作期限试验专用设备;

b) 将被试电动机与辅助电机机械耦合,调节辅助电机使被试电动机保持在额定负载下进行。

8.10 无线电干扰试验

按GB 4343.1—2003的有关规定进行。

8.11 湿热试验

按GB/T 12665—1990的有关规定进行。如必要,有关专业产品也可按GB/T 2423.3—2006的有关规定进行。

8.12 匝间绝缘试验

电动机绕组应进行匝间绝缘试验,以考核绕组匝间绝缘承受过电压的能力。试验应采用匝间冲击耐电压试验,但定子与转子绕组应分开进行试验。

采用匝间冲击耐电压试验时,其要求和试验方法按JB/T 9615.1—2000及JB/T 9615.2—2000进行。

8.13 外壳防护分级试验

按GB/T 4942.1—2006的有关规定进行。

8.14 换向检查

8.14.1 换向火花等级的规定

换向火花等级分为5级,具体等级的分级见表2。

表2 火花等级的分级

火花等级	电刷下的火花程度	换向器及电刷的状态
1	无火花	换向器上没有黑痕及电刷上没有灼痕
$1\frac{1}{4}$	电刷边缘仅小部分(约1/5至1/4刷边长)有断续的几点点状火花	

表 2（续）

火花等级	电刷下的火花程度	换向器及电刷的状态
$1\frac{1}{2}$	电刷边缘大部分（大于 1/2 刷边长）有连续的、较稀的颗粒状火花	换向器上有黑痕，但不发展，用汽油擦其表面即能除去，同时在电刷上有轻微的灼痕
2	电刷边缘大部分或全部有连续的较密的颗粒状火花，开始有断续的舌状火花	换向器上有黑痕，用汽油不能擦除，同时电刷上有灼痕。如短时出现这一级火花，换向器上不出现灼痕，电刷不烧焦或损坏
3	电刷整个边缘有强烈的舌状火花，伴有爆裂声音	换向器上黑痕较严重，用汽油不能擦除，同时电刷上有灼痕。如在这一火花等级下作短时动作，则换向器上将出现灼痕，同时电刷将被烧焦或损坏

8.14.2 换向检查

被试电动机的标准若无其他特殊规定，电动机的换向检查应在额定电压下，电刷的位置维持不变，将从负载 1/4 负载调节到额定负载，此时在换向器及电刷上的火花不应超过该电动机产品标准中的规定。

如电动机需进行温升试验，换向试验应在温升试验后立即进行。试验的持续时间按该电动机产品标准的规定。

8.14.3 火花等级的确定

如所有电刷下的火花程度均匀，则可用一个等级表示。但在其中之一的电刷下面有较高一级的火花出现，则应按较高一级火花等级确定。如电刷下的火花程度与同等级换向器及电刷的表面状态不一致时，应以换向器及电刷的表面状态作为火花等级的主要依据，必要时，可延长试验时间再行确定。

ICS 65.020
B 72

中华人民共和国国家标准

GB/T 8142—2008
代替 GB/T 8142—1987

紫胶产品取样方法

Methods of sampling lac products

2008-12-31 发布　　2009-03-01 实施

中华人民共和国国家质量监督检验检疫总局
中国国家标准化管理委员会　发布

前　言

本标准代替 GB/T 8142—1987《紫胶产品取样方法》。

本标准与 GB/T 8142—1987 相比,主要变化如下:

——第 1 章的“引言”修改为“范围”,删去“其它”的内容;

——修改了样品制备的粒度的要求;

——增加了分析试样制备的内容。

本标准由国家林业局提出。

本标准由中国林业科学研究院林产化学工业研究所归口。

本标准由中国林业科学研究院林产化学工业研究所负责起草。

本标准主要起草人:汪咏梅、陈箊鸿、吴冬梅、吴在嵩。

本标准所代替标准的历次版本发布情况为:

——GB/T 8142—1987。

紫胶产品取样方法

1 范围

本标准规定了紫胶产品的取样方法、样品制备和样品保存。

本标准适用于颗粒紫胶、紫胶片、脱色紫胶片、脱蜡紫胶片、脱色脱蜡紫胶片、军用紫胶片、漂白紫胶和精制漂白紫胶等紫胶产品。

2 取样方法

2.1 采集的样品数

分析样品应对一整批物料有足够的代表性。检验用的试样应从每批产品中任意挑选不少于10%箱(袋),最少不少于5箱,最多不多于25箱,并从原装的未开过的箱(袋)中的不同部位抽取。

2.2 松散紫胶产品的取样

对一般松散紫胶产品的取样,可用取样勺从每箱(袋)不同部位抽取数量大致相等的试样,总重量约5 kg。

2.3 结块紫胶产品的取样

对结块的紫胶产品,则从不同部位劈取或凿取样品,从每箱(袋)抽取的样品量大致相等,总重量约5 kg。

3 样品制备

3.1 实验室样品

将抽取的样品充分混匀,用四分法缩分,缩取两对角样并充分混匀。再分为四等份,混合两对角样,磨碎至完全通过孔径约2 mm筛(相当于10目)充分混合,并分为四等份,每份约为300 g。

3.2 分析试样

3.2.1 取实验室样品(3.1)100 g,粉碎至完全通过孔径约0.4 mm筛(相当于40目),装入清洁、干燥、带磨口的玻璃广口瓶中,供分析检验用。瓶上粘贴标签并注明生产厂名、产品名称、批号、取样日期和地点等。

3.2.2 取实验室样品(3.1)约40 g,粉碎至完全通过孔径约0.3 mm筛(相当于60目),装入清洁、干燥、带磨口的玻璃广口瓶中,供分析检验用。瓶上粘贴标签并注明生产厂名、产品名称、批号、取样日期和地点等。

3.2.3 取实验室样品(3.1)约10 g,粉碎至完全通过孔径约0.2 mm筛(相当于80目),装入清洁、干燥、带磨口的玻璃广口瓶中,供分析检验用。瓶上粘贴标签并注明生产厂名、产品名称、批号、取样日期和地点等。

4 样品保存

余下的150 g实验室样品(3.1)装入清洁、干燥的广口瓶中,密封,瓶上应粘贴标签,标注内容同3.2.1,保存备用。